高等数学基础
理论解析及其应用研究

主 编 齐小军 田 荣 张慧萍
副主编 杜 娟 王 琴 李娜娜

内 容 提 要

本书对高等数学基础理论及其应用进行探讨，主要内容包括坐标空间与解析几何方法、函数与极限、导数与微分、中值定理与导数的应用、不定积分、定积分及其应用、微分方程、无穷级数、重积分及其应用、曲线积分与曲面积分等。

本书结构严谨、概念准确、深入浅出、可读性强，适用于一般理工科、经济、管理等各专业学习者及数学爱好者使用。

图书在版编目（CIP）数据

高等数学基础理论解析及其应用研究 / 齐小军，田荣，张慧萍主编. -- 北京 : 中国水利水电出版社，2016.2（2022.10重印）
ISBN 978-7-5170-4043-9

Ⅰ. ①高… Ⅱ. ①齐… ②田… ③张… Ⅲ. ①高等数学—研究 Ⅳ. ①O13

中国版本图书馆CIP数据核字(2016)第019517号

策划编辑:杨庆川 责任编辑:陈 洁 封面设计:崔 蕾

书 名	高等数学基础理论解析及其应用研究
作 者	主 编 齐小军 田 荣 张慧萍
	副主编 杜 娟 王 琴 李娜娜
出版发行	中国水利水电出版社
	(北京市海淀区玉渊潭南路1号D座 100038)
	网址:www.waterpub.com.cn
	E-mail:mchannel@263.net(万水)
	sales@mwr.gov.cn
	电话:(010)68545888(营销中心)、82562819(万水)
经 售	北京科水图书销售有限公司
	电话:(010)63202643、68545874
	全国各地新华书店和相关出版物销售网点
排 版	北京厚诚则铭印刷科技有限公司
印 刷	三河市人民印务有限公司
规 格	184mm×260mm 16开本 26印张 665千字
版 次	2016年2月第1版 2022年10月第2次印刷
印 数	2001-3001册
定 价	89.00元

前　言

数学是研究客观世界数量关系和空间形式的科学，伴随着人类文明不断发展而创新。欧拉曾这样描述数学："数学是人类知识活动留下来最具威力的知识工具，是一些现象的根源。数学是不变的，是客观存在的，上帝必以数学法则建造宇宙。"

高等数学作为一门科学，有其固有的特点，那就是高度的抽象性、严密的逻辑性和广泛的应用性。高等数学是由微积分学，较深入的代数学、几何学，以及它们之间的交叉内容所形成的一门基础学科，相对于初等数学而言，高等数学的对象及方法较为复杂。

本书以微积分学和级数理论为主，其他方面的内容为辅，集严密的符号体系、独特的公式结构、形象的图像语言和精选的例题讲解于一体，并结合实际应用将高等数学知识广泛且深入地渗透到了社会科学领域，力求为广大读者所受用。

虽然本书从整体框架而言保持了高等数学的基本内容和结构，但是编者在内容编排和知识点的深度和广度上进行了思考和探索，并渗透了数学基本思想方法的实践与研究。编写本书的基本思路是：

(1)拓展应用范围；

(2)突出易用特色；

(3)压缩叙述篇幅。

本书在编写过程中，有以下特点：

第一，压缩叙述篇幅，突出易用特色。

第二，由浅入深，循序渐进。

第三，为高等数学的应用考虑，绝大多数定理给出尽可能一般的形式并有严密的证明。

第四，在遵循知识体系的基础上适当调整内容。

本书共 10 章，主要包括了坐标空间与解析几何方法、函数与极限、导数与微分、中值定理与导数的应用、不定积分、定积分及其应用、微分方程、无穷级数、重积分及其应用、曲线积分与曲面积分。

在编写本书的过程中，许多同行专家与学者给予了大力的帮助，在此表示衷心的感谢；同时，编者在编写本书时也参考了大量的相关著作和文献资料，选用了所参考资料中的部分内容，在此向有关作者表示感谢。此外，出版社的工作人员为本书稿的整理打印做了许多工作，感谢你们为本书顺利问世所做的努力。

由于能力有限、经验不足、时间仓促，本书在内容的组织上难免存在错漏和不妥之处，竭诚希望各同行专家以及广大读者提出宝贵的意见和建议，以使本书不断完善。

编者

2015 年 10 月

前言

目　录

第 1 章　坐标空间与解析几何方法

1.1　向量及其线性运算

1.1.1　向量的概念

像时间、温度、长度、面积、体积等这样的一类量，在确定了单位以后，可以用一个实数表示，这种只有大小的量称为数量．另外还有一类量，它们既有大小又有方向，例如位移、速度、加速度、力等，这一类量称为向量．向量常用黑体希腊字母 $\boldsymbol{\alpha},\boldsymbol{\beta},\boldsymbol{\gamma},\cdots$ 表示或用 $\bar{\alpha},\bar{\beta},\bar{\gamma},\cdots$ 表示．

向量也可以用一条有向线段 $\overrightarrow{AB}$ 来表示，有向线段的长度表示向量的大小，有向线段的方向表示向量的方向(图 1-1-1)．

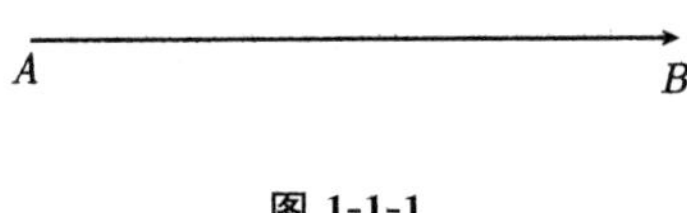

图 1-1-1

若两个向量大小相等、方向相同，则称这两个向量相等，例如，图 1-1-2 所示的平行四边形 $ABCD$ 中，$\overrightarrow{AB}=\overrightarrow{DC}$. 由此规定，我们今后所说的向量均为自由向量，即可以自由平行移动的向量．

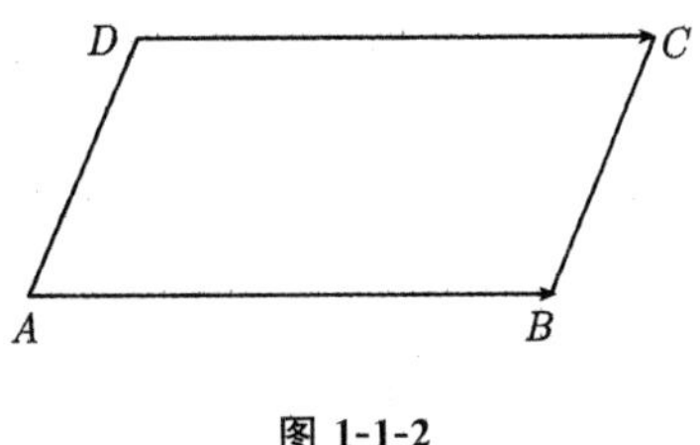

图 1-1-2

向量的大小叫做向量的模．向量 $\overrightarrow{AB}$ 与 $\boldsymbol{\alpha}$ 的模分别记为 $|\overrightarrow{AB}|$ 与 $|\boldsymbol{\alpha}|$ 长度为 0 的向量称为零向量，记作 $\mathbf{0}$. 零向量的方向不确定．长度为 1 的向量称为单位向量．与向量 $\boldsymbol{\alpha}$ 同向的单位向量记为 $\boldsymbol{\alpha}^0$.

与 $\boldsymbol{\alpha}$ 的模相等，方向相反的向量称为 $\boldsymbol{\alpha}$ 的负向量，记为 $-\boldsymbol{\alpha}$.

例 1.1.1　在平行四边形 $ABCD$ 所表示的向量中，如图 1-1-3 所示，写出其中的相等向量和相反向量．

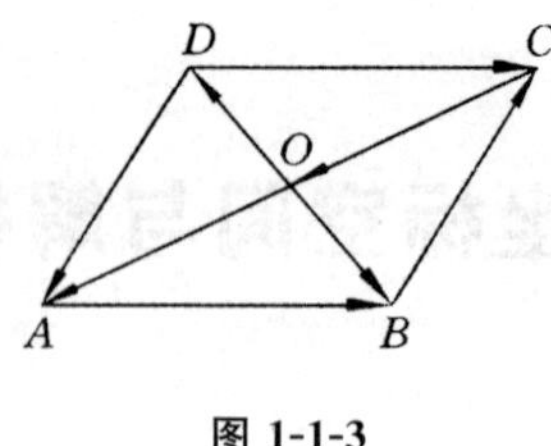

图 1-1-3

解:相等向量有

$$\overrightarrow{AB}=\overrightarrow{DC},\overrightarrow{CO}=\overrightarrow{OA},$$

相反向量是

$$\overrightarrow{BC}=-\overrightarrow{DA},\overrightarrow{OB}=-\overrightarrow{OD}.$$

例 1.1.2 在四面体 $ABCD$ 中,M、N 分别是对棱 AC 和 BD 的中点,如图 1-1-4 所示。

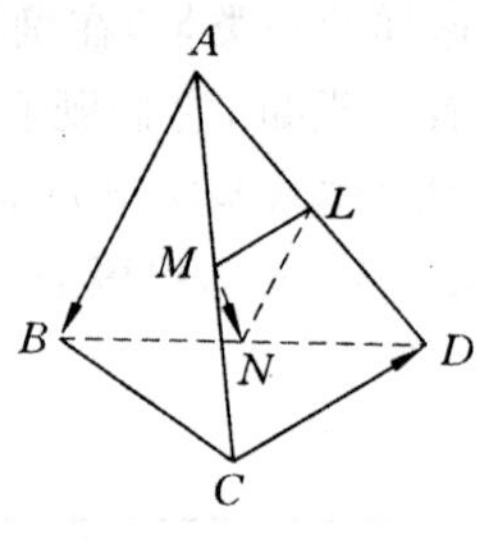

图 1-1-4

证明:AB、CD 和 MN 三个向量共面.

证明:取 AD 的中点 L,根据 $AB \parallel LN$ 可知,$AB \parallel$ 平面 LMN.

又因为 $CD \parallel LM$,则可知 $CD \parallel$ 平面 LMN.

又因为 $MN \parallel$ 平面 LMN,所以 AB、CD 和 MN 三个向量共面.

1.1.2 向量的线性运算

1. 向量的加减法

设 $\boldsymbol{a}=\overrightarrow{OA}$,$\boldsymbol{b}=\overrightarrow{OB}$,规定 $\boldsymbol{a}$ 与 $\boldsymbol{b}$ 的和 $\boldsymbol{a}+\boldsymbol{b}$ 是一个向量,它是以 $\overrightarrow{OA}$,$\overrightarrow{OB}$ 为邻边作平行四边形 $OACB$ 后,再由点 O 与其相对的顶点 C 连成的向量,即 $\boldsymbol{a}+\boldsymbol{b}=\overrightarrow{OC}$,如图 1-1-5 所示. 这种方法叫平行四边形法则. 如果两向量 $\boldsymbol{a}=\overrightarrow{OA}$ 与 $\boldsymbol{b}=\overrightarrow{OB}$ 在同一直线上,那么规定它们的和是这样一个向量:当 $\overrightarrow{OA}$ 与 $\overrightarrow{OB}$ 的方向相同时,和向量的方向与原来两向量的方向相同,其长度等于两向量长度的和;当 $\overrightarrow{OA}$ 与 $\overrightarrow{OB}$ 的方向相反时,和向量的方向与较长的向量的方向相同,而长度等于两向量长度的差.

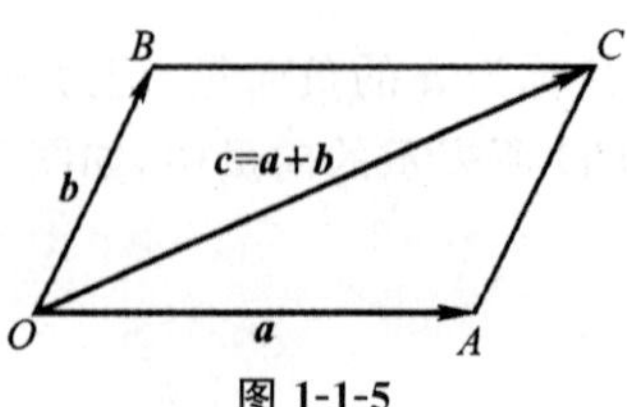

图 1-1-5

定义 1.1.1　在图 1-1-5 中，$\overrightarrow{AC}=\overrightarrow{OB}=\boldsymbol{b}$，所以，让 $\boldsymbol{a}$ 的终点与 $\boldsymbol{b}$ 的起点重合，则由 $\boldsymbol{a}$ 的起点 O 到 $\boldsymbol{b}$ 的终点 C 的向量 $\overrightarrow{OC}$ 为 $\boldsymbol{a}$，$\boldsymbol{b}$ 的和向量，即 $\overrightarrow{OC}=\boldsymbol{a}+\boldsymbol{b}$，这种方法叫求向量 $\boldsymbol{a}$ 与 $\boldsymbol{b}$ 和的三角形法则．

按定义，容易证明向量加法满足：

(1)$\boldsymbol{a}+\boldsymbol{b}=\boldsymbol{b}+\boldsymbol{a}$(交换律).

(2)$(\boldsymbol{a}+\boldsymbol{b})+\boldsymbol{c}=\boldsymbol{a}+(\boldsymbol{b}+\boldsymbol{c})$(结合律).

(3)$\boldsymbol{a}+0=\boldsymbol{a}$.

由于向量加法满足结合律，多个向量相加，不必加括弧指明相加的次序．求多个向量 $\boldsymbol{a}_1$，$\boldsymbol{a}_2$，…，$\boldsymbol{a}_n$ 之和时，只要让前一向量的终点作为次一向量的起点，则 $\boldsymbol{a}_1$ 的起点与 $\boldsymbol{a}_n$ 的终点相连并指向后者的向量等于 $\boldsymbol{a}_1+\boldsymbol{a}_2+\cdots+\boldsymbol{a}_n$. $n=3$ 的例子如图 1-1-6 所示．与向量 $\boldsymbol{b}$ 的长度相等而方向与 $\boldsymbol{b}$ 的方向相反的向量称为 $\boldsymbol{b}$ 的负向量，记为 $-\boldsymbol{b}$. 向量 $\boldsymbol{a}$ 与 $-\boldsymbol{b}$ 的和向量定义为 $\boldsymbol{a}-\boldsymbol{b}=\boldsymbol{a}+(-\boldsymbol{b})$，称为 $\boldsymbol{a}$ 与 $\boldsymbol{b}$ 的差(图 1-1-7).

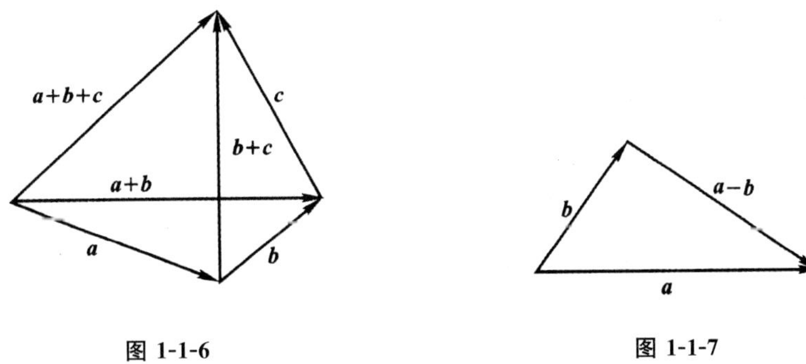

图 1-1-6　　　　图 1-1-7

向量加法还满足：

(4)$\boldsymbol{a}+(-\boldsymbol{a})=\boldsymbol{0}$.

例 1.1.3　在平行四边形 $ABCD$ 中，设 $\overrightarrow{AB}=\boldsymbol{a}$，$\overrightarrow{AD}=\boldsymbol{b}$，$M$ 为平行四边形对角线的交点，如图 1-1-8 所示，试用向量 $\boldsymbol{a}$，$\boldsymbol{b}$ 表示 $\overrightarrow{MA}$，$\overrightarrow{MB}$，$\overrightarrow{MD}$ 和 $\overrightarrow{MC}$.

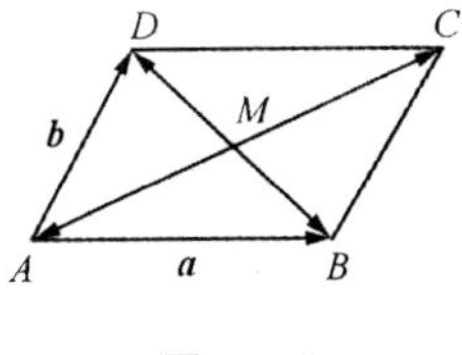

图 1-1-8

解：因为平行四边形的对角线相互平分，所以有

$$\boldsymbol{a}+\boldsymbol{b}=\overrightarrow{AC}=2\overrightarrow{AM},$$

即有

$$-(\boldsymbol{a}+\boldsymbol{b})=2\overrightarrow{MA}.$$

因此

$$\overrightarrow{MA}=-\frac{1}{2}(\boldsymbol{a}+\boldsymbol{b}).$$

由于

$$\overrightarrow{MC}=-\overrightarrow{MA},$$

那么有

$$\overrightarrow{MC}=\frac{1}{2}(\boldsymbol{a}+\boldsymbol{b}).$$

又因为

$$-\boldsymbol{a}+\boldsymbol{b}=\overrightarrow{BD}=2\overrightarrow{MD},$$

所以

$$\overrightarrow{MD}=\frac{1}{2}(\boldsymbol{b}-\boldsymbol{a}),$$

因为

$$\overrightarrow{MB}=-\overrightarrow{MD},$$

所以得

$$\overrightarrow{MB}=\frac{1}{2}(\boldsymbol{a}-\boldsymbol{b}).$$

2. 向量与数的乘法

为了表示几何向量的“伸缩”,我们定义实数与向量的乘法(简称数乘运算).

实数 k 与非零向量 $\boldsymbol{a}$ 的乘积是一个向量,记为 $k\boldsymbol{a}$. 它的长度 $|k\boldsymbol{a}|=|k||\boldsymbol{a}|$. 它的方向:当 $k>0$ 时,与 $\boldsymbol{a}$ 同向;当 $k<0$ 时,与 $\boldsymbol{a}$ 反向,如图 1-1-9,当 $k=0$ 时,方向不定(此时 $k\boldsymbol{a}$ 是零向量).

若 $\boldsymbol{a}=\boldsymbol{0}$,对任意实数 k,规定 $k\boldsymbol{a}=\boldsymbol{0}$.

实数与向量的数乘满足:

(1)$k(l\boldsymbol{a})=(kl)\boldsymbol{a}=kl\boldsymbol{a}$;

(2)$k(\boldsymbol{a}+\boldsymbol{b})=k\boldsymbol{a}+k\boldsymbol{b}$;

(3)$(k+l)\boldsymbol{a}=k\boldsymbol{a}+l\boldsymbol{a}$.

显然,只要 $\boldsymbol{a}$ 不是零向量,$\boldsymbol{a}/|\boldsymbol{a}|$ 就是与 $\boldsymbol{a}$ 同方向的单位向量,记作 $\boldsymbol{a}^{\circ}$,于是 $\boldsymbol{a}=|\boldsymbol{a}|\boldsymbol{a}^{\circ}$.

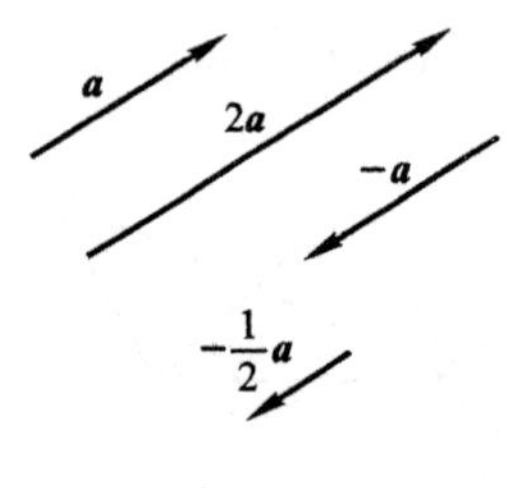

图 1-1-9

由数乘的定义可知,$\boldsymbol{a}$ 与 $\boldsymbol{b}$ 平行的充要条件是存在数 λ 使 $\boldsymbol{a}=\lambda\boldsymbol{b}$ 或 $\boldsymbol{b}=\lambda\boldsymbol{a}$. 即 $\boldsymbol{a},\boldsymbol{b}$ 成比例. 向量的加法与数乘统称为向量的线性运算.

例 1.1.4 证明平行四边形的对角线互相平分.

证明:设 $ABCD$ 是一个平行四边形,如图 1-1-10 所示. 令 AC、BD 的中点分别是 E、F,则

$$2\overrightarrow{AE}=\overrightarrow{AC}=\overrightarrow{AB}+\overrightarrow{AD},$$

即

$$\overrightarrow{AE}=\frac{\overrightarrow{AB}+\overrightarrow{AD}}{2}.$$

另一方面

$$\begin{aligned}\overrightarrow{AF} &= \overrightarrow{AB} + \overrightarrow{BF} \\ &= \overrightarrow{AB} + \frac{1}{2}\overrightarrow{BD} \\ &= \frac{1}{2}\overrightarrow{AB} + \left(\frac{1}{2}\overrightarrow{AB} + \frac{1}{2}\overrightarrow{BD}\right) \\ &= \frac{\overrightarrow{AB} + \overrightarrow{AD}}{2},\end{aligned}$$

于是点 E 与点 F 重合，即平行四边形的对角线互相平分．

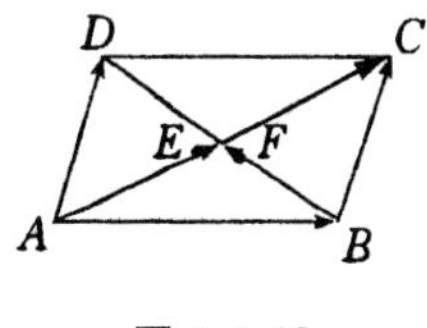

图 1-1-10

例 1.1.5　在三角形 ABC 中，D 为边 BC 的中点，如图 1-1-11 所示，证明

$$\overrightarrow{AD} = \frac{1}{2}(\overrightarrow{AB} + \overrightarrow{AC}).$$

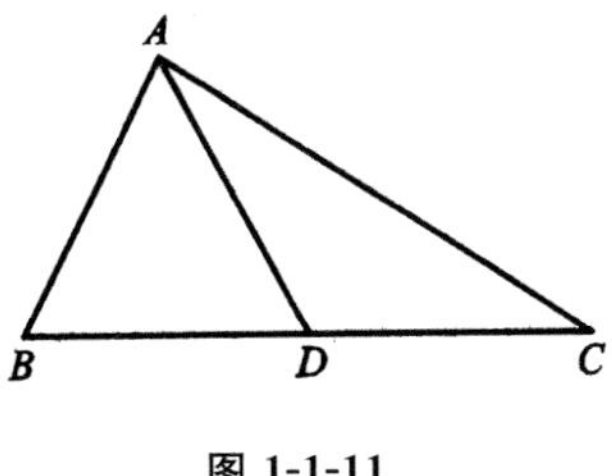

图 1-1-11

证明：根据三角形法则可得

$$\overrightarrow{AD} = \overrightarrow{AB} + \overrightarrow{BD},$$
$$\overrightarrow{AD} = \overrightarrow{AC} + \overrightarrow{CD},$$

又由于 D 为边 BC 的中点，所以$\overrightarrow{BD} = -\overrightarrow{CD}$，将上述两式相加，可得

$$2\overrightarrow{AD} = \overrightarrow{AB} + \overrightarrow{AC},$$

即有

$$\overrightarrow{AD} = \frac{1}{2}(\overrightarrow{AB} + \overrightarrow{AC}).$$

例 1.1.6　在三角形 ABC 中，BE 为边 AC 上的中线，AD 为 BC 边上的中线，使用向量线性运算证明：

$$AM = \frac{2}{3}AD,$$

如图 1-1-12 所示．

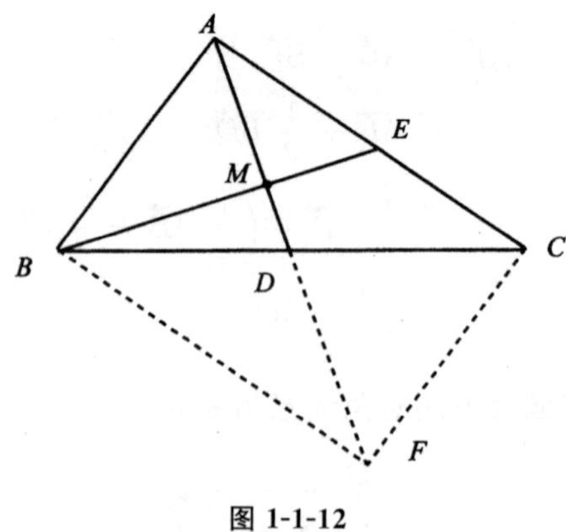

图 1-1-12

证明:由于向量$\overrightarrow{AM}$,$\overrightarrow{AD}$在一条直线上,则设$\overrightarrow{AM}=x\overrightarrow{AD}$. 又因为$D$为$BC$边的中点,根据向量加法的平行四边形法则可得

$$\overrightarrow{AD}=\frac{1}{2}\overrightarrow{AF}=\frac{1}{2}(\overrightarrow{AB}+\overrightarrow{AC}),$$

所以

$$\overrightarrow{AM}=x\overrightarrow{AD}=\frac{1}{2}x(\overrightarrow{AB}+\overrightarrow{AC}).$$

同理,设$\overrightarrow{ME}=y\overrightarrow{BE}$. 因为$BE$为$AC$边上的中线,则有

$$\overrightarrow{BE}=\overrightarrow{BA}+\overrightarrow{AE}=-\overrightarrow{AB}+\frac{1}{2}\overrightarrow{AC},$$

所以

$$\overrightarrow{ME}=y\left(-\overrightarrow{AB}+\frac{1}{2}\overrightarrow{AC}\right).$$

在三角形AME中,$\overrightarrow{AM}+\overrightarrow{ME}+\overrightarrow{EA}=0$,即有

$$\frac{x}{2}(\overrightarrow{AB}+\overrightarrow{AC})+y\left(-\overrightarrow{AB}+\frac{1}{2}\overrightarrow{AC}\right)-\frac{1}{2}\overrightarrow{AC}=0,$$

根据向量与数的乘积性质、加法的交换律和结合律,则有

$$\left(\frac{x}{2}-y\right)\overrightarrow{AB}+\frac{1}{2}(x+y-1)\overrightarrow{AC}=0,$$

$$\left(\frac{x}{2}-y\right)\overrightarrow{AB}=-\frac{1}{2}(x+y-1)\overrightarrow{AC}=\boldsymbol{\gamma}.$$

如果$\boldsymbol{\gamma}\neq\mathbf{0}$,那么$\overrightarrow{AB}$与$\overrightarrow{AC}$均平行于$\boldsymbol{\gamma}$,这与点$A$,$B$和$C$构成三角形相矛盾,所以$\boldsymbol{\gamma}=\mathbf{0}$. 又因为$\overrightarrow{AB}$和$\overrightarrow{AC}$均为非零向量,所以有

$$\begin{cases}\dfrac{x}{2}-y=0\\ \dfrac{1}{2}(x+y-1)=0\end{cases},$$

解该方程可得

$$x=\frac{2}{3},$$

即有

$$AM = \frac{2}{3}AD.$$

例 1.1.7　设 P_1 和 P_2 为 u 轴上坐标为 u_1, u_2 的两点，又 $\boldsymbol{\xi}$ 为与 u 轴正向一致的单位向量，如图 1-1-13 所示．证明 $\overrightarrow{P_1P_2} = (u_2 - u_1)\boldsymbol{\xi}$.

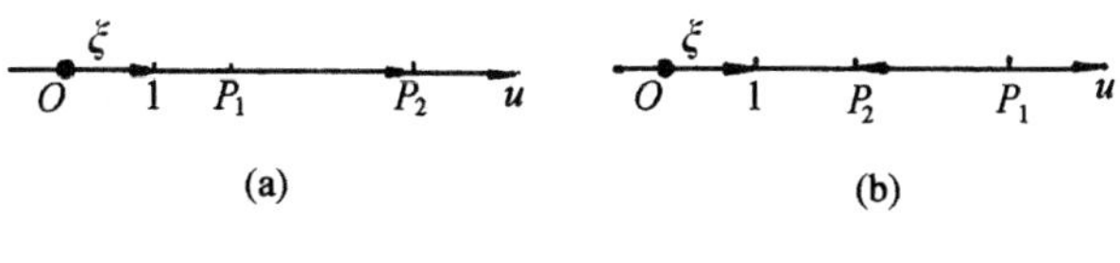

图 1-1-13

证明： 当 $u_2 - u_1 > 0$ 时，$\overrightarrow{P_2P_1}$ 与 $\boldsymbol{\xi}$ 的方向相同，如图 1-1-13(a) 所示．因为

$$|\overrightarrow{P_1P_2}| = (u_2 - u_1),$$

所以

$$\overrightarrow{P_1P_2} = (u_2 - u_1)\boldsymbol{\xi}.$$

当 $u_2 - u_1 = 0$ 时，$\overrightarrow{P_2P_1} = 0$，又因为

$$(u_2 - u_1)\boldsymbol{\xi} = \mathbf{0},$$

所以

$$\overrightarrow{P_1P_2} = (u_2 - u_1)\boldsymbol{\xi}.$$

当 $u_2 - u_1 < 0$ 时，$\overrightarrow{P_2P_1}$ 与 $\boldsymbol{\xi}$ 的方向相反，如图 1-1-13(b) 所示．$|\overrightarrow{P_1P_2}| = (u_1 - u_2)$. 按照数乘运算的定义可得

$$\overrightarrow{P_1P_2} = -(u_1 - u_2)\boldsymbol{\xi} = (u_2 - u_1)\boldsymbol{\xi}.$$

1.2　坐标系基础理论概述

1.2.1　空间直角坐标系

世间事物不停地运动，要描述一个物体的运动规律，必须选择某个物体或几个相对的物体作为参照物．坐标系是指描述事物运动而建立的一种参照物，是数学中探求事物运动规律的一种工具．平面或空间中运动物体所处的位置，就可分别由所对应的二个或三个数构成的有序数组所确定．最简单常用的是直角坐标系．

在平面解析几何里，我们用两条互相垂直的数轴建立了平面直角坐标系，使平面上的点与有序二维数组 (x, y) 之间建立了对应关系．类似地，我们可建立空间直角坐标系，使空间点与有序三维数组 (x, y, z) 之间建立对应关系．

定义 1.2.1　若

(1) Ox, Oy, Oz 为三条互相垂直的数轴．

(2) 三数轴原点重合，且一般三轴长度单位相同．

(3) x、y、z 轴相对位置符合右手系，如图 1-2-1 所示．

则称 $Oxyz$ 为空间直角坐标系 .

三个坐标轴中每两个坐标轴可以确定一个平面,称为坐标面,即 xOy 面,yOz 面,zOx 面 . 三个坐标面把空间分成八个部分,每一部分叫做卦限,空间共分为八个卦限,习惯用罗马字母 Ⅰ,Ⅱ,…,Ⅷ 来表示卦限的编号,如图 1-2-2 所示 .

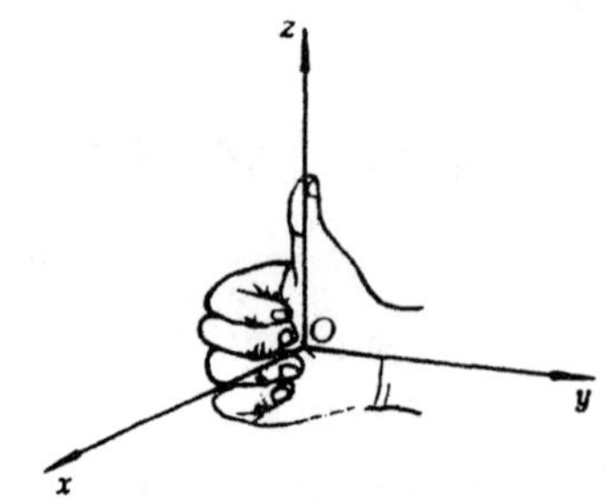

图 1-2-1

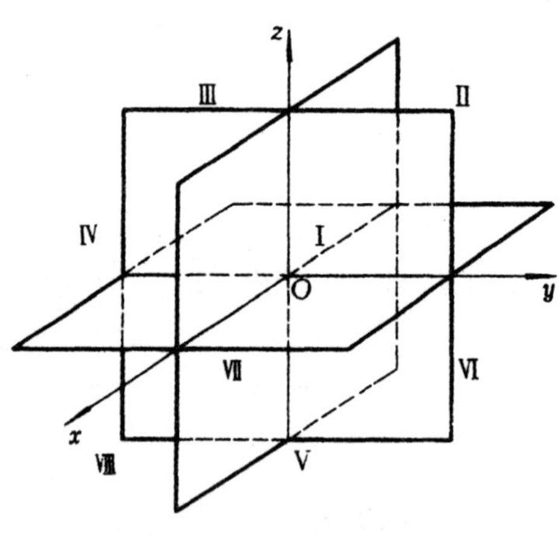

图 1-2-2

在每个卦限内,点的坐标符号是不变的,这八个卦限内点的坐标是取正还是取负有如下规律,如表 1-2-1 所示 .

表 1-2-1

卦限 坐标	Ⅰ	Ⅱ	Ⅲ	Ⅳ	Ⅴ	Ⅵ	Ⅶ	Ⅷ
x	+	−	−	+	+	−	−	+
y	+	+	−	−	+	+	−	−
z	+	+	+	+	−	−	−	−

例如,点$(-3,2,3)$ 在第 Ⅱ 卦限,点$(-2,5,-7)$ 在第 Ⅵ 卦限 .

设 M 为空间一已知点,过点 M 作分别垂直于 x,y,z 轴的三个平面(图 1-2-3),它们与 x,y,z 轴的交点依次为 P,Q,R,这三个点称为点 M 在坐标轴上的投影点,这三个点分别对应三个实

数 x,y,z. 于是空间一点 M 就唯一地确定了一个有序数组 (x,y,z)；反之，已知一个有序数组 (x,y,z)，必可在 z,y,z 轴上确定三个点 P,Q,R，过 P,Q,R 分别作 x,y,z 轴的垂面，三个垂面相交必确定空间一点 M，于是一个数组对应一个空间点．这样，空间点 M 与有序数组 (x,y,z) 间，建立了一一对应的关系，有序数组 (x,y,z) 叫做点 M 的坐标，并依次称数 x,y,z 为点 M 的横坐标、纵坐标和竖坐标，记为 $M(x,y,z)$.

显然，$(0,0,0)$ 表示原点，$(x,y,0)$ 表示 xOy 坐标面上的点，$(x,0,0)$ 表示 x 轴上的点，…….

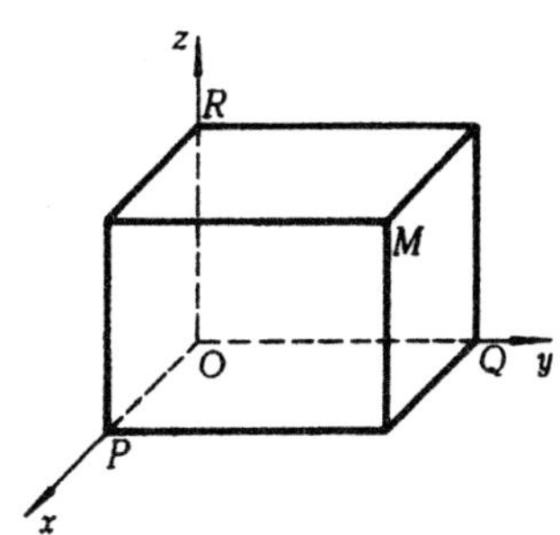

图 1-2-3

例 1.2.1　求点 (x_1,y_1,z_1) 关于 (1) xOy 面；(2) z 轴；(3) 坐标原点；(4) 点 (a,b,c) 的对称点的坐标．

解：令所对称的坐标为 (x_2,y_2,z_2)，那么有

(1) $x_1=x_2,y_1=y_2,z_1+z_2=0$，则所求点的坐标为 $(x_1,y_1,-z_1)$.

(2) $x_1+x_2=0,y_1+y_2=0,z_1=z_2$，则所求点的坐标为 $(-x_1,-y_1,z_1)$.

(3) $x_1+x_2=0,y_1+y_2=0,z_1+z_2=0$，则所求点的坐标为 $(-x_1,-y_1,-z_1)$.

(4) $\dfrac{x_1+x_2}{2}=a,\dfrac{y_1+y_2}{2}=b,\dfrac{z_1+z_2}{2}=c$，则所求点的坐标为 $(1a-x_1,2b-y_1,2c-z_1)$.

1.2.2　向量的坐标表示

本节主要讨论向量在空间直角坐标系中如何用坐标表示．对空间上的点，可以用有序数组来表示，对讨论的自由向量是否也可以用有序数组来表示呢？如果可以，又怎样来表示呢？

1. 数轴上向量的坐标表示

设数轴 μ 由点 O 及单位向量 $\boldsymbol{e}$ 确定，M 为数轴上一点，坐标为 μ，如图 1-2-4 所示．点 M 对应数轴上的向量 $\overrightarrow{OM}$，$\overrightarrow{OM}\parallel\boldsymbol{e}$，由定理可知，必存在唯一实数 λ，使 $\overrightarrow{OM}=\lambda\boldsymbol{e}$.

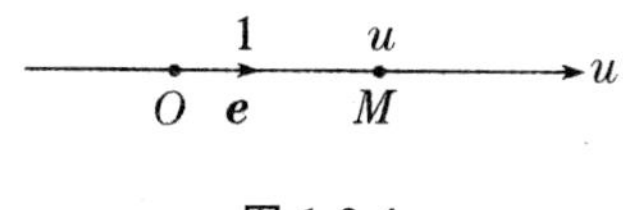

图 1-2-4

注意到 $|\overrightarrow{OM}|=|\mu|$，$|\boldsymbol{e}|=1$，所以 $|\mu|=|\lambda|$.

当 M 点位于原点 O 的右边时，$\mu>0$，同时，$\overrightarrow{OM}$ 与 $\boldsymbol{e}$ 同向，$\lambda>0$，有 $\mu=\lambda$；当 M 点位于原点 O 的左边时，$\mu<0$，同时，$\overrightarrow{OM}$ 与 $\boldsymbol{e}$ 反向，$\mu<0$，也有 $\mu=\lambda$；当 M 点与原点 O 重合时，有 $\mu=\lambda=0$.

这样恒有$\overrightarrow{OM}=\mu \boldsymbol{e}$. 这表明,数轴上以原点为起点的向量可由它的坐标与该数轴单位向量乘积表示.

2. 空间中向量的坐标表示

在空间直角坐标系中,任给向量 $\boldsymbol{r}$ 起点是原点 O,终点是 $M(x,y,z)$,则 $\boldsymbol{r}=\overrightarrow{OM}$. 过 M 点作垂直于三个坐标面的垂面,得到一个长方体 $OPNQ$-$RHMK$,如图 1-2-5 所示,有

$$\boldsymbol{r}=\overrightarrow{OP}+\overrightarrow{PN}+\overrightarrow{NM}=\overrightarrow{OP}+\overrightarrow{OQ}+\overrightarrow{OR}.$$

用 $\boldsymbol{i},\boldsymbol{j},\boldsymbol{k}$ 分别表示 x 轴,y 轴,z 轴方向的单位向量(又称基向量). 因为

$$\overrightarrow{OP}=x\boldsymbol{i},\overrightarrow{OQ}=y\boldsymbol{j},\overrightarrow{OR}=z\boldsymbol{k},$$

所以,

$$\boldsymbol{r}=\overrightarrow{OM}=x\boldsymbol{i}+y\boldsymbol{j}+z\boldsymbol{k}.$$

此式称为向量 $\boldsymbol{r}$ 的坐标分解式,此时也称向量 $\boldsymbol{r}$ 可由基向量 $\boldsymbol{i},\boldsymbol{j},\boldsymbol{k}$ 线性表示. $x\boldsymbol{i},y\boldsymbol{j},z\boldsymbol{k}$ 称为向量 $\boldsymbol{r}$ 沿三个坐标轴方向的分向量. 由于向量 $\boldsymbol{r}$ 中的三个有序数 x,y,z,即为点 M 的三个分坐标,而空间中点 M 与其坐标 (x,y,z) 一一对应,所以空间向量 $\boldsymbol{r}=\overrightarrow{OM}=x\boldsymbol{i}+y\boldsymbol{j}+z\boldsymbol{k}$ 与三元有序实数组 (x,y,z) 一一对应. 因此在空间直角坐标系 $Oxyz$ 中,我们做如下定义:有序数 x,y,z 称为向量 $\boldsymbol{r}$ 的坐标,记作 $\boldsymbol{r}=(x,y,z)$ 或 $\boldsymbol{r}=\{x,y,z\}$. 有时,本书向量的坐标用列矩阵表示,如 $\boldsymbol{r}=(x,y,z)^{\mathrm{T}}$. 向量 $\boldsymbol{r}=\overrightarrow{OM}$ 称为点 M 关于原点 O 的向径.

上述定义表明,一个点与该点的向径有相同的坐标,记号 (x,y,z) 既表示点 M 又表示向量 $\overrightarrow{OM}$. 在运用中,应结合上下文来分清其含义.

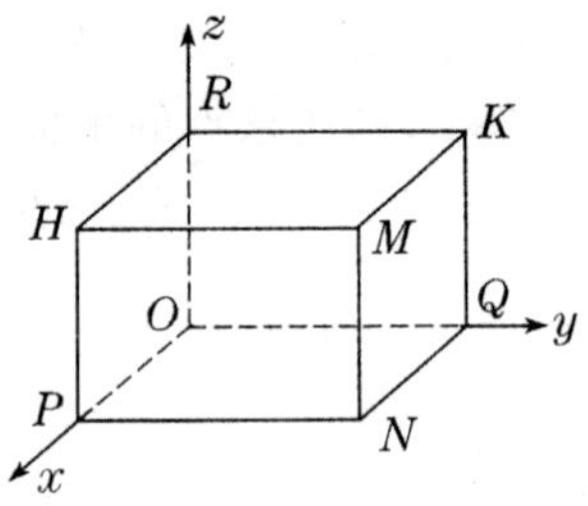

图 1-2-5

1.2.3 向量线性运算的坐标表示

利用向量的坐标,可得向量的加法、减法以及向量与数的乘法的运算如下:

设空间两个向量 $\boldsymbol{a}=a_x\boldsymbol{i}+a_y\boldsymbol{j}+a_z\boldsymbol{k}$,$\boldsymbol{b}=b_x\boldsymbol{i}+b_y\boldsymbol{j}+b_z\boldsymbol{k}$ 及实数 λ,即

$$\boldsymbol{a}=(a_x,a_y,a_z),\boldsymbol{b}=(b_x,b_y,b_z).$$

由向量加法的交换律与结合律,以及向量与数乘法的结合律与分配律,可得如下公式:

$$\boldsymbol{a}\pm\boldsymbol{b}=(a_x\pm b_x,a_y\pm b_y,a_z\pm b_z),$$

$$\lambda\boldsymbol{a}=(\lambda a_x,\lambda a_y,\lambda a_z).$$

空间两个向量 $\boldsymbol{a}=a_x\boldsymbol{i}+a_y\boldsymbol{j}+a_z\boldsymbol{k}$,$\boldsymbol{b}=b_x\boldsymbol{i}+b_y\boldsymbol{j}+b_z\boldsymbol{k}$ 平行的充要条件是存在唯一实数 λ 使 $\boldsymbol{a}=\lambda\boldsymbol{b}$,即 $(a_x,a_y,a_z)=\lambda(b_x,b_y,b_z)$,也即

$$\frac{a_x}{b_x}=\frac{a_y}{b_y}=\frac{a_z}{b_z}=\lambda, \tag{1-2-1}$$

表明 $\boldsymbol{a}$ 与 $\boldsymbol{b}$ 的对应坐标成比例.

这一向量平行的对称式条件,当分母有为零的元素时,应依如下规则来理解它的意义:

(1) 当 b_x, b_y, b_z 中仅有一个为零时,如 $b_z = 0$,则式(1-2-1) 理解为

$$\begin{cases} a_z = 0 \\ a_x b_y - a_y b_x = 0 \end{cases} \Leftrightarrow \begin{cases} a_z = 0 \\ \dfrac{a_x}{b_x} - \dfrac{a_y}{b_y} = 0 \end{cases};$$

(2) 当 b_x, b_y, b_z 中仅有两个为零时,如 $b_y = b_z = 0$,则式(1-2-1) 理解为

$$\begin{cases} a_y = 0 \\ a_z = 0 \end{cases}.$$

对空间上的两个点 $M_1(x_1, y_1, z_1)$, $M_2(x_2, y_2, z_2)$,如图 1-2-6 所示,则由

$$\overrightarrow{M_1M_2} = \overrightarrow{M_1O} + \overrightarrow{OM_2} = -\overrightarrow{OM_1} + \overrightarrow{OM_2},$$

易知向量 $\overrightarrow{M_1M_2}$ 的坐标表示为

$$\overrightarrow{M_1M_2} = (x_2 - x_1, y_2 - y_1, z_2 - z_1).$$

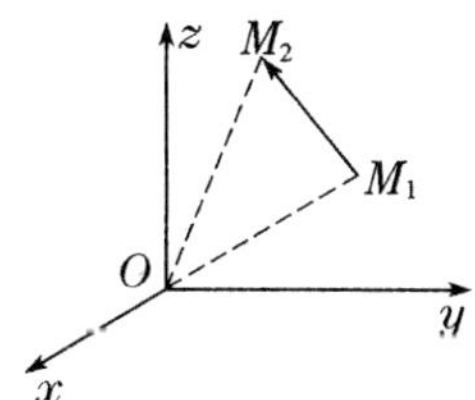

图 1-2-6

利用点的坐标可计算空间二点的距离. 设 $M_1(x_1, y_1, z_1)$, $M_2(x_2, y_2, z_2)$ 为空间两点,为求 M_1 到 M_2 的距离 d,以连线 M_1M_2 为对角线作一长方体(图 1-2-7). 于是

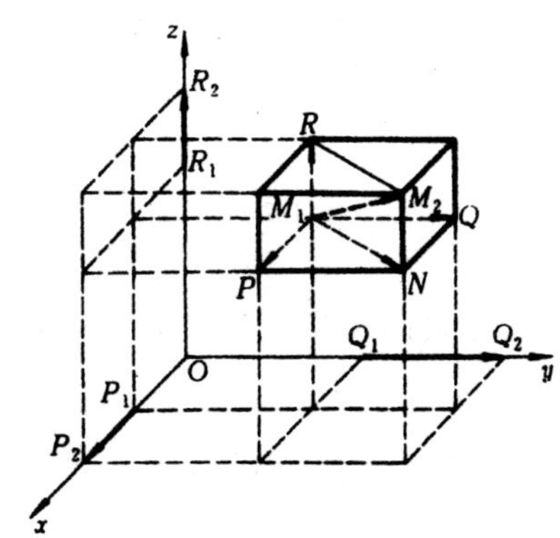

图 1-2-7

$$\begin{aligned} d^2 &= |M_1M_2|^2 \\ &= |M_1N|^2 + |NM_2|^2 \\ &= |M_1P|^2 + |M_1Q|^2 + |M_1R|^2 \\ &= |P_1P_2|^2 + |Q_1Q_2|^2 + |R_1R_2|^2 \\ &= (x_2 - x_1)^2 + (y_2 - y_1)^2 + (z_2 - z_1)^2. \end{aligned}$$

所以

$$d=|P_1P_2|=\sqrt{(x_2-x_1)^2+(y_2-y_1)^2+(z_2-z_1)^2}.$$

这就是空间两点间的距离公式．

特别地，点 $M(x,y,z)$ 与 $O(0,0,0)$ 间的距离公式为

$$d=\sqrt{x^2+y^2+z^2}.$$

在介绍方向余弦之前，我们先引入向量夹角的概念．设有两个非零向量 $\boldsymbol{a}$ 与 $\boldsymbol{b}$，将它们的起点置于同一点，规定二者在 0 与 π 之间的那个夹角为两向量的夹角(设 θ 为其夹角，即取 $0\leqslant\theta\leqslant\pi$，如图 1-2-8 所示)，记为 $(\widehat{\boldsymbol{a},\boldsymbol{b}})$ 或 $(\widehat{\boldsymbol{b},\boldsymbol{a}})$，即 $\theta=(\widehat{\boldsymbol{a},\boldsymbol{b}})$．当 $\boldsymbol{a}$ 与 $\boldsymbol{b}$ 平行，且指向相同时，取 $\theta=0$，当指向相反时，取 $\theta=\pi$．当 $\boldsymbol{a}$ 与 $\boldsymbol{b}$ 的夹角为 $\frac{\pi}{2}$ 时，称 $\boldsymbol{a}$ 与 $\boldsymbol{b}$ 垂直(或正交)，记为 $\boldsymbol{a}\perp\boldsymbol{b}$．如果 $\boldsymbol{a}$ 与 $\boldsymbol{b}$ 中有一个为零向量，规定它们的夹角可取 0 到 π 范围的任一值．

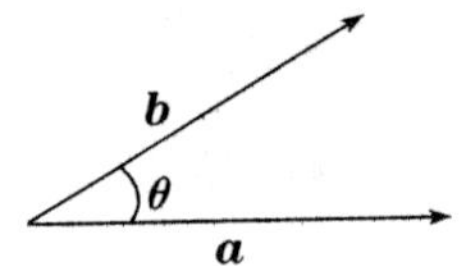

图 1-2-8

设向量 $\boldsymbol{r}=(x,y,z)$ 与 x 轴、y 轴和 z 轴正向的夹角分别是 α、β 和 γ，如图 1-2-9 所示，其中 $0\leqslant\alpha,\beta,\gamma\leqslant\pi$，称 α,β,γ 为向量 $\boldsymbol{r}$ 的方向角．方向角的余弦称为向量 $\boldsymbol{r}$ 的方向余弦．给出了一个向量的方向角或方向余弦，向量的方向也就完全确定了．

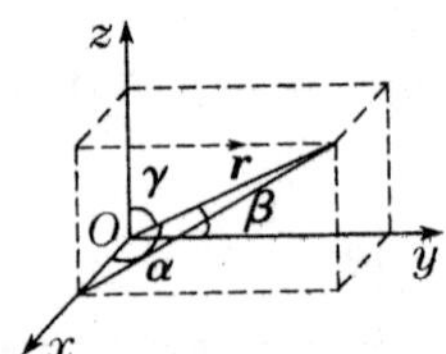

图 1-2-9

从图 1-2-9 中容易看出，无论 α 是锐角还是钝角，均有 $|\boldsymbol{r}|\cos\alpha=x$，同理可得，$|\boldsymbol{r}|\cos\beta=y$，$|\boldsymbol{r}|\cos\gamma=z$，而

$$\cos\alpha=\frac{x}{|\boldsymbol{r}|},\cos\beta=\frac{y}{|\boldsymbol{r}|},\cos\gamma=\frac{z}{|\boldsymbol{r}|},$$

其中 $|\boldsymbol{r}|=\sqrt{x^2+y^2+z^2}$.

由此又可得到重要关系式

$$\cos^2\alpha+\cos^2\beta+\cos^2\gamma=1. \tag{1-2-2}$$

对于向量 $\boldsymbol{a}=a_x\boldsymbol{i}+a_y\boldsymbol{j}+a_z\boldsymbol{k}$，$\alpha,\beta,\gamma$ 是 $\boldsymbol{a}$ 的方向角，可将其平移使起点移至原点．因为向量平移时并不改变大小和方向，所以也有

$$|\boldsymbol{a}|\cos\alpha=a_x,|\boldsymbol{a}|\cos\beta=a_y,|\boldsymbol{a}|\cos\gamma=a_z.$$

因此有

$$\cos\alpha = \frac{a_x}{|\boldsymbol{a}|}, \cos\beta = \frac{a_y}{|\boldsymbol{a}|}, \cos\gamma = \frac{a_z}{|\boldsymbol{a}|}, |\boldsymbol{a}| = \sqrt{a_x^2 + a_y^2 + a_z^2},$$

并且式(1-2-2)对向量 $\boldsymbol{a}$ 仍然成立.

对与向量 $\boldsymbol{a}$ 同向的单位向量 $\boldsymbol{a}^0$ 来说，它的坐标可用其方向余弦来表示，即

$$\boldsymbol{a}^0 = \frac{1}{|\boldsymbol{a}|}(a_x, a_y, a_z) = (\cos\alpha, \cos\beta, \cos\gamma).$$

特别地，一个向量的坐标中如果有一个是零，则该向量与某一个坐标面平行，如果有两个是零，则该向量与某一个坐标轴平行. 例如向量 $(a_x, a_y, 0)$，因为 $\cos\gamma = 0$，有 $\gamma = \frac{\pi}{2}$，即该向量垂直于 z 轴，即平行于 xOy 面. 而向量 $(a_x, 0, 0)$ 同时垂直于 y 轴和 z 轴，故其平行于 x 轴.

设 M 为空间中一点，数轴 u 由点 O 及单位向量 $\boldsymbol{e}$ 所确定. 过点 M 作与 u 轴垂直的平面，平面与 u 轴的交点 M' 称为点 M 在 u 轴上的投影. 而向量 $\overrightarrow{OM'}$ 为向量 $\overrightarrow{OM}$ 在 u 轴上的分向量.

令 $\overrightarrow{OM'} = \lambda\boldsymbol{e}$，则称 λ 为向量 $\overrightarrow{OM}$ 在 u 轴上的投影，记为 $\mathrm{Prj}_u \overrightarrow{OM}$，如图 1-2-10 所示.

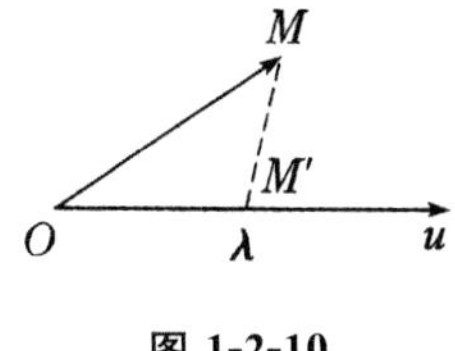

图 1-2-10

如上定义，当向量 $\boldsymbol{r} = \overrightarrow{OM} = (a_x, a_y, a_z)$ 时，其坐标 a_x, a_y, a_z 就是向量 $\boldsymbol{r}$ 在三条坐标轴上的投影，即 $a_x = \mathrm{Prj}_x\boldsymbol{r}, a_y = \mathrm{Prj}_y\boldsymbol{r}, a_z = \mathrm{Prj}_z\boldsymbol{r}$.

设 $\boldsymbol{a}, \boldsymbol{b}, \boldsymbol{c}$ 是空间中的向量，且 $\boldsymbol{a} \neq \boldsymbol{0}$，$\lambda$ 是任意实数，则有

(1) $\mathrm{Prj}_a\boldsymbol{b} = |\boldsymbol{b}|\cos(\widehat{\boldsymbol{a}, \boldsymbol{b}})$.

(2) $\mathrm{Prj}_a(\boldsymbol{b} + \boldsymbol{c}) = \mathrm{Prj}_a\boldsymbol{b} + \mathrm{Prj}_a\boldsymbol{c}$.

(3) $\mathrm{Prj}_a(\lambda\boldsymbol{b}) = \lambda\mathrm{Prj}_a\boldsymbol{b}$.

例 1.2.2　设 $\boldsymbol{\alpha} = (4,3,0), \boldsymbol{b} = (1,3,2)$，求 $2\boldsymbol{\alpha} + \boldsymbol{b}, \boldsymbol{\alpha} - 4\boldsymbol{b}$ 及 $|\boldsymbol{\alpha}|$.

解: $2\boldsymbol{\alpha} + \boldsymbol{b} = 2(4,3,0) + (1,3,2) = (9,9,2)$.

$\boldsymbol{\alpha} - 4\boldsymbol{b} = (4,3,0) - (4,12,8) = (0,-9,-8)$.

$|\boldsymbol{\alpha}| = \sqrt{4^2 + 3^2 + 0^2} = 5$.

例 1.2.3(定比分点公式)　设已知两点 $A = (x_1, y_1, z_1), B = (x_2, y_2, z_2)$，而在 AB 直线上的点 M 分有向线段 AB 为两部分 AM, MB，使它们值的比等于某数 $\lambda(\lambda \neq -1)$，即 $\frac{AM}{MB} = \lambda$，求点 M 的坐标.

解: 设 $M = (x, y, z)$ 为直线 AB 上的点，如图 1-2-11 所示，则

$$\overrightarrow{AM} = (x - x_1, y - y_1, z - z_1),$$
$$\overrightarrow{MB} = (x_2 - x, y_2 - y, z_2 - z),$$

根据题意可得

$$\overrightarrow{AM} = \lambda\overrightarrow{MB},$$

根据公式(1-2-1)可得

$$\frac{x-x_1}{x_2-x}=\frac{y-y_1}{y_2-y}=\frac{z-z_1}{z_2-z}=\lambda,$$

解得

$$x=\frac{x_1+\lambda x_2}{1+\lambda},y=\frac{y_1+\lambda y_2}{1+\lambda},z=\frac{z_1+\lambda z_2}{1+\lambda},$$

即 M 为有向线段$\overrightarrow{AB}$ 的定比分点．特别是当 M 是中点时，

$$x=\frac{x_1+x_2}{2},y=\frac{y_1+y_2}{2},z=\frac{z_1+z_2}{2}.$$

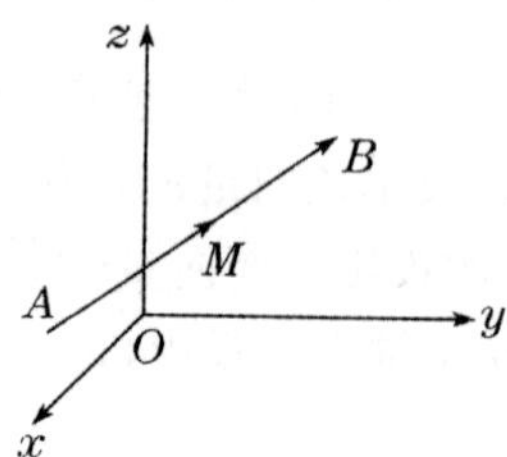

图 1-2-11

例 1.2.4　在 xOz 平面上求一点 M，使之与点 $A(1,-3,2)$，$B(-3,0,-1)$，$C(6,3,-1)$ 等距离．

解：因为所求点 M 在 xOz 平面上，所以设其坐标为 $M(x,0,z)$. 根据 $M(x,0,z)$ 与 $A(1,-3,2)$，$B(-3,0,-1)$，$C(6,3,-1)$ 等距可得

$$|MA|=|MB|,|MB|=|MC|,$$

即

$$\sqrt{(x-1)^2+3^2+(z-2)^2}=\sqrt{(x+3)^2+0^2+(z+1)^2},$$
$$\sqrt{(x+3)^2+0^2+(z+1)^2}=\sqrt{(x-6)^2+(-3)^2+(z+1)^2},$$

整理可得

$$\begin{cases}4x+3z=2\\x=2\end{cases},$$

解得

$$x=2,z=-2,$$

所以点 M 的坐标为$(2,0,-2)$.

例 1.2.5　已知三点 $A(1,1,1)$，$B(2,2,1)$ 和 $C(2,1,2)$，求向量$\overrightarrow{AB}$ 与$\overrightarrow{AC}$ 的夹角 θ.

解：因为

$$\overrightarrow{AB}=(2-1,2-1,1-1)=(1,1,0),$$
$$\overrightarrow{AC}=(2-1,1-1,2-1)=(1,0,1),$$
$$\cos\theta=\frac{\overrightarrow{AB}\cdot\overrightarrow{AC}}{|\overrightarrow{AB}|\cdot|\overrightarrow{AC}|}=\frac{1\cdot1+1\cdot0+0\cdot1}{\sqrt{1^2+1^2+0^2}\cdot\sqrt{1^2+0^2+1^2}}=\frac{1}{2},$$

所以向量$\overrightarrow{AB}$ 与$\overrightarrow{AC}$ 的夹角 $\theta=\frac{\pi}{3}$.

例 1.2.6　设已知两点 $A(1,2,0)$ 和 $B(3,1,-\sqrt{2})$，求向量$\overrightarrow{AB}$ 的模、方向余弦与$\overrightarrow{AB}$ 同向的

单位向量.

解:因为

$$\overrightarrow{AB}=(3-1,1-2,-\sqrt{2}-0)=(2,-1,-\sqrt{2}),$$

所以

$$|\overrightarrow{AB}|=\sqrt{2^2+(-1)^2+(-\sqrt{2})^2}=\sqrt{7},$$

即

$$\cos\alpha=\frac{2}{\sqrt{7}},\cos\beta=-\frac{1}{\sqrt{7}},\cos\gamma=-\frac{\sqrt{2}}{\sqrt{7}}.$$

则与$\overrightarrow{AB}$同向的单位向量为

$$\boldsymbol{e}^0=\frac{1}{|\overrightarrow{AB}|}\overrightarrow{AB}=\left(\frac{2}{\sqrt{7}},-\frac{1}{\sqrt{7}},-\frac{\sqrt{2}}{\sqrt{7}}\right).$$

例 1.2.7　设向量 $\boldsymbol{a}$ 与 x 轴、y 轴的夹角余弦为 $\cos\alpha=\frac{1}{3}$,$\cos\beta=\frac{2}{3}$,且 $|\boldsymbol{a}|=3$,求向量 $\boldsymbol{a}$.

解:根据式(1-2-2)可知

$$\cos\gamma=\pm\sqrt{1-\cos^2\alpha-\cos^2\beta}=\pm\frac{2}{3},$$

则有

$$\boldsymbol{a}_x=|\boldsymbol{a}|\cos\alpha=3\times\frac{1}{3}=1,$$

$$\boldsymbol{a}_y=|\boldsymbol{a}|\cos\beta=2,$$

$$\boldsymbol{a}_z=|\boldsymbol{a}|\cos\gamma=\pm 2,$$

所以所求的向量有两个,分别是(1,2,2)和(1,2,−2).

1.3　向量的乘积

1.3.1　向量的数量积

如果一物体在常力 $\boldsymbol{F}$ 作用下产生位移 $\boldsymbol{s}$,设 $\boldsymbol{F}$ 与 $\boldsymbol{s}$ 的夹角为 θ(图 1-3-1),那么力 $\boldsymbol{F}$ 经过位移 $\boldsymbol{s}$ 所作的功为

$$|\boldsymbol{F}||\boldsymbol{s}|\cos\theta.$$

两个向量按这样的算式对应于一个实数,这在很多问题中都会遇到,我们把它抽象为两个向量的内积.

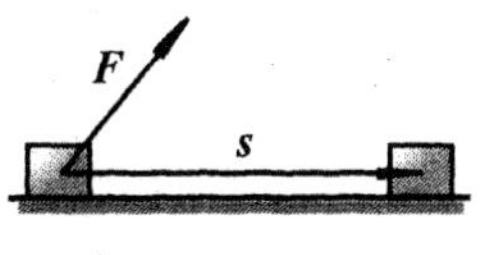

图 1-3-1

定义 1.3.1 两个向量 $\boldsymbol{\alpha}$ 与 $\boldsymbol{\beta}$ 的数量积(也称内积或点积)是一个实数,记作 $\boldsymbol{\alpha}\cdot\boldsymbol{\beta}$,其大小是这两个向量的长度与它们的夹角的余弦的乘积,即

$$\boldsymbol{\alpha}\cdot\boldsymbol{\beta}=|\boldsymbol{\alpha}||\boldsymbol{\beta}|\cos[\boldsymbol{\alpha},\boldsymbol{\beta}].$$

若 $\boldsymbol{\alpha}\cdot\boldsymbol{\beta}$ 有一个是零向量,则规定 $\boldsymbol{\alpha}\cdot\boldsymbol{\beta}=0$.

由数量积的定义可推得:

$$\boldsymbol{\alpha}\cdot\boldsymbol{\alpha}=|\boldsymbol{\alpha}||\boldsymbol{\alpha}|\cos[\boldsymbol{\alpha},\boldsymbol{\alpha}]=|\boldsymbol{\alpha}|^2\Rightarrow|\boldsymbol{\alpha}|=\sqrt{\boldsymbol{\alpha}\cdot\boldsymbol{\alpha}}.$$

设 $\boldsymbol{\alpha}$ 与 $\boldsymbol{\beta}$ 为非零向量,则

$$\boldsymbol{\alpha}\cdot\boldsymbol{\beta}=0\Leftrightarrow\boldsymbol{\alpha}\perp\boldsymbol{\beta}.$$

向量的内积满足下列运算规律.

(1)$\boldsymbol{\alpha}\cdot\boldsymbol{\beta}=\boldsymbol{\beta}\cdot\boldsymbol{\alpha}$;

(2)$(\lambda\boldsymbol{\alpha})\cdot\boldsymbol{\beta}=\lambda(\boldsymbol{\alpha}\cdot\boldsymbol{\beta})$.

(3)$(\boldsymbol{\alpha}+\boldsymbol{\beta})\cdot\boldsymbol{\gamma}=\boldsymbol{\alpha}\cdot\boldsymbol{\gamma}+\boldsymbol{\beta}\cdot\boldsymbol{\gamma}$.

证明:(1) 由于

$$\boldsymbol{\alpha}\cdot\boldsymbol{\beta}=|\boldsymbol{\alpha}||\boldsymbol{\beta}|\cos[\boldsymbol{\alpha},\boldsymbol{\beta}],$$
$$\boldsymbol{\beta}\cdot\boldsymbol{\alpha}=|\boldsymbol{\beta}||\boldsymbol{\alpha}|\cos[\boldsymbol{\beta},\boldsymbol{\alpha}],$$

又因为

$$|\boldsymbol{\beta}||\boldsymbol{\alpha}|=|\boldsymbol{\alpha}||\boldsymbol{\beta}|,$$

并且

$$\cos[\boldsymbol{\alpha},\boldsymbol{\beta}]=\cos[\boldsymbol{\beta},\boldsymbol{\alpha}],$$

所以

$$\boldsymbol{\alpha}\cdot\boldsymbol{\beta}=\boldsymbol{\beta}\cdot\boldsymbol{\alpha}.$$

(2) 因为当 $\lambda>0$,则按照定义可得

$$(\lambda\boldsymbol{\alpha})\cdot\boldsymbol{\beta}=|\lambda\boldsymbol{\alpha}||\boldsymbol{\beta}|\cos[\lambda\boldsymbol{\alpha},\boldsymbol{\beta}]=\lambda|\boldsymbol{\alpha}||\boldsymbol{\beta}|\cos[\lambda\boldsymbol{\alpha},\boldsymbol{\beta}],$$
$$\boldsymbol{\alpha}\cdot(\lambda\boldsymbol{\beta})=|\boldsymbol{\alpha}||\lambda\boldsymbol{\beta}|\cos[\boldsymbol{\alpha},\lambda\boldsymbol{\beta}]=\lambda|\boldsymbol{\alpha}||\boldsymbol{\beta}|\cos[\boldsymbol{\alpha},\lambda\boldsymbol{\beta}],$$
$$\lambda(\boldsymbol{\alpha}\cdot\boldsymbol{\beta})=\lambda|\boldsymbol{\alpha}||\boldsymbol{\beta}|\cos[\boldsymbol{\alpha},\boldsymbol{\beta}].$$

又因为 $\lambda\boldsymbol{\alpha}$ 与 $\boldsymbol{\alpha}$ 同向,$\lambda\boldsymbol{\beta}$ 与 $\boldsymbol{\beta}$ 同向,所以

$$[\lambda\boldsymbol{\alpha},\boldsymbol{\beta}]=[\boldsymbol{\alpha},\lambda\boldsymbol{\beta}]=\boldsymbol{\lambda}[\boldsymbol{\alpha},\boldsymbol{\beta}],$$

从而可得

$$(\lambda\boldsymbol{\alpha})\cdot\boldsymbol{\beta}=\boldsymbol{\alpha}\cdot(\lambda\boldsymbol{\beta})=\lambda(\boldsymbol{\alpha}\cdot\boldsymbol{\beta}).$$

当 $\lambda=0$ 时,显然有

$$(\lambda\boldsymbol{\alpha})\cdot\boldsymbol{\beta}=\boldsymbol{\alpha}\cdot(\lambda\boldsymbol{\beta})=\lambda(\boldsymbol{\alpha}\cdot\boldsymbol{\beta})=0.$$

类似地,可以证明当 $\lambda<0$ 时等式成立.

(3) 因为

$$\begin{aligned}(\boldsymbol{\alpha}+\boldsymbol{\beta})\cdot\boldsymbol{\gamma}&=|\boldsymbol{\gamma}|(\boldsymbol{\alpha}+\boldsymbol{\beta})_\gamma=|\boldsymbol{\gamma}|((\boldsymbol{\alpha})_\gamma+(\boldsymbol{\beta})_\gamma)\\&=|\boldsymbol{\gamma}|(\boldsymbol{\alpha})_\gamma+|\boldsymbol{\gamma}|(\boldsymbol{\beta})_\gamma\\&=\boldsymbol{\alpha}\cdot\boldsymbol{\gamma}+\boldsymbol{\beta}\cdot\boldsymbol{\gamma}.\end{aligned}$$

设 θ 为非两向量 $\boldsymbol{\alpha}$ 与 $\boldsymbol{\beta}$ 的夹角,$\boldsymbol{\alpha}=(\alpha_x,\alpha_y,\alpha_z)$,$\boldsymbol{\beta}=(\beta_x,\beta_y,\beta_z)$则有

$$\cos\theta=\frac{\boldsymbol{\alpha}\cdot\boldsymbol{\beta}}{|\boldsymbol{\alpha}||\boldsymbol{\beta}|}=\frac{\alpha_x\beta_x+\alpha_y\beta_y+\alpha_z\beta_z}{\sqrt{\alpha_x^2+\alpha_y^2+\alpha_z^2}\sqrt{\beta_x^2+\beta_y^2+\beta_z^2}},$$

于是

$$\boldsymbol{\alpha} \perp \boldsymbol{\beta} \Leftrightarrow \boldsymbol{\alpha} \cdot \boldsymbol{\beta} = 0 \Leftrightarrow \alpha_x\beta_x + \alpha_y\beta_y + \alpha_z\beta_z = 0.$$

例 1.3.1　已知 $M(1,1,1)$，$A(2,2,1)$，$B(2,1,2)$，求 $\angle AMB$.

解：作向量 $\overrightarrow{MA}$ 及 $\overrightarrow{MB}$，则 $\angle AMB = \angle(\overrightarrow{MA},\overrightarrow{MB})$. 易知 $\overrightarrow{MA} = (1,1,0)$，$\overrightarrow{MB} = (1,0,1)$，从而

$$\overrightarrow{MA} \cdot \overrightarrow{MB} = 1\times1+1\times0+0\times1 = 1,$$

$$\overrightarrow{MA} = \sqrt{1^2+1^2+0^2} = \sqrt{2},$$

$$\overrightarrow{MB} = \sqrt{1^2+0^2+1^2} = \sqrt{2}.$$

代入两个向量的夹角余弦的坐标表示式得

$$\cos\angle AMB = \frac{\overrightarrow{MA} \cdot \overrightarrow{MB}}{|\overrightarrow{MA}|\,|\overrightarrow{MB}|} = \frac{1}{\sqrt{2}\times\sqrt{2}} = \frac{1}{2}.$$

例 1.3.2　根据向量的数量积证明

$$|\boldsymbol{\alpha}+\boldsymbol{\beta}|^2+|\boldsymbol{\alpha}-\boldsymbol{\beta}|^2 = 2|\boldsymbol{\alpha}|^2+2|\boldsymbol{\beta}|^2.$$

证明：

$$\begin{aligned}|\boldsymbol{\alpha}+\boldsymbol{\beta}|^2+|\boldsymbol{\alpha}-\boldsymbol{\beta}|^2 &= (\boldsymbol{\alpha}+\boldsymbol{\beta})\cdot(\boldsymbol{\alpha}+\boldsymbol{\beta})+(\boldsymbol{\alpha}-\boldsymbol{\beta})\cdot(\boldsymbol{\alpha}-\boldsymbol{\beta})\\ &= (\boldsymbol{\alpha}\cdot\boldsymbol{\alpha}+2\boldsymbol{\alpha}\cdot\boldsymbol{\beta}+\boldsymbol{\beta}\cdot\boldsymbol{\beta})+(\boldsymbol{\alpha}\cdot\boldsymbol{\alpha}-2\boldsymbol{\alpha}\cdot\boldsymbol{\beta}+\boldsymbol{\beta}\cdot\boldsymbol{\beta})\\ &= 2(\boldsymbol{\alpha}\cdot\boldsymbol{\alpha})+2(\boldsymbol{\beta}\cdot\boldsymbol{\beta})\\ &= 2|\boldsymbol{\alpha}|^2+2|\boldsymbol{\beta}|^2.\end{aligned}$$

在几何上，该例题表明平行四边形两对角线的平方和等于四边的平方和．

例 1.3.3　试用向量的数量积证明：若存在 λ_1,λ_2 与 λ_3 使单位坐标向量 $\boldsymbol{e}_1,\boldsymbol{e}_2,\boldsymbol{e}_3$ 满足 $\lambda_1\boldsymbol{e}_1+\lambda_2\boldsymbol{e}_2+\lambda_3\boldsymbol{e}_3 = 0$，则一定有 $\lambda_1=\lambda_2=\lambda_3=0$；并由此证明空间任意向量 $\boldsymbol{a}$ 关于单位坐标向量的分解式是唯一的．

证明：设有实数 λ_1,λ_2 与 λ_3，使得 $\lambda_1\boldsymbol{e}_1+\lambda_2\boldsymbol{e}_2+\lambda_3\boldsymbol{e}_3 = 0$ 成立．由单位坐标向量 $\boldsymbol{e}_1,\boldsymbol{e}_2,\boldsymbol{e}_3$ 可得

$$\boldsymbol{e}_1\cdot\boldsymbol{e}_2 = \boldsymbol{e}_1\cdot\boldsymbol{e}_3 = 0,$$

$$\boldsymbol{e}_1\cdot\boldsymbol{e}_1 = 1.$$

从而

$$0 = \boldsymbol{e}_1\cdot(\lambda_1\boldsymbol{e}_1+\lambda_2\boldsymbol{e}_2+\lambda_3\boldsymbol{e}_3) = \lambda_1\boldsymbol{e}_1\cdot\boldsymbol{e}_1 = \lambda_1.$$

即 $\lambda_1 = 0$.

类似的有 $\lambda_2 = 0$，$\lambda_3 = 0$.

设向量 $\boldsymbol{a}$ 有两个分解式 $\boldsymbol{a} = x_1\boldsymbol{e}_1+y_1\boldsymbol{e}_2+z_1\boldsymbol{e}_3$ 及 $\boldsymbol{a} = x_2\boldsymbol{e}_1+y_2\boldsymbol{e}_2+z_2\boldsymbol{e}_3$，那么

$$x_1\boldsymbol{e}_1+y_1\boldsymbol{e}_2+z_1\boldsymbol{e}_3 = x_2\boldsymbol{e}_1+y_2\boldsymbol{e}_2+z_2\boldsymbol{e}_3,$$

则有

$$(x_2-x_1)\boldsymbol{e}_1+(y_2-y_1)\boldsymbol{e}_2+(z_2-z_1)\boldsymbol{e}_3 = 0.$$

根据已证明的结果可得

$$x_2-x_1 = y_2-y_1 = z_2-z_1 = 0,$$

即

$$x_2 = x_1, y_2 = y_1, z_2 = z_1.$$

所以，向量 $\boldsymbol{a}$ 关于 $\boldsymbol{e}_1,\boldsymbol{e}_2,\boldsymbol{e}_3$ 的分解式是唯一的．

1.3.2 向量的向量积

定义 1.3.2 两个向量 $\boldsymbol{\alpha}$ 与 $\boldsymbol{\beta}$ 的向量积是一个向量，记作 $\boldsymbol{\alpha}\times\boldsymbol{\beta}$. $\boldsymbol{\alpha}\times\boldsymbol{\beta}$ 的方向与 $\boldsymbol{\alpha}$ 及 $\boldsymbol{\beta}$ 均垂直，且使 $\boldsymbol{\alpha}$、$\boldsymbol{\beta}$、$\boldsymbol{\alpha}\times\boldsymbol{\beta}$ 符合右手系；$\boldsymbol{\alpha}\times\boldsymbol{\beta}$ 的模是以 $\boldsymbol{\alpha}$、$\boldsymbol{\beta}$ 为边的平行四边形的面积(图 1-3-2)，即

$$|\boldsymbol{\alpha}\times\boldsymbol{\beta}| = |\boldsymbol{\alpha}|\,|\boldsymbol{\beta}|\sin[\boldsymbol{\alpha},\boldsymbol{\beta}].$$

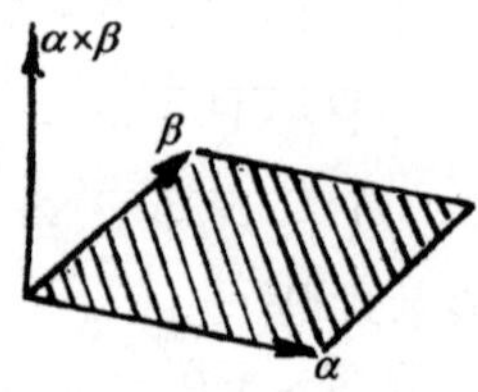

图 1-3-2

向量的向量积符合下列运算规律．

(1)$\boldsymbol{\alpha}\times\boldsymbol{\beta} = -\boldsymbol{\beta}\times\boldsymbol{\alpha}$.

这是因为按右手规则从 $\boldsymbol{\beta}$ 转向 $\boldsymbol{\alpha}$ 定出的方向恰好与按右手规则从 $\boldsymbol{\alpha}$ 转向 $\boldsymbol{\beta}$ 定出的方向相反．它表明交换律对向量积不成立．

(2)$(\boldsymbol{\alpha}+\boldsymbol{\beta})\times\boldsymbol{\gamma} = \boldsymbol{\alpha}\times\boldsymbol{\gamma}+\boldsymbol{\beta}\times\boldsymbol{\gamma}, \boldsymbol{\gamma}\times(\boldsymbol{\alpha}+\boldsymbol{\beta}) = \boldsymbol{\gamma}\times\boldsymbol{\alpha}+\boldsymbol{\gamma}\times\boldsymbol{\beta}$.

(3)$(k\boldsymbol{\alpha})\times\boldsymbol{\beta} = \boldsymbol{\alpha}\times(k\boldsymbol{\beta}) = k(\boldsymbol{\alpha}\times\boldsymbol{\beta})$，$k$ 为数．

由向量积的定义可以得到：

(1)$\boldsymbol{\alpha}\times\boldsymbol{\alpha} = \boldsymbol{0}$.

这是因为夹角 $\theta = 0$，所以 $|\boldsymbol{\alpha}\times\boldsymbol{\alpha}| = |\boldsymbol{\alpha}|^2\sin 0 = 0$.

(2) 对于任意非零向量 $\boldsymbol{\alpha}$，$\boldsymbol{\beta}$ 有

$$\boldsymbol{\alpha}\,/\!/\,\boldsymbol{\beta} \Leftrightarrow \boldsymbol{\alpha}\times\boldsymbol{\beta} = 0.$$

这是因为如果 $\boldsymbol{\alpha}\times\boldsymbol{\beta} = 0$，由于 $|\boldsymbol{\alpha}|\neq 0$，$|\boldsymbol{\beta}|\neq 0$，必有 $\sin\theta = 0$，于是 $\theta = 0$ 或 π，即 $\boldsymbol{\alpha}$ 与 $\boldsymbol{\beta}$ 共线；如果 $\boldsymbol{\alpha}$ 与 $\boldsymbol{\beta}$ 共线，那么 $\theta = 0$ 或 π，于是 $|\boldsymbol{\alpha}\times\boldsymbol{\beta}| = 0$，$\boldsymbol{\alpha}\times\boldsymbol{\beta} = 0$.

例 1.3.4 已知三点 $M(1,1,1)$，$A(2,2,1)$ 和 $B(2,1,2)$，求 $\angle AMB$ 及 $\triangle AMB$ 的面积．

解：作向量 $\overrightarrow{MA}$，$\overrightarrow{MB}$，$\angle AMB$ 就是向量 $\overrightarrow{MA}$ 与 $\overrightarrow{MB}$ 的夹角，$\overrightarrow{MA} = \{1,1,0\}$，$\overrightarrow{MB} = \{1,0,1\}$，从而

$$\overrightarrow{MA}\cdot\overrightarrow{MB} = 1\times1+1\times0+0\times1 = 1,$$

$$|\overrightarrow{MA}| = \sqrt{1+1+0} = \sqrt{2},$$

$$|\overrightarrow{MB}| = \sqrt{1+0+1} = \sqrt{2}.$$

$$\cos\angle AMB = \frac{\overrightarrow{MA}\cdot\overrightarrow{MB}}{|\overrightarrow{MA}|\,|\overrightarrow{MB}|} = \frac{1}{2}.$$

由此得 $\angle AMB = \dfrac{\pi}{3}$.

$\triangle AMB$ 的面积 $S_{\triangle AMB}$ 等于 $\overrightarrow{MA}$ 与 $\overrightarrow{MB}$ 的向量积的模的一半．而

$$\overrightarrow{MA}\times\overrightarrow{MB} = \begin{vmatrix} i & j & k \\ 1 & 1 & 0 \\ 1 & 0 & 1 \end{vmatrix} = i - j - k,$$

$$S_{\triangle AMB}=\frac{1}{2}\overrightarrow{MA}\times\overrightarrow{MB}=\frac{1}{2}\sqrt{1+1+1}=\frac{\sqrt{3}}{2}.$$

例 1.3.5　已知向量 $\boldsymbol{\gamma}$ 垂直于向量 $\boldsymbol{\alpha}=(1,2,1)$ 和 $\boldsymbol{\beta}=(-1,1,1)$，并且满足

$$\boldsymbol{\gamma}\cdot(\boldsymbol{i}-2\boldsymbol{j}+\boldsymbol{k})=8,$$

求向量 $\boldsymbol{\gamma}$.

解：$\boldsymbol{\alpha}\times\boldsymbol{\beta}=\begin{vmatrix}\boldsymbol{i} & \boldsymbol{j} & \boldsymbol{k}\\ 1 & 2 & 1\\ -1 & 1 & 1\end{vmatrix}=\boldsymbol{i}-2\boldsymbol{j}+3\boldsymbol{k}$，因为 $\boldsymbol{\gamma}$ 垂直于向量 $\boldsymbol{\alpha},\boldsymbol{\beta}$，设 $\boldsymbol{\gamma}=\lambda(\boldsymbol{i}-2\boldsymbol{j}+3\boldsymbol{k})$，根据条件 $\boldsymbol{\gamma}\cdot(\boldsymbol{i}-2\boldsymbol{j}+\boldsymbol{k})=8$，则有

$$\lambda+4\lambda+3\lambda=8,$$

$$8\lambda=8,$$

$$\lambda=1,$$

所以

$$\boldsymbol{\gamma}=\boldsymbol{i}-2\boldsymbol{j}+3\boldsymbol{k}.$$

例 1.3.6　已知向量 $\boldsymbol{\alpha},\boldsymbol{\beta},\boldsymbol{\gamma}$ 不共线，证明：$\boldsymbol{\alpha}+\boldsymbol{\beta}+\boldsymbol{\gamma}=\boldsymbol{0}$ 的充要条件为

$$\boldsymbol{\alpha}\times\boldsymbol{\beta}=\boldsymbol{\beta}\times\boldsymbol{\gamma}=\boldsymbol{\gamma}\times\boldsymbol{\alpha}.$$

证明：(1) 必要性．因为

$$\boldsymbol{\alpha}+\boldsymbol{\beta}+\boldsymbol{\gamma}=\boldsymbol{0},$$

有

$$\boldsymbol{\gamma}=-(\boldsymbol{\alpha}+\boldsymbol{\beta}),$$

所以

$$\begin{aligned}\boldsymbol{\beta}\times\boldsymbol{\gamma}&=-\boldsymbol{\beta}\times(\boldsymbol{\alpha}+\boldsymbol{\beta})\\&=-\boldsymbol{\beta}\times\boldsymbol{\alpha}-\boldsymbol{\beta}\times\boldsymbol{\beta}\\&=-\boldsymbol{\beta}\times\boldsymbol{\alpha}\\&=\boldsymbol{\alpha}\times\boldsymbol{\beta},\end{aligned}$$

$$\begin{aligned}\boldsymbol{\gamma}\times\boldsymbol{\alpha}&=-(\boldsymbol{\alpha}+\boldsymbol{\beta})\times\boldsymbol{\alpha}\\&=-\boldsymbol{\alpha}\times\boldsymbol{\alpha}-\boldsymbol{\beta}\times\boldsymbol{\alpha}\\&=\boldsymbol{\alpha}\times\boldsymbol{\beta}.\end{aligned}$$

从而可得

$$\boldsymbol{\alpha}\times\boldsymbol{\beta}=\boldsymbol{\beta}\times\boldsymbol{\gamma}=\boldsymbol{\gamma}\times\boldsymbol{\alpha}.$$

(2) 充分性．因为

$$\boldsymbol{\alpha}\times\boldsymbol{\beta}=\boldsymbol{\beta}\times\boldsymbol{\gamma}=\boldsymbol{\gamma}\times\boldsymbol{\alpha},$$

则有

$$\begin{aligned}(\boldsymbol{\alpha}+\boldsymbol{\beta}+\boldsymbol{\gamma})\times\boldsymbol{\gamma}&=\boldsymbol{\alpha}\times\boldsymbol{\gamma}+\boldsymbol{\beta}\times\boldsymbol{\gamma}+\boldsymbol{\gamma}\times\boldsymbol{\gamma}\\&=-\boldsymbol{\beta}\times\boldsymbol{\gamma}+\boldsymbol{\beta}\times\boldsymbol{\gamma}\\&=0,\end{aligned}$$

$$\boldsymbol{\gamma}//(\boldsymbol{\alpha}+\boldsymbol{\beta}+\boldsymbol{\gamma}),$$

同理可得

$$\boldsymbol{\alpha}//(\boldsymbol{\alpha}+\boldsymbol{\beta}+\boldsymbol{\gamma}),$$

$$\boldsymbol{\beta} // (\boldsymbol{\alpha} + \boldsymbol{\beta} + \boldsymbol{\gamma}).$$

如果 $\boldsymbol{\alpha} + \boldsymbol{\beta} + \boldsymbol{\gamma} \neq \mathbf{0}$,那么 $\boldsymbol{\alpha}, \boldsymbol{\beta}, \boldsymbol{\gamma}$ 共线,与题设相矛盾,因此有

$$\boldsymbol{\alpha} + \boldsymbol{\beta} + \boldsymbol{\gamma} = \mathbf{0}.$$

1.3.3 向量的混合积

一个平行六面体由它的过同一顶点的三条边完全确定．这三条边可以用以这个顶点为起点的三个向量来表示,因而这三个向量就完全确定了平行六面体的形状和大小．下面计算以向量 $\boldsymbol{a}, \boldsymbol{b}, \boldsymbol{c}$ 为三边的平行六面体的体积(图 1-3-3).

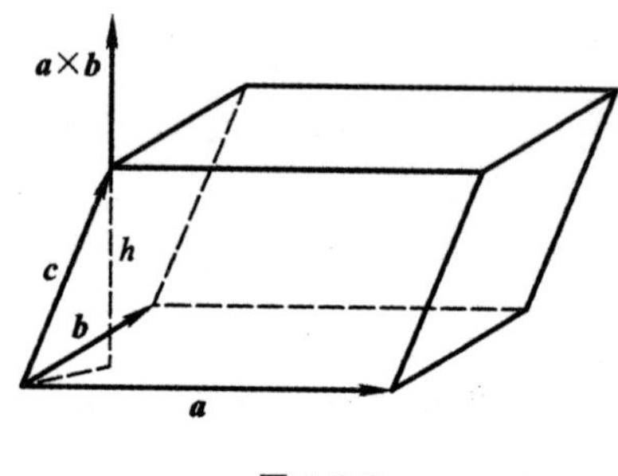

图 1-3-3

以向量 $\boldsymbol{a}, \boldsymbol{b}$ 为邻边的平行四边形作为底面,那么底面积为

$$S = |\boldsymbol{a} \times \boldsymbol{b}|,$$

而这个底面上的高是

$$h = |\boldsymbol{c}| \cos\angle(\boldsymbol{a} \times \boldsymbol{b}, \boldsymbol{c}).$$

于是平行六面体的体积 $V = Sh$,即

$$V = |\boldsymbol{a} \times \boldsymbol{b}| \, |\boldsymbol{c}| \, |\cos\angle(\boldsymbol{a} \times \boldsymbol{b}, \boldsymbol{c})| = |(\boldsymbol{a} \times \boldsymbol{b}) \cdot \boldsymbol{c}|.$$

这就是用向量计算平行六面体的体积的公式．因为体积只能取正值,故上式要取绝对值．$(\boldsymbol{a} \times \boldsymbol{b}) \cdot \boldsymbol{c}$ 称为三向量 $\boldsymbol{a}, \boldsymbol{b}, \boldsymbol{c}$ 的混合积,记作 $(\boldsymbol{a}, \boldsymbol{b}, \boldsymbol{c})$.

从上面的讨论中我们还可以看出,$(\boldsymbol{a} \times \boldsymbol{b}) \cdot \boldsymbol{c}$ 的正负取决于 $\angle(\boldsymbol{a} \times \boldsymbol{b}, \boldsymbol{c})$ 是锐角还是钝角,这就是向量 $\boldsymbol{a} \times \boldsymbol{b}$ 与 $\boldsymbol{c}$ 是朝着底面的同侧还是异侧,即向量 $\boldsymbol{a}, \boldsymbol{b}, \boldsymbol{c}$ 是否成右手系．

下面我们推导三向量的混合积的坐标表示式．

设三向量的坐标为

$$\boldsymbol{a} = (x_1, y_1, z_1), \boldsymbol{b} = (x_2, y_2, z_2), \boldsymbol{c} = (x_3, y_3, z_3),$$

那么

$$\boldsymbol{a} \times \boldsymbol{b} = \begin{vmatrix} \boldsymbol{e}_1 & \boldsymbol{e}_2 & \boldsymbol{e}_3 \\ x_1 & y_1 & z_1 \\ x_2 & y_2 & z_2 \end{vmatrix} = \begin{vmatrix} y_1 & z_1 \\ y_2 & z_2 \end{vmatrix} \boldsymbol{e}_1 - \begin{vmatrix} x_1 & z_1 \\ x_2 & z_2 \end{vmatrix} \boldsymbol{e}_2 + \begin{vmatrix} y_1 & y_1 \\ y_2 & y_2 \end{vmatrix} \boldsymbol{e}_3.$$

再由两向量数量积的坐标表示式得

$$(\boldsymbol{a}, \boldsymbol{b}, \boldsymbol{c}) = (\boldsymbol{a} \times \boldsymbol{b}) \cdot \boldsymbol{c} = x_3 \begin{vmatrix} y_1 & z_1 \\ y_2 & z_2 \end{vmatrix} - y_3 \begin{vmatrix} x_1 & z_1 \\ x_2 & z_2 \end{vmatrix} + z_3 \begin{vmatrix} y_1 & y_1 \\ y_2 & y_2 \end{vmatrix}$$

或

$$(\boldsymbol{a},\boldsymbol{b},\boldsymbol{c})=\begin{vmatrix} x_1 & y_1 & z_1 \\ x_2 & y_2 & z_2 \\ x_3 & y_3 & z_3 \end{vmatrix}.$$

这就是三向量混合积的坐标表示式.

根据行列式的性质易推出

$$\begin{aligned}(\boldsymbol{a}\times\boldsymbol{b})\cdot\boldsymbol{c} &= (\boldsymbol{b}\times\boldsymbol{c})\cdot\boldsymbol{a} \\ &= (\boldsymbol{c}\times\boldsymbol{a})\cdot\boldsymbol{b} \\ &=-(\boldsymbol{b}\times\boldsymbol{a})\cdot\boldsymbol{c} \\ &=-(\boldsymbol{c}\times\boldsymbol{b})\cdot\boldsymbol{a} \\ &=-(\boldsymbol{a}\times\boldsymbol{c})\cdot\boldsymbol{b}.\end{aligned}$$

由此可导出以下结果:

$$(\boldsymbol{a}\times\boldsymbol{b})\cdot\boldsymbol{c}=\boldsymbol{a}\cdot(\boldsymbol{b}\times\boldsymbol{c}),$$

$$(\boldsymbol{a}\times\boldsymbol{b})\cdot\boldsymbol{a}=(\boldsymbol{b}\times\boldsymbol{a})\cdot\boldsymbol{a}=(\boldsymbol{a}\times\boldsymbol{a})\cdot\boldsymbol{b}=0.$$

如果若干向量都平行于同一平面,则称为共面向量.由三向量混合积的几何意义,可立即得到三向量 $\boldsymbol{a},\boldsymbol{b},\boldsymbol{c}$ 共面的充分必要条件是 $(\boldsymbol{a}\times\boldsymbol{b})\cdot\boldsymbol{c}=0$. 如果用向量的坐标表示,三向量 $\boldsymbol{a}=(x_1,y_1,z_1)$, $\boldsymbol{b}=(x_2,y_2,z_2)$, $\boldsymbol{c}=(x_3,y_3,z_3)$共面的充分必要条件是

$$\begin{vmatrix} x_1 & y_1 & z_1 \\ x_2 & y_2 & z_2 \\ x_3 & y_3 & z_3 \end{vmatrix}=0.$$

例 1.3.7　已知四面体的四个顶点为 $A(1,1,1)$, $B(2,4,4)$, $C(3,5,5)$, $D(2,4,7)$,求该四面体的体积 V.

解:由立体几何可知,四面体的体积 V 等于向量$\overrightarrow{AB}$, $\overrightarrow{AC}$, $\overrightarrow{AD}$ 为棱的平行六面体体积的六分之一,因而

$$V=\frac{1}{6}\left|(\overrightarrow{AB}\quad\overrightarrow{AC}\quad\overrightarrow{AD})\right|,$$

又

$$\begin{aligned}\overrightarrow{AB}&=(2,3,3),\\ \overrightarrow{AC}&=(2,4,4),\\ \overrightarrow{AD}&=(1,3,6),\end{aligned}$$

故

$$V=\frac{1}{6}\begin{vmatrix} 2 & 3 & 3 \\ 2 & 4 & 4 \\ 1 & 3 & 6 \end{vmatrix}=1.$$

例 1.3.8　已知 $A(1,2,0)$, $B(2,3,1)$, $C(4,2,2)$, $M(x,y,z)$四点共面,求点 M 的坐标 x, y, z 所满足的关系式.

解:A,B,C,M 四点共面相当于$\overrightarrow{AM}$, $\overrightarrow{AB}$, $\overrightarrow{AC}$ 三向量共面,这里

$$\overrightarrow{AM}=(x-1,y-2,z),\overrightarrow{AB}=(1,1,1),\overrightarrow{AC}=(3,0,2).$$

根据三向量共面的充分必要条件可得

$$\begin{vmatrix} x-1 & y-2 & z \\ 1 & 1 & 1 \\ 3 & 0 & 2 \end{vmatrix} = 0,$$

即

$$2x + y - 3z - 4 = 0.$$

这就是点 M 的坐标所满足的关系式.

1.4 曲面及其方程

1.4.1 空间的曲面

1. 空间曲面的方程

如果曲面 S 上每一点的坐标都满足方程 $F(x,y,z)=0$,而不在曲面 S 上的点的坐标都不满足这个方程,那么就称方程 $F(x,y,z)=0$ 是曲面 S 的方程,称曲面 S 是此方程的图形,如图 1-4-1 所示.

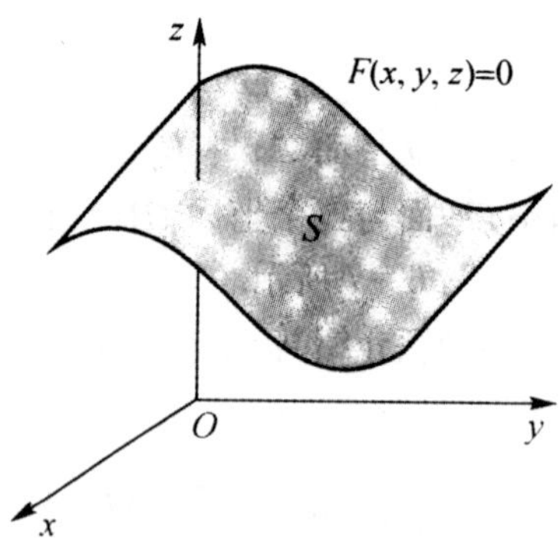

图 1-4-1

例 1.4.1 在空间中,试求到两定点的距离之差等于常数的点的轨迹的方程.

解:在空间直角坐标系中,设两定点的坐标分别是 $(0,0,c)$,$(0,0,-c)$,常数为 $2b$,根据题意有 $b<c$.

设动点 $M(x,y,z)$,根据题意有

$$\left|\sqrt{x^2+y^2+(z-c)^2}-\sqrt{x^2+y^2+(z+c)^2}\right|=2b,$$

整理得

$$b^2x^2+b^2y^2+(b^2-c^2)z^2+b^2(c^2-b^2)=0,$$

令 $c^2-b^2=a^2$ 可得

$$\frac{x^2}{a^2}+\frac{y^2}{a^2}-\frac{z^2}{b^2}=-1,$$

即为所求的轨迹的方程.

2. 常见的曲面

(1) 球面

到定点 $P_0(x_0,y_0,z_0)$ 有定距离 R 的点的集合构成一曲面 S，它就是以 P_0 为中心、以 R 为半径的球面．点 $P(x,y,z)$ 在球 S 上的充要条件是

$$|P_0P|=R,$$

即

$$(x-x_0)^2+(y-y_0)^2+(z-z_0)^2=R^2, \tag{1-4-1}$$

上式即为以 (x_0,y_0,z_0) 为球心，以 R 为半径的球面 S 的方程．

把式(1-4-1)展开可得如下三元二次方程

$$x^2+y^2+z^2+Ax+By+Cz+D=0, \tag{1-4-2}$$

其特征是：没有乘积项，如 xy,yz,zx；平方项系数相同；$A^2+B^2+C^2-4D>0$. 反之，任何形如式(1-4-2)的方程经过配方后都可化成

$$(x-a)^2+(y-b)^2+(z-c)^2=\sigma,$$

上式中 σ 大于、等于和小于 0 决定它分别表示以 (a,b,c) 为球心，以 $\sqrt{\sigma}$ 为半径的球面、一点 (a,b,c) 和虚球面．

空中的一个圆可以看作是一个球面与一个平面的交线，所以可以把一个球面方程和一个平面方程联立起来表示一个圆．

(2) 柱面

直线 L 沿定曲线 C 平行移动所形成的曲面即为柱面．定曲线 C 是柱面的准线，直线 L 是柱面的母线，如图 1-4-2 所示．

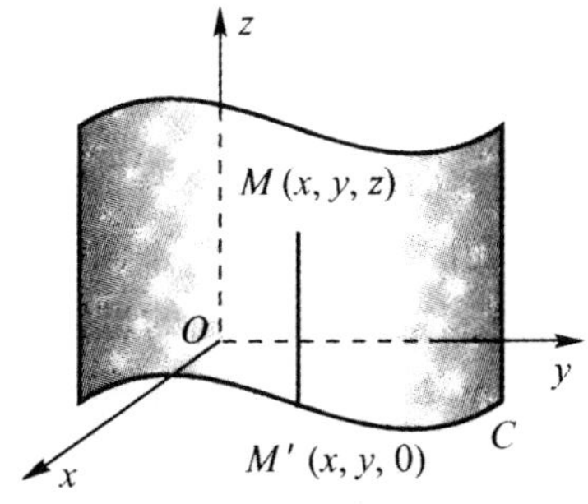

图 1-4-2

在此，讨论的主要是准线在坐标面上母线平行于坐标轴的柱面方程．在柱面上任取一点 $M(x,y,z)$，过 M 作 xOy 面的垂线与曲线 C 相交于点 $M'(x,y,0)$，如图 1-4-2 所示，由于 M' 在曲线 C 上，所以其坐标满足方程 $f(x,y)=0$，由于该方程不含变量 z，因此柱面上任意点 $M(x,y,z)$ 的坐标也满足 $f(x,y)=0$. 同理，方程 $f(y,z)=0$ 表示母线平行于 x 轴的柱面；方程 $f(x,z)=0$ 表示母线平行于 y 轴的柱面．在空间直角坐标系下，含两个变量的方程是柱面方程，并且方程中不含哪个变量，该柱面的母线就平行于哪一个坐标轴．下面是母线平行于 z 轴的常见柱面的方程和图形．

① 圆柱面：$x^2+y^2=R^2$，如图 1-4-3 所示．

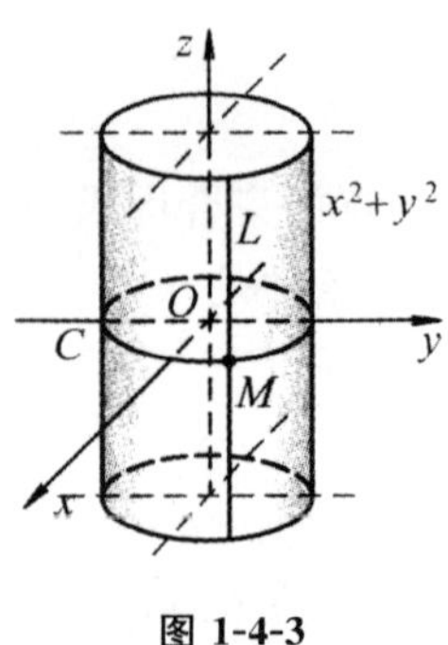

图 1-4-3

② 椭圆柱面：$\frac{x^2}{a^2}+\frac{y^2}{b^2}=1$.

③ 双曲柱面：$\frac{y^2}{b^2}-\frac{x^2}{a^2}=1$，如图 1-4-4 所示．

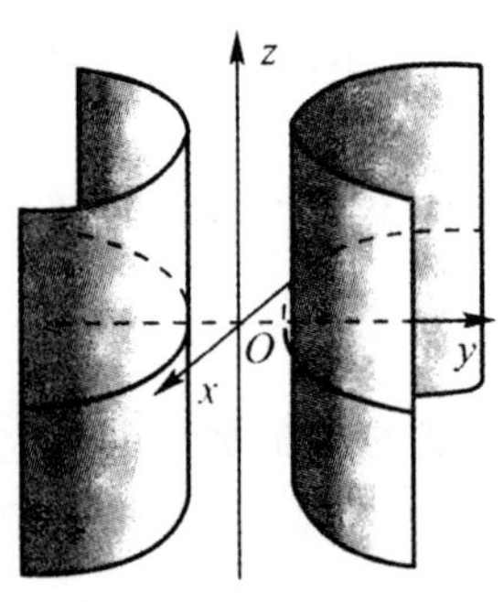

图 1-4-4

④ 抛物柱面：$x^2-2py=0$，如图 1-4-5 所示．

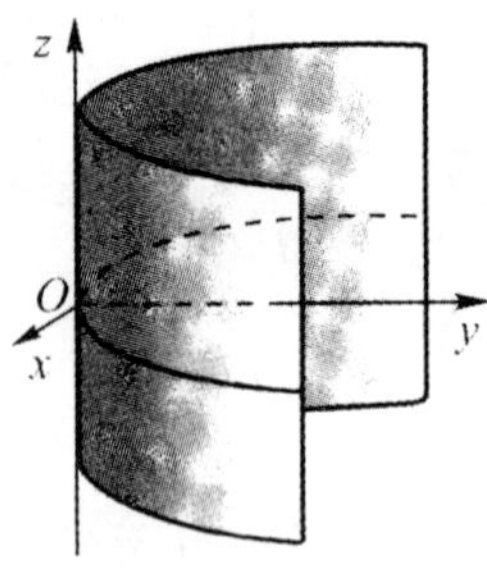

图 1-4-5

例如，方程$\frac{y^2}{b^2}-\frac{x^2}{a^2}=1$表示母线平行于 z 轴、准线为 xOy 面上的双曲线$\frac{y^2}{b^2}-\frac{x^2}{a^2}=1$的双曲柱面，如图 1-4-4 所示；方程 $y^2=2x$ 表示母线平行于 z 轴、准线为 xOy 面上的抛物线 $y^2=2x$ 的抛物柱面，如图 1-4-5 所示．

(3) 旋转曲面

一平面曲线 C 绕同一平面上的一条定直线 L 旋转所形成的曲面称为旋转曲面．曲线 C 称为旋转曲面的母线，直线 L 称为旋转曲面的轴，如图 1-4-6 所示．

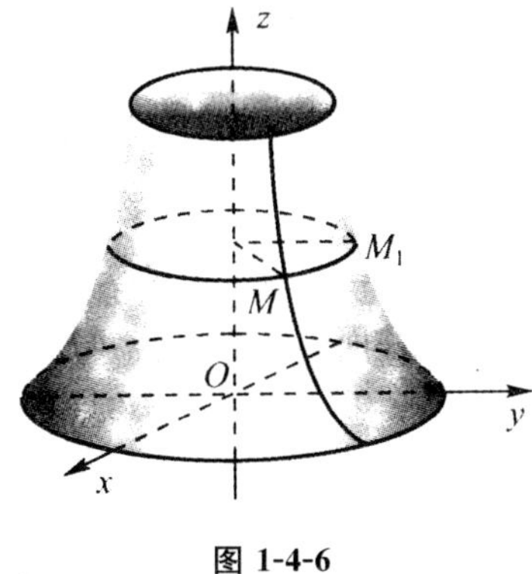

图 1-4-6

设在 yOz 面上有一条已知曲线 C，它在平面直角坐标系中的方程是 $f(y,z)=0$，求此曲线 C 绕 z 轴旋转一周所形成的旋转曲面的方程．

在旋转曲面上任取一点 $M(x,y,z)$，设该点是由母线 C 上的点 $M_1(0,y_1,z_1)$ 绕 z 轴旋转一定角度得到的，根据图 1-4-6 可知，点 M 与 z 轴的距离等于点 M_1 与 z 轴的距离，且有同一竖坐标，即 $\sqrt{x^2+y^2}=|y_1|$，$z=z_1$，又因为点 M_1 在母线 C 上，所以 $f(y_1,z_1)=0$，于是 $f(\pm\sqrt{x^2+y^2},z)=0$，即旋转曲面上的点都满足方程

$$f(\pm\sqrt{x^2+y^2},z)=0.$$

而不在旋转曲面上的点都不满足该方程，所以此方程是母线为 C、旋转轴为 z 轴的旋转曲面的方程．可见，只要在 yOz 面上曲线 C 的方程 $f(y,z)=0$ 中，将 y 换成 $\pm\sqrt{x^2+y^2}$，就得到曲线 C 绕 z 轴旋转一周所形成的旋转曲面的方程．同理，曲线 C 绕 y 轴旋转一周所形成的旋转曲面的方程是

$$f(y,\pm\sqrt{x^2+z^2})=0.$$

下面介绍几种特殊的旋转曲面．

① 旋转椭球面．方程

$$\frac{x^2+y^2}{a^2}+\frac{z^2}{b^2}=1,\frac{y^2}{a^2}+\frac{x^2+z^2}{b^2}=1$$

表示的是由椭圆

$$\begin{cases}\dfrac{y^2}{a^2}+\dfrac{z^2}{b^2}=1\\ x=0\end{cases}$$

分别绕 z 轴和 y 轴旋转所得的旋转曲面，称为旋转椭球面，如图 1-4-7 所示．

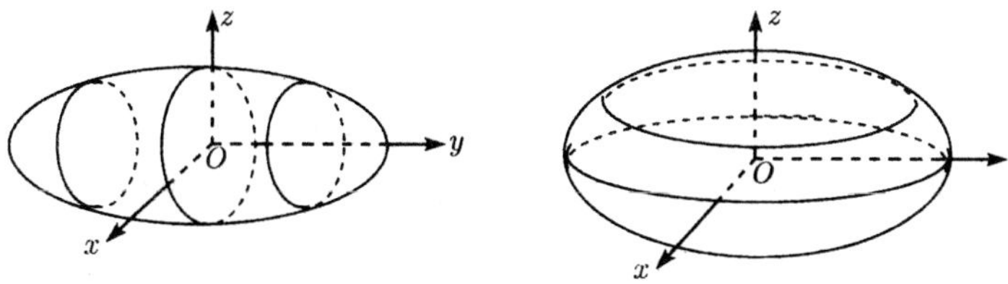

图 1-4-7

② 旋转双曲面．方程

$$\frac{x^2+y^2}{a^2}-\frac{z^2}{b^2}=1,\frac{y^2}{a^2}-\frac{x^2+z^2}{b^2}=1$$

表示的是由双曲线

$$\begin{cases}\frac{y^2}{a^2}-\frac{z^2}{b^2}=1\\x=0\end{cases}$$

分别绕 z 轴和 y 轴旋转所得的旋转曲面，称为旋转单叶双曲面和旋转双叶双曲面，如图 1-4-8 所示．

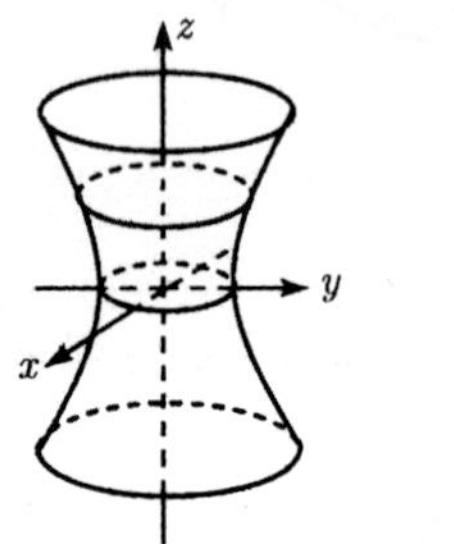

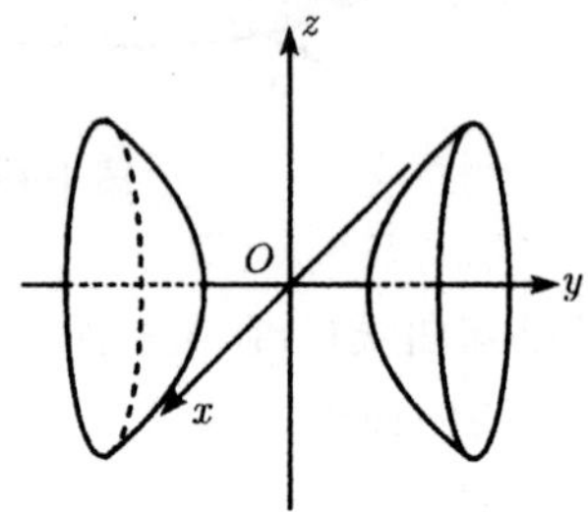

图 1-4-8

③ 旋转抛物面．方程

$$x^2+y^2=2pz$$

表示的曲面是由抛物线

$$\begin{cases}y^2=2pz\\x=0\end{cases}$$

绕 z 轴旋转而得的旋转曲面，称为旋转抛物面，如图 1-4-9 所示．

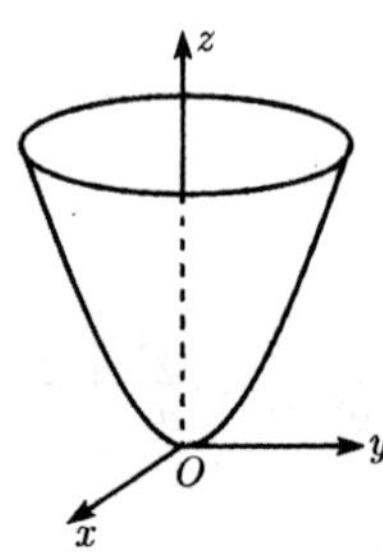

图 1-4-9

例 1.4.2　方程 $x^2+y^2+z^2-2x+4y=0$ 表示怎样的曲面？

解:配方得

$$(x-1)^2+(y+2)^2+z^2=5,$$

所以该方程表示以点$(1,-2,0)$为球心，以$\sqrt{5}$为半径的球面方程．

例 1.4.3　试求通过 $P(1,0,0)$，$Q(0,1,0)$，$R(0,0,1)$，$O(0,0,0)$4 点的球面的方程．

解:设所求的球面方程是

$$x^2+y^2+z^2+Ax+By+Cz+D=0,$$

因为球面通过 $P(1,0,0)$，$Q(0,1,0)$，$R(0,0,1)$，$O(0,0,0)$ 4 点，则有

$$\begin{cases}1+A+D=0\\1+B+D=0\\1+C+D=0\\D=0\end{cases},$$

解得

$$\begin{cases}A=-1\\B=-1\\C=-1\\D=0\end{cases},$$

所以所求的球面方程是

$$x^2+y^2+z^2-x-y-z=0.$$

例 1.4.4　试求通过 3 条平行直线

$$L_1:\frac{x}{0}=\frac{y-1}{1}=\frac{z+1}{1},$$

$$L_2:\frac{x}{0}=\frac{y}{1}=\frac{z-2}{1},$$

$$L_3:\frac{x-\sqrt{2}}{0}=\frac{y-1}{1}=\frac{z-1}{1}$$

的圆柱面方程．

解：设点 $M(x,y,z)$ 是圆柱面的轴 L 上任一点，则点 M 到 3 条直线的距离相等，根据点到直线的距离公式可得

$$\frac{|(x,y-1,z+1)\times(0,1,1)|}{|(0,1,1)|}=\frac{|(x,y,z-2)\times(0,1,1)|}{|(0,1,1)|}=\frac{|(x-\sqrt{2},y-1,z-1)\times(0,1,1)|}{|(0,1,1)|},$$

整理得

$$\begin{cases}y-z=0\\\sqrt{2}x+y-z=0\end{cases},$$

即轴为

$$L:\frac{x}{0}=\frac{y}{1}=\frac{z}{1},$$

直线 L_1 上点 $P_1(0,1,-1)$ 到直线 L 的距离就是圆柱面的半径 R，即

$$R=\frac{|(0,1,-1)\times(0,1,1)|}{|(0,1,1)|}=\sqrt{2},$$

再设圆柱面上任一点 $M(x,y,z)$，则点 M 到轴 L 的距离等于 R，即

$$\frac{|(x,y,z)\times(0,1,1)|}{|(0,1,1)|}=\sqrt{2},$$

整理即得圆柱面的方程是

$$2x^2+y^2+z^2-2yz-4=0.$$

例 1.4.5　方程 $x^2+y^2=R^2$ 在空间中表示怎样的曲面？

解：在 xOy 面上，它表示以原点 O 为圆心，以 R 为半径的圆．

在空间直角坐标系中，因为方程中不含竖坐标 z，所以对空间一点(x,y,z)，不管其竖坐标 z 是什么，只要它的横纵坐标满足方程，这一点就落在曲面上，即凡是通过 xOy 面内圆 $x^2+y^2=R^2$ 上一点 $M(x,y,0)$，且平行于 z 轴的直线 L 都在此曲面上，所以该曲面是平行于 z 轴的直线 L 沿着 xOy 面上的圆 $x^2+y^2=R^2$ 移动而成的圆柱面，如图 1-4-3 所示．

例 1.4.6 作出曲线

$$\begin{cases}2x^2+z^2+4y-z=0\\x^2+2z^2-4y-8z=0\end{cases}$$

的图形．

解：在给出的两个曲面方程中消去 y，可得一个母线平行于 y 轴的圆柱面

$$x^2+z^2-4z=0.$$

同理，在给定的两个曲面方程中消去 z，可得一个母线平行于 z 轴的抛物柱面

$$x^2+4y=0.$$

所以曲线的方程是两个母线平行于坐标轴的柱面的交线

$$\begin{cases}x^2+z^2-4z=0\\x^2+4y=0\end{cases}.$$

为了作出所求曲线的图形，首先，画出这两个柱面 $x^2+z^2-4z=0$ 和 $x^2+4y=0$；然后，在闭区间$[0,4]$上适当选取一些 z_i 点，并描出两柱面在平面 $z=z_i$ 上的交点；最后，将这些点平滑地连接起来，如图 1-4-10 所示．

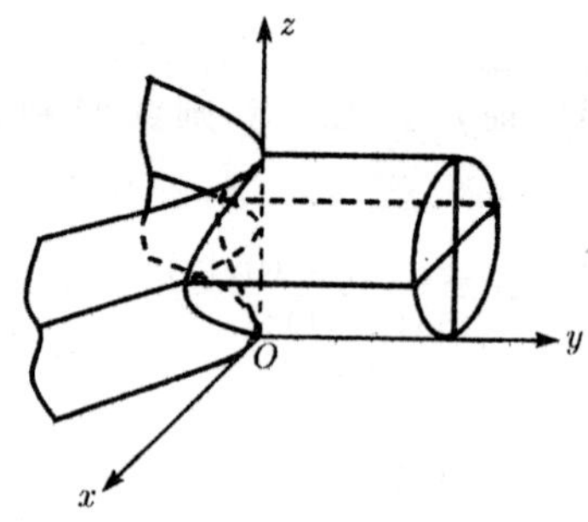

图 1-4-10

例 1.4.7 求 xOy 面上的抛物线 $x=y^2$ 绕 x 轴旋转一周所形成的旋转抛物面的方程，如图 1-4-11 所示．

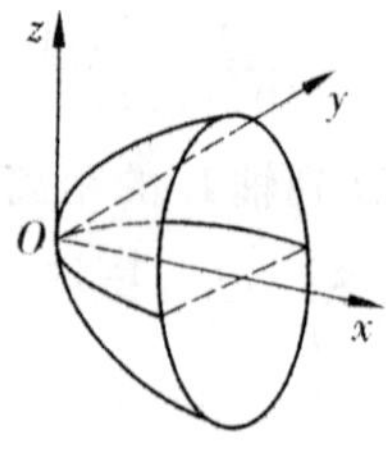

图 1-4-11

解:因为绕 x 轴旋转,所以在方程 $x=y^2$ 中,应保留 x,把 y 换成 $\pm\sqrt{y^2+z^2}$,即得抛物线 $x=y^2$ 绕 x 轴旋转一周所形成的旋转抛物面的方程

$$x=(\pm\sqrt{y^2+z^2})^2,$$

即

$$x=y^2+z^2.$$

例 1.4.8　把 xOz 面上的圆 $(x-b)^2+z^2=a^2\ (b>a>0)$ 绕 z 轴旋转,求所得曲面的方程,如图 1-4-12 所示.

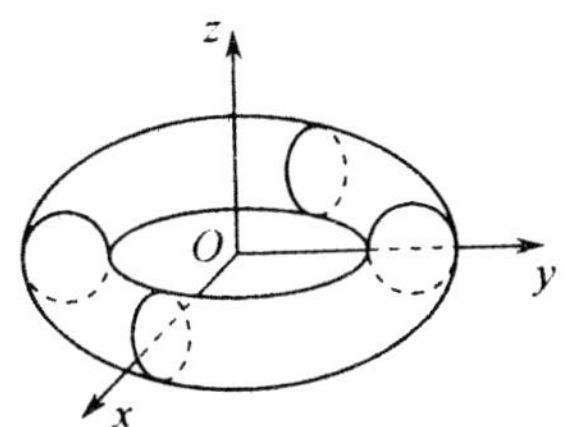

图 1-4-12

解:保留曲线方程中的坐标 z,换 x 为 $\pm\sqrt{x^2+y^2}$ 可得

$$(\pm\sqrt{x^2+y^2}-b)^2+z^2=a^2,$$

即

$$x^2+y^2+z^2+b^2-a^2=\pm 2b\sqrt{x^2+y^2}$$

或

$$(x^2+y^2+z^2+b^2-a^2)^2=4b^2(x^2+y^2).$$

此曲面称为圆环面,汽车轮胎的胆和救生圈的表面就是这种曲面.

3. 空间曲面的参数方程

定义 1.4.1　如果曲面 S 上点的坐标表示成两个参数 (u,v) 的函数,由它们给出的方程

$$\begin{cases}x=f_1(u,v)\\ y=f_2(u,v)\\ z=f_3(u,v)\end{cases}\quad (u,v)\in D \tag{1-4-3}$$

称为曲面 S 的参数方程.其中,D 是 uv 平面上的区域,对于每一对 $(u,v)\in D$ 的值,由式(1-4-3)确定的点在 S 上;而 S 上任一点的坐标都可由 $(u,v)\in D$ 的某一对值通过式(1-4-3)表示,所以通过曲面的参数方程,曲面上的点(可能要除去个别点)便可由数对 $(u,v)\in D$ 来确定.

式(1-4-3)也可写成 u,v 的向量函数形式

$$r=r(u,v)=(f_1(u,v),f_2(u,v),f_3(u,v)).$$

设球心在原点,半径为 R 的球面,下面建立此球面的参数方程.

在球面上任取一点 $M(x,y,z)$,从 M 作 xOy 面的垂线,垂足为 N,连接 OM,ON.设 x 轴到 $\overrightarrow{ON}$ 的角度为 φ,$\overrightarrow{ON}$ 到 $\overrightarrow{OM}$ 的角度为 θ,如图 1-4-13 所示,则有

$$\begin{cases}x=R\cos\theta\cos\varphi\\ y=R\cos\theta\sin\varphi\\ z=R\sin\theta\end{cases}\quad\left(0\leqslant\varphi<2\pi,-\frac{\pi}{2}\leqslant\theta\leqslant\frac{\pi}{2}\right).$$

上式即为球心在原点，半径为 R 的球面的参数方程．其中，φ、θ 为参数，φ 称为经度，θ 称为纬度，球面上的每一个点(除去它与 z 轴的交点)对应唯一的一对实数(θ,φ).

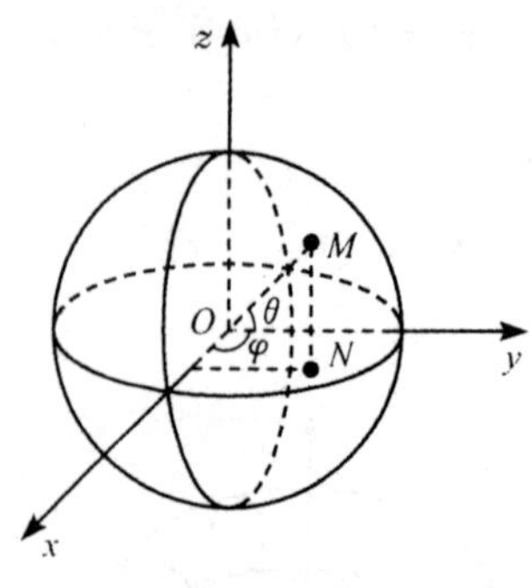

图 1-4-13

例 1.4.9 将下列曲面的参数方程化为普通方程，并指出它们是何种曲面．

(1)S_1：$\begin{cases} x=1-u+v \\ y=-1+2u-v \\ z=1-u+2v \end{cases}$ $(-\infty<u<+\infty,-\infty<v<+\infty)$.

(2)S_2：$\begin{cases} x=a\cos\varphi \\ y=a\sin\varphi \\ z=v \end{cases}$ $(0\leqslant\varphi\leqslant 2\pi,-\infty<v<+\infty)$.

解：(1) 将 S_1 的参数方程改写为向量表示的形式为

$$(x-1,y+1,z-1)=u(-1,2,-1)+v(1,-1,2).$$

由三个向量共面可得

$$\begin{vmatrix} x-1 & y+1 & z-1 \\ -1 & 2 & -1 \\ 1 & -1 & 2 \end{vmatrix}=0,$$

化简得

$$3x+y-z-1=0.$$

所以曲面 S_1 是平面．

(2) 把 S_2 的参数方程中的前两式两边平方相加，即可消去参数 φ,v，得普通方程为

$$x^2+y^2=a^2,$$

所以曲面 S_2 是以 z 轴为轴，以 a 为半径的圆柱面．

1.4.2 二次曲面

定义 1.4.2 三元二次方程所表示的曲面称为二次曲面．方程为

$$a_{11}x^2+a_{22}y^2+a_{33}z^2+2a_{12}xy+2a_{13}xz+2a_{23}yz+2a_{14}x+2a_{24}y+2a_{34}z+a_{44}=0,$$

其中，a_{11}、a_{22}、a_{33}、a_{12}、a_{13}、a_{23} 不全为零．

现在介绍几种典型的二次曲面，用几何特征来刻画这些二次曲面是比较复杂的，所以需要通过这些二次曲面的标准方程来讨论它们的性质．这里所采用的方法是截痕法，用平行于坐标面

的平面去截曲面，考察其交线（即截痕）的形状及变化，然后加以综合，以了解曲面的形状．

1．椭球面

定义 1.4.3　由方程

$$\frac{x^2}{a^2}+\frac{y^2}{b^2}+\frac{z^2}{c^2}=1 \quad (a>0,b>0,c>0) \tag{1-4-4}$$

表示的曲面称为一个椭球面，方程(1-4-4)称为椭球面的标准方程．数 a,b,c 称为椭球面的三个半轴．

当 $a=b=c$ 时，方程(4-5-4)变为

$$x^2+y^2+z^2=a^2.$$

此方程表示一个球心在原点 O、半径为 a 的球面．所以说球面是椭球面的一种特殊情形．

当 $a=b$ 时，方程(4-5-4)变为

$$\frac{x^2}{a^2}+\frac{y^2}{a^2}+\frac{z^2}{c^2}=1.$$

此方程可以看成是由 xOz 平面上的椭圆$\frac{x^2}{a^2}+\frac{z^2}{c^2}=1$绕 z 轴旋转而成的旋转曲面，称为旋转椭球面．如果 a,b,c 中有两个相等时，方程(4-5-4)就是一个旋转椭球面．

椭球面有如下特点．

(1) 图形关于三个坐标面、三个坐标轴及原点都对称，且被限制在以原点为中心的长方体

$$|x|\leqslant a,|y|\leqslant b,|z|\leqslant c$$

内．

(2) 图形被平面 $z=h(|h|<c)$ 截割，截线为

$$\begin{cases}\dfrac{x^2}{a^2}+\dfrac{y^2}{b^2}+\dfrac{z^2}{c^2}=1\\ z=h\end{cases},$$

即

$$\begin{cases}\dfrac{x^2}{\left(a\sqrt{1-\dfrac{h^2}{c^2}}\right)^2}+\dfrac{y^2}{\left(b\sqrt{1-\dfrac{h^2}{c^2}}\right)^2}=1\\ z=h\end{cases},$$

这是 $z=h$ 平面上的椭圆．$|h|$增大，其长、短半轴 $a\sqrt{1-\frac{h^2}{c^2}}$、$b\sqrt{1-\frac{h^2}{c^2}}$ 减小．$|h|$由零变到c，椭圆由$\begin{cases}\frac{x^2}{a^2}+\frac{y^2}{b^2}=1\\ z=0\end{cases}$变为一点$(0,0,c)$.

图形被平面 $y=h(|h|<b)$或$x=h(|h|<a)$截割也有类似的结果，如图 1-4-14 所示．

2．双曲面

(1) 单叶双曲面

方程

$$\frac{x^2}{a^2}+\frac{y^2}{b^2}-\frac{z^2}{c^2}=1 \quad (a>0,b>0,c>0) \tag{1-4-5}$$

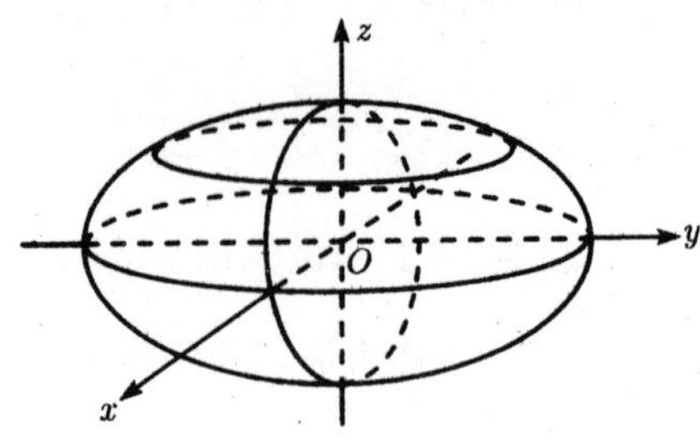

图 1-4-14

所确定的曲面称为单叶双曲面．方程(1-4-5)称为单叶双曲面的标准方程．该方程的特点是，平方项有一个取负号，两个取正号．类似地，方程

$$\frac{x^2}{a^2}-\frac{y^2}{b^2}+\frac{z^2}{c^2}=1$$

或

$$-\frac{x^2}{a^2}+\frac{y^2}{b^2}+\frac{z^2}{c^2}=1$$

的图形也是单叶双曲面．

图形被平面 $z=h$ 截割，得截面为椭圆

$$\begin{cases}\dfrac{x^2}{\left(a\sqrt{1+\dfrac{h^2}{c^2}}\right)^2}+\dfrac{y^2}{\left(b\sqrt{1+\dfrac{h^2}{c^2}}\right)^2}=1\\ z=h\end{cases},$$

$|h|$ 增大，其长、短半轴也随之增大．

用平面 $y=k$ 截该图形，得截线为双曲线

$$\begin{cases}\dfrac{x^2}{a^2}-\dfrac{z^2}{c^2}=1-\dfrac{y^2}{b^2}\\ z=h\end{cases}.$$

当 $|k|<b$ 时，它的实轴与 x 轴平行；当 $|k|>b$ 时，它的实轴与 z 轴平行；当 $|k|=b$ 时，截线为

$$\begin{cases}\left(\dfrac{x}{a}+\dfrac{z}{c}\right)\left(\dfrac{x}{a}-\dfrac{z}{c}\right)=0\\ y=\pm b\end{cases}$$

是两条相交直线，如图 1-4-15 所示．

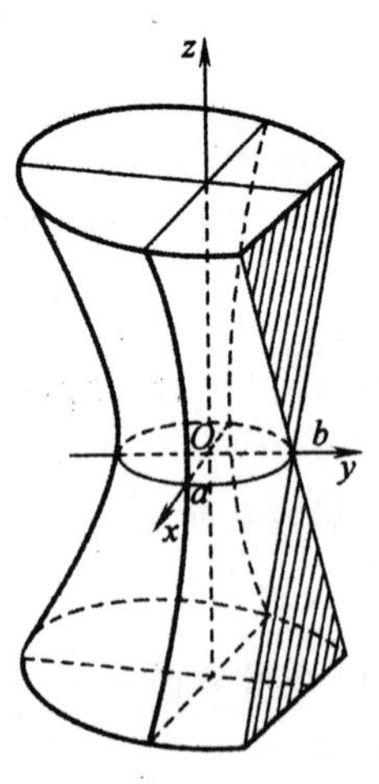

图 1-4-15

(2) 双叶双曲面

方程

$$\frac{x^2}{a^2}-\frac{y^2}{b^2}-\frac{z^2}{c^2}=1\quad(a>0,\quad b>0,\quad c>0)$$

的图形称为双叶曲面，如图 1-4-16 所示．该方程的系数一个取正号，两个取负号．类似地，方程

$$-\frac{x^2}{a^2}+\frac{y^2}{b^2}-\frac{z^2}{c^2}=1$$

或

$$-\frac{x^2}{a^2}-\frac{y^2}{b^2}+\frac{z^2}{c^2}=1$$

的图形也是双叶双曲面．

用平面 $z=h$ 或 $y=h$ 截曲面，得双曲线

$$\begin{cases}\dfrac{x^2}{a^2}-\dfrac{y^2}{b^2}=1+\dfrac{h^2}{c^2}\\ z=h\end{cases}$$

或

$$\begin{cases}\dfrac{x^2}{a^2}-\dfrac{z^2}{c^2}=1+\dfrac{h^2}{b^2}\\ y=h\end{cases}.$$

用平面 $x=h(h\geqslant a)$ 截曲面，得椭圆

$$\begin{cases}\dfrac{y^2}{b^2}+\dfrac{z^2}{c^2}=-1+\dfrac{h^2}{a^2}\\ x=h\end{cases}.$$

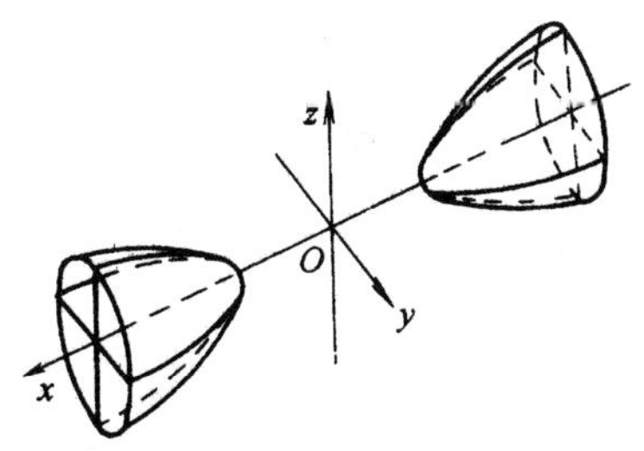

图 1-4-16

3. 椭圆抛物面

椭圆抛物面的标准方程为

$$z=\frac{x^2}{a^2}+\frac{y^2}{b^2},$$

其关于坐标平面 xOz 和 yOz 为对称的，关于 z 轴也为对称的，然而却没有对称中心，顶点为 $O(0,0,0)$. 其与 z 轴的交点称为图形的顶点，因为恒有 $z\geqslant 0$，图形位于 xOy 平面上方．

用平面 $z=h(h\geqslant 0)$ 截曲面可得交线的方程为

$$\begin{cases}\dfrac{x^2}{a^2}+\dfrac{y^2}{b^2}=2h\\ z=h\end{cases}.$$

当 $h=0$ 时，交线退化为一点 $(0,0,0)$；当 $h>0$ 时，交线为椭圆，且随着 h 的增大，椭圆的半轴也增大．其四个顶点分别在坐标平面 $x=0$ 和 $y=0$ 上．但是曲面在这两个对称平面上的截线为抛物线

$$\Gamma_1:\begin{cases}x^2=2a^2z\\y=0\end{cases}$$

与

$$\Gamma_2:\begin{cases}y^2=2b^2z\\x=0\end{cases},$$

它们的对称轴均为 z 轴，顶点和开口方向相同．所以椭圆抛物面可看作是由一个长、短轴可变的椭圆沿着上述两条抛物线运动的轨迹，且该椭圆的两对顶点分别在这两条抛物线上，如图 1-4-17 所示．

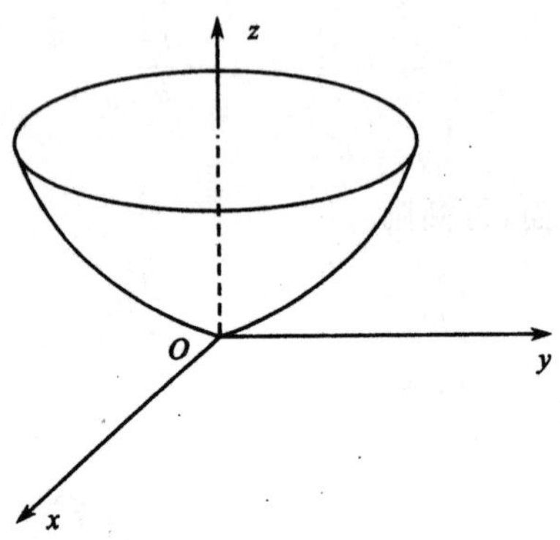

图 1-4-17

曲面与平面 $y=k$ 的交线为抛物线

$$\begin{cases}x^2=2a^2\left(z-\dfrac{k^2}{2b^2}\right)\\y=k\end{cases},$$

这些抛物线与抛物线 Γ_1 因有相同的焦参数而全等，其顶点 $\left(0,k,\dfrac{k^2}{2b^2}\right)$ 在 Γ_2 上，因此椭圆抛物面则又可以看做为抛物线 Γ_1 平移产生的曲线，抛物线 Γ_1 移动时，所在平面平行于 xOz 平面，其顶点始终在抛物线 Γ_2 上．

当 $a=b$ 时，即可得旋转抛物面，其为抛物线

$$\begin{cases}y^2=2bz\\x=0\end{cases}$$

绕 z 轴旋转而成的旋转曲面．

例 1.4.10　已知椭圆抛物面 $x^2+\dfrac{y^2}{2}=2z$ 和平面 $x=kz(k>0)$ 的交线为圆，试求该圆的半径．

解：由于椭圆抛物面的对称平面之一为平面 $y=0$，则所求圆的圆心在平面 $y=0$ 上．根据方程组

$$\begin{cases}x^2+\dfrac{y^2}{2}=2z\\x=kz\\y=0\end{cases},$$

从而求得圆上两点

$$P_1(0,0,0),P_2\left(\frac{2}{k},0,\frac{2}{k^2}\right),$$

即为一直径的两端点．

因为圆心 $C(x_0,y_0,z_0)$ 为直径 P_1P_2 的中心，因此有

$$x_0=\frac{1}{k},y_0=0,z_0=\frac{1}{k^2}.$$

从而圆的半径为

$$r=|P_1C|=-\frac{1}{k}\sqrt{1+\frac{1}{k^2}}.$$

为确定系数 k，我们在圆上再取一点 P_3，不妨设 $x=\frac{1}{k}$，那么方程组

$$\begin{cases}x^2+\dfrac{y^2}{2}=2z\\x=kz\\x=\dfrac{1}{k}\end{cases},$$

从而解得 P_3 的坐标为 $\left(\frac{1}{k},\frac{\sqrt{2}}{k},\frac{1}{k^2}\right)$. 因为 $r=|CP_3|=-\frac{\sqrt{2}}{k}$，所以有 $-\frac{1}{k}\sqrt{1+\frac{1}{k^2}}=-\frac{\sqrt{2}}{k}$，解得 $k=\pm1$，所以所求半径为 $r=\sqrt{2}$.

4. 双曲抛物面

双曲抛物面的标准方程为

$$\frac{x^2}{a^2}-\frac{y^2}{b^2}=2z,\tag{1-4-6}$$

其中 $a>0,b>0$，所确定的曲面称为曲面抛物线，方程(1-4-6) 称为双曲抛物面的标准方程. 如图 1-4-18 所示．

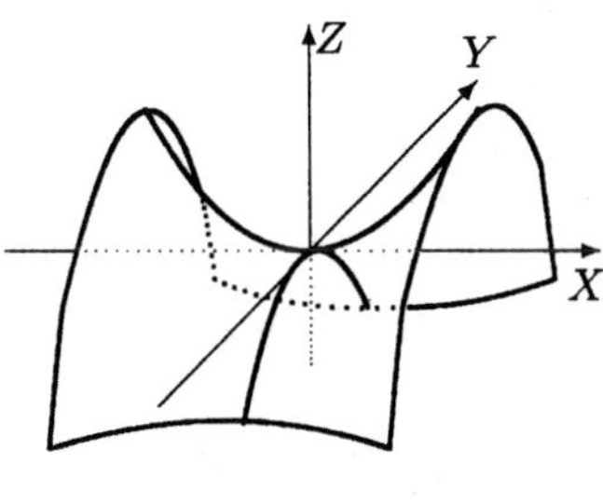

图 1-4-18

根据曲面(1-4-6)，可知双曲抛物面的性质如下．

(1) 对称性

曲面(1-4-6) 关于平面 xOz，yOz 和 z 轴对称．

(2) 与坐标平面的交线

曲面(1-4-6) 与 xOy 平面的交线为相交于原点的两条直线，其方程为

$$\begin{cases}\frac{x}{a}+\frac{y}{b}=0\\ z=0\end{cases},\begin{cases}\frac{x}{a}-\frac{y}{b}=0\\ z=0\end{cases}$$

与 yOz 平面和 xOz 平面的交线分别为

$$\begin{cases}y^2=-2b^2z\\ x=0\end{cases},\tag{1-4-7}$$

$$\begin{cases}x^2=2a^2z\\ y=0\end{cases}.\tag{1-4-8}$$

其均以 z 轴为对称轴、以原点为顶点的抛物线．

(3) 平行截线

曲面(1-4-6) 与 $z=h$ 交线方程为

$$\begin{cases}\frac{x^2}{a^2}-\frac{y^2}{b^2}=2h\\ z=h\end{cases}.$$

① 当 $h>0$ 时，其表示实轴平行于 x 轴、虚轴平行于 y 轴的双曲线，顶点$(\pm a\sqrt{2h},0,h)$ 在抛物线(1-4-8) 上．

② 当 $h=0$ 时，其表示两条相交直线．

③ 当 $h<0$ 时，其表示实轴平行于 y 轴、虚轴平行于 x 轴的双曲线，顶点$(0,\pm b\sqrt{-2h},h)$ 在抛物线(1-4-7) 上．

椭圆抛物面和双曲抛物面统称为抛物面，它们无对称中心，称其为无心二次曲面．而椭球面和双曲面均有唯一的对称中心，所以叫做中心二次曲面．

例 1.4.11 将抛物线 Γ：$\begin{cases}x^2=2y\\ z=0\end{cases}$ 平移，使得抛物线移动时所在平面与 xOy 平面平行，并且顶点位于抛物线 C：$\begin{cases}z^2=-4y\\ x=0\end{cases}$ 上，求动抛物线的轨迹．

解：抛物线 Γ 平移，设它的顶点移到点 $P_1(x_1,y_1,z_1)$，由题意可知

$$\begin{cases}(x-x_1)^2=2(y-y_1)\\ z=z_1\end{cases},$$

又因为点 P_1 位于抛物线 C 上，所以

$$\begin{cases}z_1^2=-4y_1\\ x_1=0\end{cases}.$$

将上述四个方程中消去 x_1,y_1,z_1，可得所求轨迹方程为

$$2x^2-z^2=4y,$$

其为双曲抛物面．

1.5　曲线及其方程

1.5.1　空间曲线的方程

空间曲线可以看做是两个曲面的交线，设曲面 S_1 和 S_2 的方程分别是

$$F_1(x,y,z)=0, F_2(x,y,z)=0,$$

它们的交线是 L，则曲线 L 的方程是

$$\begin{cases} F_1(x,y,z)=0 \\ F_2(x,y,z)=0 \end{cases}.$$

上式即为空间曲线 L 的一般方程.

例如，方程

$$\begin{cases} x^2+y^2+z^2=4 \\ x^2+y^2=1 \end{cases}$$

表示的是圆柱面 $x^2+y^2=1$ 与球面 $x^2+y^2+z^2=4$ 的交线.

例 1.5.1　曲线

$$L:\begin{cases} 2x^2+2y^2+2z^2=2 \\ x^2+y^2=1 \end{cases}$$

为何种曲线？

解： 曲线 L 的方程可改写成

$$\begin{cases} x^2+y^2+z^2=1 \\ x^2+y^2=1 \end{cases},$$

又等价于

$$\begin{cases} x^2+y^2+z^2=1 \\ z=0 \end{cases},$$

易知曲线 L 是中心在原点的单位球面与过中心的 xOy 坐标面的交线，所以曲线 L 是 xOy 坐标面上以原点为中心的一个单位圆.

1.5.2　空间曲线在坐标轴上的投影

设 P 是空间中的一点，过 P 作垂直于坐标面的直线交坐标面于点 P'，则称 P' 是 P 在该坐标面上的投影；空间曲线 L 上的点在坐标面上的投影构成的曲线 L' 就是 L 在该坐标面上的投影曲线，简称投影. 过曲线 L 上的每一点作 xOy 面的垂线，这些垂线形成了一个母线平行于 z 轴且过曲线 L 的柱面，则为曲线 L 关于 xOy 面的投影柱面.

已知曲线 L 的方程时，如何求 L 在坐标面上的投影曲线 L 的方程呢？

设空间曲线 L 的方程是

$$\begin{cases} F_1(x,y,z)=0 \\ F_2(x,y,z)=0 \end{cases},$$

在该方程中消去变量 z 后可得

$$F(x,y)=0.$$

上式即为曲线 L 关于 xOy 面的投影柱面方程,它与 xOy 面的交线

$$\begin{cases}F(x,y)=0\\z=0\end{cases}$$

就是曲线 L 的投影曲线的方程.

同理可得,曲线 L 在 yOz 面上的投影曲线方程是

$$\begin{cases}F(y,z)=0\\x=0\end{cases}.$$

曲线 L 在 zOx 面上的投影曲线方程是

$$\begin{cases}F(x,z)=0\\y=0\end{cases}.$$

例 1.5.2 求两球面

$$x^2+y^2+z^2=1$$

和

$$x^2+(y-1)^2+(z-1)^2=1$$

的交线在 xOy 面上的投影曲线方程.

解:联立两个方程,消去 x 并化简可得

$$y+z=1,$$

再把 $z=1-y$ 代入第一个方程可得投影柱面方程为

$$x^2+2y^2-2y=0,$$

所以在 xOy 面上的投影曲线方程是

$$\begin{cases}x^2+2y^2-2y=0\\z=0\end{cases}.$$

例 1.5.3 指出方程

$$C:\begin{cases}x^2+y^2+z^2=25,\\z=3.\end{cases}$$

所表示的曲线,求其在 xOy 面上的投影曲线的方程.

解:方程 $x^2+y^2+z^2=25$ 表示以原点 $O(0,0,0)$ 为球心,以 5 为半径的球面,该球面被平行于 xOy 面的平面 $z=3$ 截割得截痕,即交线为落在平面 $z=3$ 上,以点 $(0,0,3)$ 为圆心,以 4 为半径的圆曲线.

由方程

$$\begin{cases}x^2+y^2+z^2=25\\z=3\end{cases}$$

消去 z 得

$$x^2+y^2=16,$$

所以在 xOy 面上的投影曲线方程是

$$\begin{cases}x^2+y^2=16\\z=0\end{cases}.$$

例 1.5.4 由半球面 $z=\sqrt{2-x^2-y^2}$ 和锥面 $z=\sqrt{x^2+y^2}$ 所围成一空间立体 Ω,求 Ω 在

xOy 面上的投影．

解：半球面和锥面的交线为

$$L:\begin{cases} z=\sqrt{2-x^2-y^2} \\ z=\sqrt{x^2+y^2} \end{cases},$$

方程组消去 z 可得

$$x^2+y^2=1,$$

这是一个母线平行于 z 轴的圆柱面．此即交线关于 xOy 面的投影柱面，那么 L 在 xOy 面上的投影曲线为

$$\begin{cases} x^2+y^2=1 \\ z=0 \end{cases},$$

这是 xOy 面上的一个圆，所以立体 Ω 在 xOy 面上的投影就是 xOy 面上被该圆所围的圆面，即

$$\begin{cases} x^2+y^2\leqslant 1 \\ z=0 \end{cases}.$$

如图 1-5-1 所示．

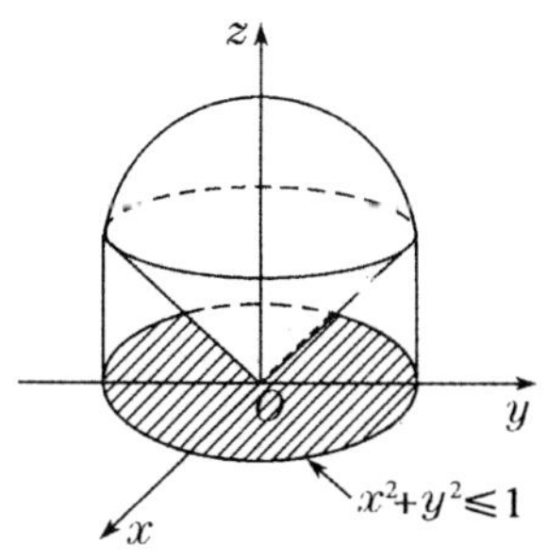

图 1-5-1

1.5.3　空间曲线的参数方程

定义 1.5.1　如果曲线 L 上点的坐标是某个参数 t 的函数，由它们给出的方程组

$$\begin{cases} x=\varphi_1(t) \\ y=\varphi_2(t) \quad (t\in I) \\ z=\varphi_3(t) \end{cases} \tag{1-5-1}$$

称为曲线 L 的参数方程．其中，I 是区间，对于 $t\in I$ 的每一个值，由式(1-5-1) 确定的点在 L 上，而 L 上任一点的坐标都可由 $t\in I$ 的每一个值通过式(1-5-1) 表示．

例 1.5.5　一质点由 $P_0(a,0,0)$ 起始，一方面绕 z 轴作匀速圆周运动，同时又沿 z 轴方向作匀速直线运动，当转动 θ 角时，沿 z 轴方向的位移为 $b\theta$，则质点 P 的轨迹即为圆柱螺旋线，试求圆柱螺旋线的方程．

解：设质点从 $P_0(a,0,0)$ 起始转动 θ 角时到达点 $P(x,y,z)$ 的位置，如图 1-5-2 所示，点 P 在 xOy 面上的投影为点 N，N 在 x 轴上的投影为 M，则

$$\angle P_0ON=\theta, NP=b\theta,$$

那么

$$\begin{cases} x = OM = a\cos\theta \\ y = MN = a\sin\theta \\ z = NP = b\theta \end{cases},$$

所以所求圆柱螺旋线的方程是

$$\begin{cases} x = a\cos\theta \\ y = a\sin\theta \\ z = b\theta \end{cases} (-\infty < \theta < +\infty).$$

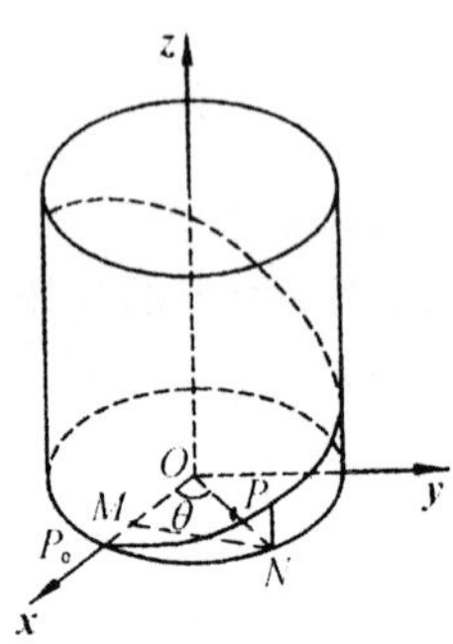

图 1-5-2

例 1.5.6 求参数方程 $r = (a\cos\theta, b\sin\theta, c), 0 \leqslant \theta < 2\pi$ 所表示的曲线的一般方程.

解:把已知参数方程化为坐标形式是

$$\begin{cases} x = a\cos\theta \\ y = b\sin\theta \\ z = c \end{cases} (0 \leqslant \theta < 2\pi),$$

消去参数得

$$\begin{cases} \dfrac{x^2}{a^2} + \dfrac{y^2}{b^2} = 1 \\ z = c \end{cases},$$

它表示平面 $z = c$ 上的一个椭圆.

例 1.5.7 在空间直角坐标系中,试求通过坐标原点,并与 xOy 坐标面的夹角是 $\frac{\pi}{6}$ 的直线的轨迹方程.

解:在空间直角坐标系中,因为通过坐标原点,并以 $\boldsymbol{s} = (l, m, n)$ 为方向向量的直线的方程是

$$l: \begin{cases} x = lt \\ y = mt \\ z = nt \end{cases} (-\infty < t < +\infty), \tag{1-5-2}$$

又 xOy 坐标面的法向量是 $\boldsymbol{n} = (0,0,1)$,如图 1-5-3 所示,根据题意可得

$$\sin\frac{\pi}{6} = |\cos(\boldsymbol{s}, \boldsymbol{n})| = \frac{|\boldsymbol{s} \cdot \boldsymbol{n}|}{|\boldsymbol{s}||\boldsymbol{n}|} = \frac{|n|}{\sqrt{l^2 + m^2 + n^2}} = \frac{1}{2}, \tag{1-5-3}$$

整理得

$$l^2+m^2-3n^2=0,$$

把式(1-5-2)代入到式(1-5-3),即得所求直线的轨迹方程是

$$x^2+y^2-3z^2=0.$$

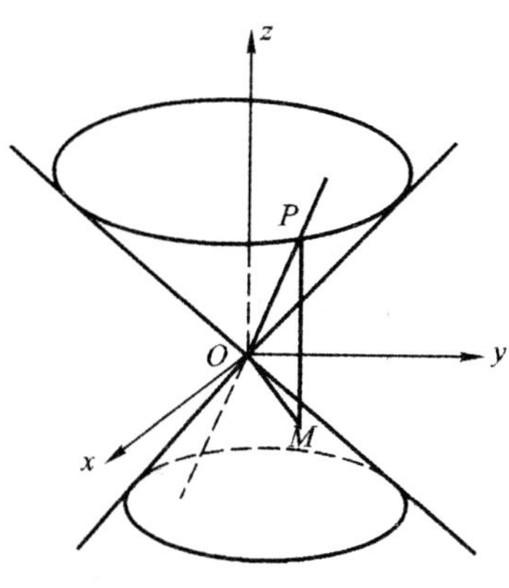

图 1-5-3

例 1.5.8　已知曲线 L 的参数方程是

$$\begin{cases} x=3\cos\theta \\ y=4\cos\theta, \quad (0\leqslant\theta\leqslant 2\pi), \\ z=5\sin\theta \end{cases}$$

试求 L 的一般方程,并指出 L 为何种曲线?

解:在 L 的参数方程中将 3 式两边平方,再相加消去 θ,得到通过 L 的一个曲面

$$S_1: x^2+y^2+z^2=25.$$

再由参数方程中前两式消去 θ,得到通过 L 的另一个曲面

$$S_2: 4x-3y=0.$$

曲线 L 可作为 S_1 和 S_2 的交线,所以曲线 L 的一般方程是

$$\begin{cases} x^2+y^2+z^2=25 \\ 4x-3y=0 \end{cases}.$$

因为曲面 S_1 是以原点为中心的球面,S_2 是过球面中心的平面,所以它们的交线是在平面 S_2 上以原点为圆心,以 5 为半径的一个圆 .

第 2 章　函数与极限

2.1　函数的概念与性质

2.1.1　函数的概念

1. 函数的定义

定义 2.1.1　设 D 是实数集 $\mathbf{R}$ 上的一个非空子集，若存在一个对应法则 f，使得对每一个 $x \in D$，都有唯一确定的 $y \in \mathbf{R}$ 与之对应，则称 f 是定义在 D 上的函数，记为 $y = f(x)$，其中 x 称为自变量，y 称为函数（或因变量），D 为函数 f 的定义域．D 中每一个实数 x 所对应的数 y 称为 f 在点 x 的函数值，函数值的全体称为函数 f 的值域，记作 $f(D)$，即

$$f(D) = \{y \mid y = f(x), x \in D\}.$$

实际上，函数的记号"f"可以改用其他字母，如"φ"、"F"等．

例 2.1.1　设 $y = \begin{cases} -1, x < 0 \\ 0, x = 0 \\ 1, x > 0 \end{cases}$，其图形如图 2-1-1 所示，它确定了一个函数，称为符号函数，记作 $y = \mathrm{sgn}x$，其定义域为实数集 $\mathbf{R}$，值域为$\{-1,0,1\}$.

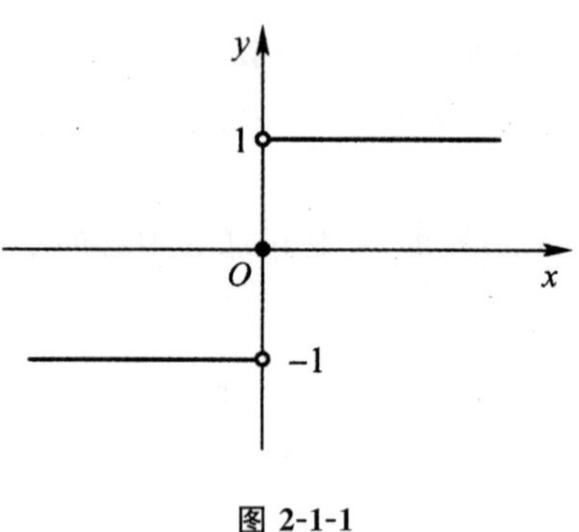

图 2-1-1

在函数定义中主要有两个要素，即函数的定义域和对应法则．关于对应法则，在定义中用 f 表示．如果同时讨论几个不同函数，应该用不同的字母表示不同的对应法则．例如用 F、φ、g 等．如果两个函数的定义域和对应法则相同，尽管它们是用不同字母表示的，但它们仍表示是同一函数．关于定义域，如果考虑的是实际问题，应由问题的实际意义而定；如果不考虑函数的实际意义，规定函数的定义域，应是使函数算式有意义的自变量所能取的值的全体．确定这类函数的定义域时，必须依据以下基本规定：

① 分式的分母不能等于 0.

② 负数不能开偶次方 .

③ 对数式的真数要大于 0.

④ 正弦、余弦的绝对值不能大于 1.

⑤ 表达式由几项组成时,应取各项定义域的公共部分 .

2. 函数的表示法

函数的表示方法一般有三种:解析法、列表法和图像法 .

(1) 解析法

解析法是写出函数的解析表达式和定义域,此时对于定义域中每个自变量,可按照表达式中所给定的数学运算确定对应的因变量 .

例 2.1.2　制作一个容积为定数 V 的圆柱形无盖水箱,其底面单位面积造价为 a,侧面单位面积造价为底面单位面积造价的 2 倍,试将总造价表示成底半径 r 的函数 .

解: 设圆桶用料的总造价为 P,则

$$P = a\pi r^2 + 2a \cdot 2\pi rh.$$

因为圆桶体积

$$\pi r^2 h = V$$

是定数,由

$$\pi r^2 h = V$$

解出

$$h = \frac{V}{\pi r^2},$$

则

$$\begin{aligned} P &= a\pi r^2 + 2a \cdot 2\pi rh \\ &= a\pi r^2 + 4a\pi r \frac{V}{\pi r^2} \\ &= \pi a r^2 + \frac{4aV}{r} \quad (r > 0). \end{aligned}$$

这里用公式表示了圆桶用料的总造价 P 与底半径 r 的函数关系 .

解析法的优点是简明准确,便于理论分析 .

缺点是解析法表示的函数不够直观,并且有些实际问题中的函数关系很难甚至不能用公式法表示 .

(2) 列表法

列表法就是将自变量与因变量的对应数据列成表格来表示函数关系 . 如表 2-1-1 所示 .

例 2.1.3　由实验观测到某金属轴在不同温度 t 时的长度 l 如表 2-1-1 所示 .

表 2-1-1　某河流在 40 年的平均月流量 q($10^8 m^3$) 和时间 t(月) 之间的关系

t/ 月	1	2	3	4	5	6
平均月流量 $q/10^8 m^3$	0.39	0.30	0.75	0.44	0.358	0.72

续表

t/ 月	7	8	9	10	11	12
平均月流量 $q/10^8\,m^3$	4.3	4.4	1.8	1.0	0.72	0.50

它反映了该金属轴在不同的温度 t 时对应的长度 l.

列表法的优点是直观,精确.

(3) 图像法

图像法就是用平面上的曲线来反映自变量与因变量之间的对应关系.

例 2.1.4 函数

$$y=|x|=\begin{cases}x & (x\geqslant 0)\\ -x & (x<0)\end{cases}$$

称为绝对值函数,其定义域为$(-\infty,+\infty)$,值域为$[0,+\infty)$. 函数图像如图 2-1-2 所示.

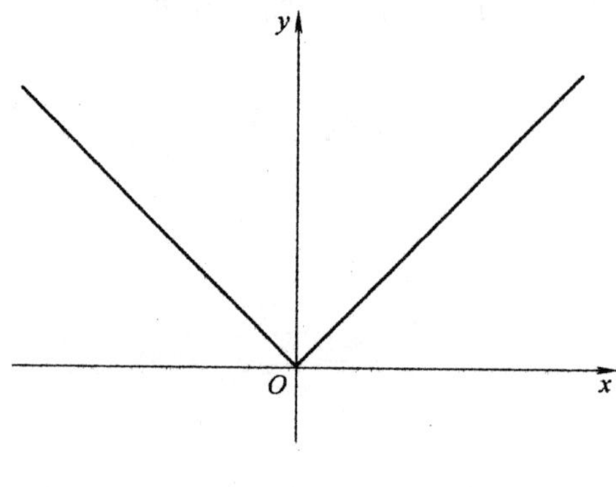

图 2-1-2

图像法的缺点是不便于作理论上的分析、推导和运算. 优点是直观、通俗和容易比较.

函数的三种表示法各有优点和缺点,针对不同的问题可以采用不同的表示法. 有时为了把函数关系表达清楚,通常同时使用多种表示法.

3. 分段函数

在自然科学及工程技术中,用解析式表示函数时,经常会遇到一个函数在不同的范围内用不同的式子表示的情况. 如函数

$$f(x)=\begin{cases}\sqrt{x} & (x\geqslant 0)\\ -x & (x<0)\end{cases}$$

是定义在区间$(-\infty,+\infty)$内的一个函数. 当 $x\geqslant 0$ 时,$f(x)=\sqrt{x}$;当 $x<0$ 时,$f(x)=-x$.

在不同的区间内用不同的式子来表示的函数叫分段函数.

例 2.1.5 根据铁路部门规定,火车票价为持票人身高的函数. 设从甲地到乙地火车票全价为 q_0,那么从甲地到乙地的票价 q 是身高 h(m) 的函数,即

$$q=\begin{cases}0 & (0<h<1.1)\\ \dfrac{q_0}{2} & (1.1\leqslant h<1.4)\\ q & (1.4\leqslant h)\end{cases}.$$

例 2.1.6　已知分段函数

$$f(x)=\begin{cases}0 & (-1<x<0)\\ x^2 & (0<x\leqslant 1)\\ 3-x & (1<x\leqslant 2)\end{cases},$$

试作出该函数的图形，并求函数值 $f(0)$，$f(\frac{1}{2})$，$f(1+a)$.

解：该分段函数的图形如图 2-1-3 所示.

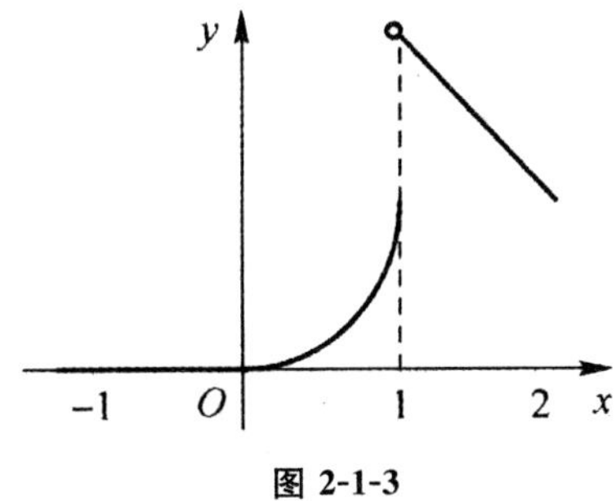

图 2-1-3

所以，函数值 $f(0)=0$；$f(\frac{1}{2})=(\frac{1}{2})^2=\frac{1}{4}$；$f(1+a)=\begin{cases}0 & (-2<a\leqslant -1)\\ (1+a)^2 & (-1<a\leqslant 0)\\ 2-a & (0<a\leqslant 1)\end{cases}$.

2.1.2　函数相关性质

1. 单调性

设函数 $y=f(x)(x\in D)$，区间 $I\subset D$，对于区间 I 内任意两点 x_1，x_2，当 $x_1<x_2$ 时，若 $f(x_1)<f(x_2)$，则称 $f(x)$ 为 I 上的单调增函数，区间 I 称为单调增区间；若 $f(x_1)>f(x_2)$，则称 $f(x)$ 为 I 上的单调减函数，区间 I 称为单调减区间，单调增区间或单调减区间统称为单调区间.

单调增函数与单调减函数统称单调函数，函数的这种性质称为单调性.

单调函数的图形特征：对于单调增函数，它的图形曲线是沿 x 轴正向上升的，即随着自变量 x 的增大，其对应的函数值增大，如图 2-1-4 所示.

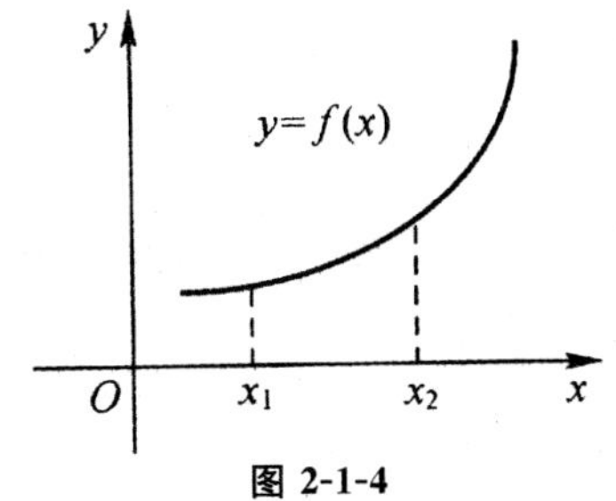

图 2-1-4

对于单调减函数，它的图形曲线是沿 x 轴正向下降的，即随着自变量 x 的增大，其对应的函数值减少，如图 2-1-5 所示.

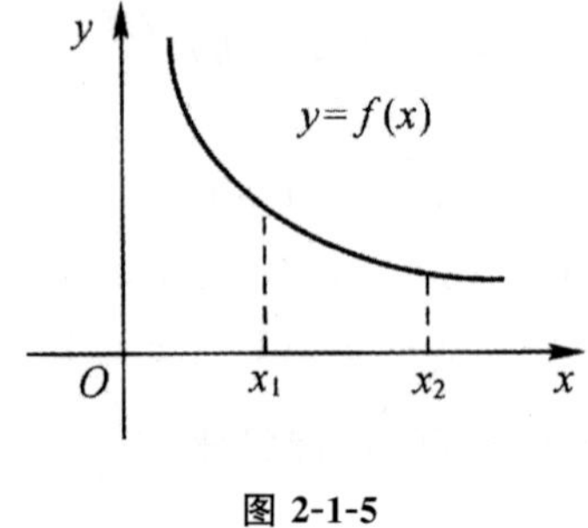

图 2-1-5

单调性是函数的一个局部性概念，讨论函数的单调性是就某个区间而言的. 例如，函数 $y=x^3$ 在 $(-\infty,+\infty)$ 内是单调增函数，如图 2-1-6 所示.

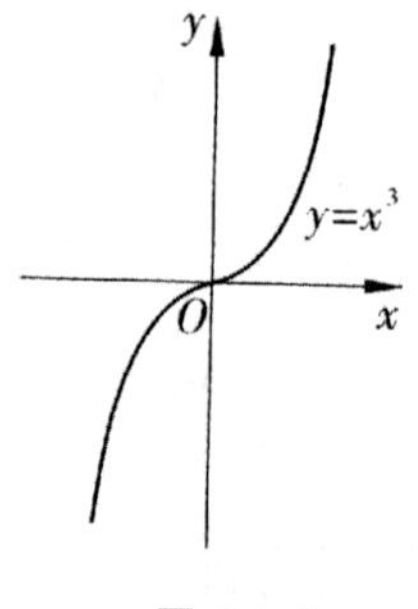

图 2-1-6

函数 $y=x^2$ 在 $(-\infty,0]$ 上是单调减的，在 $[0,+\infty)$ 上是单调增的，而在 $(-\infty,+\infty)$ 内则不是单调函数，如图 2-1-7 所示.

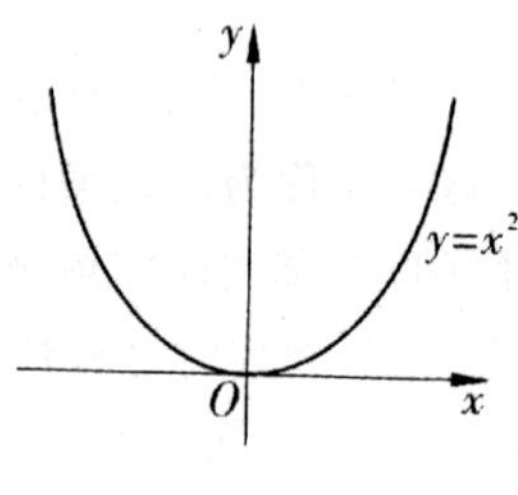

图 2-1-7

例 2.1.7 证明函数 $f(x)=\dfrac{1}{x}$ 在 $(0,+\infty)$ 的单调性.

解: 设 x_1,x_2 为 $(0,+\infty)$ 上任意两个实数，当 $x_1<x_2$，则有

$$f(x_1)-f(x_2)=\frac{1}{x_1}-\frac{1}{x_2}=\frac{x_2-x_1}{x_1x_2}.$$

因为 $x_1,x_2\in(0,+\infty)$，可得 $x_1x_2>0$，又因为 $x_1<x_2$，可得 $x_2-x_1>0$，所以

$$f(x_1)-f(x_2)>0,$$

即

$$f(x_1)>f(x_2).$$

所以函数 $f(x)=\dfrac{1}{x}$ 在 $(0,+\infty)$ 为减函数.

2. 有界性

设 $f(x)$ 为定义在 D 上的函数,若存在正数 M,使得对任意的 $x\in D$,都有

$$|f(x)|\leqslant M,$$

则称函数 $f(x)$ 在 D 上有界或称 $f(x)$ 是 D 上的有界函数. 每一个具有上述性质的正数 M 都是函数的界.

例如,函数 $f(x)=\sin x$ 在 $(-\infty,+\infty)$ 上有界,因为对一切 $x\in(-\infty,+\infty)$ 都有 $|\sin x|\leqslant 1$ 成立. 这里取 $M=1$.

若不存在具有上述性质的正数 M,则称 $f(x)$ 在 D 上无界或称 $f(x)$ 是 D 上的无界函数. 即对任意给定的正数 M,无论它多么大,总存在某个 $x_0\in D$,使 $|f(x_0)|>M$,则函数 $f(x)$ 在 D 上无界.

一个函数是否有界,不仅与函数本身的构造有关,还与自变量的取值范围有关. 例如,函数 $f(x)=\dfrac{1}{x}$ 在区间 $(0,1)$ 上是无界的,但在 $(1,2)$ 上是有界的. 因为 $\left|\dfrac{1}{x}\right|\leqslant 1$,对一切 $x\in(1,2)$ 都成立. 而在 $(0,1)$ 上,无论 M 多大,在 $(0,1)$ 上总可以找到 $x_1=\dfrac{1}{2M}$,$f(x_1)=\dfrac{1}{x_1}=2M>M$.

例 2.1.8　证明函数 $f(x)=\dfrac{1}{x}$ 在区间 $(0,+\infty)$ 无界.

证明: $\forall M>0$,取 $x_M=\dfrac{1}{M+1}$,则 $x_M\in(0,+\infty)$,而

$$f(x_M)=\left|\frac{1}{x_M}\right|=M+1>M,$$

所以函数 $f(x)=\dfrac{1}{x}$ 在区间 $(0,+\infty)$ 无界.

3. 周期性

对于函数 $y=f(x)$,若存在一个非零常数 T,使得关系式 $f(x+T)=f(x)$ 对于定义域内每一个 x 都成立,则 $f(x)$ 是周期函数,T 称为 $f(x)$ 的周期.

显然,若 T 是 $f(x)$ 的周期,则 nT(n 为整数) 均为其周期. 通常所说的周期是指最小正周期.

常见的三角函数 $f(x)=\sin x$,$f(x)=\cos x$ 都是以 2π 为周期;$f(x)=\tan x$,$f(x)=\cot x$ 都是以 π 为周期.

周期函数的图形特征如下:每隔 T 单位函数,函数值都相等. 对于周期函数只需讨论一个周期上的性质,就可以了解函数的整体性质.

有很多自然现象,如季节、气候等都是年复一年的呈周期变化的;有很多经济活动,小到商品销售,大到经济宏观运行,其变化具有周期规律性. 从图形上看,以 T 为周期的函数 $f(x)$ 的图像沿 x 轴平行移动 T 仍然保持不变,如图 2-1-8 所示.

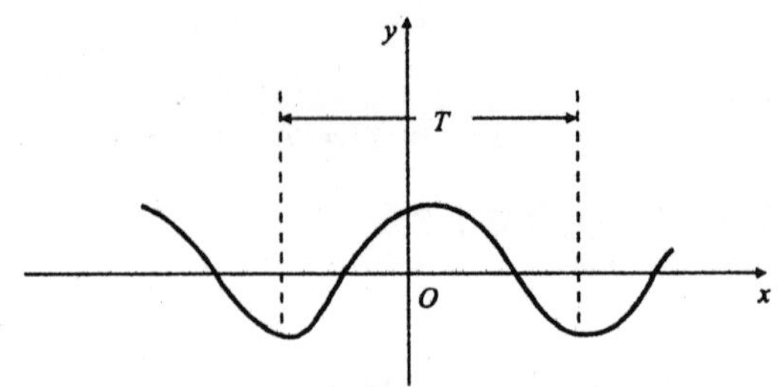

图 2-1-8

例 2.1.9 求函数 $f(x)=\sin\omega x$ 的周期 T.

解: 因为

$$f(x+T)=f(x),$$

即

$$\sin\omega(x+T)=\sin\omega x,$$

所以

$$\omega T=2\pi,$$

即

$$T=\frac{2\pi}{\omega}.$$

有的周期函数不一定存在最小正周期.例如,狄利克雷函数 $D(x)=\begin{cases}1 & (x\in\mathbf{Q})\\0 & (x\in\overline{\mathbf{Q}})\end{cases}$(其中 $\mathbf{Q}$ 为有理数集合,$\overline{\mathbf{Q}}$ 为无理数集合),易证任何一个正有理数都是 $D(x)$ 的周期,但在所有的正有理数中不存在最小的正有理数,因此 $D(x)$ 不存在最小正周期.

4. 奇偶性

如果函数 $y=f(x)$ 在关于原点对称的区间 D 上有定义,若对于任意 $x\in D$,都有 $f(-x)=f(x)$,则称 $f(x)$ 为 D 上的偶函数;若 $f(-x)=-f(x)$,则称 $f(x)$ 为 D 上的奇函数;如果函数 $y=f(x)$ 既不是奇函数又不是偶函数,则称 $y=f(x)$ 为非奇非偶函数.

如 $y=x^2$ 是偶函数,$y=x^3$ 是奇函数.

偶函数的图像关于 y 轴对称,如图 2-1-9 所示.

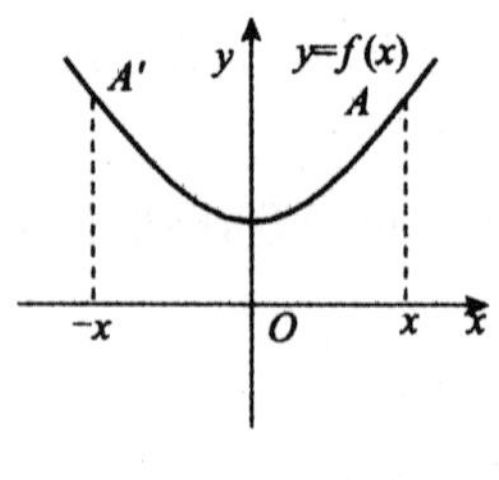

图 2-1-9

奇函数的图像关于原点对称,如图 2-1-10 所示.

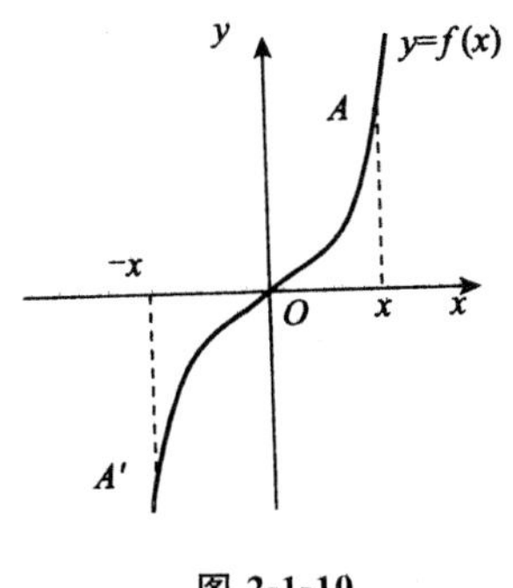

图 2-1-10

例 2.1.10　判断下列函数的奇偶性．

(1) $f(x)=x^2+1$；

(2) $f(x)=\sqrt{x^2-1}\sqrt{1-x^2}$；

(3) $f(x)=\begin{cases} x^2+x & (x<0) \\ x-x^2 & (x>0) \end{cases}$．

解：(1) 因为 $f(x)=x^2+1$ 的定义域为 $\mathbf{R}$，所以对于任意 $x\in\mathbf{R}$，均有 $-x\in\mathbf{R}$，并且

$$f(-x)=(-x)^2+1=x^2+1=f(x)=f(x),$$

所以 $f(x)=x^2+1$ 是偶函数．

(2) 此函数的定义域应满足

$$\begin{cases} x^2-1\geqslant 0 \\ 1-x^2\geqslant 0 \end{cases},$$

即

$$\begin{cases} x\geqslant 1 \text{ 或者 } x\leqslant -1 \\ -1\leqslant x\leqslant 1 \end{cases},$$

所以函数的定义域为 $x=\pm 1$．

因为 $f(\pm 1)=0$，$f(-x)=f(x)$ 且 $f(-x)=-f(x)$，所以函数既为偶函数又为奇函数．

(3) 显然此函数的定义域是关于原点对称的．

当 $x>0$ 时，$-x<0$，$f(-x)=(-x)^2+(-x)=x^2-x=-(x-x^2)=-f(x)$．

当 $x<0$ 时，$x>0$，$f(-x)=(-x)-(-x)^2=-x-x^2=-(x+x^2)=-f(x)$．

因为

$$f(-x)=-f(x),$$

所以函数 $f(x)=\begin{cases} x^2+x & (x<0) \\ x-x^2 & (x>0) \end{cases}$ 为奇函数．

例 2.1.11　判断函数 $f(x)=\ln(x+\sqrt{1+x^2})$ 的奇偶性．

解：函数 $f(x)=\ln(x+\sqrt{1+x^2})$ 的定义域为$(-\infty,+\infty)$．

因为

$$\begin{aligned} f(-x) &= \ln(-x+\sqrt{1+(-x)^2}) \\ &= \ln(-x+\sqrt{1+x^2}) \\ &= \ln\frac{1}{x+\sqrt{1+x^2}} \\ &= -\ln(x+\sqrt{1+x^2}) \\ &= -f(x), \end{aligned}$$

所以函数 $f(x)=\ln(x+\sqrt{1+x^2})$ 为 $(-\infty,+\infty)$ 上的奇函数.

在常见的函数中,$f(x)=\sin x$ 是奇函数;$f(x)=\cos x$ 是偶函数;函数 $f(x)=x^n$,当 n 是偶数时是偶函数,当 n 是奇数时是奇函数.

2.2　几种特殊的函数

2.2.1　复合函数

定义 2.2.1　设函数 $y=f(u), u\in D(f), u=g(x), x\in D(g)$,且 $Z(g)\subset D(u)$,则可以在集合 $D=\{x\in D(g)\mid g(x)\in D(f)\}$ 上确定一个函数 $y=f(g(x))$,那么就称这个函数为由 f 和 g 构成的复合函数,u 为中间变量.

实际上,把一个函数代入另一函数而得到的新函数就是复合函数. 例如,$y=a^x, x=\sin t$ 可以复合成 $y=a^{\sin t}$. 复合函数也可以由多个函数构成,如 $y=\lg u, u=\tan t, t=\frac{x}{2}$ 就构成了 $y=\lg\tan\frac{x}{2}$.

这里需要注意的是,不是随便两个函数就可以构成一个复合函数的. $Z(g)\subset D(u)$,即 g 的值域和 f 的定义域的交集非空. 如果所有的函数值 $g(x)$ 都不在 $D(f)$ 中,那么 $y=f(g(x))$ 的定义域就为空集,所以复合函数 $y=f(g(x))$ 就没有意义,不存在了. 比如,函数 $y=\arcsin u$ 和 $u=x^2+2$ 就不能构成复合函数,因为函数 $u=x^2+2$ 的值域是 $[2,+\infty)$ 与 $y=\arcsin u$ 的定义域 $[-1,1]$ 的交集是空集,对于任意的 x,$y=\arcsin(x^2+2)$ 都没有意义.

例 2.2.1　将下列函数分解成简单函数的复合.

(1) $y=\sin 2^x$;

(2) $y=e^{(x+1)^2}$.

解:(1) 函数 $y=\sin 2^x$ 是由 $y=\sin u$ 和 $u=2^x$ 复合而成的.

(2) 函数 $y=e^{(x+1)^2}$ 是由 $y=e^u, u=v^2$ 和 $v=x+1$ 复合而成的.

例 2.2.2　有函数 $y=\ln(b+u)$ 和 $u=\arcsin x$,试判别当 b 分别为 $2,-2,\frac{\pi}{4}$ 时,两个函数是否能生成复合函数,如果能,给出复合函数的定义域.

解:由题意可得

$$\begin{cases} b+\arcsin x>0 \\ -1\leqslant x\leqslant 1 \end{cases},$$

因为 $-1 \leqslant x \leqslant 1$，所以 $-\frac{x}{2} \leqslant \arcsin x \leqslant \frac{x}{2}$.

(1) 当 $b = 2$ 时，总有 $2 + \arcsin x > 0$，所以能够成复合函数，其定义域为 $[-1,1]$.

(2) 当 $b = -2$ 时，$\arcsin x - 2 < 0$，所以不能够成复合函数.

(3) 当 $b = \frac{\pi}{4}$ 时，由 $\frac{\pi}{4} + \arcsin x > 0$ 得 $x > \sin\left(-\frac{\pi}{4}\right) = -\frac{\sqrt{2}}{2}$，又 $-1 \leqslant x \leqslant 1$，其交集非空，所以能够成复合函数，其定义域为 $\left[-\frac{\sqrt{2}}{2},1\right]$.

例 2.2.3　已知函数 $f\left(x + \frac{1}{x}\right) = x^2 + \frac{1}{x^2}$，求 $f(x)$ 和 $f(x+1)$.

解：令 $u = x + \frac{1}{x}$，因为

$$x^2 + \frac{1}{x^2} = (x + \frac{1}{x})^2 = u^2 - 2,$$

所以

$$f(u) = u^2 - 2,$$

即

$$f(x) = x^2 - 2,$$
$$f(x+1) = (x+1)^2 - 2 = x^2 + 2x - 1.$$

2.2.2　反函数

定义 2.2.2　对于函数 $y = f(x)$，函数在定义域 $D(f)$ 和值域 $Z(f)$ 之间建立了一一对应的关系，对于每一个 $y \in Z(f)$，都有唯一确定的 $x \in D(f)$ 满足 $y = f(x)$，那么把 x 看成是 y 的函数，将原函数的自变量与因变量颠倒过来而构成的函数关系，即为 $y = f(x)$ 的反函数，记为 $x = f^{-1}(y)$.

根据定义可知，若函数 $y = f(x)$ 有反函数 $x = f^{-1}(y)$，那么函数 $y = f(x)$ 的值域 $Z(f)$ 就是反函数 $x = f^{-1}(y)$ 的定义域，函数 $y = f(x)$ 的定义域 $Z(f)$ 就是反函数 $x = f^{-1}(y)$ 的值域.

如果在反函数中用 x 表示自变量，用 y 表示因变量，即 $y = f^{-1}(x)$.

关于反函数的存在性，有以下的一个充分条件：如果函数 $y = f(x)$ 是单调递增或递减的，则必存在反函数 $x = f^{-1}(y)$，并且反函数也是单调递增或递减的.

如果将原函数 $y = f(x)$ 和反函数 $y = f^{-1}(x)$ 放到同一坐标系中，那么它们关于直线 $y = x$ 对称. 例如曲线 $y = x^3$ 和 $y = \sqrt[3]{x}$，如图 2-2-1 所示.

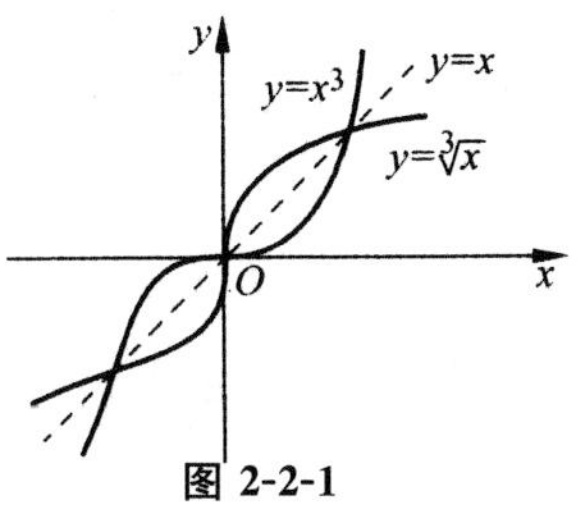

图 2-2-1

例 2.2.4 设函数 $y=2x-3$,求它的反函数并画出图形.

解:从函数 $y=2x-3$ 中直接解出 x 可得

$$x=\frac{1}{2}(y+3),$$

它的图形与原函数的图形是同一条直线,交换变量记号可得反函数为

$$y=\frac{1}{2}(x+3),$$

原函数 $y=2x-3$ 和反函数 $y=\frac{1}{2}(x+3)$ 的图形是关于直线 $y=x$ 对称的,可得其图形为图 2-2-2.

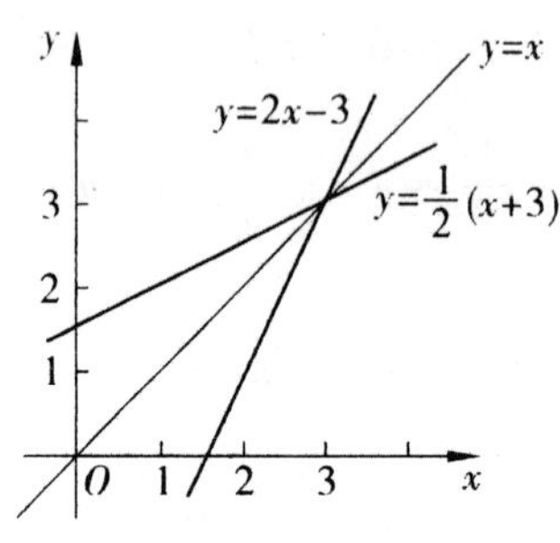

图 2-2-2

2.2.3 初等函数

1. 基本初等函数

中学数学中讨论过的常数函数、幂函数、指数函数、对数函数、三角函数和反三角函数统称为基本初等函数. 这些函数已经比较熟悉,下面简单给出以上函数的性质和图形.

(1) 常数函数

$$y=C,$$

其中,C 是常数. 它的定义域为$(-\infty,+\infty)$,它的图像过点$(0,C)$且平行于 x 轴,如图 2-2-3 所示.

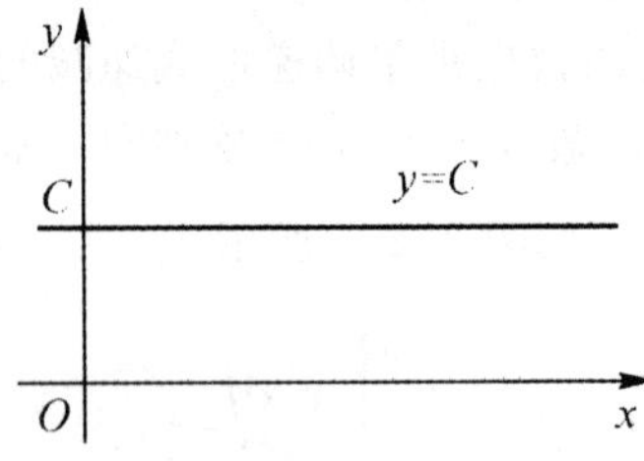

图 2-2-3

常数函数是有界函数、偶函数,当 $C=0$ 时,也是奇函数.

(2) 幂函数

$$y = x^a,$$

其中,a 是实数,其定义域根据 a 的取值不同而不同. 但不论 a 为何值,它在区间$(0,+\infty)$内总有定义,且图像过点(1,1). $a>0$ 和 $a<0$ 的图像如图 2-2-4 所示. 图中,a 分别为 $1,2,\frac{1}{2},3,-1$.

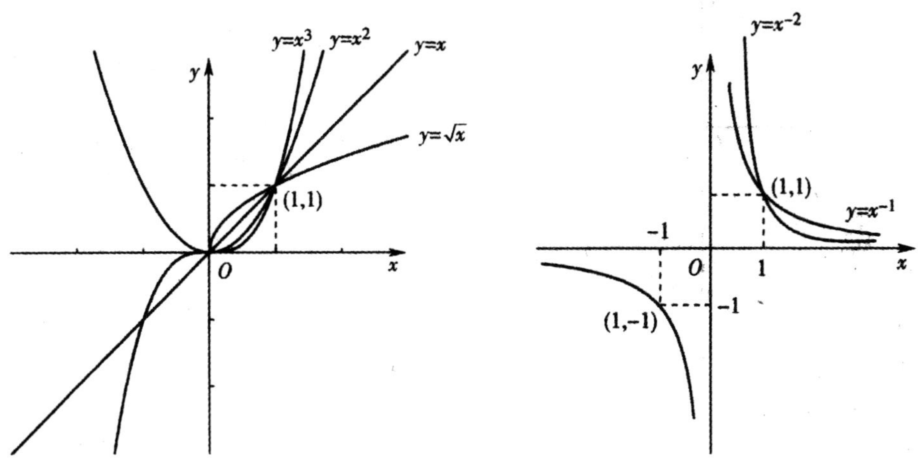

图 2-2-4

(3) 指数函数

$$y = a^x,$$

其中,a 为常数,且 $a>0, a\neq 1$. 定义域是$(-\infty,+\infty)$,值域是$(0,+\infty)$. 当 $a>1$ 时,函数单调递增;当 $a<1$ 时,函数单调递减. 图像过点(0,1),$y=a^x$ 和 $y=a^{-x}$ 的图形关于 y 轴对称,如图 2-2-5 所示.

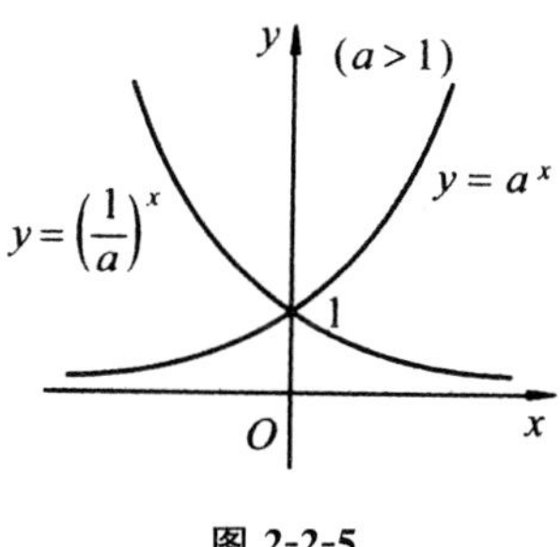

图 2-2-5

在科学记数中,最常用的是以 e(e 为无理数,$e=2.71828\cdots$)为底的指数函数 $y=e^x$.

(4) 对数函数

$$y = \log_a x,$$

其中,$a>0$ 且 $a\neq 1$. 定义域是$(0,+\infty)$,值域是$(-\infty,+\infty)$. 当 $a>1$ 时,函数单调递增;当 $0<a<1$ 时,函数单调递减. 图像过点(1,0),如图 2-2-6 所示.

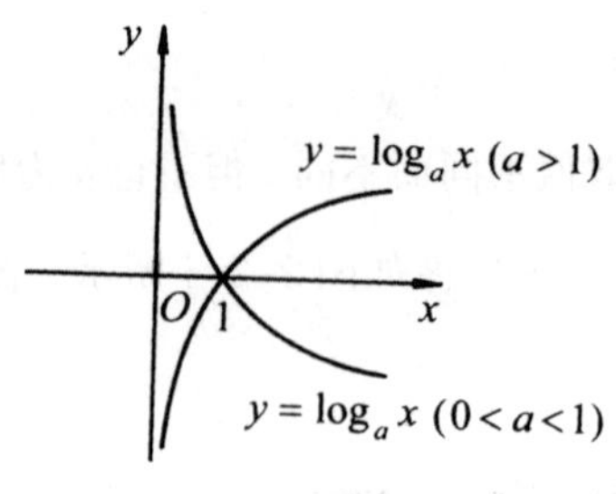

图 2-2-6

在科学记数中，常用的是以 e 为底的对数函数 $y=\ln x$，称为自然对数函数．

(5) 三角函数．常用的三角函数有以下几类．

① 正弦函数．

$$y=\sin x,$$

它的定义域是$(-\infty,+\infty)$，值域是$[-1,1]$．它是奇函数并且是以 2π 为周期的周期函数，在$\left[2k\pi-\frac{\pi}{2},2k\pi+\frac{\pi}{2}\right]$上单调递增，在$\left[2k\pi+\frac{\pi}{2},2k\pi+\frac{3\pi}{2}\right]$上单调递减，$k\in\mathbf{Z}$，如图 2-2-7 所示．

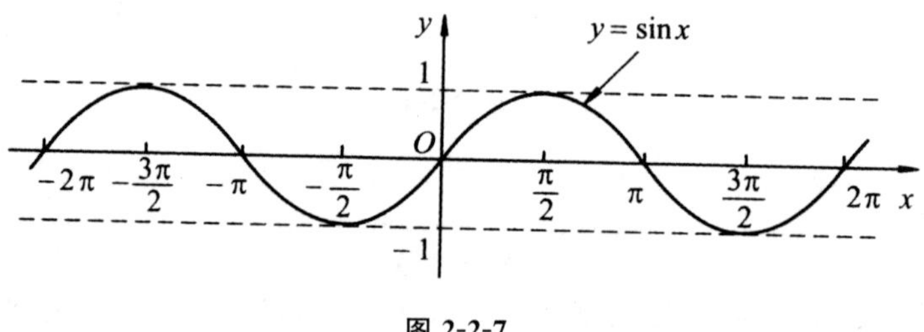

图 2-2-7

② 余弦函数．

$$y=\cos x,$$

它的定义域是$(-\infty,+\infty)$，值域是$[-1,1]$．它是奇函数并且以 2π 为周期的周期函数，在$[(2k-1)\pi,2k\pi]$上单调递增，在$[2k\pi,(2k+1)\pi]$上单调递减，$k\in\mathbf{Z}$，如图 2-2-8 所示．

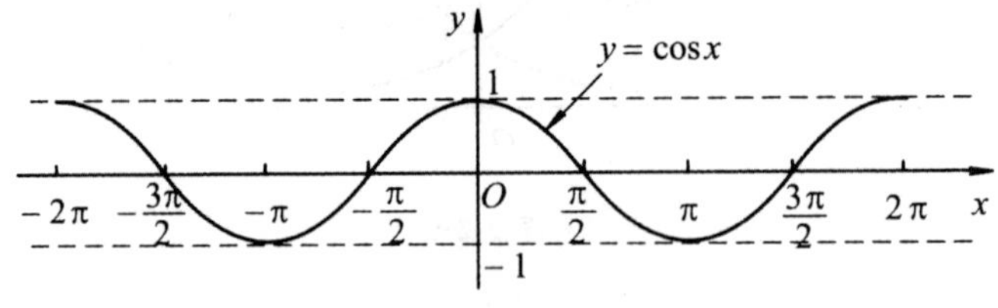

图 2-2-8

③ 正切函数．

$$y=\tan x,$$

它的定义域是$\left(k\pi-\frac{\pi}{2},k\pi+\frac{\pi}{2}\right)$，$k\in\mathbf{Z}$，值域为$(-\infty,+\infty)$．它是奇函数并且是以 π 为周期的周期函数，如图 2-2-9 所示．

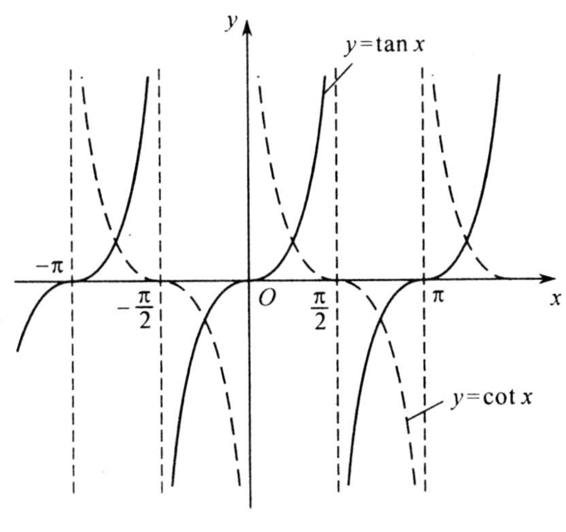

图 2-2-9

④ 余切函数．

$$y = \cot x,$$

它的定义域是$(k\pi,(k+1)\pi)$，$k \in \mathbf{Z}$，值域为$(-\infty,+\infty)$．它是奇函数并且是以 π 为周期的周期函数．

⑤ 正割函数和余割函数．

$$y = \sec x = \frac{1}{\cos x},\ y = \csc x = \frac{1}{\sin x},$$

它们都是以 2π 为周期的周期函数，并且在开区间$\left(0,\frac{\pi}{2}\right)$内都是无界函数．

(6) 反三角函数，即为三角函数的反函数．因为三角函数 $y=\sin x$，$y=\cos x$，$y=\tan x$，$y=\cot x$ 不是单调的，为了得到其反函数，对这些函数限定在某个单调区间内来讨论．

① 反正弦函数．函数 $y=\sin x$ 在定义域$(-\infty,+\infty)$内不是单调函数，在该区间内不存在反函数，但在区间$\left[-\frac{\pi}{2},\frac{\pi}{2}\right]$上单调递增，所以在该区间上存在反函数，所以反正弦函数

$$y = \arcsin x$$

的定义域是$[-1,1]$，值域是$\left[-\frac{\pi}{2},\frac{\pi}{2}\right]$，如图 2-2-10 所示．

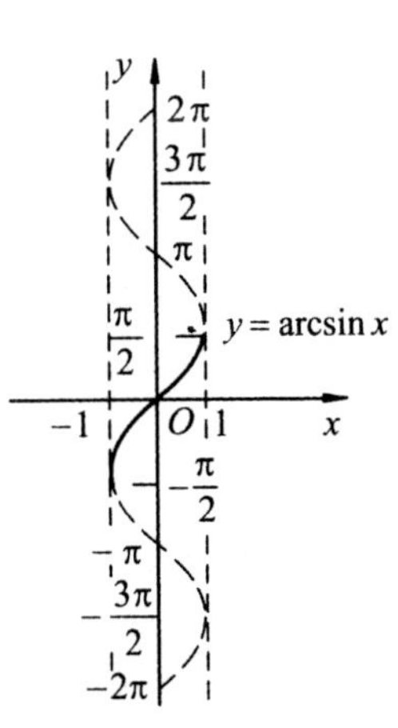

图 2-2-10

② 反余弦函数．函数 $y=\cos x$ 在区间$[0,\pi]$上单调减少，存在反函数．所以反余弦函数

$$y = \arccos x$$

的定义域是$[-1,1]$，值域是$[0,\pi]$，如图 2-2-11 所示．

③ 反正切函数．函数 $y=\tan x$ 在开区间$\left(-\frac{\pi}{2},\frac{\pi}{2}\right)$上单调递增，存在反函数．所以反正切函数

$$y = \arctan x$$

的定义域是$(-\infty, +\infty)$，值域是$\left(-\frac{\pi}{2}, \frac{\pi}{2}\right)$，如图 2-2-12 所示．

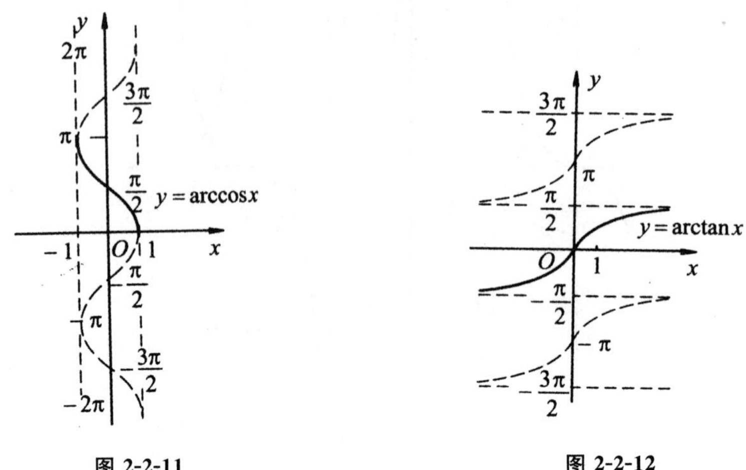

图 2-2-11　　　　图 2-2-12

④ 反余切函数．反余切函数

$$y = \operatorname{arccot} x$$

的定义域是$(-\infty, +\infty)$，值域是$(0, \pi)$，如图 2-2-13 所示．

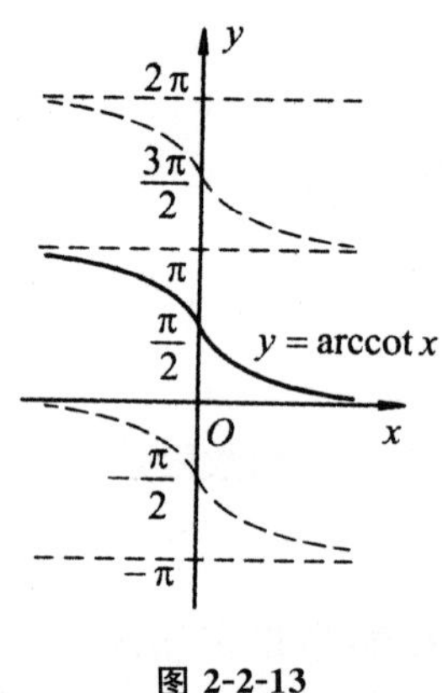

图 2-2-13

2. 初等函数

微积分中讨论的主要是初等函数．由常数和基本初等函数经过有限次复合及四则运算所构成并能用一个解析式表示的函数就是初等函数．

比如，$y = \lg\sin^2 x$，$y = 2^{\arctan\frac{x}{2}}$，$y = \sqrt{x^2 - 5} + e^{-x^2}$，$y = \dfrac{x^2 - x + 1}{\sqrt[3]{\tan x}}$都是初等函数．

这里要注意的是形如$y = [f(x)]^{g(x)}\ (f(x) > 0)$的函数为幂指函数．因为$y = [f(x)]^{g(x)} = e^{g(x)\ln f(x)}\ (f(x) > 0)$，所以幂指函数也是初等函数．

例 2.2.5　判断下列函数是否为初等函数．

(1)$y = |x|$．

(2) $\begin{cases} x^2, x \leqslant 0 \\ 2^x - 1, x > 0 \end{cases}$.

(3) $y = (2x+1)^{\sin x}$.

解:(1) 由于 $y = |x|$ 可等价表示为

$$y = \sqrt{x^2},$$

可以看成是由 $y = u^{\frac{1}{2}}, u = x^2$ 构成的函数,所以 $y = |x|$ 是初等函数.

(2) 由于

$$\begin{cases} x^2 & (x \leqslant 0) \\ 2^x - 1 & (x > 0) \end{cases}$$

无法用一个解析式表示出来,所以它不是初等函数.

(3) 因为 $y = (2x+1)^{\sin x} = e^{\sin x \ln(2x+1)}$,是由 $y = e^u, u = vw, v = \sin x, w = \ln t, t = 2x+1$ 构成的,所以是初等函数.

2.3　函数的极限

2.3.1　函数的极限的定义

定义 2.3.1　如果当 x 的绝对值无限增大(即 $x \to \infty$)时,函数 $f(x)$ 无限接近于一个确定的常数 A,那么 A 就叫做函数 $f(x)$ 当 $x \to \infty$ 时的极限,记作

$$\lim_{x \to \infty} f(x) = A(\text{或当 } x \to \infty \text{ 时}, f(x) \to A).$$

有时,x 的变化趋向只取 $x \to +\infty$ 或 $x \to -\infty$ 中的一种情况.因此,类似地有下面的定义.

定义 2.3.2　如果当 $x \to +\infty$ 时,函数 $f(x)$ 无限接近于一个确定的常数 A,则称 A 为函数 $f(x)$ 当 $x \to +\infty$ 时的极限,记作

$$\lim_{x \to +\infty} f(x) = A(\text{或当 } x \to +\infty \text{ 时}, f(x) \to A).$$

定义 2.3.3　如果当 $x \to -\infty$ 时,函数 $f(x)$ 无限接近于一个确定的常数 A,则称 A 为函数 $f(x)$ 当 $x \to -\infty$ 时的极限,记作

$$\lim_{x \to -\infty} f(x) = A(\text{或当 } x \to -\infty \text{ 时}, f(x) \to A).$$

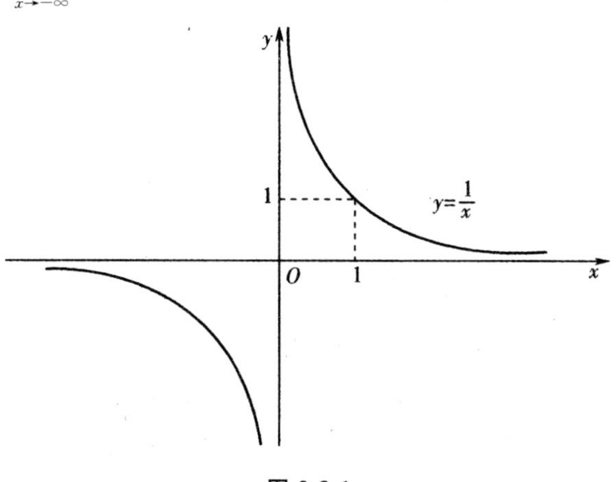

图 2-3-1

由图 2-3-1 可以看出

$$\lim_{x\to\infty}\frac{1}{x}=\lim_{x\to+\infty}\frac{1}{x}=\lim_{x\to-\infty}\frac{1}{x}=0.$$

可以证明：若 $\lim\limits_{x\to+\infty}f(x)=\lim\limits_{x\to-\infty}f(x)=A$，则 $\lim\limits_{x\to\infty}f(x)=A$. 反之也成立．

例 2.3.1 求下列极限

(1) $\lim\limits_{x\to+\infty}\frac{x^2+1}{x^2}$;

(2) $\lim\limits_{x\to-\infty}3^x$.

解：(1) 因为

$$\frac{x^2+1}{x^2}=1+\frac{1}{x^2},$$

且当 x 无限增大趋于正无穷时，$\frac{1}{x^2}$ 无限变小趋于 0，即函数值趋于 1，而当 x 趋于负无穷时，函数值同样趋于 1，所以

$$\frac{x^2+1}{x^2}=1.$$

(2) 因为当 x 趋于负无穷时，3^x 无限趋于 0，即 $\lim\limits_{x\to-\infty}3^x=0$.

$x\to x_0$ 表示 x 无限趋近于定值 $x_0(x\neq x_0)$，它包含下列两种情况：

①x 从大于 x_0 的一侧趋近于 x_0，记作 x_0^+；

②x 从小于 x_0 的一侧趋近于 x_0，记作 x_0^-.

定义 2.3.4 设函数 $y=f(x)$ 在 x_0 的某邻域内有定义（x_0 可以除外），如果当 x 无限趋近于定点 x_0（x 可以不等于 x_0）时，函数值无限趋近于一个确定的常数 A，那么 A 就叫做函数 $y=f(x)$ 当 $x\to x_0$ 时的极限．记作

$$\lim_{x\to x_0}f(x)=A\text{（或当 }x\to x_0\text{ 时，}f(x)\to A\text{）}.$$

例 2.3.2 讨论极限 $\lim\limits_{x\to x_0}C$ 和 $\lim\limits_{x\to x_0}x$.

解：因为函数 $y=C$ 是常量函数，无论自变量取任何值，函数值恒等于常数 C，所以 $\lim\limits_{x\to x_0}C=C$.

因为函数 $y=x$ 的函数值与自变量相等，所以当 $x\to x_0$ 时函数值 $y=x$ 也趋于 x_0，因此 $\lim\limits_{x\to x_0}x=x_0$.

定义 2.3.5 如果当 $x\to x_0^-$ 时，函数 $f(x)$ 无限趋近于一个确定的常数 A，那么 A 就叫做函数 $f(x)$ 当 $x\to x_0$ 时的左极限，记作

$$\lim_{x\to x_0^-}f(x)=A\text{（或当 }x\to x_0^-\text{ 时，}f(x)\to A\text{）}.$$

如果当 $x\to x_0^+$ 时，函数 $y=f(x)$ 无限趋近于一个确定的常数 A，那么 A 就叫做函数 $f(x)$ 当 $x\to x_0$ 时的右极限，记作

$$\lim_{x\to x_0^+}f(x)=A\text{（或当 }x\to x_0^+\text{ 时，}f(x)\to A\text{）}.$$

由此得到极限存在的充分必要条件为

$$\lim_{x\to x_0}f(x)=A\Leftrightarrow\lim_{x\to x_0^-}f(x)=\lim_{x\to x_0^+}f(x)=A.$$

也就是说，如果函数 $f(x)$ 在点 x_0 处的左、右极限都存在且相等，那么函数 $f(x)$ 在点 x_0 处的极限存在，且与左、右极限相等；反之，如果函数 $f(x)$ 在点 x_0 处的极限存在，那么函数 $f(x)$ 在

点 x_0 处的左、右极限都存在，且与函数的极限相等．

例 2.3.3　设 $f(x)=\begin{cases}-x, x<0\\ 1, x=0\\ x, x>0\end{cases}$ 画出该函数的图形，求 $\lim\limits_{x\to x_0^-}f(x)$，$\lim\limits_{x\to x_0^+}f(x)$，并讨论 $\lim\limits_{x\to x_0}f(x)$ 是否存在．

解：$f(x)$ 的图形如图 2-3-2 所示，由该图不难看出：

$$\lim_{x\to 0^-}f(x)=\lim_{x\to 0^-}(-x)=0,$$

$$\lim_{x\to 0^+}f(x)=\lim_{x\to 0^+}(-x)=0,$$

故 $\lim\limits_{x\to 0}f(x)=0$.

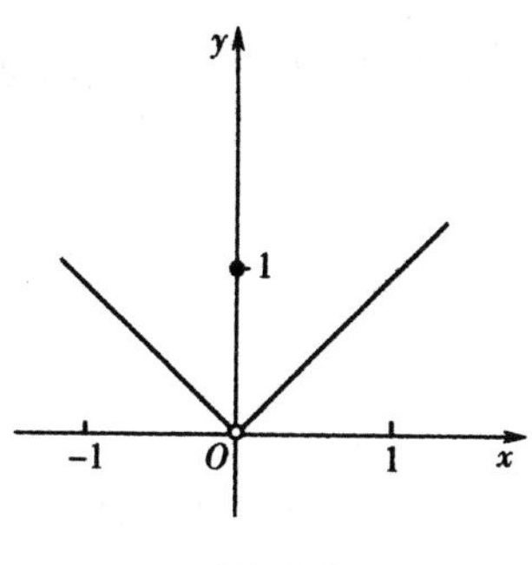

图 2-3-2

例 2.3.4　设符号函数 $\mathrm{sgn}x=\begin{cases}-x & (x<0)\\ 1 & (x=0)\\ x & (x>0)\end{cases}$，画图讨论 $\lim\limits_{x\to 0^-}\mathrm{sgn}x$，$\lim\limits_{x\to 0^+}\mathrm{sgn}x$，$\lim\limits_{x\to 0}\mathrm{sgn}x$ 是否存在．

解：函数图形如图 2-3-3 所示，不难看出：

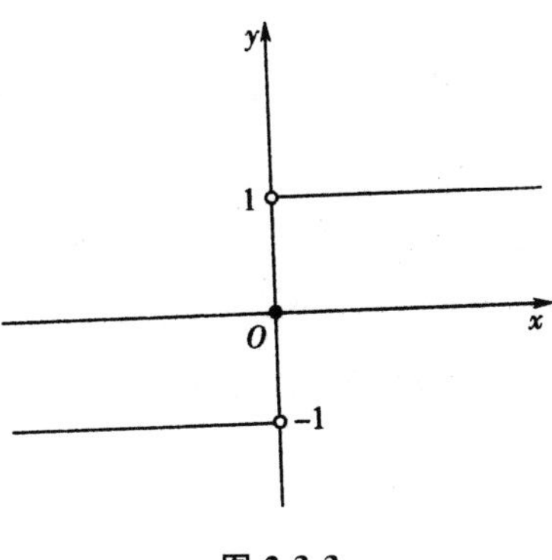

图 2-3-3

$$\lim_{x\to 0^-}\mathrm{sgn}x=\lim_{x\to 0^-}(-1)=-1,$$

$$\lim_{x\to 0^+}\mathrm{sgn}x=\lim_{x\to 0^+}1=1,$$

故 $\lim\limits_{x\to 0}\mathrm{sgn}x$ 不存在．

把数列 $f(n)$ 及函数 $f(x)$ 概括为"变量"，将 $n\to\infty, x\to\infty, x\to x_0$ 概括为"某个变化过程中"，则综合数列极限与函数极限的概念，可得出一般变量极限的定义．

定义 2.3.6 在某个变化过程中，若变量 y 无限趋于某个常数 A，则称 A 为变量 y 在此变化过程中的极限，记作

$$\lim y = A.$$

若变量 y 已给出具体函数，则不能用上述通用的记号．而必须在极限的符号下面注明所研究的变量的自变量的变化过程．

2.3.2 函数极限的性质

定理 2.3.1 如果 $\lim\limits_{x\to x_0} f(x)$ 存在，则一定是唯一的．

证明： 用反证法．设 $\lim\limits_{x\to x_0} f(x)=A$，又 $\lim\limits_{x\to x_0} f(x)=B$，假设 $A>B$，取 $\varepsilon=\dfrac{A-B}{2}$.

因为 $\lim\limits_{x\to x_0} f(x)=A$，所以存在 $\delta_1>0$，当 $0<|x-x_0|<\delta_1$ 时，有 $|f(x)-A|<\varepsilon$，可得

$$f(x)>A-\varepsilon=A-\frac{A-B}{2}=\frac{A+B}{2}.$$

又 $\lim\limits_{x\to x_0} f(x)=B$，所以存在 $\delta_2>0$，当 $0<|x-x_0|<\delta_2$ 时，有 $|f(x)-B|<\varepsilon$，从而

$$f(x)<B-\varepsilon=B-\frac{A-B}{2}=\frac{A+B}{2}.$$

令 $\delta=\min\{\delta_1,\delta_2\}$，则当 $0<|x-x_0|<\delta$ 时，$f(x)>\dfrac{A+B}{2}$ 与 $f(x)<\dfrac{A+B}{2}$ 矛盾，所以假设不成立，原结论正确．

定理 2.3.2 如果 $\lim\limits_{x\to x_0} f(x)=A$，且 $A>0$（或 $A<0$），则存在 $\delta>0$，当 $0<|x-x_0|<\delta$ 时，有 $f(x)>0$（$f(x)<0$）.

证明： 因为 $\lim\limits_{x\to x_0} f(x)=A>0$，根据定义，取 $\varepsilon=A>0$，则存在 $\varepsilon>0$，对任意的 x，当 $0<|x-x_0|<\delta$ 时，有 $|f(x)-A|<\varepsilon=A$，则 $f(x)>A-A=0$，即 $f(x)>0$. 得证．

定理 2.3.3 如果 $\lim\limits_{x\to x_0} f(x)=A$，则 $f(x)$ 在 x_0 附近有界，即存在 $\varepsilon>0$ 和 $M>0$，使得 $f(x)$ 在 (x_0,δ) 上 $|f(x)-A|\leqslant M$.

证明： 因为 $\lim\limits_{x\to x_0} f(x)=A$，则对 $\varepsilon=1$，存在 $\delta>0$，当 $0<|x-x_0|<\delta$ 时，有 $|f(x)-A|<\varepsilon=1$，所以

$$|f(x)|<|A|+1,$$

即 $f(x)$ 在 (x_0,δ) 上有界．

这里需要注意以下两点．

(1) $\lim\limits_{x\to x_0} f(x)=A$ 不能推出 $f(x)$ 在它的整个定义域上有界，只能推出 $f(x)$ 在 x_0 的某个空心邻域 (x_0,δ) 上有界；

(2) 空心邻域 (x_0,δ) 有多大，通常不能确定，所以称 $f(x)$ 是局部有界的．

定理 2.3.4 假设 $\lim\limits_{x\to x_0} f(x)=A$，$\lim\limits_{x\to x_0} g(x)=B$，且 $A>B$，则存在 $\delta>0$，当 $x\in(x_0,\delta)$ 时，有 $f(x)>g(x)$.

证明:令 $\varepsilon=\frac{A+B}{2}$，因为 $\lim\limits_{x\to x_0}f(x)=A$，所以存在 $\delta_1>0$，当 $0<|x-x_0|<\delta_1$ 时，有 $|f(x)-A|<\varepsilon$，所以

$$f(x)>A-\varepsilon=\frac{A+B}{2},$$

又因为 $\lim\limits_{x\to x_0}g(x)=B$，所以存在 $\delta_2>0$，当 $0<|x-x_0|<\delta_2$ 时，有 $|g(x)-B|<\varepsilon$，所以

$$g(x)<B+\varepsilon=\frac{A+B}{2},$$

令 $\delta=\min\{\delta_1,\delta_2\}$，则当 $0<|x-x_0|<\delta$ 时，$g(x)<\frac{A+B}{2}<f(x)$，即 $f(x)>g(x)$.

2.4　极限运算法则

2.4.1　极限的四则运算法则

定理 2.4.1　设极限 $\lim\limits_{x\to x_0}f(x)$，$\lim\limits_{x\to x_0}g(x)$ 都存在，则当 $x\to x_0$ 时，$f(x)\pm g(x)$，$f(x)\cdot g(x)$ 的极限也存在，且

(1) $\lim\limits_{x\to x_0}[f(x)\pm g(x)]=\lim\limits_{x\to x_0}f(x)\pm\lim\limits_{x\to x_0}g(x)$.

(2) $\lim\limits_{x\to x_0}[f(x)\cdot g(x)]=\lim\limits_{x\to x_0}f(x)\cdot\lim\limits_{x\to x_0}g(x)$.

(3) 若 $\lim\limits_{x\to x_0}g(x)\neq 0$，则当 $x\to x_0$ 时，$\lim\limits_{x\to x_0}\frac{f(x)}{g(x)}$ 的极限也存在，且 $\lim\limits_{x\to x_0}\frac{f(x)}{g(x)}=\frac{\lim\limits_{x\to x_0}f(x)}{\lim\limits_{x\to x_0}g(x)}$.

例 2.4.1　求极限 $\lim\limits_{x\to 1}\left(\frac{1}{1-x}-\frac{3}{1-x^3}\right)$.

解:因 $x\to 1$ 时，$\frac{1}{1-x}$ 及 $\frac{3}{1-x^3}$ 的极限均不存在，应当先合并，化简后再求极限，则有

$$\begin{aligned}\lim_{x\to 1}\left(\frac{1}{1-x}-\frac{3}{1-x^3}\right)&=\lim_{x\to 1}\frac{1+x+x^2-3}{1-x^3}\\&=\lim_{x\to 1}\frac{(x-1)(x+2)}{(1-x)(1+x+x^2)}\\&=-\lim_{x\to 1}\frac{x+2}{1+x+x^2}\\&=-\frac{3}{3}=-1.\end{aligned}$$

2.4.2　复合函数的极限运算法则

函数极限不仅可以进行四则运算，而且可以进行复合运算，下面仍就 $x\to x_0$ 的情形给出复合函数的极限运算法则．然而其结论对于 $x\to\infty$，$x\to x_0^+$，$x\to x_0^-$，$x\to-\infty$，$x\to+\infty$ 的情形依然成立．

定理 2.4.2 设函数 $y=f[\varphi(x)]$ 是由 $y=f(u)$ 与函数 $u=\varphi(x)$ 复合而成的，$f[\varphi(x)]$ 在点 x_0 的某个去心邻域内有定义．若 $\lim\limits_{x\to x_0}\varphi(x)=u_0$，$\lim\limits_{u\to u_0}f(u)=A$ 且存在 $\delta_0>0$，当 $x\in\mathring{U}(x_0,\delta_0)$ 时，有 $\varphi(x)\neq u_0$，那么

$$\lim_{x\to x_0}f[\varphi(x)]=\lim_{u\to u_0}f(u)=A.$$

特别地，若 $\lim\limits_{u\to u_0}f(u)=f(u_0)$，则有

$$\lim_{x\to x_0}f[\varphi(x)]=f[\lim_{x\to x_0}(x)]=f(u_0).$$

证明：由题设知，$\exists\delta_1>0$，使得当 $0<|x-x_0|<\delta_1$ 时，$\varphi(x)\neq u_0$，所以，当 $0<|x-x_0|<\delta_1$ 时，

$$|\varphi(x)-u_0|>0.$$

因为 $\lim\limits_{u\to u_0}f(u)=A$，所以，$\forall\varepsilon>0$，$\exists\delta_2>0$，当 $0<|u-u_0|<\delta_2$ 时，有 $|f(u)-A|<\varepsilon$ 成立．又因为 $\lim\limits_{x\to x_0}\varphi(x)=u_0$，所以，$\forall\delta_2>0$，$\exists\delta_3>0$，当 $0<|x-x_0|<\delta_3$ 时，有 $|\varphi(x)-u_0|<\delta_2$ 成立，即 $|u-u_0|<\delta_2$．

取 $\delta=\min\{\delta_1,\delta_3\}$，$\forall\varepsilon>0$，$\exists\delta>0$，当 $0<|x-x_0|<\delta$ 时，有 $0<|u-u_0|<\delta_2$，从而有 $|f(u)-A|<\varepsilon$ 成立，即

$$|f[\varphi(x)]-A|<\varepsilon$$

成立．所以

$$\lim_{x\to x_0}f[\varphi(x)]=A.$$

该定理表明，如果函数 $y=f(u)$ 和 $u=\varphi(x)$ 满足该定理的条件，那么要求 $\lim\limits_{x\to x_0}f[\varphi(x)]$，可以作变换 $u=\varphi(x)$，若 $\lim\limits_{x\to x_0}\varphi(x)=u_0$，则

$$\lim_{x\to x_0}f[\varphi(x)]=\lim_{u\to u_0}f(u).$$

例 2.4.2 求极限 $\lim\limits_{x\to 1}\left[\left(\dfrac{x^2-1}{x-1}\right)^3+\dfrac{4(x^2-1)}{x-1}\right]$.

解：函数 $y=\left(\dfrac{x^2-1}{x-1}\right)^3+\dfrac{4(x^2-1)}{x-1}$ 由 $y=u^3+4u$ 与 $u=\dfrac{x^2-1}{x-1}$ 复合而成，又因为

$$\lim_{x\to x_0}\frac{x^2-1}{x-1}=2,\lim_{u\to 2}(u^3+4u)=16,$$

所以

$$\lim_{x\to 1}\left[\left(\frac{x^2-1}{x-1}\right)^3+\frac{4(x^2-1)}{x-1}\right]=\lim_{u\to 2}(u^3+4u)=16.$$

例 2.4.3 求 $\lim\limits_{x\to 1}\dfrac{\sqrt[3]{x}-1}{\sqrt{x}-1}$.

解：该极限是“$\dfrac{0}{0}$”型．令 $x=t^6$，则 $x\to 1$ 时，$t\to 1$．于是

$$\lim_{x\to 1}\frac{\sqrt[3]{x}-1}{\sqrt{x}-1}=\lim_{t\to 1}\frac{t^2-1}{t^3-1}=\lim_{t\to 1}\frac{(t-1)(t+1)}{(t-1)(t^2+t+1)}=\frac{2}{3}.$$

2.5　极限存在准则、两个重要极限

利用极限的定义可以判定很多极限是否存在，但是对于一些特殊函数的极限却无能为力，本节先介绍夹逼准则，再介绍两个重要极限，用来计算一些特殊的极限.

2.5.1　极限存在准则

1. 夹逼准则

准则 2.5.1　如果数列$\{x_n\}$、$\{y_n\}$、$\{z_n\}$满足如下条件：

(1) $y_n \leqslant x_n \leqslant z_n, n = 1,2,3,\cdots$.

(2) $\lim\limits_{n\to\infty} y_n = a, \lim\limits_{n\to\infty} z_n = a$,

则数列$\{x_n\}$的极限存在，且

$$\lim_{n\to\infty} x_n = a.$$

证明：因为$\lim\limits_{n\to\infty} y_n = a, \lim\limits_{n\to\infty} z_n = a$，所以对于任意给定的$\varepsilon > 0$，存在正整数$N_1$、$N_2$，使得当$n > N_1$时，有$|y_n - a| < \varepsilon$；当$n > N_2$时，有$|z_n - a| < \varepsilon$.

取$N = \max\{N_1, N_2\}$，则当$n > N$时，有$|y_n - a| < \varepsilon$，有$|z_n - a| < \varepsilon$，即

$$a - \varepsilon < y_n < a + \varepsilon, a - \varepsilon < z_n < a + \varepsilon.$$

从而当$n > N$时，有

$$a - \varepsilon < y_n \leqslant x_n \leqslant z_n < a + \varepsilon,$$

即

$$a - \varepsilon < x_n < a + \varepsilon,$$

则

$$|x_n - a| < \varepsilon,$$

所以

$$\lim_{n\to\infty} x_n = a.$$

上述数列极限存在的夹逼准则可以推广到函数的极限，有如下准则.

准则 2.5.2　如果当$\mathring{U}(x_0, \delta)$(或$|x| > M$)有

(1) $g(x) \leqslant f(x) \leqslant h(x)$,

(2) $\lim\limits_{\substack{x\to x_0 \\ (x\to\infty)}} f(x) = A$, $\lim\limits_{\substack{x\to x_0 \\ (x\to\infty)}} h(x) = A$,

那么$\lim\limits_{\substack{x\to x_0 \\ (x\to\infty)}} f(x)$存在，且

$$\lim_{\substack{x\to x_0 \\ (x\to\infty)}} f(x) = A.$$

准则 2.5.1 和准则 2.5.2 称为夹逼准则.

例 2.5.1　求$\lim\limits_{n\to\infty}\left(\dfrac{1}{\sqrt{n^2+1}} + \dfrac{1}{\sqrt{n^2+2}} + \cdots + \dfrac{1}{\sqrt{n^2+n}}\right)$.

解：因为$\frac{n}{\sqrt{n^2+n}}<\frac{1}{\sqrt{n^2+1}}+\cdots+\frac{1}{\sqrt{n^2+n}}<\frac{n}{\sqrt{n^2+1}}$，又

$$\lim_{n\to\infty}\frac{n}{\sqrt{n^2+n}}=\lim_{n\to\infty}\frac{1}{\sqrt{1+\frac{1}{n}}}=1,$$

$$\lim_{n\to\infty}\frac{n}{\sqrt{n^2+1}}=\lim_{n\to\infty}\frac{1}{\sqrt{1+\frac{1}{n}}}=1,$$

由夹逼准则得

$$\lim_{n\to\infty}\left(\frac{1}{\sqrt{n^2+1}}+\frac{1}{\sqrt{n^2+2}}+\cdots+\frac{1}{\sqrt{n^2+n}}\right)=1.$$

2. 单调有界准则

如果数列$\{x_n\}$满足$x_1\leqslant x_2\leqslant\cdots\leqslant x_n\leqslant\cdots$，那么就称它为单调增加数列；如果数列$\{x_n\}$满足$x_1\geqslant x_2\geqslant\cdots\geqslant x_n\geqslant\cdots$，那么就称它为单调减少数列．单调增加和单调减少的数列统称为单调数列．

准则 2.5.3　单调有界数列必有极限．

图 2-5-1 可以帮助理解这一准则．从数轴上直观分析，准则 2.5.3 的结论是显然成立的．因为x_n作为数轴上的动点，如果$\{x_n\}$是单调递增数列，则动点x_n只能向右移动，因此只有两种可能情形：一是向右无限远离原点；二是向右无限趋近于某个定点，也就是说数列$\{x_n\}$趋于一个极限．但是$\{x_n\}$是一个有界数列，即$x_n\in[-M,M]$，所以第一种情况是不成立的．从而表明这个数列趋于一个极限，并且这个极限的绝对值不超过M. 对于单调递减数列$\{x_n\}$也有类似的结论．

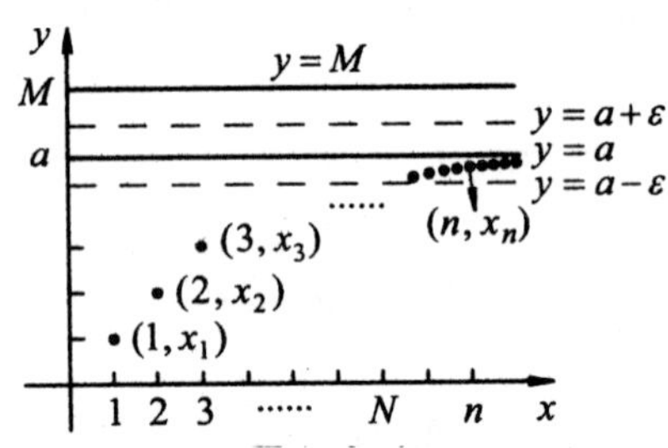

图 2-5-1

例 2.5.2　设$a>0,a_0>0,a_{n+1}=\frac{1}{2}\left(a_n+\frac{a}{a_n}\right)(n=0,1,2,\cdots)$，证明$\lim\limits_{n\to\infty}a_n=\sqrt{a}$.

证明：根据题意可得，数列$\{a_n\}$是一个非负数列，所以

$$a_{n+1}=\frac{1}{2}\left(a_n+\frac{a}{a_n}\right)\geqslant\sqrt{a_n\times\frac{a}{a_n}}=\sqrt{a},$$

即数列$\{a_n\}$有下界，又

$$a_{n+1}-a_n=\frac{1}{2}\left(a_n+\frac{a}{a_n}\right)-a_n=\frac{a-a_n^2}{2a_n}\leqslant 0,$$

即

$$a_{n+1}\leqslant a_n,$$

所以数列$\{a_n\}$单调递减有下界，根据准则 2.5.3 可知，$\lim\limits_{n\to\infty}a_n$ 存在，令$\lim\limits_{n\to\infty}a_n=A$，则

$$\lim_{n\to\infty}a_{n+1}=\frac{1}{2}\left(a_n+\frac{a}{a_n}\right)=\frac{1}{2}\left(\lim_{n\to\infty}a_n+\lim_{n\to\infty}\frac{a}{a_n}\right),$$

即

$$A=\frac{1}{2}\left(A+\frac{a}{A}\right),$$

解得 $A=\pm\sqrt{a}$，根据极限保号性可得，$A=-\sqrt{a}$ 应舍去，所以$\lim\limits_{n\to\infty}a_n=\sqrt{a}$.

2.5.2　两个重要的极限

1. 重要极限一：$\lim\limits_{x\to 0}\dfrac{\sin x}{x}=1$

因 $x\to 0$，设 $0<|x|<\frac{\pi}{2}$. 作单位圆(图 2-5-2)，当 $0<x<\frac{\pi}{2}$ 时，取 $\angle AOB=x$，由图可见 $\triangle AOB$ 面积 $<$ 扇形 $OAB<\triangle OBD$ 面积，即

$$\frac{1}{2}\sin x<\frac{1}{2}x<\frac{1}{2}\tan x.$$

因为 $\sin x>0$，所以

$$1<\frac{x}{\sin x}<\frac{1}{\cos x},$$

亦即

$$\cos x<\frac{\sin x}{x}<1.$$

当 $-\frac{\pi}{2}<x<0$ 时，不等式仍成立．事实上

$$\cos(-x)<\frac{\sin(-x)}{-x}<1,$$

即

$$\cos x<\frac{\sin x}{x}<1.$$

由于$\lim\limits_{x\to 0}\cos x=1$，利用夹逼定理可得

$$\lim_{x\to 0}\frac{\sin x}{x}=1.$$

在上面的证明过程中，实际上已证明了：当 $0<|x|<\frac{\pi}{2}$ 时，

$$\frac{|\sin x|}{|x|}<1,$$

即 $|\sin x|<|x|$ 成立．

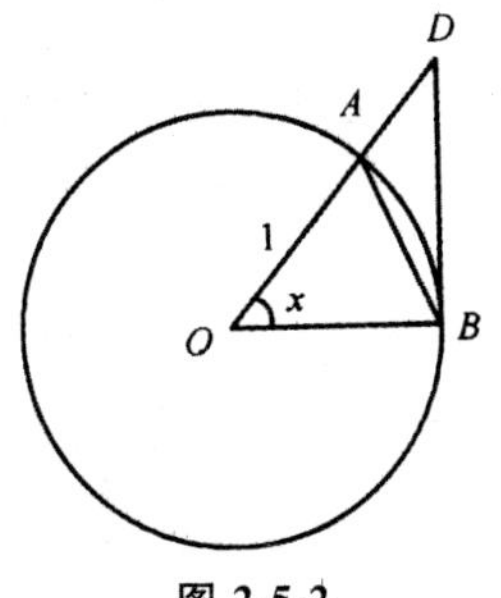

图 2-5-2

例 2.5.3　求$\lim\limits_{x\to 0}\dfrac{\tan x}{x}$.

解：$\lim\limits_{x\to 0}\dfrac{\tan x}{x}=\lim\limits_{x\to 0}\left(\dfrac{\sin x}{x}\cdot\dfrac{1}{\cos x}\right)$

$=\lim\limits_{x\to 0}\dfrac{\sin x}{x}\cdot\lim\limits_{x\to 0}\dfrac{1}{\cos x}$

$= 1 \times 1 = 1.$

例 2.5.4 求 $\lim\limits_{x \to 0} \dfrac{\arcsin x}{x}$.

解:令 $t = \arcsin x$,有 $x = \sin t$,当 $x \to 0$ 时,有 $t \to 0$,故有

$$\lim_{x \to 0} \frac{\arcsin x}{x} = \lim_{t \to 0} \frac{t}{\sin t} = \lim_{t \to 0} \frac{1}{\dfrac{\sin t}{t}} = 1.$$

例 2.5.5 求 $\lim\limits_{x \to 0} \dfrac{1 - \cos x}{x^2}$.

解:

$$\begin{aligned}\lim_{x \to 0} \frac{1 - \cos x}{x^2} &= \lim_{x \to 0} \frac{2\sin^2 \dfrac{x}{2}}{x^2} \\ &= \frac{1}{2} \lim_{x \to 0} \frac{\sin^2 \dfrac{x}{2}}{\left(\dfrac{x}{2}\right)^2} = \lim_{x \to 0} \left(\frac{\sin \dfrac{x}{2}}{\dfrac{x}{2}}\right)^2 \\ &= \frac{1}{2} \times 1^2 = \frac{1}{2}.\end{aligned}$$

2. 重要极限二:$\lim\limits_{x \to \infty} \left(1 + \dfrac{1}{x}\right)^x = \mathrm{e}$

易证极限

$$\lim_{x \to \infty} \left(1 + \frac{1}{n}\right)^n = \mathrm{e}\,.$$

下面先证明 $x \to +\infty$ 的情形:对任何正实数 x,总可以找到正整数 n,使 $n \leqslant x < n + 1$,当 $x \to +\infty$ 时,有 $n \to +\infty$,因为

$$1 + \frac{1}{n+1} < 1 + \frac{1}{x} \leqslant 1 + \frac{1}{n},$$

所以

$$\left(1 + \frac{1}{n+1}\right)^n < \left(1 + \frac{1}{x}\right)^x < \left(1 + \frac{1}{n}\right)^{n+1}.$$

而

$$\lim_{n \to \infty} \left(1 + \frac{1}{n}\right)^{n+1} = \lim_{n \to \infty} \left(1 + \frac{1}{n}\right)^n = \lim_{n \to \infty} \left(1 + \frac{1}{n}\right) = \mathrm{e}\,,$$

$$\lim_{n \to \infty} \left(1 + \frac{1}{n+1}\right)^n = \lim_{n \to \infty} \left(1 + \frac{1}{n+1}\right)^{n+1} \cdot \lim_{n \to \infty} \left(1 + \frac{1}{n+1}\right)^{-1} = \mathrm{e}\,,$$

所以,应用夹逼准则可得

$$\lim_{x \to +\infty} \left(1 + \frac{1}{x}\right)^x = \mathrm{e}\,.$$

对于 $x \to -\infty$ 的情形,令 $x = -(t + 1)$,则 $x \to -\infty$ 时,$t \to +\infty$. 则

$$\begin{aligned}\lim_{x \to -\infty} \left(1 + \frac{1}{x}\right)^x &= \lim_{t \to +\infty} \left(1 - \frac{1}{t+1}\right)^{-t-1} \\ &= \lim_{t \to +\infty} \left(\frac{t}{t+1}\right)^{t+1} = \lim_{t \to +\infty} \left[\left(1 + \frac{1}{t}\right)^t \cdot \left(1 + \frac{1}{t}\right)\right] = \mathrm{e}\,.\end{aligned}$$

综上所述，可得

$$\lim_{x\to\infty}\left(1+\frac{1}{x}\right)^x = \mathrm{e}\,.$$

例 2.5.6　求 $\lim\limits_{x\to\infty}\left(1+\frac{k}{x}\right)^x (k\neq 0)$.

解：令 $y=\frac{k}{x}$，则 $x=\frac{k}{y}$，$x\to\infty$ 等价于 $y\to 0$，故

$$\begin{aligned}\lim_{x\to\infty}\left(1+\frac{k}{x}\right)^x &= \lim_{y\to 0}(1+y)^{\frac{k}{y}}\\ &= \lim_{y\to 0}[(1+y)^{\frac{1}{y}}]^k\\ &= [\lim_{y\to 0}(1+y)^{\frac{1}{y}}]^k\\ &= \mathrm{e}^k.\end{aligned}$$

例 2.5.7　求 $\lim\limits_{x\to 0}(1-2x)^{\frac{1}{x}}$.

解：

$$\begin{aligned}\lim_{x\to 0}(1-2x)^{\frac{1}{x}} &= \lim_{x\to 0}[(1-2x)^{-\frac{1}{2x}}]^2\\ &= \mathrm{e}^{-2}.\end{aligned}$$

例 2.5.8　求 $\lim\limits_{x\to\infty}\left(\frac{3+x}{2+x}\right)^{2x}$.

解：

$$\begin{aligned}\lim_{x\to\infty}\left(\frac{3+x}{2+x}\right)^{2x} &= \lim_{x\to\infty}\left[\left(1+\frac{1}{x+2}\right)^x\right]^2 = \lim_{x\to\infty}\left[\left(1+\frac{1}{x+2}\right)^{x+2}\right]^2\\ &= \left(1+\frac{1}{x+2}\right)^{-4}\\ &= \mathrm{e}^2.\end{aligned}$$

2.6　无穷小与无穷大

2.6.1　无穷小量

1. 无穷小量的定义

在实际问题中，经常会遇到以零为极限的变量．例如，当关掉电源时，电扇的扇叶会逐渐慢下来，直至停止转动；又如，电容器放电时，其电压随时间的增加而逐渐减少并趋近于零；再如，用抽气机来抽容器中的空气，容器中的空气含量将随着时间的增加而逐渐减少并趋近于零．

对于这种变量，给出下面的定义．

定义 2.6.1　如果当 $x\to x_0$（或 $x\to\infty$）时，$f(x)\to 0$，则称当 $x\to x_0$（或 $x\to\infty$）时，函数 $f(x)$ 为无穷小量，简称无穷小，通常用 α,β,γ 等表示．

例如，当 $x\to 0$ 时，函数 x^2，$2x$ 都是无穷小；当 $x\to 1$ 时，函数 $x-1$，x^2-1 都是无穷小；当 $x\to$

∞ 时,函数$\dfrac{1}{x}$ 是无穷小.

应当注意:

(1) 无穷小量是以零为极限的函数.当说函数 $f(x)$是无穷小量时,必须同时指明自变量 x 的变化趋向.例如,当 $x\to\infty$ 时,函数 $f(x)=\dfrac{1}{x}$ 是无穷小量;而当 $x\to 1$ 时,函数 $f(x)=\dfrac{1}{x}$ 就不是无穷小量.

(2) 常数中只有“0”是无穷小,这是因为

$$\lim_{\substack{x\to 0\\(x\to\infty)}} =0.$$

而对其他常数,尽管它的值可以很小,因其值已取定(不为零),极限都不是 0,因此都不能说成是无穷小.

2. 无穷小量的性质

(1) 有限个无穷小的代数和是无穷小.

(2) 有限个无穷小的乘积是无穷小.

(3) 有界函数与无穷小的乘积是无穷小.

例 2.6.1 证明$\lim\limits_{x\to\infty}\dfrac{\sin x}{x}=0$.

证明:因为$\lim\limits_{x\to\infty}\dfrac{1}{x}=0$,$|\sin x|\leqslant 1$ 有界,所以$\dfrac{\sin x}{x}$ 是无穷小,则有

$$\lim_{x\to\infty}\frac{\sin x}{x}=0.$$

3. 无穷小与函数极限的关系

定理 2.6.1 函数 $f(x)$以常数A 为极限的充分必要条件是$f(x)$可以表示为A 与一个无穷小 α 之和.即

$$\lim_{\substack{x\to 0\\(x\to\infty)}} f(x)=A\Leftrightarrow f(x)=A+\alpha,$$

其中

$$\lim_{\substack{x\to 0\\(x\to\infty)}} \alpha=0.$$

例如,$\lim\limits_{x\to\infty}\dfrac{x+1}{x}=1$,$\dfrac{1+x}{x}=1+\dfrac{1}{x}$,$\alpha=\dfrac{1}{x}$,$\lim\limits_{x\to\infty}\dfrac{1}{x}=0$.

4. 无穷小的阶

无穷小虽然都是趋近于 0 的变量,但不同的无穷小趋近于 0 的速度却不一定相同,有时可能差别很大.

定义 2.6.2 设 α,β 是同一过程中的两个无穷小.

如果$\lim\dfrac{\beta}{\alpha}=0$,则称 β 是比 α 较高阶的无穷小.

如果$\lim\dfrac{\beta}{\alpha}=c\neq 0$,则称 β 与 α 是同阶的无穷小.特别地当 $c=1$ 时,称 β 与 α 是等价无穷小,记作 $\alpha\sim\beta$.

如果 $\lim \dfrac{\beta}{\alpha} = \infty$，则称 β 是比 α 较低阶的无穷小．

例如，$\lim\limits_{x \to 0} \dfrac{x^2}{x} = \lim\limits_{x \to 0} x = 0$，所以当 $x \to 0$ 时，x^2 是比 x 较高阶的无穷小．反之，当 $x \to 0$ 时，x 是比 x^2 较低的无穷小．

又如，$\lim\limits_{x \to 0} \dfrac{x}{2x} = \dfrac{1}{2}$，所以当 $x \to 0$ 时，x 与 $2x$ 是同阶无穷小．

2.6.2　无穷大量

定义 2.6.3　当 x 无限接近于点 x_0 时，函数 $f(x)$ 的绝对值无限增大，则称函数 $f(x)$ 是 $x \to x_0$ 时的无穷大量，简称为无穷大，记为

$$\lim_{x \to x_0} f(x) = \infty$$

或

$$f(x) \to \infty \quad (x \to x_0).$$

用极限的严格定义对无穷大量进行数学语言的定量描述，可以得到下面的定义．

设函数 $f(x)$ 在点 x_0 的某一去心邻域内有定义，如果对于任意给定的 $M > 0$，存在 $\delta > 0$，对于任意的满足 $0 < |x - x_0| < \delta$ 的 x 有 $|f(x)| > M$，则称函数 $f(x)$ 是 $x \to x_0$ 时的无穷大量，简称为无穷大，记为 $\lim\limits_{x \to x_0} f(x) = \infty$ 或 $f(x) \to \infty (x \to x_0)$．

如果在定义中把 $|f(x)| > M$ 改为函数 $f(x) > M$，即函数 $f(x)$ 取正值无限增大，则称函数 $f(x)(x \to x_0)$ 是正无穷大，记为

$$\lim_{x \to x_0} f(x) = +\infty$$

或

$$f(x) \to +\infty \quad (x \to x_0).$$

如果在定义中把 $|f(x)| > M$ 改为函数 $f(x) < -M$，即函数 $f(x)$ 取负值无限减小，则称函数 $f(x)(x \to x_0)$ 是负无穷大，记为

$$\lim_{x \to x_0} f(x) = -\infty$$

或

$$f(x) \to -\infty \quad (x \to x_0).$$

关于无穷大，有以下几点需要注意．

(1) $\lim\limits_{x \to x_0} f(x) = \infty \Leftrightarrow \lim\limits_{x \to x_0^-} f(x) = \lim\limits_{x \to x_0^+} f(x) = \infty$.

$\lim\limits_{x \to \infty} f(x) = \infty \Leftrightarrow \lim\limits_{x \to -\infty} f(x) = \lim\limits_{x \to +\infty} f(x) = \infty$.

(2) 无穷大是极限不存在的一种情况，$\lim\limits_{x \to x_0} f(x) = \infty$，$\lim\limits_{x \to x_0} f(x) = +\infty$，$\lim\limits_{x \to x_0} f(x) = -\infty$ 只是一个记号，并不表示极限显存在．

(3) 无穷大不是一个数，是一个绝对值无限大的变量，任何绝对值很大的常数都不是无穷大．

(4) 不要把无穷大和无界相混淆，无穷大必无界，但反之不一定真．例如，$f(x) = x\cos x$，当 $x \to \infty$ 时是无界的，但不是无穷大；数列 $1, 0, 2, 0, \cdots, n, \cdots$ 是无界的，但不是 $n \to \infty$ 时的无穷大．

函数 $y=\dfrac{1}{x-1}$，当 $x\to 1$ 时，$\left|\dfrac{1}{x-1}\right|$ 可以任意大，即只要 x 和 1 无限地接近，对于任意一个无论多大的正数 M，就能使 $\left|\dfrac{1}{x-1}\right|$ 比 M 还要大，如图 2-6-1 所示．

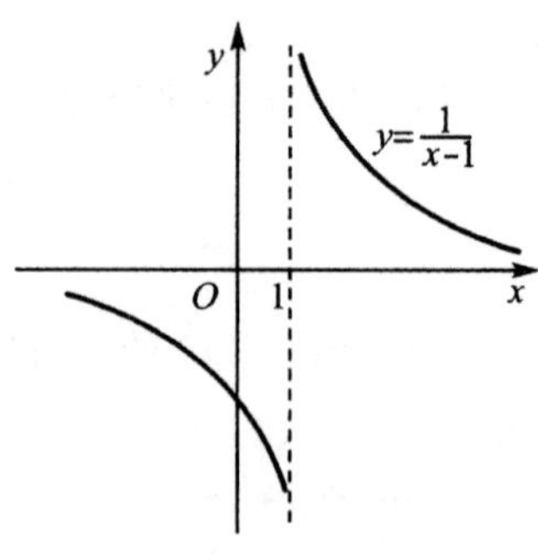

图 2-6-1

根据无穷大量的定义及图形特征，可引出曲线的铅直渐近线的概念．

设 x_0 是常数，当 $x\to x_0$ 时，$\lim\limits_{x\to x_0}f(x)=\infty$，那么称直线 $x=x_0$ 是函数 $f(x)$ 的一条铅直渐近线．

由图 2-6-1 可以看出，$y=\dfrac{1}{x-1}$ 的铅直渐近线是直线 $x=1$.

例 2.6.2　求 $y=\dfrac{x^3}{x^2+2x-3}$ 的铅直渐近线．

解：因为

$$y=\frac{x^3}{x^2+2x-3}=\frac{x^3}{(x+3)(x-1)},$$

所以，当 $x\to -3$ 和 $x\to 1$ 时，$y\to\infty$，即 $y=\dfrac{x^3}{x^2+2x-3}$ 有两条铅直渐近线，分别是 $x=-3$ 和 $x=1$.

2.6.3　无穷小与无穷大的关系

根据无穷大与无穷小的定义，可以推断出无穷大与无穷小的关系．

定理 2.6.2　在自变量的同一变化过程中，如果 $f(x)$（$f(x)\neq 0$）是无穷大，则其倒数 $\dfrac{1}{f(x)}$ 是无穷小；如果 $f(x)$ 是无穷小，则其倒数 $\dfrac{1}{f(x)}$ 是无穷大．

证明：(1) 设 $\lim\limits_{x\to x_0}f(x)=\infty$，则对任意给定的 $\varepsilon>0$，存在 $\delta>0$，当 $0<|x-x_0|<\delta$ 时，

$$|f(x)|>\frac{1}{\varepsilon},$$

即

$$\left|\frac{1}{f(x)}\right|<\varepsilon.$$

所以，$\frac{1}{f(x)}$ 是 $x \to x_0$ 时的无穷小．

(2) 设 $\lim\limits_{x \to x_0} f(x) = 0$，且 $f(x) \neq 0$，则对于任意给定的 $M > 0$，存在 $\delta > 0$，当 $0 < |x - x_0| < \delta$ 时，

$$|f(x)| < \frac{1}{M},$$

即

$$\left|\frac{1}{f(x)}\right| > M.$$

所以，$\frac{1}{f(x)}$ 是 $x \to x_0$ 时的无穷大．

这里需要注意的是，无穷大量与无穷小量不同的是，在自变量的统一变化过程中，两个无穷大的和、差与商是没有确定的结果，需具体问题具体分析．

例 2.6.3　求 $\lim\limits_{x \to \infty} \frac{x^4}{x^3 + 5}$.

解：由于

$$\frac{x^4}{x^3 + 5} = \frac{1}{\frac{x^3 + 5}{x^4}},$$

又

$$\lim_{x \to \infty} \frac{x^3 + 5}{x^4} = \lim_{x \to \infty}\left(\frac{1}{x} + \frac{5}{x^4}\right) = 0,$$

根据无穷小与无穷大的关系可得

$$\lim_{x \to \infty} \frac{x^4}{x^3 + 5} = \infty.$$

例 2.6.4　求 $\lim\limits_{x \to 1} \frac{3x}{x^2 - 1}$.

解：因为分母的极限为零，但 $\lim\limits_{x \to 1} 3x = 3 \neq 0$，所以可先求出

$$\lim_{x \to 1} \frac{x^2 - 1}{3x} = \frac{0}{3} = 0,$$

再由无穷小与无穷大的关系得到

$$\lim_{x \to 1} \frac{3x}{x^2 - 1} = \infty.$$

2.7　函数的连续性及其应用

在电子学中，有大量波形函数．图 2-7-1(a) 是周期为 T 的锯齿形波的图形．此函数在一个周期上可用解析法表示为 $y = \frac{h}{T}x$，从图形可以看出，在 KT 点间断，而正弦交流电 $y = \sin t$ [图 2-7-1(b)] 的图形没有断点．

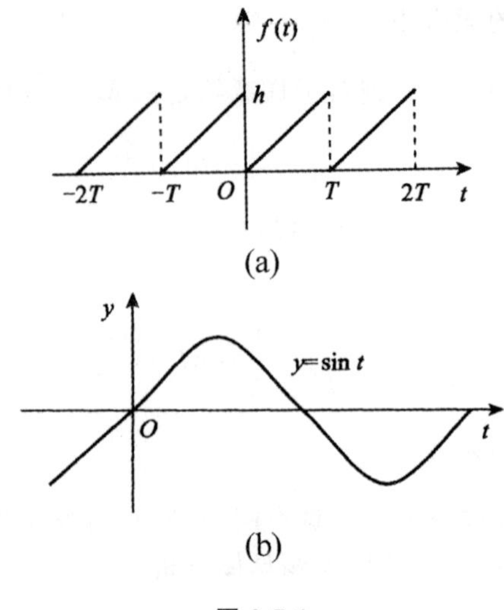

图 2-7-1

怎样用数学的语言，准确地表述函数连续的特性，是本节需要研究的问题．

2.7.1 函数连续性的概念

下面首先介绍函数改变量的概念，为描述函数的连续性作准备．

1. 函数的改变量

设函数 $y=f(x)$在点 x_0 的某邻域内有定义，给自变量 x 一个改变量 Δx，当自变量 x 由 x_0 变化到 $x_0+\Delta x$（$x_0+\Delta x$ 仍在该邻域内）时，函数 y 相应由 $f(x_0)$变到 $f(x_0+\Delta x)$，因此函数的改变量为

$$\Delta y=f(x_0+\Delta x)-f(x_0).$$

其几何意义如图 2-7-2 所示．

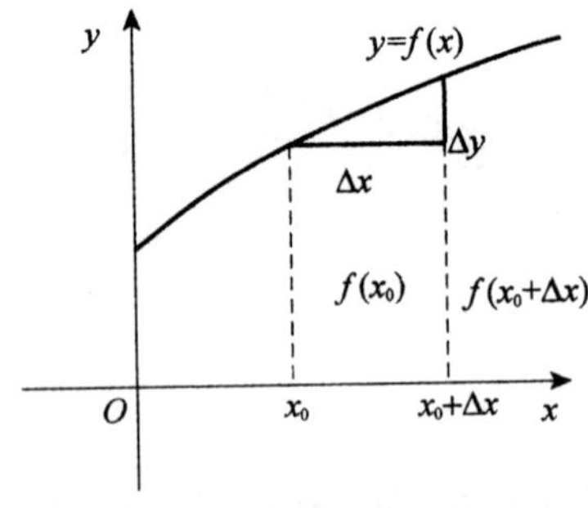

图 2-7-2

应当注意，改变量记号 Δx，Δy 是不可分割的整体，它们都是代数量，可正、可负．

2. 函数的连续性

现在先从函数的图形上来看函数在给定点 x_0 处的变化情况．

从图 2-7-3 中看到，函数 $y=f(x)$的图形是连续不断的曲线；而图 2-7-4 中，函数 $y=$

$\varphi(x)$的图形在点 $x = x_0$ 处断开了，则说函数 $y = f(x)$在点 $x = x_0$ 处是连续的，而函数 $y = \varphi(x)$在点 $x = x_0$ 处有间断．

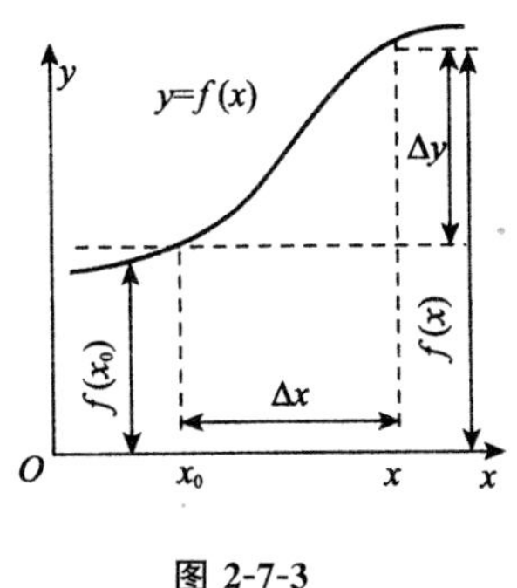

图 2-7-3

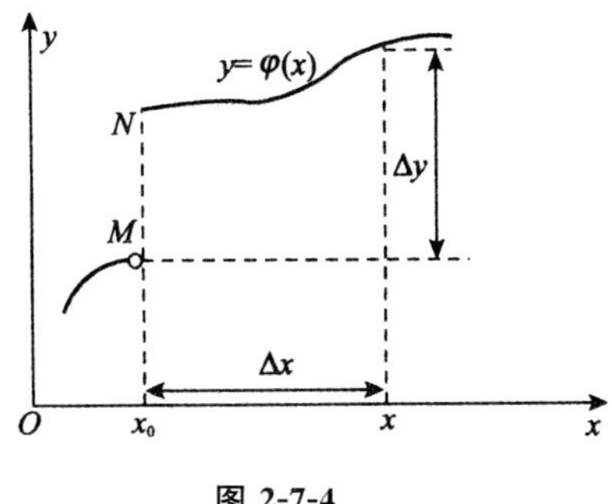

图 2-7-4

由图 2-7-4 可以看到：函数 $y = \varphi(x)$在点 $x = x_0$ 处有间断，是因为当 x 经过 x_0 时，函数值发生了跳跃性的变化．说得详细些，设 x 由 x_0 变化到另一值，可以看作 x 有一个增量 Δx，这时函数 y 得到相应的增量 Δy，当 $\Delta x \to 0$ 时，Δy 不趋近零．但在图 2-7-2 中便没有这种现象，当 $\Delta x \to 0$ 时，相应的 $\Delta y \to 0$．通过分析以上两图的特征，给出函数在点 x_0 处连续的定义．

定义 2.7.1　设函数 $y = f(x)$在点 x_0 的某邻域内有定义，如果自变量的改变量 $\Delta x = x - x_0$ 趋于零时，对应的函数改变量也趋于零，即

$$\lim_{\Delta x \to 0}\Delta y = \lim_{\Delta x \to 0}[f(x_0 + \Delta x) - f(x_0)] = 0,$$

则称函数 $y = f(x)$在点 x_0 处连续，点 x_0 叫做函数 $f(x)$的连续点．

由于 Δy 也可写成 $f(x) - f(x_0)$，因此上述定义中的表达式可改写成

$$\lim_{x \to x_0}[f(x) - f(x_0)] = 0,$$

即 $\lim\limits_{x \to x_0} f(x) = f(x_0)$．

定义 2.7.2　设函数 $y = f(x)$在点 x_0 的某邻域内有定义，若

$$\lim_{x \to x_0} f(x) = f(x_0),$$

则称函数 $y = f(x)$在点 x_0 处连续．

由定义 2.7.2 可知，函数 $y = f(x)$在点 x_0 连续，必须同时满足以下三个条件：

(1)$f(x)$在 x_0 处有定义(即 $f(x_0)$存在)；

(2)$f(x)$在 x_0 处有极限；

(3)$f(x)$在 x_0 处的极限值等于这点的函数值．

如果上述条件中至少有一个不满足，则点 x_0 就是函数 $f(x)$的间断点．

例 2.7.1　设有函数 $f(x)=\begin{cases} bx^2 & (0 < x < 1) \\ 1 & (x = 1) \\ a - x & (1 < x \leqslant 2) \end{cases}$，问当 a、b 取何值时，函数在 $x = 1$ 处连续．

解：由题意可知：

$$f(1) = 1,$$

$$f(1^-) = \lim_{x \to 1^-} bx^2 = b,$$

$$f(1^+)=\lim_{x\to 1^+} a-x=a-1,$$

若函数在 $x=1$ 处连续，则有

$$a-1=b=1,$$

所以当 $a=2$、$b=1$ 时，函数在 $x=1$ 处连续．

2.7.2　函数的间断点

定义 2.7.3　设函数 $y=f(x)$在 x_0 的某个去心邻域内有定义，如果 x_0 不是函数 $y=f(x)$的连续点，就称函数 $y=f(x)$在 x_0 处间断，x_0 称为函数 $y=f(x)$的间断点或不连续点．

函数 $f(x)$ 在点 x_0 不连续只能是下列三种情况之一：

(1) $f(x)$ 在点 x_0 没有定义(但在 x_0 的一侧或两侧附近有定义)；

(2) $f(x)$ 在点 x_0 有定义，且 $\lim\limits_{x\to x_0} f(x)$ 存在，且 $\lim\limits_{x\to x_0} f(x)\neq f(x_0)$；

(3) $f(x)$ 在点 x_0 有定义，但 $\lim\limits_{x\to x_0} f(x)$ 不存在．

如果上述三个条件中有一条不满足，则称函数 $y=f(x)$在点 x_0 不连续(或间断)，并称点 x_0 为 $f(x)$的不连续点(或间断点).

间断点只可能是函数无定义的点，或分段函数的分段点；函数无定义的点一定是间断点．分段函数的分段点未必是间断点，对其需要进行讨论．

例 2.7.2　讨论 $f(x)=\begin{cases}-x & (x\leqslant 0)\\ 1+x & (x>0)\end{cases}$ 在 $x=0$ 处的连续性．

解：因为

$$f(0^-)=\lim_{x\to 0^-}(-x)=0,$$

$$f(0^+)=\lim_{x\to 0^+}(1+x)=1,$$

$$f(0^-)\neq f(0^+),$$

故 $\lim\limits_{x\to 0} f(x)$不存在，所以，函数在 $x=0$ 处不连续．函数图像在 $x=0$ 处断开，如图 2-7-5 所示．

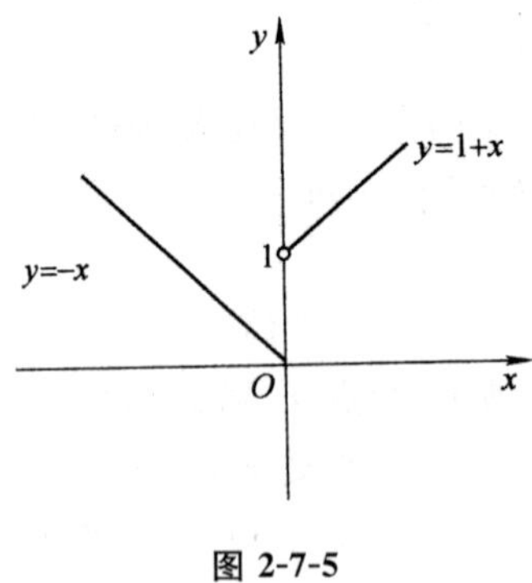

图 2-7-5

如果 $f(x)$在点 x_0 处左、右极限都存在，但 $f(x_0^-)\neq f(x_0^+)$，则称点 x_0 为函数 $f(x)$的跳跃间断点．

例 2.7.3　讨论函数 $f(x)=\begin{cases}2\sqrt{x} & (0\leqslant x<1)\\ 1 & (x=1)\\ 1+x & (x>1)\end{cases}$ 在 $x=1$ 处的连续性．

解：因为

$$f(1)=1,$$
$$f(1^-)=\lim_{x\to 1^-}2\sqrt{x}=2,$$
$$f(1^+)=\lim_{x\to 1^+}(1+x)=2,$$

从而

$$\lim_{x\to 1}f(x)=2\neq f(1).$$

所以函数在 $x=1$ 处不连续，函数图像在 $x=1$ 处断开，如图 2-7-6 所示．

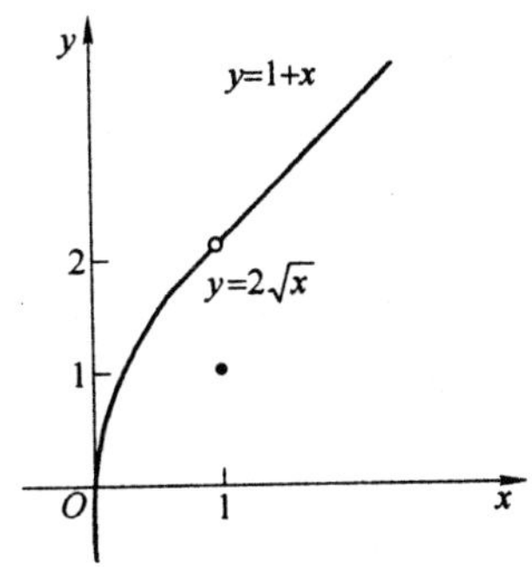

图 2-7-6

例 2.7.4　指出 $f(x)=\begin{cases}1 & (x\neq 0)\\ 0 & (x=0)\end{cases}$ 的间断点及其间断点的类型．

解：因为 $\lim\limits_{x\to 0}f(x)=1$，$f(0)=0$，故 $x=0$ 是 $f(x)$ 的可去间断点，如图 2-7-7 所示．若改变 $f(0)$ 的值，令 $f(0)=1$，则 $f(x)$ 在 $x=1$ 连续．

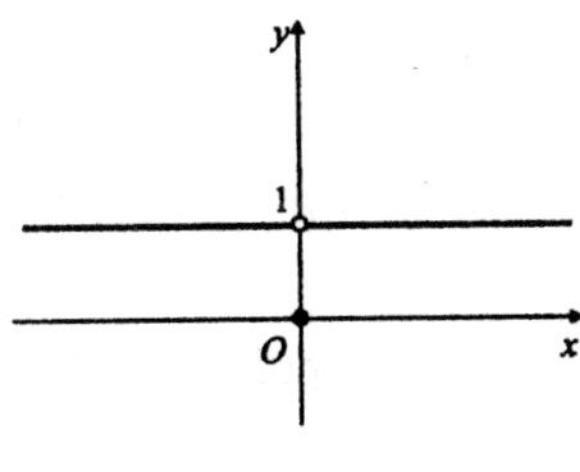

图 2-7-7

如果 $f(x)$ 在点 x_0 处极限存在，但 $\lim\limits_{x\to x_0}f(x)=A\neq f(x_0)$，或者 $f(x)$ 在点 x_0 处无定义，则称点 x_0 为函数 $f(x)$ 的可去间断点，如例 2.7.3 中的 $x=1$ 为函数 $f(x)$ 的可去间断点．

可去间断点只要改变或者补充间断处函数的定义，则可使其变为连续点．如例 2.7.3，令 $f(x)=\begin{cases}2\sqrt{x},0\leqslant x<1\\ 1+x,x\geqslant 1\end{cases}$，则其在 $x=1$ 处连续．

通常,跳跃间断点与可去间断点统称为第一类间断点,其特点是:函数 $f(x)$ 在点 x_0 处的左、右极限都存在;如果函数 $f(x)$ 在点 x_0 处的左、右极限至少有一个不存在,则称 x_0 为函数 $f(x)$ 的第二类间断点,即非第一类间断点就是第二类间断点.

2.7.3 连续函数的性质

定理 2.7.1(连续函数的四则运算法则) 如果函数 $f(x)$、$g(x)$ 在点 x_0 处连续,那么 $f(x)\pm g(x)$、$f(x)g(x)$、$\dfrac{f(x)}{g(x)}(g(x_0)\neq 0)$ 在点 x_0 处连续.

可根据函数连续的定义和极限的四则运算法则直接得到.

定理 2.7.2(反函数的连续性) 严格递增或递减的连续函数的反函数也是严格递增或递减的连续函数.

定理 2.7.3(复合函数的连续性) 设函数 $y=f[g(x)]$ 是由函数 $u=g(x)$ 和函数 $y=f(u)$ 复合而成,如果函数 $u=g(x)$ 在点 x_0 处连续,$u_0=g(x_0)$;函数 $y=f(u)$ 在点 u_0 连续,那么函数 $y=f[g(x)]$ 在点 x_0 处连续,即 $\lim\limits_{x\to x_0}f[g(x)]=f[g(x_0)]$.

定理 2.7.4 基本初等函数在其定义域内是连续的.

定理 2.7.5 一切初等函数在其定义区间内是连续的.

因为初等函数是由基本初等函数和常数经过有限次四则运算和复合运算而成,所以由基本初等函数的连续性、连续函数的四则运算、复合函数的连续性和反函数的连续性,可以得到此定理.

例 2.7.5 讨论 $y=\sin\dfrac{1}{x}$ 的连续性.

解:函数 $y=\sin\dfrac{1}{x}$ 是由 $y=\sin u$ 和 $u=\dfrac{1}{x}$ 复合而成的.

当 $-\infty<u<+\infty$ 时,$y=\sin u$ 是连续的.

当 $-\infty<x<0,0<x<+\infty$ 时,$u=\dfrac{1}{x}$ 是连续的.

根据定理 2.7.3 可得,$y=\sin\dfrac{1}{x}$ 在区间 $-\infty<x<0,0<x<+\infty$ 上是连续的.

2.7.4 闭区间上连续函数的性质

下面讨论闭区间上连续函数的一些基本性质,这些性质几何意义很明显,这些性质不加以证明,只作说明.

定义 2.7.4 设函数 $f(x)$ 在某区间 D 上有定义,如果存在 $x_0\in D$,使得对于任意的 $x\in D$,都有

$$f(x)\leqslant f(x_0),$$

则称 $f(x_0)$ 为函数 $f(x)$ 在区间 D 上的最大值.

如果存在 $x_1\in D$,使得对于任意的 $x\in D$,都有

$$f(x)\geqslant f(x_1),$$

则称 $f(x_1)$ 为函数 $f(x)$ 在区间 D 上的最小值.

定理 2.7.6(最值定理) 在闭区间上连续的函数在该区间上一定有最大值和最小值(图 2-7-8).

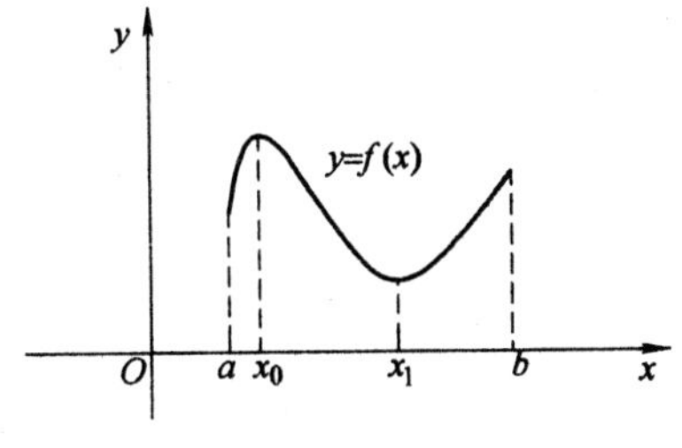

图 2-7-8

这个定理说明,在闭区间上连续的函数必有界.

注意:若函数是在开区间上连续,或在闭区间内有间断点,则结论不一定成立.

例如,函数 $y=x$ 在$(0,1)$ 内是连续的[图 2-7-9(a)],但是函数在此开区间内无最大值和最小值.

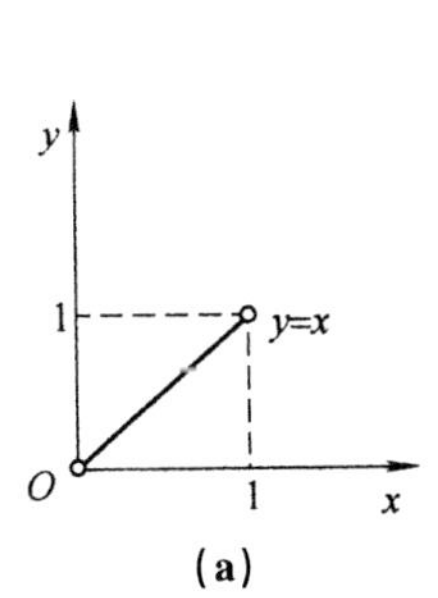

(a)

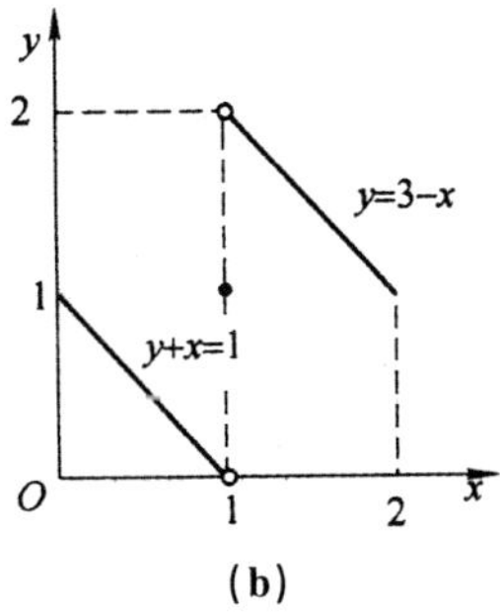

(b)

图 2-7-9

又如,函数 $f(x)=\begin{cases}-x+1 & (0\leqslant x<1)\\ 1 & (x=1)\\ -x+3 & (1<x\leqslant 2)\end{cases}$ 在闭区间$[0,2]$上有间断点 $x=1$[图 2-7-9(b)],函数在此区间上也无最大值和最小值.

定理 2.7.7(介值定理)　设函数 $f(x)$在闭区间$[a,b]$上连续,在$[a,b]$上的最大值和最小值分别为M 与 m,又设 C 是 m 与 M 之间的一个数$(m<C<M)$,则在开区间(a,b)内至少存在一点 ξ,使

$$f(\xi)=C.$$

该定理说明,在闭区间[$[a,b]$上,连续曲线 $y=f(x)$与水平直线 $y=C$ $(m<C<M)$ 至少相交于一点(图 2-7-10).

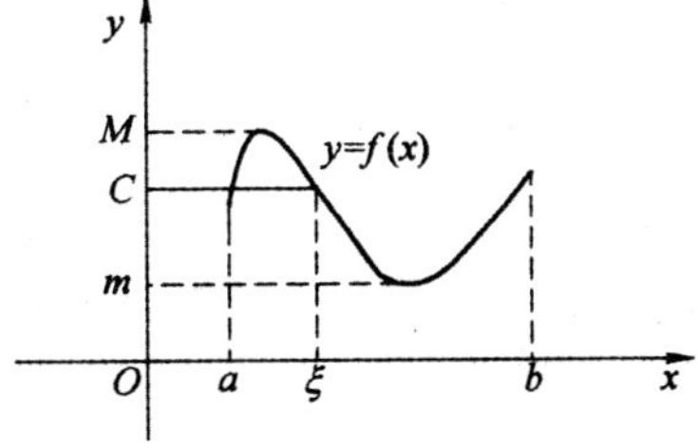

图 2-7-10

如果 x_0 使 $f(x_0)=0$,则称 x_0 为函数 $f(x)$的零点．由介值定理立即可得：

定理 2.7.8(零点定理) 设函数 $f(x)$在闭区间$[a,b]$上连续,且 $f(a)\cdot f(b)<0$,则至少存在一点 $\xi\in(a,b)$,使

$$f(\xi)=0.$$

如图 2-7-11 所示,$f(a)\cdot f(b)<0$,即 $f(a)$与$f(b)$异号,点$(a,f(a))$与点$(b,f(b))$位于 x 轴的两侧,$f(x)$连续,其图形必须穿过 x 轴,函数图形与 x 轴的交点就是零点．

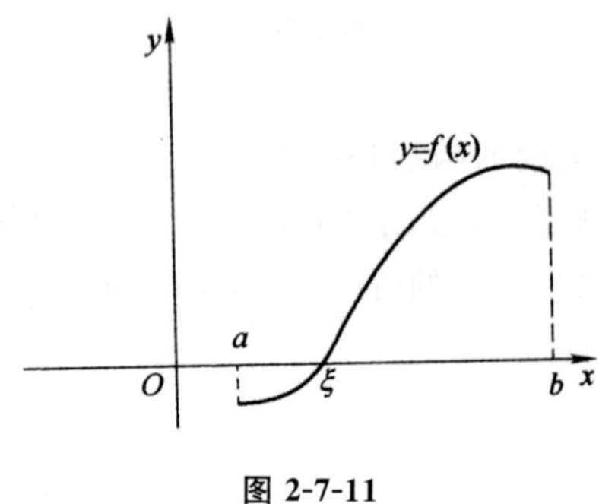

图 2-7-11

定理 2.7.9(有界性定理) 如果函数 $f(x)$ 在闭区间$[a,b]$上连续,那么函数 $f(x)$ 在闭区间$[a,b]$上有界．

设函数 $f(x)$ 在区间 I 上有定义,如果存在 $x_0\in I$,使得对于每个 $x\in I$,有

$$f(x)\leqslant f(x_0)$$

或

$$f(x)\geqslant f(x_0),$$

则称 $f(x_0)$ 为函数 $f(x)$ 在区间 I 上的最大值或最小值．

例 2.7.6 设函数 $f(x)$ 的定义域为$[0,+\infty)$,$f(0)=0$,$\lim\limits_{x\to+\infty}f(x)=0$,且 $f(x)$ 不恒等于 0,求证 $f(x)$ 在$(0,+\infty)$有正的最大值或者负的最小值．

证明:如果至少存在一点 x_0 满足 $f(x_0)>0$,下面证明 $f(x)$ 在$(0,+\infty)$有正的最大值,即存在 $\xi>0$,使得

$$f(\xi)=\max\{f(x)\,|\,x\geqslant 0\}>0.$$

因为 $\lim\limits_{x\to+\infty}f(x)=0$,所以存在 $N>0$,不妨设 $N>x_0$ 使得当 $x>N$ 时恒有

$$f(x)<f(x_0). \tag{2-7-1}$$

在区间$[0,N]$上,对连续函数 $f(x)$ 应用最值定理可得存在 $\xi\in[0,N]$,使得

$$f(\xi)=\max\{f(x)\,|\,0\leqslant x\leqslant N\},$$

由式(2-7-1)可得,当 $x>N$ 时,

$$f(x)<f(x_0)<f(\xi),$$

由于 $f(\xi)>0$,所以 $f(\xi)$ 是 $f(x)$ 在$(0,+\infty)$上的正的最大值．

同理,如果至少存在一点 x_0 满足 $f(x_0)<0$,用同样的方法可证 $f(x)$ 在$(0,+\infty)$上有负的最小值．

例 2.7.7 证明方程 $x^3-4x^2+1=0$ 在区间$(0,1)$内至少有一个根．

证明:设 $f(x)=x^3-4x^2+1$,显然 $f(x)$在闭区间$[0,1]$上连续,又

$$f(0)=1>0,$$

$$f(1)=-2<0,$$

根据零点定理,至少存在一点 $\xi\in(0,1)$,使 $f(\xi)=0$,即

$$\xi^3-4\xi^2+1=0,$$

原命题得证.

例 2.7.8　证明方程 $x=e^{x-3}+1$ 至少有一个不超过 4 的正根.

证明:设 $f(x)=x-e^{x-3}-1$,显然 $f(x)$ 在闭区间$[0,4]$上连续. 又

$$f(0)=-e^{-3}-1<0,$$

$$f(4)=4-e^{4-3}-1=3-e>0,$$

根据零点定理,至少存在一点 $\xi\in(0,4)$,使

$$f(\xi)=0,$$

原命题得证.

例 2.7.9　设 m 是奇数,求证多项式 $p(x)=x^m+a_1x^{m-1}+\cdots+a_{m-1}x+a_m$ 至少有一零点.

证明:当 $x\to+\infty$ 时,$p(x)\to+\infty$;当 $x\to-\infty$ 时,$p(x)\to-\infty$,所以存在 $M>0$ 满足

$$p(-M)<0,p(M)>0,$$

又 $p(x)$ 在$[-M,M]$上连续,所以根据零点定理可得至少存在一点 ξ 满足

$$p(\xi)=0.$$

第 3 章　导数与微分

3.1　导数的概念

3.1.1　两个经典问题

在阐述函数的导数概念之前，先介绍两个古典问题的例子．

例 3.1.1　平面曲线的切线斜率．设有一平面曲线，其方程是 $y=f(x)$，过 M_0，M 的直线称为曲线 c 的割线．当点 M 沿曲线 c 趋向于点 M_0 时，如果割线 M_0M 有极限位置 M_0T，则称直线 M_0T 为曲线 c 在点 M_0 处的切线，如图 3-1-1 所示．

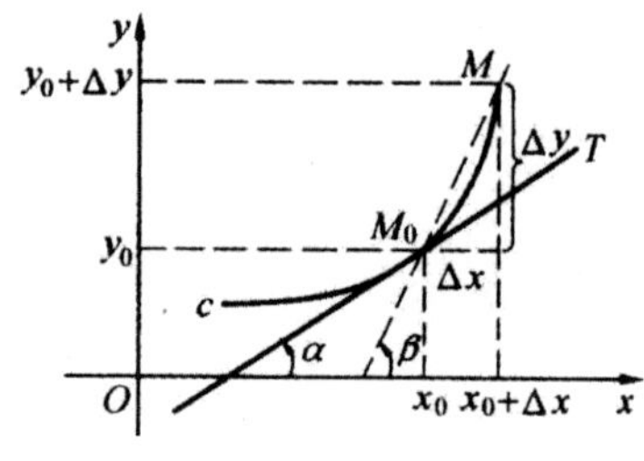

图 3-1-1

割线 M_0M 的斜率为

$$\tan\beta=\frac{\Delta y}{\Delta x}=\frac{f(x_0+\Delta x)-f(x_0)}{\Delta x},$$

其中，β 为割线 M_0M 的倾角．

当点 M 沿曲线 c 趋向于点 M_0 时，即 $\Delta x\to 0$ 时，$\beta\to\alpha$，于是切线 M_0T 的斜率为

$$k=\tan\alpha=\lim_{\Delta x\to 0}\frac{\Delta y}{\Delta x}=\lim_{\Delta x\to 0}\frac{f(x_0+\Delta x)-f(x_0)}{\Delta x}.$$

例 3.1.2　变速直线运动的瞬时速度．

设一物体作变速直线运动，它所移动的路程 s 是时间 t 的函数，记为 $s=f(t)$. 下面求物体在某一时刻 t_0 的速度 $v(t_0)$（图 3-1-2）.

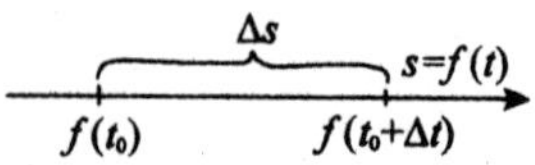

Δs　s=f(t)

f(t0)　f(t0+Δt)

图 3-1-2

考虑从 t_0 到 $t_0+\Delta t$ 这一段时间内，物体经过的路程为

$$\Delta s=f(t_0+\Delta t)-f(t_0),$$

平均速度为

$$\bar{v}=\frac{\Delta s}{\Delta t}=\frac{f(t_0+\Delta t)-f(t_0)}{\Delta t}.$$

$|\Delta t|$ 越小，$\frac{\Delta s}{\Delta t}$ 越接近 t_0 时刻的瞬时速度．因此，用 $\Delta t\to 0$ 时，$\frac{\Delta s}{\Delta t}$ 的极限来描述 t_0 时刻的瞬时速度，即

$$v(t_0)=\lim_{\Delta t\to 0}\frac{\Delta s}{\Delta t}=\lim_{\Delta t\to 0}\frac{f(t_0+\Delta t)-f(t_0)}{\Delta t}.$$

上面所研究的变化率问题，实质上是在自变量增量趋于零的条件下，研究函数增量与自变量增量之间比值的极限问题．

3.1.2　导数的定义

定义 3.1.1　设 $y=f(x)$ 在 x_0 的某一邻域内有定义，当 x 在点 x_0 有增量 $\Delta x(\Delta x\neq 0)$ 时，相应地 y 的增量为

$$\Delta y=f(x_0+\Delta x)-f(x_0).$$

如果当 $\Delta x\to 0$ 时，$\frac{\Delta y}{\Delta x}$ 的极限存在，则称 $y=f(x)$ 在 x_0 处可导，并称极限值为 $y=f(x)$ 在 x_0 处的导数，记作 $f'(x_0)$ 或 $y'|_{x=x_0}$，即

$$f'(x_0)=\lim_{\Delta x\to 0}\frac{\Delta y}{\Delta x}=\lim_{\Delta x\to 0}\frac{f(x_0+\Delta x)-f(x_0)}{\Delta x}.$$

如果 $\lim\limits_{\Delta x\to 0}\frac{\Delta y}{\Delta x}$ 不存在，称 $y=f(x)$ 在 x_0 处不可导．

特别地，若 $\lim\limits_{\Delta x\to 0}\frac{\Delta y}{\Delta x}=\infty$，$y=f(x)$ 在 x_0 处不可导，但有时为方便起见，常说导数为无穷大．

导数定义也可以用下面的形式表示：

$$f'(x_0)=\lim_{h\to 0}\frac{f(x_0+h)-f(x_0)}{h}\quad (h=\Delta x)$$

和

$$f'(x_0)=\lim_{x\to x_0}\frac{f(x)-f(x_0)}{x-x_0}\quad (x=x_0+\Delta x).$$

由此可见，$\frac{\Delta y}{\Delta x}$ 表示自变量在 $[x_0, x_0+\Delta x]$ 上函数的平均变化率；$f'(x_0)$ 表示函数在 x_0 点的瞬时变化率．

函数 $f(x)$ 在点 x_0 处可导也可以说成函数 $f(x)$ 在点 x_0 处导数存在或者具有导数．

定义 3.1.2　如果 $y=f(x)$ 在区间 (a,b) 内每一点可导，称函数 $y=f(x)$ 在 (a,b) 内可导，此时对于区间 (a,b) 内每一个确定的 x 值，都有唯一确定的导数值 $f'(x)$ 与之相对应，从而构成了一个新函数，该函数 $y'=f'(x)$ 叫做函数 $y=f(x)$ 的导函数（简称导数），记为 $f'(x)$，y'，$\frac{\mathrm{d}f(x)}{\mathrm{d}x}$ 或者 $\frac{\mathrm{d}y}{\mathrm{d}x}$，即

$$f'(x)=\lim_{\Delta x\to 0}\frac{\Delta y}{\Delta x}=\lim_{\Delta x\to 0}\frac{f(x+\Delta x)-f(x)}{\Delta x}.$$

$f'(x_0)$ 是函数 $y=f(x)$ 的导函数 $f'(x)$ 在 x_0 点处的函数值，即

$$f'(x_0)=f'(x)\big|_{x=x_0}.$$

所以，求函数在点 x_0 处的导数值，通常先求出导数 $f'(x)$，再将 $x=x_0$ 代入．

例 3.1.3　考虑 $f(x)=x^2$ 在 $x_0=0$ 和 $x_0=3$ 处的可导性．

解：因为

$$\lim_{x\to 0}\frac{f(x)-f(0)}{x-0}=\lim_{x\to 0}\frac{x^2-0}{x-0}=\lim_{x\to 0}x=0,$$

$$\lim_{x\to 3}\frac{f(x)-f(3)}{x-3}=\lim_{x\to 3}\frac{x^2-9}{x-3}=\lim_{x\to 3}(x+3)=6,$$

所以 $f(x)$ 在 $x_0=0$ 和 $x_0=3$ 处可导．

例 3.1.4　求函数 $f(x)=\dfrac{1}{x}$ 在点 $x_0(x_0\neq 0)$的导数．

解：对任意的 $x_0\neq 0$，由于

$$\begin{aligned}\Delta y&=f(x_0+\Delta x)-f(x_0)\\&=\frac{1}{x_0+\Delta x}-\frac{1}{x_0}\\&=\frac{-\Delta x}{x_0(x_0+\Delta x)},\end{aligned}$$

故

$$f'(x_0)=\lim_{\Delta x\to 0}\frac{\Delta y}{\Delta x}=\lim_{\Delta x\to 0}\frac{-1}{x_0(x_0+\Delta x)}=-\frac{1}{x_0^2}.$$

例 3.1.5　求函数 $y=x^3$ 在 $x=1$ 处的导数 $f'(1)$.

解：当 x 由 1 变到 $1+\Delta x$ 时，函数相应的增量是

$$\Delta y=(1+\Delta x)^3-1^3=3\Delta x+3(\Delta x)^2+(\Delta x)^3,$$

$$\frac{\Delta y}{\Delta x}=3+3\Delta x+(\Delta x)^2,$$

所以

$$f'(1)=\lim_{\Delta x\to 0}\frac{\Delta y}{\Delta x}=\lim_{\Delta x\to 0}(3+3\Delta x+(\Delta x)^2)=3.$$

例 3.1.6　求函数 $y=x^3$ 在点 x 处的导数 y' 和$y'\big|_{x=2}$.

解：求 y 的增量．

$$\begin{aligned}\Delta y&=f(x+\Delta x)-f(x)\\&=(x+\Delta x)^3-x^3\\&=3x^2\Delta x+3x(\Delta x)^2+(\Delta x)^3,\end{aligned}$$

$$\frac{\Delta y}{\Delta x}=3x^2+3x\Delta x+(\Delta x)^3,$$

其极限为

$$\lim_{\Delta x\to 0}\frac{\Delta y}{\Delta x}=3x^2,$$

将 $x=2$ 代入可得

$$y'|_{x=2} = 12.$$

例 3.1.7　已知 $f'(3)=2$，求 $\lim\limits_{h\to 0}\dfrac{f(3-h)-f(3)}{2h}$.

解：$\lim\limits_{h\to 0}\dfrac{f(3-h)-f(3)}{2h} = -\dfrac{1}{2}\lim\limits_{h\to 0}\dfrac{f(3-h)-f(3)}{-h} = -\dfrac{1}{2}\lim\limits_{h\to 0}f'(3) = -1.$

3.1.3　单侧导数

函数 $y=f(x)$ 在点 x_0 的导数是用极限来描述的，对应于左、右极限，从而根据单侧极限概念可以定义单侧导数．

定义 3.1.3　设函数 $y=f(x)$ 在点 x_0 的某个邻域内有定义，如果左极限 $\lim\limits_{\triangle x\to 0^-}\dfrac{f(x_0+\triangle x)-f(x_0)}{\triangle x}$ 存在，则称此极限值为函数 $y=f(x)$ 在点 x_0 的左导数，记为

$$f'_-(x_0) = \lim_{\Delta x\to 0^-}\frac{f(x_0+\Delta x)-f(x_0)}{\Delta x};$$

如果右极限 $\lim\limits_{\Delta x\to 0^+}\dfrac{f(x_0+\Delta x)-f(x_0)}{\Delta x}$ 存在，则称此极限值为函数 $y=f(x)$ 在点 x_0 的右导数，记为

$$f'_+(x_0) = \lim_{\Delta x\to 0^+}\frac{f(x_0+\Delta x)-f(x_0)}{\Delta x}.$$

左导数和右导数统称为单侧倒数．

定理 3.1.1　函数 $f(x)$ 在点 x_0 可导的充分必要条件是点 x_0 的左右导数存在并且相等，即

$$f'_-(x_0) = f'_+(x_0).$$

定理 3.1.2　设 $\delta>0$，有

(1) 若函数 $f(x)$ 在区间 $[x_0, x_0+\delta)$ 上连续，在 $(x_0, x_0+\delta)$ 上可导，且当 $x\to x_0^+$ 时 $f'(x)\to A$，那么 $f'_+(x_0)=A$.

(2) 若函数 $f(x)$ 在区间 $(x_0-\delta, x_0]$ 上连续，在 $(x_0-\delta, x_0)$ 上可导，且当 $x\to x_0^-$ 时 $f'(x)\to B$，那么 $f'_-(x_0)=B$.

例 3.1.8　求函数 $f(x)=\begin{cases}\sin x & (x<0)\\ x & (x\geqslant 0)\end{cases}$ 在 $x=0$ 处的导数．

解：当 $\Delta x<0$ 时，有

$$\Delta y = f(0+\Delta x)-f(0) = \sin\Delta x - 0 = \sin\Delta x,$$

所以

$$\lim_{\Delta x\to 0^-}\frac{\Delta y}{\Delta x} = \lim_{\Delta x\to 0^-}\frac{\sin\Delta x}{\Delta x} = 1.$$

当 $\Delta x\geqslant 0$ 时，有

$$\Delta y = f(0+\Delta x)-f(0) = \Delta x - 0 = \Delta x,$$

所以

$$\lim_{\Delta x\to 0^+}\frac{\Delta y}{\Delta x} = \lim_{\Delta x\to 0^+}\frac{\Delta x}{\Delta x} = 1.$$

因为 $\lim\limits_{\Delta x\to 0^-}\dfrac{\Delta y}{\Delta x} = \lim\limits_{\Delta x\to 0^+}\dfrac{\Delta y}{\Delta x} = 1$，所以

$$f'(0)=\lim_{\Delta x\to 0}\frac{\Delta y}{\Delta x}=1.$$

例 3.1.9 讨论函数 $f(x)=\begin{cases}x\sin\dfrac{1}{x} & (x>0)\\ 0 & (x\leqslant 0)\end{cases}$ 在 $x=0$ 处的可导性.

解:当 $\Delta x\leqslant 0$ 时,$f(\Delta x)=0$,所以有

$$f'_-(0)=\lim_{\Delta x\to 0^-}\frac{\Delta y}{\Delta x}=\lim_{\Delta x\to 0^-}\frac{f(0+\Delta x)-f(0)}{\Delta x}=0.$$

当 $\Delta x>0$ 时,$f(\Delta x)=\Delta x\sin\dfrac{1}{\Delta x}$,由于$\dfrac{f(0+\Delta x)-f(0)}{\Delta x}=\sin\dfrac{1}{\Delta x}$,且 $\lim\limits_{\Delta x\to 0^+}\sin\dfrac{1}{\Delta x}$ 不存在,那么可知 $f'_+(0)$ 不存在,因此函数在 $x=0$ 处不可导.

例 3.1.10 设函数 $f(x)=\begin{cases}a+bx & (x\leqslant 1)\\ x^2 & (x>1)\end{cases}$,试确定常数 a,b 使函数在 $x=1$ 处可导.

解:要使函数 $f(x)$ 在 $x=1$ 处可导,则必须在 $x=1$ 处连续,因为

$$\lim_{x\to 1^-}f(x)=\lim_{x\to 1^-}(ax+b)=a+b,$$

$$\lim_{x\to 1^+}f(x)=\lim_{x\to 1^+}x^2=1,$$

则有

$$f(1)=a+b=1.$$

要使函数 $f(x)$ 在 $x=1$ 处可导,还必须满足 $f'_-(1)=f'_+(1)$,又

$$f'_-(1)=\lim_{x\to 1^-}\frac{f(x)-f(1)}{x-1}=\lim_{x\to 1^-}\frac{ax+b-(a+b)}{x-1}=a,$$

$$f'_+(1)=\lim_{x\to 1^+}\frac{f(x)-f(1)}{x-1}=\lim_{x\to 1^+}\frac{x^2-1}{x-1}=\lim_{x\to 1^+}(x+1)=2,$$

所以 $a=2$,可得 $b=-1$ 时,函数 $f(x)$ 在 $x=1$ 处可导,且 $f'(1)=2$.

例 3.1.11 设函数

$$f(x)=\begin{cases}2x & (x\geqslant 0)\\ \sqrt[3]{x} & (-1\leqslant x<0)\\ -\dfrac{1}{6}x^2 & (x\leqslant -1)\end{cases},$$

判断 $f(x)$ 在 $x=0$ 和 $x=-1$ 处是否可导?

解:因为

$$\lim_{x\to 0^+}\frac{f(x)-f(0)}{x-0}=\lim_{x\to 0^+}\frac{2x-0}{x-0}=2,$$

$$\lim_{x\to 0^-}\frac{f(x)-f(0)}{x-0}=\lim_{x\to 0^-}\frac{\sqrt[3]{x}-0}{x-0}=+\infty,$$

所以 $f(x)$ 在 $x=0$ 处不可导.

因为

$$\lim_{x\to -1^+}\frac{f(x)-f(-1)}{x+1}=\lim_{x\to -1^+}\frac{\sqrt[3]{x}+1}{x+1}=\frac{1}{3},$$

$$\lim_{x\to-1}\frac{f(x)-f(-1)}{x+1}=\lim_{x\to-1}\frac{-\frac{1}{6}x^2+\frac{1}{6}}{x+1}=\frac{1}{3},$$

所以 $f(x)$ 在 $x=-1$ 处可导．

3.1.4　导数的几何意义

设 P 为曲线 L 上一定点，Q 为 L 上一动点，若 Q 沿曲线 L 趋向 P 时，割线 PQ 的极限位置存在，那么称极限位置 PT 为曲线 L 在点 P 处的切线，如图 3-1-3 所示．

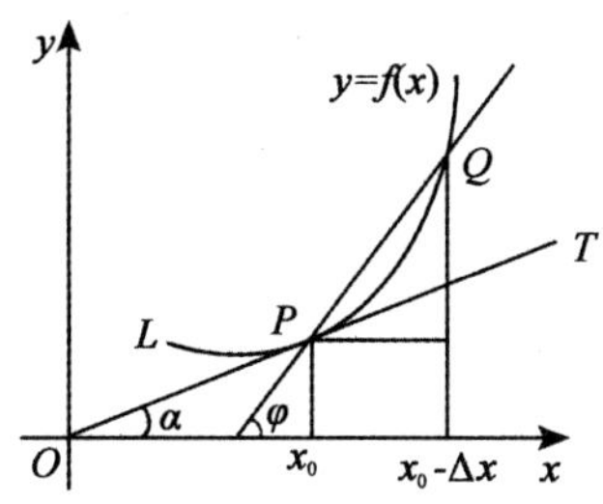

图 3-1-3

根据导数定义可知

$$f'(x_0)=\lim_{\Delta x\to0}\frac{\Delta y}{\Delta x}=\lim_{\Delta x\to0}\frac{f(x_0+\Delta x)-f(x_0)}{\Delta x}.$$

从图 3-1-3 易知，点 $P(x_0,y_0)$、$Q(x_0+\Delta x,y_0+\Delta y)$ 的割线 PQ 的斜率为 $y=f(x)$ 在$[x_0,x_0+\Delta x]$ 上的平均变化率，即有

$$\frac{\Delta y}{\Delta x}=\tan\varphi.$$

当 $\Delta x\to0$ 时，点 Q 沿曲线 L 趋向点 P，割线 PQ 的极限位置为切线 PT，那么则有

$$\lim_{\Delta x\to0}\frac{\Delta y}{\Delta x}=\lim_{\Delta x\to0}\tan\varphi=\tan\alpha,$$

其中 α 为切线的倾角．根据导数定义可知

$$f'(x_0)=\tan\alpha.$$

综上所述，导数的几何意义为：$y=f(x)$ 在点 x_0 处的导数 $f'(x_0)$ 为曲线 $y=f(x)$ 在点 $P(x_0,y_0)$ 处的切线斜率．

例 3.1.12　求等边曲线 $y=\frac{1}{x}$ 在点 $\left(\frac{1}{2},2\right)$ 处的切线斜率，试写出在此点处的切线方程和法线方程．

解：根据导数的几何意义可知，其切线斜率为

$$k_1=y'\big|_{x=\frac{1}{2}},$$

因为 $y'=\left(\frac{1}{x}\right)'=-\frac{1}{x^2}$，所以可得

$$k_1=-\frac{1}{x^2}\bigg|_{x=\frac{1}{2}}=-4,$$

那么可知所求切线方程为

$$y-2=-4\left(x-\frac{1}{2}\right),$$

即

$$4x+y-4=0.$$

其法线的斜率为

$$k_2=-\frac{1}{k_1}=\frac{1}{4},$$

从而可得法线方程为

$$y-2=\frac{1}{4}\left(x-\frac{1}{2}\right),$$

即

$$2x-8y+15=0.$$

例 3.1.13 求 $y=x^2$ 在点 $x_0=1$ 处的导数和切线方程 .

解:求增量 Δy.

$$\begin{aligned}\Delta y&=f(x_0+\Delta x)-f(x_0)\\&=(1+\Delta x)^2-1\\&=2\Delta x+(\Delta x)^2,\end{aligned}$$

所以

$$\frac{\Delta y}{\Delta x}=2+\Delta x.$$

取极限得

$$\lim_{\Delta x\to 0}\frac{\Delta y}{\Delta x}=\lim_{\Delta x\to 0}(2+\Delta x)=2.$$

故

$$y'|_{x=1}=2.$$

由导数的几何意义可知,曲线 $y=x^2$ 在点(1,1)处的切线斜率为

$$f'(1)=2,$$

所以切线方程为

$$y-1=2(x-1),$$

即

$$y=2x-1.$$

例 3.1.14 求曲线 $y=x^2$ 在点(2,4)处的切线方程和法线方程 .

解:根据导数的几何意义可知,曲线 $y=x^2$在点(2,4)处的切线斜率为

$$k_1=y'|_{x=2}=(x^2)'|_{x=2}=2x|_{x=2}=4,$$

那么所求切线方程为

$$y-4=4(x-2),$$

即有

$$4x-y-4=0.$$

其法线的斜率为

$$k_2=-\frac{1}{k_1}=-\frac{1}{4},$$

法线方程为

$$y-4=-\frac{1}{4}(x-2),$$

即有

$$x+4y-18=0.$$

3.1.5　函数的可导性与连续性

函数在某一点的可导性与连续性反映了函数在该点的局部性质.

根据导数 $f'(x_0)$ 的定义可知,若导数 $f'(x_0)$ 存在,那么当 $\Delta x\to 0$ 时定有

$$\Delta y=f(x_0+\Delta x)-f(x_0)\to 0,$$

即函数 $f(x)$ 在点 x_0 处连续,从而可得如下定理:

定理 3.1.3　设函数 $y=f(x)$ 在点 x_0 处可导,那么它在点 x_0 连续.

证明:设函数 $y=f(x)$ 在点 x_0 可导,那么有

$$\lim_{\Delta x\to 0}\frac{\Delta y}{\Delta x}=f'(x_0),$$

根据极限与无穷小量的关系可得

$$\frac{\Delta y}{\Delta x}=f'(x_0)+\alpha,$$

其中,$\alpha\to 0$,$\Delta x\to 0$. 所以有

$$\Delta y=f'(x_0)\Delta x+\alpha\Delta x,$$

$$\lim_{\Delta x\to 0}\Delta y=\lim_{\Delta x\to 0}[f'(x_0)\Delta x+\alpha\Delta x]=0,$$

由连续性的定义可知,函数 $y=f(x)$ 在点 x_0 处连续.

例 3.1.15　讨论函数 $f(x)=|x|$ 在 $x=0$ 处的连续性和可导性.

解:函数 $f(x)=|x|$ 在 $x=0$ 处的连续性. 由于

$$\lim_{x\to 0^+}f(x)=\lim_{x\to 0^+}x=0,$$

$$\lim_{x\to 0^-}f(x)=\lim_{x\to 0^-}(-x)=0,$$

由 $\lim\limits_{x\to 0}f(x)=0=f(0)$ 可知,$f(x)=|x|$ 在 $x=0$ 处连续.

函数 $f(x)=|x|$ 在 $x=0$ 处的可导性.

$$\begin{aligned}f'_+(0)&=\lim_{\Delta x\to 0^+}\frac{f(0+\Delta x)-f(0)}{\Delta x}\\&=\lim_{\Delta x\to 0^+}\frac{\Delta x-0}{\Delta x}=1,\\f'_-(0)&=\lim_{\Delta x\to 0^-}\frac{f(0+\Delta x)-f(0)}{\Delta x}\\&=\lim_{\Delta x\to 0^-}\frac{-\Delta x-0}{\Delta x}=-1,\end{aligned}$$

由于

$$f'_-(0)\neq f'_+(0),$$

那么函数 $f(x)=|x|$ 在 $x=0$ 处不可导.

例 3.1.16 讨论函数 $f(x)=\begin{cases}x^2 & (x\leqslant 0)\\ x & (x>0)\end{cases}$ 在 $x=0$ 处的可导性和连续性.

解:函数 $f(x)$ 在 $x=0$ 处的可导性.

$$f'_+(0)=\lim_{\Delta x\to 0^+}\frac{f(0+\Delta x)-f(0)}{\Delta x}$$

$$=\lim_{\Delta x\to 0^+}\frac{\Delta x}{\Delta x}=1,$$

$$f'_-(0)=\lim_{\Delta x\to 0^-}\frac{f(0+\Delta x)-f(0)}{\Delta x}$$

$$=\lim_{\Delta x\to 0^-}\frac{(\Delta x)^2}{\Delta x}=0,$$

由于

$$f'_-(0)\neq f'_+(0),$$

那么函数 $f(x)$ 在 $x=0$ 处不可导.

函数 $f(x)$ 在 $x=0$ 处的连续性.

$$\lim_{x\to 0^+}f(x)=\lim_{x\to 0^+}x=0,$$

$$\lim_{x\to 0^-}f(x)=\lim_{x\to 0^-}x^2=0,$$

且

$$f(0)=0,$$

从而可得函数 $f(x)$ 在 $x=0$ 处连续.

例 3.1.17 讨论当 α 为何值时,函数 $f(x)=\begin{cases}x^\alpha\sin\dfrac{1}{x} & (x\neq 0)\\ 0 & (x=0)\end{cases}$ 在 $x=0$ 处连续、可导.

解:当 $\alpha>0$ 时,

$$\lim_{x\to 0}f(x)=\lim_{x\to 0}x^\alpha\sin\frac{1}{x}=0=f(0),$$

因此 $f(x)$ 在 $x=0$ 处连续.

当 $\alpha\leqslant 0$ 时,函数 $f(x)$ 的极限不存在,那么 $f(x)$ 在 $x=0$ 处不连续,从而不可导.

因为

$$\lim_{x\to 0}\frac{f(x)-f(0)}{x}=\lim_{x\to 0}\frac{x^\alpha\sin\dfrac{1}{x}}{x}=\lim_{x\to 0}x^\alpha\sin\frac{1}{x},$$

所以当 $\alpha-1>0$,即 $\alpha>1$ 时,上述极限存在且为零,那么函数 $f(x)$ 在 $x=0$ 处可导且其导数为 0.

例 3.1.18 设函数 $f(x)=\begin{cases}a+bx & (x\leqslant 1)\\ x^2 & (x>1)\end{cases}$,试确定常数 a,b 使函数在 $x=1$ 处可导.

解:要使函数 $f(x)$ 在 $x=1$ 处可导,则必须在 $x=1$ 处连续,因为

$$\lim_{x\to 1^-}f(x)=\lim_{x\to 1^-}(ax+b)=a+b,$$

$$\lim_{x\to 1^+}f(x)=\lim_{x\to 1^+}x^2=1,$$

则有

$$f(1)=a+b=1.$$

要使函数 $f(x)$ 在 $x=1$ 处可导,还必须满足 $f'_-(1)=f'_+(1)$,又

$$f'_-(1)=\lim_{x\to 1^-}\frac{f(x)-f(1)}{x-1}=\lim_{x\to 1^-}\frac{ax+b-(a+b)}{x-1}=a,$$

$$f'_+(1)=\lim_{x\to 1^+}\frac{f(x)-f(1)}{x-1}=\lim_{x\to 1^+}\frac{x^2-1}{x-1}=\lim_{x\to 1^+}(x+1)=2,$$

所以 $a=2$,可得 $b=-1$ 时,函数 $f(x)$ 在 $x=1$ 处可导,且 $f'(1)=2$.

3.2　求导法则

3.2.1　基本求导公式

(1) 常数 $y=C$ 的导数为 0.

证明:因为

$$\Delta y=C-C=0,$$

$$\frac{\Delta y}{\Delta x}=\frac{0}{\Delta x}=0,$$

所以

$$C'=\lim_{\Delta x\to 0}\frac{\Delta y}{\Delta x}=0.$$

(2) 幂函数 $y=x^a$ 的导数为 ax^{a-1}.

证明:因为

$$\Delta y=(x+\Delta x)^a-x^a=x^a\left[\left(1+\frac{\Delta x}{x}\right)^a-1\right],$$

$$\frac{\Delta y}{\Delta x}=\frac{\left(1+\frac{\Delta x}{x}\right)^a-1}{\Delta x}=x^{a-1}\frac{\left(1+\frac{\Delta x}{x}\right)^a-1}{\frac{\Delta x}{x}},$$

所以

$$(x^a)'=\lim_{\Delta x\to 0}\frac{\Delta y}{\Delta x}=ax^{a-1}.$$

(3) 正弦函数 $y=\sin x$ 的导数为 $\cos x$,余弦函数 $y=\cos x$ 的导数为 $-\sin x$.

证明:因为

$$\Delta y=\sin(x+\Delta x)-\sin x=2\cos\left(x+\frac{\Delta x}{2}\right)\sin\frac{\Delta x}{2},$$

$$\frac{\Delta y}{\Delta x}=2\cos\left(x+\frac{\Delta x}{2}\right)\frac{\sin\frac{\Delta x}{2}}{\Delta x},$$

利用 $\cos x$ 的连续性和重要极限可得

$$(\sin x)'=\lim_{\Delta x\to 0}\frac{\Delta y}{\Delta x}=\cos x,$$

即正弦函数的导数是余弦函数．同理可得，余弦函数的导数是负的正弦函数．

$$(\cos x)'=-\sin x.$$

(4) 指数函数 $y=a^x(a>0,a\neq 1)$ 的导数为 $a^x\ln a$.

证明：因为

$$\Delta y=a^{x+\Delta x}-a^x=a^x(a^{\Delta x}-1),$$

$$\frac{\Delta y}{\Delta x}=a^x\frac{a^{\Delta x}-1}{\Delta x},$$

所以

$$(a^x)'=\lim_{\Delta x\to 0}\frac{\Delta y}{\Delta x}=a^x\ln a.$$

特别的，有

$$(\mathrm{e}^x)'=\mathrm{e}^x,$$

即以 e 为底的指数函数的导数等于它本身．

(5) 对数函数 $y=\log_a x(a>0,a\neq 1)$ 的导数为$\frac{1}{x\ln a}$.

证明：因为

$$\Delta y=\log_a(x+\Delta x)-\log_a x=\log_a\left(1+\frac{\Delta x}{x}\right),$$

$$\frac{\Delta y}{\Delta x}=\frac{1}{x}\times\frac{\Delta x}{x}\log_a\left(1+\frac{\Delta x}{x}\right)=\frac{1}{x}\log_a\left(1+\frac{\Delta x}{x}\right)^{\frac{x}{\Delta x}},$$

所以

$$(\log_a x)'=\lim_{\Delta x\to 0}\frac{\Delta y}{\Delta x}=\frac{1}{x\ln a}.$$

特别的，有

$$(\ln x)'=\frac{1}{x},$$

即自然对数的导数等于自变量的导数．

由于初等函数的导数非常重要，下面列出基本初等函数的导数公式，这些公式是求导的基础．

(1) $(C)'=0$(C 为任意常数).

(2) $(x^a)'=ax^{a-1}$(a 为任意常数).

(3) $(\sin x)'=\cos x$.

(4) $(\cos x)'=-\sin x$.

(5) $(\tan x)'=\sec^2 x$.

(6) $(\cot x)'=-\csc^2 x$.

(7) $(\sec x)'=\sec x\tan x$.

(8) $(\csc x)'=-\csc x\cot x$.

(9) $(a^x)'=a^x\ln a$.

(10) $(\mathrm{e}^x)'=\mathrm{e}^x$.

(11) $(\log_a x)'=\frac{1}{x\ln a}(a>0,a\neq 1)$.

(12) $(\ln x)' = \frac{1}{x}(x \neq 0)$.

(13) $(\arcsin x)' = \frac{1}{\sqrt{1-x^2}} \quad (|x| < 1)$.

(14) $(\arccos x)' = -\frac{1}{\sqrt{1-x^2}} \quad (|x| < 1)$.

(15) $(\arctan x)' = \frac{1}{1+x^2}$.

(16) $(\text{arccot} x)' = -\frac{1}{1+x^2}$.

这里需要注意的是,上面的求导公式是指函数在某一个区间上有这样的表达式才可以直接套用公式,当不能直接套用现成的公式的时候,还是要回到函数导数的定义.

例 3.2.1 求下列函数的导数.

(1) $y = \arcsin\sqrt{1-x^2}$;

(2) $y = (\log_a x)^{\sqrt{x}}$.

解:(1):
$$y' = (\arcsin\sqrt{1-x^2})' = \frac{1}{\sqrt{1-(\sqrt{1-x^2})^2}}(\sqrt{1-x^2})' = \frac{1}{\sqrt{x^2}} \cdot \frac{1}{2\sqrt{1-x^2}}(1-x^2)' = \frac{1}{|x|} \cdot \frac{1}{2\sqrt{1-x^2}}(-2x) = -(\text{sgn} x)\frac{1}{\sqrt{1-x^2}}.$$

(2)
$$y' = [(\log_a x)^{\sqrt{x}}]' = [(e^{\ln\log_a x})^{\sqrt{x}}]' = (e^{\sqrt{x}\ln\log_a x})' = e^{\sqrt{x}\ln\log_a x}(\sqrt{x}\ln\log_a x)'$$
$$= (\log_a x)^{\sqrt{x}}\left[\frac{1}{2\sqrt{x}}\ln\log_a x + \sqrt{x}\,\frac{1}{\log_a x}(\log_a x)'\right]$$
$$= (\log_a x)^{\sqrt{x}}\left(\frac{1}{2\sqrt{x}}\ln\log_a x + \sqrt{x}\,\frac{1}{x\log_a x \cdot \ln a}\right)$$
$$= \frac{1}{\sqrt{x}}(\log_a x)^{\sqrt{x}}\left(\frac{1}{2}\ln\log_a x + \frac{1}{\ln a\log_a x}\right).$$

例 3.2.2 求函数 $y = \arctan\frac{a-2x}{2\sqrt{ax-x^2}}$ 的导数.

解:
$$y' = \frac{1}{1+\frac{(a-2x)^2}{4(ax-x^2)}}\left(\frac{a-2x}{2\sqrt{ax-x^2}}\right)'$$
$$= \frac{4(ax-x^2)}{4(ax-x^2)+(a-2x)^2}\,\frac{\sqrt{ax-x^2}\cdot(-2)-(a-2x)\frac{1}{2}\frac{a-2x}{\sqrt{ax-x^2}}}{2(a-x^2)}$$

$$= \frac{2}{a^2} \frac{-4(ax-x^2)-(a-2x)^2}{2\sqrt{ax-x^2}}$$

$$= \frac{2}{a^2} \frac{-a^2}{2\sqrt{ax-x^2}} = -\frac{1}{\sqrt{ax-x^2}}.$$

例 3.2.3 某公司生产游戏机，销售游戏机 q 台所需要的成本和所获得的总效益为

$$C(q) = 300 + 20q$$

和

$$R(q) = 1000q - q^2,$$

假定在生产第 400 台游戏机的那一时刻，公司正以每天 10 台的速率生产和销售游戏机，求在这一时刻总利润的变化率.

解：由题意可得，生产第 400 台游戏机时，

$$\frac{\mathrm{d}q}{\mathrm{d}t} = 10,$$

那么

$$\begin{aligned}\frac{\mathrm{d}R}{\mathrm{d}t} &= 1000 \cdot \frac{\mathrm{d}q}{\mathrm{d}t} - 2q \cdot \frac{\mathrm{d}q}{\mathrm{d}t} \\ &= 1000 \times 10 - 2 \times 400 \times 10 \\ &= 2000,\end{aligned}$$

$$\frac{\mathrm{d}C}{\mathrm{d}t} = 20 \cdot \frac{\mathrm{d}q}{\mathrm{d}t} = 200,$$

因为

$$L(q) = R(q) - C(q),$$

所以

$$\frac{\mathrm{d}L}{\mathrm{d}t} = \frac{\mathrm{d}R}{\mathrm{d}t} - \frac{\mathrm{d}C}{\mathrm{d}t} = 2000 - 200 = 1800,$$

则在这一时刻总利润的变化率为 1800.

3.2.2 函数四则运算的求导法则

定理 3.2.1 设函数 $f(x)$，$g(x)$ 在点 x 处具有导数，那么它们的和、差、积、商（除分母为零的点外）都在点 x 处具有导数，且

(1) $[f(x) \pm g(x)]' = f'(x) \pm g'(x)$；

(2) $(f(x)g(x))' = f'(x)g(x) + f(x)g'(x)$；

(3) $\left(\frac{f(x)}{g(x)}\right)' = \frac{f'(x)g(x) - f(x)g'(x)}{g^2(x)} (g(x) \neq 0)$.

证明：(1)

$$\begin{aligned}[f(x) \pm g(x)]' &= \lim_{\Delta x \to 0} \frac{[f(x+\Delta x) \pm g(x+\Delta x)] - [f(x) \pm g(x)]}{\Delta x} \\ &= \lim_{\Delta x \to 0} \frac{f(x+\Delta x) - f(x)}{\Delta x} \pm \lim_{\Delta x \to 0} \frac{g(x+\Delta x) - g(x)}{\Delta x} \\ &= f'(x) \pm g'(x).\end{aligned}$$

(2)

$$\begin{aligned}[f(x)g(x)]' &= \lim_{\Delta x\to 0}\frac{f(x+\Delta x)g(x+\Delta x)-f(x)g(x)}{\Delta x}\\ &= \lim_{\Delta x\to 0}\left[\frac{f(x+\Delta x)-f(x)}{\Delta x}g(x+\Delta x)+f(x)\frac{g(x+\Delta x)-g(x)}{\Delta x}\right]\\ &= \lim_{\Delta x\to 0}\frac{f(x+\Delta x)-f(x)}{\Delta x}\lim_{\Delta x\to 0}g(x+\Delta x)+f(x)\lim_{\Delta x\to 0}\frac{g(x+\Delta x)-g(x)}{\Delta x}\\ &= f'(x)g(x)+f(x)g'(x).\end{aligned}$$

其中，$\lim\limits_{\Delta x\to 0}g(x+\Delta x)=g(x)$ 是由于 $g'(x)$ 存在，所以 $g(x)$ 在点 x 处连续，所以法则(2)得证．

当 $g(x)=c$，c 为任意常数时，有

$$[cf(x)]'=cf'(x).$$

(3)

$$\begin{aligned}\left[\frac{f(x)}{g(x)}\right]' &= \lim_{\Delta x\to 0}\frac{\dfrac{f(x+\Delta x)}{g(x+\Delta x)}-\dfrac{f(x)}{g(x)}}{\Delta x}\\ &= \lim_{\Delta x\to 0}\frac{f(x+\Delta x)g(x)-f(x)g(x+\Delta x)}{g(x+\Delta x)g(x)\Delta x}\\ &= \lim_{\Delta x\to 0}\frac{[f(x+\Delta x)-f(x)]g(x)-f(x)[g(x+\Delta x)-g(x)]}{g(x+\Delta x)g(x)\Delta x}\\ &= \lim_{\Delta x\to 0}\frac{\dfrac{f(x+\Delta x)-f(x)}{\Delta x}g(x)-f(x)\dfrac{g(x+\Delta x)-g(x)}{\Delta x}}{g(x+\Delta x)g(x)}\\ &= \frac{f'(x)g(x)-f(x)g'(x)}{g^2(x)}.\end{aligned}$$

该定理中的(1)、(2)法则可推广到任意有限个可导函数的情形．

例 3.2.4　求函数 $y=3x^4+5x^2-x+8$ 的导数．

解：

$$\begin{aligned}y' &= (3x^4+5x^2-x+8)'\\ &= (3x^4)'+(5x^2)'-(x)'+(8)'\\ &= 3(x^4)'+5(x^2)'-1+0\\ &= 3\times 4x^3+5\times 2x-1\\ &= 12x^3+10x-1.\end{aligned}$$

例 3.2.5　求函数 $y=2\sqrt{x}\sin x+\cos x\ln x$ 的导数．

解：

$$\begin{aligned}y' &= (2\sqrt{x}\sin x)'+(\cos x\ln x)'\\ &= (2\sqrt{x})'\sin x+2\sqrt{x}(\sin x)'+(\cos x)'\ln x+\cos x(\ln x)'\\ &= \frac{2}{2\sqrt{x}}\cdot\sin x+2\sqrt{x}\cos x-\sin x\cdot\ln x+\frac{1}{x}\cos x\\ &= (\frac{1}{\sqrt{x}}-\ln x)\sin x+\left(2\sqrt{x}+\frac{1}{x}\right)\cos x.\end{aligned}$$

例 3.2.6 求函数 $y=\dfrac{x^2-1}{x^2+1}$ 的导数.

解：

$$\begin{aligned}y'&=\frac{(x^2-1)'(x^2+1)-(x^2-1)(x^2+1)'}{(x^2+1)^2}\\&=\frac{2x(x^2+1)-(x^2-1)(2x)}{(x^2+1)^2}\\&=\frac{4x}{(x^2+1)^2}.\end{aligned}$$

例 3.2.7 求函数

$$f(x)=\begin{cases}x^2\sin\dfrac{1}{x}+x & (x\neq 0)\\0 & (x=0)\end{cases}.$$

的导数.

解：不管 $x>0$ 还是 $x<0$，函数在这两个区间上的表达式都是

$$f(x)=x^2\sin\frac{1}{x}+x,$$

则有

$$f'(x)=\left(x^2\sin\frac{1}{x}+x\right)'=2x\sin\frac{1}{x}-\cos\frac{1}{x}+1\quad(x\neq 0),$$

$$f'(0)=\lim_{x\to 0}\frac{f(x)-f(0)}{x-0}=\lim_{x\to 0}\frac{f(x)}{x}=\lim_{x\to 0}\left(x\sin\frac{1}{x}+1\right)=1.$$

分析：如果求函数在 $x=0$ 处的导数，直接用 $f'(0)=0'=0$ 就错了．因为求在 $x=0$ 处的导数，根据导数的定义，要涉及这点周围的函数值，因此不能用常数导数是 0 来套用．通常说常数导数是 0 是指在一个区间上是常数那样的函数．而本例中的函数，在 0 周围函数值不再是 0，下面把函数写成另一种形式，看看错误的套用公式而不看条件的后果．对于分段函数

$$f(x)=\begin{cases}x^2\sin\dfrac{1}{x}+x & (x\neq 0)\\2x & (x=0)\end{cases},$$

其本质上还是例 3.2.7 中的函数，如果不加思考而直接套用公式的话，就会得出 $f'(0)=2$ 这样的错误结论．

例 3.2.8 求过点 $(0,-4)$ 且与抛物线 $y=x^2-2x$ 相切的直线方程．

解：首先求其切点，令切点为 (x_0,y_0)，那么抛物线在 (x_0,y_0) 处的切线斜率为

$$k=y'\big|_{x=x_0}=2x-2\big|_{x=x_0}=2x_0-2.$$

又因切线经过点 $(0,-4)$ 和 (x_0,y_0)，所以切线的斜率可表示为

$$k=\frac{y_0-(-4)}{x_0}=\frac{y_0+4}{x_0},$$

那么有

$$2x_0-2=\frac{y_0+4}{x_0}.$$

因为切点 (x_0,y_0) 在抛物线 $y=x^2-2x$ 上，所以有 $y_0=x_0^2-2x_0$. 求解方程组

$$\begin{cases} 2x_0 - 2 = \dfrac{y_0 + 4}{x_0}, \\ y_0 = x_0^2 - 2x_0 \end{cases}$$

可得

$$\begin{cases} x_0 = 2 \\ y_0 = 0 \end{cases}$$

和

$$\begin{cases} x_0 = -2 \\ y_0 = 8 \end{cases},$$

从而可得所求切点为(2,0)和(-2,8),其相应切线斜率为

$$k_1 = 2x - 2\big|_{x=2} = 2,$$

$$k_2 = 2x - 2\big|_{x=-2} = -6.$$

那么所求切线方程为

$$y = 2(x-2)$$

和

$$y - 8 = -6(x+2),$$

即

$$y = 2x - 4$$

和

$$y = -6x - 4.$$

3.2.3　反函数的导数

前面已经介绍了一些基本初等函数的导数公式.在本节将介绍反函数的求导法则.

定理 3.2.2　设单调连续函数 $x = f(y)$ 在点 y 处可导,并且 $f'(y) \neq 0$,那么其反函数 $y = f^{-1}(x)$ 在对应的点 x 处可导,且有

$$(f^{-1}(x))' = \frac{1}{f'(y)}\bigg|_{y=f^{-1}(x)},$$

或者

$$\frac{\mathrm{d}y}{\mathrm{d}x} = \frac{1}{\frac{\mathrm{d}y}{\mathrm{d}x}}.$$

证明:因为函数 $x = f(y)$ 单调连续,所以其反函数 $y = f^{-1}(x)$ 也单调连续,给 x 以增量 $\Delta x \neq 0$,那么根据函数 $y = f^{-1}(x)$ 的单调性可知:

$$\Delta y = f^{-1}(x + \Delta x) - f^{-1}(x) \neq 0.$$

从而有

$$\frac{\Delta y}{\Delta x} = \frac{1}{\frac{\Delta x}{\Delta y}}.$$

根据反函数 $y = f^{-1}(x)$ 的连续性,当 $\Delta x \to 0$ 时,则必有 $\Delta y \to 0$,且 $x = f(y)$ 可导,从而可得:

$$\lim_{\Delta y\to 0}\frac{\Delta y}{\Delta x}=f'(y)\neq 0.$$

所以

$$\lim_{\Delta x\to 0}\frac{\Delta y}{\Delta x}=\lim_{\Delta y\to 0}\frac{1}{\frac{\Delta x}{\Delta y}}=\frac{1}{\lim\limits_{\Delta y\to 0}\frac{\Delta x}{\Delta y}}=\frac{1}{f'(y)}.$$

综上所述，函数 $y=f^{-1}(x)$ 在点 x 处可导，并且有

$$(f^{-1}(x))'=\frac{1}{f'(y)}\bigg|_{y=f^{-1}(x)}.$$

例 3.2.9 求函数 $y=\arcsin x$ 的导数．

解：函数 $y=\arcsin x\ (|x|<1)$ 是 $x=\sin y(|y|<\frac{\pi}{2})$ 的反函数，由于 $x=\sin y$ 在区间 $\left(-\frac{\pi}{2},\frac{\pi}{2}\right)$ 上单调、增加、可导，且满足 $\frac{\mathrm{d}x}{\mathrm{d}y}=\cos y>0$，那么反函数 $y=\arcsin x$ 在区间 $(-1,1)$ 上单调、增加、可导，且有

$$\begin{aligned}\frac{\mathrm{d}y}{\mathrm{d}x}=(\arcsin x)'&=\frac{1}{\frac{\mathrm{d}x}{\mathrm{d}y}}\\&=\frac{1}{\cos y}=\frac{1}{\sqrt{1-\sin^2 y}}\\&=\frac{1}{\sqrt{1-x^2}}.\end{aligned}$$

因而有

$$(\arcsin x)'=\frac{1}{\sqrt{1-x^2}}(|x|<1).$$

同理可知

$$(\arccos x)'=-\frac{1}{\sqrt{1-x^2}}(|x|<1),$$

$$(\arctan x)'=\frac{1}{1+x^2}(|x|<\infty).$$

例 3.2.10 求函数 $y=\arctan x$ 的导数．

解：因为 $y=\arctan x$ 的反函数为 $x=\tan y$，而 $x=\tan y$ 在 $\left(-\frac{\pi}{2},\frac{\pi}{2}\right)$ 内单调且可导，因为

$$\frac{\mathrm{d}x}{\mathrm{d}y}=\sec^2 y\neq 0,$$

所以

$$y'=(\arctan x)'=\frac{1}{(\tan y)'}=\frac{1}{\sec^2 y}=\frac{1}{1+\tan^2 y}=\frac{1}{1+x^2},$$

即

$$(\arctan x)'=\frac{1}{1+x^2}.$$

类似方法可得到

$$(\operatorname{arccot} x)' = -\frac{1}{1+x^2}.$$

例 3.2.11　设 $x = a\arccos\frac{a-y}{a}(0<y<2a)$，求$\left.\frac{\mathrm{d}y}{\mathrm{d}x}\right|_{x=\frac{a\pi}{3}}$.

解: 当 $x=\frac{a\pi}{3}$ 时，$y=\frac{a}{2}$，由于

$$\begin{aligned}\frac{\mathrm{d}y}{\mathrm{d}x} &= -\frac{a}{\sqrt{1-\left(\frac{a-y}{a}\right)^2}}\left(-\frac{1}{a}\right)\\ &= \frac{a}{\sqrt{2ay-y^2}},\end{aligned}$$

那么根据反函数的求导法则可得

$$\frac{\mathrm{d}y}{\mathrm{d}x} = \frac{\sqrt{2ay-y^2}}{a},$$

从而可得

$$\left.\frac{\mathrm{d}y}{\mathrm{d}x}\right|_{x=\frac{a\pi}{3}} = \left.\frac{\sqrt{2ay-y^2}}{a}\right|_{y=\frac{a}{2}} = \frac{\sqrt{3}}{2}.$$

3.2.4　复合函数的求导法则

定理 3.2.3(链式法则)　设函数 $y=f(u)$，$u=\varphi(x)$，那么 $y=f[\varphi(x)]$. 若 $u=\varphi(x)$ 在点 x 处可导，函数 $y=f(u)$ 在对应点 u 处可导，那么函数 $y=f[\varphi(x)]$ 在点 x 处可导，并且有

$$(f[\varphi(x)])' = f'(u)\varphi'(x),$$

或简记为

$$\frac{\mathrm{d}y}{\mathrm{d}x} = \frac{\mathrm{d}y}{\mathrm{d}u}\frac{\mathrm{d}u}{\mathrm{d}x}.$$

证明: 当 x 有增量 Δx 时，u 有增量 Δu，那么 y 有增量 Δy. 当 $\Delta u \neq 0$ 时，则有

$$\frac{\Delta y}{\Delta x} = \frac{\Delta y}{\Delta u}\frac{\Delta u}{\Delta x}.$$

根据已知条件可得

$$\lim_{\Delta x\to 0}\Delta u = 0,\ \lim_{\Delta x\to 0}\frac{\Delta u}{\Delta x} = \varphi'(x),$$

$$\lim_{\Delta u\to 0}\frac{\Delta y}{\Delta u} = f'(u),$$

因此

$$\begin{aligned}\lim_{\Delta x\to 0}\frac{\Delta y}{\Delta x} &= \lim_{\Delta x\to 0}\frac{\Delta y}{\Delta u}\frac{\Delta u}{\Delta x}\\ &= \lim_{\Delta u\to 0}\frac{\Delta y}{\Delta u}\lim_{\Delta x\to 0}\frac{\Delta u}{\Delta x} = f'(u)\varphi'(x),\end{aligned}$$

即有

$$[f(\varphi(x))]' = f'(u)\varphi'(x).$$

例 3.2.12 求函数 $y=\sqrt{1+x^2}$ 的导数.

解:设函数 $y=\sqrt{1+x^2}$ 由 $y=\sqrt{u}$,$u=1+x^2$ 复合而成,从而根据定理 3.2.3 可得

$$\begin{aligned} y' &= y'_u u'_x = (\sqrt{1+x^2})'_{1+x^2}\cdot(1+x^2)'_x \\ &= \frac{1}{2\sqrt{1+x^2}}\cdot 2x \\ &= \frac{x}{\sqrt{1+x^2}}. \end{aligned}$$

例 3.2.13 求函数 $y=x^a$(a 为实数)的导数.

解:函数 $y=x^a=e^{a\ln x}$ 可以看成是 $y=e^u$ 和 $u=a\ln x$ 复合而成的,那么

$$y'=(e^u)'(a\ln x)'=e^{a\ln x}a\,\frac{1}{x}=x^a a\,\frac{1}{x}=ax^{a-1},$$

即

$$y'=(x^a)'=ax^{a-1}.$$

例 3.2.14 求函数 $y=\sin\dfrac{2x}{1+x^2}$ 的导数.

解:设函数 $y=\sin\dfrac{2x}{1+x^2}$ 由 $y=\sin u$,$u=\dfrac{2x}{1+x^2}$ 复合而成,从而根据定理 3.2.3 可得

$$\begin{aligned} y' &= y'_u u'_x \\ &= (\sin u)'_u\cdot\left(\frac{2x}{1+x^2}\right)'_x \\ &= \cos u\,\frac{2(1+x^2)-4x^2}{(1+x^2)^2} \\ &= \frac{2(1-x^2)}{(1+x^2)^2}\cos\frac{2x}{1+x^2}. \end{aligned}$$

例 3.2.15 求函数 $y=\ln\sin^2 3x$ 的导数.

解:设函数 $y=\ln\sin^2 3x$ 由 $y=\ln u$,$u=v^2$,$v=\sin t$,$t=3x$ 四个简单函数复合而成,从而根据定理 3.2.3 可得

$$\begin{aligned} y' &= \frac{1}{\sin^2 3x}(\sin^2 3x)' \\ &= \frac{1}{\sin^2 3x}2\sin 3x\cdot(\sin 3x)' \\ &= \frac{1}{\sin^2 3x}2\sin 3x\cdot 3\cos 3x = 6\cot 3x. \end{aligned}$$

注意,在熟练之后,不必把中间变量写出来.

例 3.2.16 求函数 $y=\ln\dfrac{\sqrt{x^2+1}}{\sqrt[3]{x-2}}(x>2)$ 的导数.

解:因为

$$y=\frac{1}{2}\ln(x^2+1)-\frac{1}{3}\ln(x-2),$$

所以

$$y' = \frac{1}{2}\frac{1}{x^2+1}2x - \frac{1}{3(x-2)} = \frac{x}{x^2+1} - \frac{1}{3(x-2)}.$$

例 3.2.17　设 $y=\left(\sin\frac{1}{x}\right)\ln\tan x$，求 y'.

解：

$$\begin{aligned} y' &= \left[\left(\sin\frac{1}{x}\right)\ln\tan x\right]' \\ &= \left(\sin\frac{1}{x}\right)'\ln\tan x + \left(\sin\frac{1}{x}\right)(\ln\tan x)' \\ &= \ln\tan x \frac{\mathrm{d}}{\mathrm{d}\left(\frac{1}{x}\right)}\left(\sin\frac{1}{x}\right)\frac{\mathrm{d}}{\mathrm{d}x}\left(\frac{1}{x}\right) + \sin\frac{1}{x}\frac{\mathrm{d}}{\mathrm{d}(\tan x)}(\ln\tan x)\frac{\mathrm{d}}{\mathrm{d}x}(\tan x) \\ &= \ln\tan x\cos\frac{1}{x}\left(-\frac{1}{x^2}\right) + \sin\frac{1}{x}\times\frac{1}{\tan x}\times\sec^2 x \\ &= -\frac{1}{x^2}\ln\tan x\cos\frac{1}{x} + \sin\frac{1}{x}\sec^2 x\cot x. \end{aligned}$$

例 3.2.18　求函数 $y=\sqrt[3]{1-\sin 2x}$ 的导数 .

解：$y' = (\sqrt[3]{1-\sin 2x})' = \frac{1}{3}(1-\sin 2x^2)^{-\frac{2}{3}}(1-\sin 2x^2)'$

$$\begin{aligned} &= \frac{1}{3}(1-\sin 2x^2)^{-\frac{2}{3}}(-\cos 2x^2)(2x^2)' \\ &= -\frac{1}{3}(1-\sin 2x^2)^{-\frac{2}{3}}\cos 2x^2(4x) \\ &= -\frac{4}{3}x(1-\sin 2x^2)^{-\frac{2}{3}}\cos 2x^2. \end{aligned}$$

例 3.2.19　求函数 $y=\frac{e^{2x}\sin^4 x}{\sqrt[3]{2x-1}(4x+3)^2}$ 的导数 .

解：将等式两边取绝对值，然后取对数，可得

$$\ln|y| = 2x + 4\ln|\sin x| - \frac{1}{3}\ln|2x-1| - 2\ln|4x+3|,$$

求导可得

$$\frac{y'}{y} = 2 + \frac{4\cos x}{\sin x} - \frac{1}{3}\cdot\frac{2}{2x-1} - 2\cdot\frac{4}{4x+3},$$

所以

$$y' = \frac{e^{2x}\sin^4 x}{\sqrt[3]{2x-1}(4x+3)^2}\left(2+4\cot x - \frac{2}{3(2x-1)} - \frac{8}{4x+3}\right).$$

3.3 高阶导数

3.3.1 高阶导数的概念

定义 3.3.1 如果函数 $y=f(x)$ 的导数 $f'(x)$ 在点 x_0 处的导数

$$(f'(x))'\big|_{x=x_0}$$

存在，则称其为函数 $y=f(x)$ 在点 x_0 处的二阶导数，记作

$$f''(x_0),y''\big|_{x=x_0},\frac{\mathrm{d}^2y}{\mathrm{d}x^2}\Big|_{x=x_0},\frac{\mathrm{d}^2f}{\mathrm{d}x^2}\Big|_{x=x_0},$$

此时称函数 $y=f(x)$ 在点 x_0 二阶可导．

如果函数 $y=f(x)$ 在区间 I 的每一个点二阶可导，则称此函数在区间 I 二阶可导，称 $f''(x)$ 为 $f(x)$ 的二阶导函数，简称为二阶导数．依此类推，函数 $f(x)$ 的 $n-1$ 阶导数的导数称为函数 $f(x)$ 的 n 阶导数，记为

$$y^{(n)}\big|_{x=x_0},f^{(n)}(x_0),\frac{\mathrm{d}^{(n)}y}{\mathrm{d}x^{(n)}}\Big|_{x=x_0},\frac{\mathrm{d}^{(n)}f}{\mathrm{d}x^{(n)}}\Big|_{x=x_0},$$

如果函数 $y=f(x)$ 在区间 I 上每一个点都是 n 阶可导（区间 I 的端点处为单侧可导），那么得到区间 I 上的 n 阶导函数

$$y^{(n)},f^{(n)}(x),\frac{\mathrm{d}^{(n)}y}{\mathrm{d}x^{(n)}},\frac{\mathrm{d}^{(n)}f}{\mathrm{d}x^{(n)}}.$$

如果 $f^{(n)}(x)$ 在区间 I 上连续，那么称函数 $f(x)$ 在区间 I 上 n 阶连续可导，记为

$$f(x)\in C^{(n)}(I),$$

如果 $\forall n\in\mathbf{N},f(x)\in C^{(n)}(I)$，那么称函数 $f(x)$ 在区间 I 上无限阶可导，记为

$$f(x)\in C^{(\infty)}(I).$$

二阶或者二阶以上的导数统称为高阶导数，相应地，把 $f(x)$ 称为零阶导数，函数 $f(x)$ 的一阶导数、二阶导数、三阶导数可以记作

$$y',y'',y''',$$

而从 4 阶导数起，则记为

$$y^{(4)},y^{(5)},\cdots.$$

显然高阶导数不需要使用新的公式，只要对导函数继续求导就可以了．

例 3.3.1 设 $y=x^3+2x+\ln x$，求 y''.

解：$y'=3x^2+x+\dfrac{1}{x},y''=6x-\dfrac{1}{x^2}$.

例 3.3.2 设函数

$$f(x)=\begin{cases}-x^2 & (x<0)\\ x^2 & (x\geqslant 0)\end{cases},$$

讨论 $f(x)$ 在 $x=0$ 处的二阶导数是否存在．

解: 当 $x \neq 0$ 时,易得

$$f'(x) = \begin{cases} -2x & (x < 0) \\ 2x & (x > 0) \end{cases},$$

又因为

$$f'(0) = \lim_{\Delta x \to 0} \frac{f(0 + \Delta x) - f(0)}{\Delta x} = \lim_{\Delta x \to 0} \frac{f(\Delta x)}{\Delta x},$$

且

$$\lim_{\Delta x \to 0^-} \frac{f(\Delta x)}{\Delta x} = \lim_{\Delta x \to 0^-} \frac{-(\Delta x)^2}{\Delta x} = 0,$$

$$\lim_{\Delta x \to 0^+} \frac{f(\Delta x)}{\Delta x} = \lim_{\Delta x \to 0^+} \frac{(\Delta x)^2}{\Delta x} = 0,$$

所以

$$f'(0) = \lim_{\Delta x \to 0} \frac{f(\Delta x)}{\Delta x} = 0.$$

如果将上述讨论改为 $f'(x) = 2|x|$,可见 $f''(0)$ 不存在,而当 $x \neq 0$ 时,

$$f''(x) = \begin{cases} -2 & (x < 0) \\ 2 & (x > 0) \end{cases},$$

如图 3-3-1 所示.

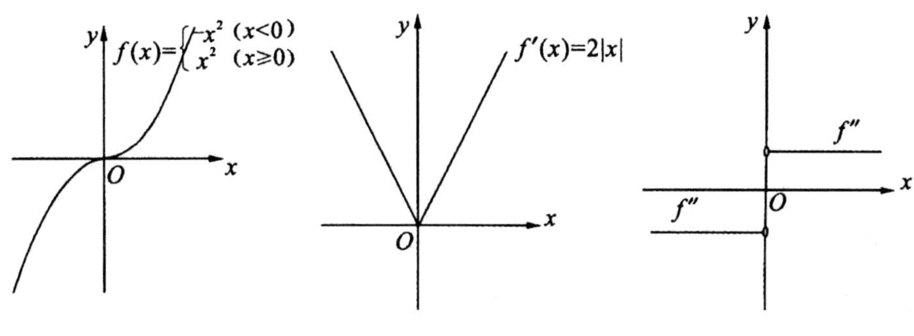

图 3-3-1

例 3.3.3　证明下列 n 阶导数公式.

(1) $(a^x)^{(n)} = a^x(\ln a)^n (a > 0$ 且 $a \neq 1)$, $(e^x)^{(n)} = e^x$.

(2) $(\sin x)^{(n)} = \sin(x + n\frac{\pi}{2})$, $(\cos x)^{(n)} = \cos(x + n\frac{\pi}{2})$.

(3) $$(x^a)^{(n)} = \begin{cases} a(a-1)\cdots(a-n+1)x^{a-n}, a > n \text{ 或 } a \notin N^+ \\ n!, a = n \\ 0, a \in \mathbf{N}^+ \text{ 且 } a < n \end{cases}.$$

(4) $(\ln(1+x))^{(n)} = (-1)^{n-1}\frac{(n-1)!}{(1+x)^n} (n \geq 1)$.

(5) $\left(\frac{1}{1+x}\right)^{(n)} = (-1)^n \frac{n!}{(1+x)^{n+1}} (n \geq 1)$.

解: (1) 设 $y = a^x$, $y' = a^x \ln a$, $y'' = a^x(\ln a)^2$.

假设 $n = k$ 时有

$$y^{(k)} = a^x(\ln a)^k,$$

则当 $n = k + 1$ 时有

$$y^{(k+1)} = (y^{(k)})' = (a^x(\ln a)^k)' = a^x(\ln a)^{k+1},$$

根据数学归纳法结论可知公式 $(a^x)^{(n)} = a^x(\ln a)^n$ 对任何自然数 n 都成立．特别的当 $a = \mathrm{e}$ 时有

$$(\mathrm{e}^x)^{(n)} = \mathrm{e}^x.$$

(2) 设 $y = \sin x, y' = \cos x = \sin\left(x + \frac{\pi}{2}\right)$.

当 $n = 1$ 时，公式

$$(\sin x)^{(n)} = \sin\left(x + n\frac{\pi}{2}\right)$$

成立；假设 $n = k$ 时，有

$$(\sin x)^{(k)} = \sin\left(x + k\frac{\pi}{2}\right);$$

则当 $n = k + 1$ 时，有

$$y^{(k+1)} = \left[\sin\left(x + k\frac{\pi}{2}\right)\right]' = \cos\left(x + k\frac{\pi}{2}\right) = \sin\left[x + (k+1)\frac{\pi}{2}\right],$$

根据数学归纳法结论可知公式 $(\sin x)^{(n)} = \sin\left(x + n\frac{\pi}{2}\right)$ 对任何自然数 n 都成立．

同理可证，$(\cos x)^{(n)} = \cos\left(x + n\frac{\pi}{2}\right)$.

(3) 设 $y = x^a$（a 为非零实数）.

当 $a \notin \mathbf{N}^+$，则

$$y' = ax^{-1},$$
$$y'' = a(a-1)x^{a-2},$$
$$\cdots$$

运用数学归纳法易知

$$y^{(n)} = a(a-1)\cdots(a-n+1)x^{a-n} \quad (n \geqslant 1);$$

当 a 是正整数 n 时，$y^{(n)} = n!$；

当 a 是小于 n 的正整数时，$y^{(n)} = 0$.

(4) 设 $y = \ln(1+x), y' = \frac{1}{1+x}, y'' = -\frac{1}{(1+x)^2}$.

假设 $n = k$ 时有

$$y^{(k)} = (-1)^{k-1}\frac{(k-1)!}{(1+x)^k};$$

则当 $n = k + 1$ 时，有

$$\begin{aligned}
y^{(k+1)} &= (y^{(k)})' \\
&= \left((-1)^k\frac{(k-1)!}{(1+x)^k}\right)' \\
&= (-1)^{k-1}(k-1)!(-k)(1+x)^{-k-1} \\
&= (-1)^k\frac{k!}{(1+x)^{k+1}}.
\end{aligned}$$

根据数学归纳法结论可知公式$(\ln(1+x))^{(n)}=(-1)^{n-1}\dfrac{(n-1)!}{(1+x)^{n}}$对任何自然数 n 都成立．

(5) 由$\left(\dfrac{1}{1+x}\right)^{(n)}=(\ln(1+x))^{(n+1)}$和(4)的结论可知

$$\left(\frac{1}{1+x}\right)^{(n)}=(-1)^{n}\frac{n!}{(1+x)^{n+1}}\quad(n\geqslant 1).$$

例 3.3.4　设函数 $y=\sqrt{2x-x^{2}}$，证明：$y^{3}y''+1=0$.

证明：函数 $y=\sqrt{2x-x^{2}}$ 二阶导数为：

$$y'=\frac{2-2x}{2\sqrt{2x-x^{2}}}=\frac{1-x}{\sqrt{2x-x^{2}}},$$

$$\begin{aligned}y''&=\frac{-\sqrt{2x-x^{2}}-(1-x)\dfrac{1-x}{\sqrt{2x-x^{2}}}}{2x-x^{2}}\\&=\frac{-(2x-x^{2})-(1-x)^{2}}{(2x-x^{2})\sqrt{2x-x^{2}}}\\&=-(2x-x^{2})^{-\frac{3}{2}}\\&=-y^{-3},\end{aligned}$$

将函数二阶导数代入 $y^{3}y''+1$ 可得

$$y^{3}y''+1=(\sqrt{2x-x^{2}})^{3}\left[-(2x-x^{2})^{-\frac{3}{2}}\right]+1=0,$$

结论得证．

3.3.2　高阶导数的求导法则和 Leibniz 公式

定理 3.3.1　设函数 $u(x)$，$v(x)$ 在区间 I 上 n 阶可导，$\alpha,\beta\in\mathbf{R}$，则在 I 上 $\alpha u(x)+\beta v(x)$，$u(x)v(x)$ 均 n 阶可导，且

(1)$[\alpha u(x)+\beta v(x)]^{(n)}=\alpha u^{(n)}(x)+\beta v^{(n)}(x)$；

(2)$[f(ax+b)]^{(n)}=a^{(n)}f^{(n)}(ax+b)$.

定义 3.3.2　设 $u(x)$，$v(x)$ 存在 n 阶导数，则

$$(uv)^{(n)}=\sum_{k=0}^{n}C_{n}^{k}u^{(n-k)}(v)^{(k)},$$

其中，$u^{(0)}=u$，$C_{n}^{k}=\dfrac{n!}{k!(n-k)!}$，规定 $0!=1$. 这个公式即为 Leibniz 公式．

下面用数学归纳法来证明这个公式．

当 $n=1$ 时，公式

$$(uv)'=uv'+u'v=C_{1}^{0}u^{(0)}v'+C_{1}^{0}u'v^{(0)}$$

成立；

设 n 时公式成立，则 $n+1$ 时公式也成立：

$$\begin{aligned}(uv)^{(n+1)}&=C_{n}^{0}(u^{(0)}v^{(n)})'+C_{n}^{1}(u'(v)^{(n-1)})'+\cdots+C_{n}^{n}(u^{(n)}v^{(0)})'\\&=C_{n}^{0}u^{(0)}v^{(n+1)}+C_{n}^{1}u'v^{(n)}+C_{n}^{2}u''v^{(n-1)}+\cdots+C_{n}^{n}u^{(n)}v'+\\&\quad C_{n+1}^{0}u^{(0)}v^{(n+1)}+C_{n+1}^{1}u'v^{(n)}+C_{n+1}^{2}u''v^{(n-1)}+\cdots+C_{n+1}^{n}u^{(n+1)}v^{(0)}\end{aligned}$$

$$=\sum_{k=0}^{n+1}C_{n+1}^{k}u^{(k)}v^{(n+1-k)},$$

其中用到了 $C_n^0=C_{n+1}^0$，$C_n^1+C_n^0=C_{n+1}^1$，$C_n^2+C_n^1=C_{n+1}^2$ 等.

例 3.3.5 求函数 $y=x^2e^{2x}$ 的 n 阶导数.

解:设 $u=e^{2x}$，$v=x^2$，那么有

$$u^{(k)}=2^ke^{2x}\quad(k=1,2,3,\cdots20),$$

$$v'=2x,v''=2,v^{(k)}=0\quad(k=3,4,5,\cdots20),$$

代入莱布尼茨公式可得

$$\begin{aligned}y^{(20)}&=(x^2e^{2x})^{(20)}\\&=2^{20}e^{2x}\cdot x^2+20\cdot2^{19}e^{2x}\cdot2x+\frac{20\cdot19}{2!}2^8e^{2x}\cdot2\\&=2^{20}e^{2x}(x^2+20x+95).\end{aligned}$$

例 3.3.6 $y=(x^2+x+1)f(x)$，其中 $f(x)$ 具有任意阶导数，求 $y^{(50)}$.

解:因为 x^2+x+1 的三阶及三阶以上的导数都是 0，所以

$$y^{(50)}=C_{50}^0(x^2+x+1)f^{(50)}(x)+C_{50}^1(2x+1)f^{(49)}(x)+2C_{50}^2f^{(48)}(x).$$

例 3.3.7 求 $y=x^2\sin x$ 的 100 阶导数.

解:根据 Leibniz 公式和例 3.3.3 可得

$$\begin{aligned}y^{(n)}&=x^2(\sin x)^{(100)}+100(x)'(\sin x)^{(99)}+\frac{100\times99}{2!}(x)''(\sin x)^{(98)}\\&=x^2\sin\left(x+100\times\frac{\pi}{2}\right)+200x\sin\left(x+99\times\frac{\pi}{2}\right)+100\times99\sin\left(x+98\times\frac{\pi}{2}\right)\\&=x^2\sin x-200x\cos x-9900\sin x.\end{aligned}$$

例 3.3.8 已知 Legendre 多项式为

$$P_n(x)=\frac{1}{2^nn!}\frac{d^n}{dx^n}(x^2-1)^n,$$

求 $P_n(1)$，$P_n(-1)$.

解:因为

$$(x^2-1)^n=(x-1)^n(x+1)^n,$$

所以

$$\begin{aligned}2^nn!P_n(x)&=[(x-1)^n(x+1)^n]^{(n)}\\&=[(x-1)^n]^{(n)}(x+1)^n+C_n^1[(x-1)^n]^{(n-1)}[(x+1)^n]'+\cdots+(x-1)^n[(x+1)^n]^{(n)}.\end{aligned}$$

当 $x=1$ 时，$[(x-1)^n]^{(n)}=0(k=0,1,\cdots,n-1)$ 以及 $[(x-1)^n]^{(n)}=n!$，所以

$$2^nn!P_n(1)=n!(1+1)^n=2^nn!,$$

即

$$P_n(1)=1,$$

同理可得

$$P_n(-1)=(-1)^n.$$

3.4 隐函数及由参数方程确定的函数导数

3.4.1 隐函数的求导法则

之前讨论的求导法则适用于因变量 y 与自变量 x 之间的函数关系是显函数 $y=f(x)$ 的形式．但有时变量 y 与 x 之间的函数关系是以隐函数 $F(x,y)=0$ 的形式出现的，那么这样的隐函数怎样求导呢？

第一种方法是从方程 $F(x,y)=0$ 中解出 y，写成形如 $y=f(x)$ 的显函数再求导；当不易从方程 $F(x,y)=0$ 中解出 $y=f(x)$ 时，假设由方程 $F(x,y)=0$ 所确定的函数为 $y=f(x)$，那么把它代回方程 $F(x,y)=0$ 中，得到

$$F(x,f(x))=0,$$

利用复合函数求导法则，在 $F(x,f(x))=0$ 两边同时对自变量 x 求导可得

$$[F(x,y)]'=0,$$

最后求解出 y'，即为隐函数的导数 $y'=f'(x)$.

例 3.4.1 求由方程 $x^2+y^2=2x$ 确定的函数的导数．

解：在方程两边同时对 x 求导可得

$$2x+2yy'=2,$$

解得

$$y'=\frac{1-x}{y}.$$

例 3.4.2 求由方程 $e^y+xy-e^x=0$ 确定的函数的导数．

解：在方程两边同时对 x 求导可得

$$e^y y'+y+xy'-e^x=0,$$

解得

$$y'=\frac{e^y-y}{x+e^y}.$$

例 3.4.3 求曲线 $xy+\ln y=1$ 在点 $M(1,1)$ 处的切线方程．

解：先求由 $xy+\ln y=1$ 确定的隐函数的导数．

在方程两边同时对 x 求导可得

$$y+xy'+\frac{1}{y}y'=0,$$

解得

$$y'=\frac{-y}{x+\dfrac{1}{y}}=-\frac{y^2}{xy+1}.$$

在点 $M(1,1)$ 处有

$$k=y'\Big|_{\substack{x=1\\y=1}}=-\frac{1}{2},$$

那么在点 $M(1,1)$ 处的切线方程是

$$y-1=-\frac{1}{2}(x-1),$$

即

$$x+2y-3=0.$$

例 3.4.4 试证曲线 $x^2+2y^2=8$ 与曲线 $x^2=2\sqrt{2}y$ 在点 $(2,\sqrt{2})$ 处垂直相交.

解:易知点 $(2,\sqrt{2})$ 是两曲线的交点,所以只需证两条曲线在该点的切线斜率互为负倒数.

在 $x^2+2y^2=8$ 两边对 x 求导得

$$2x+4yy'=0,$$

所以

$$y'|_{(2,\sqrt{2})}=-\frac{1}{\sqrt{2}}.$$

再在 $x^2=2\sqrt{2}y$ 两边对 x 求导得

$$2x=2\sqrt{2}y',$$

此时

$$y'|_{x=2}=\sqrt{2},$$

得证.

3.4.2 对数求导法

在有些情况下,即使是显函数,通过取对数化为隐函数求导反而更方便,尤其是对于幂指函数和乘积形式的函数的求导.

根据隐函数求导法,先在函数 $y=f(x)$ 两边取对数,然后等式两边在同时对自变量 x 求导,最终解求其导数 y',这种方法称为对数求导法.

例 3.4.5 求函数 $y=x^{\sin x}(x>0)$ 的导数.

解:在等式两边取对数可得

$$\ln y=\sin x\ln x,$$

在上式两边对 x 求导可得

$$\frac{1}{y}y'=\cos x\ln x+\frac{1}{x}\sin x,$$

解得

$$y'=x^{\sin x}\left(\cos x\ln x+\frac{1}{x}\sin x\right).$$

例 3.4.6 设函数 $y=(x+1)^x(x>-1)$,求 y'.

解:在等式两边取对数可得

$$\ln y=\ln(x+1)^x=x\ln(x+1),$$

在上式两边对 x 求导可得

$$\frac{y'}{y}=\ln(x+1)+\frac{x}{x+1},$$

解得

$$y' = (x+1)^x\left[\ln(x+1)+\frac{x}{x+1}\right].$$

例 3.4.7　求函数 $y=\sqrt[3]{\dfrac{(x+1)^2}{(x-1)(x+2)}}$ 的导数.

解:在等式两边取对数可得

$$\ln y = \frac{1}{3}[2\ln(x+1)-\ln(x-1)-\ln(x+2)],$$

在上式两边对 x 求导可得

$$\frac{1}{y}y' = \frac{1}{3}\left[\frac{2(x+1)'}{x+1}-\frac{(x-1)'}{x-1}-\frac{(x+2)'}{x+2}\right]=\frac{1}{3}\left(\frac{2}{x+1}-\frac{1}{x-1}-\frac{1}{x+2}\right),$$

解得

$$y' = \frac{1}{3}\sqrt[3]{\frac{(x+1)^2}{(x-1)(x+1)}}\left(\frac{2}{x+1}-\frac{1}{x-1}-\frac{1}{x+2}\right).$$

例 3.4.8　求函数 $y=\dfrac{(x+1)^3\sqrt{x-1}}{(x+4)^2\mathrm{e}^x}(x>1)$ 的导数.

解:在等式两边取对数可得

$$\ln y = \ln(x+1)+\frac{1}{3}\ln(x-1)-2\ln(x+4)-x,$$

在上式两边对 x 求导可得

$$\frac{y'}{y}=\frac{1}{x+1}+\frac{1}{3(x-1)}-\frac{2}{x+4}-1,$$

解得

$$y' = \frac{(x+1)^3\sqrt{x-1}}{(x+4)^2\mathrm{e}^x}\left[\frac{1}{x+1}+\frac{1}{3(x-1)}-\frac{2}{x+4}-1\right].$$

例 3.4.9　求函数 $y=\dfrac{(2x-1)(x-2)^{\frac{1}{3}}}{(x-3)(x-4)}$ 的导数.

解:在等式两边取绝对值再取对数可得

$$\ln|y| = \ln|2x-1|+\frac{1}{3}\ln|x-2|-\ln|x-3|-\ln|x-4|,$$

其中,$x\neq\dfrac{1}{2},2,3,4$. 在上式两边对 x 求导可得

$$\frac{y'}{y}=\frac{2}{2x-1}+\frac{1}{3(x-2)}-\frac{1}{x-3}-\frac{1}{x-4},$$

解得

$$y' = y\left[\frac{2}{2x-1}+\frac{1}{3(x-2)}-\frac{1}{x-3}-\frac{1}{x-4}\right],$$

其中,$y=\dfrac{(2x-1)(x-2)^{\frac{1}{3}}}{(x-3)(x-4)}$ 且 $x\neq\dfrac{1}{2},2,3,4$.

还要对 $x=\dfrac{1}{2},2,3,4$ 分别讨论.

当 $x=3,4$ 时,函数没有定义,连续都保证不了,也不可导.

当 $x=\frac{1}{2}$ 时，

$$y'\left(\frac{1}{2}\right)=\lim_{x\to\frac{1}{2}}\frac{f(x)-f\left(\frac{1}{2}\right)}{x-\frac{1}{2}}=\lim_{x\to\frac{1}{2}}\frac{2(x-2)^{\frac{1}{3}}}{(x-3)(x-4)}=-\frac{8}{35}\left(\frac{3}{2}\right)^{\frac{1}{3}}.$$

当 $x=2$ 时，因为

$$\lim_{x\to2}\frac{f(x)-f(2)}{x-2}=\lim_{x\to2}\frac{(2x-1)(x-2)^{-\frac{2}{3}}}{(x-3)(x-4)}=\infty,$$

所以 $y'(2)$ 不存在．

3.4.3　由参数方程确定的函数的导数

设变量 x 与 y 之间的函数关系由参数方程

$$\begin{cases}x=\varphi(t)\\y=\varphi(t)\end{cases}\tag{3-4-1}$$

确定，在实际问题中，有时需要求参数方程所确定的函数的导数，但从方程中消去参数 t 是很困难的，所以要找一种直接由参数方程来求导数的方法，本节就来研究这个问题．

在参数方程(3-4-1)中，如果 $\varphi(t)$，$\varphi(t)$ 都是 t 的可导函数，$x=\varphi(t)$ 严格单调连续，且 $\varphi'(t)\neq0$，那么 $x=\varphi(t)$ 的反函数 $t=\varphi^{-1}(x)$ 存在，所以参数方程确定的函数可以看成是 $t=\varphi^{-1}(x)$，$y=\varphi(t)$ 复合而成的复合函数 $y=\varphi(\varphi^{-1}(x))$．根据复合函数和反函数的求导法则有

$$\frac{\mathrm{d}y}{\mathrm{d}x}=\frac{\mathrm{d}y}{\mathrm{d}t}\frac{\mathrm{d}t}{\mathrm{d}x}=\frac{\mathrm{d}y}{\mathrm{d}t}\frac{1}{\frac{\mathrm{d}x}{\mathrm{d}t}}=\varphi'(t)\frac{1}{\varphi'(t)}=\frac{\varphi'(t)}{\varphi'(t)}.$$

例 3.4.10　求由参数方程 $\begin{cases}x=\arctan t\\y=\ln(1+t^2)\end{cases}$ 表示的函数的导数．

解：

$$\frac{\mathrm{d}y}{\mathrm{d}x}=\frac{\mathrm{d}y}{\mathrm{d}t}\frac{\mathrm{d}t}{\mathrm{d}x}=\frac{\mathrm{d}y}{\mathrm{d}t}\frac{1}{\frac{\mathrm{d}x}{\mathrm{d}t}}=\frac{\frac{2t}{1+t^2}}{\frac{1}{1+t^2}}=2t.$$

例 3.4.11　已知摆线的参数方程是

$$\begin{cases}x=a(t-\sin t)\\y=a(1-\cos t)\end{cases}(0\leqslant t\leqslant2\pi),$$

求：(1) 摆线在任何点的切线的斜率；

(2) 在 $t=\frac{\pi}{3}$ 处的切线方程．

解：(1) 摆线在任何点的切线的斜率是

$$\frac{\mathrm{d}y}{\mathrm{d}x}=\frac{\mathrm{d}y}{\mathrm{d}t}\frac{\mathrm{d}t}{\mathrm{d}x}=\frac{a\sin t}{a(1-\cos t)}=\frac{\sin t}{1-\cos t}.$$

(2) 当 $t=\frac{\pi}{3}$ 时，摆线上对应的点是 $\left(a\left(\frac{\pi}{3}-\frac{\sqrt{3}}{2}\right),\frac{1}{2}a\right)$，在此点的斜率是

$$\frac{\mathrm{d}y}{\mathrm{d}x}\Big|_{t=\frac{\pi}{3}}=\frac{\sin t}{1-\cos t}\Big|_{t=\frac{\pi}{3}}=\sqrt{3},$$

那么切线的方程是

$$y-\frac{1}{2}a=\sqrt{3}\left[x-a\left(\frac{\pi}{3}-\frac{\sqrt{3}}{2}\right)\right],$$

即

$$3x-\sqrt{3}y+(2\sqrt{3}-\pi)a=0.$$

例 3.4.12　已知星形线的参数方程是

$$\begin{cases}x=a\cos^3 t\\ y=a\sin^3 t\end{cases},$$

证明:其上任一点(坐标轴上的点除外)处的切线被坐标轴所截得的线段的长度等于常数.

证明:因为

$$\frac{\mathrm{d}y}{\mathrm{d}x}=\frac{y'(t)}{x'(t)}=\frac{3a\sin^2 t\cos t}{3a\cos^2 t(-\sin t)}=-\tan t\quad\left(t\neq\frac{k\pi}{2}\right),$$

那么星形线上对应于参数 t 的切线方程是

$$y-a\sin^3 t=-\tan t(x-a\cos^3 t),$$

令 $y=0$ 可得切线在 x 轴上的截距是

$$x_0(t)=a\cos^3 t+a\sin^2 t\cos t=a\cos t,$$

令 $x=0$ 可得切线在 y 轴上的截距是

$$y_0(t)=a\sin^3 t+a\cos^2 t\sin t=a\sin t,$$

所以切线被坐标轴所截得的线段长度为

$$l(t)=\sqrt{x_0^2(t)+y_0^2(t)}=a,$$

a 是常数,得证.

3.4.4　隐函数和由参数方程确定的函数的高阶导数

对于隐函数,求它的高阶导数依然主要是依据复合函数的求导法则.

对于参数方程

$$\begin{cases}x=\varphi(t)\\ y=\varphi(t)\end{cases},$$

如果导数存在,则它的一阶导数为

$$y'_x=\frac{y'_t}{x'_t}=\frac{\varphi'(t)}{\varphi'(t)},$$

仍然是参数 t 的函数.它与 $x=\varphi(t)$ 构成一阶导数的参数形式

$$\begin{cases}x=\varphi(t)\\ y'_x=\dfrac{\varphi'(t)}{\varphi'(t)}\end{cases},$$

如果求二阶导数,需要用参数方程求导法求导

$$y''_{xx}=\frac{(y'_x)'_t}{x'_t}=\frac{\left[\dfrac{\varphi'(t)}{\varphi'(t)}\right]'}{\varphi'(t)}.$$

下面举例说明这两种函数的高阶导数的求法.

例 3.4.13 求由方程 $y=\sin(x+y)$ 确定的隐函数的二阶导数.

解:在方程两边对 x 求导可得

$$y'=\cos(x+y)(1+y'),$$

解得

$$y'=\frac{\cos(x+y)}{1-\cos(x+y)},$$

再在两边对 x 求导可得

$$\begin{aligned}\frac{\mathrm{d}^2y}{\mathrm{d}x^2}&=\frac{\mathrm{d}}{\mathrm{d}x}\left(\frac{1}{1-\cos(x+y)}-1\right)\\&=\frac{-[1-\cos(x+y)]'}{[1-\cos(x+y)]^2}=\frac{-(1+y')\sin(x+y)}{[1-\cos(x+y)]^2}\\&=\frac{-\left[1+\dfrac{\cos(x+y)}{1-\cos(x+y)}\right]\sin(x+y)}{[1-\cos(x+y)]^2}\\&=-\frac{\sin(x+y)}{[1-\cos(x+y)]^3}.\end{aligned}$$

例 3.4.14 已知 $x^2+xy+y^2=4$,求 y''.

解:在方程两边对 x 求导可得

$$2x+y+xy'+2yy'=0, \tag{3-4-2}$$

解得

$$y'=-\frac{2x+y}{x+2y}.$$

在式(3-4-2)两边再对 x 求导可得

$$2+y'+y'+xy''+2(y')^2+2yy''=0,$$

解得

$$y''=-\frac{2+2y'+2(y')^2}{x+2y}.$$

把 $y'=-\dfrac{2x+y}{x+2y}$ 代入可得

$$y''=-\frac{6(x^2+xy+y^2)}{(x+2y)^3}=-\frac{24}{(x+2y)^3}.$$

例 3.4.15 求由参数方程

$$\begin{cases}x=a(t-\sin t)\\y=a(1-\cos t)\end{cases}$$

确定的函数的二阶导数.

解:

$$y'_x=\frac{y'_t}{x'_t}=\frac{a\sin t}{a(1-\cos t)}=\cos\frac{t}{2},$$

$$y''_{xx}=\frac{(y'_x)'_t}{x'_t}=\frac{\cos\dfrac{t}{2}}{a(t-\sin t)'}=-\frac{1}{2}\csc^2\frac{t}{2}\times\frac{1}{a(1-\cos t)}=-\frac{1}{4a}\csc^4\frac{t}{2}.$$

3.5　函数的微分及其应用

3.5.1　微分的概念

在很多实际问题中,需要计算当自变量微小变化时函数的增量.当函数较为复杂时,Δy 的精确计算则会十分麻烦,因此需要寻求函数增量近似值的方法.从而,引出微分这一重要概念.首先从一个具体的实例进行分析.

例 3.5.1　物体在自由落体运动中,时间 t 与物体下落高度 h 的函数关系是

$$h(t)=\frac{1}{2}gt^2\quad t\in[0,T],$$

其中,g 是重力加速度,求落体从 t_0 时刻到 $t_0+\Delta t$ 时刻的改变量 Δh 的近似值.

解:因为

$$h(t_0)=\frac{1}{2}gt_0^2,$$

$$h(t_0+\Delta t)=\frac{1}{2}g(t_0+\Delta t)^2=\frac{1}{2}gt_0^2+gt_0\Delta t+\frac{1}{2}g\Delta t^2,$$

所以

$$\Delta h=h(t_0+\Delta t)-h(t_0)=gt_0\Delta t+\frac{1}{2}g\Delta t^2.$$

上式是物体由 t_0 时刻到 $t_0+\Delta t$ 时刻高度的增量 Δh 的表达式.易知 Δh 由两部分组成,第一部分 $gt_0\Delta t$ 是 Δt 的线性函数,第二部分 $\frac{1}{2}g\Delta t^2$ 是当 $\Delta t\to 0$ 时关于 Δt 的高阶无穷小,即

$$\Delta h=gt_0\Delta t+o(\Delta t)\quad(\Delta t\to 0).$$

当 $|\Delta t|$ 充分小时,$o(\Delta t)$ 可以忽略不计,那么 Δh 的近似值为

$$\Delta h\approx gt_0\Delta t,$$

所以用 Δt 的线性函数 $gt_0\Delta t$ 近似代替 Δh 所产生的误差是

$$\Delta h-gt_0\Delta t=o(\Delta t).$$

将此问题抽象化,就可以得到微分的定义.

定义 3.5.1　设函数 $y=f(x)$ 在 x_0 的邻域内有定义,如果函数在点 x_0 处的增量 $\Delta y=f(x_0+\Delta x)-f(x_0)$ 可表示为

$$\Delta y=A\Delta x+o(\Delta x),$$

其中,A 为与 Δx 无关的常数,那么称函数 $y=f(x)$ 在 x_0 处可微,把 $A\Delta x$ 称为函数 $y=f(x)$ 在点 x_0 处的微分,记为

$$\mathrm{d}f(x)\big|_{x=x_0}\text{或者 }\mathrm{d}y\big|_{x=x_0},$$

则

$$\mathrm{d}f(x)\big|_{x=x_0}=\mathrm{d}y\big|_{x=x_0}=A\Delta x.$$

显然,当 $|\Delta x|$ 充分小时,有

$$\Delta y=\mathrm{d}y\big|_{x=x_0}.$$

根据微积分的定义可知，函数 $y=f(x)$ 在 x_0 的微分首先是 Δx 的线性函数，其次它与 Δy 的差是 Δx 的高阶无穷小.

例 3.5.2 求函数 $y=x^2$ 在 $x=1$ 和 $x=3$ 处的微分.

解：函数 $y=x^2$ 在 $x=1$ 处的微分为

$$\mathrm{d}y=(x^2)'\big|_{x=1}\Delta x=2\Delta x.$$

函数在 $x=3$ 处的微分为

$$\mathrm{d}y=(x^2)'\big|_{x=3}\Delta x=6\Delta x.$$

例 3.5.3 求函数 $y=\ln(1+x)$ 在 $x=1$、$\Delta x=0.02$ 时的微分.

解：$\mathrm{d}y\Big|_{\substack{x=1\\ \Delta x=0.02}}=(\ln(1+x))'\big|_{x=1}\times 0.02=\dfrac{1}{1+x}\Big|_{x=1}\times 0.02=0.01.$

例 3.5.4 求函数 $y=\sin x$ 在点 $x=0$ 和 $x=\dfrac{\pi}{2}$ 的微分.

解：函数 $y=\sin x$ 在点 $x=0$ 处的微分为

$$\mathrm{d}y\big|_{x=0}=(\sin x)'\big|_{x=0}\Delta x=\Delta x.$$

函数在 $x=\dfrac{\pi}{2}$ 处的微分为

$$\mathrm{d}y\big|_{x=\frac{\pi}{2}}=(\sin x)'\big|_{x=\frac{\pi}{2}}\Delta x=0.$$

3.5.2 函数可微的条件

设函数 $y=f(x)$ 在 x_0 可微，则有 $\Delta y=A\cdot\Delta x+o(\Delta x)$，等式两边同除以 Δx，可得

$$\frac{\Delta y}{\Delta x}=\frac{A\cdot\Delta x+o(\Delta x)}{\Delta x}=A+\frac{o(\Delta x)}{\Delta x},$$

当 $\Delta x\to 0$ 时，可得

$$A=\lim_{\Delta x\to 0}\frac{\Delta y}{\Delta x}=f'(x_0),$$

即函数 $y=f(x)$ 在点 x_0 处可导，且 $A=f'(x_0)$.

反之，如果函数 $y=f(x)$ 在点 x_0 处可导，则有 $\lim\limits_{\Delta x\to 0}\dfrac{\Delta y}{\Delta x}=f'(x_0)$，根据极限与无穷小的关系，可得 $\dfrac{\Delta y}{\Delta x}=f'(x_0)+\alpha$，其中 $\alpha\to 0(\Delta x\to 0)$，那么由此可得 $\Delta y=f'(x_0)\Delta x+\alpha\Delta x$. 因为其中 $\alpha\Delta x=o(\Delta x)$，并且 $f'(x_0)$ 不依赖 Δx，那么由微分的定义可知，函数 $y=f(x)$ 在点 x_0 处可微.

由以上结论可得到：

定理 3.5.1 函数 $y=f(x)$ 在点 x_0 处可微的充分必要条件是函数它在点 x_0 处可导. 此时 $A=f'(x_0)$，且

$$\mathrm{d}y\big|_{x=x_0}=f'(x_0)\Delta x.$$

证明：充分性. 对应于点 x_0 处的改变量 Δx，有改变量 Δy. 如果函数 $y=f(x)$ 在点 x_0 处可导，那么有 $\lim\limits_{\Delta x\to 0}\dfrac{\Delta y}{\Delta x}=f'(x_0)$，根据极限与无穷小的关系可得

$$\frac{\Delta y}{\Delta x}=f'(x_0)+\alpha\quad(\lim_{\Delta x\to 0}\alpha=0),$$

则有

$$\Delta y = f'(x_0)\Delta x + \alpha\Delta x,$$

上式中，$f'(x_0)\Delta x$ 是 Δx 的线性函数，且 $\lim\limits_{\Delta x \to 0}\dfrac{\alpha\Delta x}{\Delta x} = 0$，所以 $\alpha\Delta x$ 是 Δx 的高阶无穷小，由微分定义可知，函数 $y = f(x)$ 在点 x_0 处可微．

必要性．若函数 $y = f(x)$ 在点 x_0 处可微，那么 Δy 可以表示成为

$$\Delta y = A\Delta x + o(\Delta x) \quad \left(\lim_{\Delta x \to 0}\frac{o(\Delta x)}{\Delta x} = 0\right),$$

则

$$\frac{\Delta y}{\Delta x} = A + \frac{o(\Delta x)}{\Delta x},$$

即

$$\lim_{\Delta x \to 0}\frac{\Delta y}{\Delta x} = \lim_{\Delta x \to 0}\left(A + \frac{o(\Delta x)}{\Delta x}\right) = A,$$

所以函数 $y = f(x)$ 在点 x_0 处可导，得证．

3.5.3　微分的几何意义

如图 3-5-1 所示，在直角坐标系中，函数 $y = f(x)$ 的图像是一条曲线，点 $M(x_0, y_0)$ 是曲线 $y = f(x)$ 上的一点，当自变量 x 在点 x_0 处取得改变量 Δx 时，可得到曲线上另一个点 $N(x_0 + \Delta x, y_0 + \Delta y)$，由图可知

$$MQ = \Delta x, QN = \Delta y,$$

过点 M 做曲线的切线 MT，它的倾角为 α，则有

$$QP = MQ\tan\alpha = \Delta x f'(x_0),$$

即

$$\mathrm{d}y = QP = f'(x_0)\mathrm{d}x,$$

从而可知，当 Δy 是曲线 $y = f(x)$ 上点的纵坐标的增量时，那么 $\mathrm{d}y$ 就是曲线切线上点纵坐标的增量．这就是函数微分的几何意义．

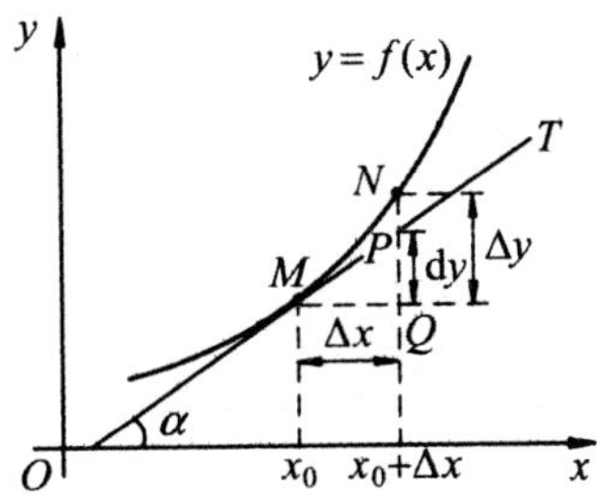

图 3-5-1

3.5.4　微分的运算法则

由微分和导数的关系 $\mathrm{d}y = f(x)'\mathrm{d}x$ 可知，计算微分可以归结为计算导数 $f(x)'$，所以根据导数的基本公式和运算法则可得到微分的基本公式和运算法则．

1. 基本初等函数的微分公式

(1)$d(C)=0$(C为常数);

(2)$d(x^{\alpha})=\alpha x^{\alpha-1}dx$;

(3)$d(a^{x})=a^{x}\ln a dx$;

(4)$d(e^{x})=e^{x}dx$;

(5)$d(\log_a x)=\frac{1}{x\ln a}dx$;

(6)$d(\ln x)=\frac{1}{x}dx$;

(7)$d(\sin x)=\cos x dx$;

(8)$d(\cos x)=-\sin x dx$;

(9)$d(\tan x)=\sec^2 x dx$;

(10)$d(\cot x)=-\csc^2 x dx$;

(11)$d(\sec x)=\sec x\tan x dx$;

(12)$d(\csc x)=-\csc x\cot x dx$;

(13)$d(\arcsin x)=\frac{1}{\sqrt{1-x^2}}dx$;

(14)$d(\arccos x)=-\frac{1}{\sqrt{1-x^2}}dx$;

(15)$d(\arctan x)=\frac{1}{1+x^2}dx$;

(16)$d(\text{arccot} x)=-\frac{1}{1+x^2}dx$.

2. 微分的四则运算法则

定理 3.5.2 设函数 $u(x),v(x)$ 都可微,则它们的四则运算也可微,且满足下面的法则.

(1)$d(Cu)=Cdu$(C为常数).

(2)$d(u\pm v)=du\pm dv$.

(3)$d(uv)=udv+vdu$.

(4)$d\left(\frac{u}{v}\right)=\frac{vdu-udv}{v^2}(v\neq 0)$.

证明:(3)$d(uv)=(uv)'dx=(uv'+u'v)dx=uv'dx+u'vdx=udv+vdu$,(3)得证.

这里以(3)的证明为例,其余类似,剩下的留给读者自己证明.

例 3.5.5 求函数 $y=e^{-2x}\cos 3x$ 的微分.

解:
$$\begin{aligned}dy&=d(e^{-2x}\cos 3x)\\&=e^{-2x}d(\cos 3x)+\cos 3x d(e^{-2x})\\&=e^{-2x}(-\sin 3x)d3x+\cos 3x\cdot e^{-2x}d(-2x)\\&=-3e^{-2x}\sin 3x dx-2e^{-2x}\cos 3x dx\\&=-e^{-2x}(3\sin 3x+2\cos 3x)dx.\end{aligned}$$

3. 复合函数的微分

设函数 $y=f(u),u=g(x)$ 都可微,则复合函数 $y=f[g(x)]$可微,而且

$$dy = y'_x dx = f'(u)g'(x)dx.$$

由于 $du = g'(x)dx$，因此 $dy = f'(u)g'(x)dx = f'(u)du$，即对于函数 $y = f(u)$，不管 u 是自变量还是中间变量，微分形式 $dy = f'(u)du$ 保持不变，此性质称为微分的形式不变性．

例 3.5.6　设 $y = \cos\sqrt{x}$，求 dy.

解：(1) 利用公式 $dy = f'(x)dx$ 可得

$$dy = (\cos\sqrt{x})'dx = -\frac{1}{2\sqrt{x}}\sin\sqrt{x}\,dx.$$

(2) 利用一阶微分形式的不变性可得

$$\begin{aligned} dy &= d(\cos\sqrt{x}) \\ &= -\sin\sqrt{x}\,d\sqrt{x} \\ &= -\sin\sqrt{x}\,\frac{1}{2\sqrt{x}}dx \\ &= -\frac{1}{2\sqrt{x}}\sin\sqrt{x}\,dx. \end{aligned}$$

例 3.5.7　设 $y = (2x^2 - 1)^3$，求 dy.

解：

$$dy = d(2x^2-1)^3 = 3(2x^2-1)^2 d(2x^2-1) = 3(2x^2-1)^2 4x dx = 12x(2x^2-1)^2 dx.$$

例 3.5.8　设 $y = \sin(2x+1)$，求 dy.

解：设 $y = \sin u$，$u = 2x+1$，则

$$dy = d(\sin u) = \cos u du = \cos(2x+1)d(2x+1) = \cos(2x+1)\times 2dx = 2\cos(2x+1)dx.$$

例 3.5.9　求下列函数的微分．

(1)$\arctan\sqrt{x}$.

(2) $\dfrac{\tan x}{1+e^x}$.

解：(1) 设 $y = \arctan\sqrt{x}$，$u = \sqrt{x}$，则 $y = \arctan u$，因此

$$\begin{aligned} dy = d(\arctan u) &= \frac{1}{1+u^2}du = \frac{1}{1+x}d\sqrt{x} \\ &= \frac{1}{1+x}\cdot\frac{1}{2\sqrt{x}}dx \\ &= \frac{1}{2(1+x)\sqrt{x}}dx. \end{aligned}$$

(2)

$$\begin{aligned} d\left(\frac{\tan x}{1+e^x}\right) &= \frac{(1+e^x)d\tan x - \tan x d(1+e^x)}{(1+e^x)^2} \\ &= \frac{(1+e^x)\sec^2 x - e^x\tan x}{(1+e^x)^2}dx. \end{aligned}$$

例 3.5.10 求由方程 $x^2+2xy-y^2=a^2$ 所确定的隐函数 $y=f(x)$ 的导数$\frac{\mathrm{d}y}{\mathrm{d}x}$.

解:在方程两边求微分可得

$$2x\mathrm{d}x+2(y\mathrm{d}x+x\mathrm{d}y)-2y\mathrm{d}y=0,$$

即

$$(x+y)\mathrm{d}x=(y-x)\mathrm{d}y,$$

则

$$\mathrm{d}y=\frac{x+y}{y-x}\mathrm{d}x,$$

所以

$$\frac{\mathrm{d}y}{\mathrm{d}x}=\frac{x+y}{y-x}.$$

3.5.5 微分在近似计算和误差估计中的应用

1. 微分在近似计算中的应用

在工程、管理等方面的实际问题中,如果直接按给定的公式计算某个函数值往往是复杂而费劲的,但在满足一定条件或一定精度的要求下,可采用简便的近似计算去代替复杂的计算．下面介绍利用一阶微分求函数近似值的方法．

当函数 $y=f(x)$ 在 x_0 处可微时,根据前面内容可知,函数的微分 $\mathrm{d}y=f'(x)\Delta x$ 是函数的改变量 $\Delta y=f(x_0+\Delta x)-f(x_0)$ 的主部,从而可知当 $|\Delta x|$ 充分小时,$\Delta y\approx\mathrm{d}y$,即有近似公式

$$f(x_0+\Delta x)-f(x_0)\approx f'(x_0)\Delta x$$

或

$$f(x_0+\Delta x)\approx f(x_0)+f'(x_0)\Delta x. \tag{3-5-1}$$

如果在式(3-5-1)中取 $x_0=0$,令 $x=\Delta x$,当 $|x|$ 充分小时,有

$$f(x)\approx f(0)+f'(0)x. \tag{3-5-2}$$

利用式(3-5-2)可推出一系列近似公式,即当 $|x|$ 充分小时,有

$$\sin x\approx x,\tan x\approx x,\ln(1+x)\approx x,$$

$$\mathrm{e}^x\approx 1+x,(1+x)^n\approx 1+nx,(1+x)^{\frac{1}{n}}\approx 1+\frac{x}{n}.$$

例 3.5.11 计算 $\sin 46^\circ$ 的近似值．

解:可以利用微分计算 $\sin 46^\circ$ 的近似值,首先要找到 $f(x)$,x_0,Δx. 由于

$$46^\circ=\frac{\pi}{4}+\frac{\pi}{180},$$

那么令

$$f(x)=\sin x,x_0=\frac{\pi}{4},\Delta x=\frac{\pi}{180},$$

根据

$$f(x_0+\Delta x)\approx f(x_0)+f'(x_0)\Delta x$$

可得

$$\sin 46^\circ = \sin\left(\frac{\pi}{4}+\frac{\pi}{180}\right) \approx \sin\frac{\pi}{4}+\cos\frac{\pi}{4}\cdot\frac{\pi}{180}$$

$$= \frac{\sqrt{2}}{2}+\frac{\sqrt{2}}{2}\cdot\frac{\pi}{180} \approx 0.7.71(1+0.0175)$$

$$\approx 0.7194.$$

例 3.5.12 一种金属圆片，半径为 20cm；加热后半径增大了 0.05cm，则此圆的面积增大了多少？

解：圆面积公式为 $S=\pi r^2$（r 为半径）.

该题为求函数 S 的增量问题，$\Delta r = \mathrm{d}r = 0.05$，可认为是比较小的，因此可以用微分 $\mathrm{d}S$ 来近似代替 ΔS.

$$\Delta S \approx \mathrm{d}S = (\pi r^2)'\big|_{r=20}\mathrm{d}r$$

$$= 2\pi r\big|_{r=20}\cdot\Delta r$$

$$= 2\pi\times 20\times 0.05 = 2\pi(\mathrm{cm}^2),$$

所以当半径增大 0.05cm 时，圆面积增大 $2\pi\mathrm{cm}^2$.

例 3.5.13 有一批半径为 1cm 的球，为了提高球面的光洁度，因此镀上一层铜，其厚度定为 0.01cm. 计算下每只球需要用铜多少克（铜的密度为 $8.9\mathrm{g/cm^3}$）？

解：首先求出镀层的体积，再乘上密度便可得每只球需要铜的质量．

由于镀层的体积等丁两个球体体积之差，所以它就是球休休积

$$V=\frac{4}{3}\pi R^3,$$

当 R 自 R_0 取得增量 ΔR 时的增量 ΔV. 求 V 对 R 的导数

$$V'\big|_{R=R_0} = \left(\frac{4}{3}\pi R^3\right)'\bigg|_{R=R_0} = 4\pi R_0^2,$$

根据 $\Delta y = f(x_0+\Delta x)-f(x_0)\approx f'(x_0)\Delta x$ 可得

$$\Delta V \approx 4\pi R_0^2\Delta R.$$

将 $R_0=1, \Delta R=0.01$ 代入上式，可得

$$\Delta V = 4\times 3.14\times 1^2\times 0.01 \approx 0.13(\mathrm{cm}^3).$$

所以镀每只球需要的铜约为

$$0.13\times 8.9\approx 1.16(\mathrm{g}).$$

2. 微分在误差估计中的应用

在实际生产过程中，经常需要采集、测量各种数据．由于测量仪器的精度、测量手段和方法等因素的影响，测量数据会出现一定的误差，由此计算出的数据自然也存在误差．

设某个量的精确值为 x_0，近似值为 x，那么称 $|\Delta x|=|x-x_0|$ 为 x 的绝对误差；而绝对误差与 $|x|$ 的比值 $\frac{|\Delta x|}{|x|}$ 叫做 x 的相对误差．但在实际工作中，$|x-x_0|$ 的精确值实际上是无法知道的，但根据测量仪器的精度等因素，能确定误差在某个范围之内，即 $|x-x_0|\leqslant\delta$，则称 δ 为用 x 近似 x_0 的最大绝对误差，而 $\frac{\delta}{|x|}$ 称为用 x 近似 x_0 的最大相对误差．

现在讨论如何由测量数据 x 的误差估计计算数据 $f(x)$ 的误差的问题．设函数 $y=f(x)$ 在 x 处可导，当 $|x-x_0|\leqslant\delta$ 时，用 $f(x)$ 近似 $f(x_0)$ 的最大绝对误差是

$$|\Delta y| = |f(x) - f(x_0)| \approx |f'(x)||x - x_0| \leqslant |f'(x)|\delta;$$

最大相对误差是

$$\left|\frac{\Delta y}{y}\right| \approx \frac{|f'(x)|}{|f(x)|}|x - x_0| \leqslant \frac{|f'(x)|}{|f(x)|}\delta.$$

例 3.5.14 正方形边长为 $2.41 \pm 0.005\text{m}$，求其面积，并估计绝对误差和相对误差．

解：令正方形的边长为 x，面积为 y，那么

$$y = x^2,$$

当 $x = 2.41$ 时，把它代入 $y = x^2$ 可得

$$y = (2.41)^2 = 5.808.$$

因为边长为 x 的绝对误差

$$\delta_x = 0.005,$$

且

$$y'|_{x=2.41} = 2x|_{x=2.41} = 4.82,$$

所以面积的绝对误差

$$\delta_y = 4.82 \times 0.005 = 0.0241,$$

面积的相对误差为

$$\frac{\delta_y}{|y|} = \frac{0.241}{5.8.81} \approx 0.004.$$

例 3.5.15 测量球的半径 r，它的准确度应如何才能使由此计算的体积的相对误差不超过 1%.

解：球的体积为

$$V = \frac{4}{3}\pi r^3,$$

体积的相对误差是

$$\left|\frac{\Delta V}{V}\right| \approx \left|\frac{\mathrm{d}V}{V}\right| = \left|\frac{\frac{4\pi r^2 \Delta r}{3}}{4\pi r^3}\right| = \frac{3|\Delta r|}{r},$$

要使

$$\left|\frac{\Delta V}{V}\right| \leqslant 1\%,$$

就应该有

$$\frac{3|\Delta r|}{r} \leqslant 1\%,$$

即

$$\frac{|\Delta r|}{r} \leqslant 3\% \approx 0.33\%.$$

所以测量球的半径 r 的相对误差控制在 0.33% 以内，才能使由此计算的体积的相对误差不超过 1%.

3.6　导数在经济学中的应用

3.6.1　边际分析

1. 边际概念

在经济问题中，常常会使用变化率的概念，而变化率又分为平均变化率和瞬时变化率．平均变化率就是函数增量与自变量增量之比．例如常用到年产量的平均变化率、成本的平均变化率、利润的平均变化率等．而瞬时变化率就是函数对自变量的导数，即当自变量的增量趋于零时平均变化率的极限．如果函数 $y=f(x)$ 在 x_0 处可导，则在 $(x_0,x_0+\Delta x)$ 内的平均变化率为 $\frac{\Delta y}{\Delta x}$；在 x_0 处的瞬时变化率为

$$\lim_{\Delta x\to 0}\frac{f(x_0+\Delta x)-f(x_0)}{\Delta x}=f'(x_0),$$

此式表示 y 关于 x 在"边际上"x_0 处的变化率，即 x 从 $x=x_0$ 起作微小变化时 y 关于 x 的变化率．经济学中称达到 $x=x_0$ 前一个单位时 y 的变化为边际变化．

设在 $x=x_0$ 处，从 x_0 改变一个单位时，y 的增量 Δy 的准确值为 $\Delta y\Big|_{\substack{x=x_0\\ \Delta x=1}}$，当 x 改变的单位相对于 x_0 来说很小时，则由微分的应用知道，Δy 的近似值为

$$\Delta y\approx \mathrm{d}y=f'(x)\Delta x\Big|_{\substack{x=x_0\\ \Delta x=1}}=f'(x_0).$$

定义 3.6.1　设函数 $y=f(x)$ 在 x 处可导，则称导数 $f'(x)$ 为 $f(x)$ 的边际函数．即当 $x=x_0$ 时，x 改变一个单位，y 改变了 $f'(x_0)$ 个单位．

例 3.6.1　函数 $y=2x^2$，求 y 在 $x=5$ 的边际函数值．

解：因为 $y'=4x$，所以 $y'\big|_{x=5}=20$. 该值表明：当 $x=5$ 时，x 改变一个单位(增加或减少一个单位)，y 改变 20 个单位(增加或减少 20 个单位).

在经济学中，常用的边际函数有边际成本函数、边际收益函数、边际利润函数．

2. 边际成本

总成本函数 $C(Q)$ 的导数

$$C'(Q)=\lim_{\Delta Q\to 0}\frac{\Delta C}{\Delta Q}=\lim_{\Delta Q\to 0}\frac{C(Q+\Delta Q)-C(Q)}{\Delta Q}$$

称为边际成本．它近似地表示，当已经生产了 Q 单位产品时，再增加一个单位产品使总成本增加的数量．

一般来说，总成本 $C(Q)$ 等于固定成本 C_0 与可变成本 $C_1(Q)$ 之和，即

$$C(Q)=C_0+C_1(Q),$$

则边际成本为

$$C'(Q)=[C_0+C_1(Q)]'=C_1'(Q),$$

显然边际成本与固定成本无关．

例 3.6.2 设总成本函数

$$C_T = 0.001Q^3 - 0.3Q^2 + 40Q + 1000,$$

求边际成本函数和 $Q = 50$ 单位时的边际成本并解释后者的经济意义.

解:(1) 边际成本函数为

$$C_M = \frac{\mathrm{d}C_T}{Q} = 0.003Q^2 - 0.6Q + 40.$$

(2)$Q = 50$ 单位时的边际成本

$$C_M\big|_{Q=50} = (0.003Q^2 - 0.6Q + 40)\big|_{Q=50} = 17.5,$$

这表示生产第 50 个或第 51 个单位产品时所花费的成本为 17.5.

例 3.6.3 设某产品生产 Q 单位的总成本为 $C(Q) = 1100 + \frac{Q^2}{1200}$,求

(1) 生产 900 个单位时的总成本和平均成本;

(2) 生产 900 个单位到 1000 个单位时的总成本的平均变化率;

(3) 生产 900 个单位时的边际成本,并解释其经济意义.

解:(1) 生产 900 个单位时的总成本为

$$C(900) = 1100 + \frac{900^2}{1200} = 1775,$$

平均成本

$$\overline{C}(900) = \frac{C(900)}{900} \approx 1.97.$$

(2) 生产 900 个单位到 1000 个单位时的总成本的平均变化率为

$$\frac{\Delta C(Q)}{\Delta Q} = \frac{C(1000) - C(900)}{1000 - 900} = \frac{1933 - 1775}{100} = 1.58.$$

(3) 边际成本函数

$$C'(Q) = \frac{2Q}{1200} = \frac{Q}{600},$$

当 Q 时的边际成本为

$$C'(900) = 1.5$$

它表示当产量为 900 个单位时,再增产(或减产) 一个单位,需增加(或减少) 成本 1.5 个单位.

例 3.6.4 已知某商品的成本函数为

$$C(Q) = 100 + \frac{Q^2}{4},$$

求产量 Q 为多少时,平均成本最小?

解:平均成本为

$$C(Q) = \frac{100}{Q} + \frac{Q}{4},$$

$$\overline{C}'(Q) = -\frac{100}{Q^2} + \frac{1}{4},$$

$$\overline{C}''(Q) = \frac{200}{Q^3}.$$

令 $\overline{C}'(Q) = 0$,得 $Q = 20$ (负值舍去),又 $\overline{C}''(20) > 0$,所以 $Q = 20$ 时,平均成本最小.

3. 边际收益

边际总收益函数 $R(Q)$ 的导数

$$R'(Q)=\lim_{\Delta Q\to 0}\frac{\Delta R}{\Delta Q}=\lim_{\Delta Q\to 0}\frac{R(Q+\Delta Q)-R(Q)}{\Delta Q}$$

称为边际收益函数.

边际收益函数的经济意义是,假定已经销售了 Q 单位产品,再销售一个单位产品所增加的收益.

设 P 为价格,且 P 也是销售量 Q 的函数,即 $P=P(Q)$,因此

$$R(Q)=Q\cdot P(Q),$$

则边际收益为

$$R'(Q)=P(Q)+QP'(Q).$$

例 3.6.5　设某产品的需求函数为

$$P=20-\frac{Q}{5},$$

其中 P 为价格,Q 为销售量.求销售量为 15 个单位时的总收益、平均收益与边际收益.并求当销售量从 15 个单位增加到 20 个单位时收益的平均变化率.

解:设总收益为 R_T,则

$$R_I - QP - 20Q-\frac{Q^2}{5},$$

故销售量为 15 个单位时,有

总收益:

$$R_T\Big|_{Q=15}=\left(20Q-\frac{Q^2}{5}\right)\Big|_{Q=15}=255,$$

平均收益:

$$R_A\Big|_{Q=15}=\frac{R_T}{Q}\Big|_{Q=15}=P(Q)\Big|_{Q=15}=17,$$

边际收益:

$$R_M\Big|_{Q=15}=\frac{\mathrm{d}R_T}{\mathrm{d}Q}\Big|_{Q=15}=\left(20-\frac{Q}{5}\right)\Big|_{Q=15}=14.$$

当销售量从 15 个单位增加到 20 个单位时收益的平均变化率为

$$\frac{\Delta R}{\Delta Q}=\frac{R_T(20)-R_T(15)}{20-15}=\frac{320-255}{5}=13.$$

4. 边际利润

总利润 $L(Q)$ 的导数

$$L'(Q)=\lim_{\Delta Q\to 0}\frac{\Delta L}{\Delta Q}=\lim_{\Delta Q\to 0}\frac{L(Q+\Delta Q)-L(Q)}{\Delta Q}$$

称为边际利润函数.

边际利润函数的经济意义是,若已经产生了 Q 单位产品,再生产一个单位产品所改变的总利润.

总利润函数 $L(Q)=R(Q)-C(Q)$,则边际利润为

$$L'(Q)=R'(Q)-C'(Q),$$

且当 $R'(Q)\begin{cases} > C'(Q) \\ = C'(Q) \\ < C'(Q) \end{cases}$ 时，$L'(Q)\begin{cases} > 0 \\ = 0 \\ < 0 \end{cases}$.

当 $R'(Q) > C'(Q)$时，$L'(Q) > 0$，即产量已达到 Q，再多生产一个单位产品，所增加的收益大于所增加的成本，因而总利润有所增加；而当 $R'(Q) < C'(Q)$时，$L'(Q) < 0$，即再增加产量，所增加的收益要小于所增加的生产成本，从而总利润将减少．

例 3.6.6 某工厂对某产品的情况进行了大量的统计分析后，得出总利润 $L(Q)$元与每月产量 Q 吨的关系为

$$L = L(Q) = 250Q - 5Q^2.$$

试确定每月生产 20 吨、25 吨、30 吨的边际利润，并作出经济解释．

解：边际利润为 $L'(Q) = 250 - 10Q$，则

$$L'(Q)\big|_{Q=20} = L'(20) = 50,$$
$$L'(Q)\big|_{Q=25} = L'(25) = 0,$$
$$L'(Q)\big|_{Q=30} = L'(30) = -100.$$

上述结果表明当生产量为每月 20 吨时，再增加 1 吨，利润将增加 50 元；当生产量为每月 25 吨时，再增加 1 吨，利润不变；当生产量为每月 30 吨时，再增加 1 吨，利润将减少 100 元．故对厂家来说，并非生产的产品数量越多，利润越高．

例 3.6.7 某商品的需求函数为 $Q = Q(P) = 75 - P^2$，求 $P = 4$ 时的边际需求，并说明其经济意义．

解：边际需求函数为

$$Q'(P) = \frac{\mathrm{d}Q}{\mathrm{d}P} = -2P,$$

当 $P = 4$ 时的边际需求为$Q'(P)\big|_{P=4} = -8$. 其经济意义是价格为 4 时，价格上涨（或下降）1 个单位，需求量将减少（或增加）8 个单位．

3.6.2 弹性分析

在边际分析中所研究的是函数的绝对改变量与绝对变化率，经济学中常需研究一个变量对另一个变量的相对变化情况，为此引入了弹性的概念．

定义 3.6.2 设函数 $y = f(x)$在点 $x_0(x_0 \neq 0)$的某个邻域内有定义，且 $f'(x_0) \neq 0$，若极限

$$\lim_{\Delta x \to 0} \frac{\dfrac{\Delta y}{y_0}}{\dfrac{\Delta x}{x_0}} = \lim_{\Delta x \to 0} \frac{\dfrac{f(x + x_0) - f(x_0)}{f(x_0)}}{\dfrac{\Delta x}{x_0}}$$

存在，则称此极限值为 $y = f(x)$在 x_0 处的弹性（点弹性），记为$\left.\dfrac{Ey}{Ex}\right|_{x=x_0}$ 或$\left.\dfrac{Ef(x)}{Ex}\right|_{x=x_0}$.

在上述定义中用一般的 x 代替固定的点 x_0，则可得到关于 x 的函数

$$\frac{Ey}{Ex} = \lim_{\Delta x \to 0} \frac{\dfrac{\Delta y}{y}}{\dfrac{\Delta x}{x}} = \lim_{\Delta x \to 0} \frac{\Delta y}{\Delta x} \cdot \frac{x}{y} = y' \cdot \frac{x}{y},$$

称之为函数 $y=f(x)$ 的弹性函数，简称弹性.

函数 $y=f(x)$ 在点 x 的弹性 $\frac{Ey}{Ex}$ 反映随 x 的变化，$y=f(x)$ 变化幅度的大小，即 $y=f(x)$ 对 x 变化反应的强烈程度或灵敏度. 数值上，$\frac{Ef(x)}{Ex}$ 表示 $y=f(x)$ 在点 x 处，当 x 产生 1% 的改变时，函数 $y=f(x)$ 近似地改变 $\frac{Ef(x)}{Ex}$%，在应用问题中解释弹性的具体意义时，通常略去“近似”二字.

定义 3.6.3　设某产品的市场需求量为 Q，价格为 P，需求函数为 $Q=Q(P)$，则称

$$E_{\mathrm{d}}=\frac{EQ}{EP}=Q'(P)\frac{P}{Q(P)}$$

为该产品的需求价格弹性，简称需求弹性.

当 ΔP 很小时，有

$$E_{\mathrm{d}}=Q'(P)\frac{P}{Q(P)}\approx\frac{P}{Q(P)}\cdot\frac{\Delta Q}{\Delta P}.$$

故需求弹性 E_{d} 近似地表示在价格为 P 时，价格变动 1%，需求量将变化 E_{d}%，通常也略去“近似”二字.

一般地，需求函数是单调减少函数，需求量随价格的提高而减少(当 $\Delta P>0$ 时，$\Delta Q>0$)，故需求弹性一般是负值，它反映产品需求量对价格变动反应的强烈程度(灵敏度).

最后，用需求弹性分析总收益的变化. 总收益 R 是商品价格 P 与销售量 Q 的乘积，即

$$R=P\cdot Q=P\cdot Q(P),$$

求导可得

$$R'=Q(P)+PQ'(P)=Q(P)\left(1+Q'(P)\frac{P}{Q(P)}\right)=Q(P)(1+E_{\mathrm{d}}),$$

进而可以得出如下结论:

(1) 若 $|E_{\mathrm{d}}|<1$，需求变动的幅度小于价格变动的幅度. $R'>0$，R 递增. 即价格上涨，总收益增加；价格下跌，总收益减少.

(2) 若 $|E_{\mathrm{d}}|>1$，需求变动的幅度大于价格变动的幅度. $R'<0$，R 递减. 即价格上涨，总收益减少；价格下跌，总收益增加.

(3) 若 $|E_{\mathrm{d}}|=1$，即需求变动的幅度等于价格变动的幅度时，$R'=0$，R 取得最大值.

综上所述，总收益的变化受需求弹性的制约，随商品需求弹性的变化而变化.

类似的，还可以定义供给弹性、收益弹性、利润弹性等概念，其分析和讨论的方法与需求弹性完全相同.

3.6.3　函数极值在经济管理中的应用

1. 最大利润问题

在经济学中，总收入和总成本都可以表示为产量 x 的函数，分别记为 $R(x)$ 和 $C(x)$，则总利润 $L(x)$ 可表示为

$$L(x)=R(x)-C(x).$$

为使总利润最大，其一阶导数应等于零，即

$$\frac{\mathrm{d}L(x)}{\mathrm{d}x}=\frac{\mathrm{d}[R(x)-C(x)]}{\mathrm{d}x}=0,$$

由此可得

$$\frac{\mathrm{d}R(x)}{\mathrm{d}x}=\frac{\mathrm{d}C(x)}{\mathrm{d}x}.$$

上式表示，欲使总利润最大，必须使边际收益等于边际成本．

根据极值存在的第二充分条件，为使总利润最大，还要求二阶导数

$$\frac{\mathrm{d}^2L(x)}{\mathrm{d}x^2}=\frac{\mathrm{d}^2[R(x)-C(x)]}{\mathrm{d}x^2}<0,$$

由此可得

$$\frac{\mathrm{d}^2R(x)}{\mathrm{d}x^2}<\frac{\mathrm{d}^2C(x)}{\mathrm{d}x^2}.$$

这就是说，在获得最大利润的产量处，必须要求边际收益等于边际成本．但此时若又有边际收益对产量的微商小于边际成本对产量的微商，则该产量处一定获得最大利润．

下面讨论另一种情况．在上面的讨论中，是假定先由厂商规定产量，再根据需求关系决定价格．但在某些市场条件下，也可由厂商先定价格，然后由需求关系去决定产量，此时可将产量 x 看作价格 P 的函数 $x=\Phi(P)$，这样，总收入函数为

$$R=R(x)=xP=P\Phi(P),$$

总成本函数为

$$C=C(x)=C(\Phi(P)).$$

在价格为 P 时的总利润为

$$L=R-C=P\Phi(P)-C(\Phi(P)).$$

为使总利润最大，根据极值的充分条件，要求满足：

① $\frac{\mathrm{d}L}{\mathrm{d}P}=\frac{\mathrm{d}}{\mathrm{d}P}(R-C)=0$，即

$$\Phi(P)+P\Phi'(P)-\frac{\mathrm{d}C}{\mathrm{d}x}\Phi'(P)=0$$

或

$$\Phi(P)+\left(P-\frac{\mathrm{d}C}{\mathrm{d}x}\right)\Phi'(P)=0.$$

② $\frac{\mathrm{d}^2L(x)}{\mathrm{d}P^2}=\frac{\mathrm{d}^2}{\mathrm{d}P^2}(R-C)<0$，即

$$\Phi'(P)+\Phi(P)'+P\Phi''(P)-\frac{\mathrm{d}^2C}{\mathrm{d}x^2}(\Phi'(P))^2-\frac{\mathrm{d}C}{\mathrm{d}x}\Phi''(P)<0$$

或

$$\left[2+\Phi'(P)\frac{\mathrm{d}^2C}{\mathrm{d}x^2}\right]\Phi'(P)+\left(P-\frac{\mathrm{d}C}{\mathrm{d}x}\right)\Phi''(P)<0.$$

也就是说，只要满足上述两个条件，就可使总利润最大，此时的最优产量由 $x=\Phi(P)$ 确定．

由条件 ① 容易得到

$$\frac{\mathrm{d}C}{\mathrm{d}x}=\frac{\Phi(P)+P\Phi'(P)}{\Phi'(P)}=\frac{\frac{\mathrm{d}R}{\mathrm{d}P}}{\frac{\mathrm{d}x}{\mathrm{d}P}}=\frac{\mathrm{d}R}{\mathrm{d}x}.$$

上述等式说明，能使总利润达到最大的价格 P，也必能使边际收益等于边际成本．由此可见，无论以产量 x 还是以价格 P 作为自变量，上述两种分析得到的是同样的最优产量和最优价格．

例 3.6.8　某产品生产 x 单位的总成本为

$$C(x)=300+\frac{1}{12}x^3-5x^2+170x,$$

每单位产品的价格是 134 元，求使利润最大的产量．

解：生产 x 单位时，总收入 $R(x)=134x$，总利润为

$$\begin{aligned}L(x)&=R(x)-C(x)\\&=134x-\left(300+\frac{1}{12}x^3-5x^2+170x\right)\\&=-\frac{1}{12}x^3+5x^2-36x-300.\end{aligned}$$

$$L'(x)=-\frac{1}{4}x^2+10x-36=-\frac{1}{4}(x-36)(x-4).$$

令

$$L'(x)=0,$$

得

$$x_1=4,x_2=36.$$

又

$$L''(x)=-\frac{1}{2}x+10,$$

$$L''(4)=8>0,$$

所以 $L(x)$ 在 $x=4$ 有极小值；

$$L''(36)=-8<0,$$

所以 $L(x)$ 在 $x=36$ 有极大值，$L(36)=996$．

因为 $x\geqslant 0$，$L(x)$ 才有意义，而 $L(0)=-300$，且当 $x>36$ 时，$L'(x)<0$，即当 $x>36$ 时，$L(x)$ 单调减小，$L(36)=996$ 是 $L(x)$ 的最大值．因此生产 36 单位产品时，利润最大，最大利润为 996 元．

例 3.6.9　某商店每天向工厂按出厂价每件 3 元购进一批商品零售．若零售价定为每件 4 元，估计销售量为 400 件．若一件售价每降低 0.05 元，则可多销售 40 件．问每件售价定为多少、从工厂购进多少件时，才可获得最大利润？最大利润是多少？

解：设利润为 L，进货量为 x 件，售价为 P 元 / 件，则利润为

$$L=(P-3)x.$$

假定销量等于进货量，由题设有

$$x-400=-\frac{40}{0.05}(P-4)x=3600-800Px-400=-\frac{40}{0.05}(P-4)$$

或

$$x=3600-800P.$$

所以

$$L(P)=(P-3)(3600-800P)=-800P^2+6000P-10800,$$

$$L'(P)=-1600P+6000.$$

令 $L'(P)=0$,解得 $P=3.75$. 又由于

$$L'(P)=-1600<0.$$

故 $P=3.75$ 是极大点,也是最大点．这就是说,当定价为每件 3.75 元,且进货量为$x|_{P=3.75}=(3600-800P)|_{P=3.75}=600$ (件)时,则每天能获得最大利润,最大利润为

$$L(P)|_{P=3.75}=(-800P^2+6000P-108000)|_{P=3.75}=450\text{ (元)}.$$

2. 库存问题

工厂、商店都要预存原料、货物,称为库存．合理的库存量并非越少越好,必须同时达到三个目标:第一,库存要少,以便降低库存费用和流动资金占用量;第二,存货短缺机会少,以便减少因停工待料造成的损失;第三,订购的次数要少,以便降低订购费用．

库存问题就是要求出使总费用(存储费与订购费之和) 最小的订货批量(也称为经济批量). 为了使问题简化,假设:

① 不允许缺货;

② 当库存量将为零时,可立即得到补充;

③ 需求是连续均匀的,单位时间内的需求量是常数,这样,平均库存量为最大库存量的一半．

若某企业某种货物的年需求量为 s,每次订货费为 c_1,单位货物储存一年的费用为 c_2,每次订购量为 q,货物的单价为 p,于是:

① 年订货次数为$\frac{s}{q}$,年订货费为$\frac{s}{q}c_1$;

② 全年每天平均库存量为$\frac{q}{2}$,年存储费为$\frac{q}{2}c_2$.

则全年的总费用为

$$C=\frac{s}{q}c_1+\frac{q}{2}c_2.$$

在上式对 q 求导得

$$\frac{\mathrm{d}C}{\mathrm{d}q}=\frac{c_1 s}{q^2}+\frac{c_2}{2},$$

$$\frac{\mathrm{d}^2 C}{\mathrm{d}^2 q}=\frac{2c_1 s}{q^3}>0,$$

令$\frac{\mathrm{d}C}{\mathrm{d}q}=0$,解得最优经济批量为

$$q*=\sqrt{\frac{2c_1 s}{c_2}},$$

最优订货次数为

$$E=\frac{s}{q*}=\sqrt{\frac{c_2 s}{2c_1}},$$

最小年总费用为

$$C*=\sqrt{2c_1 c_2 s}.$$

例 3.6.10　某商店每年销售某种商品 10000kg，每次订货的手续费为 40 元，商品的单价为 2 元 /kg，存储费是平均库存商品价值的 10%，求最优订货批量．

解：设订货批量为 q，则年订货费为 $40\times\frac{10^4}{q}$，年存储费为 $2\times\frac{q}{2}\times 0.1$，因此全年总费用为

$$C=40\times\frac{10^4}{q}+0.1q,$$

$$\frac{\mathrm{d}C}{\mathrm{d}q}=-\frac{4\times10^5}{q^2}+0.1.$$

令 $\frac{\mathrm{d}C}{\mathrm{d}q}=0$，解得最优订货批量为 $q^*=2000$.

第 4 章　中值定理与导数的应用

4.1　中值定理

4.1.1　罗尔(Rolle) 定理

引理 4.1.1(费马引理)　设函数 $y=f(x)$ 在点 x_0 的某个领域 $U(x_0)$ 上有定义，并且在点 x_0 处可导，若对任意的 $x\in U(x_0)$，有

$$f(x)\leqslant f(x_0),$$

或者

$$f(x)\geqslant f(x_0),$$

则 $f'(x_0)=0$.

证明：设 $x\in U(x_0)$ 时，$f(x)\leqslant f(x_0)$. 则对于 $x_0+\Delta x\in U(x_0)$，有

$$f(x_0+\Delta x)\leqslant f(x_0),$$

则当 $\Delta x>0$ 时，

$$\frac{f(x_0+\Delta x)-f(x_0)}{\Delta x}\leqslant 0;$$

则当 $\Delta x<0$ 时，

$$\frac{f(x_0+\Delta x)-f(x_0)}{\Delta x}\geqslant 0.$$

根据函数 $f(x)$ 在 x_0 可导的条件及极限的保号性，可得

$$f'(x_0)=f'_+(x_0)=\lim_{\Delta x\to 0+}\frac{f(x_0+\Delta x)-f(x_0)}{\Delta x}\leqslant 0,$$

$$f'(x_0)=f'_-(x_0)=\lim_{\Delta x\to 0-}\frac{f(x_0+\Delta x)-f(x_0)}{\Delta x}\geqslant 0.$$

因此，

$$f'(x_0)=0.$$

通常称导数等于零的点为函数的驻点(或者稳定点，临界点).

定理 4.1.1(罗尔定理)　如果函数 $y=f(x)$ 满足条件：

(1) 在闭区间 $[a,b]$ 上连续；

(2) 在开区间 (a,b) 内可导；

(3) 在区间两个端点的函数值相等，即 $f(a)=f(b)$，

则至少存在一点 $\xi\in(a,b)$，使得

$$f'(\xi)=0.$$

证明：根据条件(1)和闭区间上连续函数的最值定理可得，函数 $y=f(x)$ 在闭区间 $[a,b]$ 上必取得最大值 M 和最小值 m. 接下来分两种可能来讨论.

(1) 如果 $M=m$，那么函数 $y=f(x)$ 在闭区间 $[a,b]$ 上为常数，所以

$$f'(x)=0,$$

所以对任意的 $\xi\in(a,b)$ 都有 $f'(\xi)=0$；

(2) 如果 $M\neq m$，根据条件(3)可知，M 与 m 至少有一个不等于端点处的函数值，不妨设 $M\neq f(a)$，那么必存在一点 $\xi\in(a,b)$ 使得 $f(\xi)=M$. 接下来证明 $f'(\xi)=0$.

根据条件(2)可知，$f'(\xi)$ 必存在，即

$$\lim_{\Delta x\to 0}\frac{f(\xi+\Delta x)-f(\xi)}{\Delta x}=f'(\xi).$$

因为 $f(\xi)=M$ 是 $f(x)$ 在区间 $[a,b]$ 上的最大值，所以不论 Δx 是正还是负，只要 $\xi+\Delta x\in[a,b]$，则一定有

$$f(\xi+\Delta x)-f(\xi)\leqslant 0.$$

当 $\Delta x>0$ 时，

$$\frac{f(\xi+\Delta x)-f(\xi)}{\Delta x}\leqslant 0,$$

根据函数极限的保号性可知

$$f'_{+}(\xi)=\lim_{\Delta x\to 0^{+}}\frac{f(\xi+\Delta x)-f(\xi)}{\Delta x}\leqslant 0;$$

当 $\Delta x<0$ 时，

$$\frac{f(\xi+\Delta x)-f(\xi)}{\Delta x}\geqslant 0,$$

根据函数极限的保号性可知

$$f'_{-}(\xi)=\lim_{\Delta x\to 0^{-}}\frac{f(\xi+\Delta x)-f(\xi)}{\Delta x}\geqslant 0.$$

因为 $f'(\xi)=f'_{-}(\xi)=f'_{+}(\xi)$，所以

$$f'(\xi)=0.$$

例 4.1.1　试验证函数

$$y=x^2-3x-4$$

在区间 $[-1,4]$ 上满足罗尔定理的条件，若满足，求出相应的 ξ 点.

解：　函数 $y=x^2-3x-4$ 为初等函数，在闭区间 $[-1,4]$ 上连续，且其导数 $y'=2x-3$ 在开区间 $(-1,4)$ 内存在，并且 $f(-1)=f(4)=0$，因此函数 $y=x^2-3x-4$ 在区间 $[-1,4]$ 上满足罗尔定理. 则在开区间 $(-1,4)$ 内一定存在 ξ 点，使得 $f'(\xi)=0$.

设 $f'(x)=2x-3=0$，解得 $x=\dfrac{3}{2}$，并且 $\dfrac{3}{2}\in(-1,4)$，即 $\xi=\dfrac{3}{2}$，使得

$$f'(\xi)=f'\left(\frac{3}{2}\right)=0.$$

例 4.1.2　验证函数

$$f(x)=\ln\sin x\quad\left(x\in\left[\frac{\pi}{6},\frac{5\pi}{6}\right]\right)$$

是否满足罗尔定理的条件，若满足，求出相应的 ξ 点.

解:在区间$\left[\frac{\pi}{6},\frac{5\pi}{6}\right]$上 $\sin x > 0$,因此函数 $f(x) = \ln\sin x$ 在区间$\left[\frac{\pi}{6},\frac{5\pi}{6}\right]$上有意义,该函数为一个初等函数,因此是连续函数,且在区间$\left(\frac{\pi}{6},\frac{5\pi}{6}\right)$上可导,其导数为

$$f'(x) = (\ln\sin x)' = \frac{1}{\sin x}\cos x = \cot x.$$

又因为

$$f\left(\frac{5\pi}{6}\right) = \ln\sin\frac{5\pi}{6} = \ln\sin\left(\pi - \frac{\pi}{6}\right)$$

$$= \ln\sin\frac{\pi}{6} = f(\frac{\pi}{6}),$$

因此函数 $f(x) = \ln\sin x$ 满足罗尔定理的条件,根据方程

$$f'(\xi) = \cot\xi = 0 \quad \left(\frac{\pi}{6} < \xi < \frac{5\pi}{6}\right),$$

从而解得 $\xi = \frac{\pi}{2}$.

例 4.1.3 不用求出函数 $f(x) = (x-1)(x-2)(x-3)$ 的导数,说明方程 $f'(x) = 0$ 有几个实根,并且指出它们所在的区间.

解:因为函数 $f(x) = (x-1)(x-2)(x-3)$ 在区间$[1,3]$上连续,在区间$(1,3)$内可导,并且满足

$$f(1) = f(2) = f(3) = 0.$$

因此满足罗尔定理的条件,则根据罗尔定理可知,至少存在两点 $\xi_1 \in (1,2)$ 和 $\xi_2 \in (2,3)$,使得

$$f'(\xi_1) = f'(\xi_2) = 0,$$

即 $f'(x) = 0$ 至少有2个实根 ξ_1,ξ_2. 又因为 $f'(x)$ 为二次多项式,故 $f'(x) = 0$ 最多有两个实根,因而可知 $f'(x) = 0$ 恰有两个实根 ξ_1,ξ_2,并且 $\xi_1 \in (1,2)$,$\xi_2 \in (2,3)$.

4.1.2 拉格朗日中值定理

上一节给出了罗尔定理,在罗尔定理中要求 $f(a) = f(b)$,这个条件相当特殊,从而使罗尔定理受到了限制. 若将 $f(a) = f(b)$ 该条件取消,但仍保留其余两个条件,并且相应地改变结论,则得到微分学中十分重要的拉格朗日中值定理.

定理 4.1.2[拉格朗日(Lagrange)中值定理] 若函数 $f(x)$ 满足

(1) 在闭区间$[a,b]$上连续;

(2) 在开区间(a,b)内可导,

则在区间(a,b)内至少存在一点 $\xi(a < \xi < b)$,使得等式

$$f(b) - f(a) = f'(\xi)(b-a)$$

成立.

证明:引入辅助函数

$$\varphi(x) = f(x) - f(a) - \frac{f(b)-f(a)}{b-a}(x-a).$$

易知,函数 $\varphi(x)$ 在区间$[a,b]$上连续,在区间(a,b)内可导,且 $\varphi(a) = \varphi(b) = 0$,根据罗尔定理可知,在区间$(a,b)$内至少存在一点 ξ,使得 $\varphi'(\xi) = 0$,即有

$$f'(\xi)=\frac{f(b)-f(a)}{b-a},$$

从而证明了拉格朗日中值定理.

拉格朗日中值定理的几何意义为:

对于曲线 $y=f(x)(x\in[a,b])$,其端点为 $A(a,f(a))$ 和 $B(b,f(b))$,公式 $f'(\xi)=\dfrac{f(b)-f(a)}{b-a}$ 的右边表示弦 AB 的斜率,左边表示函数 $y=f(x)$ 在点 $C(\xi,f(\xi))$ 的切线斜率(如图 4-1-1 所示),该公式表明切线与直线 AB 平行. 由于曲线为光滑连续的,则这样的点一定存在.

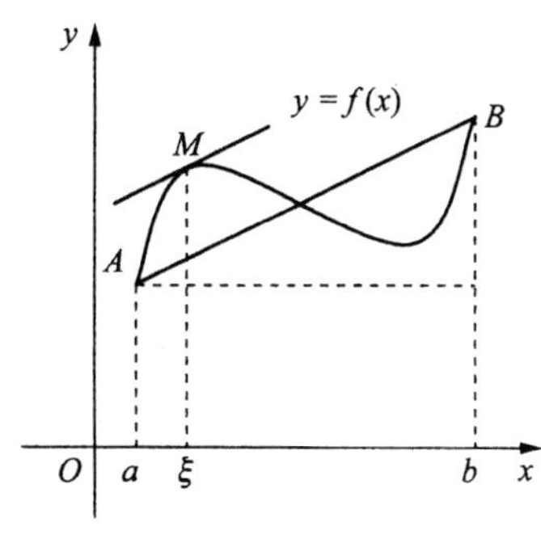

图 4-1-1

关于定理有几点说明:

(1) $f'(\xi)=\dfrac{f(b)-f(a)}{b-a}$ 称为拉格朗日中值公式,它对 $b<a$ 也成立,通常拉格朗日公式可写成

$$f(b)-f(a)=f'(\xi)(b-a)\qquad \xi\in(a,b). \tag{4-1-1}$$

(2) 因为 $\xi\in(a,b)$ 设 $\theta=\dfrac{\xi-a}{b-a}$,它是介于 0 与 1 之间的数,即 $0<\theta<1$,故

$$\xi=a+\theta(b-a),$$

所以式(4-1-1)可写成

$$f(b)-f(a)=f'(a+\theta(b-a))(b-a)\qquad (0<\theta<1).$$

(3) 若 x 和 $x+\Delta x$ 是区间$[a,b]$内两点,则应用拉格朗日定理在区间$[x,x+\Delta x]$上,可得

$$\Delta y=f(x+\Delta x)-f(x)=f'(x+\theta\Delta x)\Delta x\qquad (0<\theta<1). \tag{4-1-2}$$

若把式(4-1-2)和微分 $\Delta y\approx \mathrm{d}y=f'(x+\theta\Delta x)\Delta x$ 相比,微分是函数增量的近似值,而当 Δx 为有限值时,$f'(x+\theta\Delta x)\Delta x$ 为 Δy 的准确值,通常称定理为有限增量定理.

推论 4.1.1　若在区间(a,b)内,函数 $y=f(x)$ 的导数 $f'(x)$ 恒等于零,则在区间(a,b)内,函数 $y=f(x)$ 是一个常数.

证明:在区间(a,b)内任取两点 x_1,x_2,其中 $x_1<x_2$,在区间$[x_1,x_2]$上,根据拉格朗日中值定理,有

$$f(x_2)-f(x_1)=f'(\xi)(x_2-x_1)\qquad (x_1<\xi<x_2),$$

因为函数 $y=f(x)$ 的导数 $f'(x)$ 恒等于零,所以

$$f(x_1)=f(x_2),$$

从而说明在区间(a,b)内,函数 $y=f(x)$ 在任何两点处的函数值均相等,则在区间(a,b)内,

函数 $y = f(x)$ 是一个常数.

推论 4.1.2 若对任意 $x \in (a,b)$，有 $f'(x) = g'(x)$，则 $f(x) = g(x) + c$（c 常数）.

证明：设 $h(x) = f(x) - g(x)$，故有

$$h'(x) = f'(x) - g'(x) = 0,$$

根据推论 4.1.1 可知，$h(x)$ 为一常数，则有

$$f(x) = g(x) + c(c\text{ 常数}).$$

例 4.1.4 若 $0 < a < b$，证明：$\dfrac{b-a}{b} < \ln\dfrac{b}{a} < \dfrac{b-a}{a}$.

证明：设函数 $f(x) = \ln x, x \in [a,b]$. 由于 $f(x) = \ln x$ 在区间 $[a,b]$ 上连续，在 (a,b) 内可导，则满足拉格朗日中值定理的条件，从而有

$$f(b) - f(a) = f'(\xi)(b-a),$$

而

$$f(a) = \ln a, f(b) = \ln b, f'(x) = \frac{1}{x},$$

代入上式可得

$$\ln b - \ln a = \ln\frac{b}{a} = \frac{1}{\xi}(b-a) \quad (a < \xi < b),$$

且又因为

$$\frac{1}{b} < \frac{1}{\xi} < \frac{1}{a},$$

所以

$$\frac{b-a}{b} < \ln\frac{b}{a} < \frac{b-a}{a}.$$

例 4.1.5 试就函数 $f(x) = \ln x (x \in [1,\mathrm{e}])$ 验证拉格朗日中值定理.

证明：$f(x) = \ln x$ 为基本初等函数，在区间 $[1,\mathrm{e}]$ 上连续，在开区间 $(1,\mathrm{e})$ 上可导，且其导数为

$$f'(x) = \frac{1}{x}.$$

且拉格朗日中值公式此时为

$$\frac{f(\mathrm{e}) - f(1)}{\mathrm{e} - 1} = f'(\xi).$$

由于 $f(\mathrm{e}) = \ln\mathrm{e} = 1, f(1) = \ln 1 = 0, f'(\xi) = \dfrac{1}{\xi}$，则上式为

$$\frac{1}{1-\mathrm{e}} = \frac{1}{\xi}$$

或者

$$\xi = \mathrm{e} - 1.$$

从而易知 $1 < \xi < \mathrm{e}$，所以拉格朗日中值定理结论成立.

例 4.1.6　证明：当 $x>0$ 时，

$$\frac{x}{1+x}<\ln(1+x)<x.$$

证明：令 $f(t)=\ln(1+t)$，易知函数 $f(t)$ 在区间 $[0,x]$ 上满足拉格朗日中值定理的条件，从而根据定理，可得

$$f(x)-f(0)=f'(\xi)(x-0)\quad(0<\xi<x).$$

因为 $f(0)=0$，$f'(t)=\dfrac{1}{1+t}$，所以上式即为

$$\ln(1+x)=\frac{x}{1+\xi}.$$

又因为 $0<\xi<x$，则有

$$\frac{x}{1+x}<\frac{x}{1+\xi}<x,$$

即

$$\frac{x}{1+x}<\ln(1+x)<x\quad(x>0).$$

例 4.1.7　证明不等式 $|\sin x_2-\sin x_1|\leqslant|x_2-x_1|$ 成立，其中 x_1,x_2 为任意实数．

证明：当 $x_1=x_2$ 时，不等式显然成立．

当 $x_1\neq x_2$ 时，设函数 $f(x)=\sin x$，则显然 $f(x)$ 在区间 $[x_1,x_2]$ 上满足拉格朗日中值定理条件，从而可得

$$f(x_2)-f(x_1)=f'(\xi)(x_2-x_1)\quad\xi\in(x_1,x_2),$$

即有

$$\sin x_2-\sin x_1=\cos\xi(x_2-x_1).$$

故

$$|\sin x_2-\sin x_1|=|\cos\xi||x_2-x_1|\leqslant|x_2-x_1|.$$

例 4.1.8　证明：$\arctan x=\arcsin\dfrac{x}{\sqrt{1+x^2}}(x\in\mathbf{R})$.

证明：由于 $(\arctan x)'=\dfrac{1}{1+x^2}$，

$$\left(\arcsin\frac{x}{\sqrt{1+x^2}}\right)'=\frac{1}{\sqrt{1-\dfrac{x^2}{1+x^2}}}\left(\frac{x}{\sqrt{1+x^2}}\right)'$$

$$=\frac{1}{\sqrt{\dfrac{1}{1+x^2}}}\frac{\sqrt{1+x^2}-x\cdot\dfrac{x}{\sqrt{1+x^2}}}{1+x^2}$$

$$=\frac{1}{1+x^2},$$

则对任意 $x\in\mathbf{R}$，

$$\arctan x=\arcsin\frac{x}{\sqrt{1+x^2}}+C.$$

当 $x=0$ 时,有

$$\arctan x=0,\arcsin\frac{x}{\sqrt{1+x^2}}=0,$$

从而可得 $C=0$,结论得证.

4.1.3 柯西中值定理

在表示拉格朗日中值定理几何意义的图 4-1-1 中,若将曲线用参数方程表示:

$$\begin{cases}x=g(x)\\y=f(t)\end{cases}\quad(a\leqslant t\leqslant b),$$

其中点 A 和点 B 对应参数值分别为 a 和 b,则弦 AB 的斜率为

$$k_{AB}=\frac{f(b)-f(a)}{g(b)-g(a)}.$$

根据参数方程所取定的函数求导法则可知,曲线在点 C(此时 $t=\xi$)处的切线斜率为

$$\frac{\mathrm{d}y}{\mathrm{d}x}=\frac{f'(\xi)}{g'(\xi)}.$$

因为曲线在点 C 处的切线与弦 AB 平行,因此

$$\frac{f(b)-f(a)}{g(b)-g(a)}=\frac{f'(\xi)}{g'(\xi)}\quad(a<\xi<b).$$

从而可得柯西中值定理.

定理 4.1.3[柯西(Cauchy)中值定理] 若函数 $f(x)$ 及 $g(x)$ 满足

(1) 在闭区间 $[a,b]$ 上连续;

(2) 在开区间 (a,b) 内可导;

(3) 对任一 $x\in(a,b),g'(x)\neq 0$,

在区间 (a,b) 内至少存在一点 ξ,使等式

$$\frac{f(b)-f(a)}{g(b)-g(a)}=\frac{f'(\xi)}{g'(\xi)}$$

成立.

证明:首先易知 $g(b)-g(a)\neq 0$,这是因为

$$g(b)-g(a)=g'(\eta)(b-a),$$

其中 $a<\eta<b$,根据假设 $g'(\eta)\neq 0$,且 $b-a\neq 0$,因此

$$g(b)-g(a)\neq 0.$$

作辅助函数

$$\varphi(x)=f(x)-\frac{f(b)-f(a)}{g(b)-g(a)}\cdot g(x),$$

容易验证 $\varphi(x)$ 满足罗尔定理的条件,根据罗尔定理,在区间 (a,b) 内至少存在一点 ξ,使得 $\varphi'(\xi)=0$,即有

$$f'(\xi)-\frac{f(b)-f(a)}{g(b)-g(a)}g'(x)=0.$$

又因为 $g'(\xi)\neq 0$,所以

$$\frac{f(b)-f(a)}{g(b)-g(a)}=\frac{f'(\xi)}{g'(\xi)}\quad(a<\xi<b).$$

显然,若 $g(x)=x$,那么有

$$g(b)-g(a)=b-a,g'(\xi)=1,$$

此时柯西中值定理变为拉格朗日中值定理,因此看见柯西中值定理为拉格朗日中值定理的推广.

例 4.1.9　设 $b>a>0$,函数 $f(x)$ 在闭区间$[a,b]$上连续,在开区间(a,b)内可导,证明存在 $\xi\in(a,b)$ 使得

$$f(\xi)-\xi f'(\xi)=\frac{bf(a)-af(b)}{b-a}.$$

证明:上式可将之改写为

$$\frac{\frac{f(a)}{b}-\frac{f(b)}{a}}{\frac{1}{b}-\frac{1}{a}}=f(\xi)-\xi f'(\xi),$$

因此若设 $F(x)=\frac{f(x)}{x}$,$G(x)=\frac{1}{x}(a\leqslant x\leqslant b)$,那么函数 $F(x)$ 和 $G(x)$ 在闭区间$[a,b]$上满足柯西中值定理的条件,因此必存在 $\xi\in(a,b)$ 使得

$$\frac{F(b)-F(a)}{G(b)-G(a)}=\frac{F'(\xi)}{G'(\xi)},$$

且有

$$F'(x)=\frac{xf'(x)-f(x)}{x^2},G'(x)=-\frac{1}{x^2},$$

则

$$\frac{F'(\xi)}{G'(\xi)}=f(\xi)-\xi f'(\xi),$$

又因为

$$\frac{F(b)-F(a)}{G(b)-G(a)}=\frac{bf(a)-af(b)}{b-a},$$

上述结论得证.

例 4.1.10　设函数 $f(x)$ 和 $g(x)$ 在点 x_0 的某去心领域$\mathring{U}(x_0)$内由定义,且满足

(1) $\lim\limits_{x\to x_0}f(x)=\lim\limits_{x\to x_0}g(x)=0$;

(2) $f'(x),g'(x)$ 在$\mathring{U}(x_0)$内存在,且 $g'(x_0)\neq 0$;

(3) $\lim\limits_{x\to x_0}\frac{f'(x)}{g'(x)}=A$　(或者 ∞).

则有

$$\lim_{x\to x_0}\frac{f(x)}{g(x)}=\lim_{x\to x_0}\frac{f'(x)}{g'(x)}=A\quad(或者\ \infty).$$

证明:首先作辅助函数

$$F(x)=\begin{cases}f(x) & (x\in\mathring{U}(x_0)),\\ 0 & (x=x_0)\end{cases}$$

$$G(x)=\begin{cases}g(x) & (x\in\mathring{U}(x_0)),\\ 0 & (x=x_0)\end{cases}$$

从而对任意的 $x \in U(x_0)$，在区间$[x,x_0]$或者$[x_0,x]$上，函数 $F(x)$ 和 $G(x)$ 显然满足柯西中值定理条件，因此根据柯西中值定理有

$$\lim_{x \to x_0} \frac{f(x)}{g(x)} = \lim_{x \to x_0} \frac{F(x)}{G(x)} = \lim_{x \to x_0} \frac{F(x) - F(x_0)}{G(x) - G(x_0)}$$

$$= \lim_{\xi \to x_0} \frac{F'(x)}{G'(x)}$$

$$= \lim_{\xi \to x_0} \frac{f'(x)}{g'(x)}$$

$$= \lim_{x \to x_0} \frac{f'(x)}{g'(x)} = A \quad (\text{或者 } \infty).$$

例 4.1.11 设函数 $f(x)$ 在区间$[a,b]$上可导，$0 < a < b$，证明存在一点 $\xi \in (a,b)$，使得

$$f(b) - f(a) = \xi f'(\xi) \ln \frac{b}{a}.$$

证明：由于 $0 < a < b$，则在区间$[a,b]$上 $f(x)$、$F(x) = \ln x$ 连续且可导，又因为

$$F'(x) = \frac{1}{x} \neq 0,$$

从而根据柯西中值定理可知至少存在一点 $\xi \in (a,b)$，使得

$$\frac{f(b) - f(a)}{F(b) - F(a)} = \frac{f'(\xi)}{F'(\xi)},$$

即有

$$\frac{f(b) - f(a)}{\ln b - \ln a} = \frac{f'(\xi)}{\frac{1}{\xi}},$$

或者

$$f(b) - f(a) = \xi f'(\xi) \ln \frac{b}{a}.$$

4.2 洛必达法则

4.2.1 $\frac{0}{0}$ 与 $\frac{\infty}{\infty}$ 型未定式极限

取定未定式的极限是求极限的主要类型，洛必达法则就是以导数为工具求解这些未定式极限的主要方法．

定理 4.2.1(洛必达法则) 若函数 $f(x)$ 和 $g(x)$ 满足条件：

(1) $\lim\limits_{x \to x_0} f(x) = 0$，$\lim\limits_{x \to x_0} g(x) = 0$；

(2) 函数 $f(x)$ 和 $g(x)$ 在 x_0 的某邻域内(点 x_0 可除外)可导，且 $g'(x) \neq 0$；

(3) $\lim\limits_{x \to x_0} \frac{f'(x)}{g'(x)} = A$($A$ 为有限数，也可为 $+\infty$ 或者 $-\infty$)，则：

$$\lim_{x \to x_0} \frac{f(x)}{g(x)} = \lim_{x \to x_0} \frac{f'(x)}{g'(x)} = A.$$

证明:由于当 $x \to a$ 时, $\dfrac{f(x)}{g(x)}$ 的极限与 $f(a)$、$g(a)$ 无关,那么假设 $f(a)=g(a)=0$,根据条件(1) 可知函数 $f(x)$ 和 $g(x)$ 在邻域 $N(a,\delta)$ 内连续的.

设 x 为领域 $\mathring{N}(a,\delta)$ 内的一点,由于在 $[a,x]$ 上函数 $f(x)$ 和 $g(x)$ 满足柯西中值定理条件,则有

$$\frac{f(x)}{g(x)}=\frac{f(x)-f(a)}{g(x)-g(a)}=\frac{f'(\xi)}{g'(\xi)} \quad (\xi \text{ 在 } x,a \text{ 之间}).$$

将上式两端取极限 $(x \to a)$,由于当 $x \to a$ 时 $\xi \to a$,则有

$$\lim_{x\to a}\frac{f(x)}{g(x)}=\lim_{\xi\to a}\frac{f'(\xi)}{g'(\xi)}=\lim_{x\to a}\frac{f'(x)}{g'(x)}=A.$$

定理 4.2.2(洛必达法则)　若函数 $f(x)$ 和 $g(x)$ 满足条件:

(1) $\lim\limits_{x\to x_0}f(x)=\infty,\lim\limits_{x\to x_0}g(x)=\infty$;

(2) 函数 $f(x)$ 和 $g(x)$ 在 x_0 的某邻域内(点 x_0 可除外)可导,且 $g'(x)\neq 0$;

(3) $\lim\limits_{x\to x_0}\dfrac{f'(x)}{g'(x)}=A$($A$ 为有限数,也可为 $+\infty$ 或者 $-\infty$),则:

$$\lim_{x\to x_0}\frac{f(x)}{g(x)}=\lim_{x\to x_0}\frac{f'(x)}{g'(x)}=A.$$

该定理的证明从略.

例 4.2.1　求 $\lim\limits_{x\to 0}\dfrac{e^{2x}-1}{\sin x}$.

解:所求极限为 $\dfrac{0}{0}$ 型未定式,则由洛必达法则,可得

$$\begin{aligned}\lim_{x\to 0}\frac{e^{2x}-1}{\sin x}&=\lim_{x\to 0}\frac{(e^{2x}-1)'}{(\sin x)'}\\&=\lim_{x\to 0}\frac{2e^{2x}}{\cos x}\\&=2.\end{aligned}$$

例 4.2.2　求 $\lim\limits_{x\to 0^+}\dfrac{\ln\cot x}{\ln x}$.

解:所求极限为 $\dfrac{\infty}{\infty}$ 型未定式,则由洛必达法则,可得

$$\begin{aligned}\lim_{x\to 0^+}\frac{\ln\cot x}{\ln x}&=\lim_{x\to 0^+}\frac{\dfrac{1}{\cot x}(-\csc^2 x)}{\dfrac{1}{x}}\\&=\lim_{x\to 0^+}\frac{-x}{\sin x\cos x}\\&=-\lim_{x\to 0^+}\frac{1}{\cos x}\lim_{x\to 0^+}\frac{x}{\sin x}\\&=-1.\end{aligned}$$

例 4.2.3　求 $\lim\limits_{x\to +\infty}\dfrac{x^n}{e^{\lambda x}}(\lambda>0,n\in\mathbf{N})$.

解:所求极限为$\frac{\infty}{\infty}$型未定式,连续使用洛必达法则,可得

$$\begin{aligned}\lim_{x\to+\infty}\frac{x^n}{e^{\lambda x}} &= \lim_{x\to+\infty}\frac{nx^{n-1}}{\lambda e^{\lambda x}}\\ &= \lim_{x\to+\infty}\frac{n(n-1)x^{n-2}}{\lambda^2 e^{\lambda x}}\\ &\cdots\\ &= \lim_{x\to+\infty}\frac{n(n-1)\cdots 1x^{n-n}}{\lambda^n e^{\lambda x}}\\ &= \lim_{x\to+\infty}\frac{n!}{\lambda^n e^{\lambda x}}\\ &= 0.\end{aligned}$$

例 4.2.4　求$\lim\limits_{x\to 0}\frac{\tan x - x}{x\ln(1+x^2)}$.

解:所求极限为$\frac{\infty}{\infty}$型未定式,首先用等价无穷小代换化简,再使用洛必达法则,可得

$$\begin{aligned}\lim_{x\to 0}\frac{\tan x - x}{x\ln(1+x^2)} = \lim_{x\to 0}\frac{\tan x - x}{x^3} &= \lim_{x\to 0}\frac{\sec^2 x - 1}{3x^2}\\ &= \lim_{x\to 0}\frac{2\tan x\sec^2 x}{6x}\\ &= \frac{1}{3}\lim_{x\to 0}\frac{\tan x}{x}\sec^2 x\\ &= \frac{1}{3}\lim_{x\to 0}\frac{\tan x}{x}\lim_{x\to 0}\sec^2 x\\ &= \frac{1}{3}.\end{aligned}$$

4.2.2　其他类型未定式极限

对于 $0\cdot\infty$ 型,$\infty-\infty$ 型,1^{∞} 型,∞^0 型,0^0 型等未定式的计算,通常是设法将它们化为$\frac{0}{0}$型或者$\frac{\infty}{\infty}$型的未定式后再使用洛必达法则计算.

例 4.2.5　求$\lim\limits_{x\to 0^+}x^{\alpha}\ln x(\alpha>0)$.

解:此极限为 $0\cdot\infty$ 型未定式,由于$x^{\alpha}\ln x=\frac{\ln x}{\frac{1}{x^{\alpha}}}$,且$\lim\limits_{x\to 0^+}\frac{\ln x}{\frac{1}{x^{\alpha}}}$为$\frac{\infty}{\infty}$型未定式,则可使用洛必达法则,即有

$$\begin{aligned}\lim_{x\to 0^+}\frac{\ln x}{\frac{1}{x^{\alpha}}} &= \lim_{x\to 0^+}\frac{\frac{1}{x}}{\frac{-\alpha}{x^{\alpha+1}}}\\ &= \lim_{x\to 0^+}\left(\frac{-x^{\alpha}}{\alpha}\right)\\ &= 0.\end{aligned}$$

例 4.2.6　求 $\lim\limits_{x\to 0^+} x\ln x$.

解:此极限为 $0\cdot\infty$ 型未定式,首先将其化为$\frac{\infty}{\infty}$型未定式,再使用洛必达法则.

$$\lim_{x\to 0^+} x\ln x = \lim_{x\to 0^+} \frac{\ln x}{\frac{1}{x}} = \lim_{x\to 0^+} \frac{\frac{1}{x}}{-\frac{1}{x^2}} = \lim_{x\to 0^+}(-x) = 0.$$

例 4.2.7　求$\lim\limits_{x\to 0}(1-\sin x)^{\cot x}$.

解:此极限为 1^{∞} 型未定式

$$\lim_{x\to 0}(1-\sin x)^{\cot x} = \lim_{x\to 0} e^{\cot x\ln(1-\sin x)} = e^{\lim\limits_{x\to 0}\frac{\ln(1-\sin x)}{\tan x}} = e^{\lim\limits_{x\to 0}\frac{-\sin x}{\tan x}} = e^{-1}.$$

例 4.2.8　求 $\lim\limits_{x\to 0^+}(\cot x)^{\frac{1}{\ln x}}$

解:此极限为 ∞^0 型未定式

$$\lim_{x\to 0^+}(\cot x)^{\frac{1}{\ln x}} = \lim_{x\to 0^+} e^{\frac{\ln\cot x}{\ln x}} = e^{\lim\limits_{x\to 0^+}\frac{\ln\cot x}{\ln x}} = e^{\lim\limits_{x\to 0^+}\frac{\frac{1}{\cot x}(-\csc^2 x)}{\frac{1}{x}}} = e^{-\lim\limits_{x\to 0^+}\frac{x}{\sin x\cos x}} = e^{-1}.$$

4.3　函数的单调性

函数的重要特性之一就是单调性,在很多场合都需要研究函数的单调性. 例如,在利用单调有界准则研究函数的极限时,就需要判断函数的单调性. 通常我们都是利用函数单调性的定义来判断函数的单调性,本节将讨论单调性与导数的关系,从而得到判断函数单调性更为简便的方法.

定理 4.3.1　设函数 $f(x)$ 在区间$[a,b]$上连续,在(a,b)内可导,则有

(1) 如果在(a,b)内 $f'(x)>0$,那么函数 $f(x)$ 在区间$[a,b]$上单调增加;

(2) 如果在(a,b)内 $f'(x)<0$,那么函数 $f(x)$ 在区间$[a,b]$上单调减少.

证明:任取两点 $x_1,x_2\in(a,b)$,令 $x_1<x_2$,根据拉格朗日定理可知,存在$\xi(x_1<\xi<x_2)$使得

$$f(x_2)-f(x_1) = f'(\xi)(x_2-x_1).$$

(1) 如果在(a,b)内$f'(x)>0$,那么$f'(\xi)>0$,则$f(x_2)>f(x_1)$,所以函数$f(x)$在区间$[a,b]$上单调增加;

(2) 如果在(a,b)内$f'(x)<0$,那么$f'(\xi)<0$,则$f(x_2)<f(x_1)$,所以函数$f(x)$在区间$[a,b]$上单调减少.

讨论可导函数的单调增减性,只需求出函数的导数,再判断导数的符号即可.因此我们需要找到导数取正负值的分界点,也就是导数为0的点,此点称为驻点.

判断函数$f(x)$的单调区间有以下步骤:

(1) 确定函数$f(x)$的定义域;

(2) 求出$f'(x)$,令$f'(x)=0$,解得驻点$x=x_0$,再将所有驻点和不可导点从小到大排列,将定义域划分成若干个开区间;

(3) 在划分好的每个区间上判断$f'(x)$的符号.

例 4.3.1 讨论函数$y=\sqrt[3]{x^2}$的单调区间.

解:题设函数的定义域为$(-\infty,+\infty)$,又

$$y'=\frac{2}{3\sqrt[3]{x}}\quad(x\neq 0),$$

显然,当$x=0$时,题设函数的导数不存在.

因为在$(-\infty,0)$时,$y'<0$,所以题设函数在$(-\infty,0]$内单调减少;而在$(0,+\infty)$内,$y'>0$,所以题设函数在$[0,+\infty)$内单调增加(见图4-3-1).

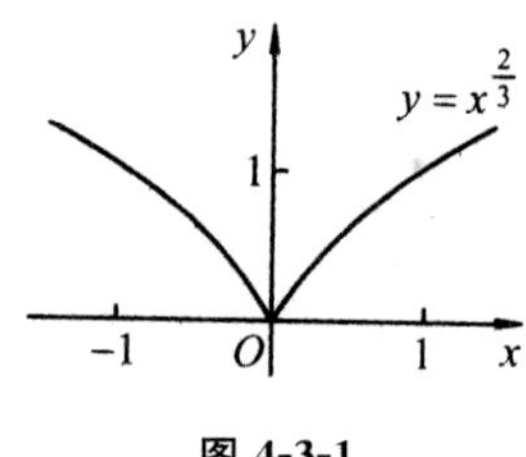

图 4-3-1

例 4.3.2 确定函数$f(x)=2x^3-9x^2+12x-3$的单调区间.

解:函数的定义域为$(-\infty,+\infty)$,函数的导数为

$$f'(x)=6x^2-18x+12=6(x-1)(x-2),$$

由$f'(x)=0$,求得函数的驻点为$x=1$和$x=2$,函数的定义域可划分为三个区间,即$(-\infty,1)$,$(1,2)$和$(2,+\infty)$,再利用导数$f'(x)$在各区间上的符号,从而确定函数的单调性,如表4-3-1所示.

表 4-3-1

x	$(-\infty,1)$	1	$(1,2)$	2	$(2,+\infty)$
$f'(x)$	+	0	−	0	+
$f(x)$	↗		↘		↗

例 4.3.3 证明:当$x>0$时,有

$$x>\ln(1+x).$$

证明:设

$$f(x)=x-\ln(1+x)\quad x\in(0,+\infty),$$

则

$$f'(x)=1-\frac{1}{1+x}=\frac{x}{1+x},$$

因为 $x>0$,那么

$$f'(x)=\frac{x}{1+x}>0,$$

所以函数 $f(x)=x-\ln(1+x)$ 在 $(0,+\infty)$ 上单调递增,又 $f(0)=0$,所以

$$f(x)>f(0)=0,$$

即

$$x-\ln(1+x)>0,$$

所以当 $x>0$ 时,有

$$x>\ln(1+x),$$

得证.

例 4.3.4　证明 Jordan 不等式:当 $x\in\left(0,\frac{\pi}{2}\right)$时,$\frac{2}{\pi}<\frac{\sin x}{x}<1$.

证明:令

$$f(x)=\frac{\sin x}{x},$$

则

$$f(0)=1,f(\frac{\pi}{2})=\frac{2}{\pi},$$

$f(x)$ 在$\left[0,\frac{\pi}{2}\right]$连续,又当 $x\neq 0$ 时,

$$f'(x)=\frac{1}{x^2}(x\cos x-\sin x)=\frac{\cos x}{x^2}(x-\tan x),$$

因为当 $x\in\left(0,\frac{\pi}{2}\right)$时,

$$x<\tan x,$$

所以

$$f'(x)<0,$$

那么 $f(x)$ 在$\left[0,\frac{\pi}{2}\right]$上严格单调减少,从而

$$f(\frac{\pi}{2})<f(x)<f(0),$$

即

$$\frac{2}{\pi}<\frac{\sin x}{x}<1,$$

得证.

4.4 函数极值与最值相关理论及求解

4.4.1 函数极值

函数的极值是函数的一个重要特征，它与函数的最大值和最小值有着密切的关系．

首先我们从几何上看一看，如图 4-4-1 所示，函数单调增加到单调减少的转折点处的函数值较附近其他点的函数值大，则称其为极大值．同样函数单调减少到单调增加的转折点处的函数值较附近其他点的函数值小，则称其为极小值．极小值和极大值均为函数的局部性质，就函数的全局来看，极大值不一定是函数在整个定义域上的最大值，极小值也不一定是最小值．从图 4-4-1 不难看出 $f(x_2)$ 和 $f(x_5)$ 为极大值，$f(x_1)$、$f(x_4)$、$f(x_6)$ 为极小值．

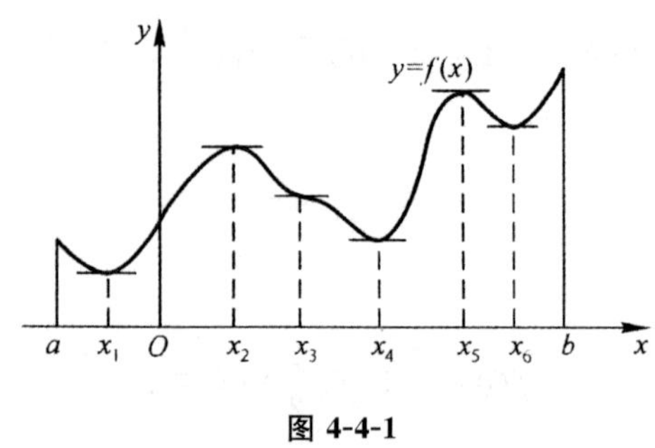

图 4-4-1

定义 4.4.1 设函数 $f(x)$ 在区间(a,b) 有定义，x_0 是(a,b) 内的一个点．

(1) 若对于 x_0 的去心邻域$\overset{o}{N}(x_0)$，使得不等式 $f(x) < f(x_0)$ 成立，则称 $f(x_0)$ 为函数 $f(x)$ 的一个极大值，点 x_0 称为 $f(x)$ 的一个极大值点；

(2) 若对于 x_0 的去心邻域$\overset{o}{N}(x_0)$，使得不等式 $f(x) > f(x_0)$ 成立，则称 $f(x_0)$ 为函数 $f(x)$ 的一个极小值，点 x_0 称为 $f(x)$ 的一个极小值点．

函数的极大值和极小值统称为函数的极值，极大值点和极小值点统称为函数的极值点．

注意：

(1) 极值只是一个局部概念，它仅是与极值点邻近的函数值比较而言较大或者较小，而不是对于整个区间上而言的最大值或者最小值．函数的极值点一定出现在区间的内部，在区间的端点处不能取得极值；

(2) 函数的极大值与极小值可能不止一个，极大值不一定比极小值大，极小值不一定比极大值小；

(3) 函数的极值也可能取在导数不存在的点．

定理 4.4.1 设函数 $f(x)$ 在 x_0 处可导，且在 x_0 处取得极值，则 $f'(x_0)=0$.

证明：我们证明 $f(x_0)$ 为极大值的情形．根据 $f'(x_0)$ 存在可知：

$$f'(x_0)=f'_-(x_0)=f'_+(x_0).$$

由于 $f(x_0)$ 为函数 $f(x)$ 的一个极大值，则对于 x_0 的某邻域内的一切 x，只要 $x\neq x_0$，那么恒

有

$$f(x) \leqslant f(x_0).$$

因此有

当 $x > x_0$ 时，有 $\dfrac{f(x)-f(x_0)}{x-x_0} \leqslant 0$，于是

$$f'_+(x_0) = \lim_{x \to x_0^+} \frac{f(x)-f(x_0)}{x-x_0} \leqslant 0;$$

当 $x < x_0$ 时，有 $\dfrac{f(x)-f(x_0)}{x-x_0} \geqslant 0$，于是

$$f'_-(x_0) = \lim_{x \to x_0^-} \frac{f(x)-f(x_0)}{x-x_0} \geqslant 0,$$

所以 $f'(x_0) = 0$.

使得函数 $f(x)$ 的导数等于零的点，即方程 $f'(x) = 0$ 的实根，叫做函数 $f(x)$ 的驻点.

定理 4.4.2（第一充分条件）　设函数 $f(x)$ 在点 x_0 的某邻域内连续，且在 x_0 的去心邻域 $\mathring{U}(x_0,\delta)$ 内可导，x_0 为函数 $f(x)$ 的临界点.

(1) 如果 $x \in (x_0-\delta, x_0)$ 时，$f'(x) > 0$，且 $x \in (x_0, x_0+\delta)$ 时，$f'(x) < 0$，则函数 $f(x)$ 在 x_0 处取得极大值；

(2) 如果 $x \in (x_0-\delta, x_0)$ 时，$f'(x) < 0$，且 $x \in (x_0, x_0+\delta)$ 时，$f'(x) > 0$，则函数 $f(x)$ 在 x_0 处取得极小值；

(3) 如果 $x \in \mathring{U}(x_0,\delta)$ 时，$f'(x)$ 的符号保持不变，则函数 $f(x)$ 在 x_0 处没有极值.

图 4-4-2 显示了上述情形：

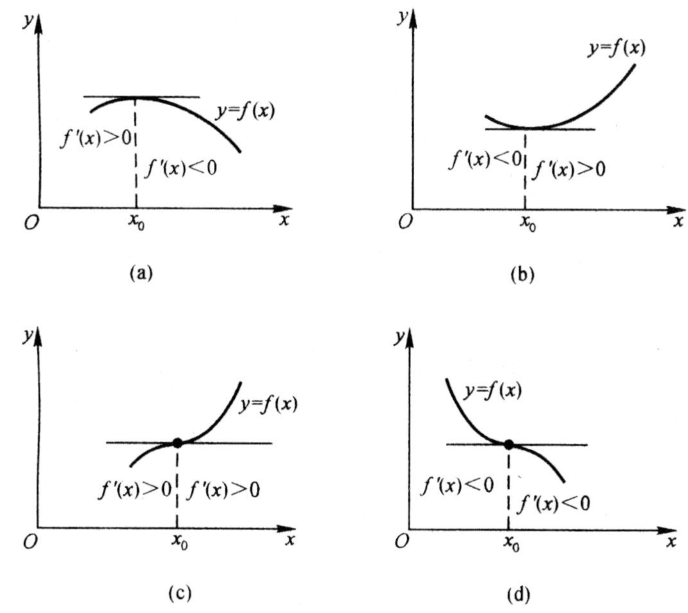

图 4-4-2

根据定理 4.4.1 和定理 4.4.2 可得出求函数 $f(x)$ 极值点和极值的步骤如下：

(1) 首先求出函数的定义域;

(2) 求出函数的导数 $f'(x)$;

(3) 令 $f'(x)=0$,求出函数 $f(x)$ 在定义域内的全部驻点;

(4) 用所有驻点和导数不存在的点把定义域分成若干部分区间,列表考察每个区间内 $f'(x)$ 的符号,确定极值点;

(5) 求出各极值点处的函数值,即可得函数 $f(x)$ 的全部极值.

例 4.4.1 求函数 $y=f(x)=\frac{1}{5}x^5-\frac{1}{3}x^3$ 的极值.

解:所给函数的定义域为$(-\infty,+\infty)$,对函数求导,可得

$$\begin{aligned}y'&=\left(\frac{1}{5}x^5-\frac{1}{3}x^3\right)'\\&=x^4-x^2=x^2(x^2-1).\end{aligned}$$

令 $y'=0$,可得驻点

$$x_1=0,x_2=-1,x_3=1.$$

从而将函数的定义域分成 4 部分区间:

在区间$(-\infty,-1)$内,$y'=x^2(x^2-1)>0$;

在区间$(-1,0)$内,$y'=x^2(x^2-1)<0$;

在区间$(0,1)$内,$y'=x^2(x^2-1)<0$;

在区间$(1,+\infty)$内,$y'=x^2(x^2-1)>0$.

列表如下:

表 4-4-1

x	$(-\infty,-1)$	-1	$(-1,0)$	0	$(0,1)$	1	$(1,+\infty)$
y'	$-$	0	$-$	0	$+$	0	$+$
y	↗	极大值	↘		↘	极小值	↗

由上表可知,函数 $f(x)$ 的极大值为

$$f(-1)=\frac{1}{5}(-1)^5-\frac{1}{3}(-1)^3=\frac{2}{15},$$

极小值为

$$f(1)=\frac{1}{5}(1)^5-\frac{1}{3}(1)^3=-\frac{2}{15},$$

驻点 $x=0$ 不是极值点.

例 4.4.2 求函数 $y=f(x)=(x^2-1)^3+1$ 的极值.

解:所给函数的定义域为$(-\infty,+\infty)$,对函数求导,可得

$$\begin{aligned}y'&=((x^2-1)^3+1)'\\&=3(x^2-1)^2 2x\\&=6x(x+1)^2(x-1)^2.\end{aligned}$$

令 $y'=0$,可得驻点

$$x_1=-1,x_2=0,x_3=1.$$

从而将函数的定义域分成 4 部分区间：

在区间$(-\infty,-1)$内，$y' = 6x(x+1)^2(x-1)^2 < 0$；

在区间$(-1,0)$内，$y' = 6x(x+1)^2(x-1)^2 < 0$；

在区间$(0,1)$内，$y' = 6x(x+1)^2(x-1)^2 > 0$；

在区间$(1,+\infty)$内，$y' = 6x(x+1)^2(x-1)^2 > 0$.

列表如下：

表 4-4-2

x	$(-\infty,-1)$	-1	$(-1,0)$	0	$(0,1)$	1	$(1,+\infty)$
y'	$-$	0	$-$	0	$+$	0	$+$
y	↘		↘	极小值	↗		↗

由上表可知，函数 $f(x)$ 的极小值为 $f(0) = 0$，驻点 $x_1 = -1, x_3 = 1$ 不是极值点．

定理 4.4.3（第二充分条件）　设函数 $f(x)$ 在点 x_0 处具有二阶导数且 $f'(x_0) = 0, f''(x_0) \neq 0$，则

(1) 当 $f''(x_0) < 0$ 时，函数 $f(x)$ 在点 x_0 处取得极大值；

(2) 当 $f''(x_0) > 0$ 时，函数 $f(x)$ 在点 x_0 处取得极小值．

证明：这里我们仅证明情形(1).

因为 $f''(x_0) < 0$，则按照二阶导数的定义有

$$f''(x_0) = \lim_{x \to x_0} \frac{f'(x) - f'(x_0)}{x - x_0} < 0,$$

由函数极限的局部保号性，当 x 在 x_0 的做够小的去心邻域内时，

$$\frac{f'(x) - f'(x_0)}{x - x_0} < 0.$$

但 $f'(x_0) = 0$，因此上式即为

$$\frac{f'(x)}{x - x_0} < 0.$$

从而可知，对于此去心邻域内的 x 来说，$f'(x)$ 与 $x - x_0$ 符号相反．所以当 $x - x_0 < 0$ 即 $x < x_0$ 时，$f'(x) > 0$；当 $x - x_0 > 0$ 即 $x > x_0$ 时，$f'(x) < 0$. 从而根据定理 4.4.3 可知，函数 $f(x)$ 在点 x_0 处取得极大值．

例 4.4.3　求函数 $f(x) = \sin x + \cos x (0 \leqslant x \leqslant 2\pi)$ 的极值．

解：函数的一阶导数为

$$f'(x) = \cos x - \sin x,$$

令 $f'(x) = 0$，得驻点 $x_1 = \frac{\pi}{4}, x_2 = \frac{5\pi}{4}$.

函数的二阶导数为

$$f''(x) = -\sin x - \cos x.$$

将上述求得的驻点代入，可得

$$f''\left(\frac{\pi}{4}\right) = -\sin\frac{\pi}{4} - \cos\frac{\pi}{4} < 0,$$

$$f''\left(\frac{5\pi}{4}\right)=-\sin\frac{5\pi}{4}-\cos\frac{5\pi}{4}>0,$$

因此有 $x_1=\frac{\pi}{4}$ 为极大值点，且极大值为 $f\left(\frac{\pi}{4}\right)=\sin\frac{\pi}{4}+\cos\frac{\pi}{4}=\sqrt{2}$；$x_2=\frac{5\pi}{4}$ 为极小值点，且极小值为 $f\left(\frac{5\pi}{4}\right)=\sin\frac{5\pi}{4}+\cos\frac{5\pi}{4}=-\sqrt{2}$.

例 4.4.4 求函数 $f(x)=(x-1)^2(x+1)^3$ 的极值.

解:函数的定义域为$(-\infty,+\infty)$，其一阶导数为

$$f'(x)=(x-1)(x+1)^2(5x-1).$$

令 $f'(x)=0$，得驻点 $x_1=-1,x_2=\frac{1}{5},x_3=1$，此函数没有导数不存在的点.

函数的二阶导数为

$$f''(x)=4(x+1)(5x^2-2x-1),$$

将上述求得的驻点代入，可得

$$f''(-1)=0,f''\left(\frac{1}{5}\right)=-\frac{144}{25}<0,f''(1)=16>0,$$

因此 $x_2=\frac{1}{5}$ 为极大值点，且极大值为 $f\left(\frac{1}{5}\right)=\frac{3456}{3125}$.

$x_3=1$ 为极小值点，极小值为 $f(1)=0$.

因为 $f''(-1)=0$，所以不能使用定理4.4.3来判断 $x_1=-1$ 是否为极值点，此时我们该用定理 4.4.3 来判断.

因为 $x\in(-\infty,-1)$ 时，$f'(x)>0$；当 $x\in\left(-1,\frac{1}{5}\right)$时，$f'(x)>0$ 因此由定理 4.4.3 可知，$x_1=-1$ 不是函数 $f(x)$ 的极值点.

例 4.4.5 求函数 $f(x)=x^2\mathrm{e}^x$ 的极值.

解:函数的定义域为$(-\infty,+\infty)$，其一阶导数为

$$\begin{aligned}f'(x)&=(x^2\mathrm{e}^x)'\\&=2x\mathrm{e}^x+x^2\mathrm{e}^x\\&=x(x+2)\mathrm{e}^x.\end{aligned}$$

令 $f'(x)=0$，得驻点 $x_1=-2,x_2=0$.

二阶导数为

$$f''(x)=\mathrm{e}^x(x^2+4x+2).$$

将上述求得的驻点代入，可得

$$f''(-2)=-\frac{2}{\mathrm{e}^2}<0,f''(0)=2>0,$$

因此 $x_1=-2$ 为极大值点，且极大值为 $f(-2)=4\mathrm{e}^{-2}$；$x_2=0$ 为极小值点，且极小值为 $f(0)=0$.

4.4.2 最值相关理论及求解

设函数 $y=f(x)$ 在闭区间$[a,b]$上连续，由闭区间上连续函数的性质，可知 $y=f(x)$ 在$[a,b]$上的最大值和最小值一定存在. 如果最大值(或最小值)在(a,b)内某点取得，那么它一定同时是极大值(或极小值). 例如，在图 4-4-3(a) 中，$y=f(x)$ 在 $x=x_0$ 处取得最大值，且 $x=x_0$，是该

函数的极大值点．但最大值(或最小值)也可能在区间的端点处取得，例如，在图 4-4-3 (b) 中，$y = f(x)$ 在区间的左端点 $x = a$ 处取得最大值．因此，我们必须比较 $f(x)$ 所有的极大值(或极小值)以及函数在两个端点处的函数值，从而得出$[a,b]$上的最大值(或最小值).

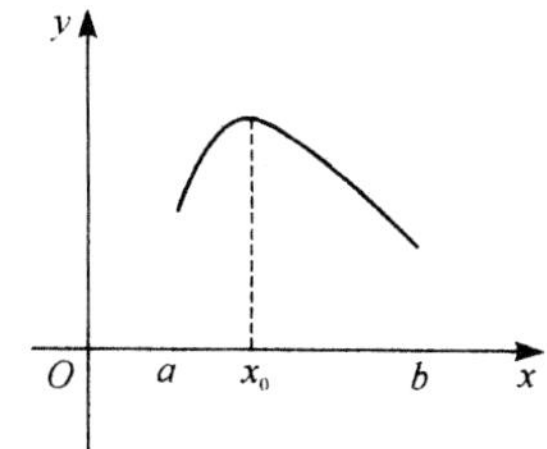

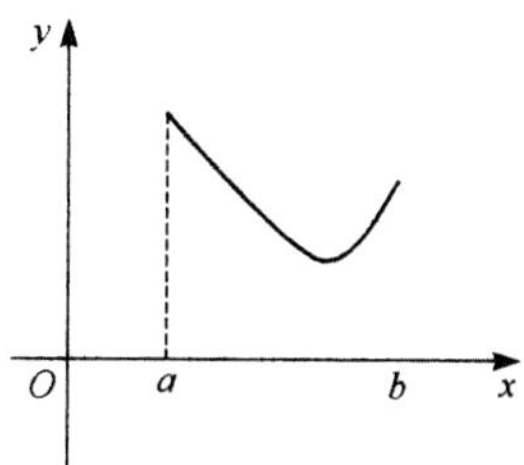

图 4-4-3

例 4.4.6　求函数 $f(x) = |x^2 - 3x + 2|$ 在区间$[-3,4]$上的最大值与最小值．

解：$f(x) = \begin{cases} x^2 - 3x + 2 & x \in [-3,1] \cup [2,4] \\ -x^2 + 3x - 2 & x \in (1,2) \end{cases}$.

函数的一阶导数为

$$f'(x) = \begin{cases} 2x - 3 & x \in [-3,1] \cup [2,4] \\ -2x + 3 & x \in (1,2) \end{cases}.$$

令 $f'(x) = 0$，求得定义域内的驻点为

$$x = \frac{3}{2},$$

不可导点为

$$x_1 = 1, x_2 = 2.$$

上述函数值为

$$f\left(\frac{3}{2}\right) = -\left(\frac{3}{2}\right)^2 + 3\left(\frac{3}{2}\right) - 2 = \frac{1}{4},$$

$$f(1) = (1)^2 - 3 + 2 = 0,$$

$$f(2) = (2)^2 - 3 \times (2) + 2 = 0.$$

区间端点处的函数值为

$$f(-3) = (-3)^2 - 3 \times (-3) + 2 = 20,$$

$$f(4) = (4)^2 - 3 \times (4) + 2 = 6.$$

比较以上各值，可得函数 $f(x)$ 在区间$[-3,4]$上的最大值为 $f(-3) = 20$，最小值为 $f(1) = 0$，$f(2) = 0$.

例 4.4.7　求函数 $f(x) = 2x^3 + 3x^2 - 12x + 14$ 在区间$[-3,4]$上的最大值与最小值．

解：函数的一阶导数为

$$f'(x) = 6x^2 + 6x - 12 = 6(x + 2)(x - 1),$$

令 $f'(x) = 0$，求得定义域内的驻点为

$$x_1 = -2, x_2 = 1,$$

函数值为

$$f(-2) = 2 \times (-2)^3 + 3 \times (-2)^2 - 12 \times (-2) + 14 = 34,$$

$$f(1)=2\times(1)^3+3\times(1)^2-12\times(1)+14=7.$$

区间端点处的函数值为

$$f(-3)=2\times(-3)^3+3\times(-3)^2-12\times(-3)+14=23,$$
$$f(4)=2\times(4)^3+3\times(4)^2-12\times(4)+14=142.$$

比较以上各值，可得函数 $f(x)$ 在区间$[-3,4]$上的最大值为 $f(4)=142$，最小值为 $f(1)=7$.

例 4.4.8 求函数 $f(x)=x^3-3x^2-9x+5$ 在区间$[-2,4]$上的最大值和最小值.

解：函数的一阶导数为

$$f'(x)=3x^2-6x-9=3(x+1)(x-3).$$

令 $f'(x)=0$，求得定义域内的驻点为

$$x_1=-1,x_2=3.$$

上述函数值为

$$f(-1)=(-1)^3-3\times(-1)^2-9\times(-1)+5=10,$$
$$f(3)=(3)^3-3\times(3)^2-9\times(3)+5=-22,$$

区间端点处的函数值为

$$f(-2)=(-2)^3-3\times(-2)^2-9\times(-2)+5=3,$$
$$f(4)=(4)^3-3\times(4)^2-9\times(4)+5=-15.$$

比较以上各值，可得函数 $f(x)$ 在区间$[-2,4]$上的最大值为 $f(-1)=10$，最小值为 $f(3)=-22$.

例 4.4.9 将一长为 a 的铁丝切成两段，并且将其中一段围成正方形，另一段围成圆形，为使正方形与圆形面积之和最小，试问两段铁丝的长各为多少？

解：设围成正方形的铁丝长为 x，围成圆形的铁丝长为 y，那么正方形的边长为$\frac{1}{4}x$，圆形的半径为$\frac{1}{2\pi}y$. 因此正方形和圆形的面积之和为

$$S=\left(\frac{1}{4}x\right)^2+\pi\left(\frac{1}{2\pi}y\right)^2$$
$$=\frac{1}{16}x^2+\frac{1}{4\pi}y^2.$$

根据题设的约束条件 $x+y=a$，从而解得 $y=a-x$，将其代入上式可得

$$S(x)=\frac{1}{16}x^2+\frac{1}{4\pi}(a-x)^2\qquad(0<x<a).$$

对 x 求导，可得

$$S'(x)=\frac{1}{8}x-\frac{1}{2\pi}(a-x).$$

令 $S'(x)=0$，求得定义域内的驻点为

$$x=\frac{4a}{4+\pi},$$

在定义域$(0,a)$内仅有这一个驻点，并且有

$$S''(x)=\frac{1}{8}+\frac{1}{2\pi}>0,$$

所以 $S''(x_0)>0$，$S(x_0)$ 是 $S(x)$ 的极小值，也是最小值.

因此可知围成正方形的一段铁丝长度为

$$x_0 = \frac{4a}{4+\pi},$$

围成圆形的一段铁丝的长度为

$$y_0 = a - x_0 = \frac{\pi a}{4+\pi}.$$

例 4.4.10　把边长为 $a$cm 的正方形纸板的四个角剪去四个相等的小正方形，如图 4-4-4(a) 所示，折成一个无盖盒子，如图 4-4-4(b) 所示，试问怎样做才能使盒子的容积最大？

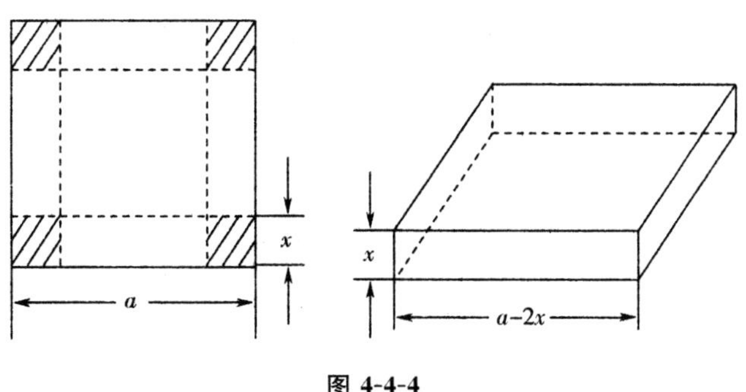

图 4-4-4

解：设剪去的小正方形的边长为 x，则盒子的容积为

$$V = x(a-2x)^2 \quad \left(0 < x < \frac{a}{2}\right),$$

首先 y 对 x 求导，可得

$$\begin{aligned} V' &= (x(a-2x)^2)' \\ &= (a-2x)^2 - 4x(a-2x) \\ &= (a-2x)(a-6x). \end{aligned}$$

令 $V' = 0$，求得定义域内的驻点为

$$x = \frac{a}{6}, x = \frac{a}{2}.$$

由于定义域为 $\left(0 < x < \frac{a}{2}\right)$，所以在区间内只有一个驻点 $x = \frac{a}{6}$，即当四个角剪去边长为 $\frac{a}{6}$cm 的小正方形时，此时做成的纸盒的容积最大．

4.5　曲线的凸性与拐点的求解方法

4.5.1　曲线的凸性

定义 4.5.1　设函数 $f(x)$ 在区间 (a,b) 上有定义，对任意的 $x_1, x_2 \in (a,b)$，$x_1 \neq x_2$ 及 $0 < \lambda < 1$，如果总有

$$f((1-\lambda)x_1 + \lambda x_2) \leqslant (1-\lambda)f(x_1) + \lambda f(x_2),$$

则称 $f(x)$ 在区间 (a,b) 上是下凸函数，简称凸函数．如果将不等式中的“$\leqslant$”改为“$<$”，则称函数在区间 (a,b) 上是严格下凸的；如果总有

$$f((1-\lambda)x_1+\lambda x_2)\geqslant(1-\lambda)f(x_1)+\lambda f(x_2),$$

则称 $f(x)$ 在区间(a,b) 上是上凸函数，简称凸函数. 如果将不等式中的"$\geqslant$"改为"$>$"，则称函数在区间(a,b) 上是严格上凸的.

从图形上来看，下凸函数曲线上任意两点间的弦位于对应弧段的上方(如图 4-5-1)，而上凸函数曲线上任意两点间的弦位于对应弧段的下方，如图 4-5-2 所示.

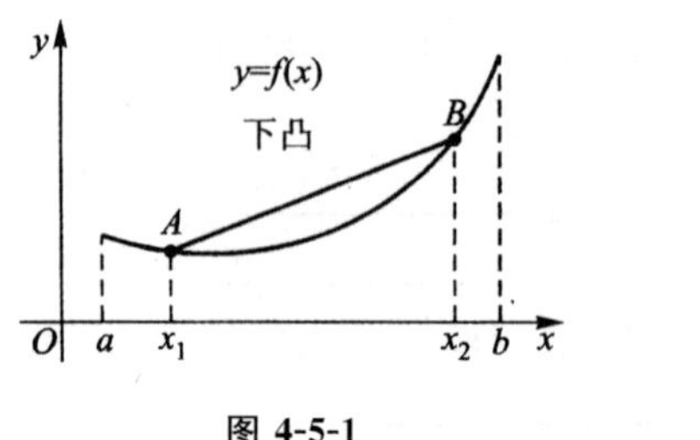

图 4-5-1

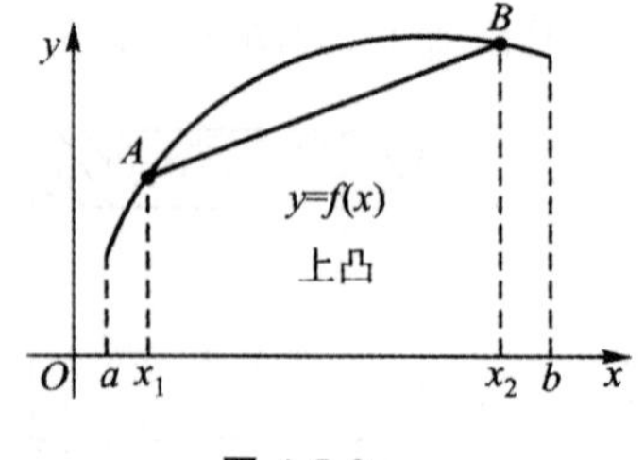

图 4-5-2

定理 4.5.1(凸性的第一判别法) 设函数 $f(x)$ 在区间(a,b) 上可导，如果导函数 $f'(x)$ 在(a,b) 上严格单调增加或减少，则函数 $f(x)$ 在区间(a,b) 上是严格下凸或上凸的.

定理 4.5.2(凸性的第二判别法) 设函数 $f(x)$ 在区间(a,b) 上二阶可导，则当 $f''(x)>0$ 时，$f(x)$ 在区间(a,b) 内下凸；当 $f''(x)<0$ 时，$f(x)$ 在区间(a,b) 内上凸.

例 4.5.1 讨论 $\rho(x)=\frac{1}{\sqrt{2\pi}}e^{-\frac{x^2}{2}}$ 的凸性区间及拐点.

解:令

$$\rho''(x)=\frac{1}{\sqrt{2\pi}}e^{-\frac{x^2}{2}}(x^2-1)=0$$

可得

$$x=\pm1,$$

$\rho''(x)$ 的符号情况如图 4-5-3 所示，由图易知，$\rho''(x)$ 在$(-\infty,-1)$ 和$(1,+\infty)$ 上为正，在此区间上 $\rho(x)$ 严格下凸；$\rho''(x)$ 在$(-1,1)$ 上为负，在此区间上 $\rho(x)$ 严格上凸. 经过 $x=\pm1$，二阶导数 $\rho''(x)$ 变号，所以$(1,\rho(1))=\left(1,\frac{1}{\sqrt{2\pi e}}\right)$和$(-1,\rho(1))=\left(-1,\frac{1}{\sqrt{2\pi e}}\right)$都是拐点.

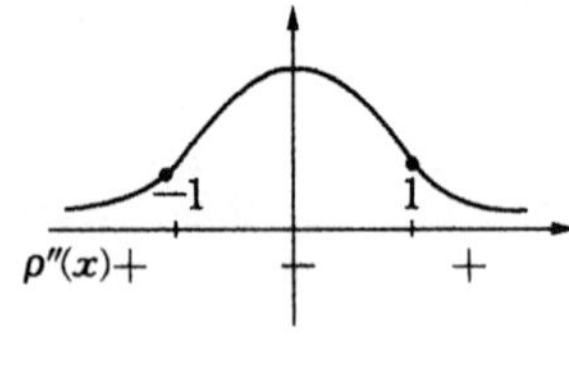

图 4-5-3

例 4.5.2 证明不等式：$\forall a,b>0,\left(\frac{a+b}{2}\right)^{a+b}\leqslant a^b b^a$.

证明:因为 a,b 都是正数，所以所需证的不等式等价于

$$(a+b)\ln\frac{a+b}{2}\leqslant a\ln a+b\ln b,$$

即

$$\frac{a+b}{2}\ln\frac{a+b}{2}\leqslant\frac{1}{2}(a\ln a+b\ln b).$$

做辅助函数

$$f(x)=x\ln x \quad (x>0),$$

则有

$$f'(x)=1+\ln x,$$

$$f''(x)=\frac{1}{x}>0,$$

所以 $f(x)$ 是严格下凸函数，则

$$f\left(\frac{a+b}{2}\right)\leqslant\frac{1}{2}f(a)+\frac{1}{2}f(b),$$

且等号仅在 $a=b$ 时成立，因此

$$\frac{a+b}{2}\ln\frac{a+b}{2}\leqslant\frac{1}{2}(a\ln b+b\ln b),$$

即原不等式得证．

4.5.2　曲线的拐点

定义 4.5.2　在连续曲线弧 $y=f(x)$ 上，凹凸部分的分界点称之为曲线的拐点．

由图可见，曲线的凹弧位于弧上每一点的切线的上方，凸弧位于弧上每一点的切线的下方，所以在拐点处的切线应该是穿过曲线的．

接下来我们介绍拐点的判定与求法．

定理 4.5.3(拐点的必要条件)　设函数 $f(x)$ 在点 x_0 处具有二阶导数，那么 $(x_0,f(x_0))$ 为曲线 $y=f(x)$ 拐点的必要条件为 $f''(x_0)=0$.

定理 4.5.4(拐点的充分条件)　如果 $f''(x_0)=0$，且 $f''(x)$ 在 x_0 两侧变号，则 $(x_0,f(x_0))$ 为曲线 $y=f(x)$ 的拐点．

确定函数 $y=f(x)$ 的凹凸区间与求曲线的拐点步骤如下：

(1) 确定函数 $f(x)$ 的定义域，求出 $f'(x)$，$f''(x)$；

(2) 求出 $f(x)$ 定义域内方程 $f''(x)=0$ 的全部实根及 $f''(x)$ 不存在点，上述各点按由小到大的顺序将 $f(x)$ 的定义域分成若干区间；

(3) 对每个部分区间内确定 $f''(x)$ 的符号，若 $f''(x)>0$，那么对应曲线弧为凹的；若 $f''(x)<0$，那么对应曲线弧为凸的；

(4) 记 x_i 为上述各点，如果 x_i 的两侧 $f''(x)$ 异号，那么 $(x_i,f(x_i))$ 为曲线的拐点；如果 x_i 的两侧 $f''(x)$ 同号，那么 $(x_i,f(x_i))$ 不是拐点．

例 4.5.3　求曲线 $y=\arctan x$ 的凹凸区间及拐点．

解：函数 $y=\arctan x$ 的定义域为 $(-\infty,+\infty)$.

函数的一阶导数为

$$y'=\frac{1}{1+x^2}.$$

函数的二阶导数为

$$y''=-\frac{2x}{(1+x^2)^2}.$$

令 $y''=0$,可得

$$x=0.$$

分区间为

$$(-\infty,0),(0,+\infty).$$

当 $x<0$ 时,$y''>0$;当 $x>0$ 时,$y''<0$,从而根据定理 4.5.1 可知,曲线 $y=\arctan x$ 在区间$(-\infty,0)$ 内为凹的,在区间$(0,+\infty)$ 内为凸的,点$(0,0)$ 为曲线凹凸的分界点,因此曲线的拐点为$(0,0)$.

为了更加清楚,列表分析如表 4-5-1 所示.

表 4-5-1

x	$(-\infty,0)$	0	$(0,+\infty)$
y''	+	0	−
y	凹	拐点	凸

例 4.5.4 求曲线 $y=\ln(1+x^2)$ 的凹凸区间及拐点.

解:函数 $y=\ln(1+x^2)$ 的定义域为$(-\infty,+\infty)$.

函数的一阶导数为

$$y'=\frac{2x}{1+x^2}.$$

函数的二阶导数为

$$y''=-\frac{2(1-x^2)}{(1+x^2)^2}.$$

令 $y''=0$,可得

$$x_1=1,x_2=-1.$$

分区间为

$$(-\infty,-1),(-1,1),(1,+\infty).$$

当 $-\infty<x<-1$ 时,$y''<0$,曲线为凸的;当 $-1<x<1$ 时,$y''>0$,曲线为凹的;当 $1<x<+\infty$ 时,$y''<0$,曲线为凸的.曲线的拐点为$(-1,\ln 2)$ 和$(1,\ln 2)$.

为了更加清楚,列表分析如表 4-5-2 所示.

表 4-5-2

x	$(-\infty,-1)$	-1	$(-1,1)$	1	$(1,+\infty)$
y''	−	0	+	0	−
y	凸	拐点	凹	拐点	凸

例 4.5.5 求曲线 $y=3x^4-4x^3+1$ 的凹凸区间及拐点.

解:函数 $y=3x^4-4x^3+1$ 的定义域为$(-\infty,+\infty)$.

函数的一阶导数为

$$y' = 12x^3 - 12x^2.$$

函数的二阶导数为

$$y'' = 36x^2 - 24x = 36x\left(x - \frac{2}{3}\right).$$

令 $y'' = 0$,可得

$$x_1 = 0, x_2 = \frac{2}{3}.$$

分区间为

$$(-\infty, 0), (0, \frac{2}{3}), (\frac{2}{3}, +\infty).$$

当 $-\infty < x < 0$ 时,$y'' > 0$,曲线为凹的;当 $0 < x < \frac{2}{3}$ 时,$y'' < 0$,曲线为凸的,当 $\frac{2}{3} < x < +\infty$ 时,$y'' > 0$,曲线为凹的．曲线的拐点为(0,1) 和 $\left(\frac{2}{3}, \frac{11}{27}\right)$.

为了更加清楚,列表分析如 4-5-3 所示．

表 4-5-3

x	$(-\infty, 0)$	0	$(0, \frac{2}{3})$	$\frac{2}{3}$	$(\frac{2}{3}, +\infty)$
y''	+	0	−	0	+
y	凹	拐点	凸	拐点	凹

4.6　简单函数图形描绘方法

4.6.1　曲线的渐近线

利用函数的一阶和二阶导数,可以判定函数的单调性和曲线的凹凸性,因此对函数所表示的曲线的升降和弯曲情况有定性的认识．但是当函数的定义域为无穷区间或者有无穷类型间断点时,则还需要了解曲线向无穷远处延伸的趋势,从而引入了曲线渐近线的概念．

下面我们先看几个简单的函数,例如,

(1) 函数 $y = \tan x$,当 $x \to \frac{\pi}{2}$ 时,函数值的绝对值无限增大,则曲线 $y = \tan x$ 无限接近于直线 $x = \frac{\pi}{2}$;

(2) 函数 $y = \arctan x$,当 $x \to +\infty$ 时,函数值无限接近于$\frac{\pi}{2}$,则曲线 $y = \arctan x$ 无限接近于直线 $y = \frac{\pi}{2}$;当 $x \to -\infty$ 时, 函数值无限接近于 $-\frac{\pi}{2}$,则曲线 $y = \arctan x$ 无限接近于直线 $y = -\frac{\pi}{2}$.

定义 4.6.1　若动点 M 沿曲线 $y = f(x)$ 无限远离坐标原点而去,它与某定直线 L 之间的距离趋于零,那么称直线 L 为曲线 $y = f(x)$ 的一条渐近线．

下面我们给出水平、垂直、斜渐近线的定义：

定义 4.6.2 设曲线 $y=f(x)$，

(1) 若 $\lim\limits_{x\to\infty}f(x)=b$（或者 $\lim\limits_{x\to-\infty}f(x)=b$，$\lim\limits_{x\to+\infty}f(x)=b$），则称直线 $y=b$ 为曲线 $y=f(x)$ 的一条水平渐近线；

(2) 若 $\lim\limits_{x\to x_0}f(x)=\infty$（或者 $\lim\limits_{x\to x_0^-}f(x)=\infty$，$\lim\limits_{x\to x_0^+}f(x)=\infty$），则称直线 $x=x_0$ 为曲线 $y=f(x)$ 的一条垂直渐近线；

(3) 若 $f(x)$ 满足 $\lim\limits_{x\to\infty}\dfrac{f(x)}{x}=k$ 且 $\lim\limits_{x\to\infty}[f(x)-kx]=b$，则曲线 $y=f(x)$ 有斜渐近线 $y=kx+b$.

例 4.6.1 求曲线 $y=\arctan x$ 的水平渐近线.

解：因为

$$\lim_{x\to+\infty}\arctan x=\frac{\pi}{2},$$

因此直线 $y=\dfrac{\pi}{2}$ 为曲线 $y=\arctan x$ 的水平渐进线.

因为

$$\lim_{x\to-\infty}\arctan x=-\frac{\pi}{2},$$

因此直线 $y=-\dfrac{\pi}{2}$ 为曲线 $y=\arctan x$ 的水平渐进线.

例 4.6.2 求曲线 $y=a^x$ 的水平渐近线.

解：因为当 $0<a<1$ 时，

$$\lim_{x\to+\infty}a^x=0;$$

当 $a>1$ 时，

$$\lim_{x\to-\infty}a^x=0,$$

所以 $y=0$，即为 x 轴为指数曲线 $y=a^x$ 的水平渐近线.

例 4.6.3 求曲线 $y=\dfrac{1}{1-x}$ 的水平渐近线和垂直渐近线.

解：由于

$$\lim_{x\to\infty}\frac{1}{1-x}=0,$$

因此直线 $y=0$ 为曲线 $y=\dfrac{1}{1-x}$ 的水平渐近线.

由于

$$\lim_{x\to1}\frac{1}{1-x}=\infty,$$

因此直线 $x=1$ 为曲线 $y=\dfrac{1}{1-x}$ 的垂直渐近线.

例 4.6.4 求曲线 $y=\dfrac{1}{x^2}+1$ 的水平渐近线和垂直渐近线.

解：由于

$$\lim_{x\to\infty}\frac{1}{x^2}+1=1,$$

因此直线 $y=1$ 为曲线 $y=\frac{1}{x^2}+1$ 的水平渐进线.

由于

$$\lim_{x\to 0}\frac{1}{x^2}+1=+\infty,$$

因此直线 $x=0$ 为曲线 $y=\frac{1}{x^2}+1$ 的水平渐近线.

4.6.2　函数图形的描绘

通过判定一阶导数的符号，从而可以确定函数图形在哪个区间上上升或者下降，在什么地方有极值点；通过判定二阶导数的符号，可以确定函数图形在哪个区间上为凹或者为凸，在什么地方存在拐点．知道了函数的升降、凸凹、极值点和拐点，从而掌握了函数的性态，则可把函数的图形画得比较准确．

函数作图的一般步骤为：

(1) 确定函数 $y=f(x)$ 的定义域和 $f(x)$ 的某些基本性质，如奇偶性、周期性；

(2) 计算函数 $y=f(x)$ 的一阶导数 $f'(x)$ 和二阶导数 $f''(x)$，求出 $f(x)$ 的间断点、驻点、$f'(x)$ 不存在点和 $f''(x)$ 等于零的点或者不存在点，并求出函数在这些点的值，从而定出曲线 C：$y=f(x)(x\in D)$ 上相应的点，用这些点将函数的定义域 D 分成几个小区间；

(3) 确定这些部分区间内 $f'(x)$ 和 $f''(x)$ 的符号，并且由此确定函数图形的升降和凹凸，极值点和拐点；

(4) 确定函数图形的水平、垂直渐近线以及其他变化趋势；

(5) 算出 $f'(x)$ 和 $f''(x)$ 的零点以及不存在的点所对应的函数值，确定出图形上相应的点；为了将图形描绘得更准确些，必要时需要再补充一些点；然后结合(3)、(4)步中得到的结果，用光滑的曲线把已知点连接起来，即可得到函数 $y=f(x)$ 的图形．

例 4.6.5　作函数 $y=3x^2-x^3$ 的图形．

解：函数的定义域为$(-\infty,+\infty)$.

函数的一阶导数为

$$y'=6x-3x^2,$$

令 $y'=0$，可得

$$x_1=0,x_2=2.$$

函数的二阶导数为

$$y''=6-6x,$$

令 $y''=0$，可得

$$x_3=1.$$

将上述3个点按从小到大的顺序排列，依次把定义域$(-\infty,+\infty)$划分成四个部分区间：

$$(-\infty,0),(0,1),(1,2),(2,+\infty).$$

在区间$(-\infty,0)$内，$y'<0,y''>0$，因此在区间$(-\infty,0)$上曲线为凹的．

在区间$(0,1)$内，$y'>0,y''>0$，因此在区间$(0,1)$上曲线为凹的．

在区间(1,2)内,$y' > 0, y'' < 0$,因此在区间(1,2)上曲线为凸的.

在区间$(2,+\infty)$内,$y' < 0, y'' < 0$,因此在区间$(2,+\infty)$上曲线为凸的.

列表分析如表 4-6-1 所示.

表 4-6-1

x	$(-\infty,0)$	0	(0,1)	1	(1,2)	2	$(2,+\infty)$
y'	$-$	0	$+$		$+$	0	$-$
y''	$+$		$+$	0	$-$		$-$
y	↘ 凹	极小值 0	↗ 凹	拐点 (1,2)	↗ 凸	极大值 4	↘ 凸

曲线 $y = 3x^2 - x^3$ 没有渐近线.

画图时,首先确定特殊点的位置,极大值为 $f(2) = 4$,极小值 $f(0) = 0$,拐点为(1,2).

取辅助点$(-1,4)$,$\left(\frac{1}{2},\frac{5}{8}\right)$.

用光滑曲线描绘得到函数的图形如图 4-6-1 所示.

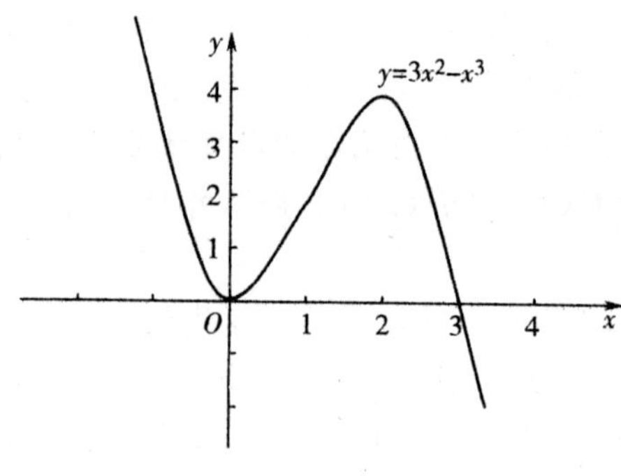

图 4-6-1

例 4.6.6 作函数 $y = x^3 - 6x^2 + 9x - 2$ 的图形.

解:函数的定义域为$(-\infty,+\infty)$,是非奇非偶函数,不是周期函数.

函数的一阶导数为

$$y' = 3x^2 - 12x + 9,$$

令 $y' = 0$,可得

$$x_1 = 1, x_2 = 3.$$

函数的二阶导数为

$$y'' = 6x - 12,$$

令 $y'' = 0$,可得

$$x_3 = 2.$$

将上述 3 个点按从小到大的顺序排列,依次把定义域$(-\infty,+\infty)$划分成四个部分区间:

$$(-\infty,1),(1,2),(2,3),(3,+\infty).$$

在区间$(-\infty,1)$内,$y' > 0, y'' < 0$,因此在区间$(-\infty,1)$上曲线为凸的.

在区间(1,2)内，$y'<0, y''<0$，因此在区间(1,2)上曲线为凸的．

在区间(2,3)内，$y'<0, y''>0$，因此在区间(2,3)上曲线为凹的．

在区间$(3,+\infty)$内，$y'>0, y''>0$，因此在区间$(3,+\infty)$上曲线为凹的．

列表分析如表 4-6-2 所示．

表 4-6-2

x	$(-\infty,1)$	1	(1,2)	2	(2,3)	3	$(3,+\infty)$
y'	+	0	−		−	0	+
y''	−		−	0	+		+
y	↗ 凸	极大值 2	↘ 凸	拐点 (2,0)	↘ 凹	极小值 −2	↗ 凹

曲线无渐近线．

画图时，首先确定特殊点的位置，极大值为$f(1)=2$，极小值$f(3)=-2$，拐点为(2,0)，补充点$(0,-2)$．

用光滑曲线描绘得到函数的图形如图 4-6-2 所示．

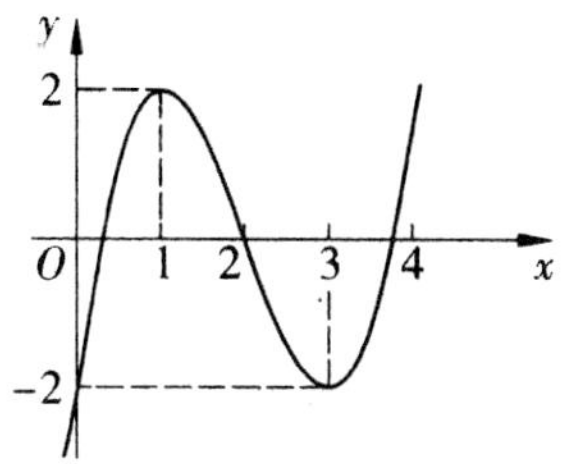

图 4-6-2

例 4.6.7　作函数$y=x^3-x^2-x+1$的图形．

解：函数的定义域为$(-\infty,+\infty)$．

函数的一阶导数为

$$y'=3x^2-2x-1=(3x+1)(x-1),$$

令$y'=0$，可得

$$x_1=-\frac{1}{3}, x_2=1.$$

函数的二阶导数为

$$y''=6x-2.$$

令$y''=0$，可得

$$x_3=\frac{1}{3}.$$

将上述 3 个点按从小到大的顺序排列，依次把定义域$(-\infty,+\infty)$划分成四个部分区间：

$$\left(-\infty,-\frac{1}{3}\right),\left(-\frac{1}{3},\frac{1}{3}\right),\left(\frac{1}{3},1\right),(1,+\infty).$$

在区间$\left(-\infty,-\frac{1}{3}\right)$内,$y'>0,y''<0$,因此在区间$\left(-\infty,-\frac{1}{3}\right)$上曲线为凸的.

在区间$\left(-\frac{1}{3},\frac{1}{3}\right)$内,$y'<0,y''<0$,因此在区间$\left(-\frac{1}{3},\frac{1}{3}\right)$上曲线为凸的.

在区间$\left(\frac{1}{3},1\right)$内,$y'<0,y''>0$,因此在区间$\left(\frac{1}{3},1\right)$上曲线为凹的.

在区间$(1,+\infty)$内,$y'>0,y''>0$,因此在区间$(1,+\infty)$上曲线为凹的.

列表分析如表 4-6-3 所示

表 4-6-3

x	$\left(-\infty,-\frac{1}{3}\right)$	$-\frac{1}{3}$	$\left(-\frac{1}{3},\frac{1}{3}\right)$	$\frac{1}{3}$	$\left(\frac{1}{3},1\right)$	1	$(1,+\infty)$
y'	+	0	−		−	0	+
y''	−		−	0	+		+
y	↗ 凸	极大值 $\frac{32}{27}$	↘ 凸	拐点 $\left(\frac{1}{3},\frac{16}{27}\right)$	↘ 凹	极小值 0	↗ 凹

取辅助点$(-1,0)$,$(0,1)$,$\left(\frac{3}{2},\frac{5}{8}\right)$.

用光滑曲线描绘得到函数的图形如图 4-6-3 所示.

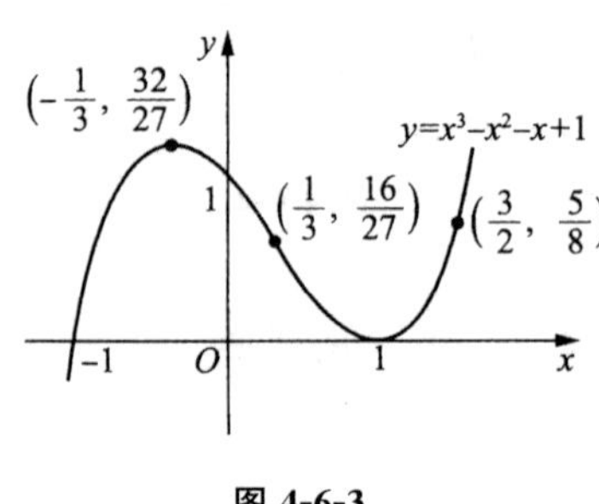

图 4-6-3

4.7 曲线的曲率

4.7.1 弧微分

作为曲率的预备知识,我们先介绍弧微分的概念.

设函数$y=f(x)$在区间I上具有连续导数.在曲线$y=f(x)$上取定点$M(x_0,f(x_0))$作为计算弧长的起点,如图 4-7-1 所示,对于曲线上任一点$P(x,f(x))$,弧$\overset{\frown}{MP}$的长度为x的函数$s=s(x)$.并且规定:当P在点M的右侧$(x>x_0)$时,$s=s(x)$为正;当P在点M的左侧$(x<x_0)$时,$s=$

$s(x)$ 为负．所以弧长为 x 的单调增加函数．

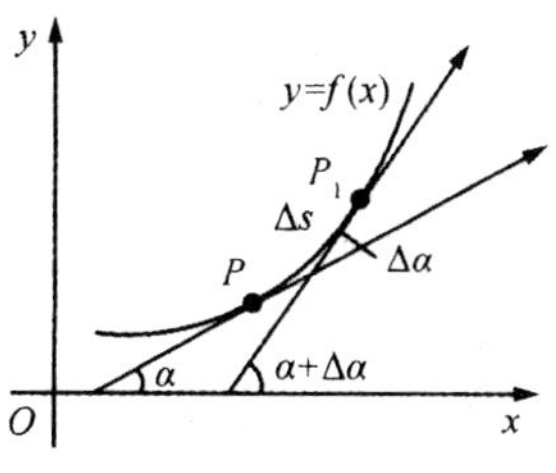

图 4-7-1

下面我们来求函数 $s(x)$ 的导数及微分．

设 $x, x+\Delta x$ 为区间 I 上两个邻近的点，它们在曲线 $y=f(x)$ 上的对应点为 P, P'，并且设对应 x 的增量 Δx，弧 s 的增量为 Δs，则

$$\Delta s = s(x+\Delta x) - s(x).$$

当 P 与 P' 充分接近时，弧 $\widehat{PP'}$ 的长度 Δs 则可近似地用弧 $\widehat{PP'}$ 所对应的弦 PP' 的长度 $|PP'|$ 来代替，并且

$$\lim_{P'\to P} \frac{\Delta s}{|PP'|} = 1.$$

由于

$$|PP'|^2 = (\Delta x)^2 + (\Delta y)^2,$$

$$\left(\frac{\Delta s}{\Delta x}\right)^2 = \left(\frac{\Delta s}{|PP'|}\right)^2 \left(\frac{|PP'|}{\Delta x}\right)^2 = \left(\frac{\Delta s}{|PP'|}\right)^2 \left[1+\left(\frac{\Delta y}{\Delta}\right)^2\right].$$

当 $\Delta x \to 0$ 时，$P' \to P$，因此上式两端令 $\Delta x \to 0$ 取极限可得

$$\left(\frac{\mathrm{d}s}{\mathrm{d}x}\right)^2 = 1 + y'^2.$$

从而得到弧长微分公式

$$\mathrm{d}s = \sqrt{1+y'^2}\,\mathrm{d}x.$$

由于 $s(x)$ 为 x 的单调增加函数，$\mathrm{d}s$ 与 $\mathrm{d}x$ 同号，所以上式根号前取正号．上式可以写成微分三角关系

$$\mathrm{d}s^2 = \mathrm{d}x^2 + \mathrm{d}y^2.$$

不难验证，当曲线为参数方程 $\begin{cases} x=\varphi(t) \\ y=\psi(t) \end{cases}$，$\alpha \leqslant t \leqslant \beta$ 时，弧微分公式为

$$\mathrm{d}s = \sqrt{\varphi'^2(t)+\psi'^2(t)}\,\mathrm{d}t.$$

当曲线为极坐标方程 $\alpha \leqslant \theta \leqslant \beta$ 时，弧微分公式为

$$\mathrm{d}s = \sqrt{r'^2(\theta)+r'^2(\theta)}\,\mathrm{d}\theta.$$

4.7.2　曲线的曲率

在工程技术中，经常需要研究平面曲线的弯曲程度．例如，船体结构中的钢梁，机床的转轴等，它们在荷载作用下产生弯曲变形，在设计时对它们的弯曲必须有一定的限制，因此要定量地研究它们的弯曲程度．

下面我们讨论如何用数量来描述曲线的弯曲程度．

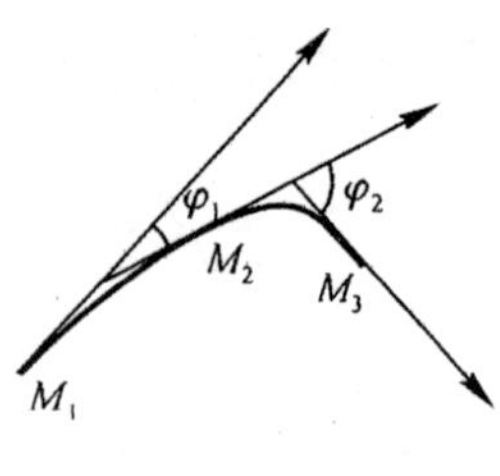

图 4-7-2

在图 4-7-2 中可以看出，弧段$\overset{\frown}{M_1M_2}$比较平直，当动点沿弧段从 M_1 移动到 M_2 时，切线转过的角度 φ_1 不大，而弧段$\overset{\frown}{M_2M_3}$弯曲得比较厉害，角 φ_2 比较大．

然而，切线转过的角度的大小还不能完全反应曲线弯曲的程度，如图 4-7-3 所示，两段曲线弧$\overset{\frown}{M_1M_2}$和$\overset{\frown}{N_1N_2}$虽然切线转过的角度都为 φ，但是弯曲程度并不相同，短弧段比长弧段弯曲得厉害．从而可知，曲线弧的弯曲程度还与弧段的长度有关．

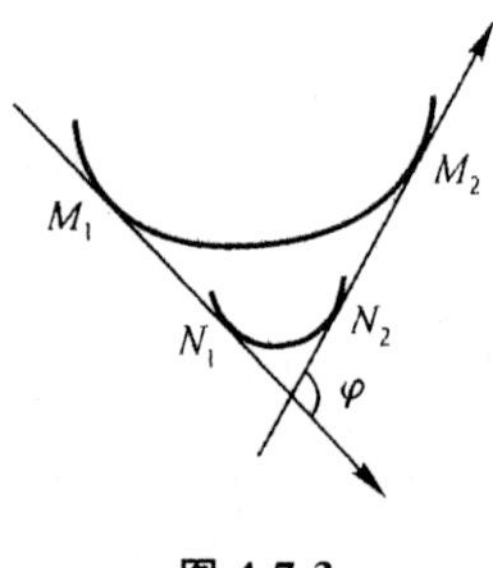

图 4-7-3

设曲线 L 上从点 A 到点 $M(x,y)$ 的弧长为 $s(x)$，则由点 $M(x,y)$ 到点 $M'(x+\Delta x, y+\Delta y)$ 的曲线弧长为 $|\Delta s|$，如果曲线在点 M' 处的转动角为 $|\Delta\alpha|$，如图 4-7-4 所示，那么称

$$\overline{K}=\left|\frac{\Delta\alpha}{\Delta s}\right|$$

为弧$\overset{\frown}{MM'}$的平均曲率(average curvature)．

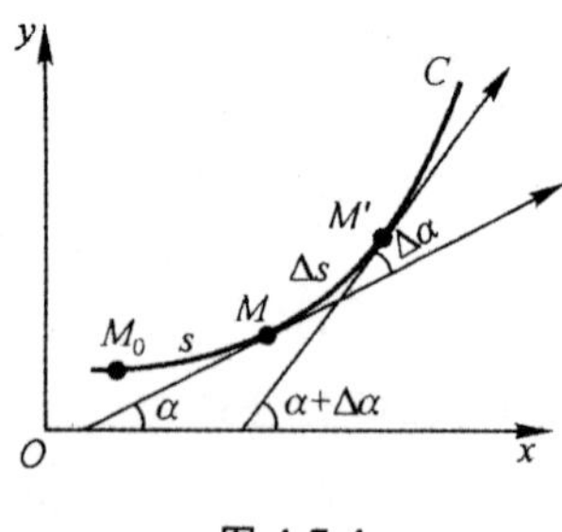

图 4-7-4

易知，平均曲率大致反映了曲线弧段的弯曲程度，曲率越大，弧段的弯曲程度越大．那么要精确地反应曲线的弯曲程度，还必须考虑曲线在每一处的弯曲程度．当 $\Delta s\to 0$，即 $M'\to M$时，若$\overset{\frown}{MM'}$的平均曲率$\overline{K}$的极限 $\lim\limits_{\Delta s\to 0}\overline{K}=\left|\frac{\Delta\alpha}{\Delta s}\right|$ 存在，那么则称极限为曲线 L 在点 M 处的曲率

(curvature)，记作 K，即

$$K=\lim_{\Delta s\to 0}\left|\frac{\Delta\alpha}{\Delta s}\right|=\left|\frac{d\alpha}{ds}\right|.$$

由此可知，曲线的曲率为曲线倾角对其弧长的变化率，它合理而准确地刻画了曲线在一点处的弯曲程度.

设曲线的直角坐标方程 $y=f(x)$，且 $f(x)$ 具有二阶导数，因为 $f'(x)$ 连续，从而曲线为光滑的. 因为

$$\tan\alpha=y',$$

所以

$$\sec^2\alpha\frac{d\alpha}{dx}=y'',$$

$$\frac{d\alpha}{dx}=\frac{y''}{1+\tan^2\alpha}=\frac{y''}{1+y'^2},$$

从而有

$$d\alpha=\frac{y''}{1+y'^2}dx.$$

因为

$$ds=\sqrt{1+y'^2}\,dx,$$

再根据曲率 K 的表达式

$$K=\left|\frac{d\alpha}{ds}\right|,$$

则有

$$K=\frac{|y''|}{(1+y'^2)^{\frac{3}{2}}}. \tag{4-7-1}$$

设曲线由参数方程

$$\begin{cases}x=\varphi(t)\\ y=\psi(t)\end{cases}$$

给出，从而可利用由参数方程所确定的函数的求导法，求出 y'_x 和 y''_x，将其代入式(4-7-1) 可得

$$K=\frac{|\varphi'(t)\psi''(t)-\varphi''(t)\psi'(t)|}{[\varphi'^2(t)+\psi'^2(t)]^{\frac{3}{2}}}.$$

对于半径为 R 的圆，其方程可表示为

$$\begin{cases}x=R\cos t\\ y=R\sin t\end{cases}.$$

例 4.7.1　求旋轮线 $x=a(t-\sin t)$，$y=a(1-\cos t)(a>0)$ 在顶点$(\pi a,2a)$ 处的曲率.

解：在顶点处，对应 $t=\pi$，根据参数式函数求导法，则有

$$\frac{dy}{dx}=\cot\frac{t}{2},$$

$$\frac{d^2y}{dx^2}=-\frac{1}{4a}\cdot\frac{1}{\sin^4\frac{t}{2}},$$

而

$$(1+y'^2)^{\frac{3}{2}} = \left(\csc^2 \frac{t}{2}\right)^{\frac{3}{2}} = \frac{1}{\left|\sin^3 \frac{t}{2}\right|},$$

将之代入曲率计算公式可得

$$K = \frac{1}{4a} \cdot \frac{1}{\left|\sin \frac{t}{2}\right|}.$$

从而在顶点处

$$K\big|_{t=\pi} = \frac{1}{4a}.$$

例 4.7.2 求半径为 R 的圆周上各点处的曲率.

解:如图 4-7-5 所示,

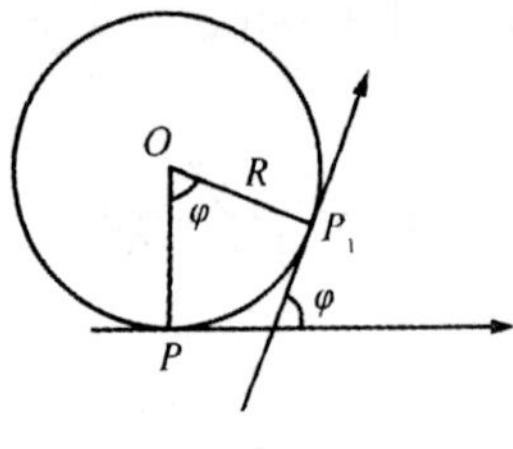

图 4-7-5

$$\angle AOB = \Delta\varphi = \frac{\Delta s}{R},$$

因此

$$\frac{\Delta\varphi}{\Delta s} = \frac{1}{\Delta s} \cdot \Delta\varphi = \frac{1}{\Delta s} \cdot \frac{\Delta s}{R} = \frac{1}{R},$$

所以有

$$K = \lim_{\Delta s \to 0}\left|\frac{\Delta\varphi}{\Delta s}\right| = \frac{1}{R}.$$

则可知圆上任一点的曲率均为

$$K = \frac{1}{R}.$$

即圆周上每一点的弯曲程度都是一样的,圆的曲率与半径成反比.

例 4.7.3 计算等边双曲线 $xy = 1$ 在点(1,1)处的曲率.

解:根据 $y = \frac{1}{x}$,可得

$$y' = -\frac{1}{x^2}, y'' = \frac{2}{x^3}.$$

所以

$$y'\big|_{x=1} = -1, y''\big|_{x=1} = 2.$$

将之代入 $K = \frac{|y''|}{(1+y'^2)^{\frac{3}{2}}}$,则可得曲线 $xy = 1$ 在点(1,1)处的曲率为

$$K=\frac{2}{[1+(-1)^2]^{\frac{3}{2}}}=\frac{\sqrt{2}}{2}.$$

例 4.7.4　抛物线 $y=x^2$ 上哪一点的曲率最大？

解：由于

$$y'=2x,y''=2,$$

所以

$$K=\frac{2}{[1+(2x)^2]^{\frac{3}{2}}}.$$

易知 $x=0$ 时，即在点(0,0)处抛物线 $y=x^2$ 的曲率最大，$K_{\max}=2$.

4.7.3　曲率圆与曲率半径

1. 曲率圆、曲率半径

有了曲率的概念和计算公式，则曲线上任一点处弯曲程度都可通过一个数表示出来，然而到底弯曲到什么程度还没一个直观形象. 由例4.7.2可知，半径为 R 的圆周上任一点处的曲率为半径的倒数 $\frac{1}{R}$. 因此曲线上某点的曲率为 K，那么曲线在这点处的弯曲程度和以 $\frac{1}{K}$ 为半径的圆周相同.

设曲线 $y=f(x)$ 在点 $M(x,y)$ 处的曲率为 $K(K\neq 0)$. 则在点 M 处的曲线的法线上，在其凹的一侧取一点 D，使得 $|DM|=\frac{1}{K}=\rho$. 以 D 为圆心，ρ 为半径作圆，如图 4-7-6 所示，该圆叫做曲线在点 M 处的曲率圆，曲率圆的圆心 D 叫做曲线在点 M 处的曲率中心，曲率圆的半径 ρ 叫做曲线在点 M 处的曲率半径.

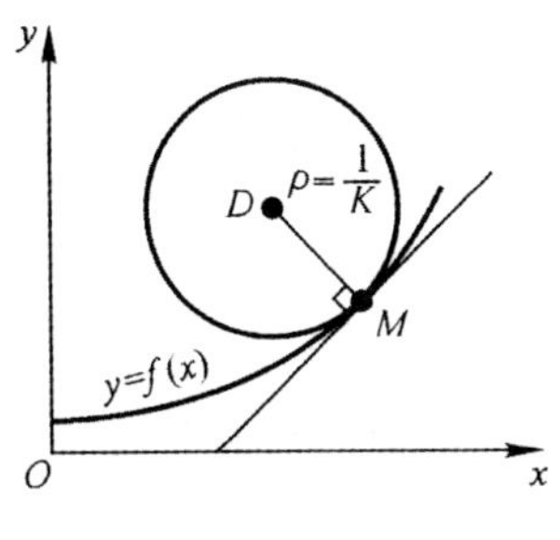

图 4-7-6

由上述可知，曲率圆与曲线在点 M 有相同的切线和曲率，并且在点 M 邻近有相同的凹向. 所以在实际问题中，我们常常用曲率圆在点 M 邻近的一段圆弧来近似代替曲线弧，从而使问题得以简化.

按上述规定可知，曲线在点 M 处的曲率 $K(K\neq 0)$ 与曲线在点 M 处的曲率半径 R 有如下关系：

$$R=\frac{1}{K},K=\frac{1}{R},$$

其中 $K=\frac{|y''|}{(1+y'^2)^{\frac{3}{2}}}$，那么 $R=\frac{(1+y'^2)^{\frac{3}{2}}}{|y''|}$，也就是说，曲线上一点处的曲率半径与曲线在该点处的曲率互为倒数．

例 4.7.5 求 $\begin{cases}x=3t^2\\y=3t-t^3\end{cases}$ 在 $t=1$ 处的曲率半径．

解：因为

$$y'=\frac{y'_t}{x'_t}=\frac{3-3t^2}{6t}=\frac{1-t^2}{2t},$$

$$y''=\frac{-t^2-1}{12t^3},$$

代入公式 $R=\frac{(1+y'^2)^{\frac{3}{2}}}{|y''|}$，可得

$$R=\frac{(1+y'^2)^{\frac{3}{2}}}{|y''|}=\frac{\left[1+\left(\frac{1-t^2}{2t}\right)^2\right]^{\frac{3}{2}}}{\left|\frac{-t^2-1}{12t^3}\right|},$$

所以

$$R|_{t=1}=6.$$

例 4.7.6 设工件内表面的截线为抛物线 $y=0.4x^2$（如图 4-7-7 所示）．现在要用砂轮磨削其内表面．试问用直径多大的砂轮才比较合适？

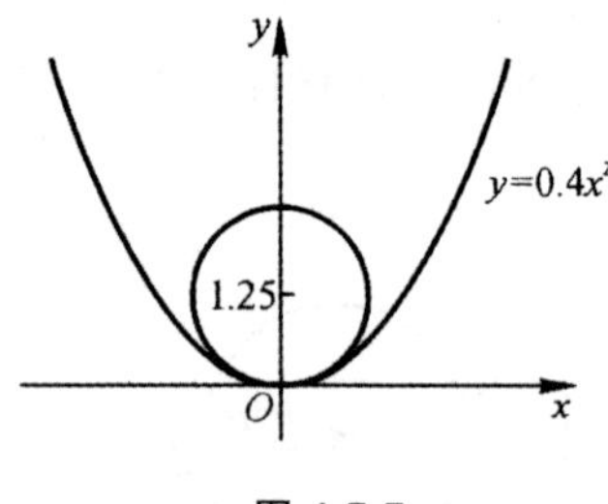

图 4-7-7

解：为使在磨削时不使砂轮与工件接触附近的部分工件磨去太多，则砂轮的半径应不大于抛物线上各点处曲率半径中的最小值．因为抛物线在其顶点处的曲率最大，即，抛物线在其顶点处的曲率半径最小．所以，只要求抛物线 $y=0.4x^2$ 在顶点 $O(0,0)$ 处的曲率半径．由

$$y'=0.8x, y''=0.8,$$

从而有

$$y'|_{x=0}=0, y''|_{x=0}=0.8.$$

将其代入 $K=\frac{|y''|}{(1+y'^2)^{\frac{3}{2}}}$，可得

$$K=0.8.$$

所以求得抛物线顶点处的曲率半径为

$$\rho=\frac{1}{K}=1.25.$$

所以在选择砂轮的半径时不得超过1.25单位长,即砂轮直径不能超过2.50单位长.

2. 曲率中心计算公式

设 $y=f(x)$ 的二阶导数 y'' 在点 x 处不为0,则曲线 L 在点 $P(x,y)$ 处的曲率中心 $M(\xi,\eta)$ 的坐标为

$$\begin{cases}\xi=x-\dfrac{y'(1+y'^2)}{y''}\\\eta=y+\dfrac{1+y'^2}{y''}\end{cases}. \tag{4-7-2}$$

证明:由曲率中心的定义知

$$(\xi-x)^2+(\eta-y)^2=R^2$$

且

$$R^2=\frac{(1+y'^2)^3}{(y'')^2}.$$

因为 MP 垂直于曲线在 P 点的切线,所以

$$y'=-\frac{x-\xi}{y-\eta},$$

于是,得

$$x-\xi=-y'(y-\eta),$$

代入

$$(\xi-x)^2+(\eta-y)^2=R^2=\frac{(1+y'^2)^3}{(y'')^2}$$

中,有

$$(y-\eta)^2=\frac{(1+y'^2)^2}{(y'')^2}.$$

因为当 $y''>0$ 时,曲线向上凹,$y-\eta<0$;当 $y''<0$ 时,曲线向上凸,$y-\eta>0$. 综上所述,y'' 与 $y-\eta$ 异号,所以上式开平方,得

$$y-\eta=-\frac{1+y'^2}{y''}.$$

又

$$x-\xi=\frac{y'(1+y'^2)}{y''},$$

从而,有

$$\begin{cases}\xi=x-\dfrac{y'(1+y'^2)}{y''}\\\eta=y+\dfrac{1+y'^2}{y''}\end{cases}.$$

例 4.7.7　求曲线 $y=\ln x$ 与 x 轴交点处的曲率圆方程.

解:曲线与轴的交点为 $P(1,0)$,且

$$y'|_{x=1}=\frac{1}{x}|_{x=1}=1,$$

$$y''|_{x=1}=-\frac{1}{x^2}|_{x=1}=-1,$$

所以曲率半径为

$$R=\frac{(1+1)^{\frac{3}{2}}}{1}=2\sqrt{2}.$$

曲率中心坐标为 $M(\xi,\eta)$，其中

$$\begin{cases}\xi=x-\dfrac{y'(1+y'^2)}{y''}=1-\dfrac{1+1}{-1}=3\\ \eta=y+\dfrac{1+y'^2}{y''}=0+\dfrac{1+1}{-1}=-2\end{cases},$$

即 $M(\xi,\eta)$ 的坐标为(3，－2).

所以曲率圆方程为

$$(\xi-3)^2+(\eta+2)^2=8.$$

3. 渐屈线与渐伸线

设曲线 L 的方程是 $y=f(x)$，当点 $P(x,y)$ 在曲线 L 上移动时，相应的曲率中心 $M(\xi,\eta)$ 也将随之而移动(图 4-7-8)，M 点的轨迹曲线 L' 称为曲线 L 的渐屈线，而曲线 L 本身称为曲线 L' 的渐伸线(或渐开线).

式(4-7-2) 即为曲线 L 的渐屈线的参数方程，x 为参数，其中 y、y' 和 y'' 皆为 x 的函数，这里直角坐标系 xOy 与 $\xi O\eta$ 重合.

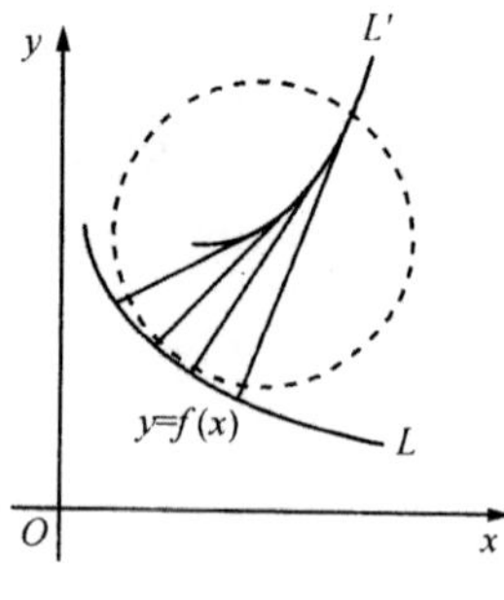

图 4-7-8

例 4.7.8 求椭圆

$$\begin{cases}x=a\cos t\\ y=b\sin t\end{cases},$$

的渐屈线方程.

解：在式(4-7-2) 中，x、y、y' 和 y'' 都可以写成 t 的函数，选 t 为参数. 由于

$$\frac{dx}{dt}=-a\sin t,$$

$$\frac{dy}{dt}=b\cos t,$$

$$\frac{dy}{dx}=\frac{b\cos t}{-a\sin t}=-\frac{b}{a}\cot t,$$

$$\frac{d^2y}{dx^2}=\left[\frac{\left(-\dfrac{b}{a}\cot t\right)'}{(a\cos t)'}\right]=\frac{-b}{a^2\sin^3 t}.$$

代入式(4-7-1)

$$\xi = a\cos t - \left(-\frac{b}{a}\cot t\right)\frac{1+\frac{b^2}{a^2}\cot^2 t}{-\frac{b}{a^2}\frac{1}{\sin^3 t}}$$

$$= a\cos t - a\cos t + \frac{a^2-b^2}{a}\cos^3 t$$

$$= \frac{a^2-b^2}{a}\cos^3 t.$$

类似地可以推出

$$\eta = \frac{b^2-a^2}{b}\sin^3 t.$$

化成直角坐标方程

$$(a\xi)^{\frac{2}{3}} + (b\eta)^{\frac{2}{3}} = (a^2-b^2)^{\frac{2}{3}} \quad (a>b).$$

例 4.7.9　求摆线

$$\begin{cases} x = a(t-\sin t) \\ y = a(1-\cos t) \end{cases}$$

的渐屈线方程.

解:

$$\frac{\mathrm{d}x}{\mathrm{d}t} = a(1-\cot t),$$

$$\frac{\mathrm{d}y}{\mathrm{d}t} = a\sin t,$$

所以

$$\frac{\mathrm{d}y}{\mathrm{d}x} = \frac{\sin t}{1-\cos t},$$

$$\frac{\mathrm{d}^2 y}{\mathrm{d}x^2} = \frac{\frac{\mathrm{d}}{\mathrm{d}t}\left(\frac{\mathrm{d}y}{\mathrm{d}x}\right)}{\frac{\mathrm{d}x}{\mathrm{d}t}}$$

$$= \frac{\frac{\cos t - 1}{(1-\cos t)^2}}{a(1-\cos t)}$$

$$= -\frac{1}{a(1-\cos t)^2}.$$

将这些结果代入式(4-7-2)并化简,便得摆线的渐屈线的参数方程

$$\begin{cases} \alpha = a(t+\sin t) \\ \beta = a(\cos t - 1) \end{cases}, \tag{4-7-3}$$

其中 t 为参数,直角坐标系 $\alpha O\beta$ 与 xOy 坐标系重合. 为了作出渐屈线(4-7-3),令

$$t = \pi + \tau,$$

代入式(4-7-3)得

$$\begin{cases} \alpha - \pi a = a(\tau - \sin\tau) \\ \beta + 2a = a(1-\cos\tau) \end{cases},$$

再令

$$\alpha - \pi a = \xi,$$
$$\beta + 2a = \eta,$$

则得

$$\begin{cases} \xi = a(\tau - \sin\tau) \\ \eta = a(1 - \cos\tau) \end{cases}. \tag{4-7-4}$$

在新坐标系 $\xi O_1 \eta$ 中，曲线(4-7-4)为一摆线，其中新坐标系印。$\xi O_1 \eta$ 由旧坐标系 xOy 平移到新原点 $O_1(\pi a - 2a)$ 得到．由此可知摆线的渐屈线仍为一摆线，如图 4-7-9 所示．

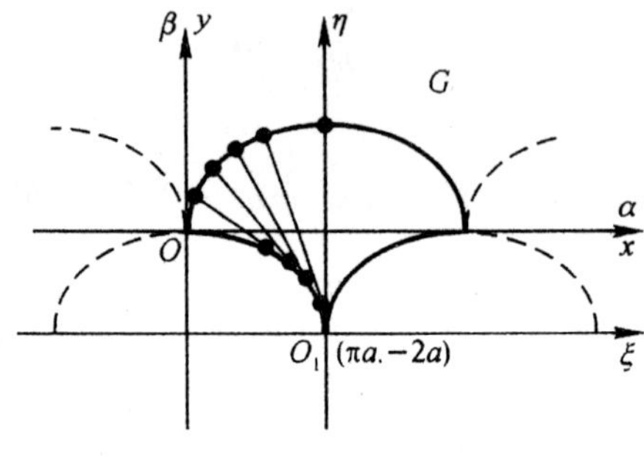

图 4-7-9

第 5 章　不定积分

5.1　不定积分的概念与性质概述

一元函数积分学分成一元函数的不定积分和定积分两部分．这两种积分密切相关．函数的不定积分运算实质上是函数的微分运算的逆运算．

对于给定的函数 $f(x)$，与求其导数相反的问题是：求可导函数 $F(x)$，使得 $F'(x)=f(x)$．这就导致 $f(x)$ 的原函数和不定积分的概念．

5.1.1　原函数与不定积分的概念与性质

微分学中讨论的一个基本问题是：已知函数 $f(x)$，求它的导数 $f'(x)$ 或微分 $\mathrm{d}f(x)$．但在一些实际问题中常常会遇到这个问题的反问题，即已知 $f'(x)$ 或 $\mathrm{d}f(x)$ 求原来的函数 $f(x)$，这就导致原函数和不定积分概念．

1. 原函数的概念

定义 5.1.1　设 $f(x)$ 是定义在区间 I 上的函数，如果存在函数 $F(x)$ 使得对任何 $x\in I$ 均有

$$F'(x)=f(x),$$

或

$$\mathrm{d}F'(x)=f(x)\mathrm{d}x,$$

则称函数 $F(x)$ 为 $f(x)$ 在区间 I 上的原函数．

例如，$(x^2)'=2x$，所以 x^2 是 $2x$ 的一个原函数；又 $(x^2+1)'=2x$，所以 x^2+1 是 $2x$ 的一个原函数．由这两个例子可见，一个函数的原函数不是唯一的．

一般地，如果 $F(x)$ 是 $f(x)$ 在区间 I 上的一个原函数，那么对于任意的常数 C，$F(x)+C$ 也是 $f(x)$ 在区间 I 上的一个原函数；如果 $G(x)$ 和 $F(x)$ 都是 $f(x)$ 的原函数，根据拉格朗日中值定理可知，$G(x)$ 和 $F(x)$ 只差一个常数，即 $F(x)-G(x)=C$，所以如果 $f(x)$ 有一个原函数 $F(x)$，它就有无穷多个原函数，而且所有的原函数都具有 $F(x)+C$ 的形式，即 $f(x)$ 原函数的一般表达式是 $F(x)+C$，其中 $F'(x)=f(x)$．当 C 取遍任意常数时，$F(x)+C$ 表示 $f(x)$ 的全体原函数；当 C 取某一特定实数，则得到 $f(x)$ 的某一确定的原函数．

2. 不定积分的概念

定义 5.1.2　设函数 $f(x)$ 在区间 I 上有定义，则 $f(x)$ 在区间 I 上所有原函数的一般表达式称为函数 $f(x)$ 在 I 上的不定积分，记为

$$\int f(x)\mathrm{d}(x),$$

其中，$\int$ 是积分符号，$f(x)$ 是被积函数，x 是积分变量．

从 $f(x)$ 求 $\int f(x)\mathrm{d}(x)$ 的运算称为求积分或积分运算．如果 $F(x)$ 是 $f(x)$ 在区间 I 上的一个原函数，那么

$$\int f(x)\mathrm{d}(x)=F(x)+C,$$

其中，C 为任意常数．它显然是求导运算的逆运算．例如，$\int \sin x\mathrm{d}x=-\cos x+C$.

原函数与不定积分的几何意义如下：

设 $F(x)$是 $f(x)$的一个原函数，$y=F(x)$在平面上表示一条曲线，该曲线上每一点(x,y)处的切线斜率为 $f(x)$，称 $y=F(x)$是 $f(x)$的一条积分曲线．$f(x)$的不定积分$\int f(x)\mathrm{d}x=F(x)+C$ 表示一组积分曲线，即把 $F(x)$的图形沿着 y 轴方向平移产生的积分曲线族(图 5-1-1).

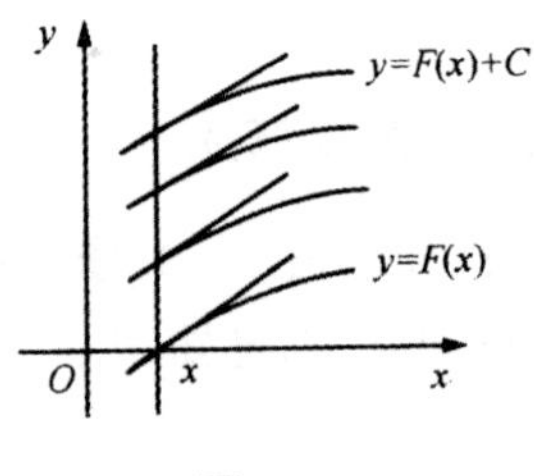

图 5-1-1

例 5.1.1 验证下列不定积分的正确性．

(1)$\int x\cos x\mathrm{d}x=x\sin x+\cos x+C$;

(2)$\int x\cos x\mathrm{d}x=x\sin x+C$.

解:(1) 正确．因为

$$(x\sin x+\cos x+C)'=x\cos x+\sin x-\sin x+0=x\cos x.$$

(2) 错误．因为对等式的右端求导，其导函数不是被积函数．

例 5.1.2 求函数 $f(x)=\dfrac{1}{x}$ 的不定积分．

解: 因为当 $x>0$ 时，

$$(\ln x)'=\frac{1}{x},$$

所以

$$\int\frac{1}{x}\mathrm{d}x=\ln x+C\quad(x>0);$$

当 $x<0$ 时，由于 $-x>0$,

$$[\ln(-x)]'=-\frac{1}{x}\times(-1)=\frac{1}{x},$$

所以

$$\int \frac{1}{x}\mathrm{d}x = \ln(-x) + C \quad (x < 0),$$

把两个结果合起来，可写作

$$\int \frac{1}{x}\mathrm{d}x = \ln|x| + C.$$

例 5.1.3　已知曲线 $y = f(x)$ 在任一点 x 处的切线斜率是 $2x$，且曲线通过点(1,2)，求此曲线的方程．

解：由题意可得

$$f'(x) = 2x,$$

即 $f(x)$ 是 $2x$ 的一个原函数，则有

$$f(x) = \int 2x\mathrm{d}x = x^2 + C,$$

已知曲线通过点(1,2)，带入可得

$$2 = 1^2 + C,$$

解得

$$C = 1.$$

所以所求曲线的方程是 $f(x) = x^2 + 1$.

例 5.1.4　以初速度为 v_0 铅直上抛一物体，不计空气阻力，求该物体的运动规律．

解：所谓运动规律，即指物体的位置关于时间的函数关系，设如图 5-1-2 取定坐标系在时刻 t 的位置为 x，要求的是位移函数 $x = x(t)$.

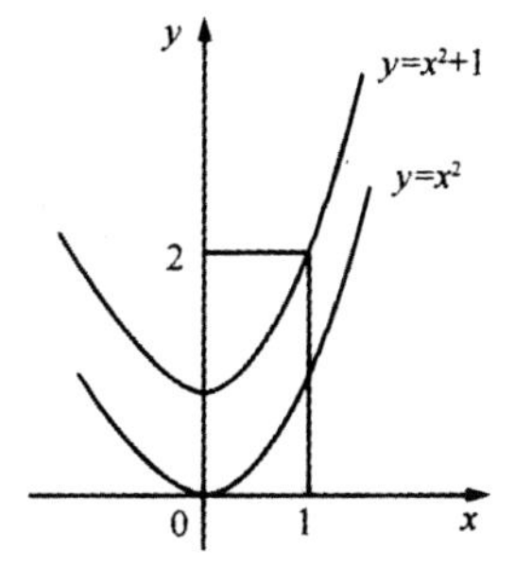

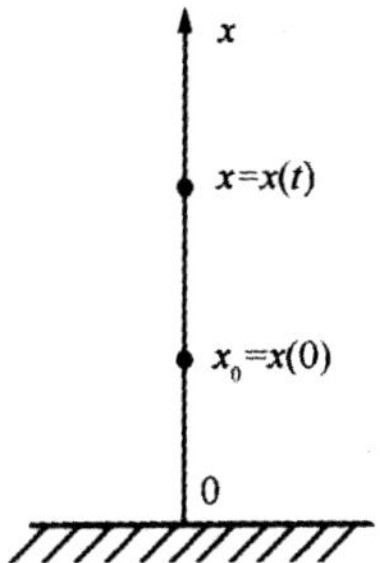

图 5-1-2

由导数的物理意义知

$$\frac{\mathrm{d}x}{\mathrm{d}t} = v(t),\frac{\mathrm{d}^2x}{\mathrm{d}t^2} = \frac{\mathrm{d}v}{\mathrm{d}t} = a(t).$$

又由 $a(t) = -g$，即 $\frac{\mathrm{d}v}{\mathrm{d}t} = -g$. 而 $v(t)$ 应是 $-g$ 的一个原函数，故

$$v(t) = -gt + v_0.$$

利用已知条件 $v(0) = v_0$，代入上式可得 $C_1 = v_0$，于是

$$v(t) = -gt + v_0,$$

再求 $x(t)$. 由 $\frac{\mathrm{d}x}{\mathrm{d}t} = v(t)$ 可得

$$x(t) = \int (gt + v_0)\mathrm{d}t = -\frac{1}{2}gt^2 + v_0t + C_2$$

利用已知条件 $x(0)=x_0$，代入上式可得 $C_2=x_0$，于是

$$x=-\frac{1}{2}gt^2+v_0t+x_0,$$

便是所求的运动规律．

5.1.2 基本积分表

由于不定积分是求导的逆运算，所以根据求导公式很容易得到求积分的基本公式：

(1) $\int k\mathrm{d}x=kx+C$，k 是常数；

(2) $\int x^a\mathrm{d}x=\frac{1}{a+1}x^{a+1}+C\quad(a\neq-1,x>0)$；

(3) $\int\frac{1}{x}\mathrm{d}x=\ln|x|+C$；

(4) $\int a^x\mathrm{d}x=\frac{a^x}{\ln a}+C,a\neq-1$，特别地，$\int \mathrm{e}^x\mathrm{d}x=\mathrm{e}^x+C$；

(5) $\int \cos x\mathrm{d}x=\sin x+C$；

(6) $\int \sin x\mathrm{d}x=-\cos x+C$；

(7) $\int \sec^2x\mathrm{d}x=\int\frac{1}{\cos^2x}\mathrm{d}x=\tan x+C$；

(8) $\int \csc^2x\mathrm{d}x=\int\frac{1}{\sin^2x}\mathrm{d}x=-\cot x+C$；

(9) $\int \sec x\tan x\mathrm{d}x=\sec x+C$

(10) $\int \csc x\cot x\mathrm{d}x=-\csc x+C$；

(11) $\int \sinh x\mathrm{d}x=-\cosh x+C$；

(12) $\int \cosh x\mathrm{d}x=\sinh x+C$；

(13) $\int\frac{1}{1+x^2}\mathrm{d}x=\arctan x+C$；

(14) $\int\frac{1}{1-x^2}\mathrm{d}x=\arcsin x+C$.

例 5.1.5 求 $\int x^2\sqrt{x}\mathrm{d}x$.

解：

$$\begin{aligned}\int x^2\sqrt{x}\mathrm{d}x&=\int x^{\frac{5}{2}}\mathrm{d}x\\&=\int\frac{1}{\frac{5}{2}+1}x^{\frac{5}{2}+1}+C=\frac{2}{7}\int x^{\frac{7}{2}}+C\\&=\frac{2}{7}\int x^3\sqrt{x}+C.\end{aligned}$$

例 5.1.6　求$\int \frac{x^2}{1+x^2}dx$.

解:

$$\int \frac{x^2}{1+x^2}dx = \int \left(1-\frac{1}{1+x^2}\right)dx$$
$$= x - \arctan x + C.$$

例 5.1.7　已知$\int xf(x)dx = \ln(1+x^2)+C, x\neq 0$,求$\int \frac{1}{f(x)}dx$.

解:在$\int xf(x)dx = \ln(1+x^2)+C$两边求导可得

$$xf(x) = \frac{2x}{1+x^2},$$

即

$$f(x) = \frac{2}{1+x^2}$$

或

$$\frac{1}{f(x)} = \frac{1}{2}+\frac{x^2}{2},$$

所以

$$\int \frac{1}{f(x)}dx = \int \left(\frac{1}{2}+\frac{x^2}{2}\right)dx$$
$$= \frac{x}{2}+\frac{x^3}{6}+Cx-\arctan x.$$

5.1.3　不定积分的性质

如果 $f(x)$、$g(x)$ 的原函数存在,根据不定积分的定义和导数或微分的运算法则,可以得到以下不定积分的 4 点性质.

(1)$\left[\int f(x)d(x)\right]' = f(x)$ 或 $d\left[\int f(x)d(x)\right]' = f(x)dx$;

(2)$\int f'(x)d(x) = f(x)+C$ 或$\int df(x) = f(x)+C$;

(3)$\int kf(x)d(x) = k\int f(x)dx$　(k 是不为 0 的常数);

(4)$\int [f(x)\pm g(x)]d(x) = \int f(x)dx \pm \int g(x)dx$　(可推广到有限多个函数的情形).

性质 3 和性质 4 可以写成

$\int [\alpha f(x)\pm \beta g(x)]d(x) = \alpha\int f(x)dx \pm \beta\int g(x)dx$　(α、β 是常数).

例 5.1.8　求$\int d\int df(x)$.

解:解法 1:根据性质(2) 可得

$$\int df(x) = f(x)+C,$$

所以

$$\mathrm{d}\int \mathrm{d}f(x) = \mathrm{d}f(x),$$

由性质(2) 可得

$$\int \mathrm{d}\int \mathrm{d}f(x) = \mathrm{d}f(x) = f(x) + C.$$

解法 2:根据性质(1) 可得

$$\mathrm{d}\int \mathrm{d}f(x) = \mathrm{d}f(x),$$

再由性质(2) 可得

$$\int \mathrm{d}\int \mathrm{d}f(x) = \int \mathrm{d}f(x) = f(x) + C.$$

例 5.1.9 求$\int \frac{1}{\sin^2 x\cos^2 x}\mathrm{d}(x)$.

解:

$$\begin{aligned}\int \frac{1}{\sin^2 x\cos^2 x}\mathrm{d}x &= \int \frac{\sin^2 x + \cos^2 x}{\sin^2 x\cos^2 x}\mathrm{d}x \\ &= \int \sec^2 x\mathrm{d}x + \int \csc^2 x\mathrm{d}x \\ &= \tan x - \cot x + C.\end{aligned}$$

例 5.1.10 已知

$$f'(\ln x) = \begin{cases} 1 & (0 < x \leqslant 1) \\ x & (1 < x < +\infty) \end{cases},$$

且 $f(0) = 0$,求 $f(x)$.

解:设 $t = \ln x$.

当 $0 < x \leqslant 1$ 时,$-\infty < t \leqslant 0$,$f'(t) = 1$,所以

$$f(t) = \int f'(t)\mathrm{d}t = t + C_1,$$

即

$$f(x) = x + C_1.$$

当 $1 < x < +\infty$ 时,$0 < t < +\infty$,$f'(t) = \mathrm{e}^t$,所以

$$f(t) = \int f'(t)\mathrm{d}t = \mathrm{e}^t + C_2,$$

即

$$f(x) = \mathrm{e}^x + C_2,$$

所以

$$f(x) = \begin{cases} x + C_1 & (-\infty < x \leqslant 0) \\ \mathrm{e}^x + C_2 & (0 < x < +\infty) \end{cases},$$

又 $f(0) = 0$,得 $C_1 = 0$,$f(x)$ 在 $x = 0$ 处连续,所以

$$f(0) = \lim_{x \to 0^+} f(x),$$

得 $C_2 = -1$,所以

$$f(x)=\begin{cases}x & (-\infty < x \leqslant 0)\\ e^x-1 & (0<x<+\infty)\end{cases}.$$

5.2　积分方法——换元法、分部积分法

通过上一节的讨论我们可以发现，由于函数的表达形式多种多样，一般情况下，能利用基本积分公式结合不定积分的性质进行直接积分的函数是非常有限的，对于较复杂的被积函数有必要对被积函数甚至是积分变量作进一步的处理才可以求出它的不定积分的结果．在这一节中，我们将讨论求不定积分的一种常用方法，即换元法．

将复合函数的微分法反过来用于计算不定积分，利用中间变量的代换得到复合函数的积分结果的方法，称为换元积分法，简称换元法．通常情况下，换元法可以分成两大类，我们通过如下两部分来进行学习讨论．

5.2.1　换元积分法

1. 第一类换元积分法

例如，要求解不定积分$\int \sin(2x+3)\mathrm{d}x$的结果，可是基本积分公式中没有与其直接对应的积分公式，而且利用不定积分的性质也不可能将其化为基本积分公式的代数式．通过观察分析，我们可以发现，基本积分公式有与其相类似的积分公式$\int \sin x\mathrm{d}x=-\cos x+C$. 被积函数 $\sin(2x+3)$ 是由 $\sin u, u=2x+3$ 复合而成的，使用基本积分公式$\int \sin u\mathrm{d}u=-\cos u+C$时需要将“d”后面凑合成 $u=2x+3$ 才可行．所以我们可以不定积分$\int \sin(2x+3)\mathrm{d}x$ 改写成 $\frac{1}{2}\int \sin(2x+3)\mathrm{d}(2x+3)$ 的形式，即有

$$\int \sin(2x+3)\mathrm{d}x=\frac{1}{2}\int \sin(2x+3)\mathrm{d}(2x+3),$$

设 $u=2x+3$，把 u 看成新的积分变量，便可以套用公式得

$$\int \sin(2x+3)\mathrm{d}x=\int \sin u\mathrm{d}u=-\frac{1}{2}\cos u+C.$$

最后再将 $u=2x+3$ 代入积分结果便可以得到原不定积分的积分结果，即

$$\int \sin(2x+3)\mathrm{d}x=-\frac{1}{2}\cos u+C=-\frac{1}{2}\cos(2x+3)+C.$$

上述积分过程所使用的方法称之为第一类换元法，也称作凑分法．

定理 5.2.1　若已知

$$\int f(u)\mathrm{d}u=F(u)+C, u=\varphi(x)$$

可微，则有

$$\int f[\varphi(x)]\varphi'(x)\mathrm{d}x=F(u)+C.$$

证明：如果$\int f(u)\mathrm{d}u = F(u)+C, u=\varphi(x)$ 可微，则

$$\frac{\mathrm{d}F[\varphi(x)]}{\mathrm{d}x} = F'(u)\varphi'(x) = f(u)\varphi'(x) = f[\varphi(x)]\varphi'(x),$$

所以，根据不定积分的定义可得

$$\int f[\varphi(x)]\varphi'(x)\mathrm{d}x = F(u)+C.$$

根据以上讨论，我们可以将第一类换元法的积分过程总结如下．

如果$\int f(x)\mathrm{d}x$ 不能用基本积分公式计算，而其被积表达式 $f(x)\mathrm{d}x$ 可以表示成

$$f(x)\mathrm{d}x = g[\varphi(x)]\varphi'(x)\mathrm{d}x = g[\varphi(x)]\mathrm{d}\varphi(x),$$

且 $g(u)\mathrm{d}u$ 容易积分，即，容易得到$\int g(u)\mathrm{d}u = G(u)+C$，则通过变换 $u=\varphi(x)$ 把计算$\int f(x)\mathrm{d}x$ 转化成计算$\int g(u)\mathrm{d}u$，即

$$\begin{aligned}\int f(x)\mathrm{d}x &= \int g[\varphi(x)]\varphi'(x)\mathrm{d}x \\ &= \int g[\varphi(x)]\mathrm{d}\varphi(x) \\ &\xlongequal{u=\varphi(x)} \int g(u)\mathrm{d}u \\ &= G(u)+C \\ &= G[\varphi(x)]+C.\end{aligned}$$

例 5.2.1 求下列不定积分

(1)$\int \sin^2 x\mathrm{d}x$；

(2)$\int (\sin x+\cos x)^3\mathrm{d}x$；

(3)$\int \sin nx\cos nx\mathrm{d}x$；

(4)$\int \sin^3 x\cos^2 x\mathrm{d}x$；

(5)$\int \frac{\mathrm{d}x}{\sin^2 x\cos x}$；

(6)$\int \sin^4 x\mathrm{d}x$.

解：(1)$\int \sin^2 x\mathrm{d}x$

$$\begin{aligned}&= \int \frac{1-\cos 2x}{2}\mathrm{d}x \\ &= \frac{1}{2}x - \frac{1}{4}\int \cos 2x\mathrm{d}x \\ &= \frac{1}{2}x - \frac{1}{4}\sin 2x + C;\end{aligned}$$

(2) $\int(\sin x+\cos x)^3\mathrm{d}x=\int(\sin^3x+3\sin^2x\cos x+3\sin x\cos^2x+\cos^3x)\mathrm{d}x$

$$=-\int\sin^2x\mathrm{d}\cos x+3\int\sin^2x\mathrm{d}\sin x$$

$$-\int\cos^2x\mathrm{d}\cos x+3\int\cos^2x\mathrm{d}\sin x$$

$$=-\int(1-\cos^2x)\mathrm{d}\cos x+\sin^3x$$

$$-\cos^3x+\int(1-\sin^2x)\mathrm{d}\sin x$$

$$=-\cos x+\frac{1}{3}\cos^3x+\sin^3x$$

$$-\cos^3x+\sin x-\frac{1}{3}\sin^3x+C$$

$$=\frac{2}{3}\sin^3x-\frac{2}{3}\cos^3x+\sin x-\cos x+C;$$

(3) 利用和差化积公式可得

$$\int\sin nx\cos nx\,\mathrm{d}x=\frac{1}{2}\int[\sin(m+n)x+\sin(m-n)x]\mathrm{d}x,$$

当 $m-n=0$ 时，有

$$\int\sin nx\cos nx\,\mathrm{d}x=\frac{1}{2}\int\sin 2mx\,\mathrm{d}x$$

$$=\frac{1}{4m}\int\sin 2mx\,\mathrm{d}2mx$$

$$=\frac{1}{4m}\cos 2mx+C$$

当 $m-n\neq0$ 时，有

$$\int\sin nx\cos nx\,\mathrm{d}x=\frac{1}{2}\int[\sin(m+n)x+\sin(m-n)x]\mathrm{d}x$$

$$=\frac{1}{2}\int\sin(m+n)x\mathrm{d}x+\frac{1}{2}\int\sin(m-n)x\mathrm{d}x$$

$$=\frac{1}{2(m+1)}\int\sin(m+n)x\mathrm{d}\,\frac{1}{2(m+1)}x+\frac{1}{2(m-1)}\int\sin(m-n)x\mathrm{d}(m-n)x$$

$$=\frac{1}{2(m+1)}\cos(m+n)x-\frac{1}{2(m-1)}\cos(m-n)x+C;$$

(4) $\int\sin^3x\cos^2x\mathrm{d}x=-\int\sin^2x\cos^2x\mathrm{d}\cos x$

$$=-\int(1-\cos^2x)\cos^2x\mathrm{d}\cos x$$

$$=-\int(\cos^2x-\cos^4x)\mathrm{d}\cos x$$

$$=-\frac{1}{3}\cos^3x+\frac{1}{5}\cos^5x+C;$$

(5) $\int\frac{\mathrm{d}x}{\sin^2x\cos x}=\int\frac{\sin^2x+\cos^2x}{\sin^2x\cos x}\mathrm{d}x$

$$=\int\frac{\mathrm{d}x}{\cos x}+\int\frac{\cos x}{\sin^2 x}\mathrm{d}x=\int\frac{\mathrm{d}x}{\cos x}+\int\frac{\mathrm{d}\sin x}{\sin^2 x}$$

$$=-\frac{1}{\sin x}+\int\frac{\mathrm{d}x}{\cos x}=-\csc x+\int\frac{\mathrm{d}x}{\cos x},$$

由于

$$\int\frac{\mathrm{d}x}{\cos x}=\int\frac{\mathrm{d}x}{\cos^2\frac{x}{2}-\sin\frac{x}{2}}=\int\frac{1}{1-\tan^2\frac{x}{2}}\mathrm{d}\tan x.$$

若令 $u=\tan\frac{x}{2}$，则

$$\begin{aligned}\int\frac{\mathrm{d}x}{\cos x}&=\int\frac{1}{1-\tan^2\frac{x}{2}}\mathrm{d}\tan x\\&=2\int\frac{\mathrm{d}u}{1-u^2}\\&=\ln\left|\frac{1+u}{1-u}\right|+C\\&=\ln\left|\frac{1+\tan\frac{x}{2}}{1-\tan\frac{x}{2}}\right|+C\\&=\ln\left|\frac{1+\sin x}{\cos x}\right|+C\\&=\ln|\sec x+\tan x|+C\end{aligned}$$

所以

$$\int\frac{\mathrm{d}x}{\sin^2 x\cos x}=-\csc x+\ln|\sec x+\tan x|+C.$$

(6) $$\begin{aligned}\int\sin^4 x\mathrm{d}x&=\int\left(\frac{1-\cos 2x}{2}\right)\mathrm{d}x\\&=\frac{1}{4}\int[1-2\cos 2x+\cos^2 2x]\mathrm{d}x\\&=\frac{1}{4}\int\left[1-2\cos 2x+\frac{1+\cos 4x}{2}\right]\mathrm{d}x\\&=\frac{1}{8}\int[3-4\cos 2x+\cos 4x]\mathrm{d}x\\&=\frac{1}{8}\left(3x-4\int\cos 2x\mathrm{d}x+\int\cos 4x\mathrm{d}x\right)\\&=\frac{3}{8}x-\frac{1}{4}\sin 2x+\frac{1}{32}\sin 4x+C.\end{aligned}$$

在这里，我们对基本积分公式做一些补充：

(1) $\int\tan x\mathrm{d}x=-\ln|\cos x|+C$；

(2) $\int\cot x\mathrm{d}x=\ln|\sin x|+C$；

(3) $\int \frac{1}{a^2+x^2}\mathrm{d}x = \frac{1}{a}\arctan\frac{x}{a}+C$;

(4) $\int \frac{1}{\sqrt{a^2-x^2}}\mathrm{d}x = \arcsin\frac{x}{a}+C \quad (a>0)$;

(5) $\int \frac{1}{a^2-x^2}\mathrm{d}x = \frac{1}{2a}\ln\left|\frac{a+x}{a-x}\right|+C$;

(6) $\int \sec x\mathrm{d}x = \ln|\sec x+\tan x|+C$;

(7) $\int \csc x\mathrm{d}x = \ln|\csc x-\cot x|+C$;

(8) $\int \mathrm{sh}x\mathrm{d}x = \mathrm{ch}x+C$;

(9) $\int \mathrm{ch}x\mathrm{d}x = \mathrm{sh}x+C$.

2. 第二类换元积分法

第一类换元法是通过适当的变换 $u=\varphi(x)$ 把计算$\int f(x)\mathrm{d}x$ 转化成计算$\int g(u)\mathrm{d}u$,那么,对应地,对于不定积分$\int f(x)\mathrm{d}x$,我们也可以适当地选择变换 $x=\varphi(t)$,将积分$\int f(x)\mathrm{d}x$ 转化为$\int f[\varphi(t)]\varphi'(t)\mathrm{d}t$. 但是需要在一定的前提之下,这一转化才可以进行.

定理 5.2.2　设 $x=\varphi(t)$ 是单调的、可导的函数,并且 $\varphi'(t)\neq 0$,又设函数 $f[\varphi(t)]\varphi'(t)$ 具有原函数,则有换元公式

$$\int f(x)\mathrm{d}x = \left[\int f[\varphi(t)]\varphi'(t)\mathrm{d}t\right]_{t=\varphi^{-1}(x)},$$

其中,$t=\varphi^{-1}(x)$ 是 $x=\varphi(t)$ 的反函数.

证明:设函数 $f[\varphi(t)]\varphi'(t)$ 的原函数为 $G(t)$,记 $G[\varphi^{-1}(x)]=F(x)$,利用复合函数及反函数的求导法则可得

$$\begin{aligned} F'(x) &= \frac{\mathrm{d}G}{\mathrm{d}t}\cdot\frac{\mathrm{d}t}{\mathrm{d}x} \\ &= f[\varphi(t)]\varphi'(t)\cdot\frac{1}{\varphi'(t)} \\ &= f[\varphi(t)] \\ &= f(x) \end{aligned}$$

即 $F(x)$ 是 $f(x)$ 的原函数. 故而有

$$\begin{aligned} \int f(x)\mathrm{d}x &= F(x)+C \\ &= G[\varphi^{-1}(x)]+C \\ &= \left[\int f[\varphi(t)]\varphi'(t)\mathrm{d}t\right]_{t=\varphi^{-1}(x)}. \end{aligned}$$

上述换元方法称之为第二类换元法,具体操作过程为

$$\int f(x)\mathrm{d}x \xlongequal{x=\varphi(t)} \int f[\varphi(t)]\varphi'(t)\mathrm{d}t$$
$$= G(t)+C$$
$$\xlongequal{t=\varphi^{-1}(x)} G[\varphi^{-1}(x)]+C.$$

应用第二类换元法的关键是适当引入变换函数 $x=\varphi(t)$，但是要求变换函数 $x=\varphi(t)$ 必须是单调、可导的函数．

第二类换元积分法中最常用的换元方法有三种，分别是根式代换法、倒代换法及三角代换法．我们在下面的例题中会做相对的说明．

例 5.2.2 求 $\int \frac{1}{1+\sqrt{x+1}}\mathrm{d}x$.

解：令 $t=\sqrt{x+1}$，即 $x=t^2-1$，$\mathrm{d}x=2t\mathrm{d}t$，则有

$$\int \frac{1}{1+\sqrt{x+1}}\mathrm{d}x=\int \frac{2t}{1+t}\mathrm{d}t=2\int\left(\frac{1+t}{1+t}-\frac{1}{1+t}\right)\mathrm{d}t=2(t-\ln|1+t|)+C,$$

把 $t=\sqrt{x+1}$ 代入可得

$$\int \frac{1}{1+\sqrt{x+1}}\mathrm{d}x=2\left(\sqrt{x+1}-\ln\left|1+\sqrt{x+1}\right|\right)+C.$$

例 5.2.3 求不定积分 $\int \frac{1}{\sqrt{1+\mathrm{e}^x}}\mathrm{d}x$.

解：令 $t=\sqrt{1+\mathrm{e}^x}$，即 $\mathrm{e}^x=t^2-1$，$x=\ln(t^2-1)$，$\mathrm{d}x=\frac{2t\mathrm{d}t}{t^2-1}$，则有

$$\int \frac{1}{\sqrt{1+\mathrm{e}^x}}\mathrm{d}x=\int \frac{2}{t^2-1}\mathrm{d}t=\int\left(\frac{1}{t-1}-\frac{1}{t+1}\right)\mathrm{d}t$$
$$=\ln\left|\frac{t-1}{t+1}\right|+C=\ln\left|\frac{\sqrt{1+\mathrm{e}^x}-1}{\sqrt{1+\mathrm{e}^x}+1}\right|+C$$
$$=\ln\frac{(\sqrt{1+\mathrm{e}^x}-1)^2}{\mathrm{e}^x}+C$$
$$=2(\ln\sqrt{1+\mathrm{e}^x}-1)-\ln\mathrm{e}^x+C$$
$$=2\ln(\sqrt{1+\mathrm{e}^x}-1)-x+C.$$

例 5.2.4 求 $\int \frac{1}{\sqrt{3x^2-2x-1}}\mathrm{d}x\ (x>1)$.

解：因为

$$3x^2-2x-1=3\left(x-\frac{1}{3}\right)^2-\frac{4}{3}=\frac{4}{3}\left[\left(\frac{3}{2}x-\frac{1}{2}\right)^2-1\right],$$

所以

$$\int \frac{1}{\sqrt{3x^2-2x-1}}\mathrm{d}x=\int \frac{1}{\sqrt{\frac{4}{3}\left[\left(\frac{3}{2}x-\frac{1}{2}\right)^2-1\right]}}\mathrm{d}x=\frac{\sqrt{3}}{2}\int \frac{\mathrm{d}x}{\sqrt{\left(\frac{3}{2}x-\frac{1}{2}\right)^2-1}},$$

令 $\sec t=\frac{3}{2}x-\frac{1}{2}$，$x=\frac{2}{3}\sec t+\frac{1}{3}$，$\mathrm{d}x=\frac{2}{3}\sec t\tan t\mathrm{d}t$，代入得

$$\int \frac{1}{\sqrt{3x^2-2x-1}}\mathrm{d}x = \frac{\sqrt{3}}{3}\int \sec t\mathrm{d}t = \frac{\sqrt{3}}{3}\ln|\sec t + \tan t|$$

$$= \frac{\sqrt{3}}{3}\ln\left|\frac{3x-1}{2} + \frac{\sqrt{3(3x^2-2x-1)}}{2}\right| + C.$$

例 5.2.5　求$\int (x^2+a^2)^{-\frac{3}{2}}\mathrm{d}x$?$(a>0)$.

解:令 $x = a\tan t, t \in \left(-\frac{\pi}{2}, \frac{\pi}{2}\right)$,则 $t = \arctan\frac{x}{a}$,$\mathrm{d}x = a\sec^2 t\mathrm{d}t$,则有

$$(x^2+a^2)^{-\frac{3}{2}} = (a^2\tan^2 t + a^2)^{-\frac{3}{2}} = (a^2\sec^2 t)^{-\frac{3}{2}} = (a\sec t)^{-3},$$

代入原积分有

$$\int (x^2+a^2)^{-\frac{3}{2}}\mathrm{d}x = \int (a\sec t)^{-3} \times a\sec^2 t\mathrm{d}t$$

$$= \int \frac{1}{a^2\sec t}\mathrm{d}t$$

$$= \frac{1}{a^2}\int \cos t\mathrm{d}t$$

$$= \frac{1}{a^2}\sin t + C.$$

根据 $x = a\tan t$ 做出三角形,如图 5-2-1 所示,可得 $\sin t = \frac{x}{\sqrt{x^2+a^2}}$,那么

$$\int (x^2+a^2)^{-\frac{3}{2}}\mathrm{d}x = \frac{x}{a^2\sqrt{x^2+a^2}} + C.$$

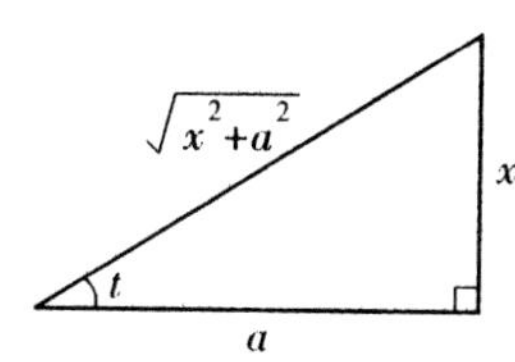

图 5-2-1

例 5.2.6　求下列不定积分

(1)$\int \frac{\mathrm{d}x}{\sqrt{1+x-x^2}}$;

(2)$\int \sqrt{a^2-x^2}$　$(a>0)$;

(3)$\int \frac{\mathrm{d}x}{x^2\sqrt{x^2-1}}$　$(x>0)$;

(4)$\int \sqrt{1+\mathrm{e}^{2x}}\mathrm{d}x$;

(5)$\int \frac{x+1}{x^2+x\ln x}\mathrm{d}x$.

解:(1) 对原积分进行变形可得

$$\int \frac{dx}{\sqrt{1+x-x^2}} = \int \frac{d(x-\frac{1}{2})}{\sqrt{\left(\frac{\sqrt{5}}{2}\right)^2 - (x-\frac{1}{2})^2}},$$

由基本积分公式$\int \frac{1}{\sqrt{a^2-x^2}}dx = \arcsin\frac{x}{a}+C \quad (a>0)$ 可知

$$\int \frac{dx}{\sqrt{1+x-x^2}} = \arcsin\frac{2x-1}{\sqrt{5}}+C.$$

(2) 令 $x = a\sin t\left(-\frac{\pi}{2}<t<\frac{\pi}{2}\right)$，则

$$\sqrt{a^2-x^2}\,dx = \int a^2\cos^2 t dt = \frac{a^2}{2}\int [1+\cos 2t]dt$$

$$= \frac{a^2}{2}\left[t+\frac{1}{2}\sin 2t\right]+C = \frac{a^2}{2}[t+\sin t\cos t]+C$$

由 $x = a\sin t$，求出

$$t = \arcsin\frac{x}{a},$$

$$\cos t = \sqrt{1-\sin^2 t} = \sqrt{1-\left(\frac{x}{a}\right)^2} = \frac{1}{a}\sqrt{a^2-x^2},$$

代回求得积分

$$\int \arcsin\frac{x}{a}dx = \frac{a^2}{2}\arcsin\frac{x}{a}+\frac{x\sqrt{a^2-x^2}}{2}+C$$

为了由求出 $x = a\sin t$ 其余的三角函数，常作一辅助的直角三角形(图 5-2-2)，由图可见

$$\sin t = \frac{x}{a}, \cos t = \frac{1}{a}\sqrt{a^2-x^2}.$$

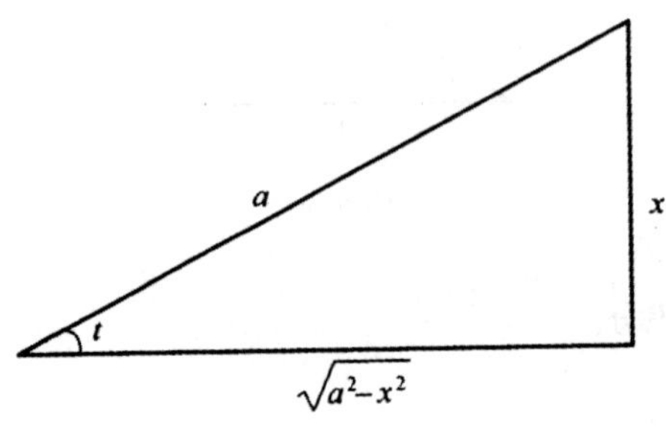

图 5-2-2

(3) 令 $x = \sec t(0<t<\frac{\pi}{2})$；$dx = \sec t\tan t dt$. 则

$$\int \frac{dx}{x^2\sqrt{x^2-1}} = \int \frac{\sec t\tan t}{\sec^2 t\sqrt{\sec^2 t-1}}dt$$

$$= \int \frac{1}{\sec t}dt$$

$$= \int \cos t dt$$

$$= \sin t + C$$

如图 5-2-3 所示，按 $x=\sec t$ 作辅助三角形，可得

$$\sin t=\frac{\sqrt{x^2-1}}{x},$$

于是有

$$\int\frac{\mathrm{d}x}{x^2\sqrt{x^2-1}}=\frac{\sqrt{x^2-1}}{x}+C.$$

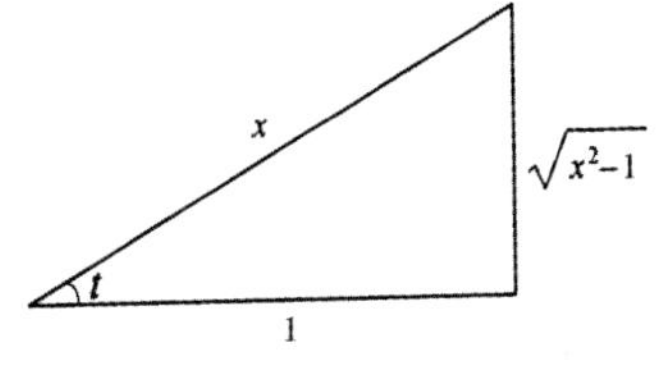

图 5-2-3

(4) 令 $\sqrt{1+\mathrm{e}^{2x}}=t,x=\frac{1}{2}\ln(t^2-1),\mathrm{d}x=\frac{t}{t^2-1}\mathrm{d}t$，则

$$\begin{aligned}\int\sqrt{1+\mathrm{e}^{2x}}\,\mathrm{d}x&=\int t\cdot\frac{t}{t^2-1}\mathrm{d}t\\&=\int\left(1+\frac{1}{t^2-1}\right)\mathrm{d}t\\&=t+\frac{1}{2}\ln\left|\frac{t-1}{t+1}\right|+C\\&=\sqrt{1+\mathrm{e}^{2x}}+\frac{1}{2}\ln\left|\frac{\sqrt{1+\mathrm{e}^{2x}}-1}{\sqrt{1+\mathrm{e}^{2x}}+1}\right|+C\\&=\sqrt{1+\mathrm{e}^{2x}}+\frac{1}{2}\ln\frac{(\sqrt{1+\mathrm{e}^{2x}}-1)^2}{\mathrm{e}^{2x}}+C\\&=\sqrt{1+\mathrm{e}^{2x}}-x\ln(\sqrt{1+\mathrm{e}^{2x}}-1)+C;\end{aligned}$$

(5) 令 $\ln x=t,x=\mathrm{e}^t,\mathrm{d}x=\mathrm{e}^t\mathrm{d}t$，则

$$\begin{aligned}\int\frac{x+1}{x^2+x\ln x}\mathrm{d}x&=\int\frac{\mathrm{e}^t+1}{\mathrm{e}^{2t}+t\mathrm{e}^t}\mathrm{e}^t\mathrm{d}t\\&=\int\frac{\mathrm{e}^t+1}{\mathrm{e}^t+t}\mathrm{d}t\\&=\int\frac{\mathrm{d}(\mathrm{e}^t+1)}{\mathrm{e}^t+t}\\&=\ln|\mathrm{e}^t+t|+C\\&=\ln|x+\ln x|+C.\end{aligned}$$

5.2.2　分部积分法

定理 5.2.3　设函数 $u=u(x)$ 与 $v=v(x)$ 都有连续的导数，则

$$\mathrm{d}(uv)=v\mathrm{d}u+u\mathrm{d}v,$$

移项可得

$$u\mathrm{d}v = \mathrm{d}(uv) - v\mathrm{d}u,$$

则有

$$\int u\mathrm{d}v = uv - \int v\mathrm{d}u.$$

上式即为分部积分公式．当不定积分$\int u\mathrm{d}v$不易计算，而$\int v\mathrm{d}u$容易计算时，可用此公式．

例 5.2.7 求$\int \mathrm{e}^x \cos x\mathrm{d}x$.

解：

$$\begin{aligned}\int \mathrm{e}^x \cos x\mathrm{d}x &= \int \cos x\mathrm{d}(\mathrm{e}^x) \\ &= \cos x\mathrm{e}^x - \int \mathrm{e}^x \mathrm{d}(\cos) \\ &= \cos x\mathrm{e}^x + \int \mathrm{e}^x \sin x\mathrm{d}x = \cos x\mathrm{e}^x + \int \sin x\mathrm{d}(\mathrm{e}^x) \\ &= \cos x\mathrm{e}^x + \sin x\mathrm{e}^x - \int \mathrm{e}^x \mathrm{d}(\sin x) \\ &= \mathrm{e}^x(\cos x + \sin x) - \int \mathrm{e}^x \cos x\mathrm{d}x,\end{aligned}$$

移项整理得

$$\int \mathrm{e}^x \cos x\mathrm{d}x = \frac{\mathrm{e}^x}{2}(\cos x + \sin x) + C.$$

例 5.2.8 求$I_n = \int \frac{\mathrm{d}x}{(x^2+a^2)^n}(a>0, n\in \mathbf{N}_+)$，试建立$I_n$的递推公式．

解：设$I_n = \int \frac{\mathrm{d}x}{(x^2+a^2)^n}(a>0, n\in \mathbf{N}_+)$，$u = \frac{1}{(x^2+a^2)^n}$，$v = x$，$\mathrm{d}u = \frac{-2nx\mathrm{d}x}{(x^2+a^2)^{n+1}}$，则有

$$\begin{aligned}I_n = \int \frac{\mathrm{d}x}{(x^2+a^2)^n} &= \frac{x}{(x^2+a^2)^n} + 2n\int \frac{x^2}{(x^2+a^2)^{n+1}}\mathrm{d}x \\ &= \frac{x}{(x^2+a^2)^n} + 2n\int \frac{(x^2+a^2)-a^2}{(x^2+a^2)^{n+1}}\mathrm{d}x \\ &= \frac{x}{(x^2+a^2)^n} + 2nI_n - 2na^2 I_{n+1}\end{aligned}$$

可得递推公式为

$$I_{n+1} = \frac{1}{a^2}\left[\frac{2n-1}{2n}I_n + \frac{x}{2n(x^2+a^2)^n}\right](n\in \mathbf{N}_+),$$

其中，$I_1 = \frac{1}{a}\arctan\frac{x}{a} + C$.

例 5.2.9 求不定积分$\int x\mathrm{e}^x\mathrm{d}x$.

解：令$u(x) = x$，$\mathrm{e}^x\mathrm{d}x = \mathrm{d}v(x)$，从而有

$$\mathrm{d}u(x) = \mathrm{d}x, v = \mathrm{e}^x,$$

所以有

$$\int x\mathrm{e}^x\mathrm{d}x = x\mathrm{e}^x - \int \mathrm{e}^x\mathrm{d}x = x\mathrm{e}^x - \mathrm{e}^x + C.$$

若令 $u(v)=e^{x}, x\mathrm{d}x=\mathrm{d}v(x)$，则有

$$\mathrm{d}u(x)=e^{x}\mathrm{d}x, v(x)=\frac{x^2}{2},$$

所以有

$$\int xe^{x}\mathrm{d}x=\frac{1}{2}x^2e^{x}-\frac{1}{2}\int x^2e^{x}\mathrm{d}x.$$

显然，右侧的积分比原来的积分还要复杂，因此，$u(x)$ 和 $\mathrm{d}v(x)$ 的选择不合适．

例 5.2.10　求不定积分 $\int\frac{\ln(1+x)-\ln x}{x(x+1)}\mathrm{d}x$.

解：易得

$$\begin{aligned}
\int\frac{\ln(1+x)-\ln x}{x(x+1)}\mathrm{d}x&=\int\frac{\ln(1+x)}{x(x+1)}\mathrm{d}x-\int\frac{\ln x}{x(x+1)}\mathrm{d}x\\
&=\int\left(\frac{\ln(1+x)}{x}-\frac{\ln(1+x)}{x+1}\right)\mathrm{d}x-\int\left(\frac{\ln x}{x}-\frac{\ln x}{x+1}\right)\mathrm{d}x\\
&=\int\ln(1+x)\mathrm{d}\ln x-\frac{1}{2}\ln^2(1+x)-\frac{1}{2}\ln^2x+\int\frac{\ln x}{x+1}\mathrm{d}x\\
&=\int\ln(1+x)\mathrm{d}\ln x-\int\ln x\mathrm{d}\ln(1+x)-\frac{1}{2}\ln^2(1+x)-\frac{1}{2}\ln^2x+\int\frac{\ln x}{x+1}\mathrm{d}x\\
&=\ln(1+x)\ln x-\int\frac{\ln x}{x+1}\mathrm{d}x-\frac{1}{2}\ln^2(1+x)-\frac{1}{2}\ln^2x+\int\frac{\ln x}{x+1}\mathrm{d}x\\
&=\ln(1+x)\ln x-\frac{1}{2}\ln^2(1+x)-\frac{1}{2}\ln^2x+C\\
&=-\frac{1}{2}\left[\ln^2(1+x)+\frac{1}{2}\ln^2x+2\ln(1+x)\ln x\right]+C\\
&=-\frac{1}{2}\left[\ln(1+x)+\frac{1}{2}\ln x\right]^2+C\\
&=-\frac{1}{2}\ln^2\left(1+\frac{1}{x}\right)+C.
\end{aligned}$$

例 5.2.11　求不定积分 $\int e^{x}\cos x\mathrm{d}x$.

解：易得

$$\begin{aligned}
\int e^{x}\cos x\mathrm{d}x&=\int\cos x\mathrm{d}e^{x}\\
&=e^{x}\cos x-\int e^{x}\mathrm{d}\cos x\\
&=e^{x}\cos x+\int e^{x}\sin x\mathrm{d}x\\
&=e^{x}\cos x+\int\sin x\mathrm{d}e^{x}\\
&=e^{x}\cos x+e^{x}\sin x-\int e^{x}\mathrm{d}\sin x\\
&=(\cos x+\sin x)e^{x}-\int e^{x}\cos x\mathrm{d}x,
\end{aligned}$$

所以可得

$$\int e^x \cos x dx = \frac{1}{2}(\cos x + \sin x)e^x + C.$$

例 5.2.12 求不定积分$\int \frac{(1-x)\arcsin(1-x)}{\sqrt{2x-x^2}}dx$.

解:对原被积函数的分母进行配方,即

$$\sqrt{2x-x^2} = \sqrt{1-(1-x)^2},$$

则

$$\int \frac{(1-x)\arcsin(1-x)}{\sqrt{2x-x^2}}dx = \int \frac{(1-x)\arcsin(1-x)}{\sqrt{1-(1-x)^2}}d(1-x).$$

令 $t = 1-x$,则

$$\begin{aligned}\int \frac{(1-x)\arcsin(1-x)}{\sqrt{2x-x^2}}dx &= -\int \frac{t\arcsin t}{\sqrt{1-t^2}}dt = \int \arcsin t d\sqrt{1-t^2} \\ &= \sqrt{1-t^2}\arcsin t - \int \sqrt{1-t^2} d\arcsin t \\ &= \sqrt{1-t^2}\arcsin t - \int \frac{\sqrt{1-t^2}}{\sqrt{1-t^2}}dt \\ &= \sqrt{1-t^2}\arcsin t - t + C_1 \\ &= \sqrt{2x-x^2}\arcsin(1-x) - (1-x) + C_1 \\ &= \sqrt{2x-x^2}\arcsin(1-x) + x + C,\end{aligned}$$

在这里,$C = C_1 - 1$.

5.3 可化为有理函数的积分的类型

5.3.1 有理函数的不定积分

前面我们详细讨论论了换元积分法和分部积分法．我们知道任何一个初等函数的导数都是初等函数,它们可以根据导数的基本公式表以及导数的运算法则计算出来．但是,初等函数的原函数(或不定积分)虽然存在,但不一定是初等函数．但有一类重要的函数,它们的原函数一定可以用初等函数表示,这就是有理函数．

两个多项式的商称为有理分式或有理函数．这里假定分子、分母没有公因式,也就是说,我们只讨论“既约分式”．当分子多项式的次数低于分母多项式的次数时,则有理分式称为真分式;当分子多项式的次数等于或高于分母多项式次数时,则称其为假分式．用多项式除法可以把假分式化成多项式与真分式之和．

定义 5.3.1 两个实系数多项式的商就是有理函数,其一般形式是

$$R(x) = \frac{P(x)}{Q(x)} = \frac{a_0x^n + a_1x^{n-1} + \cdots + a_n}{b_0x^m + b_1x^{m-1} + \cdots + b_n}$$

其中,$P(x)$、$Q(x)$ 分别是 $n,m(\in \mathbf{N})$ 次多项式,一般我们假定 $P(x)$ 与 $Q(x)$ 没有公因式．

如果 $n < m$ 时,则称 $R(x)$ 是有理真分式;如果 $n \geqslant m$ 时,则称 $R(x)$ 是有理假分式．

对于有理假分式，利用多项式除法，可以将其表示成一个多项式与一个有理真分式的和．比如，$\frac{x^5}{1-x^2}$ 可以化成 $\frac{x^5}{1-x^2}=\frac{x^5-x^3+x^3}{1-x^2}=-x^3+\frac{x^3-x+x}{1-x^2}=-x^3-x+\frac{x}{1-x^2}$.

所以求有理函数的不定积分有以下步骤：

(1) 若 $R(x)=\frac{P(x)}{Q(x)}$ 是有理真分式，则将其分解成若干个最简分式之和，再进行求解；

(2) 若 $R(x)=\frac{P(x)}{Q(x)}$ 是有理假分式，先将其表示成一个多项式与一个有理真分式的和，分别求解即得．

因为多项式的不定积分是容易求得的，所以我们只需研究有理真分式的不定积分．有理真分式必定可以分解成以下 4 种最简真分式之和．

(1) $\frac{A}{x-a}$；

(2) $\frac{A}{(x-a)^k}\quad(k>1)$；

(3) $\frac{Bx+D}{x^2+px+q}\quad(p^2-4q<0)$；

(4) $\frac{Bx+D}{(x^2+px+q)^k}\quad(p^2-4q<0,k>1)$.

下面通过例子说明如何将真分式分解成最简真分式之和．

例 5.3.1　把下列真分式分解成最简真分式之和．

(1) $\frac{1}{x^3-2x^2+x}$；

(2) $\frac{x+3}{x^3+2x^2-x-2}$.

解：(1) 分母 $x^3-2x^2+x=x(x-1)^2$ 只有实零点，但有重零点，所以有分解式

$$\frac{1}{x^3-2x^2+x}=\frac{1}{x(x-1)^2}=\frac{A}{x}+\frac{B}{x-1}+\frac{C}{(x-1)^2},$$

注意 $(x-1)$ 和 $(x-1)^2$ 都是分母多项式的因式，所以所得分解式中部分分式 $\frac{B}{x-1}$ 和 $\frac{C}{(x-1)^2}$ 都不应遗漏，两端通分去分母后，可得

$$1=A(x-1)^2+Bx(x-1)+Cx,$$

我们用赋值法确定系数，在上式中，令 $x=0$，可得 $A=1$；令 $x=1$，可得 $C=1$. 把 A,C 的值代回到上式，再令 $x=2$，可得 $B=-1$，所以

$$\frac{1}{x^3-2x^2+x}=\frac{1}{x}-\frac{1}{x-1}+\frac{1}{(x-1)^2}.$$

(2) 首先将分母因式分解，$x^3+2x^2-x-2=(x+2)(x-1)(x+1)$，所以分母多项式只有实零点，无重零点，所以分解的形式为

$$\frac{x+3}{x^3+2x^2-x-2}=\frac{A}{x+2}+\frac{B}{x+1}+\frac{C}{x-1},$$

其中 A,B,C 为待定系数，将分解式通分，得恒等式

$$\frac{x+3}{x^3+2x^2-x-2}=\frac{A(x^2-1)+B(x+2)(x-1)+C(x+1)(x+2)}{(x+2)(x^2-1)},$$

比较两端分子中同次幂系数可得

$$\begin{cases}0=A+B+C\\1=B+3C\\3=-A-2B+2C\end{cases},$$

解得

$$\begin{cases}A=\dfrac{1}{3}\\B=-1\\C=\dfrac{2}{3}\end{cases},$$

所以

$$\frac{x+3}{x^3+2x^2-x-2}=\frac{1}{3(x+2)}-\frac{1}{x+1}+\frac{2}{3(x-1)}.$$

例 5.3.2 用待定系数法将$\dfrac{4}{x^3+4x}$化为最简真分式之和.

解:将分母作因式分解有

$$\frac{4}{x^3+4x}=\frac{4}{x(x^2+4)},$$

假设原分式可以分解为

$$\frac{4}{x^3+4x}=\frac{A}{x}+\frac{Bx+C}{x^2+4},$$

将右边通分并去分母可得

$$4=A(x^2+4)+Bx^2+Cx,$$

令 $x=0$ 可得 $A=1$,再令 $x=1$,可得

$$B+C=-1,$$

再令 $x=-1$,可得

$$B-C=-1,$$

于是得方程组

$$\begin{cases}B+C=-1\\B-C=-1\end{cases},$$

解得,$B=-1,C=0$,于是原分式可化为

$$\frac{4}{x^3+4x}=\frac{1}{x}-\frac{x}{x^2+4}.$$

例 5.3.3 求不定积分$\displaystyle\int\frac{x+3}{x^2-5x+6}\mathrm{d}x$.

解:因为

$$x^2-5x+6=(x-2)(x-3),$$

所以有

$$\frac{x+3}{x^2-5x+6}=\frac{A}{x-2}+\frac{B}{x-3},$$

其中 A,B 为待定常数,两端消去分母可得

$$x+3=A(x-3)+B(x-2)=(A+B)x-(3A+2B),$$

即有

$$\begin{cases}A+B=1\\-(3A+2B)=3\end{cases},$$

从而解得 $A=-5,B=6$,则有

$$\frac{x+3}{x^2-5x+6}=\frac{-5}{x-2}+\frac{6}{x-3},$$

所以

$$\begin{aligned}\int\frac{x+3}{x^2-5x+6}\mathrm{d}x&=\int\left(\frac{-5}{x-2}+\frac{6}{x-3}\right)\mathrm{d}x\\&=-5\ln|x-2|+6\ln|x-3|+C.\end{aligned}$$

例 5.3.4　求 $\int\frac{1}{(x-1)^2(x-2)}\mathrm{d}x$.

解:设

$$\frac{1}{(x-1)^2(x-2)}=\frac{A}{x-2}+\frac{B}{x-1}+\frac{C}{(x-1)^2},$$

则

$$1=A(x-1)^2+B(x-1)(x-2)+C(x-2),$$

令 $x=2$,可得 $A=1$;令 $x=1$,可得 $C=1$;令 $x=0$,可得 $1=A+2B-2C=3+2B$,即 $B=-1$,那么

$$\frac{1}{(x-1)^2(x-2)}=\frac{1}{x-2}-\frac{1}{x-1}-\frac{1}{(x-1)^2},$$

所以

$$\begin{aligned}\int\frac{1}{(x-1)^2(x-2)}\mathrm{d}x&=\int\left[\frac{1}{x-2}-\frac{1}{x-1}-\frac{1}{(x-1)^2}\right]\mathrm{d}x\\&=\ln|x-2|-\ln|x-1|+\frac{1}{x-1}+C\\&=\ln\left|\frac{x-2}{x-1}\right|+\frac{1}{x-1}+C.\end{aligned}$$

例 5.3.5　求 $\int\frac{x^5+3x^4-x^2+2x-5}{x^3-1}\mathrm{d}x$.

解:因为

$$x^5+3x^4-x^2+2x-5=x^2(x^3-1)+3x(x^3-1)+5x-5,$$

所以

$$\frac{x^5+3x^4-x^2+2x-5}{x^3-1}=x^2+3x+\frac{5x-5}{x^3-1},$$

而

$$x^3-1=(x-1)(x^2+x+1),$$

所以

$$\frac{x^5+3x^4-x^2+2x-5}{x^3-1}=x^2+3x+\frac{5}{x^2+x+1},$$

那么

$$\int \frac{x^5+3x^4-x^2+2x-5}{x^3-1}\mathrm{d}x=\int (x^2+3x)\mathrm{d}x+\int \frac{5}{x^2+x+1}\mathrm{d}x$$

$$=\frac{x^3}{3}+\frac{3}{2}x^2+5\int \frac{\mathrm{d}x}{\left(x+\frac{1}{2}\right)^2+\frac{3}{4}}=\frac{x^3}{3}+\frac{3}{2}x^2+\frac{5}{\frac{\sqrt{3}}{2}}\arctan\frac{x+\frac{1}{2}}{\frac{\sqrt{3}}{2}}+C$$

$$=\frac{x^3}{3}+\frac{3}{2}x^2+\frac{10}{\sqrt{3}}\arctan\frac{2x+1}{\sqrt{3}}+C.$$

例 5.3.6 求不定积分$\int \frac{x-1}{x(1+x)(1+x+x^2)}\mathrm{d}x$.

解:因为

$$\frac{x-1}{x(1+x)(1+x+x^2)}=\frac{1}{(1+x)(1+x+x^2)}-\frac{1}{x(1+x)(1+x+x^2)},$$

又因为

$$\frac{1}{(1+x)(1+x+x^2)}=\frac{(1+x+x^2)-x-x^2}{(1+x)(1+x+x^2)}=\frac{1}{1+x}-\frac{x}{1+x+x^2},$$

$$\frac{1}{x(1+x)(1+x+x^2)}=\frac{(1+x+x^2)-x(1+x)}{x(1+x)(1+x+x^2)}=\frac{1}{x(1+x)}-\frac{1}{1+x+x^2}=\frac{1}{x}-\frac{1}{1+x}-\frac{1}{1+x+x^2}.$$

所以有

$$\frac{x-1}{x(1+x)(1+x+x^2)}=\frac{1}{1+x}-\frac{x}{1+x+x^2}-\frac{1}{x}+\frac{1}{1+x}+\frac{1}{1+x+x^2}$$

$$=\frac{2}{1+x}-\frac{1}{x}+\frac{1}{1+x+x^2}-\frac{x}{1+x+x^2}$$

$$=\frac{2}{1+x}-\frac{1}{x}-\frac{x-1}{1+x+x^2}.$$

故而

$$\int \frac{x-1}{x(1+x)(1+x+x^2)}\mathrm{d}x$$

$$=\int \left[\frac{2}{1+x}-\frac{1}{x}-\frac{x-1}{1+x+x^2}\right]\mathrm{d}x$$

$$=\int \frac{2}{1+x}\mathrm{d}x-\int \frac{1}{x}\mathrm{d}x-\int \frac{x-1}{1+x+x^2}\mathrm{d}x$$

$$=2\ln|1+x|-\ln|x|-\frac{1}{2}\int \frac{\mathrm{d}(1+x+x^2)-3\mathrm{d}x}{1+x+x^2}$$

$$=2\ln|1+x|-\ln|x|-\frac{1}{2}\ln(1+x+x^2)+\frac{3}{2}\int \frac{\mathrm{d}x}{1+x+x^2}$$

$$=\ln\frac{(1+x)^2}{|x|\sqrt{1+x+x^2}}+\sqrt{3}\arctan\frac{2x+1}{\sqrt{3}}+C.$$

5.3.2　三角函数有理式的不定积分

定义 5.3.2　三角函数有理式是指由三角函数和常数经过有限次四则运算所构成的函数．

因为各种三角函数都可化成 $\sin x,\cos x$ 的函数，所以我们用 $R(\sin x,\cos x)$ 表示三角函数有理式．

针对三角函数有理式的积分

$$\int R(\sin x,\cos x)\mathrm{d}x,$$

可通过换元和三角函数中的万能公式将其转化为有理函数的积分，令 $u=\tan\frac{x}{2}$，则有 $x=2\arctan u,\mathrm{d}x=\frac{2}{1+u^2}\mathrm{d}u$，那么

$$\sin x=\frac{2\tan\frac{x}{2}}{1+\tan^2\frac{x}{2}}=\frac{2u}{1+u^2},$$

$$\cos x=\frac{1-\tan^2\frac{x}{2}}{1+\tan^2\frac{x}{2}}=\frac{1-u^2}{1+u^2},$$

变换后原积分变成了有理函数的积分，因此把以上两式称为万能公式．

例 5.3.7　求 $\int\frac{\mathrm{d}x}{5+3\cos x}$.

解：令 $u=\tan\frac{x}{2}$，则 $x=2\arctan u,\mathrm{d}x=\frac{2}{1+u^2}\mathrm{d}u$，则有

$$\begin{aligned}\int\frac{\mathrm{d}x}{5+3\cos x}&=\int\frac{1}{5+\frac{3(1-u^2)}{1+u^2}}\frac{2\mathrm{d}u}{1+u^2}=\int\frac{\mathrm{d}u}{u^2+4}\\&=\frac{1}{2}\arctan\frac{u}{2}+C\\&=\frac{1}{2}\arctan\left(\frac{1}{2}\tan\frac{x}{2}\right)+C.\end{aligned}$$

例 5.3.8　求 $\int\frac{1+\sin x}{\sin x(1+\cos x)}\mathrm{d}x$.

解：令 $u=\tan\frac{x}{2}$，则

$$\sin x=\frac{2u}{1+u^2},\cos x=\frac{1-u^2}{1+u^2},x=2\arctan u,\mathrm{d}x=\frac{2}{1+u^2}\mathrm{d}u,$$

则有

$$\begin{aligned}\int\frac{1+\sin x}{\sin x(1+\cos x)}\mathrm{d}x&=\int\frac{\left(1+\frac{2u}{1+u^2}\right)}{\frac{2u}{1+u^2}\left(1+\frac{1-u^2}{1+u^2}\right)}\frac{2}{1+u^2}\mathrm{d}u\\&=\frac{1}{2}\left(\frac{u^2}{2}+2u+\ln|u|\right)+C\end{aligned}$$

$$= \frac{1}{4}\tan^2\frac{x}{2} + \tan\frac{x}{2} + \frac{1}{2}\ln\left|\tan\frac{x}{2}\right| + C.$$

例 5.3.9　求$\int \frac{\mathrm{d}x}{\sin^4 x\cos^2 x}$.

解:令 $u = \tan x$,则有

$$\begin{aligned}\int \frac{\mathrm{d}x}{\sin^4 x\cos^2 x} &= \int \frac{\sec^4 x\mathrm{d}(\tan x)}{\tan^4 x} \\ &= \int \frac{(1+u^2)^2}{u^4}\mathrm{d}u = \int \left(\frac{1}{u^4} + \frac{2}{u^2} + 1\right)\mathrm{d}u \\ &= -\frac{1}{3u^3} - \frac{2}{u} + u + C \\ &= -\frac{1}{3\tan^3 x} - \frac{2}{\tan x} + \tan x + C.\end{aligned}$$

例 5.3.10　求$\int \frac{\sin^3 x}{2+\cos x}\mathrm{d}x$.

解:令 $u = \cos x$,则有

$$\begin{aligned}\int \frac{\sin^3 x}{2+\cos x}\mathrm{d}x &= -\int \frac{1-\cos^2 x}{2+\cos x}\mathrm{d}(\cos x) \\ &= \int \frac{u^2-1}{2+u}\mathrm{d}u = \int \left(\frac{1}{u^4} + \frac{2}{u^2} + 1\right)\mathrm{d}u \\ &= -\frac{1}{3u^3} - \frac{2}{u} + u + C \\ &= -\frac{1}{3\tan^3 x} - \frac{2}{\tan x} + \tan x + C.\end{aligned}$$

例 5.3.11　求$\int \frac{\cos x}{5+4\cos x}\mathrm{d}x$.

解:令 $x = 2\arctan t$,则有

$$\begin{aligned}\int \frac{\cos x}{5+4\cos x}\mathrm{d}x &= \int \frac{\frac{1-t^2}{1+t^2}}{5+4\,\frac{1-t^2}{1+t^2}}\,\frac{2\mathrm{d}t}{1+t^2} \\ &= 2\int \frac{1-t^2}{(9+t^2)(1+t^2)}\mathrm{d}t = \frac{1}{2}\int \frac{9+t^2-5(1+t^2)}{(9+t^2)(1+t^2)}\mathrm{d}t \\ &= \frac{1}{2}\int \left(\frac{1}{1+t^2} - \frac{5}{9+t^2}\right)\mathrm{d}t \\ &= \frac{1}{2}\arctan t - \frac{5}{6}\arctan\frac{t}{3} + C \\ &= \frac{1}{2}\arctan\tan\frac{x}{2} - \frac{5}{6}\arctan\frac{\tan\frac{x}{2}}{3} + C.\end{aligned}$$

5.3.3　可化为有理函数的不定积分

当被积函数含有根式$\sqrt[n]{ax+b}$ 或$\sqrt[n]{\frac{ax+b}{cx+\mathrm{d}}}$$(a\mathrm{d}-bc \neq 0)$ 等简单无理式时,我们可以采用第

二类换元积分法去掉根号，从而计算有理函数的积分.

用 $R(u,v)$ 表示由 u,v 和常数进行有限次四则运算得到的表达式，下面我们讨论形如 $\int R(x,\sqrt[n]{ax+b})\mathrm{d}x$ 或 $\int R\left(x,\sqrt[n]{\dfrac{ax+b}{cx+\mathrm{d}}}\right)\mathrm{d}x$ 的简单无理函数的积分.

对于形如 $\int R(x,\sqrt[n]{ax+b})\mathrm{d}x$ 的积分，令 $u=\sqrt[n]{ax+b}$，则 $x=\dfrac{u^n+b}{a}$，$\mathrm{d}x=\dfrac{n}{a}u^{n-1}\mathrm{d}u$，那么

$$\int R(x,\sqrt[n]{ax+b})\mathrm{d}x=\int R\left(\frac{u^n+b}{a},u\right)\frac{u}{a}u^{n-1}\mathrm{d}u,$$

就化成了关于 u 的有理函数的积分；

对于形如 $\int R\left(x,\sqrt[n]{\dfrac{ax+b}{cx+\mathrm{d}}}\right)\mathrm{d}x$ 的积分，令 $u=\sqrt[n]{\dfrac{ax+b}{cx+\mathrm{d}}}$，则 $x=\dfrac{\mathrm{d}u^n-b}{a-cu^n}$，$\mathrm{d}x=\dfrac{n(a\mathrm{d}-bc)}{(a-cu^n)^2}u^{n-1}\mathrm{d}u$，那么

$$\int R\left(x,\sqrt[n]{\frac{ax+b}{cx+\mathrm{d}}}\right)\mathrm{d}x=\int R\left(\frac{\mathrm{d}u^n-b}{a-cu^n},u\right)\frac{n(a\mathrm{d}-bc)}{(a-cu^n)^2}u^{n-1}\mathrm{d}u,$$

就化成了关于 u 的有理函数的积分.

例 5.3.12　求 $\int\dfrac{\sqrt{x-1}}{x}\mathrm{d}x$.

解：令 $\sqrt{x-1}=u$，则 $x=u^2+1$，$\mathrm{d}x=2u\mathrm{d}u$，所以

$$\begin{aligned}\int\frac{\sqrt{x-1}}{x}\mathrm{d}x&=\int\frac{u}{u^2+1}2u\mathrm{d}u=2\int\frac{u^2}{u^2+1}\mathrm{d}u\\&=2\int\left(1-\frac{1}{u^2+1}\right)\mathrm{d}u\\&=2(u-\arctan u)+C\\&=2(\sqrt{x-1}-\arctan\sqrt{x-1})+C.\end{aligned}$$

例 5.3.13　求 $\int\dfrac{\mathrm{d}x}{x-\sqrt[3]{3x+2}}$.

解：令 $u=\sqrt[3]{3x+2}$，则 $x=\dfrac{u^3-2}{3}$，$\mathrm{d}x=u^2\mathrm{d}u$，所以

$$\begin{aligned}\int\frac{\mathrm{d}x}{x-\sqrt[3]{3x+2}}&=\int\frac{1}{\frac{u^3-2}{3}-u}u^2\mathrm{d}u=\int\frac{1}{u^3-3u-2}3u^2\mathrm{d}u\\&=\int\left(\frac{-1}{(u+1)^2}+\frac{5}{3(u+1)}+\frac{4}{3(u-2)}\right)\mathrm{d}u\\&=\frac{1}{u+1}+\frac{5}{3}\ln|u+1|+\frac{4}{3}\ln|u-2|+C\\&=\frac{1}{\sqrt[3]{3x+2}+1}+\frac{5}{3}\ln\left|\sqrt[3]{3x+2}+1\right|+\frac{4}{3}\ln\left|\sqrt[3]{3x+2}-2\right|+C.\end{aligned}$$

例 5.3.14　求 $\int\dfrac{\mathrm{d}x}{(1+x)\sqrt{2+x-x^2}}$.

解：因为

$$\frac{1}{(1+x)\sqrt{2+x-x^2}}=\frac{1}{(1+x)^2\sqrt{\frac{2-x}{1+x}}},$$

所以令 $u=\sqrt{\frac{2-x}{1+x}}$,则 $x=\frac{2-u^2}{1+u^2}$,$\mathrm{d}x=\frac{-6u\mathrm{d}u}{(1+u^2)^2}$,所以

$$\begin{aligned}\int\frac{\mathrm{d}x}{(1+x)\sqrt{2+x-x^2}}&=\int\left(\frac{1+u^2}{3}\right)^2\frac{1}{u}\frac{-6u}{(1+u^2)^2}\mathrm{d}u\\&=-\frac{2}{3}\int\mathrm{d}u=-\frac{2}{3}u+C\\&=-\frac{2}{3}\sqrt{\frac{2-x}{1+x}}+C.\end{aligned}$$

例 5.3.15 求 $I=\int\frac{\mathrm{d}x}{\sqrt[3]{(x-1)^2(x+2)}}$.

解:因为

$$\sqrt[3]{(x-1)^2(x+2)}=\sqrt[3]{\frac{(x-1)^2}{(x+2)^2}(x+2)^3}=(x+2)\sqrt[3]{\left(\frac{x-1}{x+2}\right)^2},$$

所以可令$\frac{x-1}{x+2}=y^3$,代入原式可得

$$I=\int\frac{3\mathrm{d}y}{1-y^3}.$$

因为

$$\frac{1}{1-y^3}=\frac{1}{3}\left(\frac{1}{1-y}+\frac{y+2}{1+y+y^2}\right)=\frac{1}{3}\left[\frac{1}{1-y}+\frac{1}{2}\frac{1+2y}{1+y+y^2}+\frac{3}{2}\frac{1}{\left(\frac{1}{2}+y\right)^2+\frac{3}{4}}\right],$$

所以

$$\begin{aligned}I&=\int\frac{3\mathrm{d}y}{1-y^3}\\&=\int\frac{1}{1-y}\mathrm{d}y+\frac{1}{2}\int\frac{1+2y}{1+y+y^2}\mathrm{d}y+\frac{3}{2}\int\frac{1}{\left(\frac{1}{2}+y\right)^2+\frac{3}{4}}\mathrm{d}y\\&=\ln|1-y|+\frac{1}{2}\ln|1+y+y^2|+\sqrt{3}\arctan\frac{2\sqrt[3]{x-1}+\sqrt[3]{x+2}}{\sqrt{3}\sqrt[3]{x+2}}+C.\end{aligned}$$

例 5.3.16 计算不定积分$\int\frac{x-2}{x^2+2x+3}\mathrm{d}x$.

解:由于被积函数的分母已经是二次质因式,且

$$\mathrm{d}(x^2+2x+3)=(2x+2)\mathrm{d}x,$$

被积函数的分母可以写为

$$x-2=\frac{1}{2}(2x+2)-3,$$

所以

$$\begin{aligned}\int \frac{x-2}{x^2+2x+3}\mathrm{d}x &= \int \frac{\frac{1}{2}(2x+2)-3}{x^2+2x+3}\mathrm{d}x \\ &= \frac{1}{2}\int \frac{2x+2}{x^2+2x+3}\mathrm{d}x - 3\int \frac{1}{x^2+2x+3}\mathrm{d}x \\ &= \frac{1}{2}\int \frac{\mathrm{d}(x^2+2x+3)}{x^2+2x+3} - 3\int \frac{1}{(x+1)^2+(\sqrt{2})^2}\mathrm{d}(x+1) \\ &= \frac{1}{2}\ln(x^2+2x+3) - \frac{2}{\sqrt{2}}\arctan\frac{x+1}{\sqrt{2}} + C.\end{aligned}$$

例 5.3.17　求不定积分$\int \frac{2x+2}{(x-1)(x^2+1)^2}\mathrm{d}x$.

解:先将真分式$\frac{2x+2}{(x-1)(x^2+1)^2}$化为最简形式,设

$$\frac{2x+2}{(x-1)(x^2+1)^2} = \frac{A}{x-1} + \frac{Bx+C}{(x^2+1)^2} + \frac{Dx+E}{x^2+1},$$

将该等式右边通分并比较等式两端的分子可得

$$2x+2 = A(x^2+1)^2 + (Bx+C)(x-1) + (Dx+E)(x-1)(x^2+1),$$

令 $x=1$,得 $A=1$. 比较同次幂的系数可得方程组

$$\begin{cases} D+1=0 \\ E-D=0 \\ B+D-E+2=0 \\ C-B-D+E=2 \end{cases},$$

解得

$$A=1, B=-2, C=0, D=-1, E=-1,$$

于是

$$\frac{2x+2}{(x-1)(x^2+1)^2} = \frac{1}{x-1} - \frac{2x}{(x^2+1)^2} - \frac{x-1}{x^2+1}.$$

所以

$$\begin{aligned}&\int \frac{2x+2}{(x-1)(x^2+1)^2}\mathrm{d}x \\ &= \int \left[\frac{1}{x-1} - \frac{2x}{(x^2+1)^2} - \frac{x-1}{x^2+1}\right]\mathrm{d}x \\ &= \int \frac{1}{x-1}\mathrm{d}x - \int \frac{2x}{(x^2+1)^2}\mathrm{d}x - \int \frac{x-1}{x^2+1}\mathrm{d}x \\ &= \ln|x-1| + \frac{1}{x^2+1} - \frac{1}{2}\ln(x^2+1) - \arctan x + C \\ &= \ln\frac{|x-1|}{\sqrt{x^2+1}} + \frac{1}{x^2+1} - \arctan x + C.\end{aligned}$$

例 5.3.18　求不定积分$\int \frac{x-1}{x(1+x)(1+x+x^2)}\mathrm{d}x$.

解:因为

$$\frac{x-1}{x(1+x)(1+x+x^2)} = \frac{1}{(1+x)(1+x+x^2)} - \frac{1}{x(1+x)(1+x+x^2)},$$

又因为

$$\frac{1}{(1+x)(1+x+x^2)}=\frac{(1+x+x^2)-x-x^2}{(1+x)(1+x+x^2)}$$

$$=\frac{1}{1+x}-\frac{x}{1+x+x^2},$$

$$\frac{1}{x(1+x)(1+x+x^2)}=\frac{(1+x+x^2)-x(1+x)}{x(1+x)(1+x+x^2)}$$

$$=\frac{1}{x(1+x)}-\frac{1}{1+x+x^2}$$

$$=\frac{1}{x}-\frac{1}{1+x}-\frac{1}{1+x+x^2}.$$

所以有

$$\frac{x-1}{x(1+x)(1+x+x^2)}=\frac{1}{1+x}-\frac{x}{1+x+x^2}-\frac{1}{x}+\frac{1}{1+x}+\frac{1}{1+x+x^2}$$

$$=\frac{2}{1+x}-\frac{1}{x}+\frac{1}{1+x+x^2}-\frac{x}{1+x+x^2}$$

$$=\frac{2}{1+x}-\frac{1}{x}-\frac{x-1}{1+x+x^2}.$$

故而

$$\int\frac{x-1}{x(1+x)(1+x+x^2)}\mathrm{d}x$$

$$=\int\left[\frac{2}{1+x}-\frac{1}{x}-\frac{x-1}{1+x+x^2}\right]\mathrm{d}x$$

$$=\int\frac{2}{1+x}\mathrm{d}x-\int\frac{1}{x}\mathrm{d}x-\int\frac{x-1}{1+x+x^2}\mathrm{d}x$$

$$=2\ln|1+x|-\ln|x|-\frac{1}{2}\int\frac{\mathrm{d}(1+x+x^2)-3\mathrm{d}x}{1+x+x^2}$$

$$=2\ln|1+x|-\ln|x|-\frac{1}{2}\ln(1+x+x^2)+\frac{3}{2}\int\frac{\mathrm{d}x}{1+x+x^2}$$

$$=\ln\frac{(1+x)^2}{|x|\sqrt{1+x+x^2}}+\sqrt{3}\arctan\frac{2x+1}{\sqrt{3}}+C.$$

第 6 章　定积分及其应用

6.1　定积分的概念与性质概述

6.1.1　定积分的概念

1. 引入定积分概念的实例

例 6.1.1　阿基米德曾用公元前约五百多年的希腊人所创立的“穷竭法”计算由抛物线 $y=x^2$ 直线 $x=1$ 与 x 轴所围成的曲边三角形的面积．设此面积为 A“穷竭法”的基本思想是用多边形的面积来逼近 A 使用现在的数学语言来说即先把区间 $[0,1]$ 分成九等份分点为

$$\frac{1}{n},\frac{2}{n},\cdots,\frac{k}{n},\cdots,\frac{n}{n}-1$$

过这些点作平行于 y 轴的直线它们将曲边三角形分成 n 个窄条曲边梯形其面积依次记作

$$\Delta A_1,\Delta A_2,\cdots,\Delta A_n.$$

那么显然有

$$A=\sum_{k=1}^{n}\Delta A_k=\Delta A_1+\Delta A_2+\cdots+\Delta A_n,$$

对于这些小曲边梯形人们依旧无法算得 $\Delta A_k(k=1,2,\cdots,n)$ 的精确值，然而可算出它们的近似值．因此在小区间 $\left[\frac{k-1}{n},\frac{k}{n}\right](k=1,2,\cdots,n)$ 上以之为底，以函数 $y=x^2$ 在该区间左端点 $x=\frac{k-1}{n}$ 的值为高作窄条矩形如图 6-1-1 所示其面积为 $\frac{1}{n}\left(\frac{k-1}{n}\right)^2$ 其近似于 ΔA_k 即

$$\Delta A_k\approx\frac{1}{n}\left(\frac{k-1}{n}\right)^2,$$

相差为一个小曲边三角形．这 n 个小条矩形拼成一个多边形其面积为

$$\begin{aligned}\overline{S}_n&=0\cdot\frac{1}{n}+\left(\frac{1}{n}\right)^2\frac{1}{n}+\left(\frac{2}{n}\right)^2\frac{1}{n}+\cdots+\left(\frac{n-1}{n}\right)^2\frac{1}{n}\\&=\sum_{k=1}^{n}\left(\frac{k-1}{n}\right)^2\frac{1}{n}\\&-\frac{1}{n^3}\sum_{k=1}^{n}(k-1)^2.\end{aligned}$$

因为

$$1^2+2^2+\cdots+n^2=\frac{1}{6}\left(1-\frac{1}{n}\right)\left(2-\frac{1}{n}\right).$$

所以

$$\overline{S}_n = \frac{1}{6n^3}(n-1)n(2n-1) = \frac{1}{6}\left(1-\frac{1}{n}\right)\left(2-\frac{1}{n}\right).$$

十分明显$\overline{S}_n < A$且$A \approx \overline{S}_n$并且当$n \to \infty$时相差的那些小曲边三角形的面积之和将趋于零.即多边形将趋于曲边三角形这便是穷竭的意思所以

$$A = \lim_{n\to\infty} \overline{S}_n = \frac{1}{3}.$$

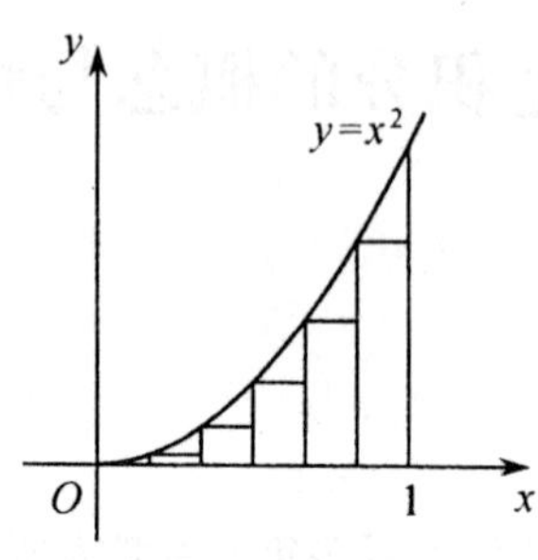

图 6-1-1

为了更加严格地证明该结果的正确性还可采用另一种方式来计算$\Delta A_k(k=1,2,\cdots,n)$的近似值,即在区间$\left[\frac{k-1}{n},\frac{k}{n}\right]$上以之为底,以$y=x^2$在区间的右端点$x=\frac{k}{n}$的值作为高作窄条矩形,如图 6-1-2 所示,其面积为$\frac{1}{n}\left(\frac{k}{n}\right)^2$.

易知

$$\Delta A_k \approx \frac{1}{n}\left(\frac{k}{n}\right)^2,$$

并且有

$$\Delta A_k < \frac{1}{n}\left(\frac{k}{n}\right)^2.$$

这n个小条矩形也可拼成一多边形它的面积为

$$\begin{aligned}\overline{S}_n &= \left(\frac{1}{n}\right)^2\frac{1}{n} + \left(\frac{2}{n}\right)^2\frac{1}{n} + \cdots + \left(\frac{n}{n}\right)^2\frac{1}{n} \\ &= \sum_{k=1}^{n}\left(\frac{k}{n}\right)^2\frac{1}{n} \\ &= \frac{1}{n^3}\sum_{k=1}^{n}k^2 \\ &= \frac{1}{6n^3}n(n+1)(2n+1) \\ &= \frac{1}{6}\left(1+\frac{1}{n}\right)\left(2+\frac{1}{n}\right).\end{aligned}$$

因为

$$\overline{S}_n < A < \overline{S}_n,$$

并且

$$\lim_{n\to\infty}\overline{S}_n=\frac{1}{3}=\lim_{n\to\infty}\overline{S}_n,$$

所以根据极限存在的夹逼准则可得 $A=\dfrac{1}{3}$.

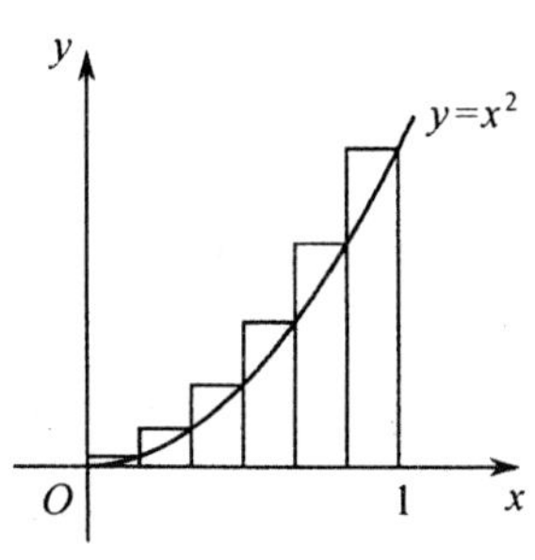

图 6-1-2

例 6.1.2　变速直线运动的路程.

设一物体做变速直线运动,其速度为 $v=v(t)(a\leqslant t\leqslant b)$ 是时间 t 的连续函数,试求物体在时间段$[a,b]$内经过的路程 s.

为解决这一问题,采用与上题相似的方法.

在 a 与 b 之间插入分点

$$a=t_0<t_1<t_2<\cdots<t_{n-1}<t_n=b.$$

将$[a,b]$分成 n 个小段,记第 i 个小段$[t_{i-1},t_i]$的长度为 $\Delta t_i=t_i-t_{i-1}$. 在每个时间段里任取 $\xi_i(t_{i-1}\leqslant\xi_i\leqslant t_i)$. 我们把质点从 t_{i-1} 到 t_i 这个时间段的运动近似的视为是以 $v(\xi_i)$ 为速度的匀速运动,那么 Δt_i 时间段所运动的路程近似值为

$$\Delta s_i\approx v(\xi_i)\Delta t_i.$$

记 $\lambda=\max\{\Delta t_1,\Delta t_2,\cdots,\Delta t_n\}$,当 $\lambda\to 0$ 时

$$S=\lim_{\lambda\to 0}\sum_{i=1}^{n}v(\xi_i)\Delta t_i.$$

2. 定积分的定义

上述两个例子,一个是几何问题,一个是物理问题,虽然意义不同,但是特征与解题方法一致,处理的方法是局部均匀化方法,即在局部以均匀分布代替非均匀分布,求出所求量的局部近似值,然后累积求和得所求量总体的近似值,最后通过取极限得到所求量的精确表达式. 抽取其数学结构和处理问题的方法的共性,得出下述定积分的意义.

定义 6.1.1　设函数 $f(x)$ 在区间$[a,b]$上有界,任取分点

$$a=x_0<x_1<x_2<\cdots<x_{n-1}<x_n=b,$$

把$[a,b]$分成 n 个小区间

$$[x_0,x_1],[x_1,x_2],\cdots,[x_{n-1},x_n],$$

各小区间的长度依次为

$$\Delta x_1=x_1-x_0,\Delta x_2=x_2-x_1,\cdots,\Delta x_n=x_n-x_{n-1}.$$

在每个区间任取一点 $\xi_i(1\leqslant i\leqslant n)$,作函数值 $f(\xi_i)$ 与小区间长度 Δx_i 的乘积 $f(\xi_i)\Delta x_i$,并

作和

$$S=\sum_{i=1}^{n}f(\xi_i)\Delta x_i.$$

若无论上述 x_i 与 ξ_i 如何选取($1\leqslant i\leqslant n$),只要 $\lambda\to 0$. 和 S 总趋于确定的极限 I,则称函数 $f(x)$ 在$[a,b]$上 Riemann 可积(简称可积),这个极限 I 称为 $f(x)$ 在$[a,b]$上的定积分(简称积分),记作$\int_a^b f(x)\mathrm{d}x$,即

$$\int_a^b f(x)\mathrm{d}x=\lim_{\lambda\to 0}\sum_{i=1}^{n}v(\xi_i)\Delta x_i.$$

其中,$f(x)$ 称为被积函数,$f(x)\mathrm{d}x$ 称为被积表达式,x 称为积分变量,$[a,b]$称为积分区间,a 称为积分下限,b 称为积分上限.

说明:

(1) 定积分只与被积函数 $f(x)$ 和积分区间$[a,b]$有关,而与采用哪个字母无关,例如

$$\int_a^b f(x)\mathrm{d}x=\int_a^b f(u)\mathrm{d}u.$$

(2) 定义中规定 $a<b$,若 $b<a$,我们规定定积分的上限与下限互换时,定积分变号,即

$$\int_a^b f(x)\mathrm{d}x=-\int_b^a f(x)\mathrm{d}x.$$

3. 定积分的几何意义

首先从概念出发说明定积分的几何意义.

(1) 在区间$[a,b]$上 $f(x)\geqslant 0$ 时定积分在几何上表示以函数的图形为曲边的一个曲边梯形的面积如图 6-1-3 所示.

$$\int_a^b f(x)\mathrm{d}x=\lim_{\lambda\to 0}\sum_{i=1}^{n}f(\xi_i)\cdot\Delta x_i=A$$

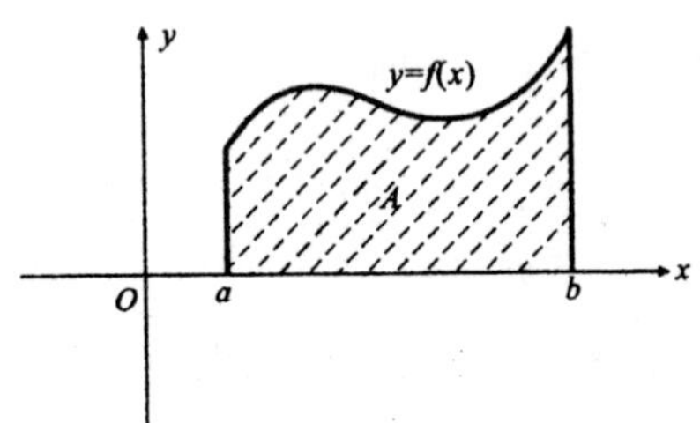

图 6-1-3

(2) 若在区间$[a,b]$上 $f(x)\leqslant 0$ 时如图 6-1-4 所示则 $f(x)$ 在区间$[a,b]$上的定积分为

$$\int_a^b f(x)\mathrm{d}x=\lim_{\lambda\to 0}\sum_{i=1}^{n}f(\xi_i)\cdot\Delta x_i.$$

因为 $\Delta x_i>0$ 而 $f(\xi_i)\leqslant 0$ 所以 $f(\xi_i)\cdot\Delta x_i\leqslant 0$.

因此

$$\int_a^b f(x)\mathrm{d}x=-\lim_{\lambda\to 0}\sum_{i=1}^{n}(-f(\xi_i))\Delta x_i=-A.$$

即$\int_a^b f(x)\mathrm{d}x$ 的值为曲边梯形的面积的相反数．

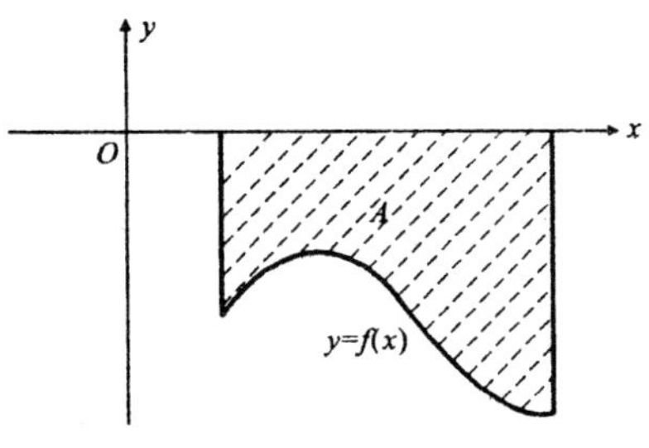

图 6-1-4

(3) 若函数 $f(x)$ 在区间$[a,b]$上即可取正值也可取负值如图 6-1-5 所示那么定积分$\int_a^b f(x)\mathrm{d}x$ 在几何上表示介于曲线 $y=f(x)$ 直线 $x=a,x=b,y=0$ 之间的各个部分面积的代数和

$$\int_a^b f(x)\mathrm{d}x = A_1 - A_2 + A_3 - A_4.$$

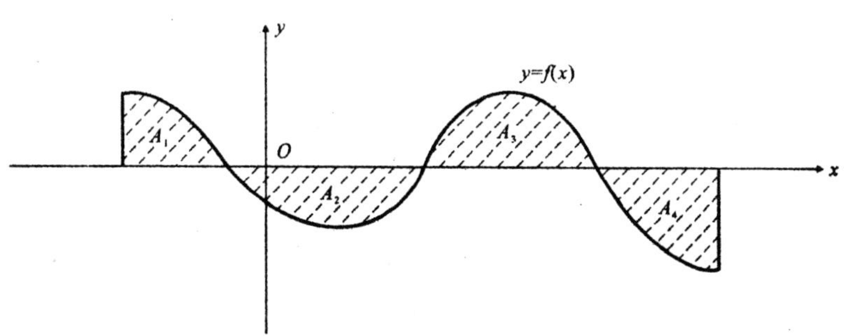

图 6-1-5

例 6.1.3　采用定义计算$\int_0^1 x^2\mathrm{d}x$.

解：由于 $f(x)=x^2$ 在区间$[0,1]$上连续如图 6-1-6 所示因此定积分$\int_0^1 x^2\mathrm{d}x$ 存在．因为定积分的值与区间的分法和 ξ_i 的取值无关．

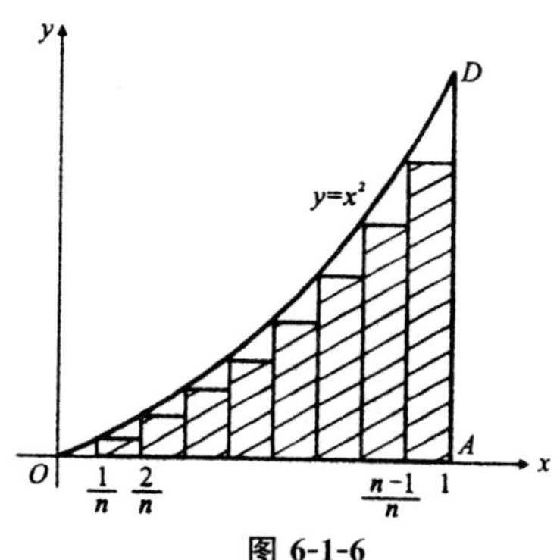

图 6-1-6

下面我们采取一些特殊的分法和取法：

(1) 分割．在区间[0,1]内插入 $n-1$ 个分点将区间[0,1]分成 n 个等分各分点的坐标依次如下

$$x_0=0, x_1=\frac{1}{n}, x_2=\frac{2}{n}, \cdots$$

$$x_i=\frac{i}{n}, \cdots x_n=\frac{n}{n}=1$$

每个小区间的长度均为 $\Delta x=\frac{1}{n}$.

(2) 近似代替．取每个小区间 $[x_{i-1}, x_i]$ 的右端点为 ξ_i 即

$$\xi_1=x_1=\frac{1}{n}, \xi_2=x_2=\frac{2}{n}, \xi_3=x_3=\frac{3}{n}, \cdots, \xi_i=x_i=\frac{i}{n}, \cdots, \xi_n=x_n=1$$

作乘积

$$f(\xi_i)\cdot\Delta x_i=\left(\frac{i}{n}\right)^2\cdot\frac{1}{n}=\frac{i^2}{n^3}\quad(i=1,2,\cdots,n).$$

(3) 求和：

$$\begin{aligned}\sum_{i=1}^{n} f(\xi_i)\cdot\Delta x_i &= \sum_{i=1}^{n}\frac{i^2}{n^3} \\ &= \frac{1}{n^3}(1^2+2^2+\cdots+n^2) \\ &= \frac{1}{n^3}\cdot\frac{1}{6}n(n+1)(2n+1) \\ &= \frac{1}{6}\left(1+\frac{1}{n}\right)\left(2+\frac{1}{n}\right).\end{aligned}$$

(4) 取极限：

$$\begin{aligned}\int_0^1 x^2\,\mathrm{d}x &= \lim_{n\to\infty}\sum_{\lambda=1}^{n} f(\xi_i)\cdot\Delta x_i \\ &= \lim_{n\to\infty}\left[\frac{1}{6}\left(1+\frac{1}{n}\right)\left(2+\frac{1}{n}\right)\right] \\ &= \frac{1}{3}.\end{aligned}$$

根据定积分的几何意义可知 $\int_0^1 x^2\,\mathrm{d}x$ 为曲线 $y=x^2$ 在区间[0,1]上的曲边梯形的面积．

6.1.2　定积分的性质

下列性质中积分上下限的大小，均不加限制，且假定各种性质中所列出的定积分都存在．

性质 6.1.1　函数的和(差)的定积分等于它们的定积分的和(差)，即

$$\int_a^b[f(x)\pm g(x)]\mathrm{d}x=\int_a^b f(x)\mathrm{d}x\pm\int_a^b g(x)\mathrm{d}x.$$

性质 6.1.2　被积函数中的常数因子可以提到积分号外面，即

$$\int_a^b kf(x)\mathrm{d}x=k\int_a^b f(x)\mathrm{d}x\quad(k\text{ 是常数}).$$

性质 6.1.3（线性性）　设 k、l 是常数，则

$$\int_a^b (kf(x) \pm lg(x))\mathrm{d}x = k\int_a^b f(x)\mathrm{d}x \pm l\int_a^b g(x)\mathrm{d}x.$$

证明：由定积分定义和极限的线性有

$$\begin{aligned}\int_a^b (kf(x) \pm lg(x))\mathrm{d}x &= \lim_{\lambda\to 0}\sum_{i=1}^n (kf(\xi_i) \pm lg(\xi_i))\Delta x_i \\ &= k\lim_{\lambda\to 0}\sum_{i=1}^n f(\xi_i)\Delta x_i \pm l\lim_{\lambda\to 0}\sum_{i=1}^n g(\xi_i)\Delta x_i \\ &= k\int_a^b f(x)\mathrm{d}x \pm l\int_a^b g(x)\mathrm{d}x.\end{aligned}$$

性质 6.1.4（可加性）　若将区间 $[a,b]$ 分成两部分 $[a,c]$ 和 $[c,b]$，则

$$\int_a^b f(x)\mathrm{d}x = \int_a^c f(x)\mathrm{d}x + \int_c^b f(x)\mathrm{d}x.$$

性质 6.1.5　若在 $[a,b]$ 上，$f(x) \equiv 1$，那么

$$\int_a^b f(x)\mathrm{d}x = \int_a^b 1\mathrm{d}x = b-a.$$

性质 6.1.6（保号性）　在 $[a,b]$ 上，$f(x) \geqslant 0$，那么

$$\int_a^b f(x)\mathrm{d}x \geqslant 0.$$

证明：因 $f(x) \geqslant 0$，故 $f(\xi_i) \geqslant 0 (1 \leqslant i \leqslant n)$，而当 $a \leqslant b$ 时 $\Delta x_i \geqslant 0$，所以有 $\sum\limits_{i=1}^n f(\xi_i)\Delta x_i \geqslant 0$. 由极限的保号性得

$$\int_a^b f(x)\mathrm{d}x = \lim_{\lambda\to 0}\sum_{i=1}^n f(\xi_i)\Delta x_i \geqslant 0.$$

性质 6.1.7　若在 $[a,b]$ 上，$f(x) \leqslant g(x)$，那么

$$\int_a^b f(x)\mathrm{d}x \leqslant \int_a^b g(x)\mathrm{d}x.$$

证明：记 $h(x) = f(x) - g(x)$，则在 $[a,b]$ 上 $h(x) \leqslant 0$. 由性质 6.1.3 和性质 6.1.6 可知

$$\int_a^b h(x)\mathrm{d}x = \int_a^b f(x)\mathrm{d}x - \int_a^b g(x)\mathrm{d}x \leqslant 0.$$

性质 6.1.8　设在 $[a,b]$，$A \leqslant f(x) \leqslant B$，则

$$A(b-a) \leqslant f(x) \leqslant B(b-a).$$

性质 6.1.9　$\left|\int_a^b f(x)\mathrm{d}x\right| \leqslant \int_a^b |f(x)|\mathrm{d}x (a<b)$.

性质 6.1.10（积分中值定理）　如果函数 $f(x)$ 在 $[a,b]$ 上连续，则至少存在一点 $\xi \in [a,b]$，使

$$\int_a^b f(x)\mathrm{d}x = f(\xi)(b-a) \quad (a \leqslant \xi \leqslant b).$$

无论从几何上还是从物理上，都不难理解 $f(\xi)$ 就是 $f(x)$ 在区间 $[a,b]$ 上的平均值，所以上式也叫做平均值公式.

例 6.1.4　试证 $\lim\limits_{n\to\infty}\int_n^{n+a} \frac{\sin x}{x}\mathrm{d}x = 0$.

证明:由积分中值定理有

$$\lim_{n\to\infty}\int_n^{n+a}\frac{\sin x}{x}\mathrm{d}x=\lim_{n\to\infty}\frac{\sin\xi_n}{\xi_n}a=0\quad(n\leqslant\xi_n\leqslant n+a).$$

例 6.1.5 比较以下两积分的大小

$$\int_1^{\mathrm{e}}\ln x\mathrm{d}x,\int_1^{\mathrm{e}}\ln^2 x\mathrm{d}x.$$

解:在$[1,\mathrm{e}]$上,$0\leqslant\ln x\leqslant 1$,所以$\ln^2 x\leqslant\ln x$,则有

$$\int_1^{\mathrm{e}}\ln x\mathrm{d}x\geqslant\int_1^{\mathrm{e}}\ln^2 x\mathrm{d}x.$$

例 6.1.6 设 $f(x)$ 是$[a,b]$上非负连续函数,而且有一点 $x_0\in(a,b)$,使 $f(x_0)>0$,则

$$\int_a^b f(x)\mathrm{d}x>0.$$

证明:因为 $f(x_0)=\lim\limits_{x\to x_0}f(x)>\dfrac{f(x_0)}{2}$,由极限保号性,存在 x_0 的某邻域$(x_0-\delta,x_0+\delta)\subset(a,b)$,使 $f(x)$ 在其上均有 $f(x)\geqslant\dfrac{f(x_0)}{2}$. 于是

$$\int_{x_0-\delta}^{x_0+\delta}f(x)\mathrm{d}x\geqslant\int_{x_0-\delta}^{x_0+\delta}\frac{f(x_0)}{2}\mathrm{d}x=\frac{f(x_0)}{2}\cdot 2\delta=f(x_0)\delta,$$

所以

$$\begin{aligned}\int_a^b f(x)\mathrm{d}x&=\int_a^{x_0-\delta}f(x)\mathrm{d}x+\int_{x_0-\delta}^{x_0+\delta}f(x)\mathrm{d}x+\int_{x_0+\delta}^{b}f(x)\mathrm{d}x\\&\geqslant 0+f(x_0)\delta+0=f(x_0)\delta>0.\end{aligned}$$

6.2 定积分基本公式

6.2.1 积分上限的函数及其导数

利用定积分的定义来计算积分,一般来说是比较困难的. 因此,我们需要找到计算定积分的简便适用的方法.

定积分的计算是与求原函数密切相关的,下面我们从实际问题出发,导出定积分与原函数之间的关系,然后给出计算定积分的基本公式.

有一物体在一直线上运动. 在该直线上取定原点、正向及长度单位,使其成为一数轴. 设时刻 t 时物体所在位置为 $s(t)$,速度为 $v(t)$(为了便于讨论,设 $v(t)\geqslant 0$).

易知物体在时间间隔$[T_1,T_2]$内经过的路程可用速度函数 $v(t)$ 在$[T_1,T_2]$上的积分

$$\int_{T_1}^{T_2}v(t)\mathrm{d}x$$

来表示;另一方面,这段路程又可以通过位置函数 $s(t)$ 在区间$[T_1,T_2]$上的增量

$$s(T_2)-s(T_1)$$

来表示. 由此可见,位置函数 $s(t)$ 和速度函数 $v(t)$ 之间有如下关系:

$$\int_{T_1}^{T_2}v(t)\mathrm{d}x=s(T_2)-s(T_1).\tag{6-2-1}$$

由于 $s'(t)=v(t)$,即位置函数 $s(t)$ 为速度函数 $v(t)$ 的原函数,因此关系式(6-2-1)表示,速

度函数 $v(t)$ 在区间 $[T_1, T_2]$ 上的定积分等于 $v(t)$ 的原函数 $s(t)$ 在区间 $[T_1, T_2]$ 上的增量

$$s(T_2) - s(T_1).$$

上述从变速直线运动的路程这个特殊问题中得出来的关系，在一定条件下具有普遍性．设函数 $f(x)$ 在区间 $[a,b]$ 上连续，则 $f(x)$ 在区间 $[a,b]$ 上的定积分等于 $f(x)$ 的原函数（设为 $F(x)$）在区间 $[a,b]$ 上的增量

$$F(b) - F(a).$$

设函数 $f(x)$ 在区间 $[a,b]$ 上连续，则 $f(x)$ 在 $[a,b]$ 上可积，对任意的 $x \in [a,b]$，则有 $\int_a^x f(t)\mathrm{d}t$ 存在．此积分为上限 x 的函数，因为积分与积分变量的记法无关，该积分也常记作 $\int_a^x f(x)\mathrm{d}x$. 将函数记作 $\Phi(x)$，即有

$$\Phi(x) = \int_a^x f(x)\mathrm{d}x,$$

称其为积分上限的函数（或者变上限的函数）.

定理 6.2.1　若函数 $f(x)$ 在区间 $[a,b]$ 上连续，则积分上限的函数

$$\Phi(x) = \int_a^x f(x)\mathrm{d}x$$

在区间 $[a,b]$ 上可导，并且有

$$\Phi'(x) = \frac{\mathrm{d}}{\mathrm{d}x}\int_a^x f(t)\mathrm{d}t = f(x) \quad (a \leqslant x \leqslant b).$$

证明：设 $x \in [a,b]$，$\Delta x \neq 0$，且 $x + \Delta x \in [a,b]$，需要注意当 $x = a$，则有 $\Delta x > 0$；当 $x = b$，则有 $\Delta x < 0$. 因此有

$$\begin{aligned}
\Delta\Phi &= \Phi(x + \Delta x) - \Phi(x) \\
&= \int_a^{x+\Delta x} f(t)\mathrm{d}t - \int_a^x f(t)\mathrm{d}t \\
&= \int_a^x f(t)\mathrm{d}t + \int_x^{x+\Delta x} f(t)\mathrm{d}t - \int_a^x f(t)\mathrm{d}t \\
&= \int_x^{x+\Delta x} f(t)\mathrm{d}t,
\end{aligned}$$

可得

$$\Delta\Phi = f(\xi)\Delta x,$$

ξ 在 x 与 $x + \Delta x$ 之间．因为 $f(x)$ 在点 x 处连续，且 $\Delta x \to 0$ 时，$\xi \to x$，因此

$$\Phi'(x) = \lim_{\Delta x \to 0}\frac{\Delta\Phi}{\Delta x} = \lim_{\xi \to x} f(\xi) = f(x),$$

即有

$$\Phi'(x) = \frac{\mathrm{d}}{\mathrm{d}x}\int_a^x f(t)\mathrm{d}t = f(x) \quad (a \leqslant x \leqslant b).$$

注意：上述定理 6.2.1 揭示了微分（或者导数）与定积分这两个定义不相干的概念之间的内在联系，故称为微积分基本定理．

定理 6.2.2　若函数 $f(x)$ 在区间 $[a,b]$ 上连续，则函数

$$\Phi(x) = \int_a^x f(t)\mathrm{d}t$$

就是 $f(x)$ 在区间 $[a,b]$ 上的一个原函数．

利用复合函数的求导法则，可进一步得到下列公式：

(1) $\frac{\mathrm{d}}{\mathrm{d}x}\int_a^{\varphi(x)} f(t)\mathrm{d}t = f[\varphi(x)]\varphi'(x)$；

(2) $\frac{\mathrm{d}}{\mathrm{d}x}\int_{\psi(x)}^{\varphi(x)} f(t)\mathrm{d}t = f[\varphi(x)]\varphi'(x) - f[\psi(x)]\psi'(x)$.

例 6.2.1 求 $\frac{\mathrm{d}}{\mathrm{d}x}\int_1^{x^3} \mathrm{e}^{t^2}\mathrm{d}t$.

解：这里 $\int_1^{x^3} \mathrm{e}^{t^2}\mathrm{d}t$ 为 x^3 的函数，所以为 x 的复合函数，设

$$x^3 = u,$$

则有

$$\Phi(u) = \int_1^u \mathrm{e}^{t^2}\mathrm{d}t,$$

根据复合函数求导法则，有

$$\begin{aligned}\frac{\mathrm{d}}{\mathrm{d}x}\int_1^{x^3} \mathrm{e}^{t^2}\mathrm{d}t &= \frac{\mathrm{d}}{\mathrm{d}u}\int_1^u \mathrm{e}^{t^2}\mathrm{d}t \cdot \frac{\mathrm{d}u}{\mathrm{d}x} \\ &= \mathrm{e}^{u^2} \cdot 3x^2 = 3x^2\mathrm{e}^{x^6}.\end{aligned}$$

例 6.2.2 求 $\frac{\mathrm{d}}{\mathrm{d}x}\int_x^{x^2} \sin t^2\mathrm{d}t$.

解：因为

$$\begin{aligned}\int_x^{x^2} \sin t^2\mathrm{d}t &= \int_x^0 \sin t^2\mathrm{d}t + \int_0^{x^2} \sin t^2\mathrm{d}t \\ &= -\int_0^x \sin t^2\mathrm{d}t + \int_0^{x^2} \sin t^2\mathrm{d}t,\end{aligned}$$

所以

$$\begin{aligned}\frac{\mathrm{d}}{\mathrm{d}x}\int_x^{x^2} \sin t^2\mathrm{d}t &= -\frac{\mathrm{d}}{\mathrm{d}x}\int_0^x \sin t^2\mathrm{d}t + \frac{\mathrm{d}}{\mathrm{d}x}\int_0^{x^2} \sin t^2\mathrm{d}t \\ &= -\sin x^2 + 2x\sin x^4.\end{aligned}$$

例 6.2.3 求极限 $\lim\limits_{x\to 0}\frac{\int_{\cos x}^1 \mathrm{e}^{-t^2}\mathrm{d}t}{x^2}$.

解：由题设易知极限为 $\frac{0}{0}$ 型未定式，则可使用洛必达法则．

因为

$$\begin{aligned}\frac{\mathrm{d}}{\mathrm{d}x}\int_{\cos x}^1 \mathrm{e}^{-t^2}\mathrm{d}t &= -\frac{\mathrm{d}}{\mathrm{d}x}\int_1^{\cos x} \mathrm{e}^{-t^2}\mathrm{d}t \\ &= \sin x \cdot \mathrm{e}^{-\cos^2 x},\end{aligned}$$

所以

$$\lim_{x\to 0}\frac{\int_{\cos x}^1 \mathrm{e}^{-t^2}\mathrm{d}t}{x^2} = \lim_{x\to 0}\frac{\sin x \cdot \mathrm{e}^{-\cos^2 x}}{2x} = \frac{1}{2\mathrm{e}}.$$

例 6.2.4 设函数 $y = y(x)$ 由方程 $\int_0^{y^2} \mathrm{e}^{t^2}\mathrm{d}t + \int_x^0 \sin t\mathrm{d}t = 0$ 所确定，求 $\frac{\mathrm{d}y}{\mathrm{d}x}$.

解:方程两边同时对 x 求导:

$$\frac{\mathrm{d}}{\mathrm{d}x}\int_0^{y^2} \mathrm{e}^{t^2}\mathrm{d}t + \frac{\mathrm{d}}{\mathrm{d}x}\int_x^0 \sin t\mathrm{d}t = 0,$$

于是

$$\frac{\mathrm{d}}{\mathrm{d}y}\int_0^{y^2} \mathrm{e}^{t^2}\mathrm{d}t \cdot \frac{\mathrm{d}y}{\mathrm{d}x} + \frac{\mathrm{d}}{\mathrm{d}x}\int_x^0 \sin t\mathrm{d}t = 0,$$

即有

$$\mathrm{e}^{y^4} \cdot (2y) \cdot \frac{\mathrm{d}y}{\mathrm{d}x} + (-\sin x) = 0,$$

所以

$$\frac{\mathrm{d}y}{\mathrm{d}x} = \frac{\sin x}{2y\mathrm{e}^{y^4}}.$$

6.2.2　牛顿-莱布尼茨公式

定理 6.2.3　若函数 $F(x)$ 为连续函数 $f(x)$ 在区间$[a,b]$上的一个原函数,则有

$$\int_a^b f(x)\mathrm{d}x = F(b) - F(a)$$

称为牛顿-莱布尼茨公式.

证明:已知函数 $F(x)$ 为连续函数 $f(x)$ 的一个原函数,根据定理 6.2.2 可知,积分上限的函数

$$\Phi(x) = \int_a^x f(t)\mathrm{d}t$$

也是连续函数 $f(x)$ 的一个原函数,因此

$$F(x) - \Phi(x) = C \quad x \in [a,b].$$

在上式中令 $x = a$,可得

$$F(a) - \Phi(a) = C.$$

而

$$\Phi(a) = \int_a^a f(t)\mathrm{d}t = 0,$$

所以

$$F(a) = C,$$

因此有

$$\int_a^x f(t)\mathrm{d}t = F(x) - F(a).$$

在上式中再令 $x = b$,则可得

$$\int_a^b f(x)\mathrm{d}x = F(b) - F(a),$$

此公式也常记作

$$\int_a^b f(x)\mathrm{d}x = F(x)\Big|_a^b = F(b) - F(a).$$

莱布尼茨公式进一步揭示了定积分与被积函数的原函数或者不定积分之间的联系．它表明了一个连续函数在区间$[a,b]$上的定积分等于它的任一个原函数在区间$[a,b]$上的增量,从而给

定积分提供了一个有效而简便的计算方法.

通常我们把莱布尼茨公式也叫做微分基本公式.

例 6.2.5 求定积分$\int_{-2}^{-1}\frac{1}{x}\mathrm{d}x$.

解:当 $x<0$ 时,$\frac{1}{x}$ 的一个原函数为 $\ln|x|$,故

$$\int_{-2}^{-1}\frac{1}{x}\mathrm{d}x=\ln|x|\Big|_{-2}^{-1}=\ln1-\ln2=-\ln2.$$

例 6.2.6 求定积分$\int_{-1}^{\sqrt{3}}\frac{1}{1+x^2}\mathrm{d}x$.

解:因为 $\arctan x$ 为$\frac{1}{1+x^2}$ 的一个原函数,所以

$$\begin{aligned}\int_{-1}^{\sqrt{3}}\frac{1}{1+x^2}\mathrm{d}x&=\arctan\sqrt{3}-\arctan(-1)\\&=\frac{\pi}{3}-\left(-\frac{\pi}{4}\right)\\&=\frac{7}{12}\pi.\end{aligned}$$

例 6.2.7 求定积分$\int_0^2|x^2-3x+2|\mathrm{d}x$.

解:因为

$$|x^2-3x+2|=\begin{cases}x^2-3x+2 & x\in[0,1]\\-(x^2-3x+2) & x\in[1,2]\end{cases},$$

所以

$$\begin{aligned}\int_0^2|x^2-3x+2|\mathrm{d}x&=\int_0^1 x^2-3x+2\mathrm{d}x+\int_1^2[-(x^2-3x+2)]\mathrm{d}x\\&=\left(\frac{1}{3}x^3-\frac{3}{2}x^2+2x\right)\Big|_0^1-\left(\frac{1}{3}x^3-\frac{3}{2}x^2+2x\right)\Big|_1^2\\&=1.\end{aligned}$$

例 6.2.8 求定积分$\int_1^{\frac{4}{3}}\frac{1}{1-3x}\mathrm{d}x$.

解:
$$\begin{aligned}\int_1^{\frac{4}{3}}\frac{1}{1-3x}\mathrm{d}x&=-\frac{1}{3}\int_1^{\frac{4}{3}}\frac{1}{1-3x}\mathrm{d}(1-3x)\\&=-\frac{1}{3}\ln|1-3x|\Big|_1^{\frac{4}{3}}\\&=-\frac{1}{3}(\ln3-\ln2).\end{aligned}$$

例 6.2.9 求定积分$\int_{\frac{1}{4}}^{\frac{3}{4}}\frac{1}{\sqrt{x(1-x)}}\mathrm{d}x$.

解:
$$\begin{aligned}\int_{\frac{1}{4}}^{\frac{3}{4}}\frac{1}{\sqrt{x(1-x)}}\mathrm{d}x&=\int_{\frac{1}{4}}^{\frac{3}{4}}\frac{1}{\sqrt{1-x}}\frac{1}{\sqrt{x}}\mathrm{d}x\\&=2\int_{\frac{1}{4}}^{\frac{3}{4}}\frac{1}{\sqrt{1-(\sqrt{x})^2}}\mathrm{d}(\sqrt{x})\end{aligned}$$

$$= 2\arcsin\sqrt{x}\Big|_{\frac{1}{4}}^{\frac{3}{4}}$$

$$= 2\left(\arcsin\frac{\sqrt{3}}{2} - \arcsin\frac{1}{2}\right) = \frac{\pi}{3}.$$

例 6.2.10　求定积分$\int_{-1}^{3} |2-x| \mathrm{d}x$.

解:因为

$$|2-x| = \begin{cases} 2-x & (x \leqslant 2) \\ x-2 & (x > 2) \end{cases},$$

所以由定积分可加性,可得

$$\begin{aligned}\int_{-1}^{3} |2-x| \mathrm{d}x &= \int_{-1}^{2} (2-x)\mathrm{d}x + \int_{2}^{3} (x-2)\mathrm{d}x \\ &= \left(2x - \frac{1}{2}x^2\right)\Big|_{-1}^{2} + \left(\frac{1}{2}x^2 - 2x\right)\Big|_{2}^{3} \\ &= \left(4 + \frac{1}{2}\right) + \left(\frac{9}{2} - 4\right) \\ &= 5.\end{aligned}$$

例 6.2.11　求定积分$\int_{-2}^{2} \max\{x, x^2\}\mathrm{d}x$.

解:在区间$[-2,2]$上,被积函数的表达式为

$$f(x) = \max\{x, x^2\} = \begin{cases} x^2 & (-2 \leqslant x < 0) \\ x & (0 \leqslant x < 1) \\ x & (1 \leqslant x \leqslant 2) \end{cases}.$$

所以

$$\begin{aligned}\int_{-2}^{2} \max\{x, x^2\}\mathrm{d}x &= \int_{-2}^{0} x^2\mathrm{d}x + \int_{0}^{1} x\mathrm{d}x + \int_{1}^{2} x^2\mathrm{d}x \\ &= \frac{1}{3}x^3\Big|_{-2}^{0} + \frac{1}{2}x^2\Big|_{0}^{1} + \frac{1}{3}x^3\Big|_{1}^{2} \\ &= \frac{11}{2}.\end{aligned}$$

例 6.2.12　计算正弦曲线$y = \sin x$在$[0, \pi]$上与x轴所围成的平面图形的面积,如图 6-2-1 所示.

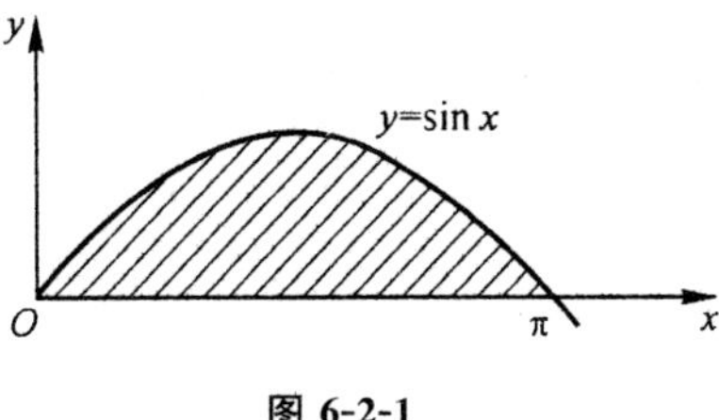

图 6-2-1

解:上述图形为曲边梯形的一个特例. 其面积为

$$A = \int_{0}^{\pi} \sin x\mathrm{d}x.$$

因为 $-\cos x$ 为 $\sin x$ 的一个原函数，所以

$$A=\int_0^{\pi}\sin x\mathrm{d}x=(-\cos x)\Big|_0^{\pi}=-(-1)-(-1)=2.$$

例 6.2.13 汽车以每小时 36km 的速度行驶，到某处需要减速停车．设汽车以等加速度 $a=-5\mathrm{m/s^2}$ 刹车．问从开始刹车到停车，汽车驶过了多少距离？

解：首先计算出从开始刹车到停车经过的时间．设开始刹车的时刻为 $t=0$，此时汽车的速度为

$$v_0=36\mathrm{km/h}=\frac{36\times 1000}{3600}\mathrm{m/s}.$$

刹车后汽车减速行驶，其速度为

$$v(t)=v_0+at=10-5t.$$

当汽车停住时，速度 $v(t)=0$，因此

$$v(t)=10-5t=0,$$

从而解得

$$t=\frac{10}{5}=2(\mathrm{s}).$$

所以在这段时间内，汽车所驶过的距离为

$$\begin{aligned}s&=\int_0^2 v(t)\mathrm{d}t=\int_0^2(10-5t)\mathrm{d}t\\&=\left(10t-5\times\frac{t^2}{2}\right)\Big|_0^2\\&=10(\mathrm{m})\end{aligned}$$

即在刹车后，汽车需要行驶 10m 才能停止．

例 6.2.14 设函数 $f(x)$ 在区间 $[0,+\infty)$ 内连续且 $f(x)>0$，

证明：函数

$$F(x)=\frac{\int_0^x tf(t)\mathrm{d}t}{\int_0^x f(t)\mathrm{d}t}$$

在区间 $(0,+\infty)$ 内为单调增加函数．

证明：易得

$$\frac{\mathrm{d}}{\mathrm{d}x}\int_0^x tf(t)\mathrm{d}t=xf(x),$$

$$\frac{\mathrm{d}}{\mathrm{d}x}\int_0^x f(t)\mathrm{d}t=f(x).$$

所以

$$F'(x)=\frac{xf(x)\int_0^x f(t)\mathrm{d}t-f(x)\int_0^x tf(t)\mathrm{d}t}{\left(\int_0^x f(t)\mathrm{d}t\right)^2}$$

$$=\frac{f(x)\int_0^x (x-t)f(t)\mathrm{d}t}{\left(\int_0^x f(t)\mathrm{d}t\right)}.$$

假设,当 $0 < t < x$ 时,$f(t) > 0$,$(x-t)f(t) > 0$,根据中值定理可得

$$\int_0^x f(t)\mathrm{d}t > 0,$$

$$\int_0^x (x-t)f(t)\mathrm{d}t > 0,$$

所以 $F'(x) > 0(x > 0)$,故函数 $F(x)$ 在区间$(0,+\infty)$内为单调增加函数.

6.3　换元法与分部积分法

6.3.1　定积分的换元法

对原函数的存在性有了正确性的认识,就能顺利地把不定积分的换元法和部分积分法移植到定积分的计算中来,首先我们来介绍定积分的换元法.

为了说明如何用换元法来计算定积分,先证明下面的定理.

定理 6.3.1　若函数 $f(x)$ 在区间$[a,b]$上连续,函数 $x=\varphi(t)$ 满足以下条件:

(1)$\varphi(\alpha)=a$,$\varphi(\beta)=b$;

(2)$\varphi(t)$ 在区间$[\alpha,\beta]$(或者$[\beta,\alpha]$)上具有连续导数,且 $a \leqslant \varphi(t) \leqslant b$,

则有定积分换元公式

$$\int_a^b f(x)\mathrm{d}x = \int_\alpha^\beta f[\varphi(t)]\varphi'(t)\mathrm{d}t.$$

证明:由假设可知,上式两边的被积函数都是连续的,所以不仅上式两边的定积分存在,易知,被积函数的原函数也都存在.所以上述换元公式两边均可以使用莱布尼茨公式.

假设 $F(x)$ 为 $f(x)$ 的一个原函数,则有

$$\int_a^b f(x)\mathrm{d}x = F(b)-F(a).$$

记 $\Phi(t)=F[\varphi(t)]$,它是由 $F(x)$ 和 $x=\varphi(t)$ 复合而成的函数.根据复合函数求导法则,可得

$$\begin{aligned}\Phi'(t) &= \frac{\mathrm{d}F}{\mathrm{d}x}\frac{\mathrm{d}x}{\mathrm{d}t} = f(x)\varphi'(t)\\ &= f[\varphi(t)]\varphi'(t).\end{aligned}$$

从而表明 $\Phi(t)$ 为 $f[\varphi(t)]\varphi'(t)$ 的一个原函数.所以有

$$\int_\alpha^\beta f[\varphi(t)]\varphi'(t)\mathrm{d}x = \Phi(\beta)-\Phi(\alpha).$$

又因为

$$\Phi(t)=F[\varphi(t)],\varphi(\alpha)=a,\varphi(\beta)=b,$$

可得

$$\begin{aligned}\Phi(\beta)-\Phi(\alpha) &= F[\varphi(\beta)]-F[\varphi(\alpha)]\\ &= F(b)-F(a).\end{aligned}$$

所以

$$\begin{aligned}\int_a^b f(x)\mathrm{d}x &= F(b) - F(a) \\ &= \Phi(\beta) - \Phi(\alpha) \\ &= \int_\alpha^\beta f[\varphi(t)]\varphi'(t)\mathrm{d}x,\end{aligned}$$

从而证明了换元公式.

在应用换元积分公式时要注意以下两点:

(1) 用 $x = \varphi(t)$ 把原来变量 x 替换成为新变量 t 时,积分限也要换成相应于新变量 t 的积分限;

(2) 求出 $f[\varphi(t)]\varphi'(t)$ 的一个原函数 $\Phi(t)$ 后,不必像计算不定积分那样再要把 $\Phi(t)$ 变换成原来变量 x 的函数,只要把新变量 t 的上、下限分别代入 $\Phi(t)$ 中然后相减即可.

例 6.3.1 计算 $\int_0^a \sqrt{a^2 - x^2}\mathrm{d}x (a > 0)$.

解:令 $x = a\sin t$,则 $\mathrm{d}x = a\cos t\mathrm{d}t$,且有当 $x = 0$ 时,$t = 0$;当 $x = a$ 时,$t = \frac{\pi}{2}$.

所以

$$\begin{aligned}\int_0^a \sqrt{a^2 - x^2}\mathrm{d}x &= a^2\int_0^{\frac{\pi}{2}}\cos^2 t\mathrm{d}t \\ &= \frac{a^2}{2}\int_0^{\frac{\pi}{2}}(1 + \cos 2t)\mathrm{d}t \\ &= \frac{a^2}{2}\left(t + \frac{1}{2}\sin 2t\right)\Bigg|_0^{\frac{\pi}{2}} \\ &= \frac{\pi a^2}{4}.\end{aligned}$$

例 6.3.2 计算 $\int_0^1 x\sqrt{x+1}\mathrm{d}x$.

解:令 $x = t - 1$,则 $\mathrm{d}x = \mathrm{d}t$,且有

当 $x = 0$ 时,$t = 1$;当 $x = 1$ 时,$t = 2$.

所以

$$\begin{aligned}\int_0^1 x\sqrt{x+1}\mathrm{d}x = \int_1^2 (t-1)\sqrt{t}\mathrm{d}t &= \int_1^2 (t^{\frac{3}{2}} - t^{\frac{1}{2}})\mathrm{d}t \\ &= (t^{\frac{3}{2}} - t^{\frac{1}{2}})\Big|_1^2 \\ &= \frac{4}{15}(\sqrt{2} + 1).\end{aligned}$$

例 6.3.3 计算 $\int_0^4 \frac{x+2}{\sqrt{2x+1}}\mathrm{d}x$.

解:令 $\sqrt{2x+1} = t$,则 $x = \frac{t^2 - 1}{2}$,$\mathrm{d}x = t\mathrm{d}t$,且有当 $x = 0$ 时,$t = 1$;当 $x = 4$ 时,$t = 3$. 所以

$$\int_0^4 \frac{x+2}{\sqrt{2x+1}}\mathrm{d}x = \int_1^3 \frac{\frac{t^2-1}{2}+2}{t} t\,\mathrm{d}t = \frac{1}{2}\int_1^3 (t^2+3)\mathrm{d}t$$

$$= \frac{1}{2}\left(\frac{t^3}{3}+3t\right)\Big|_1^3$$

$$= \frac{1}{2}\left[\left(\frac{27}{3}+9\right)-\left(\frac{1}{3}+3\right)\right]$$

$$= \frac{22}{3}.$$

例 6.3.4　计算$\int_{-1}^1 \frac{x\ln(1+x^2)+1}{1+x^2}\mathrm{d}x$.

解：$\int_{-1}^1 \frac{x\ln(1+x^2)+1}{1+x^2}\mathrm{d}x = \int_{-1}^1 \left(\frac{x\ln(1+x^2)}{1+x^2}+\frac{1}{1+x^2}\right)\mathrm{d}x$

$$= \int_{-1}^1 \frac{x\ln(1+x^2)}{1+x^2}\mathrm{d}x + \int_{-1}^1 \frac{1}{1+x^2}\mathrm{d}x.$$

由于$\frac{x\ln(1+x^2)}{1+x^2}$在区间$[-1,1]$上为奇函数，$\frac{1}{1+x^2}$在区间$[-1,1]$上为偶函数，则有

$$\int_{-1}^1 \frac{x\ln(1+x^2)}{1+x^2}\mathrm{d}x = 0,$$

$$\int_{-1}^1 \frac{1}{1+x^2}\mathrm{d}x = 2\int_0^1 \frac{1}{1+x^2}\mathrm{d}x = 2\arctan\Big|_0^1 = \frac{\pi}{2},$$

因此

$$\int_{-1}^1 \frac{x\ln(1+x^2)+1}{1+x^2}\mathrm{d}x = 0+\frac{\pi}{2}.$$

例 6.3.5　计算$\int_0^\pi \sqrt{\sin^3 x-\sin^5 x}\,\mathrm{d}x$.

解：因为

$$\sqrt{\sin^3 x-\sin^5 x} = \sqrt{\sin^3 x(1-\sin^2 x)} = \sin^{\frac{3}{2}} x\cdot|\cos x|,$$

在$\left[0,\frac{\pi}{2}\right]$上，

$$|\cos x| = \cos x;$$

在$\left[\frac{\pi}{2},\pi\right]$上，

$$|\cos x| = -\cos x,$$

所以

$$\int_0^\pi \sqrt{\sin^3 x-\sin^5 x}\,\mathrm{d}x = \int_0^{\frac{\pi}{2}} \sin^{\frac{3}{2}} x\cos x\mathrm{d}x + \int_{\frac{\pi}{2}}^\pi \sin^{\frac{3}{2}} x(-\cos x)\mathrm{d}x$$

$$= \int_0^{\frac{\pi}{2}} \sin^{\frac{3}{2}} x\mathrm{d}(\sin x) - \int_{\frac{\pi}{2}}^\pi \sin^{\frac{3}{2}} x\mathrm{d}(\sin x)$$

$$= \left(\frac{2}{5}\sin^{\frac{5}{2}} x\right)\Big|_0^{\frac{\pi}{2}} - \left(\frac{2}{5}\sin^{\frac{5}{2}} x\right)\Big|_{\frac{\pi}{2}}^\pi$$

$$= \frac{2}{5} - \left(-\frac{2}{5}\right)$$

$$= \frac{4}{5}.$$

例 6.3.6 设函数 $f(x)$ 在$[-a,a]$上连续,证明:

(1) 若 $f(x)$ 为偶函数,则$\int_{-a}^{a} f(x)\mathrm{d}x = 2\int_{0}^{a} f(x)\mathrm{d}x$;

(2) 若 $f(x)$ 为奇函数,则$\int_{-a}^{a} f(x)\mathrm{d}x = 0$.

从几何图形上看,结论十分明显,如图 6-3-1 和图 6-3-2 所示.

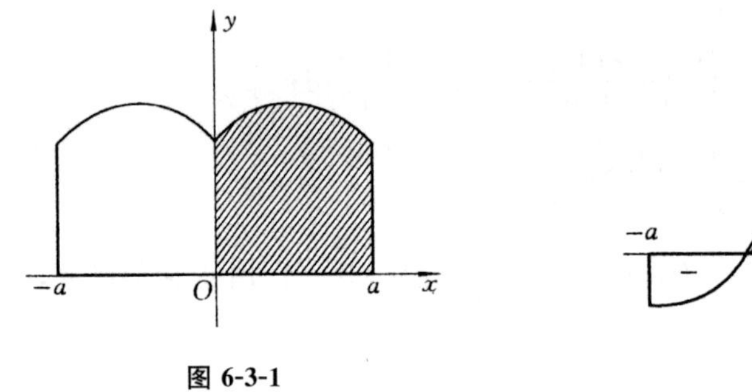

图 6-3-1　　　　图 6-3-2

证明:由于

$$\int_{-a}^{a} f(x)\mathrm{d}x = \int_{-a}^{0} f(x)\mathrm{d}x + \int_{0}^{a} f(x)\mathrm{d}x,$$

对积分$\int_{-a}^{0} f(x)\mathrm{d}x$可作代换 $x = -t$,从而可得

$$\int_{-a}^{0} f(x)\mathrm{d}x = -\int_{a}^{0} f(-t)\mathrm{d}t = \int_{0}^{a} f(-t)\mathrm{d}t = \int_{0}^{a} f(-x)\mathrm{d}x.$$

因此

$$\int_{-a}^{a} f(x)\mathrm{d}x = \int_{0}^{a} f(-x)\mathrm{d}x + \int_{0}^{a} f(x)\mathrm{d}x$$

$$= \int_{0}^{a} [f(x) + f(-x)]\mathrm{d}x.$$

(1) 如果 $f(x)$ 为偶函数,则有

$$f(x) + f(-x) = 2f(x),$$

所以有

$$\int_{-a}^{a} f(x)\mathrm{d}x = 2\int_{0}^{a} f(x)\mathrm{d}x.$$

(2) 如果 $f(x)$ 为奇函数,则有

$$f(x) + f(-x) = 0,$$

所以有

$$\int_{-a}^{a} f(x)\mathrm{d}x = 0.$$

例 6.3.7　如果 $f(x)$ 在区间 $[0,1]$ 上连续，证明：

(1) $\int_0^{\frac{\pi}{2}} f(\sin x)\mathrm{d}x = \int_0^{\frac{\pi}{2}} f(\cos x)\mathrm{d}x$；

(2) $\int_0^{\pi} xf(\sin x)\mathrm{d}x = \frac{\pi}{2}\int_0^{\pi} f(\sin x)\mathrm{d}x$，由此计算可得

$$\int_0^{\pi} \frac{x\sin x}{1+\cos^2 x}\mathrm{d}x.$$

证明：(1) 令 $x = \frac{\pi}{2} - t$，则 $\mathrm{d}x = -\mathrm{d}t$，且有当 $x = 0$ 时，$t = \frac{\pi}{2}$；当 $x = \frac{\pi}{2}$ 时，$t = 0$.

所以

$$\begin{aligned}\int_0^{\frac{\pi}{2}} f(\sin x)\mathrm{d}x &= -\int_{\frac{\pi}{2}}^{0} f\left[\sin\left(\frac{\pi}{2} - t\right)\right]\mathrm{d}t \\ &= \int_0^{\frac{\pi}{2}} f(\cos t)\mathrm{d}t \\ &= \int_0^{\frac{\pi}{2}} f(\cos x)\mathrm{d}x.\end{aligned}$$

(2) 令 $x = \pi - t$，则 $\mathrm{d}x = -\mathrm{d}t$，且有

当 $x = 0$ 时，$t = \pi$；当 $x = \pi$ 时，$t = 0$.

所以

$$\begin{aligned}\int_0^{\pi} xf(\sin x)\mathrm{d}x &= -\int_{\pi}^{0} (\pi - t)f[\sin(\pi - t)]\mathrm{d}t \\ &= \int_0^{\pi} (\pi - t)f(\sin t)\mathrm{d}t \\ &= \pi\int_0^{\pi} f(\sin t)\mathrm{d}t - \int_0^{\pi} tf(\sin t)\mathrm{d}t \\ &= \pi\int_0^{\pi} f(\sin x)\mathrm{d}x - \int_0^{\pi} xf(\sin x)\mathrm{d}x,\end{aligned}$$

因此有

$$\int_0^{\pi} xf(\sin x)\mathrm{d}x = \frac{\pi}{2}\int_0^{\pi} f(\sin x)\mathrm{d}x.$$

6.3.2　定积分的分部积分法

定理 6.3.2　设函数 $u(x)$，$v(x)$ 在区间 $[a,b]$ 上具有连续的导数，则有

$$\int_a^b u\mathrm{d}v = (uv)\big|_a^b - \int_a^b v\mathrm{d}u.$$

证明：由于函数 $u(x)$，$v(x)$ 在区间 $[a,b]$ 上具有连续的导数，所以

$$\mathrm{d}(uv) = u\mathrm{d}v + v\mathrm{d}u,$$

即有

$$u\mathrm{d}v = \mathrm{d}(uv) - v\mathrm{d}u,$$

分别对上式两边在区间 $[a,b]$ 上求定积分，从而可得

$$\int_a^b u\mathrm{d}v = (uv)\big|_a^b - \int_a^b v\mathrm{d}u. \tag{6-3-1}$$

式(6-3-1)称为定积分的部分积分公式．

例 6.3.8 计算$\int_1^e x^2\ln x\mathrm{d}x$.

解:$\int_1^e x^2\ln x\mathrm{d}x=\frac{1}{3}\int_1^e\ln x\mathrm{d}x^3$

$$=\frac{1}{3}\left(x^3\ln x\,|_1^e-\int_1^e x^2\mathrm{d}x\right)$$

$$=\frac{1}{3}\left(e^3-\frac{1}{3}x^3\Big|_1^e\right)$$

$$=\frac{1}{9}(2e^3+1).$$

例 6.3.9 计算$\int_0^1 e^{\sqrt{x}}\mathrm{d}x$.

解:首先使用换元法．令$\sqrt{x}=t$,则$x=t^2$,$\mathrm{d}x=2t\mathrm{d}t$且当$x=0$时,$t=0$;当$x=1$时,$t=1$.所以

$$\int_0^1 e^{\sqrt{x}}\mathrm{d}x=2\int_0^1 te^t\mathrm{d}x=2\int_0^1 t\mathrm{d}(e^t)$$

$$=2([te]|_0^1-\int_0^1 e^t\mathrm{d}t)$$

$$=2(e-[e^t]|_0^1)$$

$$=2[e-(e-1)]$$

$$=2.$$

例 6.3.10 设$f'(\ln x)=\begin{cases}1 & (0<x\leqslant 1)\\ x & (x>1)\end{cases}$,且$f(0)=0$,求$f(x)$.

解:令$\ln x=t$,则$x=e^t$,$x\in(0,1]$时$t\in(-\infty,0]$,$x\in(1,+\infty)$时$t\in(0,+\infty)$,所以

$$f'(t)=\begin{cases}1 & (t\leqslant 0)\\ e^t & (t>0)\end{cases}.$$

因此,当$x\leqslant 0$时,

$$f(x)=f(x)-f(0)=\int_0^x f'(t)\mathrm{d}t=\int_0^x\mathrm{d}t=x;$$

当$x>0$时,

$$f(x)=\int_0^x f'(t)\mathrm{d}t=\int_0^x e^t\mathrm{d}t=e^t-1.$$

因此有

$$f(x)=\begin{cases}x & (x\leqslant 0)\\ e^x-1 & (x>0)\end{cases}.$$

6.4　定积分的应用

6.4.1　平面图形的面积

1. 直角坐标系下平面图形的面积

现在我们用微元法来建立面积公式．

(1) 由连续曲线 $y=f(x)(f(x)\geqslant 0)$、x 轴与两条直线 $x=a$、$x=b$ 所围成的平面图形，如图 6-4-1 所示．

因为在区间 $[x,x+\Delta x]$ 上所求量 A 的微元为

$$\Delta A\approx \mathrm{d}A=f(x)\mathrm{d}x,$$

所以

$$A=\int_a^b f(x)\mathrm{d}x.$$

(2) 由两条连续曲线 $y=f(x)$ 和 $y=g(x)(f(x)\geqslant g(x))$ 和直线 $x=a$、$x=b$ 所围成的平面图形，如图 6-4-1 所示．

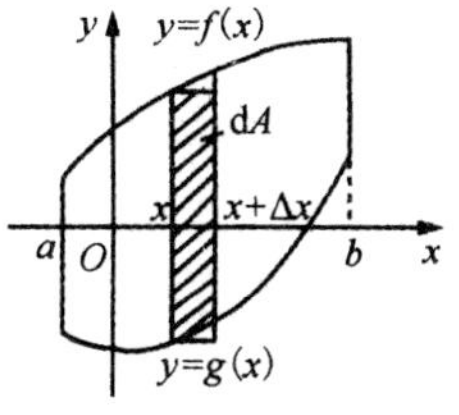

图 6-4-1

取 x 为积分变量，其变化区间为 $[a,b]$，由于所求面积 A 对区间 $[a,b]$ 具有可加性．则考虑在区间 $[x,x+\Delta x]$ 上所求面积 A 的微元为

$$\Delta A\approx[f(x)-g(x)]\Delta x=\mathrm{d}A,$$

因此

$$A=\int_a^b[f(x)-g(x)]\mathrm{d}x.$$

图 6-4-1 所表示的平面图形具有以下特点：

① 它在 x 轴上的投影为 $[a,b]$；

② 平行于 y 轴的直线与图形的边界曲线最多交于两点，这两点恰在两个单值函数所表示的曲线上，该图形可用如下不等式组表示：

$$\begin{cases}a\leqslant x\leqslant b\\ g(x)\leqslant y\leqslant f(x)\end{cases}.$$

③ 由连续曲线 $x=\varphi(y)(x\geqslant 0)$、$y=c$、$y=\mathrm{d}$ 和 y 轴所围成的平面图形，如图 6-4-2 所示．

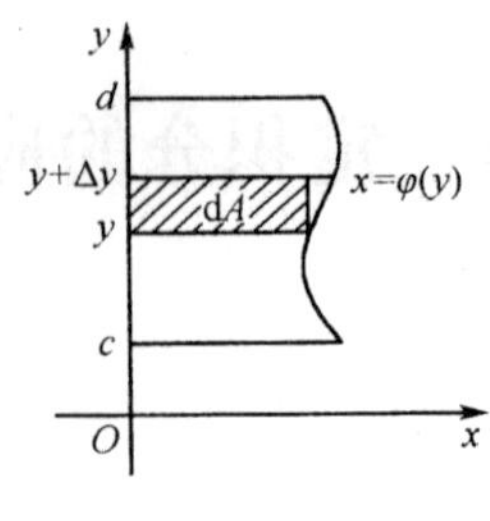

图 6-4-2

则所求面积A关于变量y的变化区间$[c,\mathrm{d}]$具有可加性，选y为积分变量．A在区间$[y,y+\Delta y]$上的微元为

$$\Delta A \approx \varphi(y)\Delta y = \mathrm{d}A,$$

因此

$$A = \int_c^{\mathrm{d}} \varphi(y)\mathrm{d}y.$$

④ 由连续曲线 $x=\varphi(y)$、$x=\psi(y)$（$\varphi(y)\geqslant\psi(y)$）、$y=c$ 和 $y=\mathrm{d}$ 所围成的平面图形，如图 6-4-3 所示．

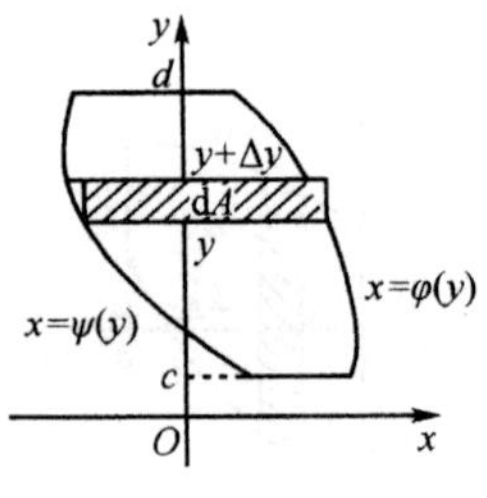

图 6-4-3

与 ② 的讨论类似，可得：

$$A = \int_c^{\mathrm{d}} [\varphi(y)-\psi(y)]\mathrm{d}y$$

图 6-4-3 所表示的平面图形具有以下特点：

① 它在 y 轴上的投影为$[c,\mathrm{d}]$；

② 平行于 x 轴的直线与图形的边界曲线最多交于两点，这两点恰在两个单值函数所表示的曲线上，该图形可用如下不等式组表示：

$$\begin{cases} c \leqslant y \leqslant \mathrm{d} \\ \psi(y) \leqslant x \leqslant \varphi(y) \end{cases}.$$

一般地，平面图形总可以用平行于 x 轴或者 y 轴的直线把图形分成如上述图 6-4-1 或则图 6-4-3 中的图形，然后利用相关公式求出面积．

例 6.4.1　求由 $y^2=x$ 和 $y=x^2$ 所围成的图形的面积．

解：如图 6-4-4 所示．

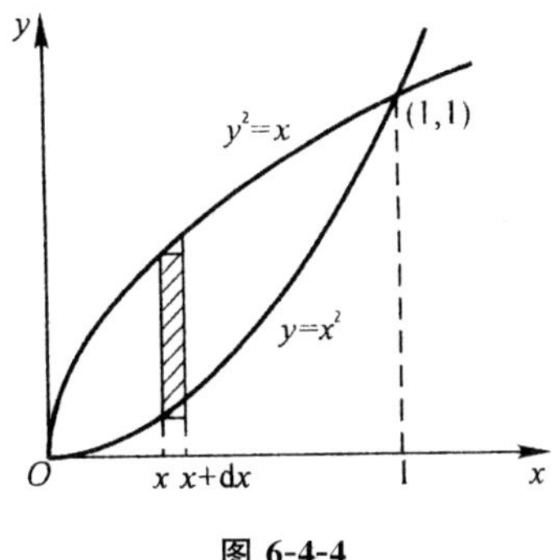

图 6-4-4

根据方程组

$$\begin{cases} y^2 = x \\ y = x^2 \end{cases}.$$

解得其交点为

$$(0,0) \text{ 与 } (1,1).$$

选 x 为积分变量，可知 x 的变化范围是$[0,1]$，任取其上的一个区间微元$[x,x+\mathrm{d}x]$，则可得相应于$[x,x+\mathrm{d}x]$的面积微元

$$\mathrm{d}A = (\sqrt{x} - x^2)\mathrm{d}x,$$

则所求面积为

$$\begin{aligned} A &= \int_0^1 (\sqrt{x} - x^2)\mathrm{d}x \\ &= \left(\frac{2}{3}x^{\frac{3}{2}} - \frac{x^3}{3}\right)\Big|_0^1 \\ &= \frac{1}{3}. \end{aligned}$$

例 6.4.2　计算椭圆$\dfrac{x^2}{a^2} + \dfrac{y^2}{b^2} = 1$所围成的平面图形的面积 A.

解:如图 6-4-5 所示，因为椭圆关于两坐标轴对称，所以总面积等于第一象限部分面积的 4 倍.

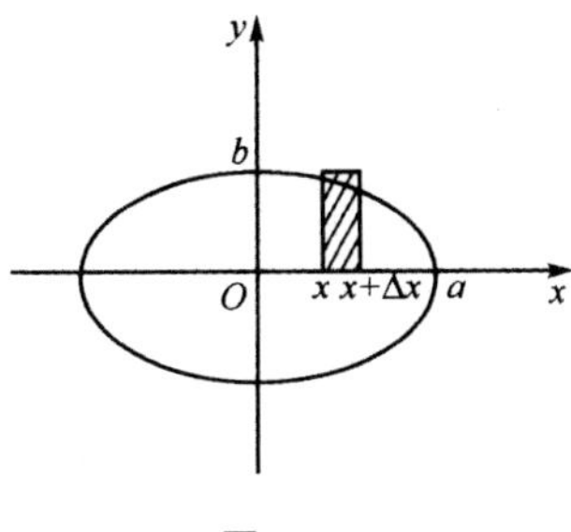

图 6-4-5

由图可知，面积元素

$$\mathrm{d}A = y\mathrm{d}x,$$

因此

$$A = 4\int_0^a y\mathrm{d}x,$$

其中 $y = \frac{b}{a}\sqrt{a^2 - x^2}$,所以有

$$\begin{aligned} A &= 4\int_0^a \frac{b}{a}\sqrt{a^2 - x^2}\,\mathrm{d}x \\ &= \frac{4b}{a}\left[\frac{1}{2}x\sqrt{a^2 - x^2} + \frac{a^2}{2}\arcsin\frac{x}{a}\right]_0^a \\ &= \pi ab. \end{aligned}$$

当 $a = b$ 时,$A = \pi a^2$ 是半径为 a 的圆的面积.

例 6.4.3 计算抛物线 $y^2 = 2x$ 与直线 $y = x - 4$ 所围成的图形的面积.

解:其图形如图 6-4-6 所示.

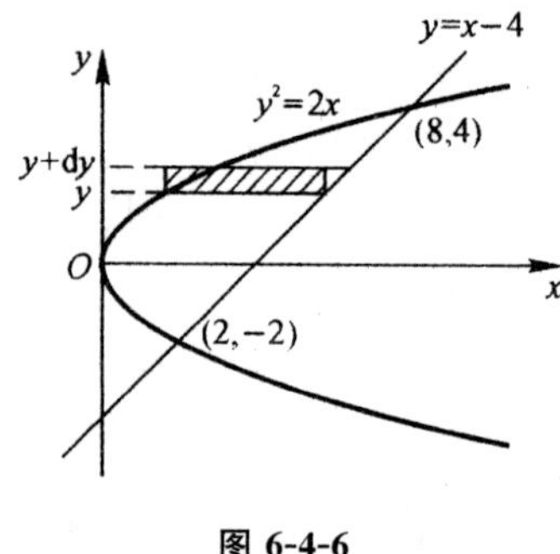

图 6-4-6

为了求出该图形所在的范围,先要求出抛物线和直线的交点.

$$\begin{cases} y^2 = 2x \\ y = x - 4 \end{cases},$$

从而解得交点为(2,−2)和(8,4),因此可知图形在直线 $y = -2$ 与 $y = 4$ 之间.

选取纵坐标 y 为积分量,其变化区间为[−2,4]. 相应于[−2,4]上任一小区间[y,$y+\mathrm{d}y$]的窄条面积近似高为 $\mathrm{d}y$、底为 $(y+4) - \frac{1}{2}y^2$ 的窄矩形的面积,从而得到面积元素

$$\mathrm{d}A = \left(y + 4 - \frac{1}{2}y^2\right)\mathrm{d}y.$$

以 $\left(y + 4 - \frac{1}{2}y^2\right)\mathrm{d}y$ 为被积表达式,在闭区间[−2,4]上作定积分,可得所求面积为

$$\begin{aligned} A &= \int_{-2}^4 \left(y + 4 - \frac{1}{2}y^2\right)\mathrm{d}y \\ &= \left(\frac{y^2}{2} + 4y - \frac{y^3}{6}\right)\Big|_{-2}^4 \\ &= 18. \end{aligned}$$

例 6.4.4 求星形线 $x = a\cos^3 t$,$y = a\sin^3 t(a > 0)$ 所围成图形的面积.

解:如图 6-4-7 所示.

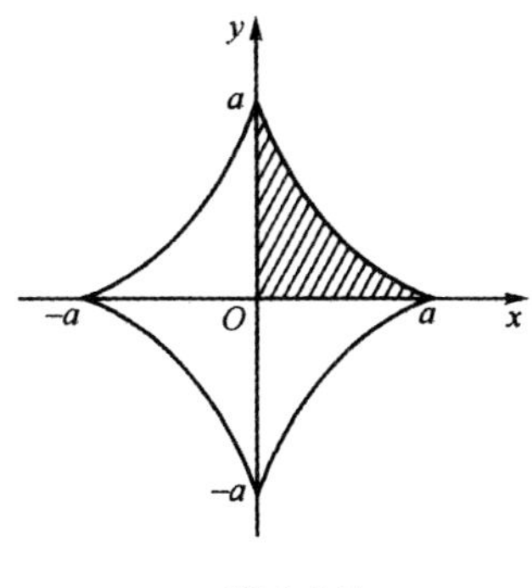

图 6-4-7

因为图形对称于 x 轴和 y 轴,因此有

$$\begin{aligned}A &= 4\int_0^a y\mathrm{d}x \\ &= 4\int_{\frac{\pi}{2}}^0 a\sin^3 t(-3a\cos^2 t\sin t)\mathrm{d}t \\ &= 12a^2\int_0^{\frac{\pi}{2}}\sin^4 t\cos^2 t\mathrm{d}t \\ &= 12a^2\int_0^{\frac{\pi}{2}}(\sin^4 t-\sin^6 t)\mathrm{d}t \\ &= 12a^2\left[\frac{3}{4}\times\frac{1}{2}\times\frac{\pi}{2}-\frac{5}{6}\times\frac{3}{4}\times\frac{1}{2}\times\frac{\pi}{2}\right] \\ &= \frac{3}{8}\pi a^2.\end{aligned}$$

2. 极坐标系下平面图形的面积

设曲线的方程由极坐标形式给出

$$\rho=\varphi(\theta)\quad(\alpha\leqslant\theta\leqslant\beta),$$

现在要求由曲线 $\rho=\varphi(\theta)$,射线 $\theta=\alpha$ 和 $\theta=\beta$ 所围成的曲边扇形的面积 A(如图 6-4-8 所示). 可利用微元法来解决.

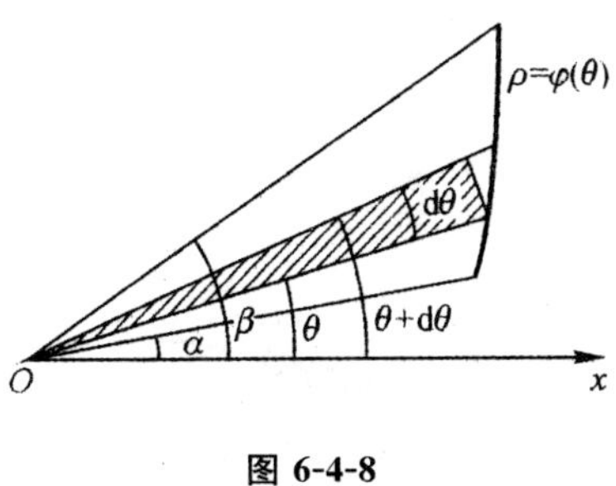

图 6-4-8

选取极角 θ 为积分变量,其变化范围为$[\alpha,\beta]$. 任取其一个区间微元$[\theta,\theta+\mathrm{d}\theta]$,那么相应于$[\theta,\theta+\mathrm{d}\theta]$区间的小曲边扇形的面积则可以用半径为 $\rho=\varphi(\theta)$、中心角为 $\mathrm{d}\theta$ 的圆扇形的面积来近似代替,从而曲边扇形的面积微元

$$dA = \frac{1}{2}[\varphi(\theta)]^2 d\theta.$$

所求曲边扇形的面积为

$$A = \int_{\alpha}^{\beta} \frac{1}{2}[\varphi(\theta)]^2 d\theta.$$

例 6.4.5 求三叶玫瑰线 $r = a\cos 3\varphi (a > 0)$(见图 6-4-9) 所围成的区域 D 的面积 A.

解:由对称性,只用求在第一象限部分的图形面积,然后乘以 6 即得 A.

由 $r = a\cos 3\varphi \geqslant 0$ 知 $\varphi \in \left[0, \frac{\pi}{6}\right]$(第一象限部分),于是得

$$A = 6\int_0^{\frac{\pi}{6}} \frac{1}{2}a^2\cos^2 3\varphi d\varphi \underline{\underline{t = 3\varphi}} a^2\int_0^{\frac{\pi}{2}} \cos^2 t dt = \frac{1}{4}\pi a.$$

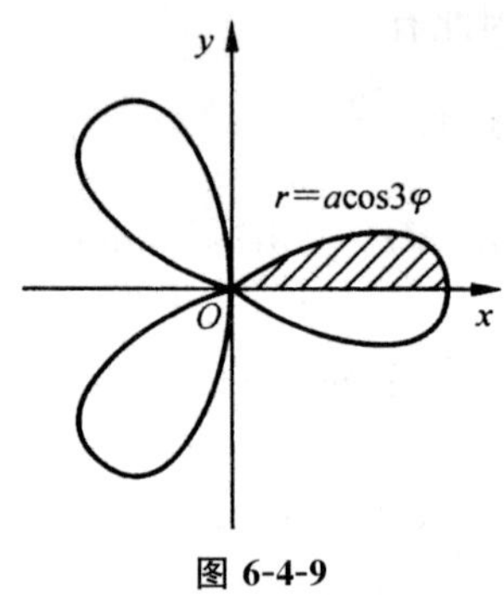

图 6-4-9

6.4.2 体积

1. 旋转体的体积

由一个平面图形绕该平面内一条直线旋转一周而成的立体称为旋转体,这条直线称为旋转轴.

例如,圆柱可视为由矩形绕它的一条边旋转一周而成的立体,圆锥可视为直角三角形绕它的一条直角边旋转一周而成的立体,而球体可视为半圆绕它的直径旋转一周而成的立体等等.

上述旋转体均可以看作由连续曲线 $y = f(x)$、直线 $x = a$、$x = b$ 及 x 轴所围成的曲边梯形绕 x 轴旋转一周而成的立体,现在我们来求它的体积 V.

取 x 为积分变量,其变化区间为$[a,b]$,任取小区间$[x,x+dx] \subset [a,b]$,相应于小区间$[x,x+dx]$上的旋转体薄片的体积可近似看作是以 $f(x)$ 为底半径、dx 为高的扁圆柱体的体积,如图 6-4-10 所示.

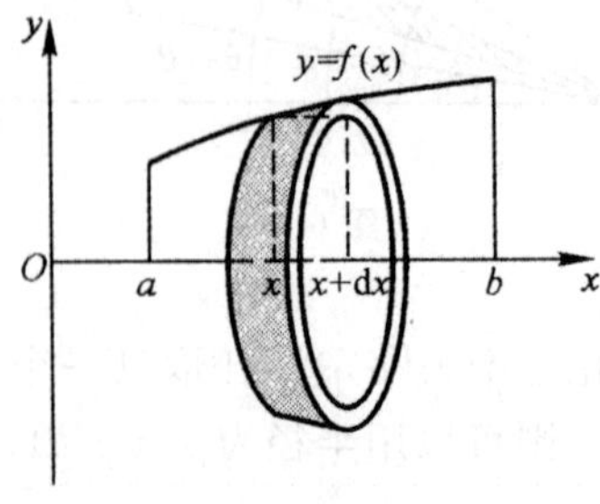

图 6-4-10

即体积元素为

$$dV = \pi[f(x)]^2 dx.$$

从而可得旋转体的体积为

$$V = \int_a^b \pi[f(x)]^2 dx.$$

例 6.4.6　求曲线 $y = x^2$ 和 $y = \sqrt{x}$ 所围成的图形绕 x 轴旋转所得的旋转体的体积.

解:所围成的平面图形如图 6-4-11 所示.

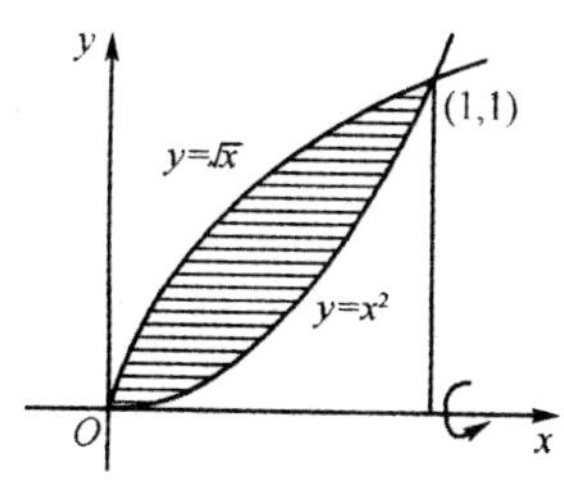

图 6-4-11

两曲线的交点为

$$(0,0) \text{ 和 } (1,1).$$

由图可知,所求的旋转体体积应等于两个旋转体的体积之差,即

$$V_x = \pi\int_0^1 x dx - \pi\int_0^1 x^4 dx = \pi\left(\frac{x^2}{2} - \frac{x^5}{5}\right)\Big|_0^1 = \frac{3\pi}{10}.$$

例 6.4.7　求椭圆$\frac{x^2}{a^2} + \frac{y^2}{b^2} = 1$绕 x 轴旋转而生成的旋转椭圆体,如图 6-4-12 所示.

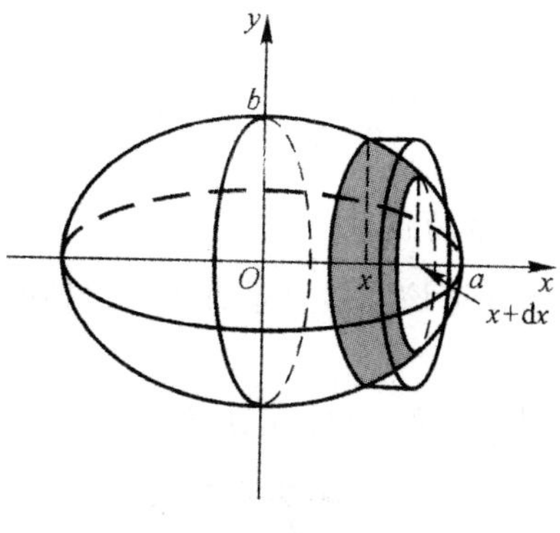

图 6-4-12

解:由于

$$y^2 = \frac{b^2}{a^2}(a^2 - x^2),$$

则所求体积为

$$V=\pi\int_{-a}^{a}[f(x)]^2\mathrm{d}x=\pi\int_{-a}^{a}\frac{b^2}{a^2}(a^2-x^2)\mathrm{d}x$$
$$=\frac{\pi b^2}{a^2}\left(a^2x-\frac{1}{3}x^3\right)\Big|_{-a}^{a}$$
$$=\frac{4}{3}\pi ab^2,$$

特别地当 $a=b=R$ 时,从而可得球体体积为

$$V=\frac{4}{3}\pi R^3.$$

例 6.4.8 求由曲线 $xy=4$ 和直线 $y=1,x=0$ 所围成的图形绕 y 轴旋转所构成旋转体的体积,如图 6-4-13 所示.

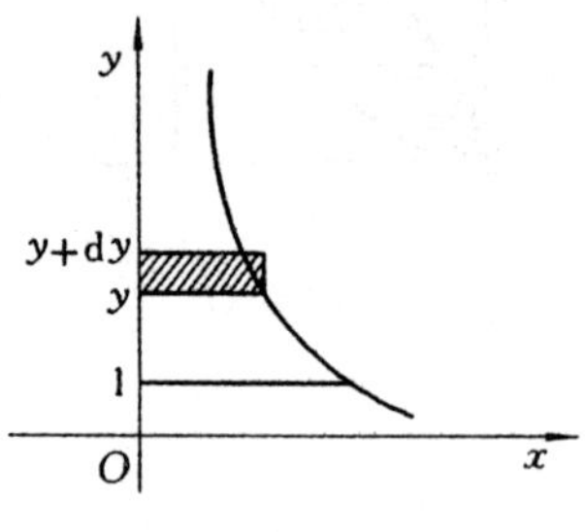

图 6-4-13

解:取 y 为积分变量,其变化范围是$[1,+\infty)$,任取小区间$[y,y+\mathrm{d}y]\subset[1,+\infty)$,则体积元素为

$$\mathrm{d}V=\pi x^2\mathrm{d}y=\pi\frac{16}{y^2}\mathrm{d}y.$$

因此其所求体积为

$$V=\int_1^{+\infty}\pi\frac{16}{y^2}\mathrm{d}y=\pi\left[-\frac{16}{y}\right]_1^{+\infty}=16\pi.$$

2. 平行截面面积为已知的立体的体积

若一个立体不是旋转体,但却知道该立体上垂直于一定轴的各个截面面积,则该立体的体积也可以用定积分来计算.

如图 6-4-14 所示,设上述定轴为 x 轴,立体在过点 $x=a,x=b$ 且垂直于 x 轴的量平面之间.

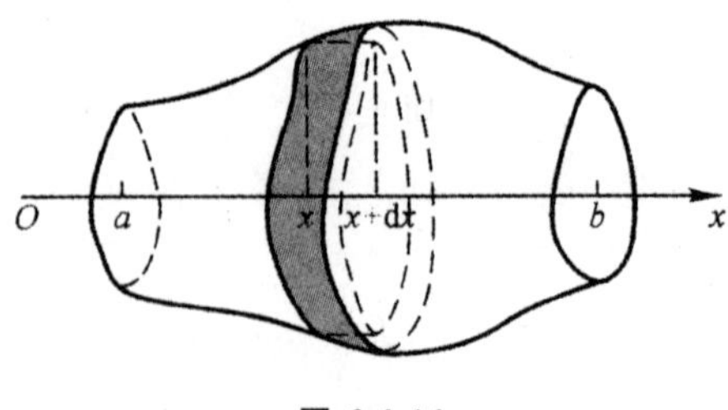

图 6-4-14

以 $A(x)$ 表示过点 x 且垂直于 x 轴的截面面积,这里假定 $A(x)$ 为 x 的连续函数. 取 x 为积分变

量，其变化区间为$[a,b]$，任取其中一个区间微元$[x,x+\mathrm{d}x]$，相应于该微元的一薄片的体积近似于底面积为$A(x)$、高为$\mathrm{d}x$的扁圆柱体的体积，即体积微元

$$\mathrm{d}V=A(x)\mathrm{d}x,$$

故所求立体的体积为

$$V=\int_a^b A(x)\mathrm{d}x.$$

例 6.4.9　求以半径为R的圆为底、平行且等于底圆直径的线段为顶、高为h的正劈锥体的体积．

解：取底圆所在的平面为xOy平面，圆心O为原点，且使x轴与正劈锥的顶平行，如图 6-4-15 所示．

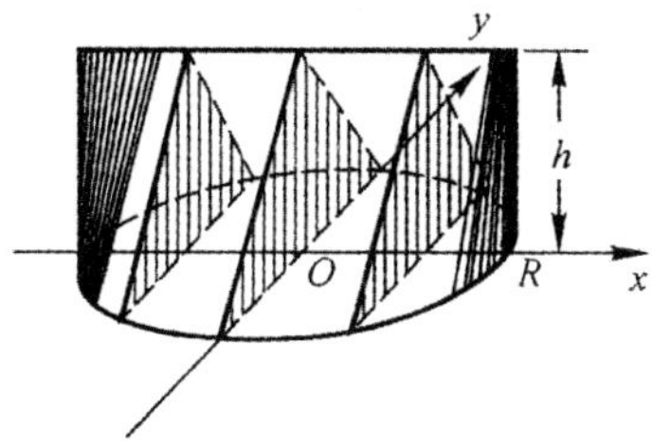

图 6-4-15

底圆的方程为$x^2+y^2=R^2$．过x轴上的点$x(-R\leqslant x\leqslant R)$作垂直于$x$轴的平面，截正劈锥体可得等腰三角形．此截面面积为

$$A(x)=h\cdot y=h\sqrt{R^2-x^2},$$

从而所求正劈锥体的体积为

$$\begin{aligned}V&=\int_{-R}^{R}A(x)\mathrm{d}x=h\int_{-R}^{R}\sqrt{R^2-x^2}\,\mathrm{d}x\\&=2R^2h\int_0^{\frac{\pi}{2}}\sin^2\theta\mathrm{d}\theta\\&=\frac{\pi R^2h}{2},\end{aligned}$$

从而可知正劈锥体的体积等于同底同高的圆柱体体积的一半．

例 6.4.10　设有一半径为a的圆柱体，用一个与底面交角为α且通过直径的平面去截，求截下部分立体的体积，如图 6-4-16 所示．

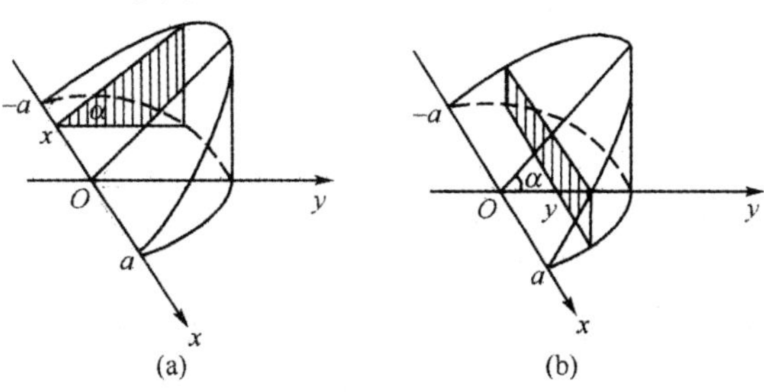

图 6-4-16

解:根据立体的体积 $V=\int_a^b A(x)\mathrm{d}x$ 可知,只要平行的截面面积为已知,即可由积分求出其体积. 因此取图 6-2-16(a) 所示的坐标系,圆的方程为

$$x^2+y^2=a^2,$$

x 为积分变量,用垂直于 x 轴的平面截该立体,其截面为一直角三角形,两个直角边分别为 $y\tan\alpha$ 和 y,因而有

$$A(x)=\frac{1}{2}y^2\tan\alpha=\frac{1}{2}(a^2-x^2)\tan\alpha,$$

根据 $V=\int_a^b A(x)\mathrm{d}x$ 可得

$$\begin{aligned}V&=\int_{-a}^{a}A(x)\mathrm{d}x=\int_0^a(a^2-x^2)\tan\alpha\mathrm{d}x\\&=\tan\alpha\left[a^2x-\frac{1}{3}x^3\right]_0^a\\&=\frac{2}{3}a^3\tan\alpha.\end{aligned}$$

若取 y 为积分变量,变化区间为$[0,a]$,用垂直于 y 轴的平面截该立体,截面为以矩形,如图 6-4-16(b) 所示,矩形的宽为 $2x$,高为 $y\tan\alpha$. 故截面面积为

$$A(y)=2xy\tan\alpha=2y\sqrt{a^2-x^2}\tan\alpha,$$

根据 $V=\int_a^b A(x)\mathrm{d}x$ 可得

$$\begin{aligned}V&=\int_{-a}^{a}A(y)\mathrm{d}y=\int_0^a 2y\sqrt{a^2-x^2}\tan\alpha\mathrm{d}x\\&=-\frac{2}{3}\tan\alpha(a^2-x^2)^{\frac{3}{2}}\Big|_0^a\\&=\frac{2}{3}a^3\tan\alpha.\end{aligned}$$

6.4.3 平面曲线的弧长

我们知道,圆的周长可利用圆的内接正多边形的周长当边数无限增多时的极限来确定. 现在用类似的方法来建立平面的连续曲线弧长的概念,从而应用定积分来计算弧长.

设有一条以 A 和 B 为端点的曲线弧$\overset{\frown}{AB}$,如图 6-4-17 所示,在$\overset{\frown}{AB}$ 上任取分点

$$A=M_0,M_1,M_2,\cdots,M_{n-1},M_n=B,$$

依次连接分点成折线,那么折线的长度为

$$L_n=\sum_{i=1}^{n}|M_{i-1}M_i|.$$

当分点数目无限增加,且

$$\mu=\max\{|M_{i-1}M_i|;i=1,2,\cdots,n\}\to 0$$

时,如果 L_n 的极限存在,则称其极限值 s 为曲线弧$\overset{\frown}{AB}$ 的长度,即有

$$s=\lim_{\mu\to 0}\sum_{i=1}^{n}|M_{i-1}M_i|.$$

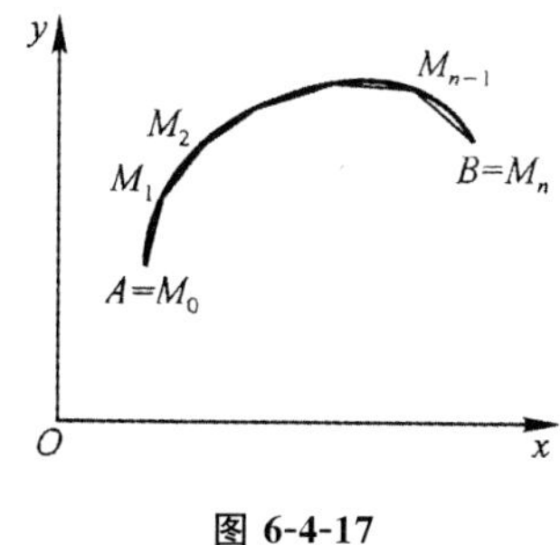

图 6-4-17

接下来我们利用定积分的微元法来讨论平面光滑曲线弧长的计算公式．

设曲线由参数方程

$$\begin{cases} x=\varphi(t), \\ y=\psi(t) \end{cases} \quad (\alpha \leqslant t \leqslant \beta)$$

给出，其中 $\varphi(x)$、$\psi(x)$ 在区间$[\alpha,\beta]$上具有连续导数，且 $\varphi'(x)$、$\psi'(x)$ 不同时为零现在来计算该曲线弧的长度．

取参数 t 为积分变量，其变化区间为$[\alpha,\beta]$. 相应于$[\alpha,\beta]$上任一小区间$[t,t+\mathrm{d}t]$的小弧段的长度 Δs 近似等于对应的弦的长度

$$\sqrt{(\Delta x)^2+(\Delta y)^2},$$

由于

$$\Delta x=\varphi(t+\mathrm{d}t)-\varphi(t)\approx \mathrm{d}x=\varphi'(t)\mathrm{d}t,$$
$$\Delta y=\psi(t+\mathrm{d}t)-\psi(t)\approx \mathrm{d}y=\psi'(t)\mathrm{d}t,$$

则，弧微分公式为

$$\mathrm{d}s=\sqrt{[\varphi'(t)]^2+[\psi'(t)]^2}\,\mathrm{d}t.$$

因此所求弧长为

$$s=\int_\alpha^\beta \sqrt{[\varphi'(t)]^2+[\psi'(t)]^2}\,\mathrm{d}t.$$

当曲线弧由直坐标方程

$$y=f(x) \quad (a\leqslant x\leqslant b)$$

给出，其中 $f(x)$ 在区间$[a,b]$具有一阶连续导数，此时曲线弧有参数方程

$$\begin{cases} x=x, \\ y=f(x) \end{cases} \quad (a\leqslant x\leqslant b),$$

因此其弧长为

$$s=\int_a^b \sqrt{1+y'^2}\,\mathrm{d}x.$$

当曲线由极坐标方程

$$\rho=\rho(\theta) \quad (\alpha\leqslant\theta\leqslant\beta)$$

给出，其中 $\rho(\theta)$ 在区间$[\alpha,\beta]$上具有一阶连续导数，此时弧微分为

$$\mathrm{d}s=\sqrt{\rho^2(\theta)+[\rho'(\theta)]^2}\,\mathrm{d}\theta,$$

因此

$$s=\int_{\alpha}^{\beta}\sqrt{\rho^2(\theta)+[\rho'(\theta)]^2}\,\mathrm{d}\theta.$$

例 6.4.11 求星形线$\begin{cases}x=a\cos^3 t\\ y=a\sin^3 t\end{cases}$ $(a>0)$ 的全长．

解:如图 6-4-18,星形线关于两坐标轴都对称,所以只需求第一象限部分的长度即可,于是有

$$x'(t)=-3a\cos^2 t\sin t, y'(t)=3a\sin^2 t\cos t.$$

根据弧长公式,星形线的全长为

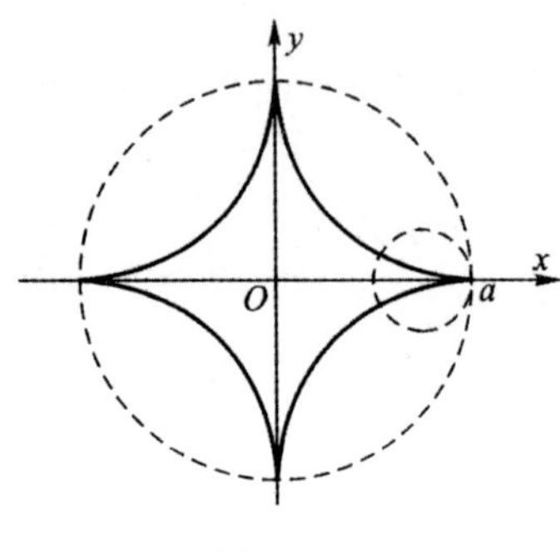

图 6-4-18

例 6.4.12 求对数螺线 $r=\mathrm{e}^{a\theta}(a>0)$ 自 $\theta=0$ 到 $\theta=\varphi$ 的一段弧长．

解:此时弧微分为

$$\mathrm{d}s=\sqrt{r^2(\theta)+r'^2(\theta)}\,\mathrm{d}\theta,$$

将

$$r(\theta)=\mathrm{e}^{a\theta}, r'(\theta)=a\mathrm{e}^{a\theta}$$

代入弧微分公式可得

$$\begin{aligned}s&=\int_0^{\varphi}\sqrt{r^2(\theta)+r'^2(\theta)}\,\mathrm{d}\theta\\&=\int_0^{\varphi}\sqrt{(\mathrm{e}^{a\theta})^2+(a\mathrm{e}^{a\theta})^2}\,\mathrm{d}\theta\\&=\int_0^{\varphi}\sqrt{1+a^2}\,\mathrm{e}^{a\theta}\,\mathrm{d}\theta\\&=\sqrt{1+a^2}\cdot\frac{1}{a}\int_0^{\varphi}\mathrm{e}^{a\theta}\,\mathrm{d}(a\theta)\\&=\frac{\sqrt{1+a^2}}{a}\cdot(\mathrm{e}^{a\theta}-1).\end{aligned}$$

例 6.4.13 两根电线杆之间的电线,由于其本身的重量,下垂成曲线形．这样的曲线叫悬链线．若悬链线的方程为

$$y=\frac{a}{2}(\mathrm{e}^{\frac{x}{a}}+\mathrm{e}^{-\frac{x}{a}}),$$

计算悬链线上介于 $x=-b,x=b$ 之间一段弧(图 6-4-19) 的长度．

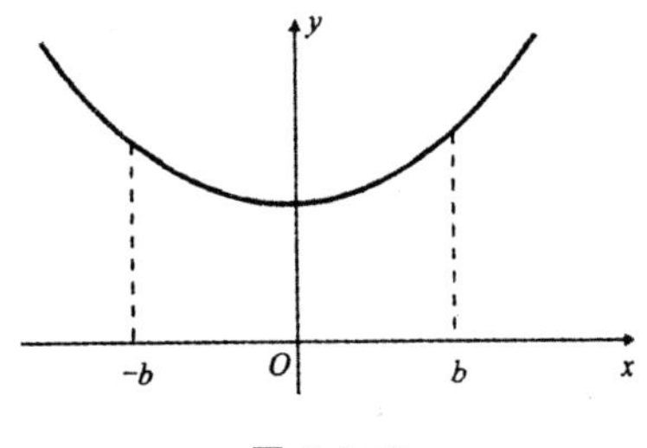

图 6-4-19

解：因为

$$y' = \frac{1}{2}\left(e^{\frac{x}{a}} - e^{-\frac{x}{a}}\right),$$

所以可得

$$\begin{aligned} S &= \int_{-b}^{b} \sqrt{1+(y')^2}\,dx \\ &= \int_{-b}^{b} \sqrt{1+\frac{1}{4}\left(e^{\frac{x}{a}} - e^{-\frac{x}{a}}\right)^2}\,dx \\ &= \int_{-b}^{b} \frac{1}{2}\left(e^{\frac{x}{a}} + e^{-\frac{x}{a}}\right)dx \\ &= \int_{0}^{b} \left(e^{\frac{x}{a}} + e^{-\frac{x}{a}}\right)dx \\ &= a\left(e^{\frac{x}{a}} - e^{-\frac{x}{a}}\right)\Big|_0^b \\ &= a\left(e^{\frac{b}{a}} - e^{-\frac{b}{a}}\right). \end{aligned}$$

其中 $e^{\frac{x}{a}} + e^{-\frac{x}{a}}$ 为偶函数．

例 6.4.14　计算摆线

$$\begin{cases} x = a(\theta - \sin\theta) \\ y = a(1 - \cos\theta) \end{cases}$$

的一拱($0 \leqslant \theta \leqslant 2\pi$) 的长度，如图 6-4-20 所示．

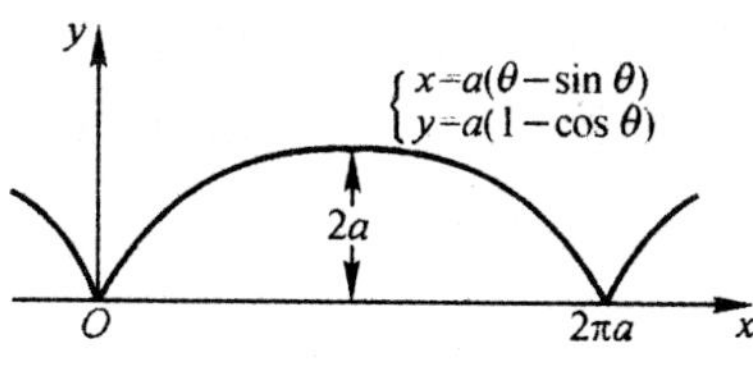

图 6-4-20

解：因为

$$\begin{aligned} ds &= \sqrt{a^2(1-\cos\theta)^2 + a^2\sin^2\theta}\,d\theta \\ &= a\sqrt{2(1-\cos\theta)\theta}\,d\theta \\ &= 2a\sin\frac{\theta}{2}\,d\theta. \end{aligned}$$

因此，所求弧长为

$$s=\int_0^{2\pi}2a\sin\frac{\theta}{2}\mathrm{d}\theta=2a\left[-2\cos\frac{\theta}{2}\right]_0^{2\pi}=8a.$$

6.4.4 定积分在物理学中的应用

1. 变力沿直线作功的问题

定积分的应用十分广泛，本节我们将讨论几个简单的物理上的问题，来说明定积分的应用.

从物理学知道，若物体在作直线运动的过程中有一个不变的力 F 作用在这物体上，且力的方向与物体运动的方向一致，则，在物体移动了距离 s 时，力 F 对物体所作的功为

$$W=F\cdot s.$$

若物体在运动过程中所受到的力为变化的，这样我们就会遇到变力做功问题. 下面通过具体例子说明如何计算变力所做的功.

例 6.4.15 设有一弹簧，长为 1m，一端固定，拉伸另一端. 用 5N 的力可以把它拉长 0.01m，现要把它拉长 0.1m，如图 6-4-21 所示，求需要做多少功?

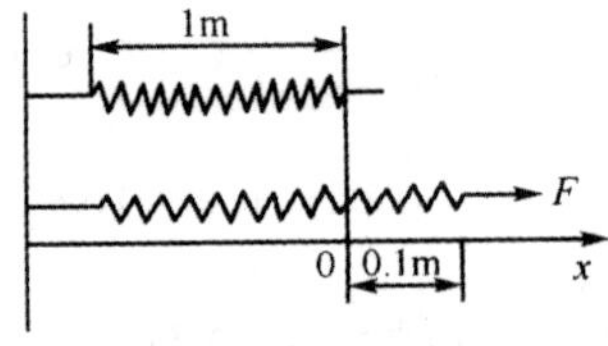

图 6-4-21

解:由物理学可知

$$功=力\times距离,$$

其计算公式为

$$W=\int_a^b F(x)\mathrm{d}x$$

则只需要求出 $x+\mathrm{d}x$. 积分变量 x 的变化区间为[0,0.1].

根据物理学的虎克定理可知:在弹性限度内，拉伸或者压缩弹簧所需要的力与伸长量或者压缩量成正比. 现把弹簧一端拉伸到坐标为 x 的点处所需要的力为 $F(x)=kx$(在图 6-4-21 中，坐标 x 即为拉伸的长度). 根据已知条件可知 $x=0.01\text{m}$ 时，$\text{F}=5\text{N}$，所以 $k=500\text{N/m}$. 从而有

$$F(x)=500x.$$

由上式可得

$$W=\int_0^{0.1}500x\mathrm{d}x=250x^2\Big|_0^{0.1}=2.5(\text{J}).$$

例 6.4.16 有一半径为 10m 的半球形贮水池，池内装满了水，求把池内的水全部抽出所做的功，如图 6-4-22 所示.

解:取坐标系如上图所示. 此题为变力做功问题，不同深度的水所提供的距离不同. 可以把水看成很多层，每层水可以近似看作在同一深度上，所以可按常力做功求其近似值.

设 x 为积分变量，它的变化区间为[0,10]，求功 W 在$[x,x+\Delta x]$上的微元

$$\Delta W\approx 9.8(\pi y^2\Delta x)x=9.8\pi(10^2-x^2)x\Delta x=\mathrm{d}W,$$

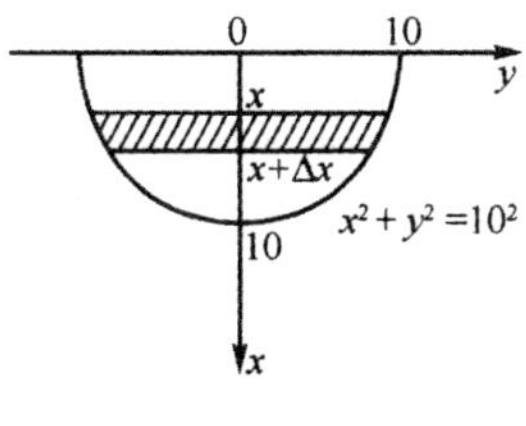

图 6-4-22

所求的功为

$$\begin{aligned} W &= \int_0^{10} 9.8\pi(10^2 - x^2)x\mathrm{d}x = 9.8\pi\left(\frac{10^2x^2}{2} - \frac{x^2}{4}\right)\Bigg|_0^{10} \\ &= \frac{1}{4}(9.8\times 10^4)\pi \\ &= 2.45\times 10^4\pi(\mathrm{kJ}). \end{aligned}$$

2. 引力

从物理学知道，质量分别为 m_1、m_2，相距为 r 的两质点间的引力的大小为

$$F = G\frac{m_1m_2}{r^2},$$

其中 G 为引力系数，引力的方向沿着两质点的连线方向 .

若计算一根细棒对一个质点的引力，则，因为细棒上各点与该质点的距离为变化的，且各点对质点的引力的方向也是变化的，所以不能用上述公式来计算 . 下面我们举例说明它的计算方法 .

例 6.4.17　设有一根长为 l，线密度为 ρ 的均匀细杆，另有一质点 M，其质量为 m，试就下列两种情况求杆对质点的引力：

(1)M 在杆的延长线上与杆的一端距离为 a；

(2)M 在杆的中垂线上与杆的距离为 a.

解：(1) 取坐标系如图 6-4-23 所示 .

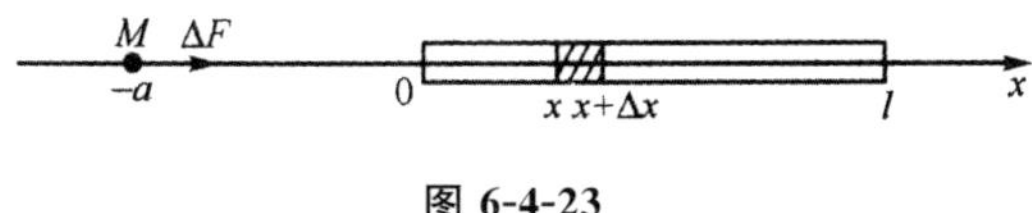

图 6-4-23

x 为积分变量，积分区间为$[0,l]$. 考虑一小段$[x,x+\Delta x]$对质点 M 的引力大小 ΔF，由上述公式

$$\Delta F \approx \frac{k(\rho\Delta x)m}{(x+a)^2} = \frac{k\rho m\Delta x}{(x+a)^2} = \mathrm{d}F,$$

引力的方向与 x 轴正向相同，因此有引力大小为

$$\begin{aligned} F &= \int_0^l \frac{\mathrm{km}\rho}{(x+a)^2}\mathrm{d}x = \mathrm{km}\rho\left[\frac{-1}{x+a}\right]_0^l \\ &= \mathrm{km}\rho\left[\frac{1}{a} - \frac{1}{a+l}\right] \\ &= \frac{\mathrm{km}\rho l}{a(a+l)}. \end{aligned}$$

(2) 取坐标系如图 6-4-24 所示 .

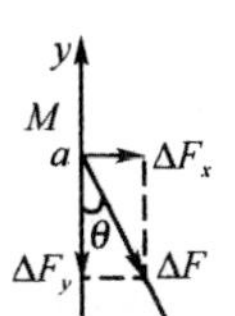

考虑一小段$[x,x+\Delta x]$对质点M的引力大小为

$$\Delta F \approx \frac{\mathrm{km}\rho\Delta x}{r^2} = \frac{\mathrm{km}\rho\Delta x}{x^2+a^2}.$$

引力的方向在各小段上是不相同的，需要考虑水平方向分力大小ΔF_x和铅直方向分力大小ΔF_y，因为$[x,x+\Delta x]$关于原点O对称的小段对质点M的引力的水平方向分力相抵消，铅垂方向分力相同，所以杆对质点的引力方向与y轴的负方向相同，因此我们只需求出ΔF_y，即有

$$\Delta F_y = \Delta F\cos\theta \approx \frac{\mathrm{km}\rho a\,\Delta x}{(x^2+a^2)^{\frac{3}{2}}}\mathrm{d}x = \mathrm{d}F_y,$$

因此有

$$F_y = \int_{-\frac{l}{2}}^{\frac{l}{2}} \frac{\mathrm{km}\rho a}{(x^2+a^2)^{\frac{3}{2}}}\mathrm{d}x = \frac{2\mathrm{km}\rho l}{a\sqrt{4a^2+l^2}}.$$

例 6.4.18 设有一质量均匀分布，长为l，总质量为M的细直杆，在杆的所在直线上距杆的一端为a处有一质量为m的质点，求杆对该质点的引力F.

解：建立如图6-4-25所示的坐标系，任取小区间$[x,x+\mathrm{d}x](\subset[0,l])$，把在$x$到$x+\mathrm{d}x$之间的这一小段杆看成是质点，那么小段杆对质点的引力为

$$\mathrm{d}F = G\frac{m\dfrac{M}{l}}{(l+a-x)^2}\mathrm{d}x,$$

故所求引力为

$$\begin{aligned} F &= \int_0^1 \mathrm{d}F \\ &= \frac{GmM}{l}\int_0^1 \frac{\mathrm{d}x}{(l+a-x)^2} \\ &= \frac{GmM}{l}\frac{1}{l+a-x}\bigg|_0^l \\ &= \frac{GmM}{l}(\frac{1}{a}-\frac{1}{l+a}) \\ &= \frac{GmM}{a(a+l)}. \end{aligned}$$

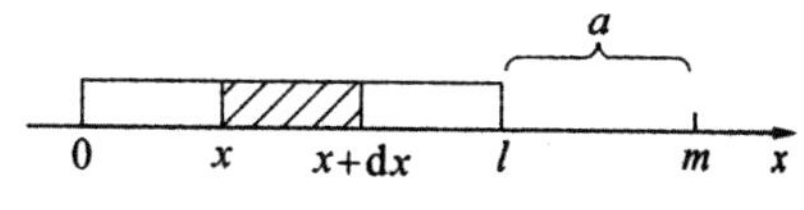

图 6-4-25

3. 液体静压力问题

由物理学中的帕斯卡定律知道，液体中深度为 h 的压强

$$p=\rho gh,$$

其中，ρ 为液体的密度，g 为重力加速度．若有一面积为 A 的平板，水平地放置在水深为 h 的地方，则其受到的液体静压力为 pA．如果平板非水平置于液体中，则由于水深不同导致压强不同，这时平板所受到的压力是一个不均匀分布的量．我们通过例子来说明液体静压力的计算方法．

例 6.4.19　一水坝中有一个等腰三角形的闸门，该闸门铅直地插入水中，它的底边与水平闸面齐平，已知三角形底边长 αm，高为 βm，求这个闸门受到的水压力．

解：建立如图 6-4-26 所示坐标系，根据闸门关于 x 轴的对称性，闸门受到的总压力等于闸门在第一象限所受压力的二倍．线段 AB 的方程为

$$y=\frac{\alpha}{2\beta}(\beta-x)\quad(0\leqslant x\leqslant\beta),$$

则该闸门所受到的水压力

$$p=2\rho\int_0^{\beta}x\,\frac{\alpha}{2\beta}(\beta-x)\mathrm{d}x=\rho\,\frac{\alpha\beta^2}{6}.$$

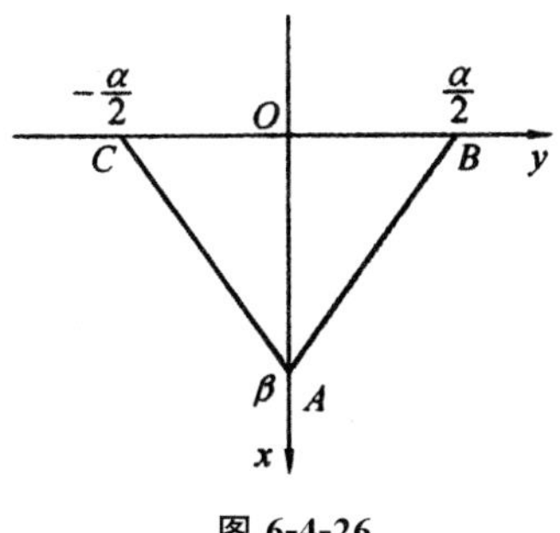

图 6-4-26

例 6.4.20　一个横放着的圆柱形水桶，桶内盛有半桶水(图 6-4-27(a))．设桶的底半径为 R，水的密度为 ρ，计算桶的一个端面上所受的压力．

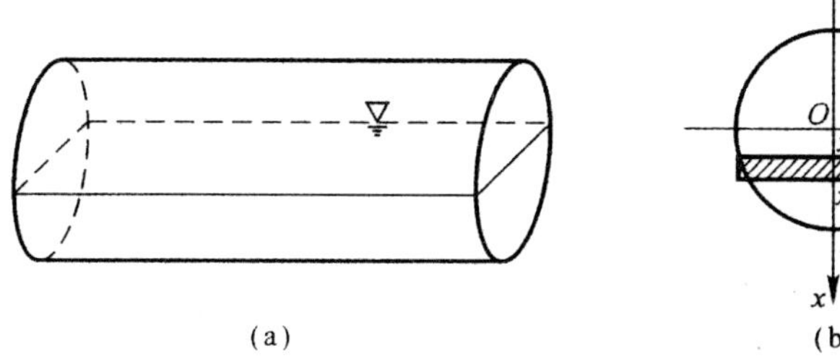

图 6-4-27

解:桶的一个端面是圆片,所以现在要计算的是当水平面通过圆心时,铅直放置的一个半圆片的一侧所受到的水压力.

如图 6-4-27 (b),在这个圆片上取过圆心且铅直向下的直线为 x 轴,过圆心的水平线为 y 轴.对这个坐标系来讲,所讨论的半圆的方程为

$$x^2+y^2=R^2 \quad (0\leqslant x\leqslant R).$$

取 x 为积分变量,它的变化区间为$[0,R]$. 设$[x,x+\mathrm{d}x]$为$[0,R]$上的任一小区间,半圆片上相应于$[x,x+\mathrm{d}x]$的窄条上各点处的压强近似于 $\rho g x$,这窄条的面积近似于 $2\sqrt{R^2-x^2}\,\mathrm{d}x$. 因此,这窄条一侧所受水压力的近似值,即压力元素为

$$\mathrm{d}P=2\rho g x\sqrt{R^2-x^2}\,\mathrm{d}x.$$

于是所求压力为

$$\begin{aligned}P&=\int_0^R 2\rho g x\sqrt{R^2-x^2}\,\mathrm{d}x\\&=-\rho g\int_0^R (R^2-x^2)^{1/2}\mathrm{d}(R^2-x^2)\\&=-\rho g\left[\frac{2}{3}(R^2-x^2)^{3/2}\right]_0^R\\&=\frac{2\rho g}{3}R^3.\end{aligned}$$

6.5 定积分的近似计算

在计算定积分时,当被积函数的原函数不能用初等函数或者分段函数表示时,就无法用 Newton-Leibniz 得到结果,另外当被积函数很复杂时,计算也会非常困难.而在实际应用中需要的往往只是积分的近似值(满足一定的精度要求),这时可以进行定积分的近似计算.下面以定积分的几何意义为依据介绍几个著名的定积分的近似计算方法.

6.5.1 矩形法

如图 6-5-1 所示,设函数 $y=f(x)\in C[a,b]$,计算$\int_a^b f(x)\mathrm{d}x$ 的近似值.将区间$[a,b]$作 n 等分,则分点为 $x_i=a+i\dfrac{b-a}{n}(i=0,1,2,\cdots,n)$,每个子区间的长度为$\dfrac{b-a}{n}$.

在第 i 小区间$[x_{i-1},x_i]$上,取 ξ_i 分别等于小区间的左端点、右端点和中点,即

$$\xi_i=x_{i-1},\quad x_i,\frac{x_{i-1}+x_i}{2}\quad (1\leqslant i\leqslant n).$$

再记

$$y_i=f(x_i)=f(a+i\frac{b-a}{n})\quad (i=0,1,2,\cdots,n),$$

$$y_{i-\frac{1}{2}}=f(\frac{x_{i-1}+x_i}{2})=f\left[a+(i-\frac{1}{2})\frac{b-a}{n}\right]\quad (i=0,1,2,\cdots,n).$$

得到$\int_a^b f(x)\mathrm{d}x$ 的三个近似和式：

$$\int_a^b f(x)\mathrm{d}x \approx \sum_{i=1}^{n} f(x_{i-1})\Delta x = \frac{b-a}{n}\sum_{i=1}^{n} y_{i-1},$$

$$\int_a^b f(x)\mathrm{d}x \approx \sum_{i=1}^{n} f(x_i)\Delta x = \frac{b-a}{n}\sum_{i=1}^{n} y_i,$$

$$\int_a^b f(x)\mathrm{d}x \approx \sum_{i=1}^{n} f(\frac{x_{i-1}+x_i}{2})\Delta x = \frac{b-a}{n}\sum_{i=1}^{n} y_{i-\frac{1}{2}}.$$

这三个公式分别称为左矩形公式、右矩形公式和中矩形公式.

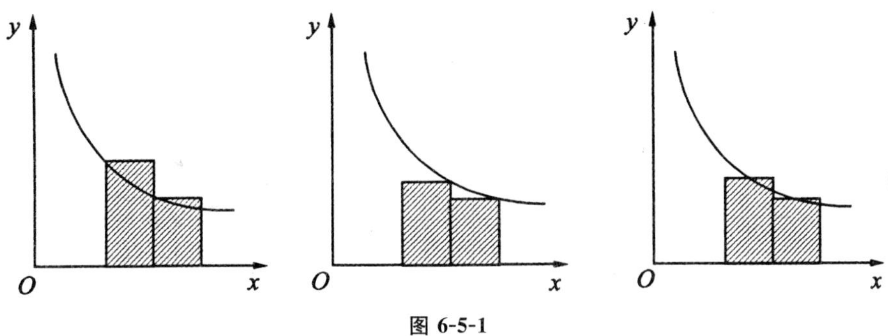

图 6-5-1

6.5.2　梯形法

梯形公式可以看成是矩形公式的一个改进. 从图形中可知，一般用小区间上的梯形面积来近似小曲边梯形的面积会更精确，如图 6-5-2 所示，即在小区间$[x_{i-1},x_i]$$(i=1,2,\cdots,n)$上，用小梯形的面积

$$\frac{f(x_{i-1})+f(x_i)}{2}\Delta x_i \quad (i=1,2,\cdots,n),$$

来近似小曲边梯形的面积，从而得到定积分的近似计算公式：

$$\begin{aligned}\int_a^b f(x)\mathrm{d}x &\approx \frac{b-a}{n}\left[\frac{1}{2}(y_0+y_1)+\frac{1}{2}(y_1+y_2)+\cdots+\frac{1}{2}(y_{n-1}+y_n)\right]\\ &= \frac{b-a}{n}\left[\frac{1}{2}(y_0+y_n)+y_1+y_2+\cdots+y_{n-1}\right].\end{aligned}$$

此公式称为梯形公式，用梯形公式来求定积分近似值的方法称为梯形法。

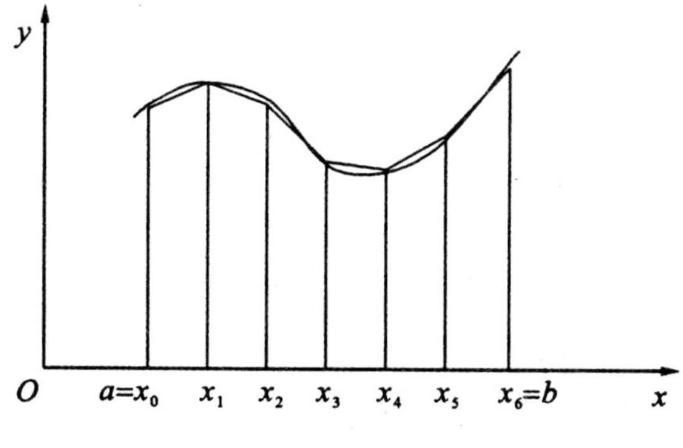

图 6-5-2

例 6.5.1 用梯形法计算 $\pi=\int_0^1 \frac{4\mathrm{d}x}{1+x^2}$ 的近似值，取 $n=4$.

解：取 $x_0=0, x_1=0.25, x_3=0.75, x_4=1$，则有

$$\begin{aligned}\pi &= \int_0^1 \frac{4\mathrm{d}x}{1+x^2}\\ &\approx 4\times\frac{1}{2\times 4}\left[(1+\frac{1}{2})+2(\frac{1}{1+0.25^2}+\frac{1}{1+0.5^2}+\frac{1}{1+0.75^2})\right]\\ &\approx 3.1318.\end{aligned}$$

6.5.3 抛物线法

矩形法不考虑函数在每一小区间 $[x_{i-1}, x_i]$ 上的变化，以常数来代替．梯形法对函数的增减性有所反映，但没有顾及函数在小区间的凸性．如果将函数的小曲线弧段用与它凸性相接近的抛物线段来近似时，就可减少误差这就是定积分计算的抛物线法．

从函数的角度来考虑，是用常数或线性函数来代替 $f(x)$. 为了提高精确度，能否用曲线弧来代替被积函数．为此，我们考虑用二次函数 $y=px^2+qx+r$ 来代替被积函数 $f(x)$.

悉知，由已知三点 $M_0(x_0, y_0), M_1(x_1, y_1), M_2(x_2, y_2)$ 可唯一确定一条过该三点的抛物线 $y=px^2+qx+r$，其中系数 p, q, r 由如下方程所确定：

$$\begin{cases} y_0 = px_0^2+qx_0+r \\ y_1 = px_1^2+qx_1+r \\ y_2 = px_2^2+qx_2+r \end{cases},$$

可见图 6-5-3.

设

$$x_1=\frac{x_0+x_2}{2},$$

抛物线下的面积为

$$\begin{aligned}&\int_{x_0}^{x_2}(x^2+qx+r)\mathrm{d}r\\ &=\frac{p}{3}(x_2^3-x_0^3)+\frac{q}{2}(x_2^2-x_0^2)+r(x_2-x_0)\\ &=\frac{x_2-x_0}{6}[(px_2^2+qx_2+r)+(px_0^2+qx_0+r)\\ &\quad+p(x_2+x_0)^2+2q(x_2+x_0)+4r\\ &=\frac{x_2-x_0}{6}[y_2+y_0+4y_1],\end{aligned}$$

即

$$\int_{x_0}^{x_2}(px^2+qx+r)\mathrm{d}x=\frac{x_2-x_0}{6}[y_0+4y_1+4y_2]. \tag{6.5.1}$$

如果把 $[a, b]$ 分成 n 等份（n 为偶数），分点 x_i 处的函数值记为 $y_i(i=0,1,2,\cdots,n)$，曲线上的对应点记为 $M_i(i=01,2,\cdots,n)$. 用过 M_{2i}、M_{2i+1}、M_{2i+2} 三点的抛物线下的面积来近似 $[x_{2i}, x_{2i+2}]$ 上的曲边梯形的面积，由公式(6.5.1)，可得

$$\int_{x_{2i}}^{x_{2i+2}} f(x)\mathrm{d}x \approx \frac{b-a}{3n}(y_{2i}+4y_{2i+1}+y_{2i+2})\left(i=0,1,2,\cdots,\frac{n}{2}-1\right),$$

从而有

$$\begin{aligned}\int_a^b f(x)\mathrm{d}x &= \sum_{i=0}^{\frac{n}{2}-1}\int_{2i}^{2i+2} f(x)\mathrm{d}x \\ &\approx \frac{b-a}{3n}\sum_{i=0}^{\frac{n}{2}-1}(y_{2i}+4y_{2i+1}+y_{2i+2}) \\ &= \frac{b-a}{3n}[(y_0+y_n)+2(y_2+y_4+\cdots+y_{n-2})] \\ &\quad +4(y_1+y_3+\cdots+y_{n-1}),\end{aligned}$$

即

$$\begin{aligned}\int_a^b f(x)\mathrm{d}x \approx \frac{b-a}{3n}&[(y_0+y_n)+2(y_2+y_4+\cdots+y_{n-2})] \\ &+4(y_1+y_3+\cdots+y_{n-1}).\end{aligned} \tag{6.5.2}$$

式(6.5.2)称为抛物线法公式,又称为 Simpson 公式.

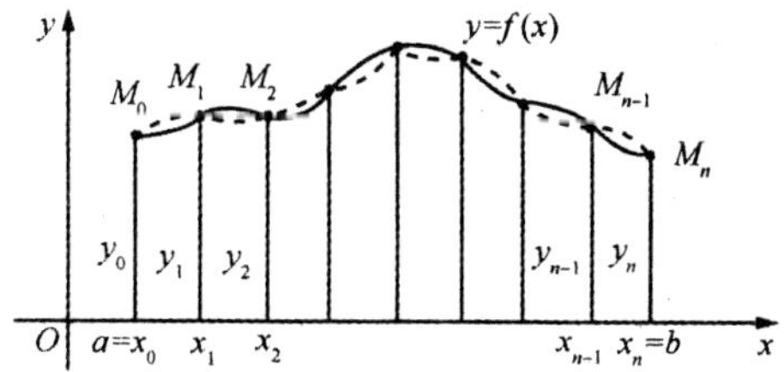

图 6-5-3

例 6.5.2　用梯形法和抛物线法计算定积分$\int_0^1 f(x)\mathrm{d}x$ 的近似值. 其中

$$f(x)=\begin{cases}\dfrac{\sin x}{x} & (x\neq 0)\\ 1 & (x=0)\end{cases}.$$

解:现在将积分区间[0,1]分成 8 等分,其分点上的函数值计算如表 6-5-1 所示:

表 6-5-1

x_i	0	$\frac{1}{8}$	$\frac{2}{8}$	$\frac{3}{8}$	$\frac{4}{8}$
$f(x_i)$	1.00000	0.99740	0.98962	0.97673	0.95885
x_i	$\frac{5}{8}$	$\frac{6}{8}$	$\frac{7}{8}$	1	
$f(x_i)$	0.93616	0.90885	0.87719	0.84147	

根据梯形公式可得

$$\int_0^1 \frac{\sin x}{x}\mathrm{d}x \approx \frac{1}{8}\Big[\frac{1.00000+0.84147}{2}+0.99740+0.98962+0.97673$$
$$+0.95885+0.93616+0.90885+0.87719\Big]$$
$$\approx 0.94569.$$

根据抛物线公式可得

$$\int_0^1 \frac{\sin x}{x}\mathrm{d}x \approx \frac{1}{24}[(1.00000+0.84147)$$
$$+4(0.99740+0.97673+0.93616+0.87719)$$
$$+2(0.98962+0.95885+0.90885)]$$
$$\approx 0.94608.$$

例 6.5.3 用抛物线法计算 $\pi=\int_0^1 \frac{4\mathrm{d}x}{1+x^2}$ 的近似值，取 $n=4$.

解:取

$$x_0=0, x_1=0.25, x_3=0.75, x_4=1,$$

根据公式有

$$\pi=\int_0^1 \frac{4\mathrm{d}x}{1+x^2}$$
$$\approx \frac{4}{12}\times\left(1+\frac{1}{2}+\frac{2}{1+0.5^2}+\frac{4}{1+0.25^2}+\frac{4}{1+0.75^2}\right)$$
$$\approx 3.14157.$$

例 6.5.4 用各近似法求 $\int_0^{\frac{\pi}{2}} \sin x\mathrm{d}x$.

解:用矩形法得

$$\int_0^{\frac{\pi}{2}} \sin x\mathrm{d}x=\sin 0\cdot\frac{\pi}{2}=0(\text{取 } c=0);$$

$$\int_0^{\frac{\pi}{2}} \sin x\mathrm{d}x=\sin\frac{\pi}{2}\cdot\frac{\pi}{2}=\frac{\pi}{2}=1.57\cdots(\text{取 } c=\frac{\pi}{2});$$

$$\int_0^{\frac{\pi}{2}} \sin x\mathrm{d}x=\sin\frac{\pi}{4}\cdot\frac{\pi}{2}=1.11\cdots(\text{取 } c=\frac{\pi}{4}).$$

用梯形法得

$$\int_0^{\frac{\pi}{2}} \sin x\mathrm{d}x=\frac{\sin 0+\sin\frac{\pi}{2}}{2}\cdot\frac{\pi}{2}=0.78\cdots$$

用抛物线法得

$$\int_0^{\frac{\pi}{2}} \sin x\mathrm{d}x=\frac{\sin 0+4\sin\frac{\pi}{4}+\sin\frac{\pi}{2}}{6}\cdot\frac{\pi}{2}=1.0022\cdots$$

精确值为 1. 容易看出，抛物线公式精确度最高.

例 6.5.5 设有河宽 20m，每隔 2m 测得河深列表 6-5-2：

表 6-5-2

x/m	0	2	4	6	8	10	12	14	16	18	20
y/m	0	1.2	5.4	7.8	8	8.7	7.9	7.4	5.4	4.3	2

试求河床的横截面面积 A 的近似值(图 6-5-4).

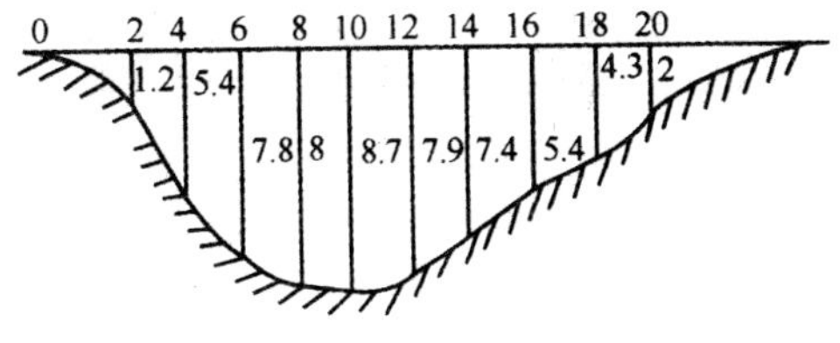

图 6-5-4

解:河床横截面面积可用定积分表示,即

$$A = \int_0^{20} f(x)\,\mathrm{d}x.$$

由抛物线法近似公式,则

$$\begin{aligned} A &\approx \frac{20}{30}[0 + 2 + 4 \times (1.2 + 7.8 + 8.7 + 7.4 + 4.3) + \\ &\quad 2 \times (5.4 + 8 + 7.9 + 5.4)])\mathrm{m}^2 \\ &\approx 115.3\mathrm{m}^2 \end{aligned}$$

第 7 章　微分方程

7.1　微分方程的基本理论概述

微分方程是数学的重要分支，早在 17—18 世纪，牛顿、莱布尼茨、贝努里和拉格朗日等人在研究力学和几何学中就提出了微分方程．后来，随着科学的发展，微分方程在力学、电学、天文学和其他数学物理领域内的应用不断获得成功，有力地推动了这些学科的发展．当今微分方程的理论和应用都有了巨大的发展，它已成为研究自然科学和社会科学的一个强有力的工具．

我们在研究物理和经济管理等某些问题时，往往需要寻求有关变量之间的函数关系．有时这种关系不容易直接建立起来，但可以建立起含有所求函数的导数或微分的关系式，也即建立微分方程，通过解微分方程得出所求的函数．下面先看三个实际例题．

7.1.1　引例

例 7.1.1　设一物体的温度为 100℃，将其放置在空气温度为 20℃ 的环境中冷却．根据冷却定律：物体温度的变化率与物体温度和当时空气温度之差成正比．设物体的温度 T 与时间 t 的函数关系为 $T = T(t)$，则可建立起函数 $T(t)$ 满足的微分方程

$$\frac{\mathrm{d}T}{\mathrm{d}t} = -k(T-20) \tag{7-1-1}$$

其中 $k(k>0)$ 为比例常数．这就是物体冷却的数学模型．

根据题意，$T = T(t)$ 还需满足条件 $T\big|_{t=0} = 100$.

例 7.1.2　设质量为 m 的物体在时间 $t=0$ 时以初速度 v_0 自距地高度为 H 处垂直向下抛出，考察物体在时刻 t 时的高度 $h(t)$.

解：根据 Newton 第二定律可得

$$mg = -m\frac{\mathrm{d}^2h}{\mathrm{d}t^2}$$

其中，g 为重力加速度．化简后得

$$\frac{\mathrm{d}^2h}{\mathrm{d}t^2} = -g \tag{7-1-2}$$

这是一个微分方程，利用不定积分有

$$\frac{\mathrm{d}h}{\mathrm{d}t} = -gt + C_1$$

从而求得

$$h = -\frac{1}{2}gt^2 + C_1t + C_2$$

其中，C_1，C_2 均为任意常数．

由 $t=0$ 时，$h=H$，$\frac{\mathrm{d}h}{\mathrm{d}t}=v=-v_0$（负号是因为此时速度方向与高度 h 增加的方向相反），则 $C_1=-v_0$，$C_2=H$，于是求得物体在时刻 t 的高度为

$$h=-\frac{1}{2}gt^2-v_0t+H$$

这是在中学物理中就介绍过的垂直下抛物体运动的高度公式．

例 7.1.3　如图 7-1-1 所示，在离地面高度为 s_0 处，以初速 v_0 垂直上抛一物体．设坐标原点 O 取在地面上；Os 轴向上为正向．若不计空气阻力，求物体的运动规律．

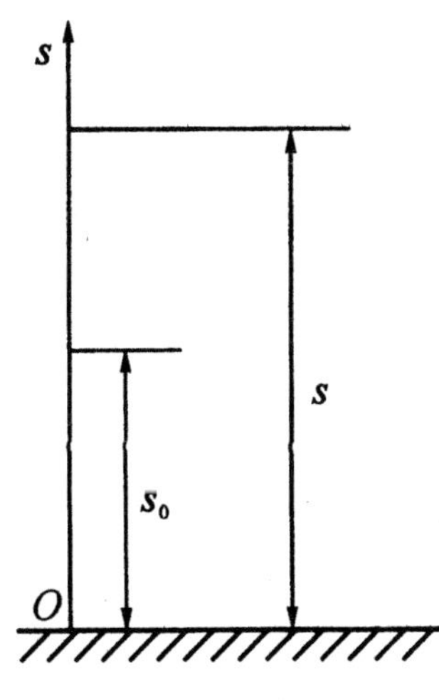

图 7-1-1

解： 设在时刻 t，物体位于坐标 s 处．由于物体在运动过程中，只受重力

$$F=-mg$$

的作用，其中负号是因为引力方向与选定的坐标轴正向相反．由于物体的加速度 a 可以表示为

$$a=\frac{\mathrm{d}^2s}{\mathrm{d}t^2},$$

因此根据牛顿第二定律 $ma=F$，有

$$m\frac{\mathrm{d}^2s}{\mathrm{d}t^2}=-mg,$$

即

$$\frac{\mathrm{d}^2s}{\mathrm{d}t^2}=-g. \tag{7-1-3}$$

上式就是一个微分方程．s 除了要满足微分方程(7-1-3) 外，还要满足条件

$$s\big|_{t=0}=s_0,\left.\frac{\mathrm{d}s}{\mathrm{d}t}\right|_{t=0}=v_0. \tag{7-1-4}$$

将(7-1-3) 化为

$$\frac{\mathrm{d}}{\mathrm{d}t}\left(\frac{\mathrm{d}s}{\mathrm{d}t}\right)=-g,$$

积分两次，得

$$\frac{\mathrm{d}s}{\mathrm{d}t}=-gt+C_1, \tag{7-1-5}$$

$$s=-\frac{1}{2}gt^2+C_1t+C_2, \tag{7-1-6}$$

其中，C_1，C_2，是两个任意常数．把条件(7-1-4)用于(7-1-6)，得 $C_2=s_0$，$C_1=v_0$．于是

$$s=-\frac{1}{2}gt^2+v_0t+s_0. \tag{7-1-7}$$

这就是所求的运动规律．它满足微分方程(7-1-3)及条件(7-1-4)．(7-1-6)含有两个任意常数 C_1 和 C_2，刻画的是在各种不同初始位置和初始速度下，垂直上抛物体运动的共同规律．(7-1-7)表示的是初始位置为 s_0，初始速度为 v_0 的垂直上抛物体的运动规律．

综合上述例子可知，求解一类有关变化率的几何和物理的问题，可以先建立一个含有未知函数的导数的方程，然后通过积分得出所求函数的表达式，它含有若干个任意常数，再根据实际问题的特定条件确定常数，就得出所求的解．其实，这就是用微分方程解实际问题的总体思路．接下来，我们就一般情形，较系统地讨论微分方程的有关概念．

7.1.2 微分方程的基本理论

上述三个例子中的式子中都含有未知函数的导数或微分，它们都是微分方程．一般地，包含自变量、未知函数及其导数或微分的等式称为微分方程．如果微分方程中的未知函数是一元函数，则称为常微分方程；未知函数为多元函数的微分方程，称为偏微分方程．

本章我们只讨论常微分方程．常微分方程的一般形式是

$$F(x,y,y',y'',\cdots,y^{(n)})=0 \tag{7-1-8}$$

其中，x 为自变量，$y=y(x)$ 是未知函数．在方程(7-1-8)中，$y^{(n)}$ 必须出现，而其余变量可以不出现．例如，在 n 阶 $y^{(n)}+1=0$ 中，其余变量都没有出现．

如果方程(7-1-8)存在最高阶导数，则求得微分方程

$$y^{(n)}=f(x,y,y',y'',\cdots,y^{(n-1)}). \tag{7-1-9}$$

本章所讨论的微分方程主要是形如(7-1-9)的微分方程，并且假设式(7-1-9)右端的函数 f 在所讨论的范围内连续．

如果方程(7-1-9)可表示为如下形式

$$y^{(n)}+a_1(x)y^{(n-1)}+\cdots+a_{n-1}(x)y'+a_n(x)y=g(x) \tag{7-1-10}$$

则称方程(7-1-10)为 n 阶线性微分方程．其中 $a_1(x)$，$a_2(x)$，$\cdots$，$a_n(x)$ 和 $g(x)$ 均为自变量 x 的已知函数．把不能表示成形如(7-1-10)的方程，统称为非线性微分方程．

当微分方程中的未知函数用已知函数代替时，方程变为恒等式，则该已知函数称为方程的解．更确切地说，设函数 $y=\varphi(x)$ 在区间 I 上有 n 阶连续导数，如果在区间 I 上，有

$$F(x,\varphi(x),\varphi'(x),\varphi''(x),\cdots,\varphi^{(n)}(x))=0,$$

则称函数 $y=\varphi(x)$ 为微分方程在区间 I 上得解．

如果解中含有相互独立的任意常数(即其中任何一个常数均不能由其他尝试表示)，且个数等于方程的阶数，则称之为通解．微分方程通解作为一族一元函数，其图形是一族曲线，称为微分方程的积分曲线族．

在通解中，令任意常数取确定的值而得到的解称为特解．特解的图形是一条曲线，称为微分

方程的积分曲线．例如，利用积分的方法易知，方程$\frac{\mathrm{d}y}{\mathrm{d}x}=2x$的通解为$y=x^2+c$，而过点(0,1)的特解为$y=x^2+1$，其积分曲线族与积分曲线如图7-1-2所示．

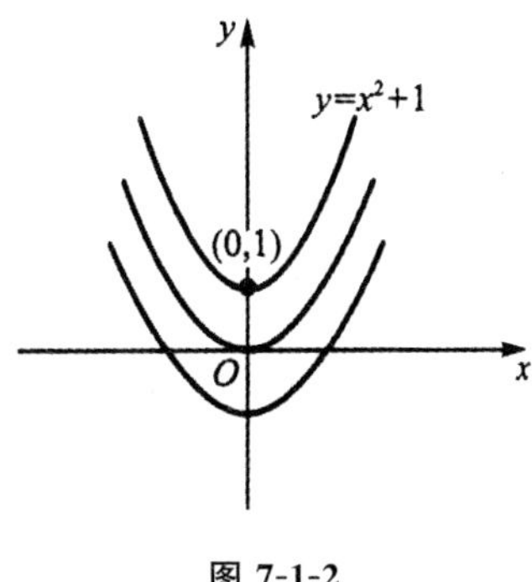

图 7-1-2

许多实际问题都要求寻找满足某些附加条件的解，此时，这类附加条件就可以用来确定通解中的任意常数，这类附加条件称为初始条件，也称为定解条件．

一般地，一阶微分方程$y'=f(x,y)$的初始条件为

$$y|_{x=x_0}=y_0$$

其中x_0,y_0都是已知常数．

二阶微分方程$y''=f(x,y,y')$的初始条件为

$$y|_{x=x_0}=y_0,\quad y'|_{x=x_0}=y_0{}'$$

其中，x_0,y_0,y_0'都是已知常数．

微分方程和初始条件一起称为初值问题．

例如，一阶微分方程的初值问题，记为

$$\begin{cases}y'=f(x,y)\\y|_{x=x_0}=y_0\end{cases}.$$

该初值问题的几何意义是：求微分方程的通过点(x_0,y_0)的那条积分曲线．二阶微分方程的初值问题，记为

$$\begin{cases}y''=f(x,y,y')\\y|_{x=x_0}=y_0,y'|_{x=x_0}=y_0{}'\end{cases}$$

其几何意义是：求微分方程的通过点(x_0,y_0)且在该点处的切线斜率为y_0'的那条积分曲线．

例 7.1.4　验证函数$y=(x^2+C)\sin x$（C为任意常数）是方程

$$\frac{\mathrm{d}y}{\mathrm{d}x}-y\cot x-2x\sin x=0$$

的通解，并求满足初始条件$y|_{x=\frac{\pi}{2}}=0$的特解．

分析：要验证一个函数是否是方程的通解，只要将函数代入方程，验证是否恒等，再看函数式中所含的独立的任意常数的个数是否与方程的阶数相同．

解：对$y=(x^2+C)\sin x$求一阶导数，得

$$\frac{\mathrm{d}y}{\mathrm{d}x}=2x\sin x+(x^2+C)\cos x.$$

把 y 和$\frac{dy}{dx}$代入方程左边，得

$$\frac{dy}{dx}-y\cot x-2x\sin x=2x\sin x+(x^2+C)\cos x-(x^2+C)\sin x\cot x-2x\sin x\equiv 0$$

显然，方程两边恒等，且 y 中含有一个任意常数，因此 $y=(x^2+C)\sin x$ 是题设方程的通解．

将初始条件$y|_{x=\frac{\pi}{2}}=0$ 代入通解 $y=(x^2+C)\sin x$ 中，得

$$0=\frac{\pi^2}{4}+C$$

即 $C=-\frac{\pi^2}{4}$，从而所求特解为 $y=(x^2-\frac{\pi^2}{4})\sin x$.

例 7.1.5 验证函数 $y=Ce^{\cos x}-\cos x-1$（C 为任意常数）为微分方程的通解，并求此方程满足初始条件 $y(0)=0$ 的特解．

解：直接计算可得

$$y'=-C\sin xe^{\cos x}+\sin x,$$

因此

$$\begin{aligned}y'+y\sin x&=-C\sin xe^{\cos x}+\sin x+C\sin xe^{\cos x}-\sin x\cos x-\sin x\\&=-\sin x\cos x.\end{aligned}$$

所以，含有一个任意常数的解 $y=Ce^{\cos x}-\cos x-1$ 为原方程的通解．将 $y(0)=0$ 代入通解，可得

$$0=Ce^{\cos 0}-\cos 0-1,$$

求得 $C=\frac{2}{e}$，于是所求的特解为

$$y=2e^{\cos x-1}-\cos x-1.$$

例 7.1.6 验证 $y=C_1e^{-x}+C_2e^{-4x}$是二阶微分方程

$$y''+5y'+4y=0$$

的通解，并求满足初始条件

$$y|_{x=0}=2,y'|_{x=0}=1$$

的特解．

解：对 $y=C_1e^{-x}+C_2e^{-4x}$求导得

$$y'=-C_1e^{-x}-4C_2e^{-4x},$$
$$y''=C_1e^{-x}+16C_2e^{-4x},$$

把它们代入方程 $y''+5y'+4y=0$ 得

$$\begin{aligned}\text{左边}&=(C_1e^{-x}+16C_2e^{-4x})+5(C_1e^{-x}-4C_2e^{-x})+4(C_1e^{-x}+C_2e^{-x})\\&=0=\text{右边},\end{aligned}$$

又由于 $y=C_1e^{-x}+C_2e^{-4x}$含有两个任意常数 C_1 和 C_2，所以 $y=C_1e^{-x}+C_2e^{-4x}$是方程的通解．

为了确定 C_1 和 C_2，把初始条件分别代入 $y=C_1e^{-x}+C_2e^{-4x}$和 $y'=-C_1e^{-x}-4C_2e^{-4x}$得

$$\begin{cases}2=C_1+C_2\\1=-C_1-4C_2\end{cases}.$$

解这个二元一次方程组，求得 $C_1=3,C_2=-1$. 因此，满足初始条件的特解是

$$y=3e^{-x}-4e^{-4x}.$$

7.2　一阶微分方程

一阶微分方程的一般形式为 $F(x,y,y')=0$，导数可解除的一阶微分方程的一般形式为 $y'=f(x,y)$ 或 $P(x,y)\mathrm{d}x+Q(x,y)\mathrm{d}y=0$.

微分方程的研究的一个重要问题就是求解微分方程，但可以用初等积分法求解的微分方程只是一些特定的形式．本节重点介绍几种常见的一阶微分方程的解法．

7.2.1　可分离变量的微分方程

定义 7.2.1　一般情况下，形式为

$$\frac{\mathrm{d}y}{\mathrm{d}x}=f(x)g(y) \tag{7-2-1}$$

的微分方程，称为可分离变量的微分方程，其中，$f(x)$，$g(y)$ 是连续函数．可分离变量的微分方程具有如下特点：等式右边可以分解成两个函数之积，其中一个只是 x 的函数 $f(x)$，另一个只是 y 的函数 $g(y)$.

根据方程的这一特点，可以将与变量 x 相关的量移到方程的右边，将与变量 y 相关的量移到方程的左边．据此就可得到该类方程的下述解法．

(1) 分离变量．将方程化为等式一边只含变量 y，而另一边只含变量 x 的形式，即

$$\frac{\mathrm{d}y}{g(y)}=f(x)\mathrm{d}x \quad (\text{其中 } g(y)\neq 0).$$

(2) 两端积分．若函数 $f(x)$ 与 $g(x)$ 为连续函数，则对上式两端分别积分，得

$$\int\frac{\mathrm{d}y}{g(y)}=\int f(x)\mathrm{d}x.$$

上式中左端对变量 y 的积分，右端为对变量 x 的积分．

(3) 求不定积分(原函数)．若 $G(y)$ 为 $\frac{1}{g(y)}$ 的一个原函数；$F(x)$ 为 $f(x)$ 的一个原函数，则微分方程的通解为

$$G(y)=F(x)+C$$

其中，C 为任意常数．这种求解过程叫做分离变量法．

在利用分离变量法求解时，需要注意以下两点：

(1) 在分离变量时，我们假设 $g(y)\neq 0$，但这样可能失去 $g(y)=0$ 的解，即若 $y=y_0$ 为方程 $g(y)=0$ 的根，则显然函数 $y=y_0$ 也为 $\frac{\mathrm{d}y}{\mathrm{d}x}=f(x)g(y)$ 的解．

(2) 在等式两端取积分时，都是对同一个变量取积分，但在式

$$\int\frac{\mathrm{d}y}{g(y)}=\int f(x)\mathrm{d}x$$

中，左端为对变量 y 的积分，右端为对变量 x 的积分，这是因为

$$\int\frac{\mathrm{d}y}{g(y)}=\int\frac{1}{g(y)}\frac{\mathrm{d}y}{\mathrm{d}x}\cdot\mathrm{d}x=\int f(x)\mathrm{d}x.$$

可分离变量的微分方程也可以写成下面的形式：

$$M_1(x)M_2(y)\mathrm{d}x + N_1(x)N_2(y)\mathrm{d}y = 0.$$

将方程变形为$\frac{N_2(y)}{M_2(y)}\mathrm{d}y = -\frac{M_1(x)}{N_1(x)}\mathrm{d}x$,则方程化为可分离变量的微分方程.

例 7.2.1 求解 Malthus 方程$\frac{\mathrm{d}P}{\mathrm{d}t} = rP$.

解:分离变量得

$$\frac{\mathrm{d}P}{P} = r\mathrm{d}t,$$

两边积分得

$$\int \frac{\mathrm{d}P}{P} = \int r\mathrm{d}t,$$

求不定积分得

$$\ln|P| = rt + C_1,$$

于是

$$|P| = \mathrm{e}^{rt+C_1}.$$

若记 $C = \pm \mathrm{e}^{C_1}$,则 $P = C\mathrm{e}^{rt}$. 显然,$P = 0$ 是方程的解,因此 C 可以是包括零的任意常数,故这就是方程的通解.

例 7.2.2 一小艇以指向正北的速度 v_0 朝河对岸方向驶去,两岸间距离为 l,水流速度与其位置到两岸的距离的乘积称正比,比例系数为 k,试求小艇到达对岸时的位置.

解:以小艇出发点为原点,水流方向为 x 轴正方向建立坐标系,如图 7-2-1 所示. 设 t 时刻小艇位于 $M(x,y)$,则其轨迹参数方程为

$$x = x(t), \quad y = y(t).$$

由题设可知

$$x'(t) = ky(l-y), y'(t) = v_0,$$

从而可知

$$\frac{\mathrm{d}y}{\mathrm{d}x} = \frac{v_0}{ky(l-y)}.$$

显然,此方程可分离变量,则有

$$(ly - y^2)\mathrm{d}y = \frac{v_0}{k}\mathrm{d}x.$$

两边积分后得通解为

$$\frac{1}{2}y^2 - \frac{1}{3}y^3 = \frac{v_0}{k}x + C,$$

由$y|_{x=0} = 0$ 可知,$C = 0$,则小艇轨迹为

$$x = \frac{v_0}{k}(\frac{1}{2}y^2 - \frac{1}{3}y^3).$$

当 $y = l$ 时,$x = \frac{kl^3}{6v_0}$,即小艇到达对岸时,位置与出发位置间的水平距离为$\frac{kl^3}{6v_0}$.

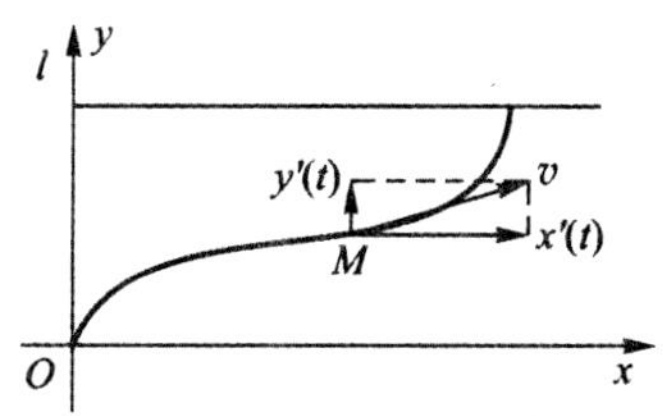

图 7-2-1

例 7.2.3　求解方程

$$\frac{\mathrm{d}y}{\mathrm{d}x}=1+x+y^2+xy^2.$$

解:将原方程变形为

$$\frac{\mathrm{d}y}{\mathrm{d}x}=(1+x)(1+y^2).$$

分离变量,可得

$$\frac{\mathrm{d}y}{1+y^2}=(1+x)\mathrm{d}x.$$

两边积分,得到

$$\arctan y=\frac{1}{2}(1+x)^2+C_1,$$

即

$$y=\tan\left(x+\frac{1}{2}x^2+C\right),$$

这里,$C=C_1+\frac{1}{2}$ 是任意常数.

例 7.2.4　解微分方程 $y'=\frac{1+y^2}{xy(1+x^2)}$ 的通解,以及满足 $y(1)=2$ 的特解.

解:分离变量可得

$$\frac{y\mathrm{d}y}{(1+y^2)}=\frac{\mathrm{d}x}{x(1+x^2)},$$

两边积分可得

$$\frac{1}{2}\ln(1+y^2)=\ln|x|-\frac{1}{2}\ln(1+x^2)+\frac{1}{2}\ln|C|.$$

方程通解为

$$1+y^2=\frac{Cx^2}{1+x^2}.$$

将 $y(1)=2$ 代入通解可得 $C=10$. 因此所求特解满足

$$1+y^2=\frac{10x^2}{1+x^2},$$

则可解出符合给定条件的特解为

$$y=\sqrt{\frac{9x^2-1}{x^2+1}}.$$

7.2.2 齐次微分方程

定义 7.2.2 形如

$$\frac{\mathrm{d}y}{\mathrm{d}x}=f\left(\frac{y}{x}\right) \tag{7-2-2}$$

的微分方程，称为齐次微分方程．

齐次微分方程的特点是：微分方程的右端为齐次函数（齐次函数是指：若 $F(tx,ty)=t^nF(x,y)$，这里 t 为任意实数，则称 $F(x,y)$ 为齐次函数）．例如，$\frac{\mathrm{d}y}{\mathrm{d}x}=\frac{y^2}{xy-x^2}$ 为齐次微分方程．

在齐次微分方程 $\frac{\mathrm{d}y}{\mathrm{d}x}=f\left(\frac{y}{x}\right)$ 中，引进新的未知函数 $u=\frac{y}{x}$，即 $y=ux$，两边同时求导，得

$$\frac{\mathrm{d}y}{\mathrm{d}x}=x\frac{\mathrm{d}u}{\mathrm{d}x}+u$$

将其代入齐次微分方程，得可分离变量的微分方程

$$x\frac{\mathrm{d}u}{\mathrm{d}x}=f(u)-u$$

即

$$\frac{\mathrm{d}u}{f(u)-u}=\frac{\mathrm{d}x}{x}.$$

两边积分后得通解为

$$\int\frac{\mathrm{d}u}{f(u)-u}=\ln x-\ln C \quad \text{或} \quad x=C\mathrm{e}^{\int\frac{\mathrm{d}u}{f(u)-u}},$$

其中，C 为任意常数．求出积分 $\int\frac{\mathrm{d}u}{f(u)-u}$ 后，将 u 还原为 $\frac{y}{x}$ 代入上式就得到齐次微分方程的通解．

例 7.2.5 求微分方程 $\frac{\mathrm{d}y}{\mathrm{d}x}=\frac{y^2}{xy-x^2}$ 的通解．

解：原方程可写为

$$\frac{\mathrm{d}y}{\mathrm{d}x}=\frac{\left(\frac{y}{x}\right)^2}{\frac{y}{x}-1}$$

它是齐次微分方程．令 $u=\frac{x}{y}$，代入上式得

$$x\frac{\mathrm{d}u}{\mathrm{d}x}+u=\frac{u^2}{u-1}$$

即 $\frac{\mathrm{d}u}{\mathrm{d}x}=\frac{u}{x(u-1)}$，分离变量后得

$$\frac{u-1}{u}\mathrm{d}u=\frac{\mathrm{d}x}{x}$$

两边积分后得

$$\int \frac{u-1}{u}\mathrm{d}u = \int \frac{\mathrm{d}x}{x}$$

解得

$$u - \ln u = \ln x + C_1 \quad 或 \quad u = \ln(xu) + C_1,$$

即

$$xu = \mathrm{e}^{u-C_1} = C\mathrm{e}^{u}$$

其中 $C = \mathrm{e}^{-C_1}$. 将 $u = \frac{y}{x}$,即 $y = xu$ 代入上式,得原微分方程的通解为 $y = C\mathrm{e}^{\frac{y}{x}}$.

例 7.2.6　解微分方程 $x\frac{\mathrm{d}y}{\mathrm{d}x} = \frac{3y(2x^2+y^2)}{3x^2+2y^2}$.

解:原方程可写为

$$\frac{\mathrm{d}y}{\mathrm{d}x} = 3\,\frac{y}{x}\cdot\frac{2+\left(\frac{y}{x}\right)^2}{3+2\left(\frac{y}{x}\right)^2}.$$

因此为齐次方程. 设 $u = \frac{y}{x}$,从而

$$x\frac{\mathrm{d}u}{\mathrm{d}x} + u = \frac{3u(2+u^2)}{3+2u^2},$$

即有

$$x\frac{\mathrm{d}u}{\mathrm{d}x} = \frac{u(3+u^2)}{3+2u^2}.$$

当 $u \neq 0$ 时,分离变量得

$$\left(\frac{1}{u} + \frac{u}{3+u^2}\right)\mathrm{d}u = \frac{\mathrm{d}x}{x}.$$

求积分可得通解

$$\ln|u| + \frac{1}{2}\ln(3+u^2) = \ln|x| + \ln|C|,$$

即

$$u\sqrt{3+u^2} = Cx,$$

其中 C 为任意非零常数. 在上式中若允许 $C = 0$,则包含特解 $u = 0$. 因此方程的全部解可表示为

$$u\sqrt{3+u^2} = Cx,$$

即有

$$y\sqrt{3x^2+y^2} = Cx^3,$$

其中 C 为任意常数.

例 7.2.7　田野上有四头猎犬分别在距训犬人距离为 a 的东南西北处开始追逐,每头猎犬均以同样速度追向其左上侧的猎犬,试求初始位置在东南的猎犬的运动路线.

解:以训犬人位置为原点,正东、正北方向分别为 x、y 轴方向,如图 7-2-2 所示. 则东面猎犬初始位置在$(a,0)$,设其运动曲线为 $y = y(x)$,则在曲线上的点 $P(x,y)$ 满足以下关系

$$\frac{\mathrm{d}y}{\mathrm{d}x} = -\tan\alpha = -\frac{QN}{NP},$$

由于猎犬运动路线具有对称性,则有

$$QN = x - y, \quad NP = x + y,$$

从而导出方程

$$\frac{dy}{dx} = \frac{y - x}{x + y},$$

即

$$\frac{dy}{dx} = \frac{\frac{y}{x} - 1}{\frac{y}{x} + 1},$$

令 $u = \frac{y}{x}$,代入上式得分离变量方程

$$x\frac{du}{dx} + u = \frac{u - 1}{u + 1},$$

从而

$$-\frac{(u + 1)du}{u^2 + 1} = \frac{dx}{x},$$

两边积分后得

$$-\arctan u - \frac{1}{2}\ln(1 + u^2) = \ln(Cx),$$

即

$$-\arctan\frac{y}{x} = \frac{1}{2}\ln(C_1(y^2 + x^2)),$$

由 $y(a) = 0$ 可知,$C_1 = a^{-2}$,于是所求路线为

$$-\arctan\frac{y}{x} = \frac{1}{2}\ln\left(\frac{y^2 + x^2}{a^2}\right),$$

若写为极坐标形式,则为 $r = ae^{-\theta}$.

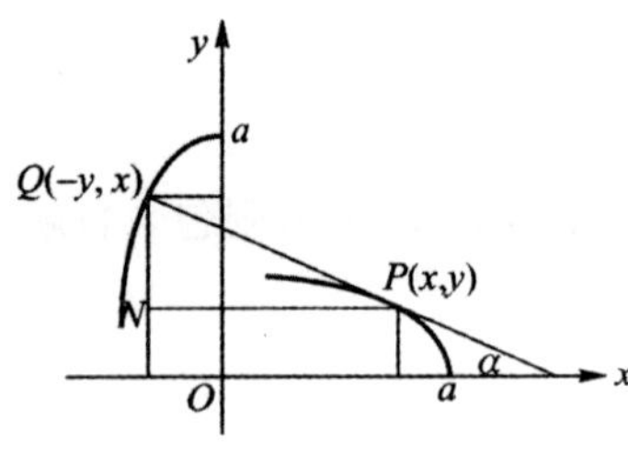

图 7-2-2

7.2.3 一阶线性微分方程

定义 7.2.3 一阶线性微分方程的一般形式为

$$\frac{dy}{dx} + p(x)y = q(x) \tag{7-2-3}$$

其中 $p(x)$,$q(x)$ 为已知函数,$q(x)$ 称为微分方程的非齐次项.

若 $q(x)\neq 0$,则称方程$\frac{dy}{dx}+p(x)y=q(x)$ 为一阶非齐次线性微分方程.

若 $q(x)=0$,则称方程$\frac{dy}{dx}+p(x)y=q(x)$ 可化为

$$\frac{dy}{dx}+p(x)y=0 \tag{7-2-4}$$

称方程(7-2-4) 为一阶齐次线性微分方程.

线面分别给出齐次与非齐次线性微分方程的解法.

对齐次线性微分方程$\frac{dy}{dx}+p(x)y=0$,分离变量得

$$\frac{dy}{y}=-p(x)dx,$$

两边积分后得

$$\ln|y|=-\int p(x)dx+C_1$$

其中,C_1 为任意常数. 则齐次线性微分方程的通解为

$$y=Ce^{-\int p(x)dx}\quad (C=\pm e^{C_1}). \tag{7-2-5}$$

再求解非其次线性微分方程$\frac{dy}{dx}+p(x)y=0$. 由于方程(7-2-3) 与(7-2-4) 是对应的齐次方程,因此两个方程的解必存在着内在的联系. 将方程(7-2-3) 变形为

$$\frac{dy}{dx}=q(x)-p(x)y,\frac{dy}{y}=\left[\frac{q(x)}{y}-p(x)\right]dx,$$

两边积分后得

$$y=(\pm e^{-\int\frac{q(x)}{y}dx})e^{-\int p(x)dx}.$$

注意到 $\pm e^{\int\frac{q(x)}{y}dx}$ 为 x 的函数,因而我们猜想方程(7-2-3) 的解应为如下形式

$$y=u(x)e^{-\int p(x)dx}. \tag{7-2-6}$$

即把式(7-2-5) 的任意常数 C 视为待定系数 $u(x)$. 将式(7-2-6) 代入方程(7-2-3),得到

$$\frac{d}{dx}(ue^{-\int p(x)dx})+p(x)ue^{-\int p(x)dx}=q(x),$$

整理化简,得

$$\frac{du}{dx}=q(x)e^{\int p(x)dx}.$$

于是

$$u=\int q(x)e^{\int p(x)dx}dx+C,$$

再将上式代入方程(7-2-6),便得一阶线性微分方程(7-2-3) 的通解,即

$$y=e^{-\int p(x)dx}\left[\int q(x)e^{\int p(x)dx}dx+C\right].$$

上式中,$-\int p(x)dx$ 与$\int q(x)e^{\int p(x)dx}dx$ 分别理解为不含任意常数的某一个原函数.

这种借助对应线性齐次微分方程的通解,常数易作变数(待定系数) 求线性非齐次方程解的方法称为常数便意法,以后我们还将多次用到.

注意观察这个通解公式，它说明了一阶线性方程解的结构，是一个特解 $e^{-\int p(x)dx}\int q(x)e^{\int p(x)dx}dx$ 与对应的线性齐次方程的通解 $e^{-\int p(x)dx}C$ 之和.

伯努利方程是我们在实际应用中经常遇到的一类型方程，这类方程可以转化为线性方程来求解.

定义 7.2.4 形如

$$y' + P(x)y = Q(x)y^{\alpha} \quad (\alpha \neq 0,1)$$

的微分方程称为伯努利方程.

伯努利方程可以通过变量代换化为一阶线性微分方程来解．令 $z = y^{1-\alpha}$，则 $z' = (1-\alpha)y^{-\alpha}y'$，将 $y' = \frac{1}{1-\alpha}y^{\alpha}z'$ 代入方程得到

$$\frac{1}{1-\alpha}y^{\alpha}z' + P(x)y = Q(x)y^{\alpha},$$

即

$$z' + (1-\alpha)P(x)z = (1-\alpha)Q(x),$$

这是一阶线性方程，求出 z 后再转换到 y，就得到原方程的解.

最后，我们来介绍一阶线性非齐次微分方程解的一个重要性质及其通解的结构.

一阶线性微分方程解的最重要的性质是所谓叠加性质，即有如下定理.

定理 7.2.1 若 $y_1(x)$ 与 $y_2(x)$ 是一阶齐次线性微分方程 $y' + P(x)y = 0$ 的两个解，C_1 与 C_2 是两个常数，则 $y(x) = C_1y_1(x) + C_2y_2(x)$ 必然也是一阶线性齐次微分方程的一个解.

定理 7.2.2 若 $y_1(x)$ 与 $y_2(x)$ 分别是一阶非齐次线性微分方程 $y' + P(x)y = f_1(x)$ 与 $y' + P(x)y = f_2(x)$ 的解，C_1 与 C_2 是两个常数，则 $y(x) = C_1y_1(x) + C_2y_2(x)$ 必然是一阶非齐次线性微分方程 $y' + P(x)y = C_1f_1(x) + C_2f_2(x)$ 的一个解.

直接计算 $y(x) = C_1y_1(x) + C_2y_2(x)$ 的导函数，并代入方程验算即可证明这两个定理，具体证明过程从略.

从一阶线性非齐次微分方程的通解公式知，它的通解由两部分相加而成，其中

$$y_c = Ce^{-\int P(x)dx} \tag{7-2-7}$$

是对应的齐次方程的通解，而

$$y^* = e^{-\int P(x)dx}\int Q(x)e^{\int P(x)dx}dx \tag{7-2-8}$$

是非齐次方程的一个特解，从而一阶线性非齐次微分方程的通解公式又可写成

$$y = y_c + y^*. \tag{7-2-9}$$

一阶线性非齐次微分方程通解的这种结构是所有线性非齐次微分方程的共性，在二阶线性非齐次微分方程的求解中还要进一步讨论.

例 7.2.8 求解方程 $y' + \frac{1}{x}y - \frac{\sin x}{x} = 0$.

解：令 $p(x) = \frac{1}{x}$，$q(x) = \frac{\sin x}{x}$，积分后得

$$\int p(x)dx = \int \frac{dx}{x} = \ln x$$

从而方程的解为

$$y=e^{-\ln x}\left(\int\frac{\sin x}{x}e^{\ln x}dx+C\right)=x^{-1}\left(\int\sin x dx+C\right)=\frac{1}{x}(-\cos x+C).$$

在求解这类方程时，可以用公式，用时宜先求出函数$\int p(x)dx$，当然也可以用常数变易法．

例 7.2.9　解微分方程 $ydx+(x-y^3)dy=0\quad(y>0)$.

解：将上式改写为如下线性微分方程形式

$$\frac{dx}{dy}+\frac{x-y^3}{y}=0,$$

即

$$\frac{dx}{dy}+\frac{1}{y}x=y^2,$$

上式中将 x 看作 y 的函数．令 $p(y)=\frac{1}{y}$，$q(y)=y^2$，将其代入一阶线性微分方程通解公式，得

$$x=e^{-\int p(y)dy}\left[\int q(y)e^{\int p(y)dy}dy+C_1\right]=\frac{1}{y}\left(\frac{1}{4}y^4+C_1\right)=\frac{1}{4}y^3+\frac{C_1}{y}$$

或 $4xy=y^4+C$（C 为任意常数，$C=4C_1$）．这就是所给方程的通解．

在这小节的最后我们介绍 Bernoulli 方程，这类方程可化为一阶线性方程．

Bernoulli 方程的形式为

$$y'+p(x)y=q(x)y^{\alpha}\quad(\alpha\neq0,1).$$

令 $z=y^{1-\alpha}$，则 $z'=(1-\alpha)y^{-\alpha}y'$，将 $y'=\frac{1}{1-\alpha}y^{\alpha}z'$ 代入方程得到

$$\frac{1}{1-\alpha}y^{\alpha}z'+p(x)y=q(x)y^{\alpha}$$

这是一阶线性方程

$$z'+(1-\alpha)p(x)z=(1-\alpha)q(x)$$

求出 z 后再转换到 y，就得到原方程的解．

例 7.2.10　求解方程 $y'-2xy-2x^3y^2=0$.

解：令 $z=y^{-1}(y\neq0)$，则方程可转化为

$$z'+2xz=-2x^3$$

由于$\int 2xdx=x^2$，因此

$$z=e^{-x^2}\left(-\int 2x^3e^{x^2}dx+C\right)=e^{-x^2}(C-x^2e^{x^2}+e^{x^2})$$

从而原方程的解为

$$y=\frac{1}{Ce^{-x^2}-x^2+1}$$

另外注意，$y=0$ 也是原方程的解．

例 7.2.11　求微分方程$\frac{dy}{dx}-\frac{2y}{x+1}=(x+1)^{\frac{5}{2}}$ 的通解．

解：原方程为一个非齐次线性方程，先求其对应的齐次方程的通解

$$\frac{dy}{dx}-\frac{2y}{x+1}=0,$$

即有

$$\frac{dy}{y}=\frac{2dx}{x+1},$$

两边积分,可得

$$\ln y=2\ln(x+1)+\ln C,$$

因此

$$y=C(x+1)^2.$$

利用常数变易法,把 C 换成 $C(x)$,则有

$$y=C(x)(x+1)^2, \tag{7-4-10}$$

$$\frac{dy}{dx}=C'(x)(x+1)^2+2C(x)(x+1),$$

代入所给非齐次方程,可得

$$C'(x)=(x+1)^{\frac{1}{2}},$$

两边积分,可得

$$C(x)=\frac{2}{3}(x+1)^{\frac{3}{2}}+\widetilde{C},$$

把上式代入,从而得所求的通解为

$$y=(x+1)^2\left[\frac{2}{3}(x+1)^{\frac{3}{2}}+\widetilde{C}\right],$$

其中 $\widetilde{C}$ 为任意常数.

例 7.2.12 求方程

$$\frac{dy}{dx}+\frac{1}{x}y=\frac{\sin x}{x}$$

的通解.

解:对应的齐次方程为

$$\frac{dy}{dx}+\frac{1}{x}y=0.$$

分离变量

$$\frac{dy}{y}=-\frac{1}{x}dx.$$

积分可得

$$\ln y=-\ln x+\ln C,$$

即

$$y=\frac{C}{x}$$

为齐次方程的通解.设非齐次方程的通解为

$$y=\frac{C(x)}{x}.$$

将其代入非齐次方程,可得

$$\frac{xC'(x)-C(x)}{x^2}+\frac{C(x)}{x^2}=\frac{\sin x}{x},$$

即

$$C'(x) = \sin x.$$

积分后可得

$$C(x) = -\cos x + \tilde{C},$$

从而

$$y = \frac{1}{x}(-\cos x + \tilde{C})$$

为非齐次方程的通解，其中$\tilde{C}$为任意常数．

例 7.2.13　求解方程$\dfrac{\mathrm{d}y}{\mathrm{d}x} = \dfrac{4y}{x} + x\sqrt{y}$.

解:这是伯努利方程，此处 $\alpha = \dfrac{1}{2}$. 当 $y \neq 0$ 时，把此方程改写为

$$\frac{1}{\sqrt{y}}\frac{\mathrm{d}y}{\mathrm{d}x} = \frac{4}{x}\sqrt{y} + x. \tag{7-4-11}$$

令 $z = \sqrt{y}$，则$\dfrac{\mathrm{d}z}{\mathrm{d}x} = \dfrac{1}{2\sqrt{y}}\dfrac{\mathrm{d}y}{\mathrm{d}x}$，代入(7-4-11) 得到

$$\frac{\mathrm{d}z}{\mathrm{d}x} = \frac{2}{x}z + \frac{1}{2}x.$$

这是一阶线性方程，可求得它的通解为

$$z = x^2\left(\frac{1}{2}\ln|x| + C\right).$$

把 $z = \sqrt{y}$ 代入上式，并平方之，便得到原方程的通解为

$$y = x^4\left(\frac{1}{2}\ln|x| + C\right)^2,$$

其中，C 是任意常数．另外，$y = 0$ 也是原方程的解．

7.3　二阶线性微分方程解的结构

n 阶线性常微分方程是常微分方程中应用广泛而且结构明晰的一类方程，在前面的小节我们讨论了一阶线性常微分方程的解法，事实上，一阶线性常微分方程只是线性常微分方程的一种基本形式．在这里我们接着讨论二阶线性方程的解，其主要结论和方法可类似地推广到 n 阶线性方程的情形．n 阶线性常微分方程的一般形式是

$$y^{(n)} + p_1(x)y^{(n-1)} + p_2(x)y^{(n-2)} + \cdots + p_n(x)y = f(x), \tag{7-3-1}$$

其中，方程右边的函数 $f(x)$称为自由项．特别地，二阶线性方程的一般形式是

$$y'' + p(x)y' + q(x)y = f(x). \tag{7-3-2}$$

当方程 (7-3-2) 的自由项 $f(x) \equiv 0$ 时，有

$$y'' + p(x)y' + q(x)y = 0, \tag{7-3-3}$$

我们称上式为二阶线性齐次微分方程，并称其为对应于(7-3-2) 的齐次方程；当 $f(x)$不恒等于 0 时，我们称(7-3-2) 为二阶线性非齐次微分方程．为了保证方程中的解存在，我们假设自由项

$f(x)$及其中的系数在方程所讨论的区间 I 上连续，即(7-3-2) 中的 $p(x)$，$q(x)$及 $f(x)$在方程所讨论的区间 I 上连续．

7.3.1　二阶线性齐次微分方程解的结构

二阶线性齐次方程的标准形式为

$$y''+p(x)y'+q(x)y=0 \tag{7-3-4}$$

其中 $p(x)$，$q(x)$ 为连续函数．

首先我们介绍函数线性相关的概念：设 $y_1(x)$，$y_2(x)$ 是定义在区间 I 内的两个函数，如存在不全为零的常数 k_1，k_2，使得在区间 I 内恒有

$$k_1y_1(x)+k_2y_2(x)\equiv 0,$$

则称这两个函数在区间 I 内线性相关，否则称为线性无关．

容易看出，$y_1(x)$，$y_2(x)$ 线性相关的充分必要条件是其中一个是另一个的常数倍．

下面不加证明地给出二阶线性微分齐次方程解的结构定理．

定理 7.3.1　若 $y_1(x)$，$y_2(x)$ 是方程 $y''+p(x)y'+q(x)y=0$ 的两个线性无关的解(称它们为方程的基本解组)，那么其通解为

$$y=C_1y_1(x)+C_2y_2(x)\quad (C_1,C_2\text{ 为任意常数}).$$

例如，方程 $y''-2y'+y=0$ 是二阶齐次线性微分方程，容易验证，$y_1(x)=\mathrm{e}^x$ 和 $y_2(x)=x\mathrm{e}^x$ 是方程的两个解，且$\dfrac{y_2(x)}{y_1(x)}=x\neq$ 常数，因此 $y_1(x)$ 与 $y_2(x)$ 线性无关，则方程 $y''-2y'+y=0$ 的通解为

$$y=C_1\mathrm{e}^x+C_2x\mathrm{e}^x.$$

定理 7.3.1 告诉我们，求解二阶线性齐次方程，关键是求出方程的两个线性无关的解，即基本解组．

上面的定理给出了二阶线性微分齐次方程的通解的求解，那么如何求方程两个线性无关的特解呢?如果我们知道一个非零特解 $y_1(x)$，那么便可利用下面的公式求出与之线性无关的另一个特解 $y_2(x)$.

定理 7.3.2(Liouville **公式**)　设 $y_1(x)$ 是方程(7-3-4) 的非零解，那么

$$y_2(x)=y_1\int\frac{1}{y_1^2}\mathrm{e}^{-\int p(x)\mathrm{d}x}\mathrm{d}x$$

是方程的与 $y_1(x)$ 线性无关的解．

证明：设 $y_2(x)=c(x)y_1(x)$ 是方程(7-3-4) 的解，则

$$y_2'=cy_1'+c'y_1,\ y_2''=cy_1''+2c'y_1'+c''y_1$$

代入方程有

$$y_1c''+(2y_1'+py_1)c'+(y_1''+py_1'+qy_1)c=0$$

由于 y_1 是方程(7-3-4) 的解，从而导出

$$\frac{\mathrm{d}c'}{\mathrm{d}x}=-\frac{2y_1'+py_1}{y_1}c'$$

这是个可分离变量方程，易求出解为

$$c'=\mathrm{e}^{-\int\left(\frac{2y_1'}{y_1}+p\right)\mathrm{d}x+C}=\mathrm{e}^{-2\ln|y_1|-\int p\mathrm{d}x+C}=C_1y_1^{-2}\mathrm{e}^{-\int p\mathrm{d}x}$$

取常数 $C_1=1$，再积分就有

$$c(x)=\int\frac{1}{y_1^2}e^{-\int p(x)dx}dx.$$

这样我们就得到了特解

$$y_2(x)=c(x)y_1=y_1\int\frac{1}{y_1^2}e^{-\int p(x)dx}dx.$$

由 $c'(x)$ 的表达式可知其不恒等于 0，从而 $c(x)$ 非常数，因此 $y_2(x)$ 与 $y_1(x)$ 线性无关．

这个公式的证明又采用了常数变易法：$y_1(x)$ 是方程的解从而其常数倍也是解，将常数易作待定函数 $c(x)$，通过代入方程确定 $c(x)$ 从而求出另一个与 $y_1(x)$ 无关的解．

现在求方程(7-3-4) 的解归结为求出一个非零特解，如何求出这一个解呢？对一些形式较简单的方程常常使用观察法来找出特解，即考虑一些简单的基本初等函数，例如 x^m，e^{mx}，$\sin x$，$\cos x$ 等是否方程解．

例 7.3.1 验证 $y_1(x)=\sin x$，$y_2(x)=\cos x$ 是微分方程 $y''+y=0$ 的解，并写出该方程的通解．

解：原方程是二阶其次线性方程．直接计算可知 $y_1(x)$、$y_2(x)$ 是该方程的解．由于

$$\frac{y_1(x)}{y_2(x)}=\tan x\neq C\quad(C\text{ 为常数}),$$

因此原方程通解为 $y=C_1\sin x+C_2\cos x$.

例 7.3.2 验证 $y_1(x)=x$，$y_2(x)=e^x$ 是微分方程

$$(x-1)y''-xy'+y=0$$

的解，并求出该方程满足初始条件 $y(0)=4$，$y'(0)=1$ 的特解．

解：原方程等价于二阶线性齐次方程

$$y''-\frac{x}{(x-1)}y'+\frac{1}{(x-1)}y=0.$$

把 $y_1(x)=x$，$y_1'(x)=1$，$y_1''(x)=0$ 代入上式，有

$$y_1''(1)-\frac{x}{(x-1)}y_1'(x)+\frac{1}{(x-1)}y_1(x)=0-\frac{x}{(x-1)}+\frac{1}{(x-1)}=0,$$

所以 $y_1(x)=x$ 是原方程的一个解，同理可以验证 $y_2(x)=e^x$ 也是原方程的一个解．

为了求出原方程满足初始条件的特解，先求出原方程的通解，注意到

$$\frac{y_1(x)}{y_2(x)}=\frac{x}{e^x}\neq C,$$

由定理 7.3.1 可得原方程的通解为

$$y=C_1x+C_2e^x.$$

将 $y(0)=4$ 代入上式可得 $C_2=4$，又因为 $y'=C_1+C_2e^x$，将 $y'(0)=1$ 代入可得 $C_1=-3$. 于是原方程满足初始条件的特解为

$$y=-3x+4e^x$$

7.3.2 二阶线性非齐次微分方程解的结构

在了解了二阶线性齐次常微分方程解的结构的基础上，我们接着来讨论二阶线性非齐次常微分方程解的结构．我们已经知道，一阶线性非齐次方程的通解可分解为两部分，其中一部分是

对应的一阶线性齐次方程的通解，另一部分是一阶线性非齐次方程的一个特解．这个结论对于二阶线性方程同样适用，我们有如下定理．

二阶非齐次方程的标准形式为

$$y''+p(x)y'+q(x)y=f(x) \tag{7-3-5}$$

其中 $p(x),q(x)$ 为连续函数．

下面给出非齐次线性方程组通解的结构定理．

定理 7.3.3 若 $y_1(x)$ 与 $y_2(x)$ 是齐次方程的两个线性无关解，$y^*(x)$ 是非齐次方程的一个特解，则

$$y=C_1y_1(x)+C_2y_2(x)+y^*(x)$$

是非齐次方程的通解．

证明：首先证明形如 $C_1y_1(x)+C_2y_2(x)+y^*(x)$ 的方程是解．

由 $y_1(x),y_2(x)$ 是方程齐次方程的解，依叠加原理知 $\bar{y}=C_1y_1(x)+C_2y_2(x)$ 也是方程齐次方程的解，又因 $y^*(x)$ 是方程二阶非齐次方程的解，仍依叠加原理知 $y^*+\bar{y}$ 是方程

$$y''+p(x)y'+q(x)y=f(x)+0$$

的解，也就是非齐次方程的解．

其次证明方程二阶非齐次方程的任一解 $\hat{y}$ 必定可以表为通解 $y=y^*(x)+C_1y_1(x)+C_2y_2(x)$ 的形式．由于叠加原理，$\hat{y}-y^*$ 是方程

$$y''+p(x)y'+q(x)y=f(x)-f(x)$$

的解．依定理 7.3.1，可以表示为

$$\hat{y}-y^*=\hat{C}_1y_1+\hat{C}_2y_2 \quad (\hat{C}_1,\hat{C}_2 \text{ 是常数})$$

从而

$$\hat{y}=y^*+\hat{C}_1y_1+\hat{C}_2y_2$$

这样就证明了定理的结论．

定理 7.3.4(非齐次线性微分方程解的叠加原理) 设 $y_1^*(x),y_2^*(x)$ 分别是方程

$$y''+p(x)y'+q(x)y=f_1(x),\ y''+p(x)y'+q(x)y=f_2(x)$$

的特解，则 $y_1^*(x)+y_2^*(x)$ 是方程

$$y''+p(x)y'+q(x)y=f_1(x)+f_2(x)$$

的特解．

例 7.3.3 验证 $y^*(x)=-x$ 是方程 $y''-y=x$ 的一个特解，$y_1=e^x,y_2=e^{-x}$ 是对应的齐次线性微分方程的两个解，并写出非齐次线性微分方程的通解．

解：将 $y^*(x)=-x$ 和 $y_1=e^x,y_2=e^{-x}$ 分别代入原方程和对应的齐次线性微分方程，不难验证．

因 $y_1=e^x$ 与 $y_2=e^{-x}$ 线性无关，故 $C_1e^x+C_2e^{-x}$ 为对应的齐次线性微分方程的通解，因此非齐次线性微分方程的通解为

$$y=C_1e^x+C_2e^{-x}-x.$$

二阶线性微分方程的解的结构的理论可以推广到 n 阶线性齐次微分方程

$$y^{(n)}+p_1(x)y^{(n-1)}+\cdots+p_{n-1}(x)y'+p_n(x)y=0 \tag{7-3-6}$$

和非线性齐次微分方程

$$y^{(n)}+p_1(x)y^{(n-1)}+\cdots+p_{n-1}(x)y'+p_n(x)y=f(x). \tag{7-3-7}$$

有关这两种方程解的机构的结论与二阶方程的情况是完全类似的．

若函数 $y_1(x),y_2(x),\cdots,y_n(x)$，存在不全为零的常熟 $k_1,k_2,\cdots,k_n$，使得

$$k_1y_1(x)+k_2y_2(x)+\cdots+k_ny_n(x)\equiv 0$$

则称函数 $y_1(x),y_2(x),\cdots,y_n(x)$ 线性相关，否则称函数 $y_1(x),y_2(x),\cdots,y_n(x)$ 线性无关．

定理 7.3.5　若 $y_1(x),y_2(x),\cdots,y_n(x)$ 为 n 阶线性齐次微分方程(7-3-6)的线性无关的解(称为方程的基本解组)，那么通解

$$y=C_1y_1(x)+C_2y_2(x)+\cdots+C_ny_n(x)\quad (C_1,C_2,\cdots,C_n \text{ 是任意常数})$$

给出了此方程的所有解．

定理 7.3.6　若 $y^*(x)$ 是 n 阶非线性齐次微分方程(7-3-7)的特解，而 $y_1(x),y_2(x),\cdots,y_n(x)$ 为对应齐次式(7-3-6)的基本解组，那么

$$y=y^*(x)+C_1y_1(x)+C_2y_2(x)+\cdots+C_ny_n(x)\quad (C_1,C_2,\cdots,C_n \text{ 是任意常数})$$

给出了此非齐次方程的所有解．

例 7.3.4　验证 $y^*(x)=-x$ 是方程 $y''-y=x$ 的一个特解，$y_1=e^x,y_2=e^{-x}$ 是对应的齐次线性微分方程的的两个解，并写出非齐次线性微分方程的通解．

解：将 $y^*(x)=-x$ 和 $y_1=e^x,y_2=e^{-x}$ 分别代入原方程和对应的齐次线性微分方程，不难验证题设结论．

由于 $y_1=e^x$ 与 $y_2=e^{-x}$ 线性无关，因此 $C_1e^x+C_2e^{-x}$ 为对应的齐次线性微分方程的通解，因此非齐次线性微分方程的通解为

$$y=C_1e^x+C_2e^{-x}-x.$$

例 7.3.5　已知微分方程

$$y''+p(x)y'+q(x)y=f(x)$$

有三个解 $y_1(x)=x,y_2(x)=e^x,y_3(x)=e^{2x}$. 求该方程满足初始条件 $y(0)=1,y'(0)=3$ 的特解．

解：容易验证，y_2-y_1,y_3-y_1 是对应的线性齐次微分方程的解，因为

$$\frac{y_2-y_1}{y_3-y_1}=\frac{e^x-x}{e^{2x}-x}\neq C(\text{常数}),$$

则 y_2-y_1,y_3-y_1 是线性无关的，于是由定理 7.3.3 可知原方程的通解为

$$y=C_1(e^x-x)+C_2(e^{2x}-x)+x.$$

进而得

$$y'=C_1e^x+2C_2e^{2x}-C_1-C_2+1.$$

分别代入上式初始条件 $y(0)=1,y'(0)=3$，得 $C_1=-1,C_2=2$，故所求特解为

$$y'=2e^{2x}-e^x.$$

7.4　二阶常系数微分方程

从上一节我们了解到线性微分方程解的结构，求解的问题归结为求齐次方程基本解组和非齐次方程的一个特解，而后者又可以用常数变易法由前者得到，因此重要的问题在于如何求基本解组．一般而言，线性微分方程的基本解组并不易求出，但当线性方程的系数是常数时，问题就

变得简单了．

7.4.1 二阶常系数线性齐次微分方程

设给定二阶常系数齐次线性方程为

$$y'' + py' + qy = 0 \tag{7-4-1}$$

其中 p,q 是常数．

由解的结构定理可知，求给定二阶常系数齐次线性方程的通解归结为求它的两个线性无关的特解．什么样的函数 y 有可能成为它的特解呢？由于 $y''y''$，y'，y 各乘上常数因子后相加和为零，即 y 和它的导数 y''，y' 之间只相差常数因子，而指数函数 $y = \mathrm{e}^{\lambda x}$ 满足二阶常系数齐次线性方程．由 $y = \mathrm{e}^{\lambda x}$ 求 y' 和 y''，并将 y，y'，y'' 代入给定二阶常系数齐次线性方程中，有 $(\lambda^2 + a\lambda + b)\mathrm{e}^{\lambda x} = 0$，即有 $\lambda^2 + a\lambda + b = 0$．称此式为二阶常系数齐次线性方程的特征方程，显然 $y = \mathrm{e}^{\lambda x}$ 是它的特解的充分必要条件就是 λ 为 $\lambda^2 + a\lambda + b = 0$ 的根．下面根据特征根的不同情况，来求方程的通解．

设 $\Delta = a^2 - 4b$，C_1，C_2 是独立的任意常数，则有

(1) 当 $\Delta > 0$ 时，方程有两个相异实根 λ_1，λ_2，此时方程有两个特解

$$y_1 = \mathrm{e}^{\lambda_1 x}, y_2 = \mathrm{e}^{\lambda_2 x}.$$

由于 $\dfrac{y_1}{y_2} = \mathrm{e}^{(\lambda_1 - \lambda_1)x} \neq$ 常数，因此 y_1，y_2 线性无关，故方程的通解为

$$y(x) = C_1 \mathrm{e}^{\lambda_1 x} + C_2 \mathrm{e}^{\lambda_2 x}.$$

(2) 当 $\Delta = 0$ 时，方程有二重根 λ. 此时方程有一个特解 $y_1 = \mathrm{e}^{\lambda x}$，可以验证方程有另一个特解 $y_2 = x\mathrm{e}^{\lambda x}$，由于 $\dfrac{y_1}{y_2} = \dfrac{1}{x} \neq$ 常数，因此 y_1，y_2 线性无关，因此方程的通解为

$$y(x) = C_1 \mathrm{e}^{\lambda x} + C_2 \mathrm{e}^{\lambda x} = (C_1 + C_2 x)\mathrm{e}^{\lambda x}.$$

(3) 当 $\Delta < 0$ 时，方程有两个共轭复根，即

$$\lambda_1 = \alpha + \beta \mathrm{i}, \lambda_2 = \alpha - \beta \mathrm{i}.$$

通过验证可知，函数

$$y_1 = \mathrm{e}^{\alpha x} \cos\beta x, y_2 = \mathrm{e}^{\alpha x} \sin\beta x$$

是方程的两个线性无关的特解，因此方程的通解为

$$y(x) = \mathrm{e}^{\alpha x}(C_1 \cos\beta x + C_2 \sin\beta x).$$

例 7.4.1 求方程 $y'' + 3y' + 2y = 0$ 的通解．

解：特征方程为

$$r^2 + 3r + 2 = 0$$

其特征根为 $r_1 = -1$，$r_2 = -2$. 于是原方程通解为

$$y = C_1 \mathrm{e}^{-x} + C_2 \mathrm{e}^{-2x}.$$

例 7.4.2 求方程 $y'' + 4y' + 4y = 0$ 的通解．

解：特征方程为

$$r^2 + 4r + 4 = 0$$

它有两个相等的实根 $r_1 = r_2 = -2$，故所求通解为

$$y = (C_1 + C_2 x)\mathrm{e}^{-2x}.$$

例 7.4.3　求方程 $y''+2y'+5y=0$ 的通解．

解:特征方程为

$$r^2+3r+5=0$$

其特征根为 $r_1=-1+2\mathrm{i}, r_2=-1-2\mathrm{i}$,于是原方程的通解为

$$y=\mathrm{e}^{-x}(C_1\cos 2x+C_2\sin 2x).$$

7.4.2　二阶常系数线性非齐次微分方程

设给定的二阶常系数线性非齐次微分方程为

$$y''+py'+qy=f(x) \tag{7-4-2}$$

其中 p,q 是常数．

根据二阶线性方程解的结构定理,求二阶常系数线性非齐次微分方程的关键在于找到该方程的一个特解 y^*．一般说来,求 y^* 是很困难的(通常用常数变易法),但是若方程右端函数 $f(x)$ 是一下两种特殊类型的函数时,可采用特定系数法来求．

1. 非齐次项 $f(x)=P_m(x)\mathrm{e}^{\alpha x}$ 型

定理 7.4.1　若方程中 $f(x)=P_m(x)\mathrm{e}^{\alpha x}$,其中 $P_m(x)$ 是 x 的 m 次多项式,则特解 y^* 具有如下形式

$$y^*=x^kQ_m(x)\mathrm{e}^{\alpha x}$$

其中 $Q_m(x)$ 是系数待定的 x 的 m 次多项式,k 由下列情形决定:

(1) 当 α 是方程(7-4-2) 对应的齐次方程的特征方程的单根时,取 $k=1$;

(2) 当 α 是方程(7-4-2) 对应的齐次方程的特征方程的重根时,取 $k=2$;

(3) 当 α 不是方程(7-4-2) 对应的齐次方程的特征根时,取 $k=0$.

例 7.4.4　求方程 $y''-3y'+2y=0y''-3y'+2y=3x\mathrm{e}^x$ 的通解．

解:由题可知,特征方程 $\lambda^2-3\lambda+2=0$,解得特征根 $\lambda_1=1,\lambda_2=2$,因此对应的齐次此方程的通解为

$$Y=C_1\mathrm{e}^x+C_2\mathrm{e}^x.$$

又 $f(x)=3x\mathrm{e}^x$,$r=1$ 为特征单根,因此可设特解为 $y^*=x(ax+b)\mathrm{e}^x$,代入原方程并化简,可得

$$-2ax+(2a-b)=3x.$$

比较系数,得 $a=-\dfrac{3}{2}$,$b=-3$. 故原方程的特解为

$$y^*=-\frac{3}{2}x(x+2)\mathrm{e}^x$$

从而原方程的通解为

$$y=Y+y^*=C_1\mathrm{e}^x+C_2\mathrm{e}^x-\frac{3}{2}x(x+2)\mathrm{e}^x.$$

例 7.4.5　求微分方程 $y''-2y'+y=\mathrm{e}^x$ 满足初始条件 $y|_{x=0}=1, y'|_{x=0}=0$ 的特解．

解:对应的齐次方程的特征方程为

$$r^2-2r+1=0,$$

解得

$$r_1=r_2=1,$$

所以对应的齐次方程的通解为

$$y=(C_1+C_2x)e^x,$$

又原方程的右端是 e^x 与 $P_m(x)e^{\lambda x}$，比较可得 $P_m(x)=1,\lambda=1$，由于 $\lambda=1$ 是特征方程的重根，所以可设原方程的一个特解为

$$y^*=ax^2e^x,$$

相应的有

$$(y^*)'=(ax^2+2ax)e^x,$$
$$(y^*)''=(ax^2+4ax+2a)e^x,$$

代入原方程，化简可得

$$2ae^x=e^x,$$

所以 $a=\frac{1}{2}$. 所以原方程的特解为

$$y^*=\frac{1}{2}x^2e^x.$$

从而原方程的通解为

$$y=(C_1+C_2x)e^x+\frac{1}{2}x^2e^x=\left(C_1+C_2x+\frac{1}{2}x^2\right)e^x,$$

把初始条件 $y|_{x=0}=1, y'|_{x=0}=0$ 代入通解和导数 $y'=\left(C_1+C_2+x+C_2x+\frac{1}{2}x^2\right)e^x$ 中，可得 $C_1=1, C_2=-1$，所以满足初始条件的特解是

$$y=\left(1-x+\frac{1}{2}x^2\right)e^x.$$

2. 非齐次项 $f(x)=e^{\alpha x}P_m(x)\cos\beta x$ 或 $f(x)=e^{\alpha x}P_m(x)\sin\beta x$ 型

定理 7.4.2 若式(7-4-1)中的 $f(x)=e^{\alpha x}P_m(x)\cos\beta x$ 或 $f(x)=e^{\alpha x}P_m(x)\sin\beta x$，其中 $P_m(x)x$ 的 m 次多项式，则式(7-4-1)的一特解 y^* 具有如下形式

$$y^*=x^k[A_m(x)\cos\beta x+B_m(x)\sin\beta x]e^{\alpha x},$$

其中 $A_m(x), B_m(x)$ 为系数待定的 x 的 m 次多项式，k 由下列情形决定：

(1) 当 $\alpha+i\beta$ 是对应齐次方程特征根时，取 $k=1$；

(2) 当 $\alpha+i\beta$ 不是对应齐次方程特征根时，取 $k=0$.

为了便于读者记忆，我们根据自由项 $f(x)$ 的两种不同形式，将方程 $y''+py'+qy=f(x)$ 的特解形式列表如表 7-4-1 所示.

表 7-4-1

$f(x)$的形式	条件	特解的形式
$P_m(x)e^{\lambda x}$	λ 不是特征方程的根	$y^*=Q_m(x)e^{\lambda x}$
	λ 是特征方程的单根	$y^*=xQ_m(x)e^{\lambda x}$
	λ 是特征方程的重根	$y^*=x^2Q_m(x)e^{\lambda x}$

续表

$f(x)$的形式	条件	特解的形式
$P_k(x)\cos\beta x + P_n(x)\sin\beta x$	$\alpha \pm i\beta$ 不是特征方程的根	$y^* = e^{\alpha x}[Q_m(x)\cos\beta x + R_m(x)\sin\beta x]$
	$\alpha \pm i\beta$ 是特征方程的根	$y^* = xe^{\alpha x}[Q_m(x)\cos\beta x + R_m(x)\sin\beta x]$

例 7.4.6　求微分方程 $y'' - y = xe^x + \sin 2x$ 的一个特解．

解:由线性方程组解的结构理论可知,该微分方程的一个特解可由下面两方程

$$y'' - y = xe^x$$

$$y'' - y = \sin 2x$$

的两特解相加得到．

其特征方程均为

$$r^2 - 1 = 0$$

解得特征根为 $r = \pm 1$. 因此方程的特解形分别为

$$y_1^* = x(ax+b)e^x, y_2^* = A\sin 2x + B\cos 2x$$

于是原方程一特解为

$$y^* = x(ax+b)e^x + A\sin 2x + B\cos 2x.$$

例 7.4.7　求微分方程 $y'' - 2y' + 3y = e^{-x}\cos x$ 的通解．

解:其对应的线性齐次微分方程为

$$y'' - 2y' + 3y = 0.$$

因特征方程为

$$\lambda^2 - 2\lambda + 3 = 0,$$

特征根为

$$\lambda_{1,2} = 1 \pm \sqrt{2}i,$$

故通解为

$$y = (C_1\cos\sqrt{2}x + C_2\sin\sqrt{2}x)e^x.$$

因 $\alpha \pm i\beta = -1 \pm i$ 不是特征根,故原微分方程有形如

$$y^* = (A\cos x + B\sin x)e^{-x}$$

的特解．代入微分方程化简后得

$$e^{-x}[(5A-4B)\cos x + (4A+5B)\sin x] = e^{-x}\cos x.$$

比较等式两端同类项的系数得

$$\begin{cases} 5A - 4B = 1 \\ 4A + 5B = 0 \end{cases}.$$

解之得 $A = \frac{5}{41}, B = \frac{-4}{41}$,从而

$$y^* = \frac{1}{41}e^{-x}(5\cos x - 4\sin x).$$

故原方程的通解为

$$y=(c_1\cos\sqrt{2}x+c_2\sin\sqrt{2}x)\mathrm{e}^{x}+y^{*}=\frac{1}{41}\mathrm{e}^{-x}(5\cos x-4\sin x).$$

例 7.4.8 求微分方程 $y''-y=x\mathrm{e}^x+\sin 2x$ 的一个特解．

解:由线性方程组解的结构理论可知,该微分方程的一个特解可由下面两方程

$$y''-y=x\mathrm{e}^x,$$

$$y''-y=\sin 2x$$

的两特解相加得到．

对于以上两个方程,其特征方程均为

$$r^2-1=0,$$

解得特征根为 $r=\pm 1$. 因此两个方程的特解分别为

$$y_1^*=x(ax+b)\mathrm{e}^x,$$

$$y_2^*=A\sin 2x+B\cos 2x$$

于是原方程一特解为

$$y^*=x(ax+b)\mathrm{e}^x+A\sin 2x+B\cos 2x.$$

7.5 常微分方程的应用

在本章的开始我们就指出,微分方程密切联系各领域中的实际问题,在这一节中将给出这种联系的一些具体例子．

把一个实际问题抽象简化为一个数学问题的过程,通常称为数学建模,所得到的数学问题则称为数学模型．提炼数学模型是一种重要的数学应用能力,不仅需要掌握数学知识与方法,还需要了解相关实际问题的背景和规律．

7.5.1 一阶常微分方程的应用举例

例 7.5.1 如图 7-5-1 所示,设曲线 L 过点(1,1),曲线上任一点 $P(x,y)$ 处的切线交 x 轴于点 T,若 $|PT|=|OT|$,求曲线 L 的方程．

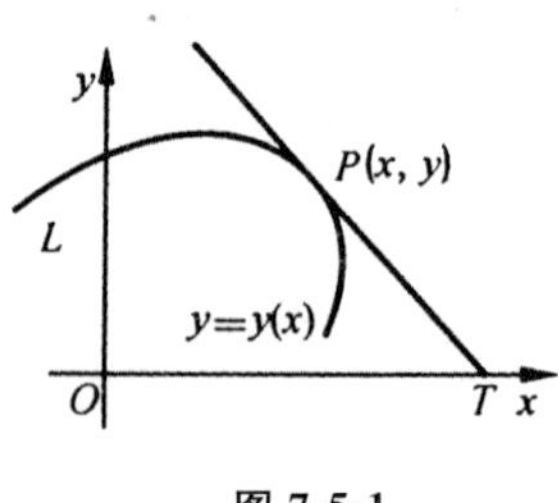

图 7-5-1

解:设曲线 L 的方程为 $y=y(x)$,则过点 $P(x,y)$ 处的切线方程为

$$Y-y=y'(X-x),$$

于是点 T 的坐标为 $\left(x-\frac{y}{y'},0\right)$，故

$$|PT|=\sqrt{\left(\frac{y}{y'}\right)^2+y^2}=\left|\frac{y}{y'}\right|\sqrt{1+y'^2},$$

$$|OT|=\left|x-\frac{y}{y'}\right|.$$

由 $|PT|=|OT|$，得

$$\frac{y^2}{y'^2}(1+y'^2)=\left(x-\frac{y}{y'}\right)^2,$$

即

$$y'=\frac{2xy}{x^2-y^2}.$$

由于曲线过(1,1)点，故得到初值问题

$$\begin{cases}y'=\dfrac{2xy}{x^2-y^2}\\ y|_{x=1}=1\end{cases}.$$

方程 $y'=\frac{2xy}{x^2-y^2}$ 是齐次方程，故令 $x=uy$，代入得

$$\frac{-2u}{1+u^2}\mathrm{d}u=\frac{\mathrm{d}y}{y}.$$

两边积分得

$$\frac{1}{1+u^2}=C_1y,$$

即

$$x^2+y^2=Cy,$$

由初始条件 $y|_{x=1}=1$，得到 $C=2$，故所求曲线 L 的方程为

$$x^2+y^2=2y.$$

例 7.5.2　如图 7-5-2 所示，是一个 RL 电路，设电阻 R，电感 L 及电源电压 E 均为常数．试建立当开关 S 闭合后，电路中的电流 I 所满足的微分方程．

解：根据基尔霍夫第二定律，在闭合回路中，所有支路上电压的代数和等于零．注意到电流经过电阻 R 的电压是 RI，而经过电感 L 的电压是 $L\frac{\mathrm{d}I}{\mathrm{d}t}$，所以当开关 S 合上后，存在关系式

$$E-L\frac{\mathrm{d}I}{\mathrm{d}t}-RI=0,$$

即

$$\frac{\mathrm{d}I}{\mathrm{d}t}+\frac{R}{L}I=\frac{E}{L}. \tag{7-5-1}$$

这便是 RL 电路的常微分方程．其中电流 I 是自变量 t 的函数 $I=I(t)$，在方程中 I 是未知函数．当开关 S 刚合上即 $t=0$ 时有

$$I(0)=0,$$

称此条件为常微分方程的初值条件．

如果当 $t=t_0$ 时有 $I=I_0$，而电源突然短路，即 $E=0$ 保持不变，此时常微分方程变为

$$\frac{\mathrm{d}I}{\mathrm{d}t}+\frac{R}{L}I=0,$$

初值条件为

$$I(t_0)=I_0.$$

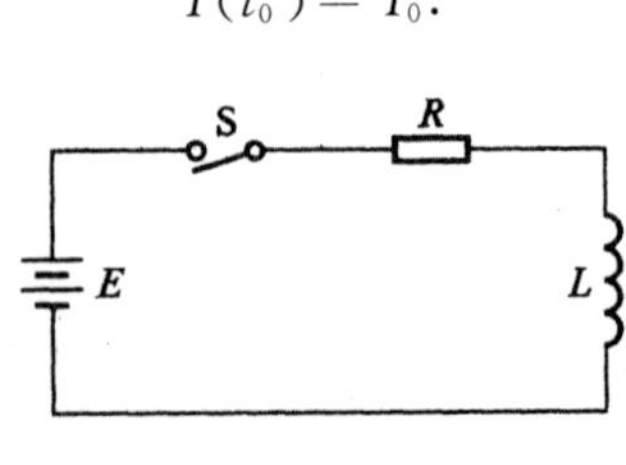

图 7-5-2

本例题的具体求解过程是非常简单,限于本书篇幅,这里不再进行求解,有兴趣的读者可以自行求解.

例 7.5.3 在农业生产中,种植先于产出及产品出售一个适当的时期,已知 t 时刻该产品的价格 P_t 决定这生产者在下一时期愿意提供市场的产量 S_{t+1},P_t 还决定着本期该产品的需求量 D_t,因此有

$$D_t=a-bP_t,S_t=-c+\mathrm{d}P_{t-1}\quad(a,b,c,\mathrm{d}\text{ 均为正的常数}).$$

若假定在每一个时期中价格总是确定在市场售清的水平上,即 $S_t=D_t$,求价格随时间变化的规律.

解:由题可知

$$-c+\mathrm{d}P_{t-1}=a-bP_t$$

即

$$bP_t+\mathrm{d}P_{t-1}=a+c$$

其特征根为 $r=-\frac{\mathrm{d}}{b}$. 由于 $r\neq1$,因此令 $P_t^*=A$ 代入方程得 $P_t^*=\frac{a+c}{b+\mathrm{d}}$,于是问题的通解为

$$P_t=\frac{a+c}{b+\mathrm{d}}+C(-\frac{\mathrm{d}}{b})^t.$$

7.5.2 二阶常微分方程的应用实例

例 7.5.4(R-L-C 电路系统) 如图 7-5-3 所示,是一个包括电感 L、电阻 R 和电容器 C 的电路,其中 L、R、C 均为常数. 假定将电容器充电使它在某一时刻得到一个电位量,然后将电源切断. 由于自感 L 存在,回路中产生振荡电流. 试求电路振荡的规律.

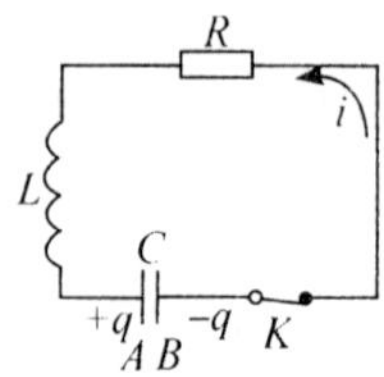

图 7-5-3

解:设电容器极板上的电荷量为 $Q(t)$,两极板之间的电压为 $v(t)$,用 $I(t)$ 表示电流强度,R 表示电阻,那么

$$I(t)=\frac{\mathrm{d}Q(t)}{\mathrm{d}t},v(t)=\frac{Q(t)}{C},$$

自感电动势为 $-L\frac{\mathrm{d}I(t)}{\mathrm{d}t}$. 根据电学上的基本定律得到

$$RI=-v-L\frac{\mathrm{d}I}{\mathrm{d}t},$$

或

$$LC\frac{\mathrm{d}^2v}{\mathrm{d}t^2}+RC\frac{\mathrm{d}v}{\mathrm{d}t}+v=0, \tag{7-5-2}$$

这就是同路中的电振荡方程. 它是以 $v=v(t)$ 为未知函数的二阶线性齐次微分方程.

如果回路中加上一个电源 $E(t)$(已知函数),如图 7-5-4 所示,则方程(7-5-2) 应改为

$$LC\frac{\mathrm{d}^2v}{\mathrm{d}t^2}+RC\frac{\mathrm{d}v}{\mathrm{d}t}+v=E(t),$$

它是一个二阶线性非齐次微分方程. 这时,非齐次与齐次方程的区别仅在于是否有附加一个电源 $E(t)$.

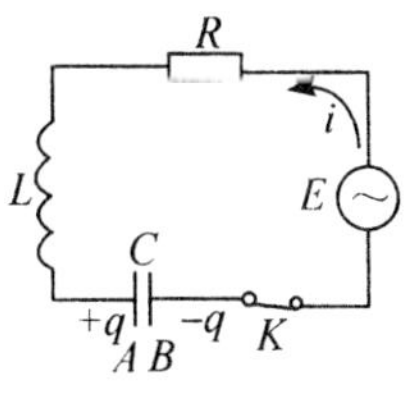

图 7-5-4

例 7.5.5　质量为 m 的质点受力 F 的作用沿 Ox 轴作直线运动. 设力 $F=F(t)$ 在开始时刻 $t=0$ 时 $F(0)=F_0$,随时间 t 的增大,力 F 均匀地减小,直到 $t=T$ 时,$F(T)=0$. 若开始时质点位于原点,且初速度为零,求质点的运动规律.

解:设 $x=x(t)$ 表示在时刻 t 时质点的位置,则根据牛顿第二定律,质点运动的微分方程为

$$m\frac{\mathrm{d}^2x}{\mathrm{d}t^2}=F(t). \tag{7-5-3}$$

由题意可知,力 $F=F(t)$ 随 t 增大而均匀地减少,且 $t=0$ 时,$F(0)=F_0$,因此 $F(t)=F_0-kt$;又因为当 $t=T$ 时,$F(T)=0$,则有

$$F(t)=F_0\left(1-\frac{t}{T}\right).$$

那么方程(7-5-3) 可写成

$$\frac{\mathrm{d}^2x}{\mathrm{d}t^2}=\frac{F_0}{m}\left(1-\frac{t}{T}\right). \tag{7-5-4}$$

初始条件为

$$x\big|_{t=0}=0,\frac{\mathrm{d}x}{\mathrm{d}t}\bigg|_{t=0}=0.$$

将(7-5-4) 式两端积分,可得

$$\frac{\mathrm{d}x}{\mathrm{d}t}=\frac{F_0}{m}\int\left(1-\frac{t}{T}\right)\mathrm{d}t,$$

即有

$$\frac{\mathrm{d}x}{\mathrm{d}t}=\frac{F_0}{m}\left(t-\frac{t^2}{2T}\right)+C_1 \tag{7-5-5}$$

将条件$\left.\frac{\mathrm{d}x}{\mathrm{d}t}\right|_{t=0}=0$代入(7-5-5)式,可得$C_1=0$,从而可得(7-5-6)式为

$$\frac{\mathrm{d}x}{\mathrm{d}t}=\frac{F_0}{m}\left(t-\frac{t^2}{2T}\right). \tag{7-5-6}$$

将(7-5-6)式两端积分,可得

$$x=\frac{F_0}{m}\left(\frac{t^2}{2}-\frac{t^3}{6T}\right)+C_2,$$

将条件$x|_{t=0}=0$代入上式,可得$C_2=0$. 因此所求质点的运动规律为

$$x=\frac{F_0}{m}\left(\frac{t^2}{2}-\frac{t^3}{6T}\right),$$

其中$0\leqslant t\leqslant T$.

7.5.3 其他常微分方程的应用

正确而重要的数学模型对相关领域具有非凡的意义,甚至可能影响或推动.相关学科的进步与发展.本节介绍由Newton发现的万有引力定律揭示了行星运行规律的本质原因,从而开创了天文学和力学的新时代就是一个典型例子.

1. 连续复利计息问题

设顾客在银行账户中有资金B_0元,若年利率为t,且每年把利息加入账户,则t年后账户中资金总数为

$$B(t)=B_0(1+r)^t,$$

这种计息方法称为年复利计息.

若一年内k次把利息加入账户,则t年后账户中资金总数为

$$B(t)=B_0\left(1+\frac{r}{k}\right)^{kt},$$

利息可以每月($k=12$),每周($k=52$),每日($k=365$),或者更频繁地,每小时或每分钟加入.

如果不是以离散的时间区间计息,而是连续地以正比(比例系数为r)于账户资金的速率把利息加入账户,就可以用一个微分方程初值问题为账户建立资金增长的模型:

$$\begin{cases}\dfrac{\mathrm{d}B}{\mathrm{d}t}=rB\\ B(0)=B_0\end{cases}.$$

上述模型称为连续复利计息模型,r称为连续利率.容易解得,t年后账户中资金总数为

$$B(t)=B_0\mathrm{e}^{rt}.$$

注意到,当$k\to\infty$时,$B(t)=B_0\left(1+\frac{r}{k}\right)^{kr}\to B_0\mathrm{e}^{rt}$,所以周期计息模式在计息周期趋于0时就得到连续复利计息的结果.

在金融学的各种研究问题中通常均采用连续复利.

例 7.5.6 设 y_t 为 t 期国民收入，C_t 为 t 期消费收入，I_t 为 t 期投资，它们之间有如下关系式：

$$\begin{cases} C_t = \alpha y_t + a & \text{(a)} \\ I_t = \beta y_t + b & \text{(b)} \\ y_t - y_{t-1} = \theta(y_{t-1} - C_{t-1} - I_{t-1}) & \text{(c)} \end{cases}$$

其中 α,β,a,b,θ 均为常数，且 $0<\alpha<1, 0<\beta<1, 0<\theta<1, 0<\alpha+\beta<1, a\geqslant 0, b\geqslant 0$，已知基期的国民收入为 y_0，求 y_t 与 t 的函数关系 .

解：由(a) 式可知

$$C_{t-1} = \alpha y_{t-1} + a,$$

由(b) 式可知

$$I_{t-1} = \beta y_{t-1} + b,$$

将以上两式代入式(c)，得

$$y_t - [1+\theta(1-\alpha-\beta)]y_{t-1} = -\theta(a+b).$$

这是一阶常系数非齐次线性差分方程，右端是零次多项式，于是它的通解为

$$y_t = C[1+\theta(1-\alpha-\beta)]^t + \frac{a+b}{1-\alpha-\beta}.$$

又由于 $t=0$ 时，$y_t = y_0$，将此初始条件代入可求得

$$C = y_0 - \frac{a+b}{1-\alpha-\beta},$$

从而

$$y_t = \left(y_0 - \frac{a+b}{1-\alpha-\beta}\right)[1+\theta(1-\alpha-\beta)]^t + \frac{a+b}{1-\alpha-\beta},$$

这就是 t 期国民收入随时间 t 变换的规律 .

2. 价格问题

例 7.5.7 设某商品的市场需求量 D 和它对市场的供给量 S 均为价格 p 的函数，且

$$D(p) = c - \mathrm{d}p, S(p) = a + bp,$$

其中 a,b,c,d 均为正常数 . 如果该商品在时刻 t 的销售价格为 $p(t)$. 求

(1) 需求量和供给量相等时的均衡价格 p_e；

(2) 若记 $p_0 = p(0)$，试确定该商品的价格函数；

(3) 求 $\lim\limits_{t\to+\infty} p(t)$.

解：(1) 由 $D(p) = S(p)$，得 $p_e = \dfrac{c-a}{b+\mathrm{d}}$.

(2) 通常当商品供不应求时，即 $D(p) < S(p)$ 时，商品的价格要上涨；而当供过于求时，即 $D(p) > S(p)$ 时，商品的价格要下跌 . 因此可以认为时刻 t 价格 $p(t)$ 的变化率与超额需求量 $D(p) - S(p)$ 成正比，即

$$\frac{\mathrm{d}p}{\mathrm{d}t} = k[D(p) - S(p)],$$

其中 $k>0$ 为比例常数 . 将 $D(p), S(p)$ 的表达式代入上式得

$$\frac{\mathrm{d}p}{\mathrm{d}t} = k[(c-a)-(b+\mathrm{d})p] \overset{\text{def}}{=} \alpha(p_e - p),$$

其中 $\alpha = (b+\mathrm{d})k > 0$. 将上式改写为

$$\frac{\mathrm{d}p}{\mathrm{d}t}+\alpha p=\alpha p_{\mathrm{e}},$$

这是一阶线性微分方程，由通解公式，得

$$p(t)=\mathrm{e}^{-\int \alpha \mathrm{d}t}\left(\int \alpha p_{\mathrm{e}}\mathrm{e}^{\int \alpha \mathrm{d}t}\mathrm{d}t+C\right)=p_{\mathrm{e}}+C\mathrm{e}^{-\alpha t}。$$

由 $p(0)=p_0$，得 $C=p_0-p_{\mathrm{e}}$，从而

$$p(t)=p_{\mathrm{e}}+(p_0-p_{\mathrm{e}})\mathrm{e}^{-\alpha t}。$$

(3) 由于 $\alpha=(b+\mathrm{d})k>0$，所以 $\lim\limits_{t\to+\infty}p(t)=p_{\mathrm{e}}$. 这说明随着时间的不断延续，市场价格将逐渐趋近于均衡价格．

例 7.5.8 某商品的价格由供求关系决定，设供应量 S 与需求量 Q 都是价格 P 的一次函数：$S=-1+3P$，$Q=4-p$，价格 P 的变化率与过剩需求量 $Q-S$ 成正比，比例系数为 2，$P(0)=2$(元)，试求价格 P 与时间 t 的函数关系，并求当 $t=0.3$ 年时的价格．

解：由题可知

$$\frac{\mathrm{d}P}{\mathrm{d}t}=2[(4-P)-(-1+3P)],$$

即

$$\frac{\mathrm{d}P}{\mathrm{d}t}=10-8P.$$

分离变量后解得 $P=\frac{5}{4}-C\mathrm{e}^{-8t}$. 由于 $P(0)=2$，因此

$$2=\frac{5}{4}-C,$$

解得 $C=-\frac{3}{4}$，于是

$$P=\frac{5}{4}+\frac{3}{4}\mathrm{e}^{-8t}.$$

而当 $t=0.3$ 年时的价格 $P=\frac{5}{4}+\frac{3}{4}\mathrm{e}^{-8t}t=0.3P(0.3)=\frac{5}{4}+\frac{3}{4}\mathrm{e}^{-2.4}\approx 1.32$ 元．

例 7.5.9 某商场的销售成本 y 和存储费用 S 均是时间 t 的函数，随时间 t 的增长，销售成本的变化率等于存储费用的倒数与常熟 5 的和，而存储费用的变化率为存储费用$(-\frac{1}{3})$倍．当 $t=0$ 时，销售成本 $y=0$，存储费用 $S=10$. 试求销售成本与时间 t 的函数关系及存储费用与时间 t 的函数关系．

解：由题可知

$$\frac{\mathrm{d}y}{\mathrm{d}t}=\frac{1}{S}+5,$$

$$\frac{\mathrm{d}S}{\mathrm{d}t}=-\frac{1}{3}S,$$

解微分方程得

$$S=C\mathrm{e}^{-\frac{t}{3}}.$$

又由 $S|_{t=0}=10$得，$C=10$，因此存储费用与时间 t 的函数关系为

$$S=10\mathrm{e}^{-\frac{t}{3}},$$

将上式代入微分方程，得

$$\frac{dy}{dt}=\frac{1}{10}e^{\frac{t}{3}}+5,$$

解得

$$y=\frac{3}{10}e^{\frac{t}{3}}+5t+C_1.$$

由 $y|_{t=0}=0$，得 $C_1=-\frac{3}{10}$，于是销售成本与时间 t 的函数关系为

$$y=\frac{3}{10}e^{\frac{t}{3}}+5t-\frac{3}{10}.$$

3. 艺术赝品的鉴定问题

第二次世界大战时期，荷兰的Meegeren将荷兰国宝级画家Vermeer(1632—1675年)的画卖给纳粹头目Goering，战后，Meegeren被捕入狱，但他却宣称卖给Goering的都是自己仿造的假画，而且他在狱中准备再现伪造过程．后来那些画多数被专家发现使用了现代颜料而确定为假画，但有一幅“Emmaus的信徒”因其未分析出现代颜料且精美异常而难辨真伪，直至19世纪60年代才由科学家真正解决．

油画颜料含有的白铅中有少量放射性元素铅210和镭226，放射性物质均会衰变，其数量衰变到原来的一半所需时间称为半衰期，这两种元素的半衰期分别为22年和1600年，而且镭226衰变的部分在多次衰变后会成为铅210.

设 $y(t)$ 为时刻 t 每克白铅中铅210的含量(原子数)，λ 是其衰变常数，由于镭226的半衰期为1600年，而“Emmaus的信徒”的涉时不超过300年，故可设单位时间白铅中镭226衰变成铅210的数量为常数 r. 于是

$$\frac{dy}{dt}=-\lambda y+r.$$

这个变量可分离方程的解为

$$y=\frac{r}{\lambda}+Ce^{-\lambda t}.$$

若设油画绘制时为 $t=0$，当时 $y=y_0$，那么易得

$$y=\frac{r}{\lambda}(1-e^{-\lambda t})+y_0e^{-\lambda t}.$$

毫无疑问，鉴定时的 $y(T)$ 可以测定，λ 也是知道的($\lambda\times$半衰期 $=\ln 2$，建议读者自己推导这个关系式)，如果知道 y_0，那么就可以求出从绘制到鉴定的时间 T，可是显然 y_0 无法得知．因此科学家们采用另一种方法：根据鉴定时 $y(T)$ 的数量倒过来看绘画时每克白铅中铅210的衰变量 λy_0，如果此画有约三百年的历史，那么由上面 y 的解得到

$$\lambda y_0=\lambda y(T)e^{300\lambda}-r(e^{300\lambda}-1).$$

因为 $\lambda=\frac{\ln 2}{22}$，而鉴定时 $y(T)=8.5$，$r=0.8$，代入上式计算出

$$\lambda y_0=98050.$$

另一方面颜料含有的白铅是由矿石中提炼的，科学家分析了地球上各种这类矿石的成分得出：在白铅制品中铅210的衰变量 λy_0 无论如何不会超过30000，因此“Emmaus的信徒”必定是一幅假画．

4. 传染病模型(S-I-R)

设某寄宿学校共有953名学生，某一天发现一名学生得了流行性感冒(流感)，一天后另外两名学生传染上了此流感，从此，流感在学生中传染开，下面我们来建立流感传染的模型．

把学生分成三组：

S 为易感者数，即还未被感染上但以后会被感染上的学生数量；

I 为已感者数，即已经被感染上的学生数量；

R 为康复者或不再会被感染的学生数量．那么

$$S+I+R=953.$$

设易感者被感染的速率与易感者、已感者之间接触的次数成正比，而接触次数与 SI 成正比，由于易感者被感染上后成为已感者，故易感者人数在下降，从而可设

$$\frac{\mathrm{d}S}{\mathrm{d}t}=-aSI.$$

已感者的数量变化由两部分组成：(1) 易感者被感染成为已感者，(2) 治疗后成为康复者．设康复的速率与已感者的数量 I 成正比，为 bI，则得到

$$\frac{\mathrm{d}I}{\mathrm{d}t}=aSI-bI.$$

设康复者不再被传染，也不传染给他人，则有

$$\frac{\mathrm{d}R}{\mathrm{d}t}=bI.$$

由于总人数不变，由 S,I 可以得到 R，所以我们只要关注前两个方程．

常数 a 的大小刻画了传染病传播的快慢．若 t 以天为单位，在 $I=1$ 时，由于一天后传染上两个，故此时 $\frac{\mathrm{d}S}{\mathrm{d}t}\approx-2$，而 $S=952$，从而得

$$a=-\frac{1}{SI}\cdot\frac{\mathrm{d}S}{\mathrm{d}t}=\frac{2}{952}\approx 0.0021,$$

假设在感染者中每天有一半康复，即 $b=0.5$，则有

$$\begin{cases}\dfrac{\mathrm{d}S}{\mathrm{d}t}=-0.0021SI,\\ \dfrac{\mathrm{d}I}{\mathrm{d}t}=0.0021SI-0.5I.\end{cases}$$

尽管我们能够用分析的方法或数值解法解上述方程来求出 S,I 关于时间 t 的函数表达式，从而进行流感传染情况的分析，但我们也可以不解上述方程，而从 I 随 S 变化的角度来分析流感传染的状态．

利用参数方程求导法，我们有

$$\frac{\mathrm{d}I}{\mathrm{d}S}=\frac{\frac{\mathrm{d}I}{\mathrm{d}t}}{\frac{\mathrm{d}S}{\mathrm{d}t}}=-1+\frac{238}{S},$$

我们称 SI 平面为相平面，而上述方程的解曲线称为相轨迹．

在初值条件 $S_0=952,I_0=1$ 下，我们容易得到解

$$I=-(S-953)+238\ln\frac{S}{952}.$$

图 7-5-5 所示的曲线是上述解的解曲线，流感在点 $(S_0, I_0) = (952, 1)$ 开始传播，随着时间 t 的推移，(S, I) 也在移动，箭头方向是 (S, I) 移动的方向．

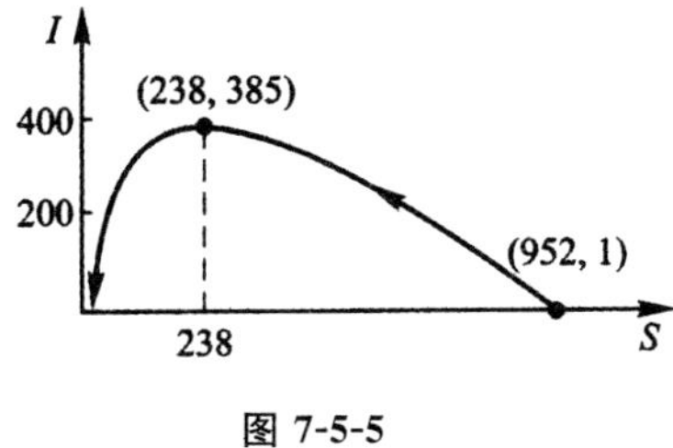

图 7-5-5

我们可以不看上述解，而直接从相平面方程 $\frac{\mathrm{d}I}{\mathrm{d}S} = -1 + \frac{238}{S}$ 来观察，当 $238 < S < 953$ 时，$\frac{\mathrm{d}I}{\mathrm{d}S} < 0$，即随着 S 的减少，已感者人数 I 在增加，故流感在传播；而当 $S < 238$ 时，$\frac{\mathrm{d}I}{\mathrm{d}S} > 0$，即随着 S 的减少，已感者人数 I 也在减少，故流感不再传播，故当 $S = 238$ 时，已感者人数达到最大值 $I_{\max} \approx 385$，$S = 238$ 被称为阈值．

从相平面方程 $\frac{\mathrm{d}I}{\mathrm{d}S} = -1 + \frac{238}{S}$，我们还可以看出，不管 S 的初值是什么，只要初值 $S_0 > 238$，就有 $\frac{\mathrm{d}I}{\mathrm{d}S} > 0$，流感就会传播，而当 $S < 238$ 时，$\frac{\mathrm{d}I}{\mathrm{d}S} < 0$，流感就不再传播，阈值都是 $S = 238$. 如果我们能够有这种流感的疫苗让学生接种，使易感者的学生人数小于 238，则流感就不会在学生中传播了．

第8章　无穷级数

8.1　常数项级数

本节首先给出常数项级数的概念，然后讨论常数项级数的基本性质.

8.1.1　常数项级数的概念

定义 8.1.1　将数列$\{u_n\}$的各项依次用"+"连接起来的式子$u_1+u_2+\cdots+u_n+\cdots$叫做常数项无穷级数，简称数项级数或级数，记为$\sum\limits_{n=1}^{\infty}u_n$，即

$$\sum_{n=1}^{\infty}u_n=u_1+u_2+\cdots+u_n+\cdots.$$

其中$u_1,u_2,\cdots,u_n,\cdots$称为级数的项，$u_n$称为级数的一般项或通项.

例如，$\sum\limits_{n=1}^{\infty}\frac{1}{n^2}=1+\frac{1}{2^2}+\cdots+\frac{1}{n^2}+\cdots$，$\sum\limits_{n=1}^{\infty}(-1)^{n-1}\frac{1}{n}=1-\frac{1}{2}+\cdots+(-1)^{n-1}\frac{1}{n}+\cdots$都是常数项无穷级数.

我们知道，任意有限项之和的意义是十分明确的，而无穷多个数"相加"，这是一个新的概念.这种加法是不是具有"和数"?这个"和数"的确切意义又是什么?下面给出无穷级数的和的意义.

令$s_1=u_1,s_2=u_1+u_2,\cdots,s_n=u_1+u_2+\cdots+u_n=\sum\limits_{k=1}^{n}u_k,\cdots$，这样，对任何一个无穷级数$\sum\limits_{n=1}^{\infty}u_n$，总可以作出一个数列$s_n=\sum\limits_{k=1}^{n}u_k(n=1,2,\cdots)$，并称$\{s_n\}$为级数$\sum\limits_{n=1}^{\infty}u_n$的部分和数列.

定义 8.1.2　如果级数$\sum\limits_{n=1}^{\infty}u_n$的部分和数列$\{s_n\}$有极限$s$，即

$$\lim_{n\to\infty}s_n=s,$$

则称无穷级数$\sum\limits_{n=1}^{\infty}u_n$收敛，$s$称为级数的和，并记为

$$s=u_1+u_2+\cdots+u_n+\cdots$$

或

$$s=\sum_{n=1}^{\infty}u_n.$$

如果数列$\{s_n\}$没有极限，则称无穷级数$\sum\limits_{n=1}^{\infty}u_n$发散.

可见级数收敛与否，与它的部分和数列是否有极限是等价的.

当级数收敛时，其部分和 s_n 是级数的和 s 的近似值，它们之间的差值

$$r_n = s - s_n = \sum_{k=n+1}^{\infty} u_k = u_{n+1} + u_{n+2} + \cdots$$

叫做级数的余和．用近似值 s_n 代替 s 所产生的绝对误差为这个余和的绝对值 $|r_n| = |s - s_n|$.

不难看出，构成级数的数列 $\{u_n\}$ 和级数的部分和数列 $\{s_n\}$ 有如下的关系：

$$s_1 = u_1, s_2 = u_1 + u_2, \cdots, s_n = u_1 + u_2 + \cdots + u_n, \cdots,$$

$$u_1 = s_1, u_2 = s_2 + s_1, \cdots, u_n = s_n - s_{n-1}, \cdots.$$

级数 $\sum\limits_{n=1}^{\infty} u_n$ 和数列 $\{s_n\}$ 同时收敛或同时发散，且收敛时有 $\sum\limits_{n=1}^{\infty} u_n = \lim\limits_{n \to \infty} s_n$ 或 $\sum\limits_{n=1}^{\infty} u_n = \lim\limits_{n \to \infty} \sum\limits_{i=1}^{n} u_i$. 这样，级数的敛散性和数列的敛散性就可以相互转化了．

例 8.1.1　讨论级数 $\sum\limits_{n=1}^{\infty} \dfrac{1}{n(n+1)}$ 的敛散性．

解：该级数的部分和为

$$\begin{aligned} s_n &= \frac{1}{1 \times 2} + \frac{1}{2 \times 3} + \cdots + \frac{1}{n(n+1)} \\ &= \left(1 - \frac{1}{2}\right) + \left(\frac{1}{2} - \frac{1}{3}\right) + \cdots + \left(\frac{1}{n} - \frac{1}{n+1}\right) \\ &= 1 - \frac{1}{n+1}, \end{aligned}$$

那么

$$\lim_{n \to \infty} s_n = \lim_{n \to \infty}\left(1 - \frac{1}{n+1}\right) = 1,$$

所以该级数收敛且和为 1.

例 8.1.2　证明级数 $\sum\limits_{n=1}^{\infty} n = 1 + 2 + 3 + \cdots + n + \cdots$ 是发散的．

证明：级数的部分和为

$$s_n = 1 + 2 + 3 + \cdots + n = \frac{n(1+n)}{2},$$

显然

$$\lim_{n \to \infty} \frac{n(1+n)}{2} = \infty,$$

所以级数是发散的．

例 8.1.3　一个球从 a 米高下落到地平面上，球每次落下距离 h 后碰到地平面再弹起的距离为 rh，其中 r 是小于 1 的正数，求这个球上下的总距离（图 8-1-1）.

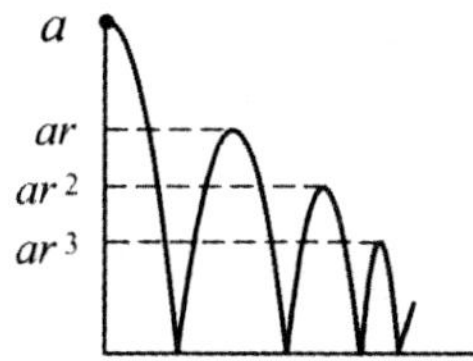

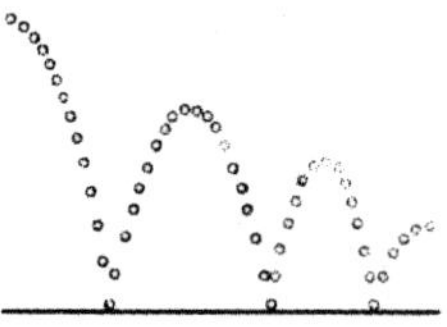

图 8-1-1

解:总距离是

$$s = a + 2ar + 2ar^2 + 2ar^3 + \cdots = a + \frac{2ar}{1-r} = \frac{a(1+r)}{1-r}.$$

如果 $a = 6, r = \frac{2}{3}$,则总距离是 $s = \frac{a(1+r)}{1-r} = \frac{6\left(1+\frac{2}{3}\right)}{1-\frac{2}{3}} = 30$ 米.

8.1.2 收敛级数的性质

由上述讨论可知,无穷级数的收敛性问题实际上就是其部分和数列的收敛性问题,所以,可以利用数列极限的相差性质来推出级数的几个重要性质.

性质 8.1.1 如果级数 $\sum_{n=1}^{\infty} u_n$ 收敛,其和为 s,则级数 $\sum_{n=1}^{\infty} ku_n$ 也收敛,且其和为 ks.

证明:设级数 $\sum_{n=1}^{\infty} u_n$ 与级数 $\sum_{n=1}^{\infty} ku_n$ 的部分和分别为 s_n 与 σ_n,则

$$\sigma_n = ku_1 + ku_2 + \cdots + ku_n = ks_n,$$

那么

$$\lim_{n\to\infty} \sigma_n = \lim_{n\to\infty} ks_n = k \lim_{n\to\infty} s_n = ks,$$

所以级数 $\sum_{n=1}^{\infty} ku_n$ 收敛,其和为 ks.

性质 8.1.2 如果级数 $\sum_{n=1}^{\infty} u_n$ 和 $\sum_{n=1}^{\infty} v_n$ 分别收敛于 s 和 σ,则级数 $\sum_{n=1}^{\infty}(u_n \pm v_n)$ 也收敛,且

$$\sum_{n=1}^{\infty}(u_n \pm v_n) = \sum_{n=1}^{\infty} u_n \pm \sum_{n=1}^{\infty} v_n = s \pm \sigma.$$

证明:设级数 $\sum_{n=1}^{\infty} u_n, \sum_{n=1}^{\infty} v_n, \sum_{n=1}^{\infty}(u_n \pm v_n)$ 的部分和依次为 s_n, σ_n, τ_n,则

$$\tau_n = \sum_{i=1}^{n}(u_i \pm v_i) = \sum_{n=1}^{\infty} u_i \pm \sum_{n=1}^{\infty} v_i = s_n \pm \sigma_n,$$

由题设可知

$$\lim_{n\to\infty} s_n = s, \lim_{n\to\infty} \sigma_n = \sigma,$$

那么

$$\lim_{n\to\infty} \tau_n = \lim_{n\to\infty}(s_n \pm \sigma_n) = s \pm \sigma,$$

则 $\sum_{n=1}^{\infty}(u_n \pm v_n)$ 收敛,且

$$\sum_{n=1}^{\infty}(u_n \pm v_n) = s \pm \sigma = \sum_{n=1}^{\infty} u_n \pm \sum_{n=1}^{\infty} v_n.$$

这里需要注意如下两个方面.

(1) 如果级数 $\sum_{n=1}^{\infty} u_n$ 和 $\sum_{n=1}^{\infty} v_n$ 中一个收敛一个发散,则级数 $\sum_{n=1}^{\infty}(u_n \pm v_n)$ 必发散.

(2) 如果级数 $\sum_{n=1}^{\infty} u_n$ 和 $\sum_{n=1}^{\infty} v_n$ 均发散,则级数 $\sum_{n=1}^{\infty}(u_n \pm v_n)$ 可能收敛也可能发散. 例如,$\sum_{n=1}^{\infty}$(—

$1)^n$，$\sum_{n=1}^{\infty}(-1)^{n+1}$，$\sum_{n=1}^{\infty}1$ 都是发散的级数，但 $\sum_{n=1}^{\infty}[(-1)^n+(-1)^{n+1}]=0$ 是收敛的，而 $\sum_{n=1}^{\infty}[1+(-1)^n]$ 是发散的(因为 s_n 的极限不存在).

性质 8.1.3　在级数中去掉、增加或改变有限项，级数的敛散性不变.

我们只需证明"在级数的前面部分去掉或增加有限项，级数的敛散性不变"即可，因为在级数的任意位置上去掉、增加或改变有限项，都可看成原级数去掉前面部分的有限项，再在前面部分增加有限项的结果.

证明：设级数

$$u_1+u_2+\cdots+u_k+u_{k+1}+\cdots+u_{k+n}\cdots$$

的部分和为 s_n，去掉前 k 项后得到新级数为

$$u_{k+1}+u_{k+2}+\cdots+u_{k+n}+\cdots,$$

其部分和为

$$\sigma_n=u_{k+1}+u_{k+2}+\cdots+u_{k+n}\cdots=s_{k+n}-s_k,$$

其中 s_{k+n} 为原级数的前 $k+n$ 项之和. 因为 s_k 为常数，所以当 $n\to\infty$ 时，σ_n 与 s_{k+n} 同时有极限或同时无极限，所以两级数同时收敛或同时发散.

同理可证在级数的前面增加有限项不会改变级数的敛散性.

性质 8.1.4　在一个收敛级数中，任意添加(有限个或无限个)括号所得到的新级数仍收敛于原来的和.

证明：设级数 $\sum_{n=1}^{\infty}u_n=s$，其部分和为 s_n. 将此级数的项任意加括号，所得的新级数为

$$\sum_{k=1}^{\infty}v_k=(u_1+\cdots+u_{n_1})+(u_{n_1+1}+\cdots+u_{n_2})+\cdots+(u_{n_{k-1}+1}+\cdots+u_{n_k})+\cdots,$$

设它的前 k 项和为 σ_k，则

$$\sigma_k=(u_1+\cdots+u_{n_1})+(u_{n_1+1}+\cdots+u_{n_2})+\cdots+(u_{n_{k-1}+1}+\cdots+u_{n_k})+\cdots,$$

那么

$$\lim_{k\to\infty}\sigma_k=\lim_{k\to\infty}s_{n_k}=s,$$

所以 $\sum_{k=1}^{\infty}v_k$ 收敛且 $\sum_{k=1}^{\infty}v_k=s$.

这里需要注意的是该性质成立的前提是级数收敛，否则结论不成立. 例如，级数 $\sum_{k=1}^{\infty}(-1)^{n-1}=1-1+1-1+\cdots+(-1)^{n-1}+\cdots$ 是发散的，加括号后所得到的级数 $(1-1)+(1-1)+\cdots+(1-1)+\cdots$ 是收敛的.

性质 8.1.5(级数收敛的必要条件)　如果级数 $\sum_{n=1}^{\infty}u_n$ 收敛，则

$$\lim_{n\to\infty}u_n=0.$$

证明：设 $\sum_{n=1}^{\infty}u_n$ 的部分和为 s_n，且 $\lim_{n\to\infty}s_n=s$. 因为

$$u_n=s_n-s_{n-1},$$

所以

$$\lim_{n\to\infty}u_n = \lim_{n\to\infty}(s_n - s_{n-1}) = \lim_{n\to\infty}s_n - \lim_{n\to\infty}s_{n-1} = s - s = 0.$$

这里需要注意以下两点.

(1) 该性质的逆否命题给出这样的结论:如果$\lim\limits_{n\to\infty}u_n$不为0或不存在,则级数$\sum\limits_{n=1}^{\infty}u_n$必发散.

例如,级数$\sum\limits_{n=1}^{\infty}\dfrac{n}{\sqrt{n^2+100}}$,因为

$$u_n = \frac{n}{\sqrt{n^2+100}} \to 1 \neq 0(n\to\infty),$$

所以级数发散.

(2) 该性质的逆命题不真,即由$\lim\limits_{n\to\infty}u_n = 0$不能得出$\sum\limits_{n=1}^{\infty}u_n$必定收敛的结论.

例如,调和级数$1+\dfrac{1}{2}+\cdots+\dfrac{1}{n}+\cdots = \sum\limits_{n=1}^{\infty}\dfrac{1}{n}$,虽然$\lim\limits_{n\to\infty}\dfrac{1}{n} = 0$,但它却是发散的.实际上,

$$u_n = \int_n^{n+1}\frac{1}{n}\mathrm{d}x > \int_n^{n+1}\frac{1}{x}\mathrm{d}x = [\ln x]_n^{n+1} = \ln(n+1) - \ln n,$$

从而

$$\begin{aligned} s_n &= u_1 + u_2 + \cdots + u_n \\ &> (\ln 2 - \ln 1) + (\ln 3 - \ln 2) + \cdots + [\ln(n+1) - \ln n] \\ &= \ln(n+1) \to +\infty(n\to\infty), \end{aligned}$$

所以调和级数$\sum\limits_{n=1}^{\infty}\dfrac{1}{n}$是发散的.

例 8.1.4 判断级数$\sum\limits_{n=1}^{\infty}\dfrac{1}{\left(1+\dfrac{1}{n}\right)^n}$的敛散性.

解:因为

$$\lim_{n\to\infty}u_n = \lim_{n\to\infty}\frac{1}{\left(1+\dfrac{1}{n}\right)^n} = \frac{1}{\mathrm{e}} \neq 0,$$

所以级数发散.

值得注意的是,一般项趋于零只是级数收敛的必要条件,而不是充分条件.即若一般项$u_n \to 0$,并不能断定级数$\sum\limits_{n=1}^{\infty}u_n$收敛.例如,调和级数$1+\dfrac{1}{2}+\dfrac{1}{3}+\cdots+\dfrac{1}{n}+\cdots$,虽然当$n\to\infty$时,一般项$u_n = \dfrac{1}{n} \to 0$,但它却是发散的.

例 8.1.5 判断级数$\sum\limits_{n=1}^{\infty}\left[2\left(\dfrac{3}{4}\right)^{n-1} - \dfrac{3}{n(n+1)}\right]$是否收敛,若收敛求其和.

解:因为级数$\sum\limits_{n=1}^{\infty}2\left(\dfrac{3}{4}\right)^{n-1}$是$a=2$、公比为$q=\dfrac{3}{4}$的等比数列,且$|q|<1$,可知级数$\sum\limits_{n=1}^{\infty}2\left(\dfrac{3}{4}\right)^{n-1}$收敛于$\dfrac{2}{1-\dfrac{3}{4}} = 8$.由例 8.1.1 可知,级数$\sum\limits_{n=1}^{\infty}\dfrac{1}{n(n+1)}$收敛且其和为1.根据性质

8.1.2 可知，级数 $\sum_{n=1}^{\infty}\left[2\left(\frac{3}{4}\right)^{n-1}-\frac{3}{n(n+1)}\right]$ 收敛，且其和为 $8-3=5$.

8.2　幂级数

8.2.1　函数项级数

定义 8.2.1　设 $\{u_n(x)\}$ 是定义在数集 I 上的函数列，表达式

$$u_1(x)+u_2(x)+\cdots+u_n(x)+\cdots=\sum_{n=1}^{\infty}u_n(x) \tag{8-2-1}$$

称为定义在 I 上的函数项级数，而

$$s_n(x)=u_1(x)+u_2(x)+\cdots+u_n(x) \tag{8-2-2}$$

称为函数项级数(8-2-1)的部分和.

对每一个 $x_0\in I$，如果常数项级数 $\sum_{n=1}^{\infty}u_n(x_0)$ 收敛，则 x_0 称为函数项级数 $\sum_{n=1}^{\infty}u_n(x)$ 的收敛点；如果常数项级数 $\sum_{n=1}^{\infty}u_n(x_0)$ 发散，则 x_0 称为函数项级数 $\sum_{n=1}^{\infty}u_n(x)$ 的发散点．函数项级数 $\sum_{n=1}^{\infty}u_n(x)$ 的收敛点的全体称为函数项级数的收敛域；函数项级数 $\sum_{n=1}^{\infty}u_n(x)$ 的发散点的全体称为函数项级数的发散域.

设函数项级数 $\sum_{n=1}^{\infty}u_n(x)$ 的收敛域为 D，则对 D 内的每一点 x，$\lim\limits_{n\to\infty}s_n(x)$ 存在，记 $\lim\limits_{n\to\infty}s_n(x)=s(x)$，它是 x 的函数，称为函数项级数 $\sum_{n=1}^{\infty}u_n(x)$ 的和函数，称 $r_n(x)=s(x)-s_n(x)=u_{n+1}(x)+u_{n+2}(x)+\cdots$ 为函数项级数 $\sum_{n=1}^{\infty}u_n(x)$ 的余项．对于收敛域上的每一点 x，有 $\lim\limits_{n\to\infty}r_n(x)=0$.

由上面的定义可知，函数项级数在某区域的收敛性问题，是指函数项级数在该区域内任意一点的收敛性问题，而函数项级数在某点 x 处的收敛性问题，实质上是常数项级数的收敛性问题．这样，我们仍可利用常数项级数的收敛性判别法来判断函数项级数的收敛性.

例 8.2.1　求函数项级数 $\sum_{n=0}^{\infty}(-1)^n x^n$ 的收敛域、发散域及和函数.

解：级数 $\sum_{n=0}^{\infty}(-1)^n x^n$ 的部分和为

$$s_n(x)=1-x+x^2+\cdots+(-1)^n x^n=\frac{1-(-1)^{n+1}x^{n+1}}{1+x},$$

所以，当 $|x|<1$ 时，有

$$\lim_{n\to\infty}s_n(x)=\frac{1}{1+x};$$

当 $|x|\geqslant 1$ 时，$s_n(x)$ 的极限不存在，那么函数项级数 $\sum_{n=0}^{\infty}(-1)^n x^n$ 的收敛域为 $(-1,1)$，发散域为

$(-\infty,-1] \cup [1,+\infty)$，在收敛域内和函数为 $s_n(x)=\dfrac{1}{1+x}, x\in(-1,1)$.

在函数项级数中，最常见的是幂级数和三角级数，在本节我们只研究幂级数.

8.2.2　幂级数及其收敛性

定义 8.2.2　形如 $\sum\limits_{n=0}^{\infty} a_n(x-x_0)^n = a_0 + a_1(x-x_0)+\cdots+a_n(x-x_0)^n+\cdots$ 的函数项级数称为 $(x-x_0)$ 的幂级数，其中 x_0 是某个确定的值，$a_0, a_1, \cdots, a_n, \cdots$ 都是常数，称为幂级数的系数.

当 $x_0=0$ 时，上述级数变成 $\sum\limits_{n=0}^{\infty} a_n x^n = a_0+a_1x+\cdots+a_nx^n+\cdots$，称为 x 的幂级数. 对于幂级数 $\sum\limits_{n=0}^{\infty} a_n(x-x_0)^n$，令 $x-x_0=t$，该级数变为 $\sum\limits_{n=0}^{\infty} a_n t^n$，可见两个级数可相互转化. 所以只需讨论幂级数 $\sum\limits_{n=0}^{\infty} a_n x^n$ 即可. 我们已知它是定义在 $(+\infty,-\infty)$ 上的函数项级数且在 $x=0$ 处必收敛外，还需关心幂级数的收敛域和发散域是如何分布的，即 x 取数轴上哪些点时，幂级数是收敛和发散的?有如下的定理.

定理 8.2.1(阿贝尔(Abel)定理)　如果幂级数 $\sum\limits_{n=0}^{\infty} a_n x^n$ 在 $x=x_0(x_0\neq 0)$ 时收敛，则对于满足不等式 $|x|<|x_0|$ 的一切 x，幂级数 $\sum\limits_{n=0}^{\infty} a_n x^n$ 绝对收敛；如果幂级数 $\sum\limits_{n=0}^{\infty} a_n x^n$ 在 $x=x_0$ 时发散，则对于满足不等式 $|x|>|x_0|$ 的一切 x，幂级数 $\sum\limits_{n=0}^{\infty} a_n x^n$ 发散.

证明:(1) 设点 $x_0(x_0\neq 0)$ 是收敛点，即 $\sum\limits_{n=0}^{\infty} a_n x_0^n$ 收敛，根据级数收敛的必要条件，有 $\lim\limits_{n\to\infty} a_n x_0^n = 0$，于是，存在常数 M，使得

$$|a_n x_0^n| \leqslant M \quad (n=0,1,2,\cdots),$$

因为

$$|a_n x_0^n| = \left|a_n x_0^n \frac{x^n}{x_0^n}\right| = |a_n x_0^n|\left|\frac{x^n}{x_0^n}\right| \leqslant M\left|\frac{x}{x_0}\right|^n,$$

而当 $\left|\dfrac{x}{x_0}\right|<1$ 时，等比级数 $\sum\limits_{n=0}^{\infty} M\left|\dfrac{x}{x_0}\right|^n$ 收敛，所以根据比较判别法可知，级数 $\sum\limits_{n=0}^{\infty}|a_n x^n|$ 收敛，即级数 $\sum\limits_{n=0}^{\infty} a_n x^n$ 绝对收敛.

(2) 用反证法来证明第二部分. 设 $x=x_0$ 时发散，而另有一点 x_1 存在，它满足 $|x_1|>|x_0|$，并使得级数 $\sum\limits_{n=0}^{\infty} a_n x_1^n$ 收敛，根据(1) 的结论，当 $x=x_0$ 时级数应收敛，与假设矛盾，从而得证.

阿贝尔定理表明，如果幂级数在某点 x_0(如 $x_0=5$) 处收敛，则在开区间 $(-5,5)$ 内一切点 x，无一例外地使幂级数都绝对收敛；如果在某点 x_0(如 $x_0=-7$) 处发散，则在开区间 $(-\infty,-7)\cup(7,+\infty)$ 内的一切点 x，无一例外地使幂级数都绝对发散. 所以，很容易给出这样的集合说明：只要幂级数在数轴上既有非零的收敛点，也有发散点，那么从原点沿 x 轴向正方向走，最初只遇到收敛点，然后就只遇到发散点直到无穷远处，而这两部分的界点可能是收敛点，也可能是发散

点．从原点沿 x 轴向负方向走也一样，两个界点 P 和 P' 在原点的两侧，且到原点的距离是一样的，如图 8-2-1 所示．

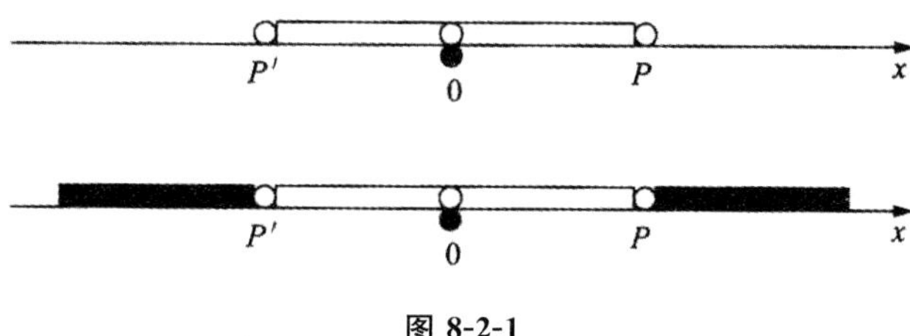

图 8-2-1

上述分析揭示了幂级数收敛区域的特定结构．根据上述分析可得到以下推论．

推论 8.2.1　如果幂级数 $\sum\limits_{n=0}^{\infty} a_n x^n$ 不是仅在 $x=0$ 一点收敛，也不是在整个数轴上都收敛，则必存在一个完全确定的整数 R，使得

(1) 当 $|x|<R$ 时，幂级数绝对收敛．

(2) 当 $|x|>R$ 时，幂级数发散．

(3) 当 $x=\pm R$ 时，幂级数可能收敛也可能发散．

一般把正数 R 称为幂级数 $\sum\limits_{n=0}^{\infty} a_n x^n$ 的收敛半径，而区间 $(-R,R)$ 称为收敛区间，收敛域为 $(-R,R)\cup$｛收敛的区间端点｝. 可见，收敛半径即为收敛区间的半长，也是界点 P 或 P' 到原点的距离；收敛区间和收敛域是有区别的，收敛区间是 $(-R,R)$，而收敛半径可能是 $(-R,R)$、$(-R,R]$、$[-R,R)$、$[-R,R]$ 四个区间之一．

如果幂级数在 $(-\infty,+\infty)$ 上每一点都收敛，则规定 $R=+\infty$；如果幂级数仅在 $x=0$ 处收敛，则规定 $R=0$.

关于幂级数收敛半径的求法，我们有下面的定理．

定理 8.2.2　设幂级数 $\sum\limits_{n=0}^{\infty} a_n x^n$ 的所有系数 $a_n\neq 0$，如果 $\lim\limits_{n\to\infty}\left|\dfrac{a_{n+1}}{a_n}\right|=\rho$，则

(1) 当 $\rho\neq 0$ 时，幂级数的收敛半径 $R=\dfrac{1}{\rho}$.

(2) 当 $\rho=0$ 时，幂级数的收敛半径 $R=+\infty$.

(3) 当 $\rho=+\infty$ 时，幂级数的收敛半径 $R=0$.

证明：当 $x=0$ 时级数必收敛．下面考虑 $x\neq 0$ 的情形．对幂级数 $\sum\limits_{n=0}^{\infty} a_n x^n$，各项取绝对值，形成正项级数，得

$$\sum_{n=0}^{\infty}|a_n x^n| = |a_0|+|a_1 x|+|a_2 x^2|+\cdots+|a_n x^n|+\cdots,$$

根据比值判别法可得

$$\lim_{n\to\infty}\left|\frac{a_{n+1}x^{n+1}}{a_n x^n}\right| = |x|\lim_{n\to\infty}\left|\frac{a_{n+1}}{a_n}\right| = \rho|x|.$$

(1) 当 $\rho\neq 0$ 时，则当 $|x|<\dfrac{1}{\rho}$ 时，级数 $\sum\limits_{n=0}^{\infty} a_n x^n$ 绝对收敛；当 $|x|>\dfrac{1}{\rho}$ 时，级数 $\sum\limits_{n=0}^{\infty}|a_n x^n|$ 发

散，且当 n 充分大时，有

$$|a_{n+1}x^{n+1}| > |a_nx^n|,$$

所以一般项 $|a_nx^n|$ 不趋于零，从而级数 $\sum\limits_{n=0}^{\infty}a_nx^n$ 发散，即收敛半径 $R=\dfrac{1}{\rho}$.

(2) 当 $\rho=0$ 时，对任意 $x\neq 0$ 有

$$\frac{a_{n+1}x^{n+1}}{a_nx^n}\to 0(n\to\infty),$$

所以级数 $\sum\limits_{n=0}^{\infty}a_nx^n$ 绝对收敛，收敛半径 $R=+\infty$.

(3) 当 $\rho=+\infty$ 时，对一切 $x\neq 0$ 及充分大的 n，都有 $\left|\dfrac{a_{n+1}}{a_n}x\right|>1$，此时

$$|a_{n+1}x^{n+1}|=|a_nx^n|\cdot\left|\frac{a_{n+1}}{a_n}x\right|>|a_nx^n|,$$

所以 $\lim\limits_{n\to\infty}a_nx^n\neq 0$，从而幂级数也必发散，于是 $R=0$.

综上所述，求幂级数 $\sum\limits_{n=0}^{\infty}a_nx^n$ 收敛域的基本步骤如下．

(1) 求出收敛半径 R.

(2) 判别常数项级数 $\sum\limits_{n=0}^{\infty}a_nR^n$，$\sum\limits_{n=0}^{\infty}a_n(-R)^n$ 的收敛性．

(3) 写出幂级数的收敛域．

在定理 8.2.2 中，我们假设幂级数 $\sum\limits_{n=0}^{\infty}a_nx^n$ 的所有系数 $a_n\neq 0$，这样幂级数的各项是依幂次 x 连续的．如果幂级数有缺项，如缺少奇次幂的项等，则应利用比值审敛法或根值审敛法来判断幂级数的收敛性．

例 8.2.2 求幂级数 $\sum\limits_{n=1}^{\infty}\dfrac{(x-1)^n}{2^n\cdot n}$ 的收敛域．

解：令 $t=x-1$，则级数变为

$$\sum_{n=1}^{\infty}\frac{t^n}{2^n\cdot n},$$

因为

$$\begin{aligned}\rho&=\lim_{n\to\infty}\left|\frac{u_{n+1}}{u_n}\right|\\&=\lim_{n\to\infty}\left|\frac{\dfrac{1}{2^{n+1}(n+1)}}{\dfrac{1}{2^nn}}\right|\\&=\lim_{n\to\infty}\frac{n}{2(n+1)}\\&=\frac{1}{2},\end{aligned}$$

所以收敛半径 $R=2$，收敛区间 $|t|<2$，即 $-1<x<3$.

当 $x=3$ 时，级数为调和级数 $\sum_{n=1}^{\infty}\frac{1}{n}$，级数发散；当 $x=-1$ 时，级数为交错级数 $\sum_{n=1}^{\infty}\frac{(-1)^n}{n}$，级数收敛．所以，幂级数 $\sum_{n=1}^{\infty}\frac{(x-1)^n}{2^n\cdot n}$ 的收敛域为 $[-1,3)$．

例 8.2.3　求幂级数 $\sum_{n=1}^{\infty}\frac{x^{2n}}{n^2}$ 的收敛域．

解：这个幂级数缺奇次幂项，不能直接用上面的公式．

解法 1：把它看成以 x 为参数的数项级数，根据比值审敛法有

$$\begin{aligned}\rho &= \lim_{n\to\infty}\left|\frac{u_{n+1}}{u_n}\right| \\ &= \lim_{n\to\infty}\left|\frac{\dfrac{x^{2n+2}}{(n+1)^2}}{\dfrac{x^n}{n^2}}\right| \\ &= \lim_{n\to\infty}\frac{n^2}{(n+1)^2}x^2 \\ &= x^2.\end{aligned}$$

当 $x^2<1$，即 $|x|<1$ 时，级数收敛；当 $x^2>1$，即 $|x|>1$ 时，级数发散，所以它的收敛半径 $R=1$．当 $x=\pm 1$ 时，级数都是 $\sum_{n=1}^{\infty}\frac{1}{n^2}$，显然收敛，所以它的收敛域是 $[-1,1]$．

解法 2：级数可以写成

$$\sum_{n=1}^{\infty}\frac{x^{2n}}{n^2}=\sum_{n=1}^{\infty}\frac{(x^2)^n}{n^2},$$

令 $t=x^2$，则级数变成 $\sum_{n=1}^{\infty}\frac{t^n}{n^2}$. 因为

$$\lim_{n\to\infty}\left|\frac{u_{n+1}}{u_n}\right|=\lim_{n\to\infty}\frac{n^2}{(n+1)^2}=1,$$

所以 $\sum_{n=1}^{\infty}\frac{t^n}{n^2}$ 的收敛半径 $R=1$，说明在 $|t|<1$ 时，该级数绝对收敛；在 $|t|>1$ 时，该级数发散．所以原级数在 $x^2<1$，即 $|x|<1$ 时，级数收敛；当 $x^2>1$，即 $|x|>1$ 时，级数发散，所以原级数的收敛半径 $R=1$. 当 $x=\pm 1$ 时，级数都是 $\sum_{n=1}^{\infty}\frac{1}{n^2}$，显然收敛，所以它的收敛域是 $[-1,1]$．

8.2.3　幂级数的性质

1. 幂级数和函数的分析性质

定理 8.2.3(阿贝尔第二定理)　设幂级数

$$\sum_{n=0}^{\infty}a_nx^n=a_0+a_1x+\cdots+a_nx^n+\cdots \tag{8-2-3}$$

的收敛半径为 $R>0$，则 $\forall r\in(0,R)$，级数 $\sum_{n=0}^{\infty}a_nx^n$ 在闭区间 $[-r,r]$ 上一致收敛．

证明：我们知道，级数(8-2-3)在$(-R,R)$内任一点绝对收敛，$r\in(0,R)$，所以数项级数$\sum_{n=0}^{\infty}|a_n|r^n$是收敛的．又因为$x\in[-r,r]$时，有

$$|a_nx^n|\leqslant|a_n|r^n,$$

据幂级数判别法可知，$\sum_{n=0}^{\infty}a_nr^n$在$[-r,r]$上一致收敛．

由此可见，幂级数在收敛区间上未必一致收敛，但是它在收敛区间的任意闭子区间都一致收敛，这一性质称为幂级数的内闭一致收敛性．

定理 8.2.4　设幂级数$\sum_{n=0}^{\infty}a_nx^n$的收敛半径为$R$，则其和函数$s(x)$在$(-R,R)$内连续．

证明：任取$x_0\in(-R,R)$，即$|x_0|<R$，在数$|x_0|$与R之间任取一数r，则$|x_0|\in[-r,r]\subset(-R,R)$．根据定理8.2.2，级数(8-2-3)在$[-r,r]$上一致收敛，因而和函数$s(x)$在$x_0$处连续．由于$x_0$是$(-R,R)$中的任意一点，故和函数$s(x)$在$(-R,R)$上连续．

由和函数的连续性，幂级数$\sum_{n=0}^{\infty}a_nx^n$的和函数$s(x)$在收敛域上连续．如果收敛域包含区间的端点，则左端点右连续，右端点左连续．

定理 8.2.5　设幂级数$\sum_{n=0}^{\infty}a_nx^n$的收敛半径为$R$，则其和函数$s(x)$在$(-R,R)$内可导，其导函数可通过逐项求导，得到

$$s'(x)=\sum_{n=1}^{\infty}na_nx^{n-1},\tag{8-2-4}$$

并且逐项求导后的幂级数的收敛半径仍为R.

证明：先证级数$\sum_{n=1}^{\infty}na_nx^{n-1}$在$(-R,R)$内收敛．为此，任取$x_0\in(-R,R)$，再取定$r$，使得$|x_0|<r<R$. 记$q=\frac{|x_0|}{r}<1$，则

$$|na_nx^{n-1}|=n\left|\frac{x_0}{r}\right|^{n-1}\cdot\frac{1}{r}\cdot|a_nr^n|=nq^{n-1}\cdot\frac{1}{r}\cdot|a_n|r^n,$$

则由比值判别法可知，级数$\sum_{n=1}^{\infty}nq^{n-1}$是收敛的，因此其一般项趋于零，即

$$nq^{n-1}\to0\quad(n\to\infty),$$

从而数列$\{nq^{n-1}\}$有界，即存在常数$M>0$，使得

$$nq^{n-1}\cdot\frac{1}{r}\leqslant M\quad(n=1,2,\cdots).$$

又$0<r<R$且级数$\sum_{n=1}^{\infty}|a_n|r^n$收敛，于是由比较判别法可知，级数$\sum_{n=1}^{\infty}na_nx^{n-1}$收敛．

根据定理8.2.3可知，幂级数$\sum_{n=1}^{\infty}na_nx^{n-1}$在$(-R,R)$中内闭一致收敛．于是，对于幂级数$\sum_{n=0}^{\infty}a_nx^n$来说，定理8.2.2的三个条件都满足，因而等式(8-2-4)在$[-r,r]$中成立，其中r是满足$0<r<R$的任一数．由于r可以接近R，所以等式(8-2-4)在$(-R,R)$中成立．

反复应用上面所证得的结论，即可推知级数(8-2-4)的和函数 $s(x)$ 在 $(-R,R)$ 中有任意阶导数：

$$s^{(k)}(x)=\sum_{n=k}^{\infty}n(n-1)\cdots(n-k+1)a_nx^{n-k},k=1,2,\cdots \tag{8-2-5}$$

且其收敛半径为 R.

定理 8.2.6　若级数 $\sum_{n=0}^{\infty}a_nx^n$ 的收敛半径是 $R(R>0)$，则 $\forall x\in(-R,R)$，它的和函数 $s(x)$ 在 $[0,x]$ 上可积，且可逐项积分，即

$$\int_0^x s(t)\mathrm{d}t=\sum_{n=0}^{\infty}\int_0^x a_nt^n\mathrm{d}t=\sum_{n=0}^{\infty}\frac{a_n}{n+1}x^{n+1}.$$

证明：由于 $\forall x\in(-R,R)$，$\exists r>0$，使得 $x\in[-r,r]\subset(-R,R)$. 根据幂级数的内闭一致收敛性与逐项可积性可知，和函数 $s(x)$ 在 $[0,x]$ 上可积，且可逐项积分，即

$$\int_0^x s(t)\mathrm{d}t=\int_0^x\left(\sum_{n=0}^{\infty}a_nt^n\right)\mathrm{d}t=\sum_{n=0}^{\infty}\int_0^x a_nt^n\mathrm{d}t=\sum_{n=0}^{\infty}\frac{a_n}{n+1}x^{n+1}.$$

定理 8.2.5 和定理 8.2.6 告诉我们，在任何幂级数收敛区间的内部，对它逐项微分或逐项积分永远是可行的.

例 8.2.4　求幂级数 $\sum_{n=0}^{\infty}\frac{x^n}{n+1}$ 的和函数.

解：因为

$$\lim_{n\to\infty}\left|\frac{a_{n+1}}{a_n}\right|=\lim_{n\to\infty}\frac{n+1}{n+2}=1,$$

所以收敛半径 $R=1$.

在 $x=-1$ 处，幂级数变为 $\sum_{n=0}^{\infty}\frac{(-1)^n}{n+1}$，收敛；在 $x=1$ 处，幂级数变为 $\sum_{n=0}^{\infty}\frac{1}{n+1}$，发散，所以幂级数 $\sum_{n=0}^{\infty}\frac{x^n}{n+1}$ 的收敛域为 $[-1,1)$.

设和函数为 $s(x)$，即

$$s(x)=\sum_{n=0}^{\infty}\frac{x^n}{n+1}\quad x\in[-1,1),$$

那么

$$xs(x)=\sum_{n=0}^{\infty}\frac{x^{n+1}}{n+1},$$

逐项求导数可得

$$[xs(x)]'=\left(\sum_{n=0}^{\infty}\frac{x^{n+1}}{n+1}\right)'=\sum_{n=0}^{\infty}\left(\frac{x^{n+1}}{n+1}\right)'=\sum_{n=0}^{\infty}x^n=\frac{1}{1-x}\quad x\in(-1,1),$$

所以

$$xs(x)=\int_0^x[xs(x)]'\mathrm{d}x=\int_0^x\frac{1}{1-x}\mathrm{d}x=-\ln(1-x)\quad x\in[-1,1),$$

当 $x\neq0$ 时，

$$s(x)=-\frac{1}{x}\ln(1-x),$$

易得 $s(0)=a_0=1$，从而

$$s(x)=\begin{cases}-\dfrac{1}{x}\ln(1-x) & x\in[-1,1)\text{ 且 }x\neq 0\\ 1 & x=0\end{cases}.$$

2. 幂级数的运算性质

设有幂级数 $\sum_{n=0}^{\infty}a_nx^n=a_0+a_1x+\cdots+a_nx^n+\cdots$ 和 $\sum_{n=0}^{\infty}b_nx^n=b_0+b_1x+\cdots+b_nx^n+\cdots$，它们的收敛区间分别是 $(-R,R)$ 和 $(-R',R')$.

加法：$\sum_{n=0}^{\infty}a_nx^n+\sum_{n=0}^{\infty}b_nx^n=\sum_{n=0}^{\infty}(a_n+b_n)x^n$. (8-2-6)

减法：$\sum_{n=0}^{\infty}a_nx^n-\sum_{n=0}^{\infty}b_nx^n=\sum_{n=0}^{\infty}(a_n-b_n)x^n$. (8-2-7)

根据收敛级数的性质 8.1.2，(8-2-6)、(8-2-7) 两式在 $(-R,R)$ 和 $(-R',R')$ 两个区间中较小的一个区间内成立.

乘法：$\left(\sum_{n=0}^{\infty}a_nx^n\right)\left(\sum_{n=0}^{\infty}b_nx^n\right)=a_0b_0+(a_0b_1+a_1b_0)x+(a_0b_2+a_1b_1+a_2b_0)x^2+\cdots+(a_0b_n+a_1b_{n-1}+\cdots+a_nb_0)x^n+\cdots$. 这是两个幂级数的柯西乘积，可以证明上式在 $(-R,R)$ 和 $(-R',R')$ 两个区间中较小的一个区间内成立.

除法：$\dfrac{\sum_{n=0}^{\infty}a_nx^n}{\sum_{n=0}^{\infty}b_nx^n}=c_0+c_1x+c_2x^2+\cdots+c_nx^n+\cdots$.

这里假设 $b_0\neq 0$，系数 $c_0,c_1,c_2\cdots,c_n,\cdots$ 可通过如下确定：将级数 $\sum_{n=0}^{\infty}b_nx^n$ 和 $\sum_{n=0}^{\infty}c_nx^n$ 相乘，并令乘积中各项的系数分别等于级数 $\sum_{n=0}^{\infty}a_nx^n$ 中同次幂的系数，即得

$$\begin{gathered}a_0=b_0c_0,\\ a_1=b_1c_0+b_0c_1,\\ a_2=b_2c_0+b_1c_1+b_0c_2,\\ \cdots\end{gathered}$$

由这些方程就可以依次求出 $c_0,c_1,c_2\cdots,c_n,\cdots$.

相除后所得的幂级数 $\sum_{n=0}^{\infty}c_nx^n$ 的收敛区间可能比原来的两级数的收敛区间小得多. 例如，级数 $\sum_{n=0}^{\infty}a_nx^n=1$ 和 $\sum_{n=0}^{\infty}b_nx^n=1-x$ 在 $(-\infty,+\infty)$ 上收敛，但 $\dfrac{\sum_{n=0}^{\infty}a_nx^n}{\sum_{n=0}^{\infty}b_nx^n}=\dfrac{1}{1-x}=1+x+x^2+\cdots+x^n+\cdots$ 只在区间 $(-1,1)$ 上收敛.

例 8.2.5 求幂级数 $\sum_{n=1}^{\infty}(2^n+\sqrt{n})(x+1)^n$ 的收敛域.

解:将原幂级数分为两个幂级数

$$\sum_{n=1}^{\infty} 2^n (x+1)^n, \sum_{n=1}^{\infty} \sqrt{n} (x+1)^n,$$

前者的收敛半径为

$$R_1 = \lim_{n\to\infty} \frac{2^n}{2^{n+1}} = \frac{1}{2},$$

后者的收敛半径为

$$R_2 = \lim_{n\to\infty} \frac{\sqrt{n}}{\sqrt{n+1}} = 1.$$

于是,所求幂级数的收敛半径 $R = \min\left\{\frac{1}{2}, 1\right\} = \frac{1}{2}$,即收敛区间为

$$-\frac{3}{2} < x < -\frac{1}{2},$$

当 $x = -\frac{3}{2}$ 和 $x = -\frac{1}{2}$ 时,对应的级数依次为

$$\sum_{n=1}^{\infty} (-1)^n \frac{2^n + \sqrt{n}}{2^n}, \sum_{n=1}^{\infty} \frac{2^n + \sqrt{n}}{2^n},$$

因为$\frac{2^n + \sqrt{n}}{2^n} = 1 \neq 0$,所以这两个级数都发散,从而原幂级数的收敛域为$\left(-\frac{3}{2}, -\frac{1}{2}\right)$.

例 8.2.6　证明:$\frac{\pi}{4} = 1 - \frac{1}{3} + \frac{1}{5} - \frac{1}{7} + \cdots$.

证明:问题是求级数

$$1 - \frac{1}{3} + \frac{1}{5} - \frac{1}{7} + \cdots = \sum_{n=0}^{\infty} \frac{(-1)^n}{2n+1}$$

的和,这个和又可看成是幂级数

$$\sum_{n=0}^{\infty} (-1)^n \frac{x^{2n+1}}{2n+1} = x - \frac{x^3}{3} + \frac{x^5}{5} - \frac{x^7}{7} + \cdots$$

的和函数 $s(x)$ 在 $x = 1$ 点的值. 首先求出这个幂级数的收敛域是$[-1,1]$,$\forall x \in (-1,1)$,有

$$\begin{aligned} s(x) &= \sum_{n=0}^{\infty} (-1)^n \frac{x^{2n+1}}{2n+1} \\ &= \sum_{n=0}^{\infty} (-1)^n \int_0^x t^{2n} \mathrm{d}t \\ &= \int_0^x \left[\sum_{n=0}^{\infty} (-1)^n \int_0^x t^{2n} \right] \mathrm{d}t, \end{aligned}$$

而

$$\sum_{n=0}^{\infty} (-1)^n t^{2n} = \sum_{n=0}^{\infty} (-1)^n (t^2)^n = \frac{1}{1+t^2}, |t| < 1,$$

所以

$$s(x) = \int_0^x \frac{\mathrm{d}t}{1+t^2} = \arctan t \Big|_0^x = \arctan 1 = \frac{\pi}{4}.$$

8.3 函数展开成幂级数及幂级数展开式的应用

在初等函数中,多项式函数是最简单的函数. 如果能将函数用多项式函数近似表示,而误差又能满足要求,这对研究函数的性质和近似计算都有重要意义.

8.3.1 泰勒级数

对于给定的函数 $f(x)$,若能在一个区间上将函数 $f(x)$ 用幂级数来表示,也就是说能够找到一个幂级数,其在某区间内收敛,并且其和函数恰好为给定的函数 $f(x)$,那么称函数 $f(x)$ 在该区间内能够展开成幂级数.

若函数 $f(x)$ 在点 x_0 的某一邻域内具有直到$(n+1)$ 阶的导数,那么该邻域内函数 $f(x)$ 的 n 阶泰勒公式

$$f(x)=f(x_0)+f'(x_0)(x-x_0)+\frac{f''(x_0)(x-x_0)^2}{2!}+\cdots+\frac{f^{(n)}(x_0)(x-x_0)^n}{n!}+R_n(x)$$

成立,其中 $R_n(x)$ 为拉格朗日余项,

$$R_n(x)=\frac{f^{(n+1)}(\xi)(x-x_0)^{n+1}}{(n+1)!},$$

ξ 为 x 与 x_0 之间的某个值. 此时,在该邻域内函数 $f(x)$ 可用 n 次多项式

$$p_n(x)=f(x_0)+f'(x_0)(x-x_0)+\frac{f''(x_0)(x-x_0)^2}{2!}+\cdots+\frac{f^{(n)}(x_0)(x-x_0)^n}{n!} \tag{8-3-1}$$

来近似表达,且误差等于余项 $R_n(x)$ 的绝对值. 若 $R_n(x)$ 随着 n 的增大而减小,则可用增加多项式(8-3-1) 的项数从而来提高精度.

基于这种思想,若函数 $f(x)$ 在点 x_0 的某个邻域内具有任意阶导数,从而可以构造幂级数

$$f(x_0)+\frac{f'(x_0)(x-x_0)}{1!}+\frac{f''(x_0)(x-x_0)^2}{2!}+\cdots+\frac{f^{(n)}(x_0)(x-x_0)^n}{n!}+\cdots$$

去逼近函数 $f(x)$,称此级数为函数 $f(x)$ 在点 x_0 处的泰勒级数,记作

$$\sum_{n=0}^{\infty}\frac{f^{(n)}(x_0)}{n!}(x-x_0)^n.$$

注意,这里记 $f^{(0)}(x)=f(x)$,$0!=1$.

特别地,当 $x_0=0$ 时,幂级数

$$f(0)+f'(0)x+\frac{f''(0)x^2}{2!}+\cdots\frac{f^{(n)}(0)x^n}{n!}+\cdots=\sum_{n=0}^{\infty}\frac{f^{(n)}(0)x^n}{n!}$$

称为函数 $f(x)$ 关于 x 的麦克劳林级数.

若函数 $f(x)$ 可以展开成幂级数的形式,那么该幂级数一定为其泰勒级数.

假设函数 $f(x)$ 在点 x_0 的某一邻域 $\mathbf{N}(x_0)$ 内可展开成幂级数,那么对于 $x\in\mathbf{N}(x_0)$,则有

$$\begin{aligned}f(x)&=a_0+a_1(x-x_0)+a_2(x-x_0)^2+\cdots+a_n(x-x_0)^n+\cdots\\&=\sum_{n=0}^{\infty}a_n(x-x_0)^n.\end{aligned}$$

易知，当 $x=x_0$，则有

$$a_0=f(x_0).$$

由幂级数的可导性可得

$$f'(x)=\sum_{n=1}^{\infty}na_n(x-x_0)^{n-1},$$

得

$$f'(x_0)=1\cdot a_1=1!\cdot a_1,$$

即有

$$a_1=\frac{f'(x_0)}{1!}.$$

由

$$f''(x)=\sum_{n=2}^{\infty}n(n-1)a_n(x-x_0)^{n-2}$$

得

$$f''(x_0)=2!\cdot a_2,$$

即有

$$a_2=\frac{f''(x_0)}{2!}.$$

一般地，对于每个正整数 k，存在

$$f^k(x)=\sum_{n=k}^{\infty}n(n-1)\cdots(n-k+1)a_n(x-x_0)^{n-k},x\in \mathbf{N}(x_0),$$

设 $x=x_0$，可得

$$f^{(k)}(x_0)=k!\cdot a_k,$$

即有

$$a_k=\frac{f^{(k)}(x_0)}{k!}\quad (k=0,1,2,\cdots).$$

从而可得，如果函数 $f(x)$ 在点 x_0 的某邻域 $\mathbf{N}(x_0)$ 内具有各阶导数，并且函数 $f(x)$ 可展开成幂级数，那么此幂级数展开式唯一，并且为函数 $f(x)$ 的泰勒级数．

定理 8.3.1　设函数 $f(x)$ 在点 x_0 的某一邻域 $\mathbf{N}(x_0)$ 内具有各阶导数，那么函数 $f(x)$ 在此邻域内能展开成以 x_0 为中心的泰勒级数的充分必要条件为函数 $f(x)$ 的泰勒公式中的余项 $R_n(x)$ 在 $n\to\infty$ 时的极限为零，即有

$$\lim_{n\to\infty}R_n(x)=0,$$

其中 $x\in \mathbf{N}(x_0)$.

证明：必要性．设函数 $f(x)$ 在 $\mathbf{N}(x_0)$ 内展开成为泰勒级数，则有

$$f(x)=f(x_0)+f'(x_0)(x-x_0)+\frac{f''(x_0)(x-x_0)^2}{2!}+\cdots+\frac{f^{(n)}(x_0)(x-x_0)^n}{n!}+\cdots \tag{8-3-2}$$

对于一切 $x\in \mathbf{N}(x_0)$ 成立．把函数 $f(x)$ 的 n 阶泰勒公式

$$f(x)=f(x_0)+f'(x_0)(x-x_0)+\frac{f''(x_0)(x-x_0)^2}{2!}+\cdots+\frac{f^{(n)}(x_0)(x-x_0)^n}{n!}+R_n(x)$$

写成

$$f(x)=S_{n+1}(x)+R_n(x).$$

其中 $S_{n+1}(x)$ 为函数 $f(x)$ 的泰勒级数

$$f(x_0)+\frac{f'(x_0)(x-x_0)}{1!}+\frac{f''(x_0)(x-x_0)^2}{2!}+\cdots+\frac{f^{(n)}(x_0)(x-x_0)^n}{n!}+\cdots$$

的前$(n+1)$项之和,因为根据式(8-3-2)则有

$$\lim_{n\to\infty}S_{n+1}(x)=f(x),$$

所以

$$\begin{aligned}\lim_{n\to\infty}R_n(x)&=\lim_{n\to\infty}[f(x)-S_{n+1}(x)]\\&=f(x)-f(x)\\&=0.\end{aligned}$$

从而证明了条件为必要的.

充分性.设$\lim\limits_{n\to\infty}R_n(x)=0$ 对于一切 $x\in\mathbf{N}(x_0)$ 成立.根据函数 $f(x)$ 的 n 阶泰勒公式

$$f(x)=S_{n+1}(x)+R_n(x),$$

则有

$$S_{n+1}(x)=f(x)-R_n(x),$$

令 $n\to\infty$ 取上式的极限,可得

$$\lim_{n\to\infty}S_{n+1}(x)=\lim_{n\to\infty}[f(x)-R_n(x)]=f(x),$$

即函数 $f(x)$ 的泰勒级数

$$f(x_0)+\frac{f'(x_0)(x-x_0)}{1!}+\frac{f''(x_0)(x-x_0)^2}{2!}+\cdots+\frac{f^{(n)}(x_0)(x-x_0)^n}{n!}+\cdots$$

在 $\mathbf{N}(x_0)$ 内收敛,并且收敛于 $f(x)$,所以条件为充分的.

定理 8.3.2 若 $f(x)=\sum\limits_{n=0}^{\infty}a_n(x-x_0)^n$,则

$$a_n=\frac{f^{(n)}(x_0)}{n!}\quad(n=0,1,2,\cdots).$$

证明:由于幂级数可以逐项微分,将 $f(x)=\sum\limits_{n=0}^{\infty}a_n(x-x_0)^n$ 两端求 n 次倒数,有

$$f^{(n)}(x)=n!a_n+(n+1)a_{n+1}(x-x_0)+\frac{(n+2)!}{2!}a_{n+2}(x-x_0)^2+\cdots\quad(n=0,1,2,\cdots),$$

上式中取 $x=x_0$,则有

$$f^{(n)}(x_0)=n!a_n,$$

因此

$$a_n=\frac{f^{(n)}(x_0)}{n!},n=0,1,2,\cdots.$$

8.3.2 函数展开成幂级数

1. 直接展开法

将函数 $f(x)$ 展开成 x 的幂级数,其步骤如下.

(1) 求出函数 $f(x)$ 的各阶导数

$$f'(x), f''(x), \cdots, f^{(n)}(x), \cdots,$$

若在 $x=0$ 处某一阶导数不存在,则停止进行.

(2) 求函数及其各阶导数在 $x=0$ 处的值:

$$f(0), f'(0), f''(0), \cdots, f^{(n)}(0), \cdots.$$

(3) 写出幂级数

$$f(0)+f'(0)x+\frac{f''(0)x^2}{2!}+\cdots\frac{f^{(n)}(0)x^n}{n!}+\cdots$$

并求出收敛半径 R.

(4) 当 x 在区间$(-R,R)$内,写出拉格朗日余项 $R_n(x)$,求其极限

$$\lim_{n\to\infty}R_n(x)=\lim_{n\to\infty}\frac{f^{(n+1)}(\xi)(x)^{n+1}}{(n+1)!},$$

其中 ξ 在 0 与 x 之间,如果 $\lim\limits_{n\to\infty}R_n(x)=0$ 成立,那么函数 $f(x)$ 在区间$(-R,R)$内的幂级数展开式为

$$f(x)=f(0)+f'(0)x+\frac{f''(0)x^2}{2!}+\cdots\frac{f^{(n)}(0)x^n}{n!}+\cdots,$$

其中 $-R<x<R$.

例 8.3.1　将函数

$$f(x)=\sin x$$

展开成 x 的幂级数.

解:所给函数的各阶导数为

$$f^{(n)}(x)=\sin\left(x+n\cdot\frac{\pi}{2}\right),$$

其中 $n=1,2,3,\cdots$,$f^{(n)}(0)$ 依次循环的取 $0,1,0,-1,\cdots(n=0,1,2,3,\cdots)$,从而可得级数

$$x-\frac{x^3}{3!}+\frac{x^5}{5!}-\cdots+(-1)^{n-1}\frac{x^{2n-1}}{(2n-1)!}+\cdots,$$

其收敛半径 $R=+\infty$.

对于任何有限数 x,ξ(ξ 在 0 与 x 之间),余项的绝对值当 $n\to\infty$ 时的极限为零:

$$\begin{aligned}|R(x)_n|&=\left|\frac{\sin\left[\xi+\frac{(n+1)\pi}{2}\right]}{(n+1)!}\right|\\&\leqslant\frac{|x|^{n+1}}{(n+1)!}\\&\to 0,\end{aligned}$$

其中 $n\to\infty$. 所以可得

$$\sin x=x-\frac{x^3}{3!}+\frac{x^5}{5!}+\cdots+(-1)^{n-1}\frac{x^{2n-1}}{(2n-1)!}+\cdots,$$

其中 $-\infty<x<+\infty$.

例 8.3.2　将 $f(x)=e^x$ 展开成 x 的幂级数.

解:由于

$$f^{(n)}(x)=e^x\quad(n=0,1,2,\cdots)$$

因此

$$f^{(n)}(0)=1 \quad (n=0,1,2,\cdots)$$

于是有级数

$$1+x+\frac{x^2}{2!}+\cdots+\frac{x^2}{n!}+\cdots$$

它的收敛半径 $R=+\infty$.

对于任何 x、ξ(ξ 介于 0 与 x 之间),有

$$|R_n(x)|=\left|\frac{e^{\xi}}{(n+1)!}x^{n+1}\right|<e^{|x|}\cdot\frac{|x|^{n+1}}{(n+1)!}$$

由于 $\sum\limits_{n=0}^{\infty}\frac{|x|^{n+1}}{(n+1)!}$ 为收敛级数,因此

$$\frac{|x|^{n+1}}{(n+1)!}\to 0 \quad (n\to\infty)$$

又由 $e^{|x|}$ 有界可知

$$R_n(x)\to 0 \quad (n\to\infty)$$

于是

$$e^x=1+x+\frac{1}{2!}x^2+\cdots+\frac{1}{n!}x^n+\cdots \quad (-\infty<x<+\infty).$$

例 8.3.3 求函数

$$f(x)=(1+x)^{\alpha}$$

的展开式.

解:当 α 为正整数时,可直接利用二项式展开定理. 现设 α 不为正整数,则根据

$$f^{(n)}(x)=\alpha(\alpha-1)(\alpha-2)\cdots(\alpha-n+1)(1+x)^{\alpha-n} \quad (n=1,2,\cdots),$$

则有

$$f^{(n)}(0)=\alpha(\alpha-1)(\alpha-2)\cdots(\alpha-n+1) \quad (n=1,2,\cdots),$$

从而有展开式

$$1+\alpha x+\frac{\alpha(\alpha-1)}{2!}x^2+\cdots+\frac{\alpha(\alpha-1)\cdots(\alpha-n+1)}{n!}x^n+\cdots,$$

其中 x^{n+1} 的系数与 x^n 系数之比的绝对值为

$$\left|\frac{a_{n+1}}{a_n}\right|=\left|\frac{a-n}{n+1}\right|\to 1 \quad (n\to\infty),$$

所以上述展开式的收敛半径为 $R=1$.

为了避免直接讨论 $(1+x)^{\alpha}$ 的泰勒展开式的余项,我们不妨设 $F(x)$ 表示其和函数,然后证明

$$F(x)=(1+x)^{\alpha},$$

根据

$$F(x)=1+\alpha x+\frac{\alpha(\alpha-1)}{2!}x^2+\cdots+\frac{\alpha(\alpha-1)\cdots(\alpha-n+1)}{n!}+\cdots,$$

其中 $-1<x<1$,逐项微分,可得

$$F'(x)=\alpha\left[1+(\alpha-1)x+\cdots+\frac{(\alpha-1)\cdots(\alpha-n+1)}{(n-1)!}x^{n-1}+\cdots\right],$$

将上式两端同时乘以$(1+x)$，且将含有 x^n 的两项合并，其中 $n=1,2,3,\cdots$，由恒等式

$$\frac{(\alpha-1)(\alpha-2)\cdots(\alpha-n+1)}{(n-1)!}+\frac{(\alpha-1)(\alpha-2)\cdots(\alpha-n)}{n!}$$
$$=\frac{\alpha(\alpha-1)(\alpha-2)\cdots(\alpha-n+1)}{n!}\quad(n=1,2,3,\cdots),$$

则有

$$(1+x)F'(x)=\alpha\left[1+\alpha x+\frac{\alpha(\alpha-1)}{2!}x^2+\cdots+\frac{\alpha(\alpha-1)(\alpha-2)\cdots(\alpha-n+1)}{n!}x^n+\cdots\right]$$
$$=\alpha F(x),$$

即

$$\frac{F'(x)}{F(x)}=\frac{\alpha}{1+x}.$$

对上式两端从 0 到 x 积分，则有

$$\ln F(x)-\ln F(0)=\alpha\ln(1+x),$$
$$F(x)=(1+x)^\alpha.$$

所以，在区间$(-1,1)$内，有

$$(1+x)^\alpha=1+\alpha x+\frac{\alpha(\alpha-1)}{2!}x^2+\cdots+\frac{\alpha(\alpha-1)(\alpha-2)\cdots(\alpha-n+1)}{n!}x^n+\cdots,$$

其中 $-1<x<1$，那么在收敛区间的端点，展开式是否成立，则由 α 的数值而定．该展开式称为二项级数．

当 $\alpha=-1$ 时，在区间$(-1,1)$内，则有

$$\frac{1}{1+x}=1-x+x^2-\cdots+(-1)^nx^n+\cdots=\sum_{n=0}^{\infty}(-1)^nx^n,$$

如果将 x 换成 $-x$，从而可得

$$\frac{1}{1-x}=1+x+x^2+\cdots+x^n+\cdots=\sum_{n=0}^{\infty}x^n.$$

当 $\alpha=\frac{1}{2}$ 时，有

$$\sqrt{1+x}=1+\frac{1}{2}x-\frac{1}{8}x^2+\cdots+(-1)^{n-1}\frac{1\times3\times5\cdots(2n-3)}{2\times4\times6\cdots(2n)}x^n+\cdots$$

当 $\alpha=-\frac{1}{2}$ 时，有

$$\frac{1}{\sqrt{1+x}}=1-\frac{1}{2}x+\frac{3}{8}x^2-\frac{1\times3\times5}{2\times4\times6}x^3+\cdots+(-1)^n\frac{1\times3\times5\cdots(2n-1)}{2\times4\times6\cdots(2n)}x^n+\cdots$$

从而可证明两个级数在收敛区间的端点 $x=1$ 处收敛，所以不两个式子对于 $x\in(-1,1]$ 均成立．

2. 间接展开法

间接展开法是指从已知函数的展开式出发，根据幂级数的变换、四则运算、分析运算法则将函数展开成为幂级数的方法．由于函数的幂级数展开式唯一，那么间接展开法与直接展开法得到的结果相同．

例 8.3.4 将函数

$$f(x)=\frac{1}{a-x}\quad(a\neq 0)$$

按照以下的方式展开为幂级数：

(1) 依 x 的乘幂展开．

(2) 依 $x-b$ 的乘幂展开($b\neq a$)．

(3) 依$\frac{1}{x}$ 的乘幂展开．

解：(1) $f(x)=\frac{1}{a-x}=\frac{1}{a}\frac{1}{1-\frac{x}{a}}$，依据展开式

$$\frac{1}{1-x}=\sum_{n=0}^{\infty}x^n\quad(-1<x<1)$$

将上式中 x 换成$\frac{x}{a}$，则有

$$f(x)=\frac{1}{a}\sum_{n=0}^{\infty}\left(\frac{x}{a}\right)^n=\sum_{n=0}^{\infty}\frac{x^n}{a^{n+1}},$$

其收敛域为$\left|\frac{x}{a}\right|<1$ 或者 $|x|<|a|$．

(2)

$$\begin{aligned}f(x)&=\frac{1}{a-x}=\frac{1}{a-b-(x-b)}=\frac{1}{a-b}\frac{1}{1-\frac{x-b}{a-b}}\\&=\frac{1}{a-b}\sum_{n=0}^{\infty}\left(\frac{x-b}{a-b}\right)^n\\&=\sum_{n=0}^{\infty}\frac{(x-b)^n}{(a-b)^{n+1}},\end{aligned}$$

其收敛域为$\left|\frac{x-b}{a-b}\right|<1$ 或者 $|x-b|<|a-b|$．

(3)
$$\begin{aligned}f(x)&=\frac{1}{a-x}\\&=\frac{1}{x}\frac{1}{\frac{a}{x}-1}\\&=-\frac{1}{x}\frac{1}{1-\frac{a}{x}}\\&=-\frac{1}{x}\sum_{n=0}^{\infty}\left(\frac{a}{x}\right)^n\\&=-\sum_{n=0}^{\infty}\frac{a^n}{x^{n+1}},\end{aligned}$$

收敛域为$\left|\frac{a}{x}\right|<1$ 或者 $|x|>|a|$．

例 8.3.5　将函数

$$f(x)=\frac{1}{x^2+4x+3}$$

展开成 $x-1$ 的幂级数．

解: 由于

$$\begin{aligned}f(x)&=\frac{1}{x^2+4x+3}\\&=\frac{1}{(x+1)(x+3)}\\&=\frac{1}{2}\left[\frac{1}{1+x}-\frac{1}{3+x}\right]\\&=\frac{1}{4}\frac{1}{1+\frac{x-1}{2}}-\frac{1}{8}\frac{1}{1+\frac{x-1}{4}},\end{aligned}$$

而

$$\begin{aligned}\frac{1}{1+\frac{x-1}{2}}&=1-\frac{x-1}{2}+\frac{(x-1)^2}{2^2}-\cdots\\&=\sum_{n=0}^{\infty}\frac{(-1)^n}{2^n}(x-1)^n,\end{aligned}$$

其中 $-1<x<3$.

$$\begin{aligned}\frac{1}{1+\frac{x-1}{4}}&=1-\frac{x-1}{4}+\frac{(x-1)^2}{4^2}-\cdots\\&=\sum_{n=0}^{\infty}\frac{(-1)^n}{4^n}(x-1)^n,\end{aligned}$$

其中 $-3<x<5$. 那么

$$\begin{aligned}f(x)&=\frac{1}{x^2+4x+3}\\&=\sum_{n=0}^{\infty}(-1)^n\left(\frac{1}{2^{n+2}}-\frac{1}{2^{2n+3}}\right)(x-1)^n,\end{aligned}$$

其中 $-1<x<3$.

例 8.3.6　将函数 $f(x)=\sin x$ 展开成 $\left(x-\frac{\pi}{4}\right)$ 的幂级数．

解: 因为

$$\begin{aligned}\sin x&=\sin\left[\frac{\pi}{4}+\left(x-\frac{\pi}{4}\right)\right]\\&=\sin\frac{\pi}{4}\cos\left(x-\frac{\pi}{4}\right)+\cos\frac{\pi}{4}\sin\left(x-\frac{\pi}{4}\right)\\&=\frac{1}{\sqrt{2}}\left[\cos\left(x-\frac{\pi}{4}\right)+\sin\left(x-\frac{\pi}{4}\right)\right].\end{aligned}$$

又因为

$$\cos\left(x-\frac{\pi}{4}\right)=1-\frac{\left(x-\frac{\pi}{4}\right)^2}{2!}+\frac{\left(x-\frac{\pi}{4}\right)^4}{4!}-\frac{\left(x-\frac{\pi}{4}\right)^6}{6!}+\cdots$$

$$\sin\left(x-\frac{\pi}{4}\right)=\left(x-\frac{\pi}{4}\right)-\frac{\left(x-\frac{\pi}{4}\right)^3}{3!}+\frac{\left(x-\frac{\pi}{4}\right)^5}{5!}-\frac{\left(x-\frac{\pi}{4}\right)^7}{7!}+\cdots$$

因此,对于 $\forall x\in(-\infty,+\infty)$有

$$\sin x=\frac{1}{\sqrt{2}}\left[1+\left(x-\frac{\pi}{4}\right)-\frac{\left(x-\frac{\pi}{4}\right)^2}{2!}-\frac{\left(x-\frac{\pi}{4}\right)^3}{3!}+\frac{\left(x-\frac{\pi}{4}\right)^4}{4!}+\frac{\left(x-\frac{\pi}{4}\right)^5}{5!}\right]-\cdots$$

8.3.3 幂级数展开式的应用

1. 函数值的近似计算

我们借助计算机可以十分容易地计算出 $\sin x,\cos x,\tan x,\cot x,e^x,\ln x$ 等初等函数的函数值,然而,这些函数值是通过什么程序计算的呢?其答案为幂级数.

例 8.3.7 计算 e 的值,精确到小数点后第四位(即误差 $r_n<0.0001$).

解:由于

$$e^x=1+x+\frac{x^2}{2!}+\cdots+\frac{x^n}{n!}+\cdots\quad x\in(-\infty,+\infty),$$

则当 $x=1$ 时,有

$$e=1+1+\frac{1}{2!}+\cdots+\frac{1}{n!}+\cdots$$

如果取前 $n+1$ 项近似计算 e,其截断误差为

$$\begin{aligned}|r_n|&=\left|\frac{1}{(n+1)!}+\frac{1}{(n+2)!}+\cdots\right|\\&<\frac{1}{(n+1)!}\left[1+\frac{1}{n+1}+\frac{1}{(n+1)^2}+\cdots\right]\\&=\frac{1}{(n+1)!}\frac{1}{1-\frac{1}{n+1}}\\&=\frac{1}{n!n}.\end{aligned}$$

因为要求误差 $r_n<0.0001$,所以只需要 $n=7$,于是

$$e\approx 2+\frac{1}{2!}+\cdots+\frac{1}{7!}=\frac{1370}{504}\approx 2.7183.$$

例 8.3.8 计算 ln2 的近似值,要求误差不超过 0.0001.

解:易知

$$\ln 2=1-\frac{1}{2}+\frac{1}{3}-\cdots+(-1)^{n-1}\frac{1}{n}+\cdots$$

若取此级数前 n 项的和作为 ln2 的近似值,其误差为

$$|r_n|\leqslant\frac{1}{n+1}.$$

把展开式

$$\ln(1+x)=x-\frac{x^2}{2}+\frac{x^3}{3}-\frac{x^4}{4}+\cdots\quad(-1<x\leqslant 1)$$

中的 x 换成 $-x$，从而可得

$$\ln(1+x)=-x-\frac{x^2}{2}-\frac{x^3}{3}-\frac{x^4}{4}-\cdots\quad(-1\leqslant x<1).$$

两式相减，从而可得不含有偶次幂的展开式

$$\begin{aligned}\ln\frac{1+x}{1-x}&=\ln(1-x)-\ln(1-x)\\&=2\left(x+\frac{1}{3}x^3+\frac{1}{5}x^5+\cdots\right)\quad(-1<x<1).\end{aligned}$$

设 $\frac{1+x}{1-x}=2$，解得 $x=\frac{1}{3}$，将 $x=\frac{1}{3}$ 代入最后一个展开式，可得

$$\ln 2=2\left(\frac{1}{3}+\frac{1}{3}\times\frac{1}{3^3}+\frac{1}{5}\times\frac{1}{3^5}+\frac{1}{7}\times\frac{1}{3^7}+\cdots\right).$$

若取前四项作为 ln2 的近似值，那么其误差为

$$\begin{aligned}|r_4|&=2\left(\frac{1}{9}\times\frac{1}{3^9}+\frac{1}{11}\times\frac{1}{3^{11}}+\frac{1}{13}\times\frac{1}{3^{13}}+\cdots\right)\\&<\frac{2}{3^{11}}\left[1+\frac{1}{9}+\left(\frac{1}{9}\right)^2+\cdots\right]\\&=\frac{2}{3^{11}}\times\frac{1}{1-\frac{1}{9}}\\&<\frac{1}{4\times 3^9}\\&<\frac{1}{70000},\end{aligned}$$

所以

$$\ln 2\approx 2\left(\frac{1}{3}+\frac{1}{3}\times\frac{1}{3^3}+\frac{1}{5}\times\frac{1}{3^5}+\frac{1}{7}\times\frac{1}{3^7}+\cdots\right).$$

因为存在舍入误差，所以计算时应取 5 位小数

$$\frac{1}{3}\approx 0.33333,\ \frac{1}{3}\times\frac{1}{3^3}\approx 0.01235,$$

$$\frac{1}{5}\times\frac{1}{3^5}\approx 0.00082,\ \frac{1}{7}\times\frac{1}{3^7}\approx 0.00007.$$

所以

$$\ln 2\approx 0.6931.$$

例 8.3.9　利用 $\sin x\approx x-\frac{x^3}{3!}$，求 $\sin 9^\circ$ 的值．

解：把角度化为弧度，有

$$9^\circ=\frac{\pi}{180}\cdot 9=\frac{\pi}{20},$$

则有

$$\sin\frac{\pi}{20}\approx\frac{\pi}{20}-\frac{1}{3!}\left(\frac{\pi}{20}\right)^3.$$

在 $\sin x$ 的展开式

$$\sin x = x - \frac{x^3}{3!} + \frac{x^5}{5!} + \cdots + \frac{(-1)^n}{(2n+1)!}x^{2n+1} + \cdots \quad (-\infty < x < +\infty)$$

中,令 $x = \frac{\pi}{20}$ 得

$$\sin\frac{\pi}{20} = \frac{\pi}{20} - \frac{1}{3!}\left(\frac{\pi}{20}\right)^3 + \frac{1}{5!}\left(\frac{\pi}{20}\right)^5 \cdots,$$

等式右端是一个收敛的交错级数,且满足莱布尼茨定理,若取它的前两项作为 $\sin\frac{\pi}{20}$ 的近似值,则误差为

$$|r_2| \leqslant \frac{1}{5!}\left(\frac{\pi}{20}\right)^5 < \frac{1}{120}(0.2)^5 < 10^{-5}.$$

取 $\frac{\pi}{20} \approx 0.157080$,则有

$$\sin 9^\circ = \sin\frac{\pi}{20} \approx \frac{\pi}{20} - \frac{1}{3!}\left(\frac{\pi}{20}\right)^3 \approx 0.15643,$$

误差不超过 10^{-5}.

2. 求积分的近似值

对于原函数不能由基本初等函数表示的积分问题,则可以通过幂级数的运算来确定积分值.

例 8.3.10 计算积分

$$\int_0^1 \frac{\sin x}{x}\mathrm{d}x$$

的近似值,精确到 0.0001.

解:因为 $\lim\limits_{x\to 0}\frac{\sin x}{x} = 1$,所以该积分不是广义积分.若定义函数 $\frac{\sin x}{x}$ 在 $x = 0$ 处的值为 1,那么其在积分区间[0,1]上连续.

展开被积函数,则有

$$\frac{\sin x}{x} = 1 - \frac{x^2}{3!} + \frac{1}{5!}x^4 - \frac{1}{7!}x^6 + \cdots \quad (-\infty < x < +\infty).$$

在区间[0,1]上逐项积分,可得

$$\int_0^1 \frac{\sin x}{x}\mathrm{d}x = 1 - \frac{1}{3\times 3!} + \frac{1}{5\times 5!} - \frac{1}{7\times 7!} + \cdots.$$

由于第四项

$$\frac{1}{7\times 7!} < \frac{1}{30000},$$

因此取前三项的和作为积分的近似值:

$$\int_0^1 \frac{\sin x}{x}\mathrm{d}x \approx 1 - \frac{1}{3\times 3!} + \frac{1}{5\times 5!}$$

或者

$$\int_0^1 \frac{\sin x}{x}\mathrm{d}x \approx 0.9461.$$

例 8.3.11　计算积分

$$\int_0^1 e^{-x^2}\,dx$$

的近似值,精确到 0.0001.

解:因为函数 e^{-x^2} 的原函数不能用初等函数表示,因此不能用积分基本公式直接计算,因此采用幂级数求其积分值.

$$e^x = 1 + x + \frac{x^2}{2!} + \cdots + \frac{x^n}{n!} + \cdots \quad (-\infty < x < +\infty),$$

可得

$$e^{-x^2} = 1 - x^2 + \frac{x^4}{2!} - \frac{x^6}{3!} + \cdots + \frac{(-1)^n x^{2n}}{n!} + \cdots \quad (-\infty < x < +\infty).$$

对上式在[0,1]逐项积分,可得:

$$\int_0^1 e^{-x^2}\,dx = 1 - \frac{1}{3} + \frac{1}{5\times 2!} - \frac{1}{7\times 3!} + \frac{1}{9\times 4!} - \cdots$$

因为第六项

$$\frac{1}{15\times 7!} < 1.5\times 10^{-5},$$

所以前面 7 项之和具有四位有效数字,从而可得:

$$\int_0^1 e^{-x^2}\,dx \approx 1 - \frac{1}{3} + \frac{1}{5\times 2!} - \frac{1}{7\times 3!} + \frac{1}{9\times 4!} - \frac{1}{11\times 5!} + \frac{1}{13\times 6!}$$
$$\approx 0.7468.$$

3. 其他应用

利用幂级数还可以求极限、解方程和证明不等式等.

首先我们介绍欧拉公式.

在前面我们讨论了级数

$$1 + x + \frac{x^2}{2!} + \frac{x^3}{3!} + \cdots + \frac{x^n}{n!} + \cdots$$

当 x 为任何实数时,级数的和函数为 e^x,收敛区间为 $-\infty < x < +\infty$.

下面我们考察复数项级数

$$1 + z + \frac{z^2}{2!} + \frac{z^3}{3!} + \cdots + \frac{z^n}{n!} + \cdots$$

其中 $z = x + iy$,x,y 为实数,$i = \sqrt{-1}$.

根据复变函数理论我们可知,级数 $\sum_{n=0}^{\infty}\frac{z^n}{n!}$ 在全复平面上为绝对收敛,其和函数定义为 e^z,即有

$$e^z = 1 + z + \frac{1}{2!}z^2 + \frac{1}{3!}z^3 + \cdots + \frac{1}{n!}z^n + \cdots$$

$$|z| = \sqrt{x^2 + y^2} < +\infty,$$

当 $y = 0$ 时,$z = x$,此时 $\sum_{n=0}^{\infty}\frac{z^n}{n!}$ 表示函数 e^x,当 $x = 0$ 时,$z = iy$,那么则有

$$\begin{aligned}e^{iy} &= 1+iy+\frac{1}{2!}(iy)^2+\frac{1}{3!}(iy)^3+\cdots+\frac{1}{n!}(iy)^n+\cdots \\ &= 1+iy-\frac{1}{2!}y^2-i\frac{1}{3!}y^3+\frac{1}{4!}y^4+i\frac{1}{5!}y^5+\cdots \\ &= \left(1-\frac{1}{2!}y^2+\frac{1}{4!}y^4-\cdots\right)+i\left(y-\frac{1}{3!}y^3+\frac{1}{5!}y^5\cdots\right).\end{aligned}$$

因为

$$\cos y = 1-\frac{1}{2!}y^2+\frac{1}{4!}y^4-\cdots,$$

$$\sin y = y-\frac{1}{3!}y^3+\frac{1}{5!}y^5-\cdots,$$

所以有

$$e^{iy} = \cos y + i\sin y.$$

该公式为欧拉公式.

同理可得

$$e^{-iy} = \cos y - i\sin y.$$

将上述两式相加和相减可得

$$\begin{cases}\cos y = \dfrac{e^{iy}+e^{-iy}}{2} \\ \sin y = \dfrac{e^{iy}-e^{-iy}}{2i}\end{cases}.$$

这两个公式也称之为欧拉公式.

例 8.3.12 求极限

$$\lim_{x\to 0}\frac{\cos x-e^{-\frac{x^2}{2}}}{x^4}.$$

解:将 $\cos x$ 和 $e^{-\frac{x^2}{2}}$ 的幂级数展开式代入上式,可得:

$$\begin{aligned}&\lim_{x\to 0}\frac{\cos x-e^{-\frac{x^2}{2}}}{x^4} \\ &= \lim_{x\to 0}\frac{\left(1-\frac{x^2}{2}+\frac{x^4}{24}-\cdots\right)-\left(1-\frac{x^2}{2}+\frac{x^4}{2\cdot 2^2}-\cdots\right)}{x^4} \\ &= \lim_{x\to 0}\frac{-\frac{1}{12}x^4+\cdots}{x^4} \\ &= -\frac{1}{12}.\end{aligned}$$

例 8.3.13 方程

$$xy-e^x+e^y=0$$

确定 y 为 x 的函数,将 y 表示为 x 的幂级数.

解:设

$$y = a_0+a_1x+a_2x^2+a_3x^3+\cdots$$

易知，当 $x=0$ 时，$y=0$. 可得 $a_0=0$，所以

$$xy=a_1x^2+a_2x^2+a_3x^3+\cdots \tag{8-3-3}$$

$$e^x=1+x+\frac{x^2}{2!}+\frac{x^3}{3!}+\frac{x^4}{4!}+\cdots \tag{8-3-4}$$

$$\begin{aligned}e^y&=1+y+\frac{y^2}{2!}+\frac{y^3}{3!}+\frac{y^4}{4!}+\cdots\\&=1+(a_1x+a_2x^2+a_3x^3+\cdots)+\frac{1}{2!}(a_1x+a_2x^2+a_3x^3+\cdots)^2+\\&\quad\frac{1}{3!}(a_1x+a_2x^2+a_3x^3+\cdots)^3+\frac{1}{4!}(a_1x+a_2x^2+a_3x^3+\cdots)^4+\cdots\\&=1+a_1x+\left(\frac{a_1^2}{2}+a_2\right)x^2+\left(\frac{a_1^3}{6}+a_1a_2+a_3\right)x^3+\left(\frac{a_1^4}{24}+\frac{1}{2}a_1^2a_2+\frac{1}{2}a_2^2+a_1a_3+a_4\right)x^4+\cdots.\end{aligned} \tag{8-3-5}$$

将式(8-3-3)、式(8-3-4) 及式(8-3-5) 代入 $xy-e^x+e^y=0$ 中，根据 x 的各次幂的系数皆为零，可得

$$\begin{cases}-1+a_1=0\\a_1-\frac{1}{2}+\frac{1}{2}a_1^2+a_2=0\\a_2-\frac{1}{6}+\frac{1}{6}a_1^3+a_1a_2+a_3=0\\a_3-\frac{1}{24}+\frac{1}{24}a_1^4+\frac{1}{2}a_1^2a_2+\frac{1}{2}a_2^2+a_1a_3+a_4=0\\\cdots\end{cases},$$

解方程组可得

$$a_1=1,a_2=-1,a_3=2,a_4=-4,\cdots,$$

根据方程 $xy-e^x+e^y=0$ 确定的隐函数 y 的幂级数展开式为

$$y=x-x^2+2x^3-4x^4+\cdots.$$

8.4　傅里叶级数

8.4.1　三角函数系的正交性

三角级数是指形如 $\frac{a_0}{2}+\sum\limits_{n=1}^{\infty}(a_n\cos nx+b_n\sin nx)$ 的级数，其中 $a_0,a_n,b_n(n=1,2,\cdots)$ 为常数，同样为一类函数项级数.

函数列

$$1,\cos x,\sin x,\cos 2x,\sin 2x,\cdots,\cos nx,\sin nx,\cdots \tag{8-4-1}$$

称为三角函数系，2π 为三角函数系中每个函数的周期. 所以，我们在讨论三角函数系的性质只需要在长为 2π 的一个区间上进行.

三角函数系具有如下两条性质.

(1) 正交性:任何两个不同函数的乘积在一个周期长的区间$[-\pi,\pi]$上的积分等于零.

(2) 任何一个函数自乘(平方)在区间$[-\pi,\pi]$上的积分不等于零.

$$\int_{-\pi}^{\pi}\cos nx\,\mathrm{d}x=0\quad(n=1,2,\cdots).$$

$$\int_{-\pi}^{\pi}\sin nx\,\mathrm{d}x=0\quad(n=1,2,\cdots).$$

$$\int_{-\pi}^{\pi}\sin kx\cos nx\,\mathrm{d}x=0\quad(k,n=1,2,\cdots).$$

$$\int_{-\pi}^{\pi}\cos kx\cos nx\,\mathrm{d}x=0\quad(n\neq k,k,n=1,2,\cdots).$$

$$\int_{-\pi}^{\pi}\sin kx\sin nx\,\mathrm{d}x=0\quad(n\neq k,k,n=1,2,\cdots).$$

我们不难验证上面各积分的正确性,而三角函数系中两个相同函数的乘积在区间$[-\pi,\pi]$上的积分都大于零,即有

$$\int_{-\pi}^{\pi}1^2\,\mathrm{d}x=2\pi,$$

$$\int_{-\pi}^{\pi}\sin^2 nx\,\mathrm{d}x=\pi\quad(n=1,2,\cdots),$$

$$\int_{-\pi}^{\pi}\cos^2 nx\,\mathrm{d}x=\pi\quad(n=1,2,\cdots).$$

一般地,若函数$f(x)$和$g(x)$在区间$[a,b]$上可积,并且有

$$\int_{a}^{b}f(x)g(x)\,\mathrm{d}x=0,$$

那么则称函数$f(x)$和$g(x)$在区间$[a,b]$上为正交的.易知,三角函数系在区间$[-\pi,\pi]$上具有正交性.因此,又称三角函数系(8-4-1)为正交三角函数系.

8.4.2 函数展开成傅里叶级数

设函数$f(x)$为以2π为周期的周期函数,并且假设函数$f(x)$能展开成三角级数,即有

$$f(x)=\frac{a_0}{2}+\sum_{n=1}^{\infty}(a_n\cos nx+b_n\sin nx),\tag{8-4-2}$$

其三角级数系数$a_0,a_n,b_n(n=1,2,\cdots)$如下:

$$\begin{cases}a_0=\dfrac{1}{\pi}\displaystyle\int_{-\pi}^{\pi}f(x)\,\mathrm{d}x\\ a_n=\dfrac{1}{\pi}\displaystyle\int_{-\pi}^{\pi}f(x)\cos nx\,\mathrm{d}x\\ b_n=\dfrac{1}{\pi}\displaystyle\int_{-\pi}^{\pi}f(x)\sin nx\,\mathrm{d}x\end{cases}.\tag{8-4-3}$$

证明:式(8-4-2)两边在区间$[-\pi,\pi]$上积分,根据三角函数系的正交性,从而有

$$\begin{aligned}\int_{-\pi}^{\pi}f(x)\,\mathrm{d}x&=\int_{-\pi}^{\pi}\frac{a_0}{2}\mathrm{d}x+\sum_{n=1}^{\infty}\left[a_n\int_{-\pi}^{\pi}\cos nx\,\mathrm{d}x+b_n\int_{-\pi}^{\pi}\sin nx\,\mathrm{d}x\right]\\&=a_0\pi.\end{aligned}$$

所以有

$$a_0=\frac{1}{\pi}\int_{-\pi}^{\pi}f(x)\mathrm{d}x.$$

式(8-4-2) 两边同时乘以 $\cos kx$，并在区间$[-\pi,\pi]$上积分，可得

$$\int_{-\pi}^{\pi}f(x)\cos kx\,\mathrm{d}x=\frac{a_0}{2}\int_{-\pi}^{\pi}\cos kx\,\mathrm{d}x+\sum_{n=1}^{\infty}\left[a_n\int_{-\pi}^{\pi}\cos nx\cos kx\,\mathrm{d}x+b_n\int_{-\pi}^{\pi}\sin nx\cos kx\,\mathrm{d}x\right].$$

根据三角函数系的正交性可得，等式右端除 $n=k$ 项外，其余各项均为零，因此

$$\int_{-\pi}^{\pi}f(x)\cos kx\,\mathrm{d}x=a_k\int_{-\pi}^{\pi}\cos^2 kx\,\mathrm{d}x=a_k\pi,$$

所以有

$$a_k=\frac{1}{\pi}\int_{-\pi}^{\pi}f(x)\cos kx\,\mathrm{d}x,$$

其中 $k=1,2,\cdots$.

类似地，将(8-4-2) 式两边同时乘以 $\sin kx$，并在区间$[-\pi,\pi]$上积分，根据三角函数系的正交性从而可得

$$b_k=\frac{1}{\pi}\int_{-\pi}^{\pi}f(x)\sin kx\,\mathrm{d}x.$$

上述得到的结果我们可归纳为

$$a_k=\frac{1}{\pi}\int_{-\pi}^{\pi}f(x)\cos kx\,\mathrm{d}x\quad(k=0,1,2,\cdots),$$

$$b_k=\frac{1}{\pi}\int_{-\pi}^{\pi}f(x)\sin kx\,\mathrm{d}x\quad(k=1,2,\cdots).$$

上式中的系数 a_k,b_k 称之为 $f(x)$ 的傅里叶系数.

从系数式(8-4-3) 可知，只要函数 $f(x)$ 在区间$[-\pi,\pi]$上可积，那么无论函数 $f(x)$ 是否可以展为可逐项积分的三角级数(8-4-2)，均可以算出式(8-4-3) 中各数 $a_0,a_n,b_n(n=1,2,\cdots)$，根据这些系数所做成的三角级数

$$\frac{a_0}{2}+\sum_{n=1}^{\infty}(a_n\cos nx+b_n\sin nx)$$

称为函数 $f(x)$ 的傅里叶级数，记作

$$f(x)\sim\frac{a_0}{2}+\sum_{n=1}^{\infty}(a_n\cos nx+b_n\sin nx).$$

定理 8.4.1(收敛的充分条件)　若以 2π 为周期的函数 $f(x)$ 在区间$[-\pi,\pi]$上满足狄利克雷条件：

(1) 除有限个第一类间断点外，处处连续；

(2) 分段单调，单调区间个数有限，

那么函数 $f(x)$ 的傅里叶级数在区间$[-\pi,\pi]$上处处收敛，并且有

$$\frac{a_0}{2}+\sum_{n=1}^{\infty}(a_n\cos nx+b_n\sin nx)=\begin{cases}f(x), & \text{当 } x \text{ 为函数 } f(x) \text{ 的连续点时}\\ \dfrac{1}{2}[f(x^-)+f(x^+)], & \text{当 } x \text{ 为函数 } f(x) \text{ 的第一类间断点时}\\ \dfrac{1}{2}[f(-\pi^+)+f(\pi^-)], & \text{当 } x=\pm\pi \text{ 时}\end{cases}.$$

上述定理说明满足狄利克雷条件的函数的傅里叶级数，在函数 $f(x)$ 的连续点处，都收敛于 $f(x)$；在间断点处，收敛到左右极限的算术平均值：在端点 $x=\pm\pi$ 处，收敛到左端点的右极限和

右端点的左极限的算术平均值．将函数展开为傅里叶级数条件远比展开为幂级数的条件低．

例 8.4.1 设函数 $f(x)$ 是以 2π 为周期的周期函数，其在$[-\pi,\pi]$上的表达式为

$$f(x)=\begin{cases}-1 & (-\pi\leqslant x<0)\\ 1 & (0\leqslant x<\pi)\end{cases},$$

求函数 $f(x)$ 展开成的傅里叶级数．

解：函数 $f(x)$ 的傅里叶系数

$$\begin{aligned}a_n&=\frac{1}{\pi}\int_{-\pi}^{\pi}f(x)\cos nx\,\mathrm{d}x\\&=\frac{1}{\pi}\int_{-\pi}^{0}(-1)\cos nx\,\mathrm{d}x+\frac{1}{\pi}\int_{0}^{\pi}1\cdot\cos nx\,\mathrm{d}x\\&=0,\end{aligned}$$

其中 $n=0,1,2,\cdots$；

$$\begin{aligned}b_n&=\frac{1}{\pi}\int_{-\pi}^{\pi}f(x)\sin nx\,\mathrm{d}x\\&=\frac{1}{\pi}\int_{-\pi}^{0}(-1)\sin nx\,\mathrm{d}x+\frac{1}{\pi}\int_{0}^{\pi}1\cdot\sin nx\,\mathrm{d}x\\&=\frac{1}{\pi}\left[\frac{\cos nx}{n}\right]_{-\pi}^{0}+\frac{1}{\pi}\left[-\frac{\cos nx}{n}\right]_{0}^{\pi}\\&=\frac{1}{n\pi}[1-\cos n\pi-\cos n\pi+1]\\&=\frac{2}{n\pi}[1-(-1)^n]\\&=\begin{cases}\dfrac{4}{n\pi} & (n=1,3,5,\cdots)\\ 0 & (n=2,4,6,\cdots)\end{cases}.\end{aligned}$$

所以函数 $f(x)$ 的傅里叶级数为

$$f(x)\sim\frac{4}{\pi}\left[\sin x+\frac{1}{3}\sin 3x+\frac{1}{5}\sin 5x+\cdots+\frac{1}{2k-1}\sin(2k-1)x+\cdots\right].$$

因为函数 $f(x)$ 在 $x=k\pi,k=0,\pm1,\pm2,\cdots$ 处不连续，并且这些点的左右极限的平均值不等于函数值，所以函数 $f(x)$ 展成的傅里叶级数为

$$f(x)=\sum_{n=1}^{\infty}\frac{2}{n\pi}[1-(-1)^n]\sin nx\quad x\in\mathbf{R}\text{ 并且 }x\neq k\pi,k\in\mathbf{Z}$$

或者表示成为

$$f(x)=\frac{4}{\pi}\left[\sin x+\frac{1}{3}\sin 3x+\frac{1}{5}\sin 5x+\cdots+\frac{1}{2k-1}\sin(2k-1)x+\cdots\right],$$

$x\in\mathbf{R}$ 并且 $x\neq k\pi,k\in\mathbf{Z}$.

依据级数收敛定理，当 $x\neq k\pi,k\in\mathbf{Z}$ 时，函数 $f(x)$ 的傅里叶级数收敛于

$$\begin{aligned}S(k\pi)&=\frac{f(k\pi^+)+f(k\pi^-)}{2}\\&=\frac{-1+1}{2}=0\quad(k\in\mathbf{Z}).\end{aligned}$$

函数 $f(x)$ 的傅里叶级数的和函数的图像如图 8-4-1 所示．

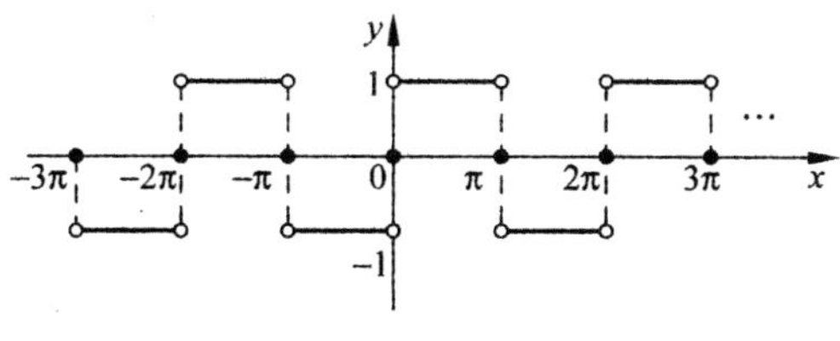

图 8-4-1

函数 $f(x)$ 的图像如图 8-4-2 所示.

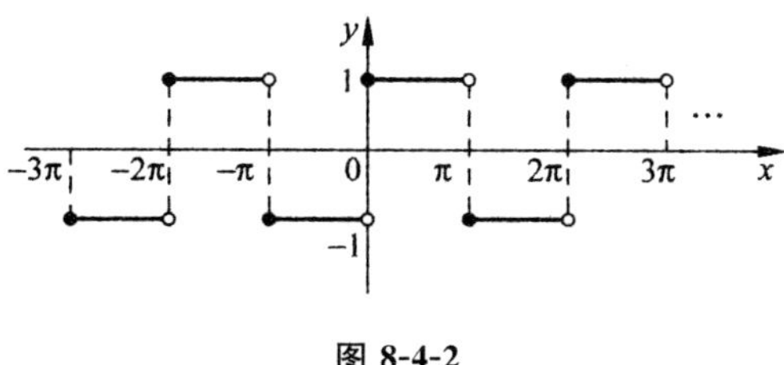

图 8-4-2

从图 8-4-1 和图 8-4-2 可看出,函数和函数所展成的傅里叶级数的和函数的区别.

例 8.4.2　设函数 $f(x)$ 是以 2π 为周期的周期函数,其在$[-\pi,\pi]$上的表达式为

$$f(x)=\begin{cases}-x & (-\pi\leqslant x<0)\\ 0 & (0\leqslant x<\pi)\end{cases},$$

求函数 $f(x)$ 展开成的傅里叶级数.

解:函数 $f(x)$ 满足收敛定理中的条件,其在 $x=(2k+1)\pi(k=0,\pm1,\pm2,\cdots)$ 处不连续,所以函数 $f(x)$ 的傅里叶级数在 $x=(2k+1)\pi$ 处收敛于

$$\frac{f(\pi-0)+f(\pi+0)}{2}=\frac{0-\pi}{2}=\frac{-\pi}{2},$$

在连续点 x 处收敛于 $f(x)$,函数的图形如图 8-4-3 所示.

其傅里叶系数如下:

$$a_0=\frac{1}{\pi}\int_{-\pi}^{\pi}f(x)\mathrm{d}x=\frac{1}{\pi}\int_{-\pi}^{0}x\mathrm{d}x=-\frac{\pi}{2},$$

$$\begin{aligned}a_n&=\frac{1}{\pi}\int_{-\pi}^{\pi}f(x)\cos nx\,\mathrm{d}x\\&=\frac{1}{\pi}\int_{-\pi}^{0}x\cos nx\,\mathrm{d}x\\&=\frac{1}{\pi}\left[\frac{x\sin nx}{n}+\frac{\cos nx}{n^2}\right]_{-\pi}^{0}\\&=\frac{1}{n^2\pi}[1-(-1)^n]\\&=\begin{cases}\dfrac{2}{n^2\pi} & (n=1,3,5,7,\cdots)\\ 0 & (n=2,4,6,,8,\cdots)\end{cases},\end{aligned}$$

$$\begin{aligned} b_n &= \frac{1}{\pi}\int_{-\pi}^{\pi} f(x)\sin nx\,\mathrm{d}x \\ &= \frac{1}{\pi}\int_{-\pi}^{0} x\sin nx\,\mathrm{d}x \\ &= \frac{1}{\pi}\left[-\frac{x\cos nx}{n}+\frac{\sin nx}{n^2}\right]_{-\pi}^{0} \\ &= -\frac{\cos n\pi}{n} \\ &= \frac{(-1)^{n+1}}{n}. \end{aligned}$$

将其代入傅里叶级数，则可得

$$f(x) = -\frac{\pi}{4}+\frac{2}{\pi}\left(\cos x+\frac{1}{3^2}\cos 3x+\frac{1}{5^2}\cos 5x+\cdots\right)+\left(\sin x-\frac{1}{2}\sin 2x+\frac{1}{3}\sin 3x-\cdots\right),$$

其中 $-\infty < x < +\infty, x \neq \pm\pi, \pm 3\pi, \cdots$.

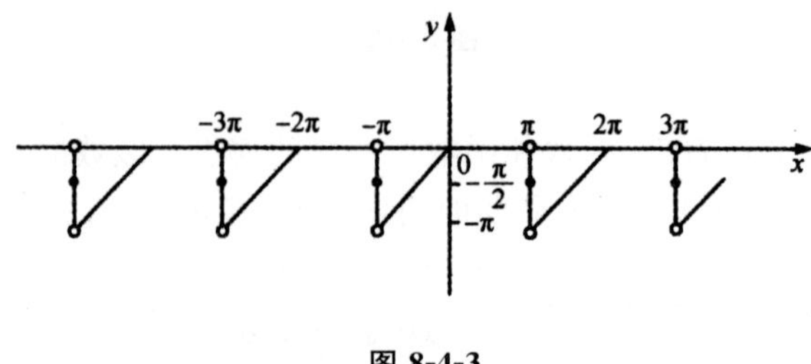

图 8-4-3

例 8.4.3　设函数 $f(x)=x^2, x\in(0,2\pi]$，求函数 $f(x)$ 的傅里叶展开式．

解：将函数 $f(x)=x^2$ 按照周期 2π 延拓到整个数轴上，如图 8-4-4 所示．函数 $f(x)$ 在区间 $(0,2\pi]$ 上满足收敛定理的条件，所以函数 $f(x)$ 则可展开成为傅里叶级数．其傅里叶系数如下：

$$a_0 = \frac{1}{\pi}\int_{-\pi}^{2\pi} f(x)\,\mathrm{d}x = \frac{1}{\pi}\int_{0}^{2\pi} x^2\,\mathrm{d}x = \frac{8\pi^2}{3},$$

$$a_n = \frac{1}{\pi}\int_{0}^{2\pi} f(x)\cos nx\,\mathrm{d}x = \frac{1}{\pi}\int_{0}^{2\pi} x^2\cos nx\,\mathrm{d}x = \frac{4}{n^2},$$

$$b_n = \frac{1}{\pi}\int_{0}^{2\pi} f(x)\sin nx\,\mathrm{d}x = \frac{1}{\pi}\int_{0}^{2\pi} x^2\sin nx\,\mathrm{d}x = -\frac{4\pi}{n}.$$

因为函数 $f(x)$ 在区间$(0,2\pi)$上连续，所以根据收敛定理可知，对于任意 $x\in(0,2\pi)$，

$$f(x) = \frac{4\pi^2}{3}+\sum_{n=1}^{\infty}\left(\frac{4}{n^2}\cos nx-\frac{4}{n}\sin nx\right).$$

在端点 $x=0$ 和 $x=2\pi$ 处，傅里叶级数收敛于

$$\begin{aligned} \frac{1}{2}[f(2\pi+0)]+f(2\pi-0)] &= \frac{1}{2}[f(0+0)+f(0-0)] \\ &= 2\pi^2. \end{aligned}$$

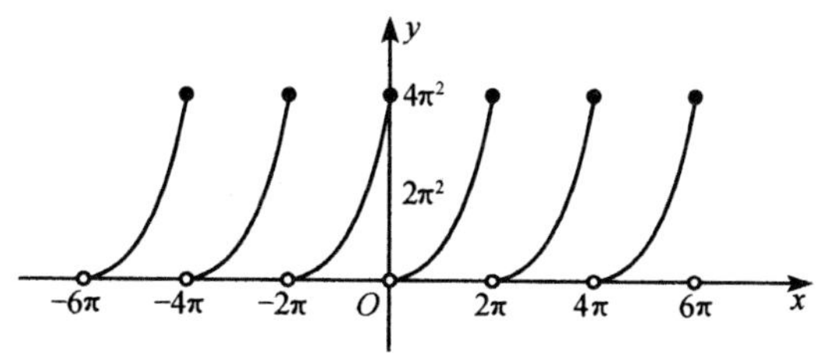

图 8-4-4

8.4.3　正弦级数和余弦级数

1. 奇函数和偶函数的傅里叶级数

根据傅里叶系数公式可知，如果函数 $f(x)$ 为奇函数，那么有 $a_n = 0$，此时傅里叶级数只有正弦项；如果函数 $f(x)$ 为偶函数，那么有 $b_n = 0$，此时傅里叶级数只有余弦项，从而有如下定理．

定理 8.4.2　设函数 $f(x)$ 在区间$[-\pi,\pi]$上能展开成为傅里叶级数：

（1）如果函数 $f(x)$ 为奇函数，那么有

$$\begin{cases} a_n = 0 & (n = 0,1,2,\cdots) \\ b_n = \dfrac{2}{\pi}\displaystyle\int_0^{\pi} f(x)\sin nx\,\mathrm{d}x & (n = 1,2,\cdots) \end{cases}.$$

此时，函数 $f(x)$ 在区间$[-\pi,\pi]$上可以展成正弦级数 $\sum\limits_{n=1}^{\infty} b_n \sin nx$．

（2）如果函数 $f(x)$ 为奇函数，那么有

$$\begin{cases} a_n = \dfrac{2}{\pi}\displaystyle\int_0^{\pi} f(x)\cos nx\,\mathrm{d}x & (n = 0,1,2,\cdots) \\ b_n = 0 & (n = 1,2,\cdots) \end{cases}.$$

此时，函数 $f(x)$ 在区间$[-\pi,\pi]$上可以展成余弦级数$\dfrac{a_0}{2} + \sum\limits_{n=1}^{\infty} a_n \cos nx$．

例 8.4.4　设函数 $f(x) = x^2, x \in [-\pi,\pi]$，求函数 $f(x)$ 的傅里叶展开式．

解：将函数 $f(x) = x^2, x \in [-\pi,\pi]$ 延拓到整个数轴上，如图 8-4-5 所示．

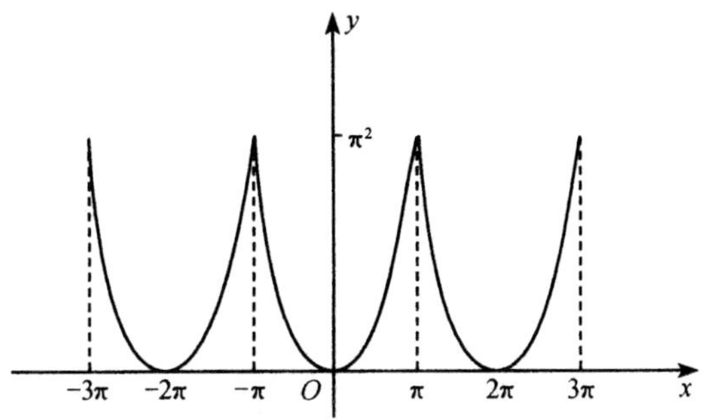

图 8-4-5

由于函数 $f(x)=x^2$ 为偶函数，则其傅里叶级数不含有正弦函数项部分 $b_n=0, n=1,2,\cdots$. 因为

$$a_0=\frac{2}{\pi}\int_0^{\pi}x^2\,\mathrm{d}x=\frac{2\pi^2}{3},$$

$$a_n=\frac{2}{\pi}\int_0^{\pi}x^2\cos nx\,\mathrm{d}x=(-1)^n\frac{4}{n^2}\quad(n=1,2,\cdots),$$

所以当 $x\in(-\pi,\pi)$ 时，

$$f(x)=\frac{\pi^2}{3}+4\sum_{n=1}^{\infty}(-1)^n\frac{\cos nx}{n^2}.$$

当 $x=\pm\pi$ 时，函数 $f(x)$ 的傅里叶级数收敛于

$$\frac{1}{2}[f(\pi-0)+f(\pi+0)]=\pi^2.$$

特别地，当 $x=0$ 时，有

$$\sum_{n=1}^{\infty}(-1)^{n-1}\frac{1}{n^2}=\frac{\pi^2}{12}.$$

同理，当 $x=\pi$ 时，有

$$\sum_{n=1}^{\infty}\frac{1}{n^2}=\frac{\pi^2}{6}.$$

例 8.4.5 将周期函数 $u(t)=|E\sin t|$ 展成傅里叶级数，其中 E 为正的常数.

解：根据题意可知，函数 $u(t)$ 在 $(-\infty,+\infty)$ 上连续，并且满足收敛定理条件，傅里叶级数在任意点 t 收敛于 $u(t)$，和函数如图 8-4-6 所示.

其傅里叶系数如下：

$$a_0=\frac{2}{\pi}\int_0^{\pi}u(t)\,\mathrm{d}t=\frac{2E}{\pi}\int_0^{\pi}\sin t\,\mathrm{d}t=\frac{4E}{\pi},$$

$$\begin{aligned}a_n&=\frac{2}{\pi}\int_0^{\pi}u(t)\cos nt\,\mathrm{d}t\\&=\frac{2E}{\pi}\int_0^{\pi}\sin t\cos nt\,\mathrm{d}t\\&=\frac{E}{\pi}\int_0^{\pi}[\sin(n+1)t-\sin(n-1)t]\mathrm{d}t\\&=\frac{E}{\pi}\left[-\frac{\cos(n+1)t}{n+1}+\frac{\cos(n-1)t}{n-1}\right]_0^{\pi}\\&=\frac{E}{\pi}\left[\frac{1-\cos(n+1)\pi}{n+1}-\frac{1-\cos(n-1)\pi}{n-1}\right]\\&=\begin{cases}\dfrac{-4E}{(n^2-1)\pi} & (n=2,4,6,\cdots)\\[2mm] 0 & (n=3,5,7,\cdots)\end{cases}.\end{aligned}$$

$$\begin{aligned}a_1&=\frac{2}{\pi}\int_0^{\pi}u(t)\cos t\,\mathrm{d}t=\frac{2E}{\pi}\int_0^{\pi}\sin t\cos t\,\mathrm{d}t\\&=\frac{2E}{\pi}\left[\frac{1}{2}\sin^2 t\right]_0^{\pi}\\&=0.\end{aligned}$$

从而有

$$|E\sin t| = \frac{2E}{\pi} - \frac{4E}{\pi}\sum_{n=1}^{\infty}\frac{1}{4n^2-1}\cos 2nt,$$

其中 $-\infty < t < +\infty$.

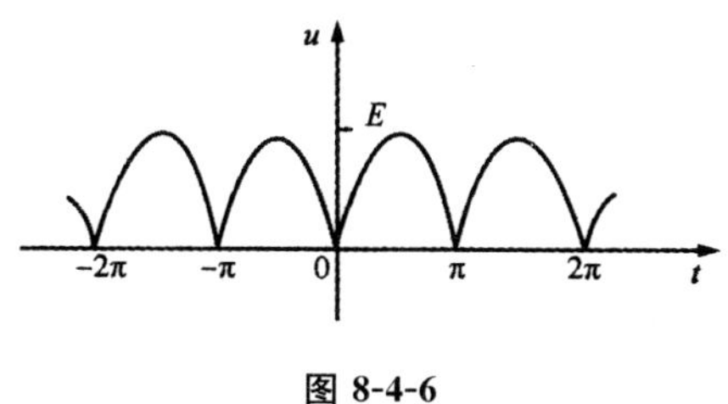

图 8-4-6

2. 函数展开成正弦级数或者余弦级数

若函数 $f(x)$ 在区间 $[0,\pi]$ 上满足收敛定理中的条件，那么函数 $f(x)$ 在区间 $[0,\pi]$ 上既能展成正弦级数又能展成余弦级数．我们只需要补充函数 $f(x)$ 在区间 $[-\pi,0)$ 上的定义，从而使得定义在区间 $[-\pi,\pi]$ 上的函数 $F(x)$ 为奇函数（或者偶函数），将之称为奇延拓（或者偶延拓），然后将奇延拓（或者偶延拓）后的函数展成正弦级数（或者余弦级数），因为 $F(x)=f(x)$，其中 $0\leqslant x\leqslant\pi$，从而可得函数 $f(x)$ 的正弦级数（或者余弦级数）展开式．

例 8.4.6　将函数 $f(x)=x+1$ 在区间 $[0,\pi]$ 上分别展开成为正弦级数和余弦级数．

解：将函数 $f(x)$ 进行奇延拓，使之成为区间 $(-\pi,\pi]$ 上的奇函数，如图 8-4-7 所示．且进行整个数轴上的周期延拓，所以

$$\begin{aligned} a_n &= 0, n = 0,1,2,\cdots, \\ b_n &= \frac{2}{\pi}\int_0^{\pi} f(x)\sin nx\,dx \\ &= \frac{2}{\pi}\int_0^{\pi}(x+1)\sin nx\,dx \\ &= \frac{2}{\pi}\left[-\frac{(x+1)\cos nt}{n} + \frac{\sin nx}{n^2}\right]_0^{\pi} \\ &= \frac{2}{n\pi}[1-(\pi+1)\cos n\pi] \\ &= \begin{cases} \dfrac{2}{\pi}\,\dfrac{\pi+2}{n} & (n=1,3,5,\cdots) \\ -\dfrac{2}{n} & (n=2,4,6,\cdots) \end{cases}. \end{aligned}$$

依据收敛定理，函数 $f(x)=x+1$ 在区间 $[0,\pi]$ 上展开成的正弦级数为

$$x+1 = \sum_{n=1}^{\infty}\frac{2}{n\pi}[1-(\pi+1)\cos n\pi]\sin nx \quad x\in(0,\pi),$$

或者表示为

$$x+1 = \frac{2}{\pi}\left[(\pi+2)\sin x - \frac{\pi}{2}\sin 2x + \frac{1}{3}(\pi+2)\sin 3x - \frac{\pi}{4}\sin 4x + \cdots\right] \quad x\in(0,\pi).$$

对函数 $f(x)=x+1$ 进行偶延拓使其成为区间 $(-\pi,\pi]$ 上的偶函数，如图 8-4-8 所示．且进

行整个数轴上的周期延拓，所以

$$b_n = 0 \quad (n = 0,1,2,\cdots),$$

$$\begin{aligned} a_0 &= \frac{2}{\pi}\int_0^{\pi} f(x)\mathrm{d}x = \frac{2}{\pi}\int_0^{\pi}(x+1)\mathrm{d}x \\ &= \frac{2}{\pi}\left[\frac{x^2}{2}+x\right]_0^{\pi} \\ &= \pi + 2, \end{aligned}$$

$$\begin{aligned} a_n &= \frac{2}{\pi}\int_0^{\pi} f(x)\cos nx\,\mathrm{d}x = \frac{2}{\pi}\int_0^{\pi}(x+1)\sin nx\,\mathrm{d}x \\ &= \frac{2}{\pi}\left[\frac{(x+1)\sin nt}{n}+\frac{\cos nx}{n^2}\right]_0^{\pi} \\ &= \frac{2}{n^2\pi}(\cos n\pi - 1) = \frac{2}{n^2\pi}[(-1)^n - 1] \\ &= \begin{cases} -\dfrac{4}{n^2\pi} & (n = 1,3,5,\cdots) \\ 0 & (n = 2,4,6,\cdots) \end{cases}. \end{aligned}$$

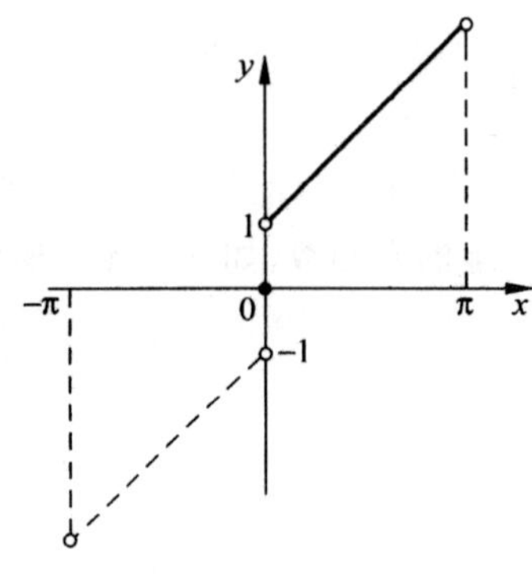

图 8-4-7

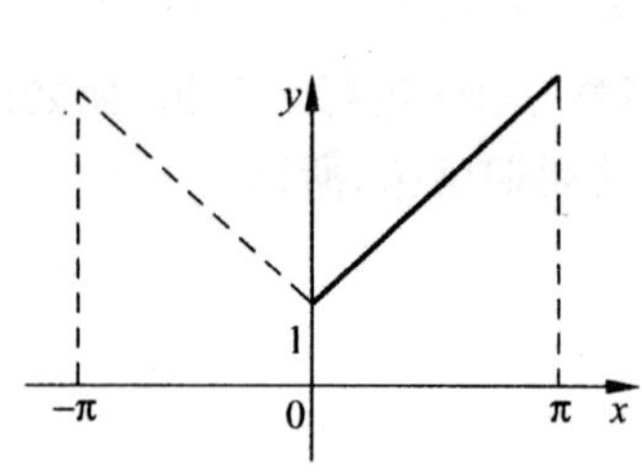

图 8-4-8

依据收敛定理，函数 $f(x) = x + 1$ 在区间 $[0,\pi]$ 上展开成的余弦级数为

$$x+1 = \frac{\pi}{2}+1+\sum_{n=1}^{\infty}\frac{2}{n^2\pi}[(-1)^n - 1]\cos nx \quad x \in [0,\pi],$$

或者表示为

$$x+1 = \frac{2}{\pi}+1-\frac{4}{\pi}\left(\cos x+\frac{1}{3^2}\cos 3x+\frac{1}{5^2}\cos 5x+\frac{1}{7^2}\cos 7x+\cdots\right) \quad x \in [0,\pi].$$

特别地，当 $x = 0$ 时，有 $\frac{\pi^2}{8} = 1+\frac{1}{3^2}+\frac{1}{5^2}+\frac{1}{7^2}+\cdots$.

例 8.4.7 将 $f(x) = \begin{cases} 1 & (0 < x < h) \\ 0 & (h < x < \pi) \end{cases}$ $(0 < h < \pi)$ 展成余弦级数.

解：将 $f(x)$ 偶延拓成以 2π 为周期的周期函数，于是有

$$b_n = 0,$$

$$a_0 = \frac{2h}{\pi},$$

$$a_n = \frac{2}{\pi}\int_0^{\pi} f(x)\cos nx\,dx = \frac{2\sin nh}{n\pi}.$$

当 $0 < x < \pi$ 时，可得

$$f(x) \sim \frac{h}{\pi} + \frac{2}{\pi}\sum_{n=1}^{\infty}\frac{\sin nh}{n}\cos nx.$$

8.4.4　函数在任意区间上的傅里叶级数

1. 周期为 $2l$ 的函数的傅里叶展开式

定理 8.4.3　设 $f(x)$ 为以 $2l$ 为周期的函数，并且设 $f(x)$ 满足收敛定理的条件，那么 $f(x)$ 能展开成三角级数 $\frac{f(x^-)+f(x^+)}{2} = \frac{a_0}{2} + \sum_{n=1}^{\infty}\left(a_n\cos\frac{n\pi x}{l} + b_n\sin\frac{n\pi x}{l}\right)$，其中傅里叶级数的系数为

$$a_n = \frac{1}{l}\int_{-l}^{l} f(x)\cos\frac{n\pi x}{l}dx \quad (n = 0,1,2,\cdots),$$

$$b_n = \frac{1}{l}\int_{-l}^{l} f(x)\sin\frac{n\pi x}{l}dx \quad (n = 1,2,\cdots).$$

证明：作变量代换 $z = \frac{\pi x}{l}$，那么 $f(x) = f\left(\frac{lz}{\pi}\right) = F(z)$，$F(z)$ 为以 2π 为周期的周期函数，所以有

$$F(z) = \frac{a_0}{2} + \sum_{n=1}^{\infty}(a_n\cos nz + b_n\sin nz). \tag{8-4-4}$$

其中

$$a_n = \frac{1}{\pi}\int_{-\pi}^{\pi} F(z)\cos nz\,dz \quad (n = 0,1,2,\cdots),$$

$$b_n = \frac{1}{\pi}\int_{-\pi}^{\pi} F(z)\sin nz\,dz \quad (n = 1,2,\cdots).$$

因为 $z = \frac{\pi x}{l}$，且 $F(z) = f(x)$，那么式(8-4-4) 可化为

$$f(x) = \frac{a_0}{2} + \sum_{n=1}^{\infty}\left(a_n\cos\frac{n\pi x}{l} + b_n\sin\frac{n\pi x}{l}\right),$$

且

$$a_n = \frac{1}{\pi}\int_{-\pi}^{\pi} F(z)\cos nz\,dz = \frac{1}{l}\int_{-l}^{l} f(x)\cos\frac{n\pi x}{l}dx \quad (n = 0,1,2,\cdots),$$

$$b_n = \frac{1}{\pi}\int_{-\pi}^{\pi} F(z)\sin nz\,dz = \frac{1}{l}\int_{-l}^{l} f(x)\sin\frac{n\pi x}{l}dx \quad (n = 1,2,\cdots).$$

例 8.4.8　求 $f(x) = |x|\,(-1 \leqslant x \leqslant 1)$ 的傅里叶展开式.

解：$f(x)$ 是偶函数且可以延拓成周期是 2 的周期函数，于是

$$f(x) \sim \frac{a_0}{2} + \sum_{n=1}^{\infty} a_n\cos n\pi x,$$

其中

$$a_0 = 2\int_0^1 x\,dx = 1,$$

$$a_n = 2\int_0^1 x\cos n\pi x\mathrm{d}x = -\frac{2[1-(-1)^n]}{(n\pi)^2}.$$

可得

$$f(x) \sim \frac{1}{2} - \sum_{n=1}^{\infty} \frac{2[1-(-1)^n]}{(n\pi)^2}\cos n\pi x \quad (-1 \leqslant x \leqslant 1).$$

例 8.4.9 将 $f(x) = x^2 (0 \leqslant x \leqslant 2)$ 展成正弦级数.

解:将 $f(x)$ 奇延拓成以 4 为周期的周期函数(图 8-4-9),因为

$$a_n = 0 \quad (n = 0,1,2,\cdots),$$

$$\begin{aligned} b_n &= \frac{2}{2}\int_0^2 x^2 \sin\frac{n\pi x}{2}\mathrm{d}x \\ &= -\frac{2}{n\pi}\left[x^2\cos\frac{n\pi x}{2}\bigg|_0^2 - \int_0^2 \cos\frac{n\pi x}{2}\cdot 2x\mathrm{d}x\right] \\ &= \frac{8}{n\pi}\left\{(-1)^{n+1} + \frac{2}{n^2\pi^2}[(-1)^n - 1]\right\}. \end{aligned}$$

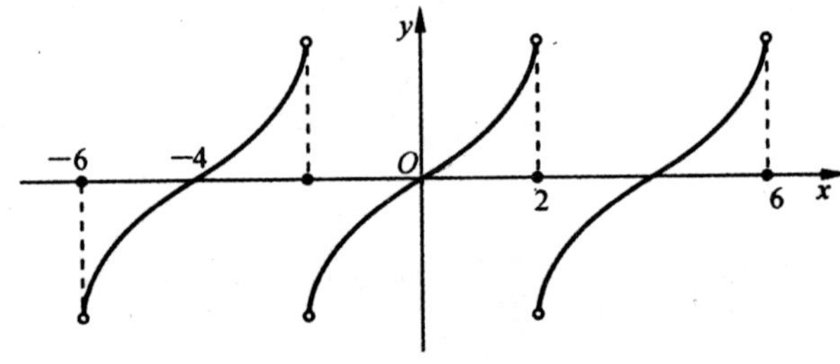

图 8-4-9

根据收敛定理

$$f(x) = \frac{8}{\pi}\sum_{n=1}^{\infty}\left\{\frac{(-1)^{n+1}}{n} + \frac{2}{n^2\pi^2}[(-1)^n - 1]\right\}\sin\frac{n\pi x}{2} \quad x \in [0,2).$$

例 8.4.10 设函数 $f(x)$ 为周期是 4 的函数,其在区间$[-2,2]$上的表达式为

$$f(x) = \begin{cases} 0 & (-2 \leqslant x \leqslant 0) \\ k & (0 < x \leqslant 2) \end{cases},$$

其中 k 为不等零的常数,试将函数 $f(x)$ 展成傅里叶级数.

解:根据题意可得

$$a_0 = \frac{1}{2}\int_{-2}^0 0\mathrm{d}x + \frac{1}{2}\int_0^2 k\mathrm{d}x = k,$$

$$\begin{aligned} a_n &= \frac{1}{2}\int_0^2 k\cos\frac{n\pi}{2}x\mathrm{d}x \\ &= \left[\frac{k}{n\pi}\sin\frac{n\pi x}{2}\right]_0^2 \\ &= 0 \quad (n = 1,2,\cdots), \end{aligned}$$

$$\begin{aligned} b_n &= \frac{1}{2}\int_0^2 k\sin\frac{n\pi}{2}x\mathrm{d}x \\ &= \left[-\frac{k}{n\pi}\cos\frac{n\pi x}{2}\right]_0^2 = \frac{k}{n\pi}(1-\cos n\pi) \\ &= \begin{cases} \dfrac{2k}{n\pi} & (n=1,3,5,\cdots) \\ 0 & (n=2,4,6,\cdots) \end{cases}. \end{aligned}$$

从而可得

$$f(x)=\frac{k}{2}+\frac{2k}{\pi}\sum_{n=0}^{\infty}\frac{1}{2n+1}\sin\frac{(2n+1)\pi}{2}x,$$

其中 $-\infty<x<+\infty, x\neq 0,\pm 2,\pm 4,\cdots$. 级数在 $x=0,\pm 2,\pm 4,\cdots$ 收敛于 $\frac{k}{2}$，和函数如图 8-4-10 所示 .

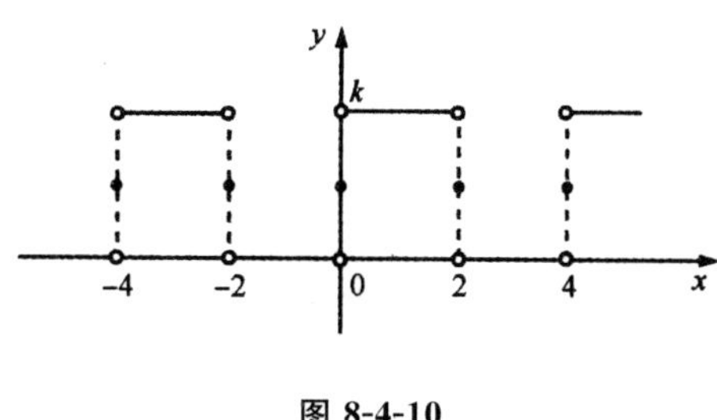

图 8-4-10

2. 函数在任意区间上的傅里叶级数展开

如果函数 $f(x)$ 仅在区间$[-l,l]$上有定义，并且满足收敛定理中的条件，则可把函数 $f(x)$ 延拓到在整个数轴上有定义并且以 $2l$ 为周期的周期函数 $F(x)$，当 $x\in[-l,l]$ 时，则有 $f(x)=F(x)$，那么在区间$[-l,l]$上函数 $f(x)$ 则可展成傅里叶级数式

$$\frac{a_0}{2}+\sum_{n=1}^{\infty}\left(a_n\cos\frac{n\pi x}{l}+b_n\sin\frac{n\pi x}{l}\right),$$

其系数 a_n, b_n 可由式

$$a_n=\frac{1}{l}\int_{-l}^{l}f(x)\cos\frac{n\pi x}{l}\mathrm{d}x \quad (n=0,1,2,\cdots),$$

$$b_n=\frac{1}{l}\int_{-l}^{l}f(x)\sin\frac{n\pi x}{l}\mathrm{d}x \quad (n=1,2,\cdots)$$

确定 .

如果函数 $f(x)$ 在区间$[0,l]$上有定义，那么在区间$[-l,0]$上可以将函数 $f(x)$ 进行奇延拓（或者偶延拓），则 $f(x)$ 在区间$[0,l]$上可展成正弦级数（余弦级数）.

例 8.4.11　将函数 $f(x)=\begin{cases} 1 & (0<x<\frac{a}{2}) \\ -1 & (\frac{a}{2}<x<a) \end{cases}$ 展成余弦级数 .

解：在区间$[-a,0]$上进行偶延拓

$$a_0=\frac{2}{a}\int_0^a f(x)\mathrm{d}x=\frac{2}{a}\int_0^{\frac{a}{2}}1\mathrm{d}x+\frac{2}{a}\int_{\frac{a}{2}}^a(-1)\mathrm{d}x=0,$$

$$\begin{aligned}a_n&=\frac{2}{a}\int_0^a f(x)\cos\frac{n\pi}{a}x\,\mathrm{d}x\\&=\frac{2}{a}\int_0^{\frac{a}{2}}\cos\frac{n\pi}{a}x\,\mathrm{d}x+\frac{2}{a}\int_{\frac{a}{2}}^a(-1)\cos\frac{n\pi}{a}x\,\mathrm{d}x\\&=\left[\frac{2}{n\pi}\sin\frac{n\pi x}{a}\right]_0^{\frac{a}{2}}-\left[\frac{2}{n\pi}\sin\frac{n\pi x}{a}\right]_{\frac{a}{2}}^a\\&=\frac{2}{n\pi}\sin\frac{n\pi}{2}+\frac{2}{n\pi}\sin\frac{n\pi}{2}\\&=\frac{4}{n\pi}\sin\frac{n\pi}{2},\end{aligned}$$

从而有

$$f(x)=\frac{4}{\pi}\sum_{n=1}^{\infty}\frac{1}{n}\sin\frac{n\pi}{2}\cos\frac{n\pi x}{a}=\frac{4}{\pi}\sum_{n=1}^{\infty}\frac{(-1)^{n-1}}{2n-1}\cos\frac{(2n-1)\pi x}{a},$$

其中 $0<x<\frac{a}{2},\frac{a}{2}<x<a$.

当 $x=0$ 时,级数的和为 1;当 $x=\frac{a}{2}$ 时,级数的和为 0;当 $x=a$ 时,级数的和为 -1;当 $-\frac{a}{2}<x<\frac{a}{2}$ 时,有 $1=\frac{4}{\pi}\left(\cos\frac{\pi}{a}x-\frac{1}{3}\cos\frac{3\pi}{a}x+\frac{1}{5}\cos\frac{5\pi}{a}x-\cdots\right)$. 和函数如图 8-4-11 所示 .

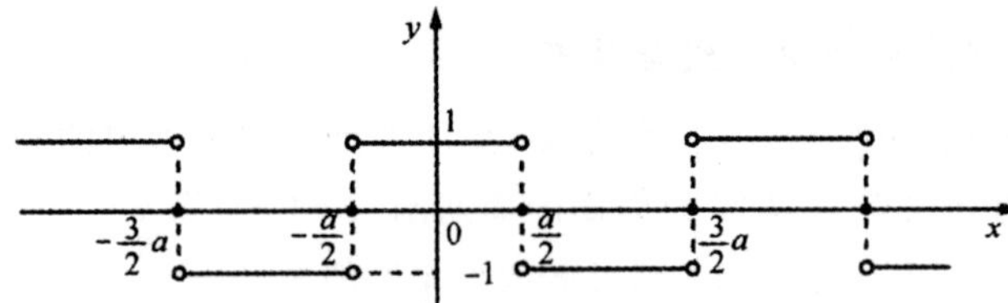

图 8-4-11

第 9 章　重积分及其应用

9.1　二重积分的概念与性质概述

9.1.1　二重积分的概念

1. 曲顶柱体的体积

设有一个柱体，它以 xOy 面上的有界闭区域 D 为底，以 D 的边界曲线为准线，母线平行于 z 轴的柱面，并以 $z=f(x,y)$ 所围成的几何体为曲顶，其中，$(x,y)\in D$，$f(x,y)\geqslant 0$ 且连续，我们称这个柱体为曲顶柱体，如图 9-1-1 所示．

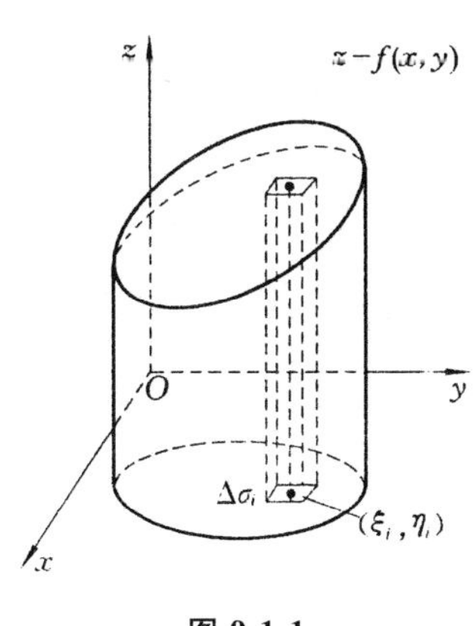

图 9-1-1

现在我们来分析这个曲顶柱体的体积，可用如下方法求解曲面柱体的体积：

(1) 分割．把区域 D 任意分成 n 个小区域 $\Delta\sigma_1,\Delta\sigma_2,\cdots,\Delta\sigma_n$，分别以这些小闭区域的边界曲线为准线，作母线平行于 z 轴的柱面，这些柱面把原来的曲顶柱体分为 n 个小曲顶柱体，如图 9-1-1. 假设第 i 个小曲顶柱体的体积为 ΔV_i，则

$$V=\Delta V_1+\Delta V_2+\cdots+\Delta V_n=\sum_{i=1}^{n}\Delta V_i.$$

(2) 近似代替．在每个小闭区域 $\Delta\sigma_i$（其面积也记为 $\Delta\sigma_i$）上任取一点 (ξ_i,η_i)，则 ΔV_i 近似等于以 $\Delta\sigma_i$ 为底，以 $f(\xi_i,\eta_i)$ 为高的平顶柱体的体积，即

$$\Delta V_i\approx f(\xi_i,\eta_i)\Delta\sigma_i,\quad (i=1,2,\cdots,n).$$

(3) 求和．所有小曲顶柱体体积之和为整个曲顶柱体积，则曲顶柱体体积的近似值为

$$V=\sum_{i=1}^{n}\Delta V_i\approx\sum_{i=1}^{n}f(\xi_i,\eta_i)\Delta\sigma_i,(\xi_i,\eta_i)\in\Delta\sigma_i.$$

(4) 取极限．分割的越细，上述近似值越精确，记 λ 为 $\Delta\sigma_i$ 的直径(一个闭区域的直径是指区域上任意两点间的距离的最大值) 中的最大者，所以令 $\lambda \to 0$，取上述和的极限，则有

$$V = \lim_{\lambda \to 0} \sum_{i=1}^{n} f(\xi_i, \eta_i) \Delta\sigma_i.$$

2. 平面薄板的质量

设有一平面薄板，它所占平面区域为 xOy 平面上的有界闭区域 D，它在点 (x,y) 处的面密度为 $\rho(x,y)$，且 $\rho(x,y) \geqslant 0$，在 D 上连续，如图 9-1-2 所示．

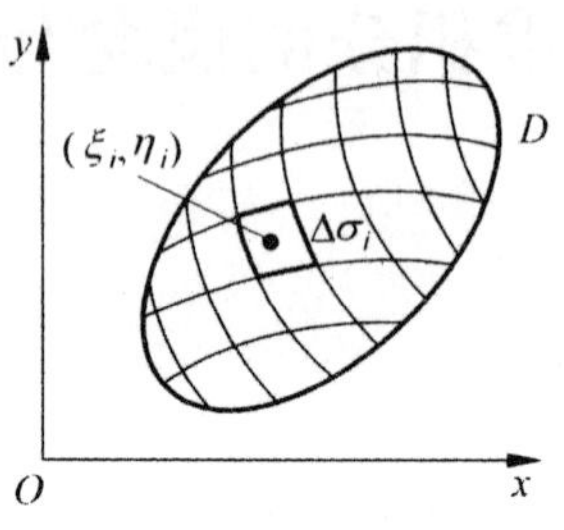

图 9-1-2

下面求该薄板的质量 m.

如果薄板是均匀的，即面密度是常数，那么薄板的质量可以用公式

$$质量 = 面密度 \times 面积$$

来计算．

现在面密度 $\mu(x,y)$ 不是常量，此时薄板的质量就不能直接用上式直接计算，可采用如下方法计算：

(1) 分割．将薄板所在的区域 D 任意分成 n 个小块 $\Delta\sigma_i (i = 1,2,\cdots,n)$，并用 $\Delta\sigma_i$ 表示第 i 个小区域的面积，$\Delta m_i (i = 1,2,\cdots,n)$ 表示第 i 个小块的质量．

(2) 近似代替．当小区域 $\Delta\sigma_i$ 很小时，这些小块就可以近似地看做均匀薄板．于是，利用均匀薄板的质量求解公式，在第 i 个小区域 $\Delta\sigma_i$ 上任取一点 (ξ_i, η_i)，则有

$$\Delta m_i \approx \rho(\xi_i, \eta_i)\Delta\sigma_i \quad (i = 1,2,\cdots,n),$$

其中 Δm_i 便是近似求得的第 i 小块的质量．

(3) 求和．令 λ_i 为 $\Delta\sigma_i$ 的直径，设 $\lambda = \max\{\lambda_1, \lambda_2, \cdots, \lambda_n\}$，它表示所有小区域中的最大直径．$m$ 的近似值为 n 个小块的质量之和，即

$$m = \sum_{i=1}^{n} \Delta m_i \approx \sum_{i=1}^{n} \rho(\xi_i, \eta_i)\Delta\sigma_i.$$

(4) 取极限．当 λ 足够小时，这个 m 的近似值也就足够精确，当 λ 趋近于 0 时，和式 $\sum_{i=1}^{n} \rho(\xi_i, \eta_i)\Delta\sigma_i$ 的极限即为薄板的质量 m，即

$$m = \lim_{\lambda \to 0} \sum_{i=1}^{n} \rho(\xi_i, \eta_i)\Delta\sigma_i. \tag{9-1-1}$$

虽然上面两个问题的实际意义完全不同，但分析问题和解决问题的方法和步骤是完全相同的，最后都归结为求一个特殊的和式的极限问题，这种和的极限可以抽象出二重积分的定义．

定义 9.1.1　设二元函数 $f(x,y)$ 在有界闭区域 D 上有定义，把闭区域 D 任意分成 n 个小闭区域 $\Delta\sigma_1,\Delta\sigma_2,\cdots,\Delta\sigma_n$，其中 $\Delta\sigma_i$ 表示第 i 个小闭区域，同时也表示第 i 个小闭区域的面积，在每个 $\Delta\sigma_i$ 上任取一点 (ξ_i,η_i)，作乘积

$$f(\xi_i,\eta_i)\Delta\sigma_i \quad (i=1,2,\cdots,n),$$

并作和式

$$\sum_{i=1}^{n} f(\xi_i,\eta_i)\Delta\sigma_i,$$

如果当各小闭区域的直径中的最大值 λ 趋近于 0 时，式(9-1-1) 的极限存在，则称此极限为函数 $f(x,y)$ 在闭区域 D 上的二重积分，记为

$$\iint\limits_D f(x,y)\mathrm{d}\sigma$$

或

$$\iint\limits_D f(x,y)\mathrm{d}x\mathrm{d}y,$$

即

$$\iint\limits_D f(x,y)\mathrm{d}\sigma=\iint\limits_D f(x,y)\mathrm{d}x\mathrm{d}y=\lim_{\lambda\to 0}\sum_{i=1}^{n} f(\xi_i,\eta_i)\Delta\sigma_i,$$

其中 $f(x,y)$ 称为被积函数，$\mathrm{d}\sigma$ 称为面积微元，$f(x,y)\mathrm{d}\sigma$ 称为被积表达式，x 和 y 称为积分变量，D 称为积分区域，并称 $\sum\limits_{i=1}^{n} f(\xi_i,\eta_i)\Delta\sigma_i$ 为积分和．

如果上述极限不存在，说明函数 $f(x,y)$ 在闭区域 D 上是不可积的．

在二重积分定义中的 $f(\xi_i,\eta_i)\Delta\sigma_i$ 是以 $\Delta\sigma_i$ 为底，以 $f(\xi_i,\eta_i)$ 为高的平顶柱体的体积，当 $\Delta\sigma_i$ 的直径很小时，$f(x,y)$ 在 $\Delta\sigma_i$ 上变化很小，因此可将以 $\Delta\sigma_i$ 为底，以 $z=f(x,y)$ 为顶的小曲顶柱体近似地看做平顶柱体，其体积的近似值可取为 $f(\xi_i,\eta_i)\Delta\sigma_i$，于是积分和 $\sum\limits_{i=1}^{n} f(\xi_i,\eta_i)\Delta\sigma_i$ 就是整个曲顶柱体体积的近似值．显然，当 $\lambda\to 0$ 时，积分和以曲顶柱体的体积为极限，即二重积分等于曲顶柱体的体积，这就是二重积分的几何意义．如果 $f(x)\leqslant 0$，则曲顶柱体就在 xOy 平面的下方，二重积分的值是负的，因而曲顶柱体的体积就是二重积分的负值；如果 $f(x,y)$ 在 D 的某些区域上为正，在某些区域上为负，则二重积分 $\iint\limits_D f(x,y)\mathrm{d}\sigma$ 就等于这些区域上曲顶柱体体积的代数和．

对于二重积分，需要注意以下几点：

(1) 二重积分的积分值域 $\iint\limits_D f(x,y)\mathrm{d}\sigma$ 与区域 D 的分割方式及点 (ξ_i,η_i) 的取法无关；

(2) 如果被积函数 $f(x,y)$ 在有界闭区域 D 上连续，则一定可积．

3. 二重积分的几何意义

像定积分那样，二重积分 $\iint\limits_D f(x,y)\mathrm{d}\sigma$ 的几何意义也可以解释为：

(1) 若在闭区域 D 上 $f(x,y)\geqslant 0$，则二重积分 $\iint\limits_D f(x,y)\mathrm{d}\sigma$ 表示以闭区域 D 为底，以曲面

$z=f(x,y)$ 为曲顶的曲顶柱体的体积,即

$$\iint_D f(x,y)\mathrm{d}\sigma = V.$$

(2)若在闭区域 D 上 $f(x,y)\leqslant 0$,则上述曲项柱体在 xOy 面的下方,二重积分 $\iint_D f(x,y)\mathrm{d}\sigma$ 的值是负的,它的绝对值为该曲顶柱体的体积,即

$$\iint_D f(x,y)\mathrm{d}\sigma = -V.$$

(3)若 $f(x,y)$ 在 D 的某些子区域上为正,在 D 的另一些子区域上为负,则 $\iint_D f(x,y)\mathrm{d}\sigma$ 表示在这些子区域上曲顶柱体体积的代数和.

例 9.1.1　已知 D 为区域 $x^2+y^2\leqslant 1$,求 $\iint_D \sqrt{1-x^2-y^2}\,\mathrm{d}\sigma$ 的值.

解: 由于被积函数

$$z=\sqrt{1-x^2-y^2}\geqslant 0,$$

根据二重积分的几何意义可知,$\iint_D \sqrt{1-x^2-y^2}\,\mathrm{d}\sigma$ 在数值上等于以曲面 $z=\sqrt{1-x^2-y^2}$ 为顶,以 D 为底的曲顶柱体的体积.它实际上是一个半径为 1 的半球体的体积,因此

$$\iint_D \sqrt{1-x^2-y^2}\,\mathrm{d}\sigma = \frac{1}{2}V_{球} = \frac{1}{2}\times\frac{4}{3}\pi\times 1^2 = \frac{2}{3}\pi.$$

9.1.2　二重积分的性质

根据曲顶柱体的体积以及平面薄片的质量等实际问题,给出了二重积分的定义,并初步讨论了二重积分的几何意义,下面进一步讨论二重积分的性质.二重积分也有和一元函数定积分相类似的性质,而且其证明也与定积分性质的证明类似.

性质 9.1.1　如果 $f(x,y)$ 在区域 D 上可积,k 为常数,则 $kf(x,y)$ 在 D 上也可积,且

$$\iint_D kf(x,y)\mathrm{d}\sigma = k\iint_D f(x,y)\mathrm{d}\sigma.$$

证明: 根据二重积分的定义和极限的性质可知

$$\iint_D f(x,y)\mathrm{d}\sigma = \lim_{\lambda\to 0}\sum_{i=1}^{n} f(\xi_i,\eta_i)\Delta\sigma_i,$$

$$\iint_D kf(x,y)\mathrm{d}\sigma = \lim_{\lambda\to 0}\sum_{i=1}^{n} kf(\xi_i,\eta_i)\Delta\sigma_i = k\lim_{\lambda\to 0}\sum_{i=1}^{n} kf(\xi_i,\eta_i)\Delta\sigma_i,$$

所以

$$\iint_D kf(x,y)\mathrm{d}\sigma = k\iint_D f(x,y)\mathrm{d}\sigma.$$

性质 9.1.2　如果 $f(x,y)$,$g(x,y)$ 均在区域 D 上可积,则 $f(x,y)\pm g(x,y)$ 在区域 D 上也可积,且

$$\iint_D [f(x,y)\pm g(x,y)]\mathrm{d}\sigma = \iint_D f(x,y)\mathrm{d}\sigma \pm \iint_D g(x,y)\mathrm{d}\sigma.$$

上述两性质合称为二重积分的线性性质，它们的证明可由定义直接得出．

性质 9.1.3（积分对于区域的可加性）　设 $D = D_1 \cup D_2 \cup \cdots \cup D_n$，且 $D_1, D_2, \cdots, D_n$ 中任意两个区域无公共点，则 $f(x,y)$ 在有界闭区域 D 上可积的充分必要条件是 $f(x,y)$ 在 $D_1, D_2, \cdots, D_n$ 上都可积，并且

$$\iint_D f(x,y)\mathrm{d}\sigma + \iint_{D_1} f(x,y)\mathrm{d}\sigma + \cdots + \iint_{D_n} f(x,y)\mathrm{d}\sigma.$$

性质 9.1.4　设函数 $f(x,y)$ 在有界闭区域 D 上可积，且 $f(x,y) \geqslant 0$，则

$$\iint_D f(x,y)\mathrm{d}\sigma \geqslant 0.$$

性质 9.1.5（保序性）　设函数 $f(x,y), g(x,y)$ 都在有界闭区域 D 上可积，且 $f(x,y) \geqslant g(x,y)$，$\forall (x,y) \in D$，则

$$\iint_D f(x,y)\mathrm{d}\sigma \geqslant \iint_D g(x,y)\mathrm{d}\sigma.$$

证明：　设

$$h(x,y) = f(x,y) - g(x,y),$$

则

$$h(x,y) \geqslant 0,$$

根据性质 9.1.4 可知

$$\iint_D h(x,y)\mathrm{d}\sigma \geqslant 0,$$

再根据性质 9.1.2 可知

$$\iint_D h(x,y)\mathrm{d}\sigma = \iint_D [f(x,y) - g(x,y)]\mathrm{d}\sigma = \iint_D f(x,y)\mathrm{d}\sigma - \iint_D g(x,y)\mathrm{d}\sigma,$$

由以上两式可得

$$\iint_D f(x,y)\mathrm{d}\sigma - \iint_D g(x,y)\mathrm{d}\sigma \geqslant 0,$$

即

$$\iint_D f(x,y)\mathrm{d}\sigma \geqslant \iint_D g(x,y)\mathrm{d}\sigma.$$

性质 9.1.6　设函数 $f(x,y)$ 在有界闭区域 D 上可积，则

$$\left|\iint_D f(x,y)\mathrm{d}\sigma\right| \leqslant \iint_D |f(x,y)|\mathrm{d}\sigma.$$

性质 9.1.7　设有界闭区域 D 的面积是 σ，则

$$\iint_D 1\mathrm{d}\sigma = \sigma.$$

此性质的几何意义是：以 D 为底、以 1 为高的平顶柱体的体积在数值上等于柱体的底面积．

性质 9.1.8（积分中值定理）　设函数 $f(x,y)$ 在有界闭区域 D 上连续，则至少存在一点 $(\xi, \eta) \in D$ 使得

$$\iint_D f(x,y)\mathrm{d}\sigma = f(\xi,\eta)\sigma,$$

其中 σ 为积分区域 D 的面积.

性质 9.1.9(估值定理) 设函数 $f(x,y)$ 在区域 D 上可积,且 $m \leqslant f(x,y) \leqslant M$,则

$$m\sigma \leqslant \iint_D f(x,y)\mathrm{d}\sigma \leqslant M\sigma.$$

证明: 因为函数 $f(x,y)$ 在有界闭区域 D 上连续,所以根据最值定理可知函数 $f(x,y)$ 在 D 上可取得最小值 m 和最大值 M,即

$$m \leqslant f(x,y) \leqslant M,$$

则根据性质 9.1.5 可得

$$\iint_D m\,\mathrm{d}\sigma \leqslant \iint_D f(x,y)\mathrm{d}\sigma \leqslant \iint_D M\mathrm{d}\sigma,$$

又由性质 9.1.1 和性质 9.1.7 可得

$$m\sigma \leqslant \iint_D f(x,y)\mathrm{d}\sigma \leqslant M\sigma,$$

两边同除以 σ 可得

$$m \leqslant \frac{1}{\sigma}\iint_D f(x,y)\mathrm{d}\sigma \leqslant M,$$

得证.

根据积分中值定理可知,在 D 上至少有一点 (ξ,η) 使得

$$\frac{1}{\sigma}\iint_D f(x,y)\mathrm{d}\sigma = f(\xi,\eta)$$

或

$$\iint_D f(x,y)\mathrm{d}\sigma = \sigma f(\xi,\eta),$$

性质 9.1.8 得证.

例 9.1.2 比较 $\iint_D \ln(x+y)\mathrm{d}\sigma$ 与 $\iint_D [\ln(x+y)]^2\mathrm{d}\sigma$ 的大小,其中积分区域 D 是由直线 $x=1$, $x+y=2$ 与 x 轴所围成.

解: 积分区域 D 如图 9-1-3 阴影部分所示.

因为在区域 D 中,

$$x+y=2,$$

又由

$$x \geqslant 1,$$

且

$$y \geqslant 0,$$

知

$$x+y \geqslant 1,$$

所以

$$1 \leqslant x+y \leqslant 2,$$

从而

$$0 \leqslant \ln(x+y) \leqslant \ln 2 < 1,$$

故在区域 D 上，有

$$[\ln(x+y)]^2 \leqslant \ln(x+y),$$

易知

$$\iint_D \ln(x+y)\mathrm{d}\sigma \geqslant \iint_D [\ln(x+y)]^2 \mathrm{d}\sigma.$$

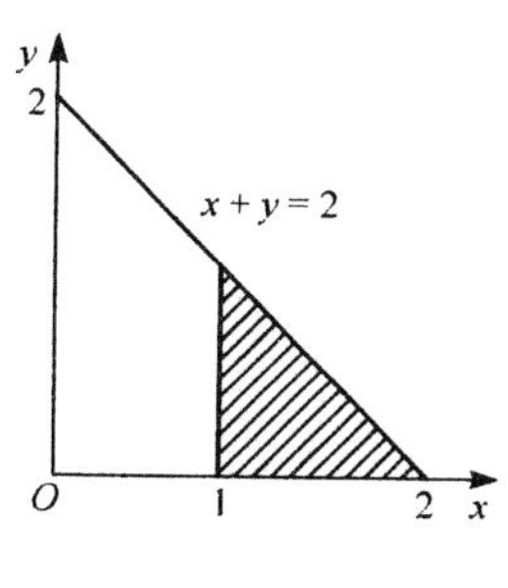

图 9-1-3

例 9.1.3　估计二重积分

$$I = \iint_D \frac{\mathrm{d}\sigma}{\sqrt{x^2+y^2+2xy+16}}$$

的值，其中积分区域 D 为矩形闭区域 $\{(x,y) \mid 0 \leqslant x < 1, 0 \leqslant y \leqslant 2\}$.

解：由于

$$f(x,y) = \frac{1}{\sqrt{x^2+y^2+2xy+16}},$$

区域 D 的面积 $\sigma = 2$，且在 D 上 $f(x,y)$ 的最大值和最小值分别为

$$M = \frac{1}{\sqrt{(0+0)^2+4^2}} = \frac{1}{4}, m = \frac{1}{\sqrt{(1+2)^2+4^2}} = \frac{1}{5},$$

所以

$$\frac{1}{5} \times 2 \leqslant I \leqslant \frac{1}{4} \times 2,$$

即

$$\frac{2}{5} \leqslant I \leqslant \frac{2}{4}.$$

9.2　二重积分的计算

直接利用二重积分的定义计算二重积分通常是非常困难的，有时甚至是不可能的．因此必须找到切实可行的计算方法．由于一元函数积分学中定积分的计算我们已经比较熟悉，所以计算二重积分的基本思想是将其转化为两次定积分(即累次积分或二次积分)，然后按照定积分的计算方法来进行．

9.2.1　直角坐标系下二重积分的计算

在直角坐标系中采用平行于 x 轴和 y 轴的直线把区域 D 分成许多小矩形(见图 9-2-1)，于

是，面积元素

$$d\sigma = dxdy,$$

二重积分可以写成

$$\iint_D f(x+y)dxdy.$$

下面用二重积分的几何意义来导出二重积分的计算方法.

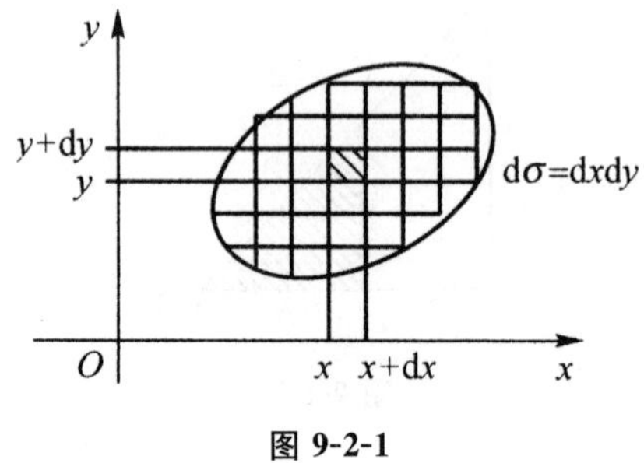

图 9-2-1

(1) 设 $f(x+y)$ 在有界闭区域 D 上连续，D 可表示为(见图 9-2-2)：

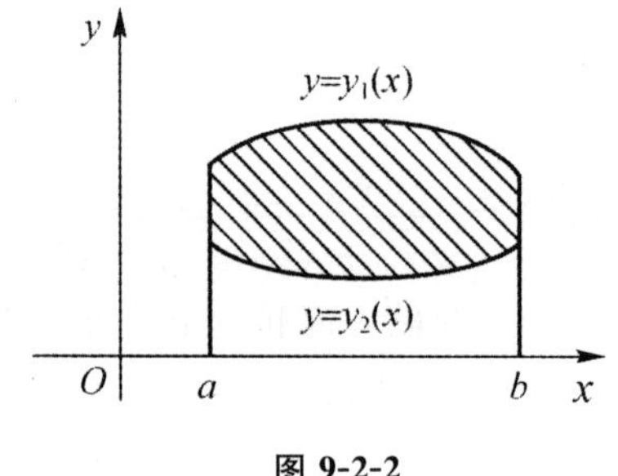

图 9-2-2

$$D = \{(x,y) \mid y_1(x) \leqslant y \leqslant y_2(x), x \in [a,b]\},$$

区域 D 习惯上称为 X 型区域.

在此用定积分的“切片法”来求以 $z = f(x+y)$ 为顶，以 D 为底的曲顶柱体的体积.

在 $[a,b]$ 上任取一点 x，过 x 作垂直于 x 轴的平面与柱体相交，截出的面积设为 $S(x)$，见图 9-2-3. 由定积分可知：

$$S(x) = \int_{y_1(x)}^{y_2(x)} f(x,y)dy,$$

所求曲顶柱体体积为：

$$V = \int_a^b S(x)dx = \int_a^b \left[\int_{y_1(x)}^{y_2(x)} f(x,y)dy\right]dx.$$

因此

$$\iint_D f(x,y)dxdy = \int_a^b dx \int_{y_1(x)}^{y_2(x)} f(x,y)dy.$$

这一结果也是所求二重积分 $\iint_D f(x,y)dxdy$ 的值，便可得到 X 型域上二重积分的计算公式

$$\iint\limits_D f(x,y)\mathrm{d}x\mathrm{d}y = \int_a^b \mathrm{d}x \int_{y_1(x)}^{y_2(x)} f(x,y)\mathrm{d}y.$$

从上面的公式可以看出，计算二重积分需要计算两次定积分：先把 x 视为常数，将函数 $f(x,y)$ 看作以 y 为变量的一元函数，并在$[\varphi_1(x),\varphi_2(x)]$上对 y 求定积分，第一次积分的结果与 x 有关；第二次积分时，x 是积分变量，积分限是常数，计算结果是一个定值．以上过程称为先对 y 后对 x 的累次积分或二次积分．

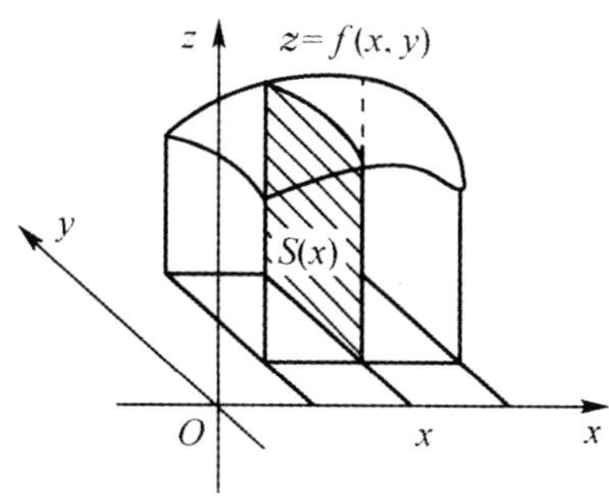

图 9-2-3

(2) 称形如

$$D = \{(x,y) \mid x_1(y) \leqslant x \leqslant x_2(y), x \in [c,\mathrm{d}]\}$$

的区域为 Y 型域，其中 $\psi_1(x)$ 与 $\psi_2(x)$ 均在$[c,\mathrm{d}]$上连续，如图 9-2-4 所示．Y 型域的特点是：任何平行于 x 且穿过区域 D 内部的直线与 D 的边界相交不多于两点．

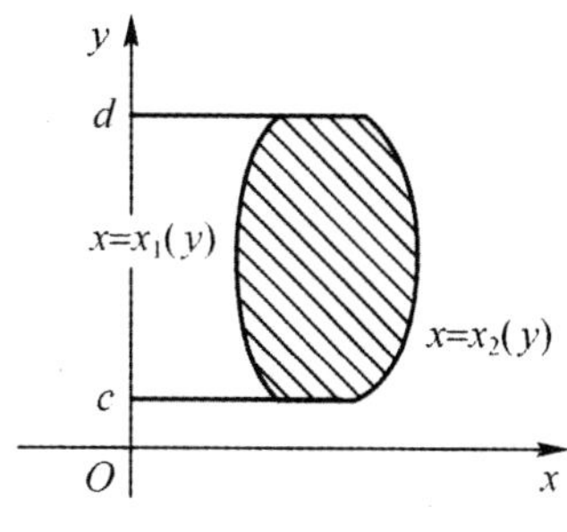

图 9-2-4

当 D 为 Y 型域时，有

$$\iint\limits_D f(x,y)\mathrm{d}x\mathrm{d}y = \int_c^{\mathrm{d}} \mathrm{d}y \int_{x_1(y)}^{x_2(y)} f(x,y)\mathrm{d}x.$$

特殊地，若积分区域为矩形区域，则有：

$$D = \{(x,y) \mid a \leqslant x \leqslant b, c \leqslant x \leqslant \mathrm{d}\},$$

则 $f(x,y)$ 在 D 上的二重积分，可以化为先对 y 后对 x 的累次积分，也可以化为先对 x 后对 y 的累次积分，即：

$$\iint\limits_D f(x,y)\mathrm{d}\sigma = \int_a^b \mathrm{d}x \int_c^{\mathrm{d}} f(x,y)\mathrm{d}y = \int_c^{\mathrm{d}} \mathrm{d}x \int_a^b f(x,y)\mathrm{d}x.$$

例 9.2.1　计算$\iint\limits_D xy\,\mathrm{d}\sigma$，其中 D 是由抛物线 $y^2 = x$ 与直线 $y = x - 2$ 所围成的区域．

解:面积分区域图形,如图 9-2-5 所示．首先求出曲线的交点．

$$\begin{cases} y^2 = x \\ y = x-2 \end{cases},$$

解出交点(1,−1),(4,2).

积分顺序为先 x 后 y

$$\begin{aligned}
\iint_D xy\,\mathrm{d}\sigma &= \int_{-1}^{2}\mathrm{d}y\int_{y^2}^{y+2} xy\,\mathrm{d}x\mathrm{d}y \\
&= \int_{-1}^{2} y\cdot\frac{x^2}{2}\Big|_{y^2}^{y+2}\mathrm{d}y \\
&= \int_{-1}^{2} y\left[\frac{(y+2)^2}{2}-\frac{y^4}{2}\right]\mathrm{d}y \\
&= \frac{1}{2}\int_{-1}^{2} y[y^2+4y+4-y^4]\mathrm{d}y \\
&= \frac{1}{2}\left[\frac{y^4}{4}+\frac{4}{3}y^3+2y^2-\frac{y^6}{6}\right]_{-1}^{2} \\
&= \frac{45}{8}.
\end{aligned}$$

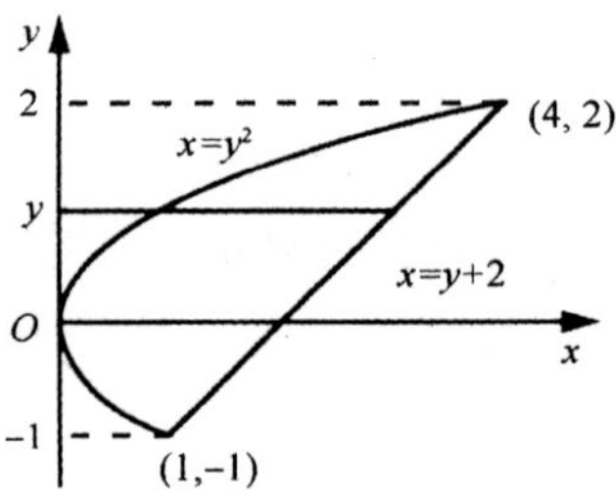

图 9-2-5

例 9.2.2 计算$\iint_D xy\,\mathrm{d}x\mathrm{d}y$,其中 D:$x^2+y^2\leqslant 1, x\geqslant 0, y\geqslant 0$.

解: 区域 D 如图 9-2-6 所示．先对 y 积分(固定 x),y 的变化范围由 0 到 $\sqrt{1-x^2}$,然后再在 x 的最大变化范围[0,1] 内对 x 积分,则有

$$\begin{aligned}
\iint_D xy\,\mathrm{d}x\mathrm{d}y &= \int_0^1\mathrm{d}x\int_0^{\sqrt{1-x^2}} xy\,\mathrm{d}y \\
&= \int_0^1 x\left(\frac{1}{2}y^2\right)\Big|_0^{\sqrt{1-x^2}}\mathrm{d}x \\
&= \int_0^1 \frac{1}{2}x(1-x^2)\mathrm{d}x \\
&= \frac{1}{2}\left(\frac{x^2}{2}-\frac{x^4}{4}\right)\Big|_0^1 \\
&= \frac{1}{8}.
\end{aligned}$$

本题也可先对 x 积分,解法类似,留给读者完成．

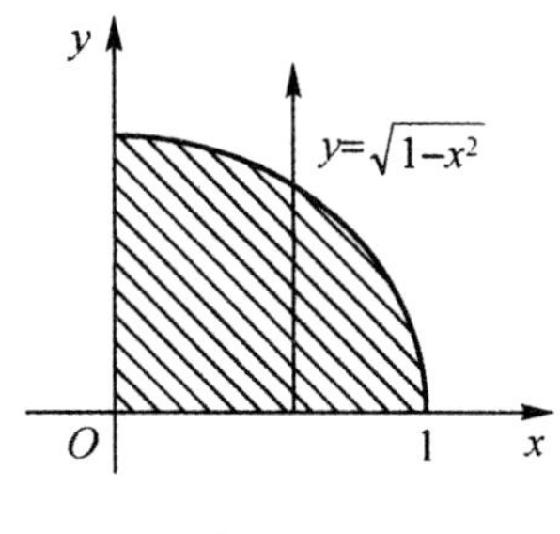

图 9-2-6

例 9.2.3　计算$\iint\limits_D xy\,\mathrm{d}x\mathrm{d}y$,其中 D 为 $y=x^2$,$y=\sqrt{2-x^2}$ 及 x 轴所围成的区域．

解:　区域 D 如图 9-2-7 所示．

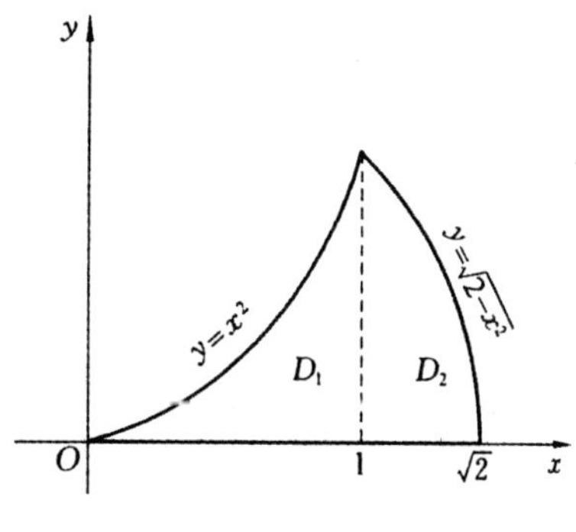

图 9-2-7

解法 1:这里采用先对 y 后对 x 积分．

$0\leqslant x\leqslant\sqrt{2}$,此时图形 D 不再属于标准图形,所以要将 D 分割,不妨把 D 分割成 D_1,D_2 两部分．

$$D_1=\{(x,y)\mid 0\leqslant x\leqslant 1,0\leqslant y\leqslant x^2\},$$
$$D_2=\{(x,y)\mid 1\leqslant x\leqslant\sqrt{2},0\leqslant y\leqslant\sqrt{2-x^2}\},$$

从而

$$\begin{aligned}\iint\limits_D xy\,\mathrm{d}x\mathrm{d}y&=\iint\limits_{D_1}xy\,\mathrm{d}x\mathrm{d}y+\iint\limits_{D_2}xy\,\mathrm{d}x\mathrm{d}y\\&=\int_0^1\mathrm{d}x\int_0^{x^2}xy\,\mathrm{d}y+\int_1^{\sqrt{2}}\mathrm{d}x\int_0^{\sqrt{2-x^2}}xy\,\mathrm{d}y\\&=\int_0^1\left(\frac{1}{2}xy^2\right)\Bigg|_0^{x^2}\mathrm{d}x+\int_1^{\sqrt{2}}\left(\frac{1}{2}xy^2\right)\Bigg|_0^{\sqrt{2-x^2}}\mathrm{d}x\\&=\frac{1}{2}\int_0^1x^5\,\mathrm{d}x+\int_1^{\sqrt{2}}x(2-x^2)\mathrm{d}x\\&=\frac{1}{2}\cdot\frac{1}{6}x^6\Bigg|_0^1+\frac{1}{2}x^2\Bigg|_1^{\sqrt{2}}-\frac{1}{2}\cdot\frac{1}{4}x^4\Bigg|_0^{\sqrt{2}}\\&=\frac{5}{24}.\end{aligned}$$

解法 2:先对 x 后对 y 积分.

$0\leqslant y\leqslant 1$,因为

$$D=\{(x,y)\mid \sqrt{y}\leqslant x\leqslant \sqrt{2-y^2},0\leqslant y\leqslant 1\},$$

则

$$\begin{aligned}\iint_D xy\,\mathrm{d}x\mathrm{d}y&=\int_0^1\mathrm{d}y\int_{\sqrt{y}}^{\sqrt{2-y^2}}xy\,\mathrm{d}x\\&=\int_0^1\left(y\cdot\frac{x^2}{2}\Big|_{\sqrt{y}}^{\sqrt{2-y^2}}\right)\mathrm{d}y\\&=\int_0^1\frac{1}{2}y(2-y^2-y)\mathrm{d}y\\&=\frac{1}{2}\left(y^2-\frac{y^4}{4}-\frac{y^3}{3}\right)\Big|_0^1\\&=\frac{5}{24}.\end{aligned}$$

很明显,解法 2 比解法 1 的计算量小了很多,表达式也简单些.这说明不同的积分次序往往导致计算的繁简程度差别很大,在应用时,应根据被积函数、积分区域和积分限的情况恰当地选择积分次序.

例 9.2.4 计算$\iint\limits_D \mathrm{e}^{\frac{x}{y}}\mathrm{d}x\mathrm{d}y$,其中 D 是由 $y^2=x,x=0,y=1$ 所围成的区域.

解:区域 D 如图 9-2-8 所示.考虑到被积函数,将二重积分化成先对 x 的二次积分.

$$\begin{aligned}\iint_D \mathrm{e}^{\frac{x}{y}}\mathrm{d}x\mathrm{d}y&=\int_0^1\int_0^{y^2}\mathrm{e}^{\frac{x}{y}}\mathrm{d}x\\&=\int_0^1\mathrm{d}y\int_0^{y^2}\mathrm{e}^{\frac{x}{y}}\mathrm{d}\left(\frac{x}{y}\right)\\&=\int_0^1 y(\mathrm{e}^{\frac{x}{y}})\big|_0^{y^2}\mathrm{d}y=\int_0^1 y(\mathrm{e}^y-1)\mathrm{d}y\\&=\int_0^1 y\mathrm{e}^y\mathrm{d}y-\frac{y^2}{2}\Big|_0^1=y\mathrm{e}^y\big|_0^1-\int_0^1\mathrm{e}^y\mathrm{d}y-\frac{1}{2}=\mathrm{e}-\mathrm{e}^y\big|_0^1-\frac{1}{2}\\&=\mathrm{e}-(\mathrm{e}-1)-\frac{1}{2}\\&=\frac{1}{2}.\end{aligned}$$

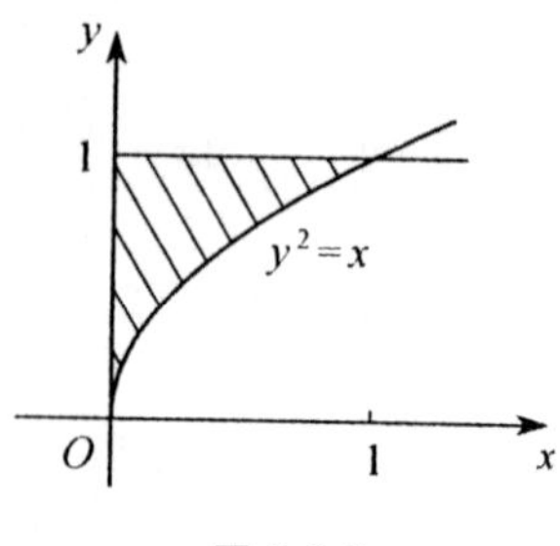

图 9-2-8

9.2.2 利用极坐标计算二重积分

在二重积分的问题中常常会遇到直角坐标系下很难解决的问题．

比如：计算二重积分$\iint\limits_D e^{-x^2-y^2}\mathrm{d}\sigma$，其中 D 是由圆周 $x^2+y^2\leqslant 1$ 所围成的闭区域．

尽管在直角坐标系下该二重积分可表示为

$$\iint\limits_D e^{-x^2-y^2}\mathrm{d}x\mathrm{d}y=\int_{-1}^{1}\mathrm{d}x\int_{-\sqrt{1-x^2}}^{\sqrt{1-x^2}}e^{-x^2}e^{-y^2}\mathrm{d}y.$$

但是，这个积分用初等方法是积不出来的．注意到这个积分区域的特殊性，其边界方程用极坐标方程表示的话，形式很简单，它就是 $r=1$. 既然这样，问题是否可以放到极坐标系下来解决呢？要回答这个问题，首先要解决如何利用极坐标求二重积分$\iint\limits_D f(x,y)\mathrm{d}\sigma$.

直角坐标与极坐标之间的变换公式为

$$\begin{cases}x=r\cos\theta\\ y=r\sin\theta\end{cases}.$$

下面求极坐标下的面积元素．在极坐标系下，对区域 D 的分割可采用如图 9-2-9 方式：过极点引射线，然后再以极点为圆心画同心圆，这样将区域 D 分割成许多个小区域，当分割非常精细时，其中一个典型的小区域的面积为

$$\begin{aligned}\Delta\sigma&=\frac{1}{2}(r+\Delta r)^2\Delta\theta-\frac{1}{2}r^2\Delta\theta\\&=r\Delta r\Delta\theta+\frac{1}{2}(\Delta r)^2\Delta\theta\\&\approx r\Delta r\Delta\theta.\end{aligned}$$

于是，极坐标下的面积元素

$$\mathrm{d}\sigma=r\mathrm{d}r\mathrm{d}\theta.$$

所以二重积分$\iint\limits_D f(x,y)\mathrm{d}\sigma$ 在极坐标系下可表示为

$$\iint\limits_D f(x,y)\mathrm{d}x\mathrm{d}y=\iint\limits_D f(r\cos\theta,r\sin\theta)r\mathrm{d}r\mathrm{d}\theta.$$

极坐标系下的二重积分也可转化为二次积分来计算，下面分三种情况讨论．

(1) 积分区域 D 把原点 O 包含在内部的有界闭区域，D 的边界曲线为 $r=r(\theta)$，$0\leqslant\theta\leqslant 2\pi$，如图 9-2-9 所示，这时

$$D=\{(r,\theta)\mid 0\leqslant r\leqslant r(\theta),0\leqslant\theta\leqslant 2\pi\},$$

则二重积分可化为

$$\iint\limits_D f(r\cos\theta,r\sin\theta)r\mathrm{d}r\mathrm{d}\theta=\int_0^{2\pi}\mathrm{d}\theta\int_0^{r(\theta)}f(r\cos\theta,r\sin\theta)r\mathrm{d}r;$$

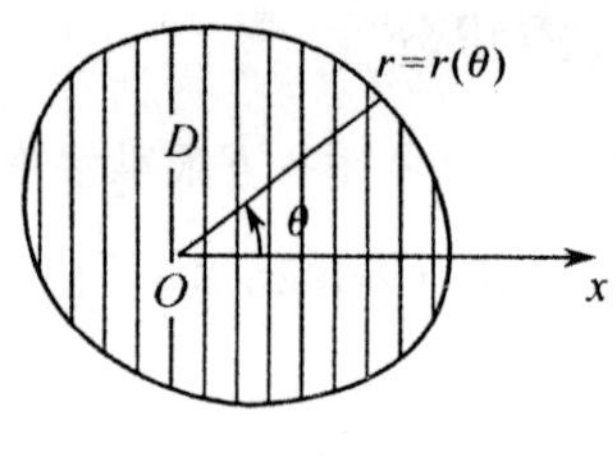

图 9-2-9

(2) 积分区域 D 是由曲线 $r=r(\theta),\alpha\leqslant\theta\leqslant\beta$ 和两条射线 $\theta=\alpha,\theta=\beta$ 所围成的区域,如图 9-2-10 所示,这时

$$D=\{(r,\theta)\mid 0\leqslant r\leqslant r(\theta),\alpha\leqslant\theta\leqslant\beta\},$$

则二重积分可化为

$$\iint\limits_{D}f(r\cos\theta,r\sin\theta)r\mathrm{d}r\mathrm{d}\theta=\int_{\alpha}^{\beta}\mathrm{d}\theta\int_{0}^{r(\theta)}f(r\cos\theta,r\sin\theta)r\mathrm{d}r;$$

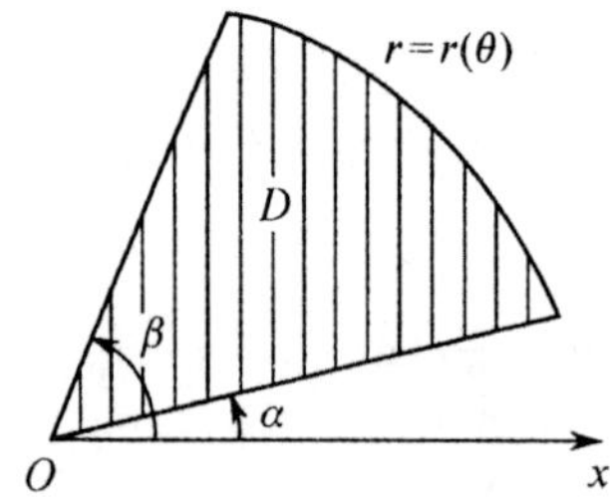

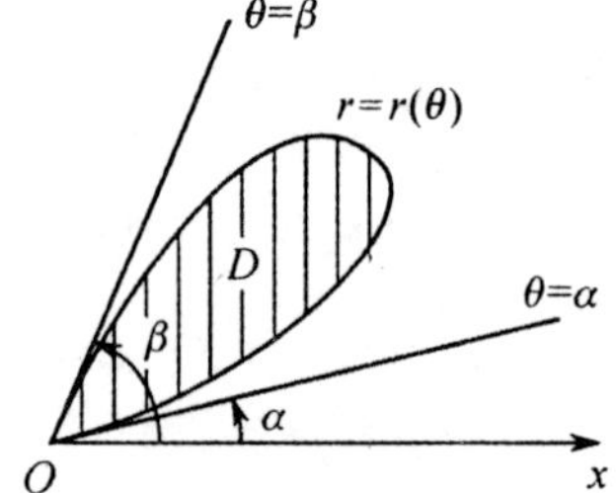

图 9-2-10

(3) 积分区域 D 是由两条曲线 $r=r_1(\theta),r=r_2(\theta),r_1(\theta)\leqslant r_2(\theta),\alpha\leqslant\theta\leqslant\beta$ 和两条射线 $\theta=\alpha$, $\theta=\beta$ 所围成的区域,如图 9-2-11 所示,这时

$$D=\{(r,\theta)\mid r_1(\theta)\leqslant r\leqslant r_2(\theta),\alpha\leqslant\theta\leqslant\beta\},$$

则二重积分可化为

$$\iint\limits_{D}f(r\cos\theta,r\sin\theta)r\mathrm{d}r\mathrm{d}\theta=\int_{\alpha}^{\beta}\mathrm{d}\theta\int_{r_1(\theta)}^{r_2(\theta)}f(r\cos\theta,r\sin\theta)r\mathrm{d}r.$$

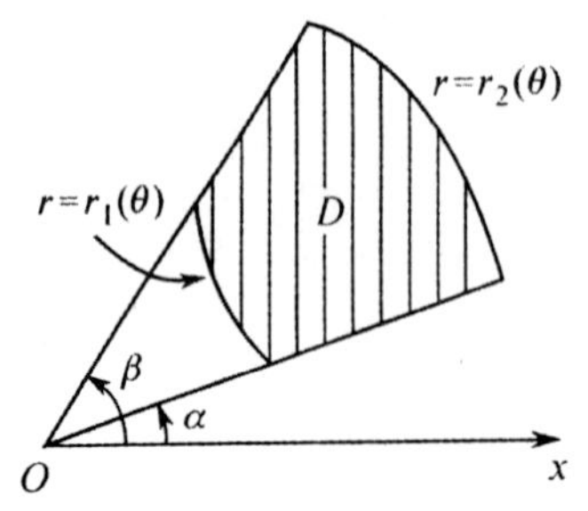

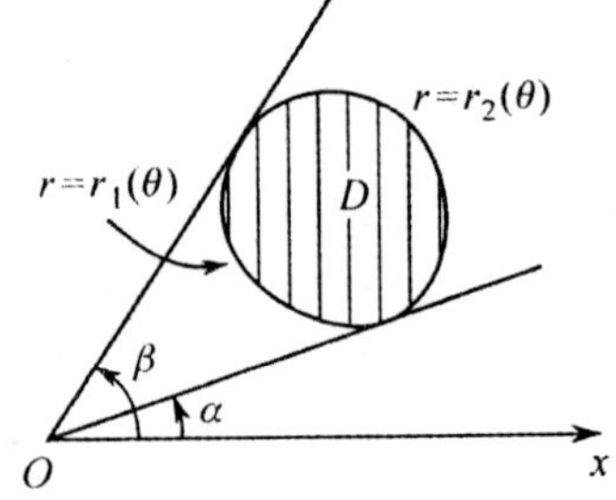

图 9-2-11

对于一般的区域 D，可以用分割的方法使得在每个小区域上可以用上述公式计算，然后再依据二重积分对积分区域的可加性将各个计算的结果求和．

例 9.2.5　将 $\iint\limits_D f(x,y)\mathrm{d}\sigma$ 化为极坐标系下的二次积分，其中积分区域 $D: x^2+y^2\leqslant 2Rx, y\geqslant 0$.

解：　画出积分区域 D，如图 9-2-12 所示，可知

$$D: 0\leqslant\theta\leqslant\frac{\pi}{2}, 0\leqslant r\leqslant 2R\cos\theta,$$

则

$$\iint\limits_D f(x,y)\mathrm{d}\sigma=\int_0^{\frac{\pi}{2}}\mathrm{d}\theta\int_0^{2R\cos\theta}f(r\cos\theta,r\sin\theta)r\mathrm{d}r.$$

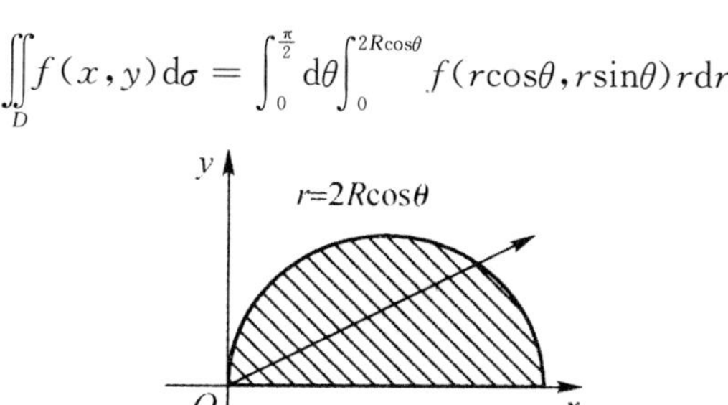

图 9-2-12

例 9.2.6　将二重积分 $\iint\limits_D f(x,y)\mathrm{d}\sigma$ 化为极坐标系中的二次积分，其中积分域 $D: x^2+y^2\leqslant R^2$ $(R>0)$.

解：令

$$\begin{cases}x=\rho\cos\theta\\ y=\rho\sin\theta\end{cases}.$$

同时面积元素 $\mathrm{d}\sigma=\rho\mathrm{d}\rho\mathrm{d}\theta$，画出积分域 D，如图 9-2-13 所示，极点在积分区域 D 内部，其边界曲线方程 $x^2+y^2=R^2$ 化为极坐标系中的方程为 $\rho=R$，所以

$$D:\begin{cases}0\leqslant\theta\leqslant 2\pi\\ 0\leqslant\rho\leqslant R\end{cases},$$

于是

$$\begin{aligned}\iint\limits_D f(x,y)\mathrm{d}\sigma&=\iint\limits_D f(\rho\cos\theta,\rho\sin\theta)\rho\mathrm{d}\rho\mathrm{d}\theta\\&=\int_0^{2\pi}\mathrm{d}\theta\int_0^R f(\rho\cos\theta,\rho\sin\theta)\rho\mathrm{d}\rho.\end{aligned}$$

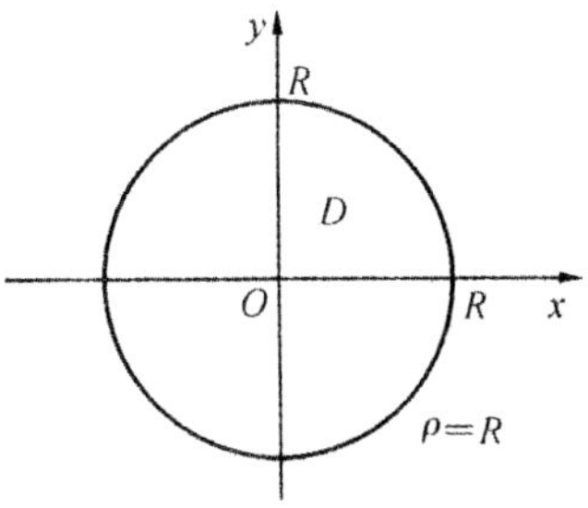

图 9-2-13

例 9.2.7 计算$\iint\limits_D x^2\mathrm{d}x\mathrm{d}y$,其中 D 是两圆 $x^2+y^2=1$ 和 $x^2+y^2=4$ 之间的环形区域.

解:画出积分区域 D,如图 9-2-14 所示,选用极坐标,D:$1\leqslant r\leqslant 2,0\leqslant\theta\leqslant 2\pi$,所以

$$\begin{aligned}\iint\limits_D x^2\mathrm{d}x\mathrm{d}y&=\int_0^{2\pi}\mathrm{d}\theta\int_1^2 r^2\cos^2\theta r\,\mathrm{d}r\\&=\int_0^{2\pi}\cos^2\theta\mathrm{d}\theta\int_1^2 r^3\,\mathrm{d}r\\&=\int_0^{2\pi}\frac{1+\cos 2\theta}{2}\mathrm{d}\theta\int_1^2 r^3\,\mathrm{d}r\\&=\frac{15}{4}\pi.\end{aligned}$$

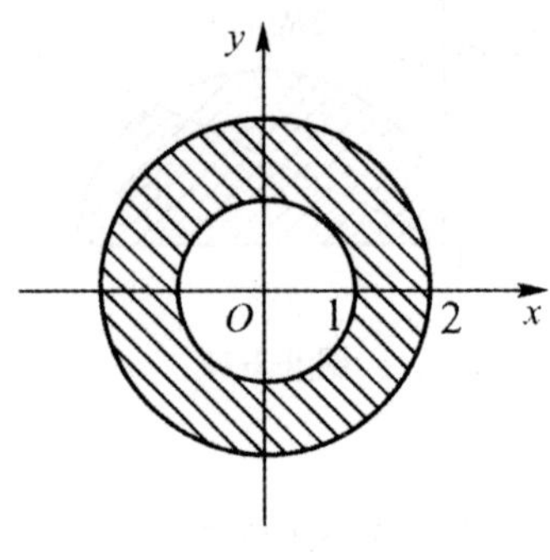

图 9-2-14

例 9.2.8 计算二重积分$\iint\limits_D y\mathrm{d}x\mathrm{d}y$,其中 D 是由直线 $x=-2,y=0,y=2$ 以及曲线 $x=-\sqrt{2y-y^2}$ 所围成的平面区域.

解:解法 1:积分区域 D 为图 9-2-15 中的阴影部分,记半圆区域为 D_1,则有

$$\iint\limits_D y\mathrm{d}x\mathrm{d}y=\iint\limits_{D+D_1}y\mathrm{d}x\mathrm{d}y-\iint\limits_{D_1}y\mathrm{d}x\mathrm{d}y,$$

又

$$\iint\limits_{D+D_1}y\mathrm{d}x\mathrm{d}y=\int_{-2}^0\mathrm{d}x\int_0^2 y\mathrm{d}y=x\big|_{-2}^0\times\frac{1}{2}y^2\big|_0^2=4.$$

下面用极坐标计算$\iint\limits_{D_1}y\mathrm{d}x\mathrm{d}y$. D_1 的边界方程 $x=-\sqrt{2y-y^2}$ 是圆 $x^2+y^2=2y$ 的左半圆,在极坐标系下,

$$x^2+y^2=r^2,2y=2r\sin\theta\quad\left(\frac{\pi}{2}\leqslant\theta\leqslant\pi\right),$$

所以 D_1 的边界极坐标方程是

$$r=2\sin\theta\quad\left(\frac{\pi}{2}\leqslant\theta\leqslant\pi\right),$$

即

$$D_1=\left\{(r,\theta)\,|\,0\leqslant r\leqslant 2\sin\theta,\frac{\pi}{2}\leqslant\theta\leqslant\pi\right\},$$

那么

$$\begin{aligned}\iint\limits_{D+D_1} y\mathrm{d}x\mathrm{d}y &= \int_{\frac{\pi}{2}}^{\pi}\mathrm{d}\theta\int_0^{2\sin\theta} r\sin\theta\times r\mathrm{d}r \\ &= \frac{8}{3}\int_{\frac{\pi}{2}}^{\pi}\sin^4\mathrm{d}\theta = \frac{8}{3}\int_{\frac{\pi}{2}}^{\pi}\left(\frac{1-\cos 2\theta}{2}\right)^2\mathrm{d}\theta \\ &= \frac{8}{3\times 4}\int_{\frac{\pi}{2}}^{\pi}\left(1-2\cos 2\theta+\frac{1+\cos 4\theta}{2}\right)\mathrm{d}\theta \\ &= \frac{2}{3}\left[\frac{3}{2}\theta-\sin 2\theta+\frac{1}{8}\sin 4\theta\right]\Bigg|_{\frac{\pi}{2}}^{\frac{\pi}{2}} \\ &= \frac{\pi}{2}.\end{aligned}$$

所以

$$\iint\limits_D y\mathrm{d}x\mathrm{d}y = 4-\frac{\pi}{2}.$$

解法 2：如图 9-2-15 所示，

$$D_1 = \{(x,y)\mid -2\leqslant x\leqslant -\sqrt{2y-y^2},0\leqslant y\leqslant 2\},$$

$$\begin{aligned}\iint\limits_D y\mathrm{d}x\mathrm{d}y &= \int_0^2 y\mathrm{d}y\int_{-2}^{-\sqrt{2y-y^2}}\mathrm{d}x \\ &= 2\int_0^2 y\mathrm{d}y-\int_0^2 y\sqrt{2y-y^2}\,\mathrm{d}y \\ &= 4-\int_0^2 y\sqrt{1-(y-1)^2}\,\mathrm{d}y.\end{aligned}$$

令 $y-a=\sin t$，则 $\mathrm{d}y=\cos\mathrm{d}t$，那么

$$\begin{aligned}\int_0^2 y\sqrt{1-(y-1)^2}\,\mathrm{d}y &= \int_{-\frac{\pi}{2}}^{\frac{\pi}{2}}(1+\sin t)\cos^2 t\mathrm{d}t \\ &= \int_{-\frac{\pi}{2}}^{\frac{\pi}{2}}\cos^2 t\mathrm{d}t+\int_{-\frac{\pi}{2}}^{\frac{\pi}{2}}\cos^2 t\times\sin t\mathrm{d}t \\ &= \int_0^{\frac{\pi}{2}}(1+\cos 2t)\mathrm{d}t+0 \\ &= \frac{\pi}{2}.\end{aligned}$$

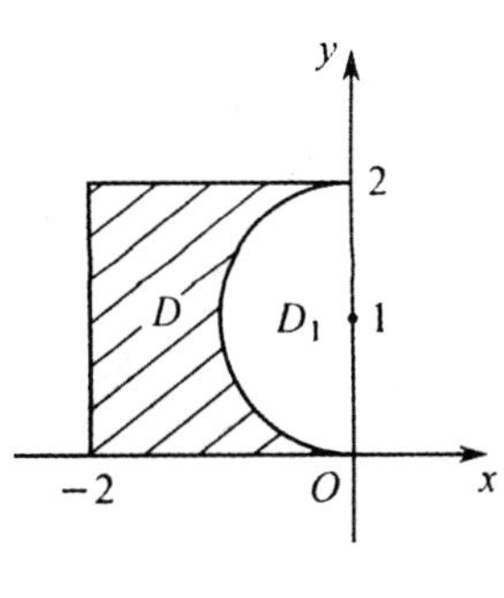

图 9-2-15

所以

$$\iint\limits_D y\mathrm{d}x\mathrm{d}y = 4-\frac{\pi}{2}.$$

9.3　二重积分的换元法

在定积分的计算中，换元法是一种十分有效的方法．通过前面的例子，我们看到通过 $x=r\cos\theta$，$y=r\sin\theta$ 的变量代换，可使直角坐标系下的二重积分转化为极坐标系下的二重积分，使得一些

二重积分简单易求．事实上，对于一般的二重积分，有如下的换元法则．

定理 9.3.1 设函数 $f(x,y)$ 在有界闭区域 D 上连续，如果变换 $x=x(u,v)$，$y=y(u,v)$ 把 uOv 平面上的闭区域 D' 一对一地变为 xOy 平面上的闭区域 D，函数 $x=x(u,v)$，$y=y(u,v)$ 在 D' 上有连续偏导数，并且雅克比行列式(Jacobian)

$$J=\frac{\partial(x,y)}{\partial(u,v)}=\begin{vmatrix}\dfrac{\partial x}{\partial u} & \dfrac{\partial x}{\partial v}\\ \dfrac{\partial y}{\partial u} & \dfrac{\partial y}{\partial v}\end{vmatrix}\neq 0,$$

则有

$$\iint_D f(x,y)\mathrm{d}\sigma=\iint_{D'} f(x,(u,v),y(u,v))\,|J|\,\mathrm{d}u\mathrm{d}v.$$

上式即为二重积分的换元公式．

值得注意的是，如果定理中的 $J=\dfrac{\partial(x,y)}{\partial(u,v)}$ 只在 D' 内个别点上，或一条曲线上为零，换元公式仍成立．还可以证明

$$\frac{\partial(x,y)}{\partial(u,v)}\cdot\frac{\partial(u,v)}{\partial(x,y)}=1.$$

下面利用换元法验证在极坐标系下二重积分的计算公式．

我们知道，直角坐标与极坐标之间具有如下关系：

$$\begin{cases}x=r\cos\theta & 0\leqslant r\leqslant+\infty\\ y=r\sin\theta & 0\leqslant\theta\leqslant 2\pi(\text{或}-\pi\leqslant\theta\leqslant\pi)\end{cases},$$

由此可得相应的雅克比行列式

$$J=\frac{\partial(x,y)}{\partial(r,\theta)}=\begin{vmatrix}\cos\theta & -r\sin\theta\\ \sin\theta & r\cos\theta\end{vmatrix}=r.$$

设上述变换将极坐标系中有界闭区域 D' 变换成直角坐标系中的有界闭区域 D，则由还原公式，得

$$\iint_D f(x,y)\mathrm{d}x\mathrm{d}y=\iint_{D'} f(r\cos\theta,r\sin\theta)r\mathrm{d}r\mathrm{d}\theta.$$

例 9.3.1 求由抛物线 $y^2=px$，$y^2=qx\ (0<p<q)$ 及双曲线 $xy=a$，$xy=b\ (0<a<b)$ 所围区域的面积 A.

解： 积分区域如图 9-3-1(a) 所示，作变换

$$u=\frac{y^2}{x},xy=v,$$

则将积分区域 D 变换成 uOv 平面区域 D'，如图 9-3-1(b) 所示．

因为

$$\frac{\partial(x,y)}{\partial(u,v)}=\frac{1}{\dfrac{\partial(u,v)}{\partial(x,y)}},$$

所以雅克比行列式为

$$|J|=\left|\frac{\partial(x,y)}{\partial(u,v)}\right|=\left|\frac{1}{\dfrac{\partial(u,v)}{\partial(x,y)}}\right|=\frac{1}{\dfrac{3y^2}{x}}=\frac{1}{3u},$$

所以所求面积为

$$A=\iint\limits_{D}\mathrm{d}x\mathrm{d}y=\iint\limits_{D'}\frac{1}{3u}\mathrm{d}u\mathrm{d}v$$
$$=\int_{p}^{q}\mathrm{d}u\int_{a}^{b}\frac{1}{3u}\mathrm{d}v$$
$$=\frac{1}{3}(b-a)\ln\frac{q}{p}.$$

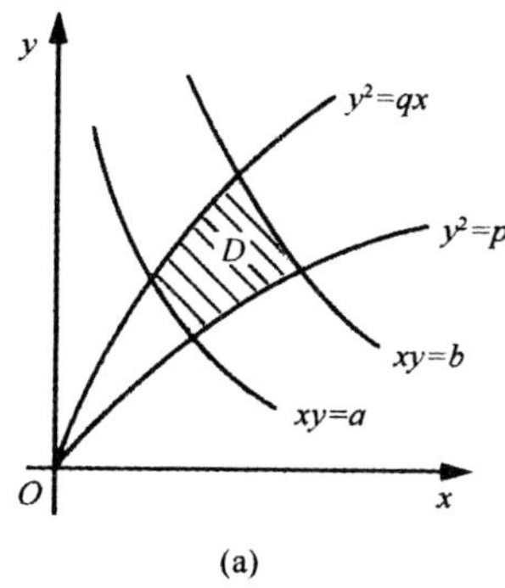

(a)

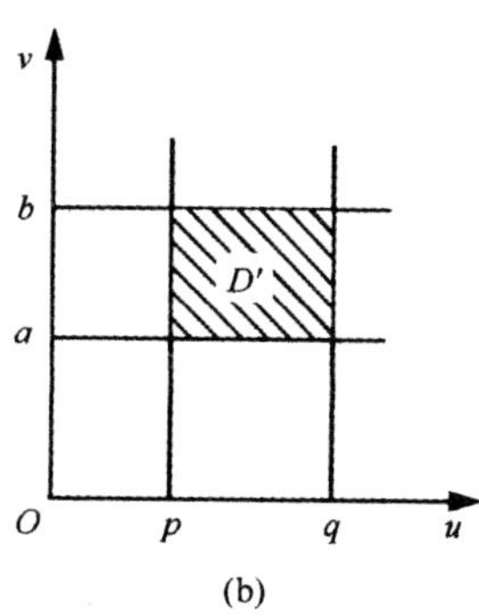

(b)

图 9-3-1

例 9.3.2　用二重积分求由抛物线 $y^2=mx$，$y^2=nx(0<m<n)$ 及两条直线 $y=ax$，$y=bx$ $(0<a<b)$ 所围成的区域 D 的面积 S，如图 9-3-2 所示．

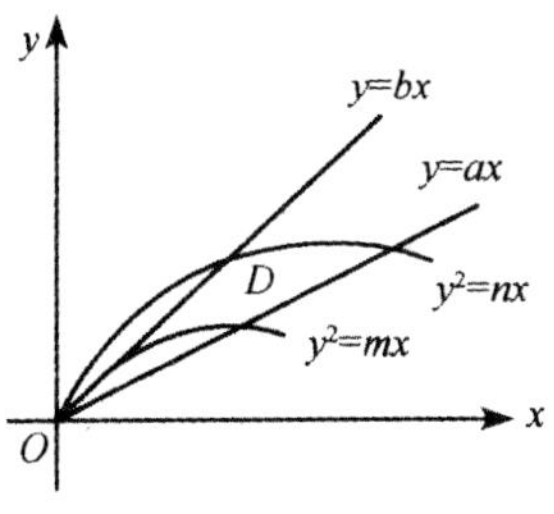

图 9-3-2

解: 为了简化积分区域，作变量代换

$$x=\frac{u}{v^2},y=\frac{u}{v},$$

它把 xOy 平面上的区域 D，对应到 $uO'v$ 平面上的矩形区域 D'，如图 9-3-3 所示，由此可得

$$D'=\{(u,v)\mid a\leqslant v\leqslant b,m\leqslant u\leqslant n\},$$

又由于

$$J(u,v)=\begin{vmatrix}\dfrac{1}{v^2} & -\dfrac{2u}{v^2}\\ \dfrac{1}{v} & -\dfrac{u}{v^2}\end{vmatrix}=\frac{u}{v^4},$$

因此

$$S=\iint\limits_{D}\mathrm{d}x\mathrm{d}y=\iint\limits_{D'}\frac{u}{v^4}\mathrm{d}u\mathrm{d}v=\int_a^b\frac{1}{v^4}\mathrm{d}v\cdot\int_m^n u\,\mathrm{d}u$$
$$=\frac{(n^2-m^2)(b^3-a^3)}{6a^3b^3}.$$

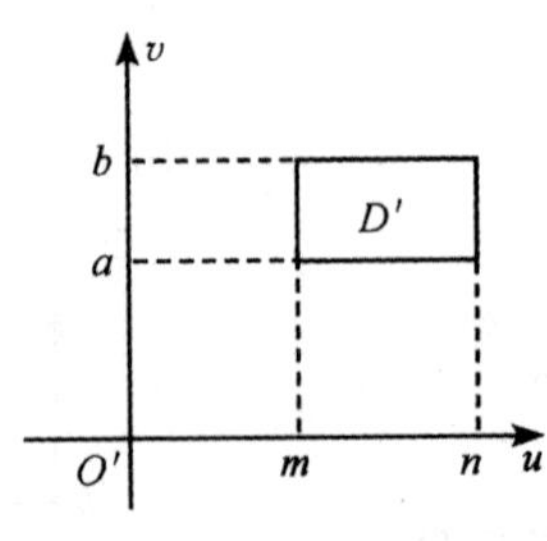

图 9-3-3

例 9.3.3　求$\iint\limits_{D}(\sqrt{x}+\sqrt{y})\mathrm{d}x\mathrm{d}y$,其中$D$是由$\sqrt{x}+\sqrt{y}=1$与坐标轴围成的区域,如图 9-3-4 所示.

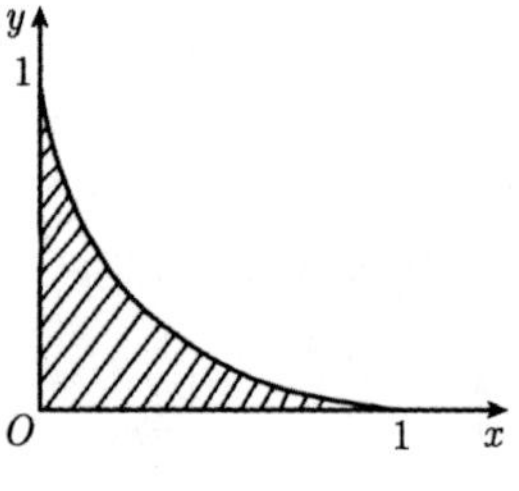

图 9-3-4

解:为了有理化被积函数,作变量代换

$$x=r^2\cos^4 t,y=r^2\sin^4 t,$$

由此可得

$$D':0\leqslant\sqrt{x}+\sqrt{y}=r\leqslant 1,0\leqslant t\leqslant\frac{\pi}{2},$$

且

$$\frac{\partial(x,y)}{\partial(r,t)}=\begin{vmatrix}2r^2\cos^4 t & 2r^2\sin^4 t\\ -4r^2\cos^3 t\sin t & 4r^2\sin^3 t\cos t\end{vmatrix}=8r^3\cos^3 t\sin^3 t,$$

所以

$$\iint\limits_{D}(\sqrt{x}+\sqrt{y})\mathrm{d}x\mathrm{d}y=8\int_0^{\frac{\pi}{2}}\cos^3 t\sin^3 t\mathrm{d}t\int_0^1 r^4\mathrm{d}r=\frac{2}{15}.$$

例 9.3.4　求球体$x^2+y^2+z^2\leqslant a^2$被球柱面$x^2+y^2=ay$所截下的体积V,如图 9-3-5 所示.

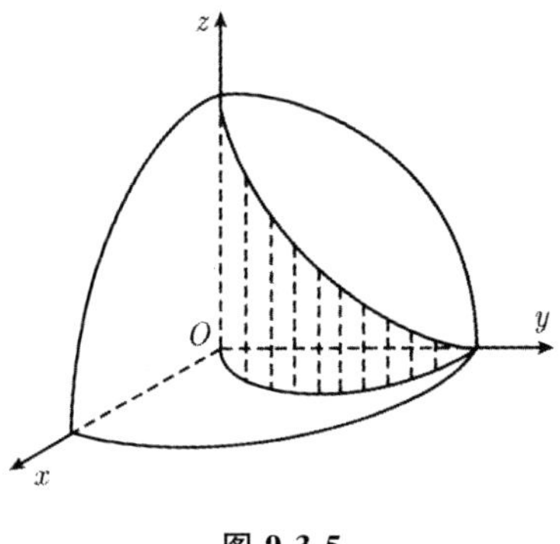

图 9-3-5

解:由对称性可知

$$V=4\iint_D \sqrt{a^2-x^2-y^2}\,\mathrm{d}x\mathrm{d}y,$$

其中区域 $D:x^2+y^2\leqslant ay,x\geqslant 0$,如图 9-3-6 所示,化成极坐标形式为

$$D:0\leqslant r\leqslant a\sin\theta,0\leqslant\theta\leqslant\frac{\pi}{2},$$

所以

$$\begin{aligned}V&=4\int_0^{\frac{\pi}{2}}\mathrm{d}\theta\int_0^{a\sin\theta}\sqrt{a^2-r^2}\,r\mathrm{d}r\\&=\frac{4}{3}a^3\int_0^{\frac{\pi}{2}}(1-\cos^3\theta)\mathrm{d}\theta\\&=\frac{4}{3}\left(\frac{\pi}{2}-\frac{2}{3}\right)a^3.\end{aligned}$$

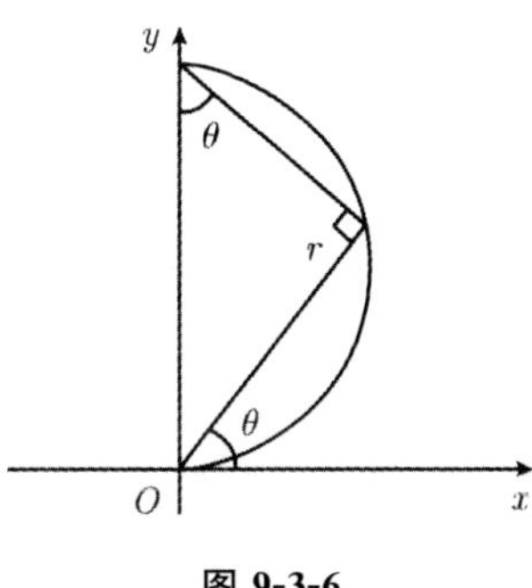

图 9-3-6

9.4　三重积分的概念、性质与计算

9.4.1　三重积分的概念与性质

二重积分在几何上表示立体的体积,三重积分在几何上已没有几何意义,但它在物理和力学

中有重要的应用.

定义 9.4.1 设 $z=f(x,y,z)$ 在有界闭区域 Ω 上有定义,用分法 T 把 Ω 分为 n 个小闭区域 $\Delta v_1,\Delta v_2,\cdots,\Delta v_n$,$T$表示所有小空间立体 Δv_i 的直径的最大值,在 Δv_i 上任取一点(ξ_i,η_i,ζ_i),如果

$$\lim_{T\to 0}\sum_{i=1}^{n}f(\xi_i,\eta_i,\zeta_i)\Delta v_i=I$$

存在,且数 I 与分法 T 及点(ξ_i,η_i,ζ_i) 无关,则称 $f(x,y,z)$ 在 Ω 上可积,并称 I 是$\lim\limits_{T\to 0}\sum\limits_{i=1}^{n}f(\xi_i,\eta_i,\zeta_i)\Delta v_i=I$ 的三重积分,记为$\iiint\limits_{\Omega}f(x,y,z)\mathrm{d}v$,即

$$\iiint\limits_{\Omega}f(x,y,z)\mathrm{d}v=\lim_{T\to 0}\sum_{i=1}^{n}f(\xi_i,\eta_i,\zeta_i)\Delta v_i.$$

其中,Ω 为积分区域,$f(x,y,z)\mathrm{d}v$ 称为被积表达式,$f(x,y,z)$ 称为被积函数,$\mathrm{d}v$ 或 $\mathrm{d}x\mathrm{d}y\mathrm{d}z$ 称为体积元素.

关于三重积分需要注意以下几点:

(1) 如果函数 $f(x,y,z)$ 在 Ω 上连续,则三重积分存在;

(2) 与二重积分相似,在直角坐标系中,体积元素也可记作 $\mathrm{d}x\mathrm{d}y\mathrm{d}z$,从而有

$$\iiint\limits_{\Omega}f(x,y,z)\mathrm{d}v=\iiint\limits_{\Omega}f(x,y,z)\mathrm{d}x\mathrm{d}y\mathrm{d}z;$$

(3) 三重积分有明显的物理意义. 设物体在有界区域 Ω 上按密度 $\rho(x,y,z)$ 分布,根据定义可知,Riemann 和

$$\sum_{i=1}^{n}\rho(\xi_i,\eta_i,\zeta_i)\Delta x_i\Delta y_i\Delta z_i$$

就是 Ω 上物体质量的近似值,而积分

$$\iiint\limits_{\Omega}\rho(x,y,z)\mathrm{d}x\mathrm{d}y\mathrm{d}z$$

就是物体的总质量.

9.4.2 三重积分的性质

三重积分的有关性质和二重积分类似,在此我们只简单给出常用且重要的性质,不再给予证明.

性质 9.4.1 $\iiint\limits_{\Omega}kf(x,y,z)\mathrm{d}v=k\iiint\limits_{\Omega}f(x,y,z)\mathrm{d}v.$

性质 9.4.2 设函数 $f(x,y,z)$ 和 $g(x,y,z)$ 在 Ω 上可积,k 是任意常数,则

$$\iiint\limits_{\Omega}[f(x,y,z)\pm g(x,y,z)]\mathrm{d}v=\iiint\limits_{\Omega}f(x,y,z)\mathrm{d}v+\iiint\limits_{\Omega}g(x,y,z)\mathrm{d}v.$$

上述两性质合称为三重积分的线性性质.

性质 9.4.3(体积公式) 如果 $f(x,y,z)=1$,则

$$\iiint\limits_{\Omega}f(x,y,z)\mathrm{d}v=\bar{\Omega},$$

$\bar{\Omega}$ 是空间区域Ω 的体积.

性质9.4.4(积分对于区域的可加性) 设函数 $f(x,y,z)$ 在 Ω_1 和 Ω_2 上可积,则 $f(x,y,z)$ 在 $\Omega=\Omega_1\cup\Omega_2$ 上可积,且当 $\mathrm{int}\Omega_1\cap\mathrm{int}\Omega_2=\varnothing$ 时,有

$$\iiint_{\Omega} f(x,y,z)\mathrm{d}v=\iiint_{\Omega_1} f(x,y,z)\mathrm{d}v+\iiint_{\Omega_2} f(x,y,z)\mathrm{d}v.$$

性质9.4.5(奇偶性和对称性) 设函数 $f(x,y,z)$ 在 Ω 上连续,Ω 关于 yOz 坐标面对称,则

$$\iiint_{V} f(x,y,z)\mathrm{d}v=\begin{cases}0 & f\text{ 关于 } x \text{ 是奇函数}\\ 2\iiint_{V} f(x,y,z)\mathrm{d}v & f\text{ 关于 } x \text{ 是偶函数}\end{cases}'$$

其中,Ω_1 是 Ω 被 yOz 坐标面分成的半部分.

9.4.3 三重积分的计算

1. 直角坐标系中三重积分的计算

(1) 先一后二法(投影法或穿针法).

定义9.4.2 设空间立体 Ω 在 xOy 平面上的投影区域为 D_{xy},曲面 $z=\varphi_1(x,y)$,$z=\varphi_2(x,y)$,$\varphi_1(x,y)\leqslant\varphi_2(x,y)$ 为定义在 D_{xy} 上的两个光滑曲面,如果 Ω 可表示成

$$\Omega=\{(x,y,z)\mid\varphi_1(x,y)\leqslant z\leqslant\varphi_2(x,y),(x,y)\in D_{xy}\},$$

则称 Ω 为 z- 型空间区域.

同理可得到 x- 型空间区域和 y- 型空间区域.

定理9.4.1 设函数 $f(x,y,z)$ 在 z- 型空间区域

$$\Omega=\{(x,y,z)\mid\varphi_1(x,y)\leqslant z\leqslant\varphi_2(x,y),(x,y)\in D_{xy}\}$$

上可积,如果对每个固定点 $(x,y)\in D_{xy}$,定积分

$$F(x,y)=\int_{\varphi_1(x,y)}^{\varphi_2(x,y)} f(x,y,z)\mathrm{d}z$$

存在,则二重积分 $\iint_{D_{xy}} F(x,y)\mathrm{d}x\mathrm{d}y=\iint_{D_{xy}}\left[\int_{\varphi_1(x,y)}^{\varphi_2(x,y)} f(x,y,z)\mathrm{d}z\right]\mathrm{d}x\mathrm{d}y$ 也存在,且

$$\iiint_{V} f(x,y,z)\mathrm{d}x\mathrm{d}y\mathrm{d}z=\iint_{D_{xy}}\left[\int_{\varphi_1(x,y)}^{\varphi_2(x,y)} f(x,y,z)\mathrm{d}z\right]\mathrm{d}x\mathrm{d}y=\iint_{D_{xy}}\mathrm{d}x\mathrm{d}y\int_{\varphi_1(x,y)}^{\varphi_2(x,y)} f(x,y,z)\mathrm{d}z.$$

进一步,如果射影区域 D_{xy} 是平面 x- 型空间区域,即

$$D_{xy}=\{(x,y)\mid\psi_1(x)\leqslant y\leqslant\psi_2(x),a\leqslant x\leqslant b\},$$

则三重积分可化为

$$\iiint_{\Omega} f(x,y,z)\mathrm{d}x\mathrm{d}y\mathrm{d}z=\int_a^b\mathrm{d}x\int_{\psi_1(x)}^{\psi_2(x)}\mathrm{d}y\int_{\varphi_1(x,y)}^{\varphi_2(x,y)} f(x,y,z)\mathrm{d}z.$$

上式右端称为先对 z、再对 y、最后对 x 的累次积分.

当空间立体是 x- 型空间区域和 y- 型空间区域时,也有类似的累次积分公式.

例9.4.1 计算 $\iiint_{\Omega}\dfrac{1}{(1+x+y+z)^3}\mathrm{d}v$,其中 Ω 是由曲面 $x+y+z=1$ 及三个坐标面围成的区域.

解:积分区域 Ω 如图 9-4-1 所示,Ω 在 xOy 的投影是图中的阴影区域,可得

$$\Omega:0\leqslant x\leqslant 1,0\leqslant y\leqslant 1-x,0\leqslant z\leqslant 1-x-y,$$

所以

$$\iiint\limits_{\Omega}\frac{1}{(1+x+y+z)^3}\mathrm{d}v=\int_0^1\mathrm{d}x\int_0^{1-x}\mathrm{d}y\int_0^{1-x-y}\frac{1}{(1+x+y+z)^3}\mathrm{d}z$$

$$=\frac{1}{2}\left(\ln 2-\frac{5}{8}\right).$$

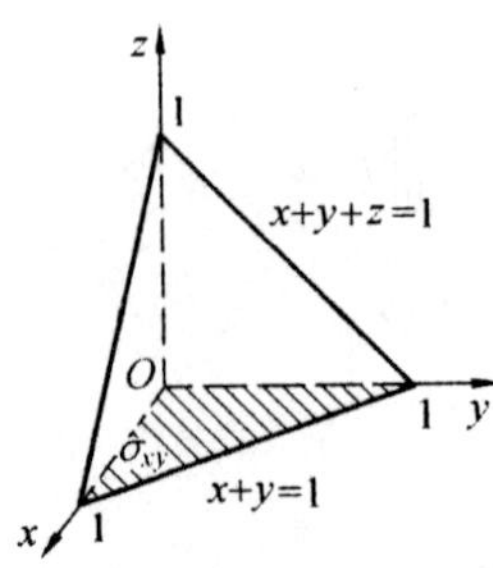

图 9-4-1

(2) 截面法(先二后一法).

定理 9.4.2 设函数 $f(x,y,z)$ 在空间立体 Ω 上可积,Ω 可表示成

$$\Omega=\{(x,y,z)\mid(x,y)\in D(z),a\leqslant z\leqslant b\},$$

其中 $D(z)$ 为平面 $z=z$ 与 V 相交的截面,如果对每个固定的 $z\in[a,b]$,二重积分 $\iint\limits_{D(z)}f(x,y,z)\mathrm{d}x\mathrm{d}y$ 存在,则积分 $\int_a^b\mathrm{d}z\iint\limits_{D(z)}f(x,y,z)\mathrm{d}x\mathrm{d}y$ 也存在,且

$$\iiint\limits_{\Omega}f(x,y,z)\mathrm{d}x\mathrm{d}y\mathrm{d}z=\int_a^b\mathrm{d}z\iint\limits_{D(z)}f(x,y,z)\mathrm{d}x\mathrm{d}y.$$

例 9.4.2 计算 $\iiint\limits_{\Omega}z^2\mathrm{d}v$,其中 $\Omega:\frac{x^2}{a^2}+\frac{y^2}{b^2}+\frac{z^2}{c^2}\leqslant 1$.

解:如图 9-4-2 所示,过 z 轴上区间 $[-c,c]$ 内任一点 z 做垂直于竖轴的平面截 Ω 可得

$$D(z):\frac{x^2}{a^2}+\frac{y^2}{b^2}\leqslant 1-\frac{z^2}{c^2},$$

所以

$$\iiint\limits_{\Omega}z^2\mathrm{d}v=\int_{-c}^{c}z^2\mathrm{d}z\iint\limits_{D(z)}\mathrm{d}x\mathrm{d}y,$$

其中,$\iint\limits_{D(z)}\mathrm{d}x\mathrm{d}y$ 等于椭圆 $\frac{x^2}{a^2}+\frac{y^2}{b^2}\leqslant 1-\frac{z^2}{c^2}$ 的面积

$$\pi ab\sqrt{1-\frac{z^2}{c^2}}c\sqrt{1-\frac{z^2}{c^2}}=\pi ab\left(1-\frac{z^2}{c^2}\right),$$

所以

$$\iiint\limits_{\Omega}z^2\mathrm{d}v=2\pi ab\int_0^c z^2\left(1-\frac{z^2}{c^2}\right)\mathrm{d}x=\frac{4}{15}\pi abc^3.$$

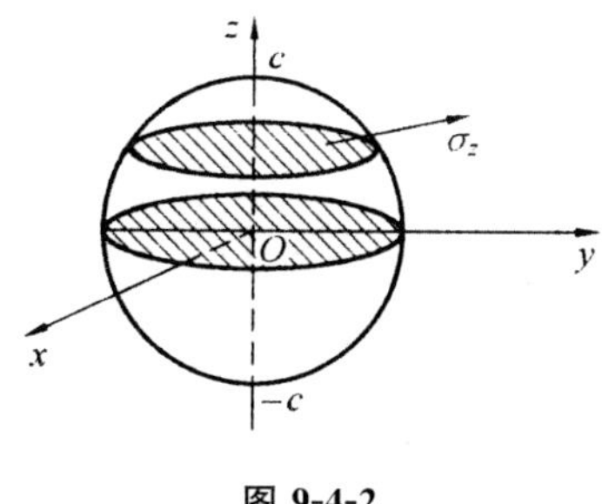

图 9-4-2

2. 柱坐标系中三重积分的计算

三维空间的柱坐标系就是平面极坐标系加上 z 轴，如图 9-4-3 所示，所以直角坐标与柱面坐标之间的关系是

$$x = r\cos\theta, y = r\sin\theta, z = z \quad (0 \leqslant r < +\infty, 0 \leqslant \theta \leqslant 2\pi, -\infty < z < +\infty),$$

且

$$x^2 + y^2 = r^2.$$

三个坐标面分别是

(1)$r = r_0$，是一个以 z 轴为中心轴、半径为 r_0 的圆柱面；

(2)$\theta = \theta_0$，是一个过 z 轴、极角为 θ_0 的半平面；

(3)$z = z_0$，是一个与 xOy 平面平行，高度为 z_0 的水平面．

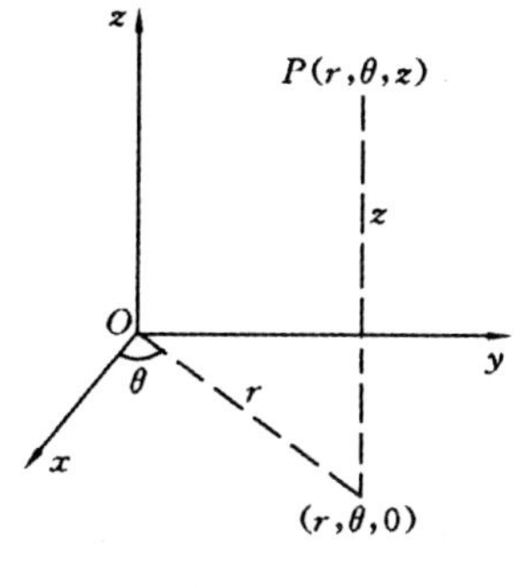

图 9-4-3

在平面极坐标系中计算二重积分时，必须用极坐标表示面积微元，即 $\mathrm{d}\sigma = r\mathrm{d}r\mathrm{d}\theta$. 为了在柱坐标系下计算三重积分 $\iiint\limits_{\Omega} f(x,y,z)\mathrm{d}v$，我们需要用柱坐标表示体积微元 $\mathrm{d}v$. 如图 9-4-4 所示，体积元素 ΔV 由半径为 r 和 $r+\mathrm{d}r$ 的圆柱面，极角为 θ 和 $\theta+\mathrm{d}\theta$ 的半平面，以及高度为 z 和 $z+\mathrm{d}z$ 的水平面所围成．通过以直代曲和以平行代相交把 ΔV 近似看作一长方体，该长方体的三条边分别为 $\mathrm{d}z, \mathrm{d}r, r\mathrm{d}\theta$，则有

$$\Delta V \approx r\mathrm{d}\theta\mathrm{d}z\mathrm{d}r.$$

略去高阶无穷小后，可得体积微元

$$\mathrm{d}v = r\mathrm{d}\theta\mathrm{d}z\mathrm{d}r.$$

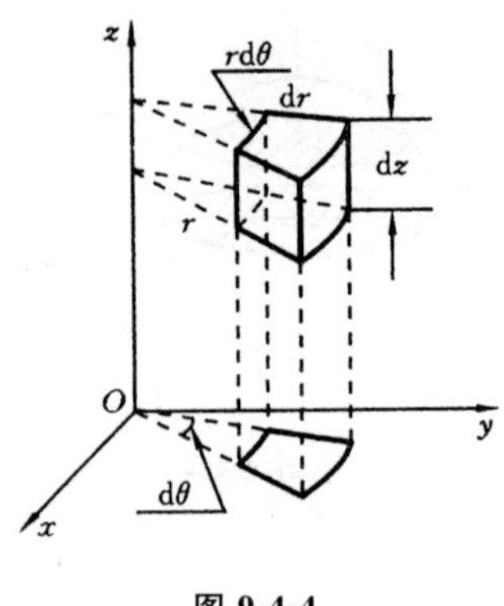

图 9-4-4

于是把直角坐标系中的三重积分变换到柱坐标时，只要把被积函数 $f(x,y,z)$ 中 x,y,z 分别换成 $r\cos\theta, r\sin\theta, z$；把体积微元 dv 换成柱坐标系中的体积微元 $r\,d\theta dz dr$；最后把积分区域 Ω 换成 r,θ,z 的相应变化范围 Ω'，即

$$\iiint\limits_{\Omega} f(x,y,z)\,dx dy dz = \iiint\limits_{\Omega'} f(r\cos\theta, r\sin\theta, z)\,r\,d\theta dz dr.$$

上式称为三重积分的柱坐标变换公式．柱坐标系中的三重积分也可以转化为三次积分来计算，下面通过例子来说明．

例 9.4.3 计算由抛物面 $x^2+y^2=az$，柱面 $x^2+y^2=2ax\,(a>0)$ 和平面 $z=0$ 所围成的空间区域 Ω 的体积，如图 9-4-5 所示．

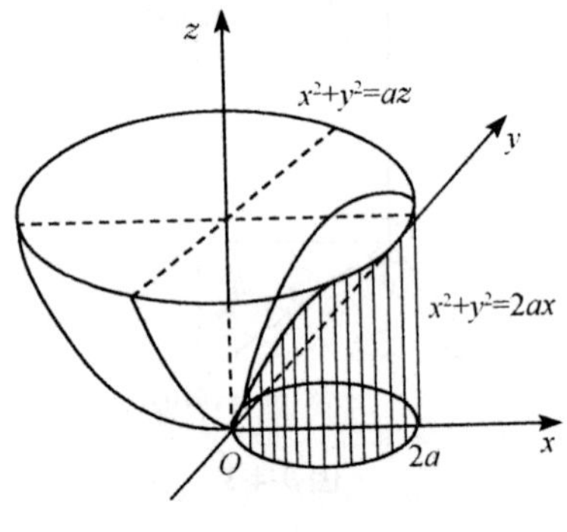

图 9-4-5

解：区域 Ω 在 xOy 平面上的投影区域为圆域 $D:0\leqslant(x-a)^2+y^2\leqslant a^2$，则 Ω 用柱面坐标可表示为

$$0\leqslant z\leqslant\frac{r^2}{a}, 0\leqslant r\leqslant 2a\cos\theta, -\frac{\pi}{2}\leqslant\theta\leqslant\frac{\pi}{2},$$

所以 Ω 的体积是

$$\Delta\Omega = \iiint\limits_{\Omega} f(x,y,z)\,dx dy dz = \iiint\limits_{\Omega'} f(r\cos\theta, r\sin\theta, z)\,r\,d\theta dz dr$$

$$= 4a^3\int_{-\frac{\pi}{2}}^{\frac{\pi}{2}} d\theta\int_0^{2a\cos\theta} dr\int_0^{\frac{r^2}{a}} r\,dz$$

$$= 4a^3\int_{-\frac{\pi}{2}}^{\frac{\pi}{2}}\cos^4\theta d\theta$$

$$= \frac{3}{2}\pi a^3.$$

例 9.4.4　计算三重积分

$$\iiint_{\Omega} z\,dV$$

其中 Ω 是由球面 $x^2+y^2+z^2=4$ 与抛物面 $x^2+y^2=3z$ 所围成的区域(图 9-4-6).

解:将 Ω 投影到 xOy 面上,投影区域为圆域 $D:x^2+y^2\leqslant 3$,曲面的柱面坐标方程

$$z=z_1(r,\theta)=\frac{r^2}{3},$$

$$z=z_2(r,\theta)=\sqrt{4-r^2},$$

于是有

$$\iiint_{\Omega} z\,dV=\iiint_{\Omega} zr\,drd\theta dz=\iint_{D} r\,drd\theta\int_{\frac{r^2}{3}}^{\sqrt{4-r^2}} z dz$$

$$=\int_0^{2\pi}d\theta\int_0^{\sqrt{3}} r\cdot\frac{1}{2}\left[4-r^2-\frac{r^4}{9}\right]dr$$

$$=2\pi\left[r^2-\frac{1}{8}r^4-\frac{1}{108}r^6\right]_0^{\sqrt{3}}$$

$$=\frac{13\pi}{4}.$$

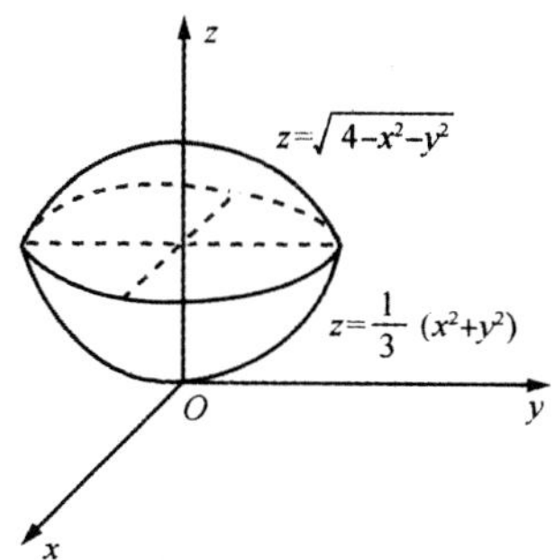

图 9-4-6

3. 球坐标系中三重积分的计算

设 $M(x,y,z)$ 是空间内一点,点 M 到原点 O 的距离为 r,向量 $\overrightarrow{OM}$ 与 z 轴正向的夹角为 φ,点 M 在 xOy 面上的投影为 P,从 z 轴正向看,自 x 轴按逆时针方向转到向量 $\overrightarrow{OP}$ 的角度为 θ,则称 r,φ,θ 为 M 的球坐标,如图 9-4-7 所示. 规定柱坐标 r,φ,θ 的变化范围是

$$\begin{cases}0\leqslant r<+\infty\\0\leqslant\varphi\leqslant\pi\\0\leqslant\theta\leqslant 2\pi\end{cases}.$$

三个坐标面分别是

(1)$r = r_0$(r_0 为常数),即以原点 O 为中心,以 r_0 为半径的球面;

(2)$\varphi = \varphi_0$(φ_0 为常数),即顶点在原点,以 z 轴为轴,顶角为 $2\varphi_0$ 的锥面;

(3)$\theta = \theta_0$(θ_0 为常数),即通过 z 轴、极角为 θ_0 的半平面.

所以点 M 的直角坐标与球坐标的关系是

$$\begin{cases} x = r\sin\varphi\cos\theta \\ y = r\sin\varphi\sin\theta. \\ z = r\cos\varphi \end{cases}$$

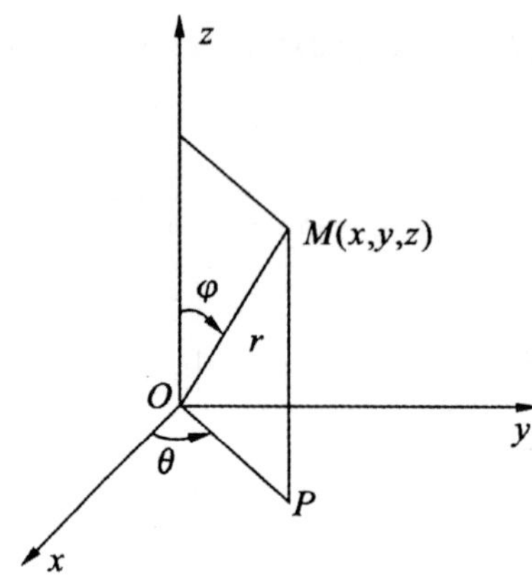

图 9-4-7

要把三重积分 $\iiint\limits_{\Omega} f(x,y,z)\mathrm{d}x\mathrm{d}y\mathrm{d}z$ 中的变量变换为球坐标,我们用三组球坐标面把积分区域 Ω 分成若干小闭区域,现在考虑由 r,φ,θ 各取微小增量 $\mathrm{d}r,\mathrm{d}\varphi,\mathrm{d}\theta$ 所成的六面体的体积 Δv,如图 9-4-8 所示,略去高阶无穷小,该六面体可看作长方体,边长分别是 $r\mathrm{d}\varphi, r\sin\varphi\mathrm{d}\theta, \mathrm{d}r$,所以球坐标系中的体积元素是

$$\mathrm{d}v = r^2\sin\varphi\mathrm{d}r\mathrm{d}\varphi\mathrm{d}\theta,$$

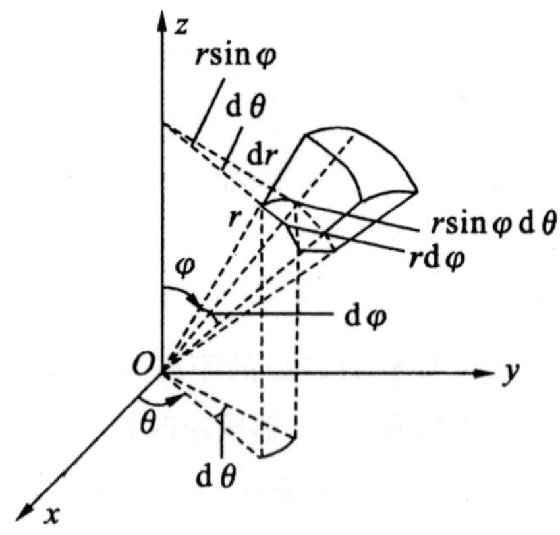

图 9-4-8

所以三重积分 $\iiint\limits_{\Omega} f(x,y,z)\mathrm{d}x\mathrm{d}y\mathrm{d}z$ 可化为球坐标系中的三重积分

$$\iiint\limits_{\Omega} f(x,y,z)\mathrm{d}x\mathrm{d}y\mathrm{d}z = \iiint\limits_{\Omega} f(r\sin\varphi\cos\theta, r\sin\varphi\sin\theta, r\cos\varphi)r^2\sin\varphi\mathrm{d}r\mathrm{d}\varphi\mathrm{d}\theta$$

或

$$\iiint\limits_{\Omega} f(x,y,z)\mathrm{d}x\mathrm{d}y\mathrm{d}z = \iiint\limits_{\Omega} F(r,\varphi,\theta)r^2\sin\varphi\mathrm{d}r\mathrm{d}\varphi\mathrm{d}\theta,$$

其中 $F(r,\varphi,\theta) = f(r\sin\varphi\cos\theta, r\sin\varphi\sin\theta, r\cos\varphi)$.

球坐标系中的三重积分也可以转化为三次积分来计算，通过下面的例子来说明．

例 9.4.5　计算 $\iiint\limits_{\Omega} \sqrt{x^2+y^2+z^2}\,\mathrm{d}V$，其中 Ω 是由球面 $x^2+y^2+z^2=2az$ 所围的区域(图 9-4-9)$(a>0)$.

解：由图可见，Ω 投影到 xOy 面上是包围原点在内的圆，故 $0\leqslant\theta<2\pi$，过 z 轴作一个角为 θ 的半平面，可以想象应截出一圆心在 z 轴上点 $(0,0,a)$，半径为 a 的半圆，圆周过原点，应有 $0\leqslant\varphi\leqslant\frac{\pi}{2}$. 最后，在 θ 和 φ 讨论的范围内作射线(从原点出发)，交 Ω 的边界面于 O 点和球面上另一点，而球面方程为 $r=2a\cos\varphi$，于是

$$\begin{aligned}\iiint\limits_{\Omega} \sqrt{x^2+y^2+z^2}\,\mathrm{d}x\mathrm{d}y\mathrm{d}z &= \iiint\limits_{\Omega} r\cdot r^2\sin\varphi\mathrm{d}r\mathrm{d}\varphi\mathrm{d}\theta \\ &= \int_0^{2\pi}\mathrm{d}\theta\int_0^{\frac{\pi}{2}}\mathrm{d}\varphi\int_0^{2a\cos\varphi} r^3\sin\varphi\mathrm{d}r \\ &= 2\pi\int_0^{\frac{\pi}{2}}\sin\varphi\cdot\frac{r^4}{4}\Big|_0^{2a\cos\varphi}\mathrm{d}\varphi \\ &= 2\pi\int_0^{\frac{\pi}{2}}\frac{16a^4}{4}\sin\varphi\cos^4\varphi\mathrm{d}\varphi \\ &= 8\pi a^4\left[-\frac{1}{5}\cos^5\varphi\right]_0^{\frac{\pi}{2}} \\ &= \frac{8}{5}\pi a^4.\end{aligned}$$

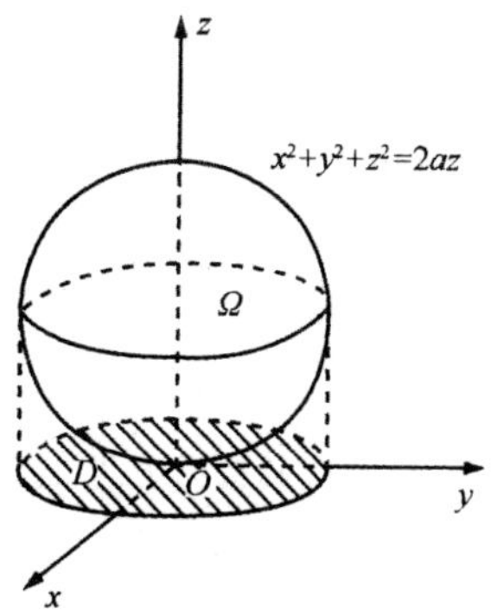

图 9-4-9

最后，我们指出：在实际计算中，三种坐标系可供选择，一方面要顾及区域的形状，同时也要考察被积函数的形式．一般来说，区域是长方体或与其相关的图形常采用直角坐标，如遇柱体或边界面为锥面、旋转抛物面、球面采用柱坐标，遇球体采用球坐标．被积函数含有 x^2+y^2 因子时常采用柱坐标，被积函数含有 $x^2+y^2+z^2$ 时采用球坐标．但事物不是绝对的，应具体问题具体分析．同时，还要培养空间想象力，一方面我们学习了空间解析几何，应熟知一些空间曲面的方程和形状．另一方面，作一个积分题，并不总需要把图形画出来，可以通过空间想象把积分限正确地写出来．为了熟悉三重积分的计算，再举几个例子，这些例子都不画出空间区域图形．

9.5 重积分的应用

9.5.1 面积

由二重积分的几何意义和性质可知，如果在区域 D 上 $f(x,y)=1$，则平面区域 D 的面积为

$$\iint\limits_D 1\mathrm{d}\sigma=\sigma=\iint\limits_D \mathrm{d}\sigma,$$

因此可用二重积分计算平面图形的面积．

例 9.5.1 求两个直圆柱面 $x^2+y^2=R^2$ 和 $x^2+z^2=R^2$ 所围立体的表面积．

解：两曲面所围图形如图 9-5-1 所示．由于对称性，这里画出了第一卦限的图形，计算时，只要求出第一卦限立体所围面积然后乘以 8，即得到所求面积．在第一卦限中，曲面由 S_1 和 S_2 两块组成．S_1 为在区域 $D_1: x\geqslant 0, y\geqslant 0$ 和 $x^2+y^2\leqslant R^2$ 上曲面 $z=\sqrt{R^2-x^2}$ 的面积，即

$$\begin{aligned}S_1&=\iint\limits_{D_1}\sqrt{1+(z'_x)^2+(z'_x)^2}\,\mathrm{d}x\mathrm{d}y=\iint\limits_{D_1}\sqrt{1+\left(\frac{-x}{\sqrt{R^2-x^2}}\right)}\,\mathrm{d}x\mathrm{d}y\\&=\iint\limits_{D_1}\frac{R}{\sqrt{R^2-x^2}}\mathrm{d}x\mathrm{d}y\\&=\int_0^R\mathrm{d}x\int_0^{\sqrt{R^2-x^2}}\frac{R}{\sqrt{R^2-x^2}}\mathrm{d}y\\&=R^2.\end{aligned}$$

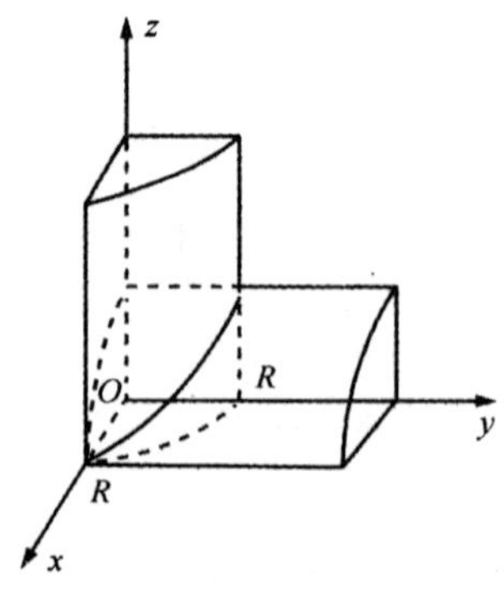

图 9-5-1

同理，S_2 为在区域 $D_2: x \geqslant 0, z \geqslant 0$ 和 $x^2+z^2 \leqslant R^2$ 上曲面 $y=\sqrt{R^2-x^2}$ 的面积，即

$$S_2=\iint_{D_2}\sqrt{1+(y'_x)^2+(y'_z)^2}\,\mathrm{d}x\mathrm{d}z=\int_0^R\mathrm{d}x\int_0^{\sqrt{R^2-x^2}}\frac{R}{\sqrt{R^2-x^2}}\mathrm{d}z=R^2,$$

故得所求曲面面积 S 为

$$S=8\times 2R^2=16R^2.$$

例 9.5.2　求由曲线 $y=2-x, y^2=4x+4$ 所围成的区域 D 的面积.

解:区域 D 如图 9-5-2 所示，于是所求面积为

$$\begin{aligned}\sigma&=\iint_D\mathrm{d}\sigma=\int_{-6}^{2}\mathrm{d}y\int_{\frac{y^2-4}{4}}^{2-y}\mathrm{d}x\\&=\int_{-6}^{2}\left(2-y-\frac{y^2-4}{4}\right)\mathrm{d}y\\&=\left(2y-\frac{y^2}{2}-\frac{y^3}{22}+y\right)\Bigg|_{-6}^{2}\\&=\frac{28}{3}.\end{aligned}$$

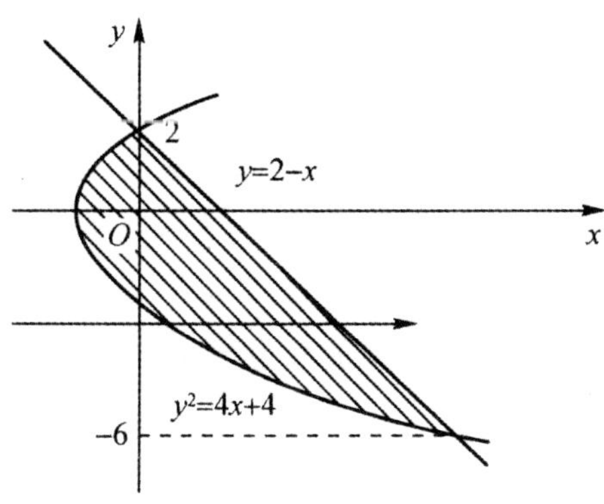

图 9-5-2

例 9.5.3　求由抛物线 $x=y^2$ 和直线 $y=x-2$ 所围成的平面图形的面积.

解:区域 D 如图 9-5-3 所示. 解方程组

$$\begin{cases}x=y^2\\y=x-2\end{cases},$$

可得交点为

$$A(1,-1),B(4,2).$$

本题适合采用先对 x 后对 y 积分的顺序. 在 y 的变化区间$[-1,2]$上，作一平行于 x 轴的直线段穿过 D 域，沿 x 轴的正方向看去，入口的边界曲线为 $x=y^2$(下限)，出口的边界线为 $x=y+2$(上限)，所以

$$\begin{aligned}\sigma&=\iint_D\mathrm{d}x\mathrm{d}y=\int_{-1}^{2}\mathrm{d}y\int_{y^2}^{y+2}\mathrm{d}x\\&=\int_{-1}^{2}(2+y-y^2)\mathrm{d}y\end{aligned}$$

$$= \left(2y + \frac{y^2}{2} - \frac{y^3}{3}\right)\Big|_{-1}^{2}$$

$$= \frac{9}{2}.$$

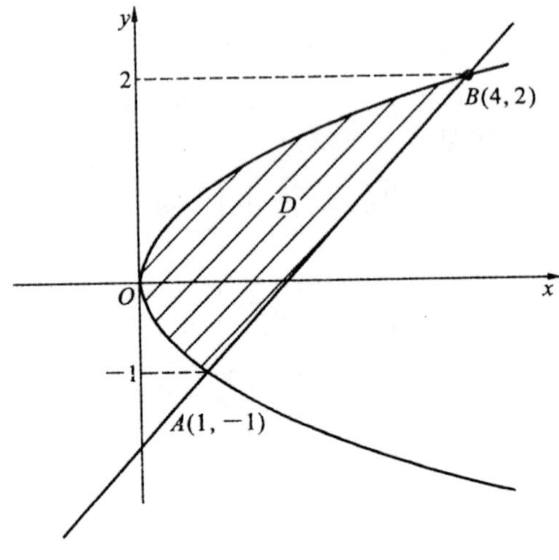

图 9-5-3

例 9.5.4 求半径为 R,高为 $H(H < R)$ 的球冠面积.

解:如图 9-5-4 建立坐标系,使球心位于原点,z 轴为球冠的对称轴,则球冠的方程为

$$z = \sqrt{R^2 - x^2 - y^2},$$

球面与 $z = R - H$ 的交线在 xOy 面上的投影曲线为圆周

$$x^2 + y^2 = R^2 - (R - H)^2 = 2RH - H^2,$$

该圆周所围成的圆形区域

$$x^2 + y^2 \leqslant 2RH - H^2$$

就是球冠在 xOy 面上的投影区域 D,于是有

$$S = \iint_D \sqrt{1 + \left(\frac{\partial z}{\partial x}\right)^2 + \left(\frac{\partial z}{\partial y}\right)^2}\, \mathrm{d}\sigma$$

$$= \iint_D \frac{R}{\sqrt{R^2 - x^2 - y^2}} \mathrm{d}\sigma,$$

利用极坐标计算上述积分,从而可得

$$S = \int_0^{2\pi} \mathrm{d}\varphi \int_0^{\sqrt{2RH - H^2}} \frac{R\rho}{\sqrt{R^2 - \rho^2}} \mathrm{d}\rho$$

$$= 2\pi\left[-R\sqrt{R^2 - \rho^2}\right]_0^{\sqrt{2RH - H^2}}$$

$$= 2\pi RH.$$

当球冠的高度为 $H = R$ 时得到上半球面的面积为 $S = 2\pi R^2$,因此球面面积为 $4\pi R^2$.

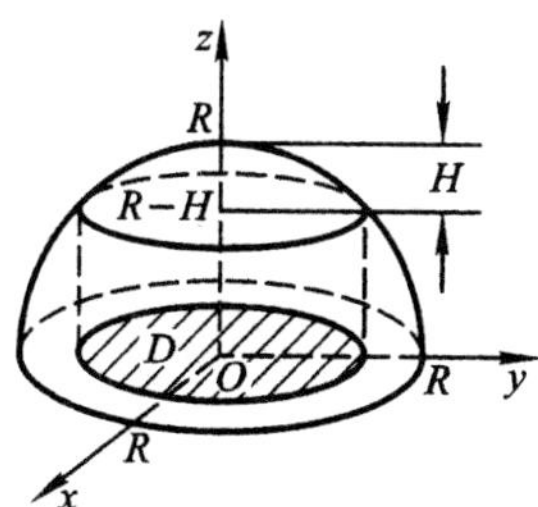

图 9-5-4

例 9.5.5　求有双曲线 $xy=1$ 与直线 $x+y=\frac{5}{2}$ 所围成的平面图形的面积 .

解: 区域 D 如图 9-5-5 所示,解方程组

$$\begin{cases} xy=1 \\ x+y=\dfrac{5}{2} \end{cases},$$

可得交点为

$$A(2,\frac{1}{2}),B(\frac{1}{2},2),$$

积分区域 D 可以表示为

$$\frac{1}{2}\leqslant x\leqslant 2,\quad \frac{1}{x}\leqslant y\leqslant \frac{5}{2}-x,$$

所以

$$\begin{aligned} \sigma &= \iint_D d\sigma = \int_{\frac{1}{2}}^{2} dx \int_{\frac{1}{x}}^{\frac{5}{2}-x} dy \\ &= \int_{\frac{1}{2}}^{2} \left(\frac{5}{2}-x-\frac{1}{x}\right) dx \\ &= \left[\frac{5}{2}x-\frac{x^2}{2}-\ln|x|\right]_{\frac{1}{2}}^{2} \\ &= \frac{15}{8}-2\ln 2. \end{aligned}$$

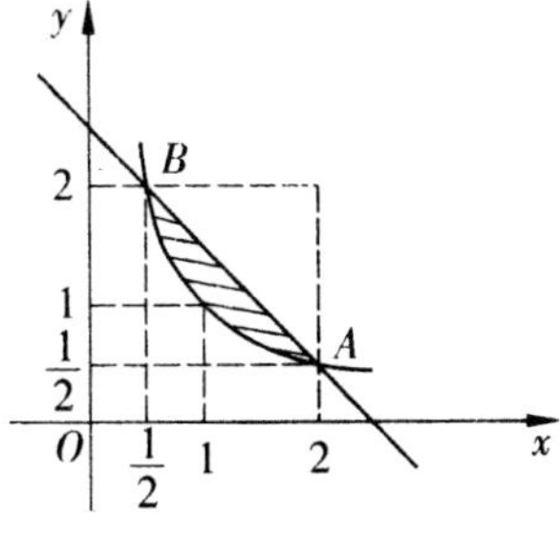

图 9-5-5

9.5.2 体积

对于以 xOy 平面上的有界闭区域 D 为底，其侧面为以 D 的边界线为准线，而母线平行于 z 轴的柱面，其顶是连续曲面 $z=f(x,y)\geqslant 0$，如图 9-5-6 所示．由二重积分的几何意义可知，曲顶柱体的体积值为

$$V=\iint_D f(x,y)\mathrm{d}\sigma.$$

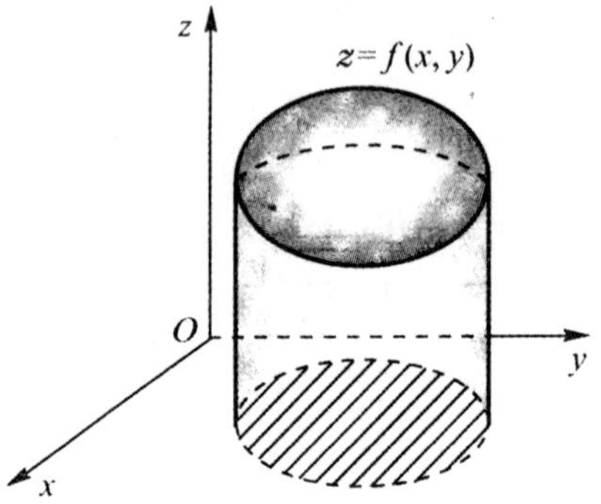

图 9-5-6

对于空间区域 Ω，其在 xOy 平面上的投影区域为 D. 如果已知母线平行于 z 轴，而准线为 D 的边界线的柱面，将 Ω 分成上、下两个曲面 $z=f(x,y)$ 和 $z=g(x,y)$，如图 9-5-7 所示，则空间区域 Ω 的体积值为

$$V=\iint_D [f(x,y)-g(x,y)]\mathrm{d}\sigma.$$

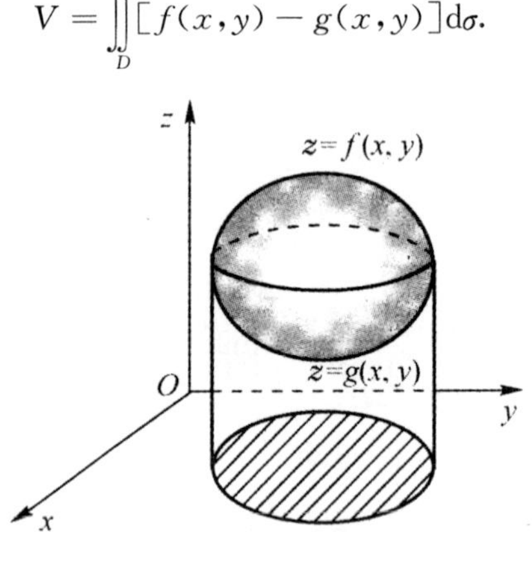

图 9-5-7

例 9.5.6 计算由平面 $2x+3y+z-6=0$ 和三个坐标平面所围成的四面体的体积，如图 9-5-8 所示．

解： 设所求的体积为 V，即求以

$$z=6-2x-3y$$

为顶，以 $\triangle AOB$ 围成区域 D 为底的柱体的体积，则

$$V=\iint_D(6-2x-3y)\mathrm{d}x\mathrm{d}y,$$

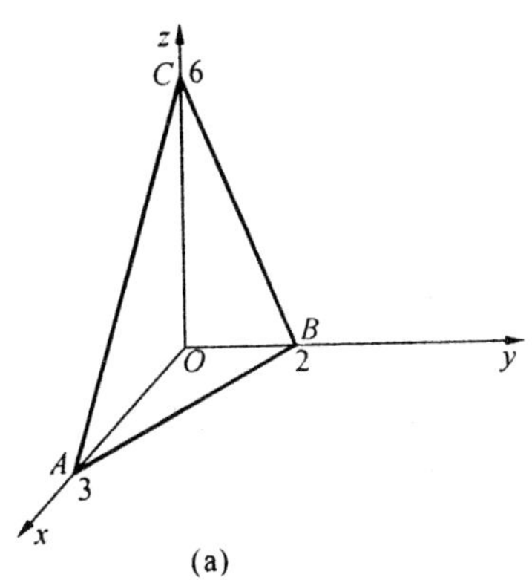

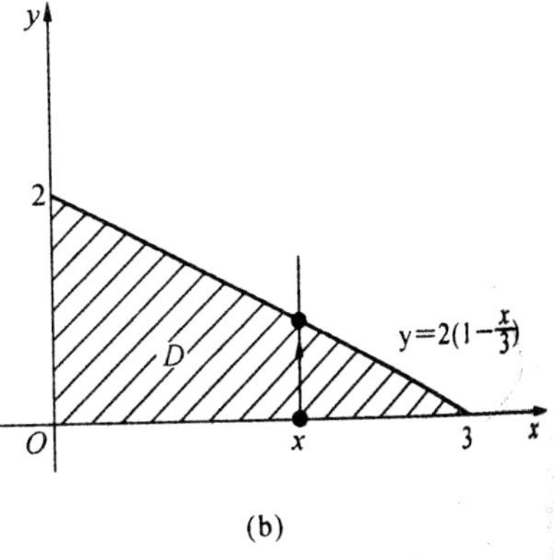

图 9-5-8

其中积分域 D 的图形如图 9-5-8(b) 所示，直线 AB 的方程为

$$\frac{x}{3}+\frac{y}{x}=1,$$

即

$$y=2\left(1-\frac{x}{3}\right).$$

先对 y 积分，则积分区域 D 为

$$D:\begin{cases}0\leqslant x\leqslant 3\\0\leqslant y\leqslant 2\left(1-\dfrac{x}{3}\right)\end{cases},$$

则

$$\begin{aligned}V&=\iint_D(6-2x-3y)\mathrm{d}x\mathrm{d}y\\&=\int_0^3\mathrm{d}x\int_0^{2\left(1-\frac{x}{3}\right)}(6-2x-3y)\mathrm{d}y\\&=\int_0^3\left[12\left(1-\frac{x}{3}\right)^2-6\left(1-\frac{x}{3}\right)^2\right]\mathrm{d}x=6\int_0^3\left(1-\frac{x}{3}\right)^2\mathrm{d}x\\&=6.\end{aligned}$$

例 9.5.7　求由锥面 $z=4-\sqrt{x^2+y^2}$ 与旋转抛物面 $z=x^2+y^2$ 所围立体的体积．

解:如图 9-5-9 所示，选用极坐标计算，则有

$$V=\iint_D\left[(4-\sqrt{x^2+y^2})-\frac{1}{2}(x^2+y^2)\right]\mathrm{d}x\mathrm{d}y=\iint_D(4-r-\frac{r^2}{2})r\mathrm{d}r\mathrm{d}y,$$

求立体在 xOy 面上的投影区域 D. 由题可知

$$\begin{cases}z=4-\sqrt{x^2+y^2}\\2z=x^2+y^2\end{cases},$$

消去 x,y 得

$$z^2-10z+16=(z-2)(z-8)=0,$$

因此 $z=2,z=8$ 舍去．所以 D 由 $x^2+y^2=4$ 即 $r=2$ 围成，所以

$$\begin{aligned}V&=\int_0^{2\pi}\mathrm{d}\theta\int_0^2\left(4-r-\frac{r^2}{2}\right)\mathrm{d}r\\&=2\pi\left(2r^2-\frac{r^3}{3}-\frac{r^4}{8}\right)\Big|_0^2\\&=\frac{20}{3}\pi.\end{aligned}$$

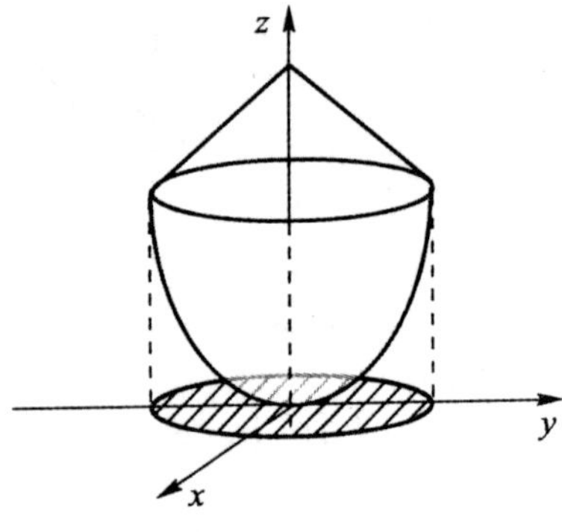

图 9-5-9

9.5.3 转动惯量

设在 R^3 有一质点，其坐标为 (x,y,z)，质量为 m. 根据力学知识可知，该质点对 x 轴、y 轴、z 轴的转动惯量是

$$I_x=(y^2+z^2)m,$$
$$I_y=(z^2+x^2)m,$$
$$I_z=(x^2+y^2)m.$$

设在 $\mathbf{R}^3$ 有 n 个质点，它们分别位于点 $(x_i,y_i,z_i)(i=1,2,\cdots,n)$ 处，质量分别为 $m_i(i=1,2,\cdots,n)$. 根据转动惯量的可加性可知，该质点对 x 轴、y 轴、z 轴的转动惯量是

$$I_x=\sum_{i=1}^n(y_i^2+z_i^2)m_i,$$
$$I_y=\sum_{i=1}^n(z_i^2+x_i^2)m_i,$$
$$I_z=\sum_{i=1}^n(x_i^2+y_i^2)m_i.$$

设有一物体，占有 $\mathbf{R}^3$ 中闭区域 Ω，在点 (x,y,z) 处的密度为 $\rho(x,y,z)$，并假设 $\rho(x,y,z)$ 在 Ω 上连续，现在求该物体对 x 轴、y 轴、z 轴的转动惯量 I_x、I_y、I_z.

在 Ω 上任取一个直径很小的闭区域 $\mathrm{d}v$，该小区域的体积也可用 $\mathrm{d}v$ 来表示，(x,y,z) 为 $\mathrm{d}v$ 上一点，因为 $\mathrm{d}v$ 很小，且 $\rho(x,y,z)$ 在 Ω 上连续，所以我们可以认为 $\mathrm{d}v$ 的质量 $\mathrm{d}m$ 近似等于 $\rho(x,y,z)\mathrm{d}v$，即

$$\mathrm{d}m=\rho(x,y,z)\mathrm{d}v,$$

并将这部分质量近似看做集中在点(x,y,z)处，略去高阶无穷小，则$\mathrm{d}v$对x轴、y轴、z轴的转动惯量$\mathrm{d}I_x$、$\mathrm{d}I_y$、$\mathrm{d}I_z$分别是

$$\mathrm{d}I_x=(y^2+z^2)\mathrm{d}m=(y^2+z^2)\rho(x,y,z)\mathrm{d}v,$$
$$\mathrm{d}I_y=(z^2+x^2)\mathrm{d}m=(z^2+x^2)\rho(x,y,z)\mathrm{d}v,$$
$$\mathrm{d}I_z=(x^2+y^2)\mathrm{d}m=(x^2+y^2)\rho(x,y,z)\mathrm{d}v.$$

根据转动惯性的可加性和三重积分的概念可得该物体对对x轴、y轴、z轴的转动惯量I_x，I_y，I_z分别是

$$I_x=\iiint_\Omega(y^2+z^2)\rho(x,y,z)\mathrm{d}v,$$
$$I_y=\iiint_\Omega(z^2+x^2)\rho(x,y,z)\mathrm{d}v,$$
$$I_z=\iiint_\Omega(x^2+y^2)\rho(x,y,z)\mathrm{d}v.$$

同理可得，如果平面薄片占有$\mathbf{R}^2$中区域D，其面密度为$\rho(x,y)$，则该平面薄片对x轴、y轴的转动惯量I_x、I_y分别是

$$I_x=\iint_D y^2\rho(x,y)\mathrm{d}\sigma,$$
$$I_y=\iint_D x^2\rho(x,y)\mathrm{d}\sigma.$$

例 9.5.8　求半径为a的均匀半圆薄片对于其直径边的转动惯量，其面密度μ为常数．

解：如图 9-5-10 所示，薄片所占的区域为

$$D=\{(x,y)\mid x^2+y^2\leqslant a^2,y\geqslant 0\},$$

根据公式可知，该薄片对x轴的转动惯量是

$$\begin{aligned}I_x&=\iint_D y^2\mu\mathrm{d}\sigma=\mu\iint_D y^2\mathrm{d}\sigma\\&=\mu\ \frac{1}{4}a^4\int_0^\pi\sin^2\theta\mathrm{d}\theta\\&=\frac{1}{4}\mu a^4\ \frac{\pi}{2}\\&=\frac{1}{8}\mu\pi a^4.\end{aligned}$$

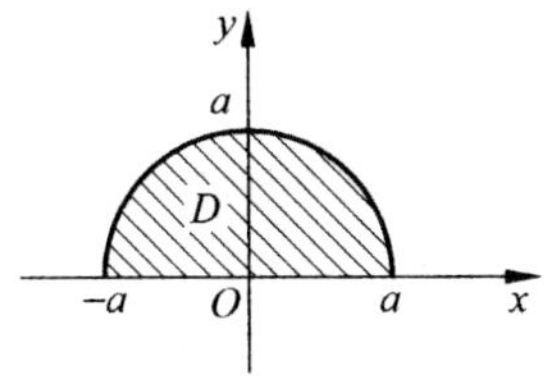

图 9-5-10

例 9.5.9　求密度为 1 的均匀球体对于过球心的一条轴的转动惯量．

解：取球心为原点，z轴与l轴重合，如图 9-5-11 所示．

设球的半径为 a,则球体所占的空间区域是

$$\Omega=\{(x,y,z)\,|\,x^2+y^2+z^2\leqslant a^2\},$$

根据公式可知,球体对 z 轴的转动惯量是

$$\begin{aligned}I_z&=\iiint\limits_{\Omega}(x^2+y^2)\mathrm{d}v\\&=\iiint\limits_{\Omega}r^2\sin^2\varphi r^2\sin\varphi\mathrm{d}r\mathrm{d}\theta\mathrm{d}\varphi\\&=\int_0^{2\pi}\mathrm{d}\theta\int_0^{\pi}\sin^3\varphi\mathrm{d}\varphi\int_0^a r^4\mathrm{d}r\\&=\frac{2}{5}\pi a^5\ \frac{4}{3}\\&=\frac{8}{15}\pi a^5.\end{aligned}$$

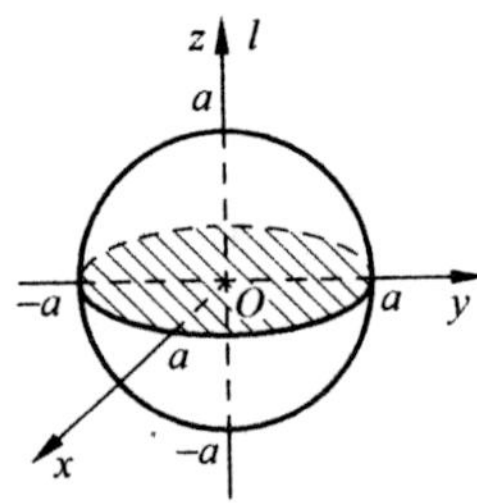

图 9-5-11

9.5.4 引力

设在 $\mathbf{R}^3$ 中的点 $P(x,y,z)$ 处有一质量为 m 的质点,在点 $P_0(x_0,y_0,z_0)$ 处有一单位质量的质点,如图 9-5-12 所示.

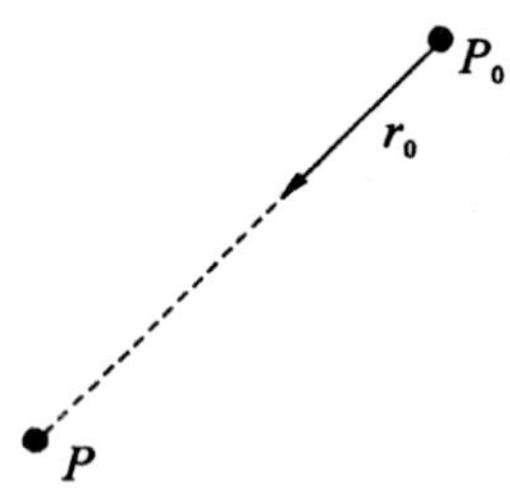

图 9-5-12

根据 Newton 万有引力定律可知,点 P 处质点对点 P_0 处质点的万有引力为

$$\boldsymbol{F}=G\frac{m}{|r|^2}r_0\quad(G\text{ 为引力常数}),$$

其中

$$r=\overrightarrow{P_0P}=(x-x_0)\boldsymbol{i}+(y-y_0)\boldsymbol{j}+(z-z_0)\boldsymbol{k},$$

$$|r| = \sqrt{(x-x_0)^2+(y-y_0)^2+(z-z_0)^2},$$

$$r_0 = \frac{r}{|r|} = \frac{(x-x_0)\boldsymbol{i}+(y-y_0)\boldsymbol{j}+(z-z_0)\boldsymbol{k}}{\sqrt{(x-x_0)^2+(y-y_0)^2+(z-z_0)^2}},$$

即

$$\begin{aligned}\boldsymbol{F} &= F_x\boldsymbol{i}+F_y\boldsymbol{j}+F_z\boldsymbol{k} \\ &= Gm\frac{(x-x_0)\boldsymbol{i}+(y-y_0)\boldsymbol{j}+(z-z_0)\boldsymbol{k}}{[(x-x_0)^2+(y-y_0)^2+(z-z_0)^2]^{\frac{3}{2}}}.\end{aligned}$$

所以万有引力 $\boldsymbol{F}$ 在 x 轴、y 轴、z 轴正向的分量 F_x、F_y、F_z 分别是

$$F_x = Gm\frac{(x-x_0)}{[(x-x_0)^2+(y-y_0)^2+(z-z_0)^2]^{\frac{3}{2}}},$$

$$F_y = Gm\frac{(y-y_0)}{[(x-x_0)^2+(y-y_0)^2+(z-z_0)^2]^{\frac{3}{2}}},$$

$$F_z = Gm\frac{(z-z_0)}{[(x-x_0)^2+(y-y_0)^2+(z-z_0)^2]^{\frac{3}{2}}}.$$

设有一物体，占有 $\mathbf{R}^3$ 中的闭区域 Ω，在点 (x,y,z) 处的密度为 $\rho(x,y,z)$，假设 $\rho(x,y,z)$ 在 Ω 上连续，现在求该物体对点 $P_0(x_0,y_0,z_0)$ 处单位质量的质点的万有引力

$$\boldsymbol{F} = F_x\boldsymbol{i}+F_y\boldsymbol{j}+F_z\boldsymbol{k}.$$

在 Ω 上任取一个直径很小的闭区域 $\mathrm{d}v$，该区域的体积也可用 $\mathrm{d}v$ 来表示，(x,y,z) 为 $\mathrm{d}v$ 上一点，且 $\rho(x,y,z)$ 在 Ω 上连续，所以我们可以认为 $\mathrm{d}v$ 的质量 $\mathrm{d}m$ 近似等于 $\rho(x,y,z)\mathrm{d}v$，并将这部分质量近似看做集中在点 (x,y,z) 处，略去高阶无穷小，则 $\mathrm{d}v$ 内物体对点 P_0 处单位质量的质点的万有引力 $\mathrm{d}\boldsymbol{F}$ 在 x 轴、y 轴、z 轴正向的分量 $\mathrm{d}F_x$、$\mathrm{d}F_y$、$\mathrm{d}F_z$ 分别是

$$\mathrm{d}F_x = G\mathrm{d}m\frac{(x-x_0)}{[(x-x_0)^2+(y-y_0)^2+(z-z_0)^2]^{\frac{3}{2}}},$$

$$\mathrm{d}F_y = G\mathrm{d}m\frac{(y-y_0)}{[(x-x_0)^2+(y-y_0)^2+(z-z_0)^2]^{\frac{3}{2}}},$$

$$\mathrm{d}F_z = G\mathrm{d}m\frac{(z-z_0)}{[(x-x_0)^2+(y-y_0)^2+(z-z_0)^2]^{\frac{3}{2}}}.$$

或

$$\mathrm{d}F_x = G\frac{(x-x_0)}{[(x-x_0)^2+(y-y_0)^2+(z-z_0)^2]^{\frac{3}{2}}}\rho(x,y,z)\mathrm{d}v,$$

$$\mathrm{d}F_y = G\frac{(y-y_0)}{[(x-x_0)^2+(y-y_0)^2+(z-z_0)^2]^{\frac{3}{2}}}\rho(x,y,z)\mathrm{d}v,$$

$$\mathrm{d}F_z = G\frac{(z-z_0)}{[(x-x_0)^2+(y-y_0)^2+(z-z_0)^2]^{\frac{3}{2}}}\rho(x,y,z)\mathrm{d}v.$$

根据三重积分的概念可得，该物体对点 $P_0(x_0,y_0,z_0)$ 处单位质量的质点的万有引力 F 在 x 轴、y 轴、z 轴正向的分量 F_x、F_y、F_z 分别是

$$F_x = G\iiint\limits_{\Omega}\frac{(x-x_0)\rho(x,y,z)}{[(x-x_0)^2+(y-y_0)^2+(z-z_0)^2]^{\frac{3}{2}}}\mathrm{d}v,$$

$$F_y = G\iiint\limits_{\Omega}\frac{(y-y_0)\rho(x,y,z)}{[(x-x_0)^2+(y-y_0)^2+(z-z_0)^2]^{\frac{3}{2}}}\mathrm{d}v,$$

$$F_z = G\iiint_{\Omega} \frac{(z-z_0)\rho(x,y,z)}{[(x-x_0)^2+(y-y_0)^2+(z-z_0)^2]^{\frac{3}{2}}}\mathrm{d}v.$$

例 9.5.10 求由圆柱面 $x^2+y^2=a^2, x^2+y^2=b^2(a>b>0)$ 和平面 $z=0, z=h>0$ 所围成的均匀圆柱体 Ω 对位于原点，质量为 m 的质点的引力．

解： 设圆柱体 Ω 的密度为 ρ，他对质点的引力为

$$\boldsymbol{F} = F_x\boldsymbol{i} + F_y\boldsymbol{j} + F_z\boldsymbol{k},$$

根据 Ω 的均匀性和柱体的对称性可得

$$F_x = F_y = 0,$$

又

$$\begin{aligned}
F_z &= G\iiint_{\Omega} \frac{(z-z_0)\rho(x,y,z)}{[(x-x_0)^2+(y-y_0)^2+(z-z_0)^2]^{\frac{3}{2}}}\mathrm{d}v \\
&= G\iiint_{\Omega} \frac{z}{(x^2+y^2+z^2)^{\frac{3}{2}}} m\rho\,\mathrm{d}x\mathrm{d}y\mathrm{d}z \\
&= Gm\rho\int_0^{2\pi}\mathrm{d}\theta\int_a^b\mathrm{d}r\int_0^h \frac{rz}{(r^2+z^2)^{\frac{3}{2}}}\mathrm{d}z \\
&= 2\pi Gm\rho\int_a^b\mathrm{d}r\int_0^h \frac{rz}{(r^2+z^2)^{\frac{3}{2}}}\mathrm{d}z \\
&= 2\pi Gm\rho\int_b^a\left(1-\frac{r}{\sqrt{r^2+h^2}}\right)\mathrm{d}r \\
&= 2\pi Gm\rho(a-b-\sqrt{a^2+h^2}+\sqrt{b^2+h^2}),
\end{aligned}$$

所以

$$\boldsymbol{F} = 2\pi Gm\rho(a-b-\sqrt{a^2+h^2}+\sqrt{b^2+h^2})\boldsymbol{k} \quad (G\text{ 为引力常数}).$$

9.5.5 物体的质心

在物理学中，我们知道有限个质点的质点系的质心位置．设平面上有 n 个质点组成的质点系，其位置分别为 $(x_i, y_i)(i=1,2,\cdots,n)$，每个质点的质量为 $m_i(i=1,2,\cdots,n)$，则该质点系的质心坐标 $(\bar{x},\bar{y})$ 计算公式为

$$\bar{x} = \frac{\sum_{i=1}^{n} m_i x_i}{\sum_{i=1}^{n} m_i}, \bar{y} = \frac{\sum_{i=1}^{n} m_i y_i}{\sum_{i=1}^{n} m_i}.$$

现在对于一非均匀物体，设其密度为 x, y 的连续函数 $\rho(x,y)$，我们求其质心．

把区域 D 分割成 n 个小区域 $\Delta\sigma_i(i=1,2,\cdots,n)$，小区域的面积用 $\Delta\sigma_i$ 表示，$\Delta\sigma_i$ 的质量近似为

$$\Delta m_i \approx \rho(\xi_i, \eta_i)\Delta\sigma_i.$$

现在想象把小区域的质量集中在点 $M_i(\xi_i, \eta_i)$ 处，这样得到 n 个质点组成的质点系，物体的质心近似等于这 n 个质点组成的质点系的质心．

$$\bar{x} \approx \frac{\sum_{i=1}^{n} \xi_i \rho(\xi_i, \eta_i) \Delta\sigma_i}{\sum_{i=1}^{n} \rho(\xi_i, \eta_i) \Delta\sigma_i},$$

$$\bar{y} = \frac{\sum_{i=1}^{n} \eta_i \rho(\xi_i, \eta_i) \Delta\sigma_i}{\sum_{i=1}^{n} \rho(\xi_i, \eta_i) \Delta\sigma_i}.$$

取极限后，得到物体的质心$(\bar{x},\bar{y})$ 计算公式为

$$\bar{x} = \frac{\iint\limits_D x\rho(x,y)\mathrm{d}x\mathrm{d}y}{\iint\limits_D \rho(x,y)\mathrm{d}x\mathrm{d}y},$$

$$\bar{y} = \frac{\iint\limits_D y\rho(x,y)\mathrm{d}x\mathrm{d}y}{\iint\limits_D \rho(x,y)\mathrm{d}x\mathrm{d}y}.$$

同理可得到空间非均匀物体 Ω 的质心$(\bar{x},\bar{y},\bar{z})$ 坐标计算公式为

$$\bar{x} = \frac{\iiint\limits_\Omega x\rho(x,y,z)\mathrm{d}x\mathrm{d}y\mathrm{d}z}{\iiint\limits_\Omega \rho(x,y,z)\mathrm{d}x\mathrm{d}y\mathrm{d}z},$$

$$\bar{y} = \frac{\iiint\limits_\Omega y\rho(x,y,z)\mathrm{d}x\mathrm{d}y\mathrm{d}z}{\iiint\limits_\Omega \rho(x,y,z)\mathrm{d}x\mathrm{d}y\mathrm{d}z},$$

$$\bar{z} = \frac{\iiint\limits_\Omega z\rho(x,y,z)\mathrm{d}x\mathrm{d}y\mathrm{d}z}{\iiint\limits_\Omega \rho(x,y,z)\mathrm{d}x\mathrm{d}y\mathrm{d}z}.$$

其中 $\rho(x,y,z)$ 为物体 Ω 在点(x,y,z) 处的密度．它是 x,y,z 的连续函数．

例 9.5.11　求由抛物面 $z = x^2 + y^2$ 及平面 $z = 1$ 所围立体的质心(设密度 $\mu = 1$).

解:因为 z 轴为立体的对称轴，所以质心在 z 轴上，从而有

$$\bar{x} = \bar{y} = 0.$$

立体所占空间闭区域

$$\Omega = \{(x,y,z) \mid x^2 + y^2 \leqslant z \leqslant 1\},$$

其体积

$$V = \iiint\limits_\Omega \mathrm{d}v = \int_0^{2\pi} \mathrm{d}\theta \int_0^1 \rho \mathrm{d}\rho \int_{\rho^2}^1 \mathrm{d}z = \frac{\pi}{2},$$

又因为

$$\iiint\limits_\Omega z\,\mathrm{d}v = \int_0^{2\pi} \mathrm{d}\theta \int_0^1 \rho \mathrm{d}\rho \int_{\rho^2}^1 \mathrm{d}z = \frac{1}{3}\pi,$$

因此

$$\bar{z}=\frac{1}{V}\iiint\limits_{\Omega}z\,\mathrm{d}v=\frac{\frac{1}{3}\pi}{\frac{\pi}{2}}=\frac{2}{3},$$

所以,所求质心为$\left(0,0,\frac{2}{3}\right)$.

例 9.5.12 求位于两圆 $r=2\sin\theta$ 和 $r=4\sin\theta$ 之间的均匀薄片的质心(图 9-5-13).

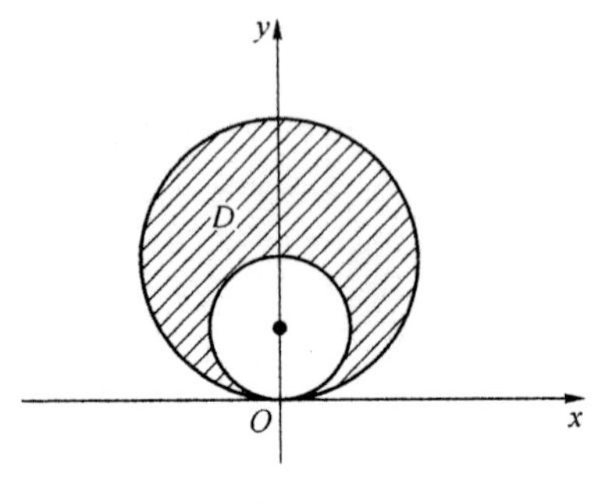

图 9-5-13

解:因为闭区域 D 对称于 y 轴,所以质心$(\bar{x},\bar{y})$必位于 y 轴上,于是 $\bar{x}=0$. 又由于薄板是均匀的,所以密度函数 $\rho(x,y)=\rho$ 是常量,由计算公式可得 $\bar{y}$ 为

$$\bar{y}=\frac{\iint\limits_{D}y\,\mathrm{d}x\mathrm{d}y}{\iint\limits_{D}\mathrm{d}x\mathrm{d}y}.$$

因为闭区域 D 位于半径为 1 和半径为 2 的两圆之间,所以它的面积等于这两个圆的面积之差,即

$$\iint\limits_{D}\mathrm{d}x\mathrm{d}y=3\pi.$$

再利用极坐标计算二重积分

$$\begin{aligned}\iint\limits_{D}y\,\mathrm{d}x\mathrm{d}y&=\iint\limits_{D}r^2\sin\theta\mathrm{d}r\mathrm{d}\theta\\&=\int_0^{\pi}\sin\theta\mathrm{d}\theta\int_{2\sin\theta}^{4\sin\theta}r^2\mathrm{d}r\\&=\frac{56}{3}\int_0^{\pi}\sin^4\theta\mathrm{d}\theta\\&=7\pi,\end{aligned}$$

那么

$$\bar{y}=\frac{7\pi}{3\pi}=\frac{7}{3},$$

所以薄板的质心为$\left(0,\frac{7}{3}\right)$.

例 9.5.13 求形状为立方体 $0\leqslant x\leqslant 1,0\leqslant y\leqslant 1,0\leqslant z\leqslant 1$ 的物体的质心坐标. 设此物

体在点(x,y,z)处的密度为

$$\rho(x,y,z)=x^{\frac{2\alpha-1}{1-\alpha}}y^{\frac{2\beta-1}{1-\beta}}z^{\frac{2\gamma-1}{1-\gamma}},$$

其中 $0<\alpha<1,0<\beta<1,0<\gamma<1$.

解:物体的质量为

$$\begin{aligned}
m&=\iiint_{\Omega}\rho(x,y,z)\mathrm{d}x\mathrm{d}y\mathrm{d}z\\
&=\int_0^1\mathrm{d}x\int_0^1\mathrm{d}y\int_0^1\rho(x,y,z)\mathrm{d}z\\
&=\int_0^1 x^{\frac{2\alpha-1}{1-\alpha}}\mathrm{d}x\int_0^1 y^{\frac{2\beta-1}{1-\beta}}\mathrm{d}y\int_0^1 z^{\frac{2\gamma-1}{1-\gamma}}\mathrm{d}z\\
&=\frac{1-\alpha}{\alpha}x^{\frac{1-\alpha}{\alpha}}\Big|_0^1\frac{1-\beta}{\beta}y^{\frac{1-\beta}{\beta}}\Big|_0^1\frac{1-\gamma}{\gamma}z^{\frac{1-\gamma}{\gamma}}\Big|_0^1\\
&=\frac{(1-\alpha)(1-\beta)(1-\gamma)}{\alpha\beta\gamma}\iiint_{\Omega}x\rho(x,y,z)\mathrm{d}x\mathrm{d}y\mathrm{d}z\\
&=\int_0^1 x\cdot x^{\frac{2\alpha-1}{1-\alpha}}\mathrm{d}x\int_0^1 y^{\frac{2\beta-1}{1-\beta}}\mathrm{d}y\int_0^1 z^{\frac{2\gamma-1}{1-\gamma}}\mathrm{d}z\\
&=(1-\alpha)x^{\frac{1}{1-\alpha}}\Big|_0^1\frac{1-\beta}{\beta}y^{\frac{1-\beta}{\beta}}\Big|_0^1\frac{1-\gamma}{\gamma}z^{\frac{1-\gamma}{\gamma}}\Big|_0^1\\
&=\frac{(1-\alpha)(1-\beta)(1-\gamma)}{\beta\gamma}.
\end{aligned}$$

同理可以求得

$$\iiint_{\Omega}y\rho(x,y,z)\mathrm{d}x\mathrm{d}y\mathrm{d}z=\frac{(1-\alpha)(1-\beta)(1-\gamma)}{\alpha\gamma},$$

$$\iiint_{\Omega}z\rho(x,y,z)\mathrm{d}x\mathrm{d}y\mathrm{d}z=\frac{(1-\alpha)(1-\beta)(1-\gamma)}{\alpha\beta}.$$

根据重心坐标计算公式可得

$$\bar{x}=\alpha,\bar{y}=\beta,\bar{z}=\gamma,$$

所以物体质心坐标为(α,β,γ).

9.6　含参变量的积分

设 $f(x,y)$ 是矩形(闭区域)$R=[a,b]\times[c,\mathrm{d}]$ 上的连续函数．在$[a,b]$上任意取定 x 的一个值,于是 $f(x,y)$ 是变量 y 在$[c,\mathrm{d}]$上的一个一元连续函数,从而积分

$$\int_c^{\mathrm{d}}f(x,y)\mathrm{d}y$$

存在,这个积分的值依赖于取定的 x 值．当 x 的值改变时,一般来说这个积分的值也跟着改变．这个积分确定一个定义在$[a,b]$上的 x 的函数,把它记为 $\varphi(x)$,即

$$\varphi(x)=\int_c^{\mathrm{d}}f(x,y)\mathrm{d}y\quad(a\leqslant x\leqslant b).\tag{9-6-1}$$

这里变量 x 在积分过程中是一个常量,称为参变量,所以式(9-6-1)右端是一个含参变量 x 的积

分,这积分确定 x 的一个函数 $\varphi(x)$,下面讨论关于 $\varphi(x)$ 的一些性质.

定理 9.6.1 如果函数 $f(x,y)$ 在矩形 $R=[a,b]\times[c,\mathrm{d}]$ 上连续,那么由积分式(9-6-1)确定的函数 $\varphi(x)$ 在 $[a,b]$ 上也连续.

证明:设 x 和 $x+\Delta x$ 是 $[a,b]$ 上的两点,则

$$\varphi(x+\Delta x)-\varphi(x)=\int_c^{\mathrm{d}}[f(x+\Delta x,y)-f(x,y)]\mathrm{d}y. \tag{9-6-2}$$

因为 $f(x,y)$ 在闭区域 R 上连续,从而一致连续,所以对于任意取定的 $\varepsilon>0$,存在 $\delta>0$,使得对于 R 内的任意两点 (x_1,y_1) 和 (x_2,y_2),只要它们之间的距离小于 δ,即

$$\sqrt{(x_2-x_1)^2+(y_2-y_1)^2}<\delta,$$

就有

$$|f(x_2,y_2)-f(x_1,y_1)|<\varepsilon.$$

因为点 $(x+\Delta x,y)$ 和点 (x,y) 的距离等于 $|\Delta x|$,所以当 $|\Delta x|<\delta$ 时,就有

$$|f(x+\Delta x,y)-f(x,y)|<\varepsilon,$$

于是由式(9-6-2)有

$$\begin{aligned}|\varphi(x+\Delta x)-\varphi(x)|&\leqslant\int_c^{\mathrm{d}}|f(x+\Delta x,y)-f(x,y)|\mathrm{d}y\\&<\varepsilon(\mathrm{d}-c).\end{aligned}$$

所以 $\varphi(x)$ 在 $[a,b]$ 上连续.

既然函数 $\varphi(x)$ 在 $[a,b]$ 上连续,那么它在 $[a,b]$ 上的积分存在,这个积分可以写成

$$\int_a^b\varphi(x)\mathrm{d}x=\int_a^b\left[\int_c^{\mathrm{d}}f(x,y)\mathrm{d}y\right]\mathrm{d}x=\int_a^b\mathrm{d}x\int_c^{\mathrm{d}}f(x,y)\mathrm{d}y.$$

右端积分是函数 $f(x,y)$ 先对 y 后对 x 的二次积分. 当 $f(x,y)$ 在矩形 R 上连续时,$f(x,y)$ 在 R 上的二重积分 $\iint\limits_R f(x,y)\mathrm{d}x\mathrm{d}y$ 是存在的,这个二重积分化为二次积分来计算时,如果先对 y 后对 x 积分,就是上面的这个二次积分. 但二重积分 $\iint\limits_R f(x,y)\mathrm{d}x\mathrm{d}y$ 也可化为先对 x 后对 y 的二次积分 $\int_c^{\mathrm{d}}\left[\int_a^b f(x,y)\mathrm{d}x\right]\mathrm{d}y$,所以有下面的定理.

定理 9.6.2 如果函数 $f(x,y)$ 在矩形 $R=[a,b]\times[c,\mathrm{d}]$ 上连续,则

$$\int_a^b\left[\int_c^{\mathrm{d}}f(x,y)\mathrm{d}y\right]\mathrm{d}x=\int_c^{\mathrm{d}}\left[\int_a^b f(x,y)\mathrm{d}x\right]\mathrm{d}y. \tag{9-6-3}$$

公式(9-6-3)还可以写成

$$\int_a^b\mathrm{d}x\int_c^{\mathrm{d}}f(x,y)\mathrm{d}y=\int_c^{\mathrm{d}}\mathrm{d}y\int_a^b f(x,y)\mathrm{d}x.$$

下面考虑由积分式(9-6-1)确定的函数 $\varphi(x)$ 的微分问题.

定理 9.6.3 如果函数 $f(x,y)$ 及其偏导数 $f_x(x,y)$ 都在矩形 $R=[a,b]\times[c,\mathrm{d}]$ 上连续,那么由积分(9-6-1)确定的函数 $\varphi(x)$ 在 $[a,b]$ 上可微分,并且

$$\varphi'(x)=\frac{\mathrm{d}}{\mathrm{d}x}\int_c^{\mathrm{d}}f(x,y)\mathrm{d}y=\int_c^{\mathrm{d}}f_x(x,y)\mathrm{d}y. \tag{9-6-4}$$

证明:因为 $\varphi'(x)=\lim\limits_{\Delta x\to0}\dfrac{\varphi(x+\Delta x)-\varphi(x)}{\Delta x}$,为了求 $\varphi'(x)$,先利用公式(9-6-2)作出增量之

比

$$\frac{\varphi(x+\Delta x)-\varphi(x)}{\Delta x}=\int_c^{\mathrm{d}}\frac{f(x+\Delta x,y)-f(x,y)}{\Delta x}\mathrm{d}y. \tag{9-6-5}$$

根据拉格朗日中值定理和 $f_x(x,y)$ 的一致连续性可得

$$\begin{aligned}\frac{f(x+\Delta x,y)-f(x,y)}{\Delta x}&=f_x(x+\theta\Delta x,y)\\&=f_x(x,y)+\eta(x,y,\Delta x),\end{aligned} \tag{9-6-6}$$

其中 $0<\theta<1$，$|\eta|$ 可小于任意给定的正数 ε，只要 $|\Delta x|$ 小于某个正数 δ，所以

$$|\eta(x,y,\Delta x)\mathrm{d}y|<\int_c^{\mathrm{d}}\varepsilon\mathrm{d}y=\varepsilon(\mathrm{d}-c)\quad(|\Delta x|<\delta).$$

这也就是说

$$\lim_{\Delta x\to 0}\int_c^{\mathrm{d}}\eta(x,y,\Delta x)\mathrm{d}y=0.$$

由式(9-6-5) 和式(9-6-6) 有

$$\frac{\varphi(x+\Delta x)-\varphi(x)}{\Delta x}=\int_c^{\mathrm{d}}f_x(x,y)\mathrm{d}y+\int_c^{\mathrm{d}}\eta(x,y,\Delta x)\mathrm{d}y,$$

令 $\Delta x\to 0$ 取上式的极限，即得式(9-6-4).

在积分式(9-6-1) 中，积分限 c 和 d 都是常数．但在实际应用中，还会遇到对于参变量 x 的不同的值，积分限也不同的情形，即以下的积分

$$\Phi(x)=\int_{\alpha(x)}^{\beta(x)}f(x,y)\mathrm{d}y. \tag{9-6-7}$$

下面我们考虑这种更为广泛地依赖于参变量的积分的某些性质．

定理 9.6.4　如果函数 $f(x,y)$ 在矩形 $R=[a,b]\times[c,\mathrm{d}]$ 上连续，函数 $\alpha(x)$、$\beta(x)$ 在区间 $[a,b]$ 上连续，且

$$c\leqslant\alpha(x)\leqslant\mathrm{d},a\leqslant\beta(x)\leqslant b\quad(a\leqslant x\leqslant b),$$

则由积分式(9-6-7) 确定的函数 $\Phi(x)$ 在$[a,b]$ 上也连续．

证明：设 x 和 $x+\Delta x$ 是$[a,b]$ 上的两点，则

$$\Phi(x+\Delta x)-\Phi(x)=\int_{\alpha(x+\Delta x)}^{\beta(x+\Delta x)}f(x+\Delta x,y)\mathrm{d}y-\int_{\alpha(x)}^{\beta(x)}f(x,y)\mathrm{d}y,$$

因为

$$\begin{aligned}&\int_{\alpha(x+\Delta x)}^{\beta(x+\Delta x)}f(x+\Delta x,y)\mathrm{d}y\\&=\int_{\alpha(x+\Delta x)}^{\alpha(x)}f(x+\Delta x,y)\mathrm{d}y+\int_{\alpha(x)}^{\beta(x)}f(x+\Delta x,y)\mathrm{d}y+\int_{\beta(x)}^{\beta(x+\Delta x)}f(x+\Delta x,y)\mathrm{d}y,\end{aligned}$$

所以

$$\begin{aligned}&\Phi(x+\Delta x)-\Phi(x)\\&=\int_{\alpha(x+\Delta x)}^{\alpha(x)}f(x+\Delta x,y)\mathrm{d}y+\int_{\beta(x)}^{\beta(x+\Delta x)}f(x+\Delta x,y)\mathrm{d}y+\\&\quad\int_{\alpha(x)}^{\beta(x)}[f(x+\Delta x,y)-f(x,y)]\mathrm{d}y.\end{aligned} \tag{9-6-8}$$

当 $\Delta x\to 0$ 时，上式右端最后一个积分的积分限不变，根据证明定理 9.6.1 时的同样的理由，这个积分趋于零，又

$$\left|\int_{\alpha(x+\Delta x)}^{\alpha(x)} f(x+\Delta x,y)\mathrm{d}y\right| \leqslant M|\alpha(x+\Delta x)-\alpha(x)|,$$

$$\left|\int_{\beta(x)}^{\beta(x+\Delta x)} f(x+\Delta x,y)\mathrm{d}y\right| \leqslant M|\beta(x+\Delta x)-\beta(x)|,$$

其中 M 是 $|f(x,y)|$ 在矩形 R 上的最大值．根据 $\alpha(x)$、$\beta(x)$ 在$[a,b]$上连续的假定，由以上两式可见，当 $\Delta x\to 0$ 时，(9-6-8) 式右端的前两个积分都趋于零．所以，当 $\Delta x\to 0$ 时，

$$\Phi(x+\Delta x)-\Phi(x)\to 0 \quad (a\leqslant x\leqslant b),$$

所以函数 $\Phi(x)$ 在$[a,b]$上连续．

关于 $\Phi(x)$ 的微分，有以下的定理．

定理 9.6.5 如果函数 $f(x,y)$ 及其偏导数 $f_x(x,y)$ 都在矩形 $R=[a,b]\times[c,\mathrm{d}]$ 上连续，又函数 $\alpha(x)$、$\beta(x)$ 都在区间$[a,b]$上可微，且

$$c\leqslant\alpha(x)\leqslant \mathrm{d},c\leqslant\beta(x)\leqslant \mathrm{d} \quad (a\leqslant x\leqslant b),$$

则由积分式(9-6-7) 确定的函数 $\Phi(x)$ 在$[a,b]$上可微，且

$$\begin{aligned}\Phi'(x) &= \frac{\mathrm{d}}{\mathrm{d}x}\int_{\alpha(x)}^{\beta(x)} f(x,y)\mathrm{d}y \\ &= \int_{\alpha(x)}^{\beta(x)} f_x(x,y)\mathrm{d}y + f[x,\beta(x)]\beta'(x) - f[x,\alpha(x)]\alpha'(x).\end{aligned} \tag{9-6-9}$$

证明：根据式(9-6-8) 有

$$\begin{aligned}&\frac{\Phi(x+\Delta x)-\Phi(x)}{\Delta x}\\ &= \int_{\alpha(x)}^{\beta(x)} \frac{f(x+\Delta x,y)-f(x,y)}{\Delta x}\mathrm{d}y + \frac{1}{\Delta x}\int_{\beta(x)}^{\beta(x+\Delta x)} f(x+\Delta x,y)\mathrm{d}y - \\ &\quad \frac{1}{\Delta x}\int_{\alpha(x)}^{\alpha(x+\Delta x)} f(x+\Delta x,y)\mathrm{d}y.\end{aligned} \tag{9-6-10}$$

当 $\Delta x\to 0$ 时，上式右端的第一个积分的积分限不变，同样的理由有

$$\int_{\alpha(x)}^{\beta(x)} \frac{f(x+\Delta x,y)-f(x,y)}{\Delta x}\mathrm{d}y \to \int_{\alpha(x)}^{\beta(x)} f_x(x,y)\mathrm{d}y.$$

对于式(9-6-10) 右端的第二项，应用积分中值定理可得

$$\frac{1}{\Delta x}\int_{\beta(x)}^{\beta(x+\Delta x)} f(x+\Delta x,y)\mathrm{d}y = \frac{1}{\Delta x}[\beta(x+\Delta x)-\beta(x)]f(x+\Delta x,\eta),$$

其中 η 在 $\beta(x)$ 和 $\beta(x+\Delta x)$ 之间．当 $\Delta x\to 0$ 时，

$$\frac{1}{\Delta x}[\beta(x+\Delta x)-\beta(x)]\to\beta'(x), f(x+\Delta x,\eta)\to f[x,\beta(x)].$$

所以

$$\frac{1}{\Delta x}\int_{\beta(x)}^{\beta(x+\Delta x)} f(x+\Delta x,y)\mathrm{d}y \to f[x,\beta(x)]\beta'(x).$$

同理可证，当 $\Delta x\to 0$ 时，

$$\frac{1}{\Delta x}\int_{\alpha(x)}^{\alpha(x+\Delta x)} f(x+\Delta x,y)\mathrm{d}y \to f[x,\alpha(x)]\alpha'(x).$$

所以，令 $\Delta x\to 0$，取式(9-6-10) 的极限可得公式(9-6-9)．

公式(9-6-9) 称为莱布尼茨公式．

例 9.6.1　计算$\int_0^{+\infty}\frac{\sin ax}{x}\mathrm{d}x$($a$ 为常数).

解:任取正数 $k>0$,设

$$I(a)=\int_0^{+\infty}\mathrm{e}^{-kx}\frac{\sin ax}{x}\mathrm{d}x.$$

考察以 a 为参变量的含参变量无穷积分

$$\int_0^{+\infty}\mathrm{e}^{-kx}\frac{\sin ax}{x}\mathrm{d}x.$$

可以证明(略去证明细节):参变量无穷积分$\int_0^{+\infty}\mathrm{e}^{-kx}\frac{\sin ax}{x}\mathrm{d}x$对于每一个$a\in(-\infty,+\infty)$都收敛,并且参变量无穷积分

$$\int_0^{+\infty}\frac{\partial}{\partial a}\left(\mathrm{e}^{-kx}\frac{\sin ax}{x}\right)\mathrm{d}x=\int_0^{+\infty}\mathrm{e}^{-kx}\cos ax\,\mathrm{d}x,$$

关于参数 $a\in(-\infty,+\infty)$ 是一致收敛的. 从而可得

$$I'(a)=\int_0^{+\infty}\frac{\partial}{\partial a}\left(\mathrm{e}^{-kx}\frac{\sin ax}{x}\right)\mathrm{d}x=\int_0^{+\infty}\mathrm{e}^{-kx}\cos ax\,\mathrm{d}x.$$

通过计算可以得到

$$\begin{aligned}I'(a)&=\int_0^{+\infty}\mathrm{e}^{-kx}\cos ax\,\mathrm{d}x\\&=\frac{k}{a^2+k^2}.\end{aligned}$$

于是

$$I(a)=\arctan\frac{a}{k}+C.$$

注意到

$$I(0)=\int_0^{+\infty}\mathrm{e}^{-kx}\frac{\sin 0}{x}\mathrm{d}x=0,$$

所以

$$C=0.$$

因此

$$I(a)=\arctan\frac{a}{k}.$$

另一方面,固定常数 a,将积分

$$J(k)=\int_0^{+\infty}\mathrm{e}^{-kx}\frac{\sin ax}{x}\mathrm{d}x$$

看做是以 k 为参数的含参变量广义积分,则这个积分关于参数 $k\geqslant 0$ 是一致收敛的. 易知,作为参数 k 的函数,含参变量广义积分,

$$J(k)=\int_0^{+\infty}\mathrm{e}^{-kx}\frac{\sin ax}{x}\mathrm{d}x,$$

在 $0\leqslant k<+\infty$ 连续.

于是

$$\int_0^{+\infty}\frac{\sin ax}{x}\mathrm{d}x=J(0)=\lim_{k\to 0_+}\arctan\frac{a}{k}.$$

由此式立即得到：

当 $a>0$ 时

$$\int_0^{+\infty}\frac{\sin ax}{x}dx=\frac{\pi}{2};$$

当 $a<0$ 时，

$$\int_0^{+\infty}\frac{\sin ax}{x}dx=-\frac{\pi}{2};$$

当 $a=0$ 时，

$$\int_0^{+\infty}\frac{\sin ax}{x}dx=0.$$

例 9.6.2 求 $I(\theta)=\int_0^{\pi}\ln(1+\theta\cos x)dx$，其中 $|\theta|<1$.

解： 在 $|\theta|<1$ 中任取一 θ 值，一定存在 b，使

$$|\theta|\leqslant b<1,$$

这时

$$f_\theta(x,\theta)=\frac{\cos x}{1+\theta\cos x},$$

在矩形闭区域 $0\leqslant x\leqslant\pi$，$-b\leqslant\theta\leqslant b$ 上连续，可知

$$I'(\theta)=\int_0^{\pi}\frac{\cos x}{1+\theta\cos x}dx=\frac{\pi}{\theta}-\frac{1}{\theta}\int_0^{\pi}\frac{dx}{1+\theta\cos x},$$

作代换

$$t=\tan\frac{x}{2},$$

计算不定积分，即

$$\int\frac{dx}{1+\theta\cos x}=\int\frac{2}{(1+\theta)+(1-\theta)t^2}dt$$

$$=\frac{2}{\sqrt{1-\theta^2}}\arctan\left(\sqrt{\frac{1-\theta}{1+\theta}}\tan\frac{x}{2}\right)+C,$$

于是

$$I'(\theta)=\frac{\pi}{\theta}-\frac{1}{\theta}\frac{2}{\sqrt{1-\theta^2}}\frac{\pi}{2}=\pi\left(\frac{1}{\theta}-\frac{1}{\theta\sqrt{1-\theta^2}}\right),$$

此式对于 $|\theta|<1$ 中一切 θ 均成立．对 θ 积分，从而可得

$$I(\theta)=\pi\left(\ln\theta+\ln\frac{1+\sqrt{1-\theta^2}}{\theta}\right)+C$$

$$=\pi\ln(1+\sqrt{1-\theta^2})+C,$$

因为

$$I(0)=0,$$

所以

$$C=-\pi\ln 2=\pi\ln\frac{1}{2},$$

可知

$$I(\theta) = \pi\ln(1+\sqrt{1-\theta^2}) + C.$$

例 9.6.3　设 $F(y) = \int_y^{y^2} \frac{\sin(xy)}{x}\mathrm{d}x$，求 $F'(y)$.

解：由定理 9.6.5 得

$$\begin{aligned} F'(y) &= \int_y^{y^2} \cos(xy)\mathrm{d}x + 2y\frac{\sin y^3}{y^2} - \frac{\sin y^2}{y} \\ &= \frac{3\sin y^3 - 2\sin y^2}{y}. \end{aligned}$$

例 9.6.4　计算积分 $\int_0^{\pi}\ln\left(1+\frac{1}{2}\cos x\right)\mathrm{d}x$.

解：令

$$I(y) = \int_0^{\pi}\ln\left(1+\frac{1}{2}\cos x\right)\mathrm{d}x,$$

根据定理 9.6.5 得到

$$\begin{aligned} I'(y) &= \int_0^{\pi}\frac{\partial}{\partial y}\ln(1+y\cos x)\mathrm{d}x \\ &= \int_0^{\pi}\frac{\cos x}{1+y\cos x}\mathrm{d}x \\ &= \frac{\pi}{y} - \frac{1}{y}\int_0^{\pi}\frac{\mathrm{d}x}{1+y\cos x}. \end{aligned}$$

令

$$t = \tan\frac{x}{2},$$

则

$$\cos x = \frac{1-t^2}{1+t^2}, \mathrm{d}x = \frac{2\mathrm{d}t}{1+t^2}.$$

于是

$$\begin{aligned} \int_0^{\pi}\frac{\mathrm{d}x}{1+y\cos x} &= \int_0^{+\infty}\frac{\frac{2}{1+t^2}}{1+y\frac{1-t^2}{1+t^2}}\mathrm{d}t \\ &= \int_0^{+\infty}\frac{2}{1+y+(1-y)t^2}\mathrm{d}t \\ &= \frac{2}{\sqrt{1-y^2}}\frac{\pi}{2}. \end{aligned}$$

则有

$$I'(y) = \pi\left(\frac{1}{y} - \frac{1}{y\sqrt{1-y^2}}\right),$$

积分得到

$$I(y) = \pi\ln(1+\sqrt{1-y^2}) + C.$$

当 $y=0$ 时，

$$I(0) = 0,$$

所以

$$C = -\pi\ln 2,$$

则有

$$\begin{aligned}\int_0^{\pi}\ln\left(1+\frac{1}{2}\cos x\right)\mathrm{d}x &= I\left(\frac{1}{2}\right)\\ &= \pi\ln\left(1+\frac{\sqrt{3}}{2}\right)-\pi\ln 2\\ &= \pi\ln\frac{2+\sqrt{3}}{4}.\end{aligned}$$

第 10 章　曲线积分与曲面积分

10.1　第一类曲线积分

10.1.1　第一类曲线积分的概念与性质

引例:曲线形构件的质量.

设构件为一条非均匀可求长度的平面曲线 L,则可认为该构件的线密度为变量,设其线密度为 $\rho(x,y)$,现求构件 L 的质量 m,如图 10-1-1 所示.

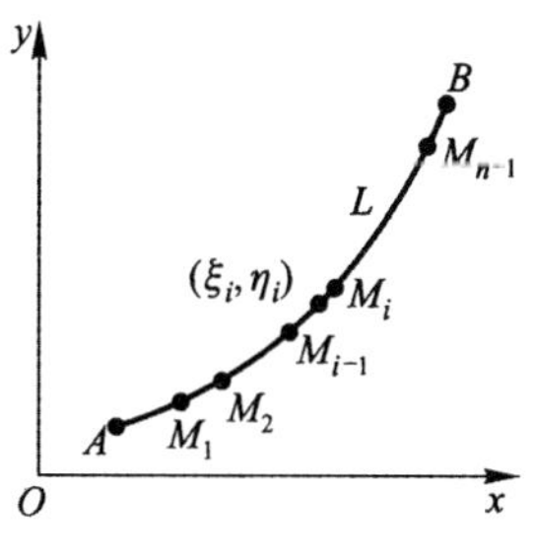

图 10-1-1

若构件的密度为常数,即 ρ 为常数时,那么此时构件的质量等于密度乘长度. 由于现在构件的密度为变量,因此不能按均匀情况的公式来计算. 接下来我们仍用"分割、取近似、取极限的方法"来解决该问题.

首先将构件用点 $M_1,M_2,\cdots,M_{n-1}$ 把构件曲线 L 分成 n 个弧段 $\overset{\frown}{M_{i-1}M_i}$,每一弧段长为 ΔM_i,其质量为 Δm_i,从而可得到该构件的质量为

$$m=\sum_{i=1}^{n}\Delta m_i.$$

在 $\overset{\frown}{M_{i-1}M_i}$ 上任取一点 $(\xi_i,\eta_i)\in\overset{\frown}{M_{i-1}M_i}$,从而有

$$\Delta m_i\approx\rho(\xi_i,\eta_i)\Delta s_i\quad(i=1,2,\cdots,n).$$

将上述近似值加起来,从而可得 L 质量的近似值

$$m\approx\sum_{i=1}^{n}\rho(\xi_i,\eta_i)\Delta s_i.$$

设 λ 表示 n 个小弧段的最大长度,即 $\lambda=\max(\Delta s_1,\Delta s_2,\cdots,\Delta s_n)$,从而有

$$m=\lim_{\lambda\to 0}\sum_{i=1}^{n}\rho(\xi_i,\eta_i)\Delta s_i.$$

我们根据上述和式的极限从而引入对弧长的曲线积分的概念．假定本章所遇到的曲线弧都为光滑的或者分段光滑的．

定义 10.1.1 设 L 为平面曲线，$f(x,y)$ 在 L 上有界，在 L 上插进一点列 $M_1,M_2,\cdots,M_{n-1}$ 将 L 分为 n 段．设第 i 个小段的长度为 Δs_i．又因为 $(\xi_i,\eta_i)\Delta s_i$ 为第 i 个小段上任取的一点，作乘积

$$f(\xi_i,\eta_i)\Delta s_i (i=1,2,\cdots,n),$$

作和式

$$\sum_{i=1}^{n} f(\xi_i,\eta_i)\Delta s_i .$$

如果 $\lambda=\max(\Delta s_1,\Delta s_2,\cdots,\Delta s_n)\to 0$ 时，该和式极限总存在，则称极限为 $f(x,y)$ 在曲线 L 上对弧长的曲线积分或者第一类曲线积分，记作

$$\int_L f(x,y)\mathrm{d}s,$$

即

$$\int_L f(x,y)\mathrm{d}s = m = \lim_{\lambda\to 0}\sum_{i=1}^{n} f(\xi_i,\eta_i)\Delta s_i ,$$

其中 L 称为积分路径，$f(x,y)$ 称为被积函数，$f(x,y)\mathrm{d}s$ 称为被积式，$\mathrm{d}s$ 称为弧长元素（即弧微分）．

引入了对弧长的曲线积分概念，则引例中曲线弧的质量为

$$m=\int_L \rho(x,y)\mathrm{d}s.$$

同理，可定义空间对弧长曲线积分的定义，即为第一类曲线积分的定义为

$$\int_L f(x,y,z)\mathrm{d}s = \lim_{\lambda\to 0}\sum_{i=1}^{n} f(\xi_i,\eta_i,\zeta_i)\Delta s_i ,$$

那么，空间曲线弧 L 的质量为

$$m=\int_L \rho(x,y,z)\mathrm{d}s.$$

若曲线 L 为闭曲线，那么函数 $f(x,y)$ 在闭曲线 L 上对弧长的曲线积分记作

$$\oint_L f(x,y)\mathrm{d}s.$$

根据对弧长的曲线积分的定义可知，其有以下性质．

性质 10.1.1 设 α、β 为常数，则有

$$\int_L [\alpha f(x,y)+\beta g(x,y)]\mathrm{d}s = \alpha\int_L f(x,y)\mathrm{d}s + \beta\int_L g(x,y)\mathrm{d}s.$$

性质 10.1.2 如果积分弧段 L 由两段曲线弧 L_1、L_2 组成，则有

$$\int_L f(x,y)\mathrm{d}s = \int_{L_1} f(x,y)\mathrm{d}s + \int_{L_2} f(x,y)\mathrm{d}s.$$

性质 10.1.3 如果 k 为常数，则有

$$\int_L kf(x,y)\mathrm{d}s = k\int_L f(x,y)\mathrm{d}s.$$

性质 10.1.4 设在 L 上 $f(x,y)\leqslant g(x,y)$，则有

$$\int_L f(x,y)\mathrm{d}s \leqslant \int_{L_1} g(x,y)\mathrm{d}s,$$

特别地有

$$\left|\int_L f(x,y)\mathrm{d}s\right| \leqslant \int_{L_1} |f(x,y)|\mathrm{d}s.$$

10.1.2　第一类曲线积分的计算

定理 10.1.1　设 $f(x,y)$ 在曲线弧 L 上有定义并且连续，其 L 的参数方程为

$$\begin{cases} x = x(t) \\ y = y(t) \end{cases},$$

其中 $\alpha \leqslant t \leqslant \beta$，且 $x(t)$、$y(t)$ 在 $[\alpha,\beta]$ 上即有一阶连续导数，又有 $x'^2(t) + y'^2(t) \neq 0$，那么曲线积分 $\int_L f(x,y)\mathrm{d}s$ 存在，并且

$$\int_L f(x,y)\mathrm{d}s = \int_\alpha^\beta f[x(t),y(t)]\sqrt{x'^2(t) + y'^2(t)}\,\mathrm{d}t, \alpha < \beta.$$

这里需要注意，定积分的下限 α 一定要小于上限 β.

若曲线 L 的方程为 $y = y(x)$，其中 $a \leqslant x \leqslant b$，从而有

$$\int_L f(x,y)\mathrm{d}s = \int_a^b f[x,y(x)]\sqrt{1 + [y'(x)]^2}\,\mathrm{d}x.$$

若曲线的方程为 $x = x(y)$，其中 $c \leqslant y \leqslant \mathrm{d}$，从而有

$$\int_L f(x,y)\mathrm{d}s = \int_c^\mathrm{d} f[x(y),y]\sqrt{1 + [x'(y)]^2}\,\mathrm{d}y.$$

推论 10.1.1　设平面曲线 L 的直角坐标方程为 $y = y(x)(a \leqslant x \leqslant b)$，且 $y'(x)$ 连续，则有

$$\int_L f(x,y)\mathrm{d}l = \int_a^b f(x,y(x))\sqrt{1 + y'^2(t)}\,\mathrm{d}x.$$

推论 10.1.2　设平面曲线 L 的极坐标方程为 $r = r(\theta)(\alpha \leqslant x \leqslant \beta)$，且 $r'(\theta)$ 连续，则有

$$\int_L f(x,y)\mathrm{d}l = \int_\alpha^\beta f(r(\theta)\cos\theta, r(\theta)\sin\theta)\sqrt{r^2(\theta) + r'^2(\theta)}\,\mathrm{d}\theta.$$

例 10.1.1　计算半径为 R、中心角为 2α 的圆弧 L 对于它的对称轴的转动惯量 I，设线密度 $\mu = 1$.

解：其坐标如图 10-1-2 所示．

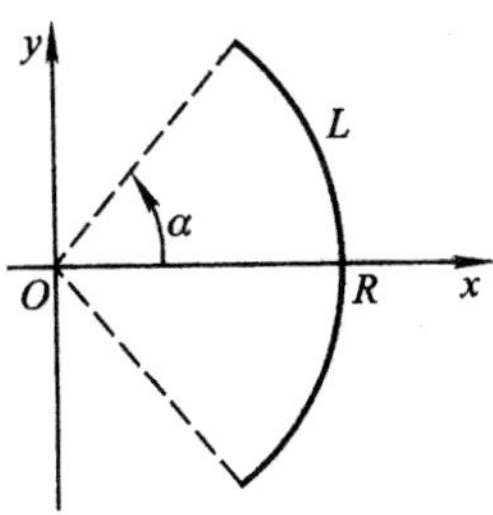

图 10-1-2

由上可得

$$I = \int_L y^2\mathrm{d}s.$$

根据 L 的参数方程

$$x=R\cos\theta, y=R\sin\theta,$$

其中 $-\alpha\leqslant\theta\leqslant\alpha$，从而有

$$\begin{aligned}I&=\int_L y^2\mathrm{d}s=\int_{-\alpha}^{\alpha}R^2\sin^2\theta\sqrt{(-R\sin\theta)^2+(R\cos\theta)^2}\mathrm{d}\theta\\&=R^3\int_{-\alpha}^{\alpha}\sin^2\theta\mathrm{d}\theta\\&=\frac{R^3}{2}\left[\theta-\frac{\sin2\theta}{2}\right]^{\alpha}\\&=\frac{R^3}{2}(2\alpha-\sin2\alpha)\\&=R^3(\alpha-\sin\alpha\cos\alpha).\end{aligned}$$

例 10.1.2 计算

$$\int_L\sqrt{y}\,\mathrm{d}s,$$

其中 L 为抛物线 $y=x^2$ 上点 $O(0,0)$ 与点 $B(1,1)$ 之间的一段弧，如图 10-1-3 所示.

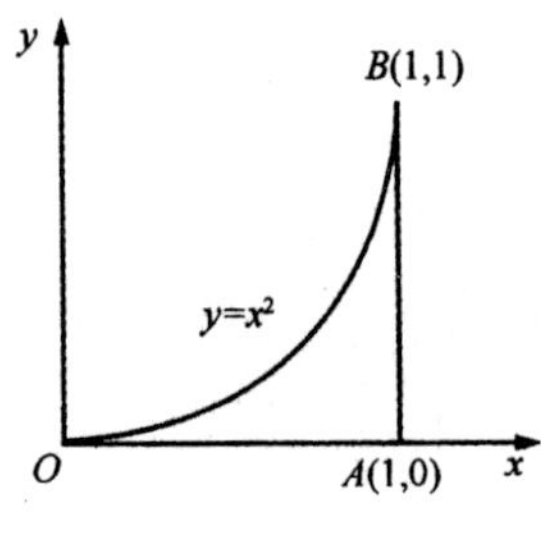

图 10-1-3

解:因为 L 由方程

$$y=x^2$$

给出，其中 $0\leqslant x\leqslant1$，所以

$$\begin{aligned}\int_L\sqrt{y}\,\mathrm{d}s&=\int_0^1\sqrt{x^2}\sqrt{1+(x^2)'^2}\mathrm{d}x\\&=\int_0^1 x\sqrt{1+4x^2}\mathrm{d}x\\&=\left[\frac{1}{12}(1+4x^2)^{\frac{3}{2}}\right]\\&=\frac{1}{12}(5\sqrt{5}-1).\end{aligned}$$

例 10.1.3 在圆周 $L:x^2+y^2=-2y$ 上分布有质量，每一点的质量密度为 $\sqrt{x^2+y^2}$，试求曲线的质量 M 和曲线关于 x 轴的静力矩 J.

解:曲线 L 的质量就是密度函数 $\sqrt{x^2+y^2}$ 在曲线 L 上的曲线积分，所以

$$M=\int_L\sqrt{x^2+y^2}\,\mathrm{d}l.$$

圆周 $L:x^2+y^2=-2y$ 的极坐标方程是 $r=-2\sin^2\theta$，所以如果以 θ 为参数，则 L 的参数方程是

$$x=-2\sin\theta\cos\theta, y=-2\sin^2\theta \quad (\pi \leqslant \theta \leqslant 2\pi),$$

所以

$$\begin{aligned} dl &= \sqrt{[x'(\theta)]^2+[y'(\theta)]^2}\,d\theta \\ &= \sqrt{4(\cos^4\theta-2\sin^2\theta\cos^2\theta+\sin^4\theta)+16\sin^2\theta\cos^2\theta}\,d\theta \\ &= 2\sqrt{(\cos^2\theta+\sin^2\theta)^2}\,d\theta \\ &= 2d\theta, \end{aligned}$$

所以曲线的质量是

$$\begin{aligned} M &= \int_L \sqrt{x^2+y^2}\,dl \\ &= \int_\pi^{2\pi} \sqrt{-2y}\,dl \\ &= \int_\pi^{2\pi} 2|\sin\theta|\,2d\theta \\ &= 8. \end{aligned}$$

又在直线 L 上的点 (x,y) 处取弧长微元 dl，其质量 $dm=\sqrt{x^2+y^2}\,dl$，对于 x 轴的静力矩为

$$\begin{aligned} dJ &= |y|\sqrt{x^2+y^2}\,dl \\ &= 2\sin^2\theta(-2\sin\theta)2d\theta \\ &= -8\sin^3\theta d\theta, \end{aligned}$$

整个曲线对于 x 轴的静力矩就是函数 $|y|\sqrt{x^2+y^2}$ 的曲线积分，即

$$\begin{aligned} J &= \int_L dJ \\ &= \int_L |y|\sqrt{x^2+y^2}\,dl \\ &= -\int_\pi^{2\pi} 8\sin^3\theta d\theta \\ &= \frac{32}{3}. \end{aligned}$$

10.2　第二类曲线积分

10.2.1　第二类曲线积分的概念和性质

引例：变力沿曲线所做的功．

设有一质点在 xOy 面内受到力

$$\boldsymbol{F}(x,y)=P(x,y)\boldsymbol{i}+Q(x,y)\boldsymbol{j}$$

的作用．沿曲线 L 从 A 点移动到 B 点，其中 $P(x,y)$，$Q(x,y)$ 在曲线 L 上连续．试求力 $\boldsymbol{F}(x,y)$ 所做的功，如图 10-2-1 所示．

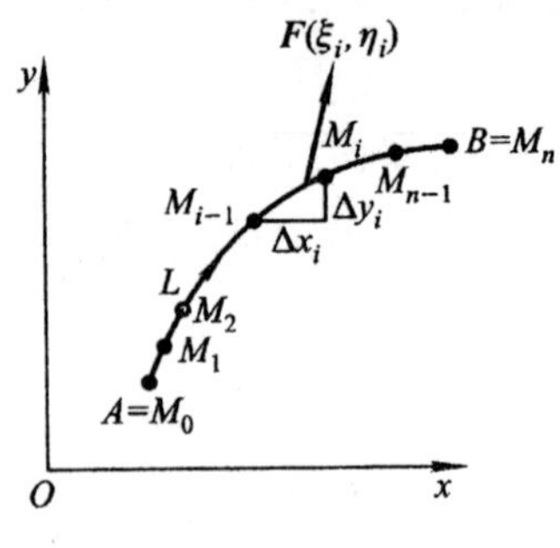

图 10-2-1

我们知道，若力为常力，质点在力的作用下沿与力的方向一致的直线运动，则有

$$功 = 力 \times 距离 .$$

若力 $\boldsymbol{F}$ 为常向量，质点做直线运动，其位移为向量$\overrightarrow{AB}$，那么功为

$$\boldsymbol{W} = \boldsymbol{F} \cdot \overrightarrow{AB}.$$

现在 $\boldsymbol{F}(x,y)$ 为变力，并且质点沿曲线 L 移动，此时功 $\boldsymbol{W}$ 不能直接套用上述公式进行计算.

将有向曲线弧$\overset{\frown}{AB}$ 用分点 $A = M_0, M_1, \cdots M_n = B$ 分为 n 个有向小弧段

$$\overset{\frown}{M_{i-1}M_i} \quad (i = 1,2,\cdots,n),$$

其中 M_i 的坐标为(x_i, y_i)，其中 $i = 0,1,\cdots,n$. $\overset{\frown}{M_{i-1}M_i}$ 在坐标轴上的投影为

$$\Delta x_i = x_i - x_{i-1}, \Delta y_i = y_i - y_{i-1}.$$

与有向小弧段相应的有向线段为$\overrightarrow{M_{i-1}M_i}$，其坐标表示式为

$$\overrightarrow{M_{i-1}M_i} = (\Delta x_i) i + (\Delta y_i) j.$$

接下来我们近似地把在$\overset{\frown}{M_{i-1}M_i}$ 上的力看成常力，任取$(\xi_i, \eta_i) \in \overset{\frown}{M_{i-1}M_i}$，用 $\boldsymbol{F}(\xi_i, \eta_i)$ 作近似，$\overrightarrow{M_{i-1}M_i}$ 代替$\overset{\frown}{M_{i-1}M_i}$，从而可求得力 $\boldsymbol{F}$ 沿$\overset{\frown}{M_{i-1}M_i}$ 所做功的近似值为

$$\Delta \boldsymbol{W}_i \approx \boldsymbol{F}(\xi_i, \eta_i) \cdot \overrightarrow{M_{i-1}M_i},$$

即

$$\Delta \boldsymbol{W}_i \approx P(\xi_i, \eta_i)\Delta x_i + Q(\xi_i, \eta_i)\Delta y_i.$$

从而变力 $\boldsymbol{F}$ 沿着曲线$\overset{\frown}{AB}$ 所做功的近似值为

$$\boldsymbol{W} = \sum_{i=1}^{n} \Delta \boldsymbol{W}_i \approx \sum_{i=1}^{n} [P(\xi_i, \eta_i)\Delta x_i + Q(\xi_i, \eta_i)\Delta y_i].$$

设 λ 为 n 个小弧段的最大值，从而有

$$\boldsymbol{W} = \lim_{\lambda \to 0} \sum_{i=1}^{n} [P(\xi_i, \eta_i)\Delta x_i + Q(\xi_i, \eta_i)\Delta y_i].$$

上述和的极限在研究其他问题时也会遇到，现在我们引入下面的定义.

定义 10.2.1 设 L 为平面 xOy 内从 A 点到 B 点的一条有向光滑曲线弧，$P(x,y)$，$Q(x,y)$ 在 L 上有界. 在 L 上沿 L 的方向任意插入一点列 $M_1(x_1, y_1), M_2(x_2, y_2), \cdots, M_{n-1}(x_{n-1}, y_{n-1})$，把 L 分成 n 个有向小弧段$\overset{\frown}{M_{i-1}M_i}$，其中 $i = 1,2,\cdots,n, M_0 = A, M_n = B$. 令 $\Delta x_i = x_i - x_{i-1}, \Delta y_i = y_i - y_{i-1}$，在小弧段$\overset{\frown}{M_{i-1}M_i}$ 上任取一点(ξ_i, η_i). 若当各小弧段长度的最大值 $\lambda \to 0$ 时，$\sum\limits_{i=1}^{n} P(\xi_i,$

$\eta_i)\Delta x_i$ 的极限总存在，那么称此极限为函数 $P(x,y)$ 在有向曲线弧上对坐标 x 的曲线积分，记为

$$\int_L P(x,y)\mathrm{d}x.$$

类似地，若 $\lim\limits_{\lambda\to 0}\sum\limits_{i=1}^{n}Q(\xi_i,\eta_i)\Delta y_i$ 总存在，那么称该极限为函数 $Q(x,y)$ 在有向曲线弧 L 上对坐标 y 的曲线积分，记为

$$\int_L Q(x,y)\mathrm{d}y.$$

即有

$$\int_L P(x,y)\mathrm{d}x = \lim_{\lambda\to 0}\sum_{i=1}^{n}P(\xi_i,\eta_i)\Delta x_i,$$

$$\int_L Q(x,y)\mathrm{d}y = \lim_{\lambda\to 0}\sum_{i=1}^{n}Q(\xi_i,\eta_i)\Delta y_i,$$

其中 $P(x,y)$，$Q(x,y)$ 叫做被积函数，L 叫做积分弧段．

上述两个积分也称之为第二类曲线积分，其两个积分的和称为组合曲线积分，即有

$$\int_L P(x,y)\mathrm{d}x + \int_L Q(x,y)\mathrm{d}y = \int_L P(x,y)\mathrm{d}x + Q(x,y)\mathrm{d}y.$$

根据定义可知，引例中的功为

$$\boldsymbol{W} = \int_L P(x,y)\mathrm{d}x + Q(x,y)\mathrm{d}y,$$

或者

$$\boldsymbol{W} = \int_L \boldsymbol{F}(x,y)\mathrm{d}r.$$

其中 $\boldsymbol{F}(x,y) = P(x,y)\boldsymbol{i} + Q(x,y)\boldsymbol{j}$ 为向量值函数，其中 $\mathrm{d}r = \mathrm{d}x\boldsymbol{i} + \mathrm{d}y\boldsymbol{j}$．

当 $P(x,y)$，$Q(x,y)$ 在 L 上连续时，对坐标的曲线积分存在．

对坐标曲线积分的性质，与对弧长的曲线积分不同的是，由于曲线 L 为有向曲线 $\overset{\frown}{AB}$，而 $\mathrm{d}x$，$\mathrm{d}y$ 为曲线在点 (x,y) 处的切向量

$$\mathrm{d}s = \mathrm{d}x\boldsymbol{i} + \mathrm{d}y\boldsymbol{j}$$

在坐标轴上的投影，所以若改变曲线弧的方向，记

$$-L = \overset{\frown}{BA},$$

其投影要改变符号，所以有如下性质

$$\int_{-L} P(x,y)\mathrm{d}x = -\int_L P(x,y)\mathrm{d}x,$$

$$\int_{-L} Q(x,y)\mathrm{d}x = -\int_L Q(x,y)\mathrm{d}y,$$

$$\int_{-L} P(x,y)\mathrm{d}x + Q(x,y)\mathrm{d}y = -\int_L P(x,y)\mathrm{d}x + Q(x,y)\mathrm{d}y.$$

其他性质与对弧长的曲线积分类似，例如 $L = L_1 + L_2$，

$$\int_L P(x,y)\mathrm{d}x = \int_{L_1} P(x,y)\mathrm{d}x + \int_{L_2} P(x,y)\mathrm{d}x,$$

$$\int_L Q(x,y)\mathrm{d}y = \int_{L_1} Q(x,y)\mathrm{d}y + \int_{L_2} Q(x,y)\mathrm{d}y.$$

类似地，

$$\int_L P(x,y,z)\mathrm{d}x = \lim_{\lambda\to 0}\sum_{i=1}^{n} P(\xi_i,\eta_i,\zeta_i)\Delta x_i,$$

$$\int_L Q(x,y,z)\mathrm{d}y = \lim_{\lambda\to 0}\sum_{i=1}^{n} Q(\xi_i,\eta_i,\zeta_i)\Delta y_i,$$

$$\int_L R(x,y,z)\mathrm{d}z = \lim_{\lambda\to 0}\sum_{i=1}^{n} R(\xi_i,\eta_i,\zeta_i)\Delta z_i.$$

其组合曲线积分为

$$\int_L P(x,y,z)\mathrm{d}x + \int_L Q(x,y,z)\mathrm{d}y + \int_L R(x,y,z)\mathrm{d}z$$

简写成

$$\int_L P(x,y,z)\mathrm{d}x + Q(x,y,z)\mathrm{d}y + R(x,y,z)\mathrm{d}z.$$

或者

$$\int_L \boldsymbol{A}(x,y,z)\mathrm{d}\boldsymbol{r}$$

其中

$$\boldsymbol{A}(x,y,z) = P(x,y,z)\boldsymbol{i} + Q(x,y,z)\boldsymbol{j} + R(x,y,z)\boldsymbol{k},$$
$$\mathrm{d}\boldsymbol{r} = \mathrm{d}x\boldsymbol{i} + \mathrm{d}y\boldsymbol{j} + \mathrm{d}z\boldsymbol{k}.$$

根据上述曲线积分的定义，从而可以导出对坐标的曲线积分的一些性质．

性质 10.2.1　设 α,β 为常数，从而有

$$\int_L [\alpha\boldsymbol{F}_1(x,y) + \beta\boldsymbol{F}_2(x,y)]\mathrm{d}\boldsymbol{r} = \alpha\int_L \boldsymbol{F}_1(x,y)\mathrm{d}\boldsymbol{r} + \beta\int_L \boldsymbol{F}_2(x,y)\mathrm{d}\boldsymbol{r}.$$

性质 10.2.2　如果有向曲线弧 L 可分成两段光滑的有向曲线弧 L_1 和 L_2，从而有

$$\int_L \boldsymbol{F}(x,y)\mathrm{d}\boldsymbol{r} = \int_{L_1} \boldsymbol{F}(x,y)\mathrm{d}\boldsymbol{r} + \int_{L_2} \boldsymbol{F}(x,y)\mathrm{d}\boldsymbol{r}.$$

性质 10.2.3　设 L 为有向光滑曲线弧，L^- 为 L 的反向曲线弧，从而有

$$\int_{L^-} \boldsymbol{F}(x,y)\mathrm{d}\boldsymbol{r} = -\int_L \boldsymbol{F}(x,y)\mathrm{d}\boldsymbol{r}.$$

性质 10.2.3 表明第二类曲线积分是有方向性的，而第一类曲线积分是数量值函数的积分，且积分与曲线的方向无关，这是两类曲线积分本质的不同．

10.2.2　第二类曲线积分的计算

定理 10.2.1　设曲线 L 的参数方程为

$$\begin{cases} x = x(t) \\ y = y(t) \end{cases} \quad (\alpha \leqslant t \leqslant \beta),$$

$P(x,y),Q(x,y)$ 在有向曲线弧 L 上有定义并且连续，当 t 由 α 单调增大到 β 时，对应的点 $M(x,y)$ 由曲线 L 的一个端点运动到另一个端点．$x(t),y(t)$ 在区间 $[\alpha,\beta]$ 上具有一阶连续导数，并且

$$x'^2(t) + y'^2(t) \neq 0,$$

则有曲线积分

$$\int_L P(x,y)\mathrm{d}x + Q(x,y)\mathrm{d}y$$

存在，且有

$$\int_L P(x,y)\mathrm{d}x = \int_\alpha^\beta P[x(t),y(t)]x'(t)\mathrm{d}t,$$

$$\int_L Q(x,y)\mathrm{d}y = \int_\alpha^\beta Q[x(t),y(t)]y'(t)\mathrm{d}t,$$

从而有

$$\int_L P(x,y)\mathrm{d}x + Q(x,y)\mathrm{d}y = \int_\alpha^\beta \{P[x(t),y(t)]x'(t) + Q[x(t),y(t)]y'(t)\}\mathrm{d}t.$$

证明:在 L 上取一点列

$$A = M_0, M_1, \cdots, M_{n-1}, M_n = B,$$

其对应于一列单调变化的参数值

$$\alpha = t_0, t_1, \cdots, t_{n-1}, t_n = \beta.$$

由对坐标的曲线积分的定义,可知

$$\int_L P(x,y)\mathrm{d}x = \lim_{\lambda\to 0}\sum_{i=1}^n P(\xi_i,\eta_i)\Delta x_i.$$

设点(ξ_i,η_i)对应于参数值 τ_i,即有

$$\xi_i = x(\tau_i), \eta_i = y(\tau_i),$$

注意此处的 τ_i 的值在 t_{i-1} 与 t_i 之间. 因为

$$\Delta x_i = x_i - x_{i-1} = x(t_i) - y(t_{i-1}),$$

根据微分中值定理则有

$$\Delta x_i = x'(\tau_i')\Delta t_i,$$

其中 $\Delta t_i = t_i - t_{i-1}$,$\tau_i'$在 t_{i-1} 与 t_i 之间,从而有

$$\int_L P(x,y)\mathrm{d}x = \lim_{\lambda\to 0}\sum_{i=1}^n P[x(\tau_i),y(\tau_i)]x'(\tau_i')\Delta t_i.$$

由于函数 $x'(t)$ 在闭区间$[\alpha,\beta]$(或者$[\beta,\alpha]$)上连续,从而可把上式中的 τ_i'换为 τ_i(此处根据函数 $x'(t)$ 在区间上的一致连续性),因此有

$$\int_L P(x,y)\mathrm{d}x = \lim_{\lambda\to 0}\sum_{i=1}^n P[x(\tau_i),y(\tau_i)]x'(\tau_i)\Delta t_i.$$

上式右端的和的极限为定积分

$$\int_\alpha^\beta P[x(t),y(t)]x'(t)\mathrm{d}t,$$

根据函数 $P[x(t),y(t)]x'(t)$ 连续,所以定积分存在,因而上式左端的曲线积分

$$\int_L P(x,y)\mathrm{d}x$$

也存在,且有

$$\int_L P(x,y)\mathrm{d}x = \int_\alpha^\beta P[x(t),y(t)]x'(t)\mathrm{d}t.$$

同理可得

$$\int_L Q(x,y)\mathrm{d}y = \int_\alpha^\beta Q[x(t),y(t)]y'(t)\mathrm{d}t.$$

将上述两式相加,可得

$$\int_L P(x,y)\mathrm{d}x + Q(x,y)\mathrm{d}y = \int_\alpha^\beta \{P[x(t),y(t)]x'(t) + Q[x(t),y(t)]y'(t)\}\mathrm{d}t.$$

上述公式表明，对坐标的曲线积分可化为定积分计算，其要点如下．

(1) 首先将被积函数 $P(x,y),Q(x,y)$ 的 x,y 换成 $x(t),y(t)$.

(2) 将 $\mathrm{d}x,\mathrm{d}y$ 换成 $\mathrm{d}x=x'(t)\mathrm{d}t,\mathrm{d}y=y'(t)\mathrm{d}t$.

(3) 定积分下限为起点对应的参数 $t=\alpha$，上限为终点对应的参数 $t=\beta$.

若曲线方程为

$$y=y(x)\quad x\in[a,b],$$

从而有

$$\int_L P(x,y)\mathrm{d}x=\int_a^b P[x,y(x)]\mathrm{d}x,$$

$$\int_L Q(x,y)\mathrm{d}x=\int_a^b Q[x,y(x)]y'(x)\mathrm{d}x,$$

$x=a$ 对应于起点 A，$x=b$ 对应于终点 B.

例 10.2.1 计算积分

$$\int_L 2xy\mathrm{d}x+x^2\mathrm{d}y,$$

其中积分路径 L 为连接 $O(0,0)$ 和 $B(1,1)$ 的曲线，如图 10-2-2 所示．

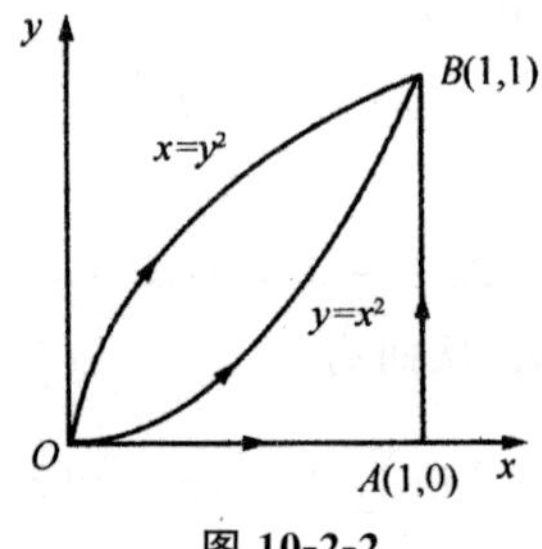

图 10-2-2

(1) 抛物线 $y=x^2$ 从 $O(0,0)$ 和 $B(1,1)$ 的一段弧．

(2) 抛物线 $x=y^2$ 从 $O(0,0)$ 和 $B(1,1)$ 的一段弧．

(3) 有向折线 OAB，此处 O、A、B 的坐标为(0,0)、(1,0)、(1,1).

解：(1) 以 x 为参数

$$\begin{aligned}&\int_L 2xy\mathrm{d}x+x^2\mathrm{d}y\\&=\int_0^1[2x\cdot x^2+x^2\cdot 2x]\mathrm{d}x\\&=\int_0^1 4x^3\mathrm{d}x\\&=1.\end{aligned}$$

(2) 以 y 为参数

$$\begin{aligned}&\int_L 2xy\mathrm{d}x+x^2\mathrm{d}y\\&=\int_0^1[2y^2\cdot y2y+y^4]\mathrm{d}y\\&=5\int_0^1 y^4\mathrm{d}y\\&=1.\end{aligned}$$

(3)

$$
\begin{aligned}
&\int_L 2xy\,\mathrm{d}x + x^2\,\mathrm{d}y \\
&= \int_{OA} 2xy\,\mathrm{d}x + x^2\,\mathrm{d}y + \int_{AB} 2xy\,\mathrm{d}x + x^2\,\mathrm{d}y \\
&= \int_0^1 [2x \cdot 0 + x^2 \cdot 0]\mathrm{d}x + \int_0^1 [2y \cdot 0 + 1]\mathrm{d}y \\
&= 0 + 1 \\
&= 1.
\end{aligned}
$$

例 10.2.2　设有一平面力场 $F(x,y) = (x+y, y-x)$，一质点在 $F(x,y)$ 作用下运动，求下列情形下 $F(x,y)$ 所作的功 .

(1) 质点从点 $A(1,1)$ 到点 $C(4,2)$ 的直线段 .

(2) 质点从点 $A(1,1)$ 到点 $C(4,2)$ 沿抛物线 $y^2 = x$ 的一段弧 .

(3) 质点从点 $A(1,1)$ 沿直线到点 $B(1,2)$，再沿直线到点 $C(4,2)$ 的折线 .

解：(1) 直线段 $\overline{AC}$ 的参数方程为 $x = 3t+1, y = t+1$，t 从 0 变到 1，所作的功是

$$
\begin{aligned}
W &= \int_0^1 [3(3t+1+t+1) + (t+1-3t-1)]\mathrm{d}t \\
&= \int_0^1 (10t+6)]\mathrm{d}t \\
&= 11.
\end{aligned}
$$

(2) 如图 10-2-3 所示，令 y 为参数，曲线 $\widehat{AC}$ 的方程为 $\begin{cases} x = y^2 \\ y = y \end{cases}$，$y$ 从 1 到 2，所作的功是

$$
\begin{aligned}
W &= \int_{\widehat{AC}} (x+y)\mathrm{d}x + (y-x)\mathrm{d}y \\
&= \int_1^2 [(y^2+y)2y + (y-y^2)]\mathrm{d}y \\
&= \int_1^2 (2y^3 + y^2 + y)\mathrm{d}y \\
&= \frac{34}{3}.
\end{aligned}
$$

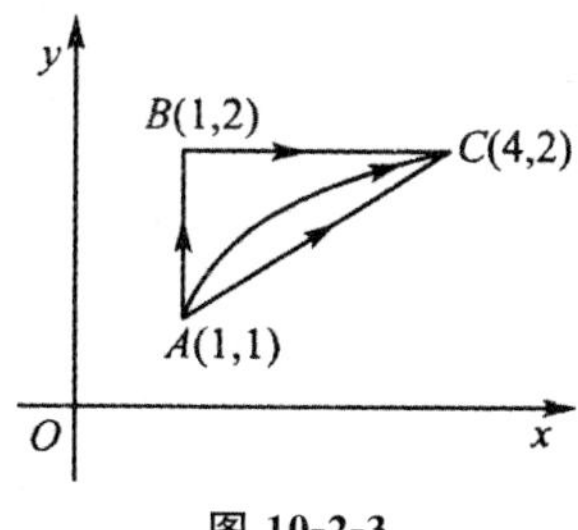

图 10-2-3

(3) 直线段 $\overline{AB}$ 的方程为 $x = 1, y = y$，y 从 1 变到 2；直线段 $\overline{BC}$ 的方程为 $y = 2, x = x$，x 从 1 变到 4，所求功为

$$
\begin{aligned}
W &= \int_1^2 (y-1)\mathrm{d}y + \int_1^4 (x+2)\mathrm{d}x \\
&= 14.
\end{aligned}
$$

例 10.2.3 计算曲线积分 $I=\oint_L y^2\mathrm{d}x+z^2\mathrm{d}y+x^2\mathrm{d}z$，其中，$L$ 是上半球面 $x^2+y^2+z^2=a^2$，$z\geqslant 0$ 与锥面 $x^2+y^2=ax$ 的交线，方向为从 z 轴正向看下去是逆时针方向．

解：锥面可写成

$$\left(x-\frac{a}{2}\right)^2+y^2=\frac{a^2}{4},$$

设 $x-\frac{a}{2}=\frac{a}{2}\cos\theta, y=\frac{a}{2}\sin\theta$，$\theta$ 从 0 到 2π，代入球面方程可得

$$z=\sqrt{a^2-(x^2+y^2)}=\sqrt{a^2-ax}=a\sin\frac{\theta}{2},$$

把所得的参数方程代入 I 可得

$$I=\frac{a^3}{8}\int_0^{2\pi}\left(-\sin^3\theta+4\sin^2\frac{\theta}{2}\cos\theta+(1+\cos\theta)^2\cos\frac{\theta}{2}\right)\mathrm{d}\theta,$$

但是

$$\int_0^{2\pi}\sin^3\theta\mathrm{d}\theta=\int_{-\pi}^{\pi}\sin^3\theta\mathrm{d}\theta=0,$$

$$\int_0^{2\pi}(1+\cos\theta)^2\cos\frac{\theta}{2}\mathrm{d}\theta=0,$$

$$\int_0^{2\pi}\sin^2\frac{\theta}{2}\cos\theta\mathrm{d}\theta=\int_0^{2\pi}\frac{1-\cos\theta}{2}\cos\theta\mathrm{d}\theta=-\frac{\pi}{2},$$

所以

$$I=-\frac{\pi a^3}{4}.$$

10.2.3 两类曲线积分之间的关系

利用上述两类曲线积分的计算法，可推出它们有如下关系：

$$\int_L P(x,y)\mathrm{d}x+Q(x,y)\mathrm{d}y=\int_L(P\cos\alpha+Q\cos\beta)\mathrm{d}s,$$

其中 $\cos\alpha,\cos\beta$ 为曲线 L 的切线方向余弦．

事实上，如果 M 为曲线上的动点，取弧长 $\overset{\frown}{AM}=s$ 作为参数，且设曲线 L 的长度为 l，那么曲线的参数方程为

$$\begin{cases}x=x(s)\\y=y(s)\end{cases},$$

其中 $0\leqslant s\leqslant l$. 根据对坐标的曲线积分的计算法，可得

$$\int_L P(x,y)\mathrm{d}x+Q(x,y)\mathrm{d}y=\int_0^l\left\{P[x(s),y(s)]\frac{\mathrm{d}x}{\mathrm{d}s}+Q[x(s),y(s)]\frac{\mathrm{d}y}{\mathrm{d}s}\right\}\mathrm{d}s,$$

其中 $\frac{\mathrm{d}x}{\mathrm{d}s}=\cos\alpha,\frac{\mathrm{d}y}{\mathrm{d}s}=\cos\beta$ 为曲线 L 的切线的方向余弦．

根据对弧长的曲线积分的计算法，可得

$$\int_L[P(x,y)\cos\alpha+Q(x,y)\cos\beta]\mathrm{d}s$$

$$=\int_0^l\{P[x(s),y(s)]\cos\alpha+Q[x(s),y(s)]\cos\beta\}\mathrm{d}s.$$

综上可得

$$\int_L P(x,y)\mathrm{d}x + Q(x,y)\mathrm{d}y = \int_L (P\cos\alpha + Q\cos\beta)\mathrm{d}s.$$

10.3　格林公式及其应用

10.3.1　格林公式

在一元函数积分学中,牛顿 — 莱布尼茨公式

$$\int_a^b F'(x)\mathrm{d}x = F(b) - F(a)$$

表示为 $F'(x)$ 在区间 $[a,b]$ 上的积分可以通过其原函数 $F(x)$ 在这个区间端点上的值来表达.

现在我们先介绍单连通区域的概念.在前面已经介绍了区域的连通性,在这里将进一步把区域划分为单连通和复连通.设 D 为平面区域,若 D 内任一闭曲线所围成的部分都属于 D,那么则称 D 为平面单连通区域,否则称为复连通区域.

例如 $D_1 = \{(x,y) \mid x^2 + y^2 < 1\}$,$D_2 = \{(x,y) \mid x + y > 0\}$,$D_3 = \{(x,y) \mid 1 < x^2 + y^2 < 2\}$,$D_4 = \{(x,y) \mid 0 < x^2 + y^2 < 1\}$,其中 D_1,D_2 为单连通区域,D_3,D_4 为复连通区间.

对平面区域 D 的边界曲线 L,有如下规定:当观察者沿 L 的这个方向走时,D 内近处的部分在行走着的左侧,对于单连通域而言,边界线的正向为逆时针方向,但是对复连通区域,一般区域内有洞,外面的边界线正向为逆时针方向,而包含洞的边界线正向为顺时针方向如图 10-3-1 所示.

图 10-3-1

定理 10.3.1(格林公式)　设 D 是有限条逐段光滑的曲线 L 围成的平面有界闭区域,函数 $P(x,y)$ 及 $Q(x,y)$ 在 D 上有一阶连续偏导数,则有

$$\oint_L P\mathrm{d}x + Q\mathrm{d}y = \iint_D \left(\frac{\partial Q}{\partial x} - \frac{\partial P}{\partial y}\right)\mathrm{d}x\mathrm{d}y, \tag{10-3-1}$$

其中,L 取正方向.

证明:根据平面闭区域 D 的不同形状,分两种情形来证明.

(1) 当区域 D 既是 x 型区域又是 y 型区域时,如图 10-3-2 所示.此时,区域 D 可表示为

$$\varphi_1(x) \leqslant y \leqslant \varphi_2(x), a \leqslant x \leqslant b,$$

根据二重积分的计算方法可得

$$\iint\limits_D \left(-\frac{\partial P}{\partial y}\right)\mathrm{d}x\mathrm{d}y = \int_a^b \mathrm{d}x \int_{\varphi_1(x)}^{\varphi_2(x)} \left(-\frac{\partial P}{\partial y}\right)\mathrm{d}y$$

$$= \int_a^b \{P[x, y_1(x)] - P[x, y_2(x)]\}\mathrm{d}x,$$

再根据第二类曲线积分的计算公式可得

$$\oint_L P\,\mathrm{d}x = \int_{L_1} P\mathrm{d}x + \int_{L_2} P\mathrm{d}x$$

$$= \int_a^b P[x, \varphi_1(x)]\mathrm{d}x + \int_a^b P[x, \varphi_2(x)]\mathrm{d}x$$

$$= \int_a^b \{P[x, \varphi_1(x)] - P[x, \varphi_2(x)]\}\mathrm{d}x,$$

所以

$$\iint\limits_D (-\frac{\partial P}{\partial y})\mathrm{d}x\mathrm{d}y = \oint_L P\,\mathrm{d}x.$$

同理，当 D 表示为 $D = \{(x, y) \mid \psi_1(y) \leqslant x \leqslant \psi_2(y), c \leqslant y \leqslant \mathrm{d}\}$ 时，有

$$\iint\limits_D \left(-\frac{\partial P}{\partial y}\right)\mathrm{d}x\mathrm{d}y = \oint_L P\,\mathrm{d}x.$$

把两式相加可得

$$\oint_L P\,\mathrm{d}x + Q\mathrm{d}y = \iint\limits_D \left(\frac{\partial Q}{\partial x} - \frac{\partial P}{\partial y}\right)\mathrm{d}x\mathrm{d}y.$$

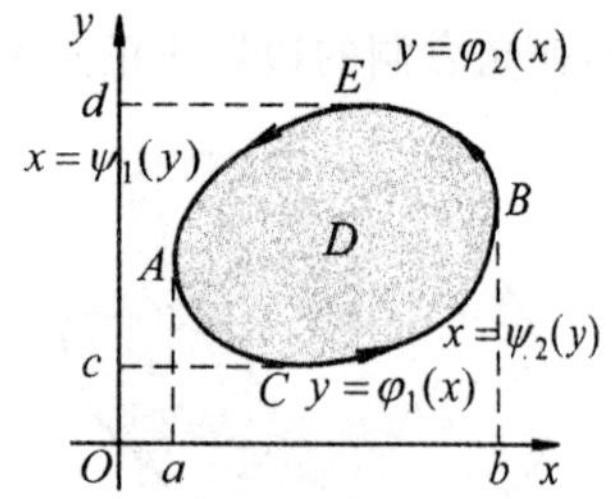

图 10-3-2

(2) 当区域 D 是由一条逐段光滑的闭曲线围成的单连通区域时，可以用有限条光滑曲线将区域 D 分成有限个既是 y 型又是 x 型的区域，如图 10-3-3 所示，把区域 D 分成了 5 个区域，在每个区域上都有各自的格林公式，注意这些区域的公共边界限是同一条曲线的不同方向，在这两个方向上，曲线积分之和为 0，结论仍成立．

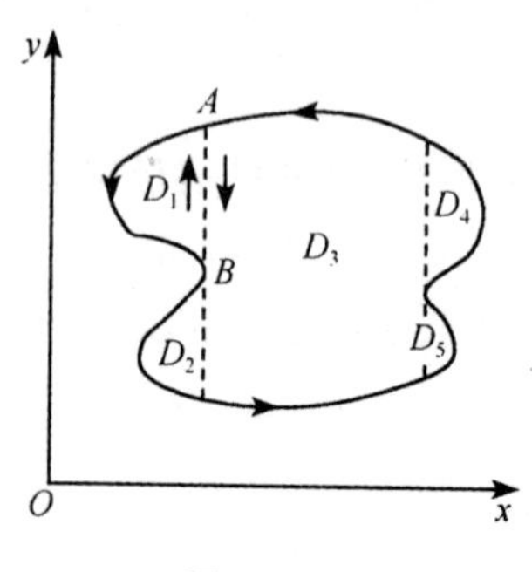

图 10-3-3

(3) 当区域 D 为有界多连通区域，如图 10-3-4 所示，可添加一条曲线 l，把区域 D 的内外边界连接，D 的边界为 L_1, L_2, l，所以

$$\iint_D \left(\frac{\partial Q}{\partial x}-\frac{\partial P}{\partial y}\right)\mathrm{d}x\mathrm{d}y = \oint_{L_1+AB+L_2+BA} P\mathrm{d}x+Q\mathrm{d}y$$
$$= \oint_{L_1+L_2} P\mathrm{d}x+Q\mathrm{d}y$$
$$= \oint_L P\mathrm{d}x+Q\mathrm{d}y.$$

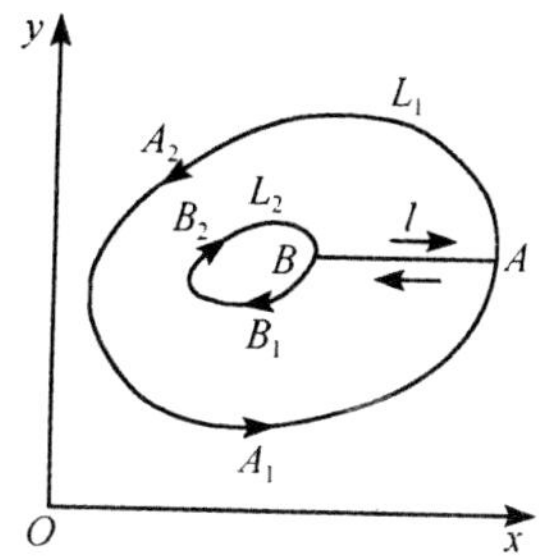

图 10-3-4

例 10.3.1　计算 $\oint_L \dfrac{x\mathrm{d}y-y\mathrm{d}x}{x^2+y^2}$，其中

(1) $L: x^2+y^2=R^2$，逆时针方向．

(2) L 为任一不通过原点的闭曲线，逆时针方向．

解：(1) L 的参数方程是

$$x=R\cos\theta, y=R\sin\theta, 0\leqslant\theta\leqslant 2\pi,$$

所以

$$\oint_L \frac{x\mathrm{d}y-y\mathrm{d}x}{x^2+y^2}=\int_0^{2\pi}\mathrm{d}\theta=2\pi.$$

(2) 令 D 为 L 所包围的区域，此时分两种情况讨论．

① 闭曲线 L 的内部包含原点，因为

$$P=-\frac{y}{x^2+y^2}, Q=\frac{x}{x^2+y^2},$$

显然 P,Q 以及其一阶偏导数在原点不连续．而 $(0,0)\in D$，所以不能直接应用格林公式．以原点为中心，以充分小的 $r>0$ 为半径作小圆域 C 使得 $C\subset D$，其圆周记为 Γ．因为

$$\frac{\partial P}{\partial y}=\frac{\partial Q}{\partial x}=\frac{y^2-x^2}{(x^2+y^2)^2},$$

根据格林公式可得

$$\oint_{L+\Gamma}\frac{x\mathrm{d}y-y\mathrm{d}x}{x^2+y^2}=\iint_{D-C}\left(\frac{\partial Q}{\partial x}-\frac{\partial P}{\partial y}\right)=0,$$

所以

$$\oint_L \frac{x\mathrm{d}y - y\mathrm{d}x}{x^2+y^2} = -\oint_\Gamma \frac{x\mathrm{d}y - y\mathrm{d}x}{x^2+y^2} = \oint_{\Gamma^-} \frac{x\mathrm{d}y - y\mathrm{d}x}{x^2+y^2} = 2\pi.$$

② 闭曲线 L 的内部不包含原点，则直接利用格林公式可得

$$\oint_L \frac{x\mathrm{d}y - y\mathrm{d}x}{x^2+y^2} = \iint_D \left(\frac{\partial Q}{\partial x} - \frac{\partial P}{\partial y}\right)\mathrm{d}x\mathrm{d}y = \iint_D 0\mathrm{d}x\mathrm{d}y = 0.$$

10.3.2 格林公式的应用

1. 平面区域的面积表为曲线积分

在公式(10-3-1)中取 $P=-y, Q=x$，即得

$$2\iint_D \mathrm{d}x\mathrm{d}y = \oint_L x\mathrm{d}y - y\mathrm{d}x,$$

上式左端是闭区域 D 的面积 a 的 2 倍，故有

$$A = \frac{1}{2}\oint_L x\mathrm{d}y - y\mathrm{d}x. \tag{10-3-2}$$

例 10.3.2 计算 $I=\int_L (x^2-2y)\mathrm{d}x+(3x+ye^y)\mathrm{d}y$，其中，$L$ 是由直线 $x+y=1$ 位于第一象限的线段及圆弧 $x^2+y^2=1$ 位于第二象限的部分组成，方向如图 10-3-5 所示．

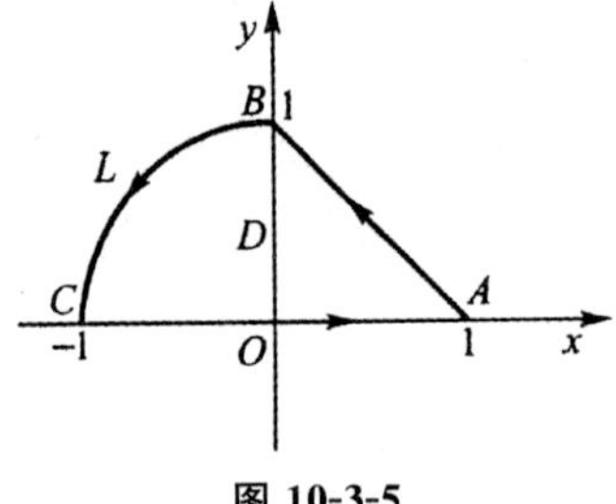

图 10-3-5

解：做线段 CA，则 $L\cup CA$ 构成闭曲线 $\overparen{ABCA}$，取正向，设其所围的区域为 D，如图 10-3-5 所示，$P=x^2-2y, Q=3x+ye^y$ 在 D 上满足格林公式的条件，则有

$$\oint_{\overparen{ABCA}} (x^2-2y)\mathrm{d}x+(3x+ye^y)\mathrm{d}y = \iint_D (3+2)\mathrm{d}x\mathrm{d}y = \frac{5}{2}+\frac{5\pi}{4},$$

又 CA 的方程为

$$y=0, -1\leqslant x\leqslant 1,$$

因此

$$\int_{CA} (x^2-2y)\mathrm{d}x+(3x+ye^y)\mathrm{d}y = \int_{-1}^{1} (x^2-0)\mathrm{d}x = \frac{2}{3},$$

那么

$$\begin{aligned} I &= \oint_{\overparen{ABCA}} (x^2-2y)\mathrm{d}x+(3x+ye^y)\mathrm{d}y - \int_{CA} (x^2-2y)\mathrm{d}x+(3x+ye^y)\mathrm{d}y \\ &= 5\left(\frac{1}{2}+\frac{\pi}{4}\right)-\frac{2}{3} \\ &= \frac{5\pi}{4}+\frac{11}{6}. \end{aligned}$$

这个例子表明对某些非闭曲线上的第二类曲线积分，可以作辅助线，使之化为闭曲线上的曲线积分，再应用格林公式和曲线积分的性质就可以简化计算．

例 10.3.3　计算椭圆 $L:\frac{x^2}{a^2}+\frac{y^2}{b^2}=1$ 所围的面积 a.

解:椭圆的参数方程为

$$\begin{cases}x=a\cos t\\ y=b\sin t\end{cases}\ (0\leqslant t\leqslant 2\pi),$$

参数由 t 变到 2π 时，L 的方向为逆时针方向，由公式(10-3-2) 得

$$\begin{aligned}A&=\frac{1}{2}\oint_L -y\mathrm{d}x+x\mathrm{d}y\\&=\frac{1}{2}\int_0^{2\pi}[(-b\sin t)(-a\sin t)+(a\cos t)(b\cos t)]\mathrm{d}t\\&=\frac{ab}{2}\int_0^{2\pi}(\sin^2 t+\cos^2 t)\mathrm{d}t\\&=\pi ab.\end{aligned}$$

2. 利用格林公式计算曲线积分

例 10.3.4　计算 $I=\int_L(y^2-2xy\sin x^2)\mathrm{d}x+\cos x^2\mathrm{d}y$，其中，$L$ 为椭圆$\frac{x^2}{a^2}+\frac{y^2}{b^2}=1$ 的右半部分($x\geqslant 0$)，正向为逆时针方向，如图 10-3-6 所示．

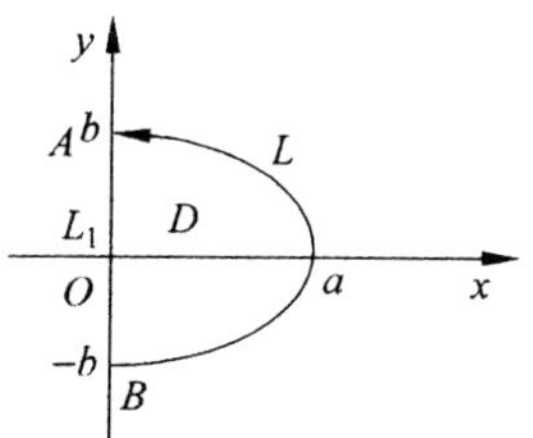

图 10-3-6

解:设 L_1 是起点和终点分别为 $A(0,b)$，$B(0,-b)$ 的有向直线段．D 表示右半椭圆$\frac{x^2}{a^2}+\frac{y^2}{b^2}\leqslant 1(x\geqslant 0)$．显然，区域 D 的边界 $\partial D=L\cup L_1$，于是根据格林公式有

$$\begin{aligned}\left(\int_L+\int_{L_1}\right)(y^2-2xy\sin x^2)\mathrm{d}x+\cos x^2\mathrm{d}y&=\iint_D\left[\frac{\partial}{\partial x}\cos x^2-\frac{\partial}{\partial y}(y^2-2xy\sin x^2)\right]\mathrm{d}x\mathrm{d}y\\&=-\iint_D 2y\mathrm{d}x\mathrm{d}y\\&=-2ab\iint_D br\sin\theta\cdot r\mathrm{d}r\mathrm{d}\theta\\&=-2ab^2\int_{-\frac{\pi}{2}}^{\frac{\pi}{2}}\sin\theta\mathrm{d}\theta\int_0^1 r^2\mathrm{d}r\\&=0,\end{aligned}$$

再计算曲线积分

$$\int_{L_1}(y^2-2xy\sin x^2)\mathrm{d}x+\cos x^2\mathrm{d}y,$$

这里将 y 看做参数，则由在 L_1 上 $x\equiv 0$ 可知，$\mathrm{d}x=0$. 又由于 L_1 的起点和终点 $A(0,b)$，$B(0,-b)$ 分别对应参数值 $y=b$ 和 $y=-b$，则

$$\int_{L_1}(y^2-2xy\sin x^2)\mathrm{d}x+\cos x^2\mathrm{d}y=\int_{L_1}\cos x^2\mathrm{d}y=\int_b^{-b}\cos 0\mathrm{d}y=-2b,$$

所以

$$\begin{aligned}I&=\int_L(y^2-2xy\sin x^2)\mathrm{d}x+\cos x^2\mathrm{d}y\\&=\iint_D\left[\frac{\partial}{\partial x}\cos x^2-\frac{\partial}{\partial y}(y^2-2xy\sin x^2)\right]\mathrm{d}x\mathrm{d}y-\int_{L_1}(y^2-2xy\sin x^2)\mathrm{d}x+\cos x^2\mathrm{d}y\\&=0-(-2b)\\&=2b.\end{aligned}$$

在本例中，为了计算曲线积分 I，我们并没有直接去计算这个积分，而是借助于格林公式将计算积分 I 的问题化为计算二重积分与另一个较为简单的曲线积分．

例 10.3.5 利用格林公式计算曲线积分 $\int_L(x+y)\mathrm{d}x+(y-x)\mathrm{d}y$，其中 L 为椭圆

$$\frac{x^2}{a^2}+\frac{y^2}{b^2}=1$$

的逆时针方向．

解：由格林公式可知

$$\int_L(x+y)\mathrm{d}x+(y-x)\mathrm{d}y=\iint_D(-1-1)\mathrm{d}x\mathrm{d}y=-2\pi ab.$$

若用 A 表示平面区域 D 的面积，∂D 表示区域 D 的边界正方向，那么则有

$$A=\frac{1}{2}\int_{\partial D}-y\mathrm{d}x+x\mathrm{d}y=\int_{\partial D}-y\mathrm{d}x=\int_{\partial D}x\mathrm{d}y.$$

曲线 L 的参数方程为

$$x=x(t),y=y(t),\alpha\leqslant t\leqslant\beta,$$

L 内部区域的面积

$$A=\left|\frac{1}{2}\int_L-y\mathrm{d}x+x\mathrm{d}y\right|=\frac{1}{2}\left|\int_\alpha^\beta(-y(t)x'(t)+x(t)y'(t))\mathrm{d}t\right|.$$

3. 全微分

接下来我们将要讨论的问题为：函数 $P(x,y)$、$Q(x,y)$ 满足什么条件时，表达式

$$P(x,y)\mathrm{d}x+Q(x,y)\mathrm{d}y$$

为某个函数的 $u(x,y)$ 的全微分．若该函数存在，那么称其为 $P\mathrm{d}x+Q\mathrm{d}y$ 的原函数，怎样把原函数求出来．

定理 10.3.2 设区域 D 为一个单连通域，函数 $P(x,y)$、$Q(x,y)$ 在 D 内具有一阶连续偏导数，那么在 D 内表达式为

$$P(x,y)\mathrm{d}x+Q(x,y)\mathrm{d}y,$$

存在原函数的充分必要条件为：

$$\frac{\partial Q}{\partial x}=\frac{\partial P}{\partial y}$$

在 D 内恒成立．

证明：(1) 必要性．假设存在一个原函数 $u(x,y)$ 使得

$$\mathrm{d}u(x,y)=P(x,y)\mathrm{d}x+Q(x,y)\mathrm{d}y,$$

则有

$$\frac{\partial u}{\partial x}=P(x,y),\frac{\partial u}{\partial y}=Q(x,y),$$

因为函数 $P(x,y)$、$Q(x,y)$ 在 D 内具有一阶连续偏导数，从而有

$$\frac{\partial P}{\partial y}=\frac{\partial^2 u}{\partial x\partial y},\frac{\partial Q}{\partial y}=\frac{\partial^2 u}{\partial y\partial x}$$

因为

$$\frac{\partial^2 u}{\partial x\partial y}=\frac{\partial^2 u}{\partial y\partial x}$$

所以

$$\frac{\partial P}{\partial y}=\frac{\partial Q}{\partial x}.$$

(2) 充分性．设已知条件$\frac{\partial P}{\partial y}=\frac{\partial Q}{\partial x}$在 D 内恒成立，所以曲线积分

$$\int_{\widehat{M_0M}}P(x,y)\mathrm{d}x+Q(x,y)\mathrm{d}y$$

只与曲线$\widehat{M_0M}$的起点M_0 和终点M有关，而与其积分路径无关．若让点$M_0(x_0,y_0)$固定，让点M取域内任意一点(x,y)，那么所得积分为域内点(x,y) 的一个函数

$$u(x,y)=\int_{(x_0,y_0)}^{(x,y)}P(x,y)\mathrm{d}x+Q(x,y)\mathrm{d}y.$$

在区域 D 内，给 x 一个增量 Δx，M 变成 $N(x+\Delta x,y)$，当 Δx 充分小时，该点连同整个线段 MN 均属于 D，如图 10-3-7 所示．若选择 M_0 到 N 的积分路径经过 M，那么则有

$$\begin{aligned}u(x+\Delta x,y)&=\int_{(x_0,y_0)}^{(x+\Delta x,y)}P(x,y)\mathrm{d}(x)+Q(x,y)\mathrm{d}y\\&=\int_{(x_0,y_0)}^{(x,y)}P(x,y)\mathrm{d}(x)+Q(x,y)\mathrm{d}y+\int_{(x,y)}^{(x+\Delta x,y)}P(x,y)\mathrm{d}(x)+Q(x,y)\mathrm{d}y\\&=u(x,y)+\int_{(x,y)}^{(x+\Delta x,y)}P(x,y)\mathrm{d}x+Q(x,y)\mathrm{d}y,\end{aligned}$$

即有

$$\begin{aligned}u(x+\Delta x,y)-u(x,y)&=\int_{(x,y)}^{(x+\Delta x,y)}P(x,y)\mathrm{d}x+Q(x,y)\mathrm{d}y\\&=\int_{x}^{x+\Delta x}P(x,y)\mathrm{d}x\\&=P(x+\theta\Delta x,y)\Delta x,\end{aligned}$$

其中 $0<\theta<1$. 故有

$$\frac{u(x+\Delta x,y)-u(x,y)}{\Delta x}=P(x+\theta\Delta x,y).$$

设 $\Delta x \to 0$，根据 $P(x,y)$ 的连续型可得

$$\frac{\partial u}{\partial x} = P(x,y).$$

同理，可得

$$\frac{\partial u}{\partial y} = Q(x,y).$$

从而表明：函数 $u(x,y)$ 为表达式 $P(x,y)\mathrm{d}x + Q(x,y)\mathrm{d}y$ 的一个原函数．

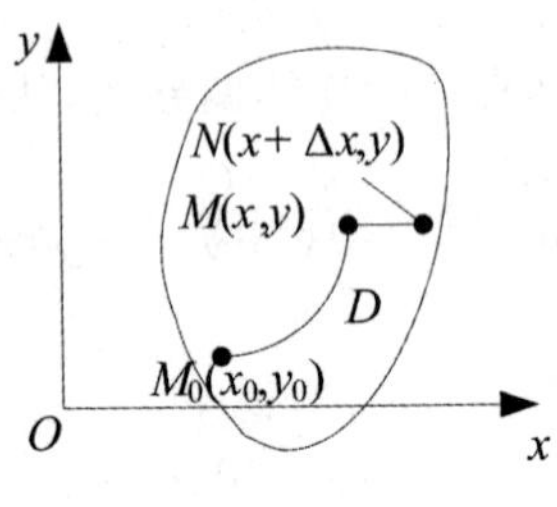

图 10-3-7

推论 10.3.1 设区域 D 为一个单连通域，函数 $P(x,y)$、$Q(x,y)$ 在 D 内具有一阶连续偏导数，那么曲线积分

$$\int_L P(x,y)\mathrm{d}x + Q(x,y)\mathrm{d}y$$

在 D 内与路径无关的充分必要条件为：在 D 内存在函数 $u(x,y)$，使得

$$\mathrm{d}u = P(x,y)\mathrm{d}x + Q(x,y)\mathrm{d}y.$$

根据定理 10.3.2，若函数 $P(x,y)$、$Q(x,y)$ 在单连通域 D 内具有一阶连续偏导数，并且满足条件 $\frac{\partial P}{\partial y} = \frac{\partial Q}{\partial x}$，则有

$$P(x,y)\mathrm{d}x + Q(x,y)\mathrm{d}y$$

为某个函数的全微分，该函数可用公式

$$u(x,y) = \int_{(x_0,y_0)}^{(x,y)} P(x,y)\mathrm{d}x + Q(x,y)\mathrm{d}y$$

求出来．由于该公式的曲线积分与其路径无关．为方便计算，可选择平行与坐标轴的直线段连成的折线 M_0RM 或者 M_0SM 作为积分路线，如图 10-3-8 所示，假定该折线完全位于 D 内．

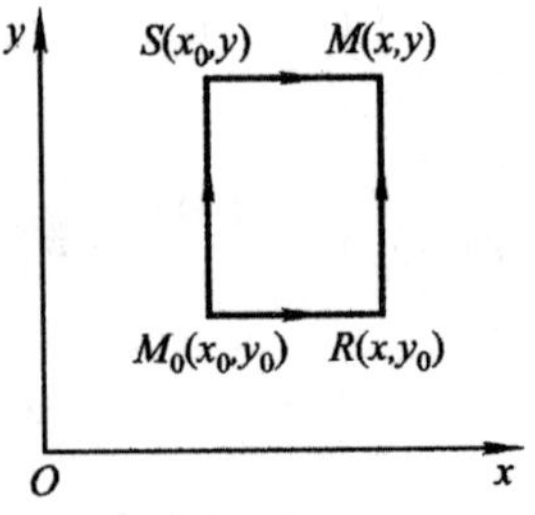

图 10-3-8

在公式

$$u(x,y)=\int_{(x_0,y_0)}^{(x,y)}P(x,y)\mathrm{d}x+Q(x,y)\mathrm{d}y$$

中取 M_0SM 为积分路线，可得

$$u(x,y)=\int_{x_0}^{x}P(x,y_0)\mathrm{d}y+\int_{y_0}^{y}Q(x,y)\mathrm{d}x.$$

若在上述公式中取 M_0RM 为积分路线，可得

$$u(x,y)=\int_{y_0}^{y}Q(x_0,y)\mathrm{d}y+\int_{x_0}^{x}P(x,y)\mathrm{d}x.$$

例 10.3.6　试验证$(x^2+2xy-y^2)\mathrm{d}x+(x^2-2xy-y^2)\mathrm{d}y$是否为某一函数的全微分，如果是，那么求出其一个原函数．

解：根据题意，可得

$$P(x,y)=x^2+2xy-y^2,$$
$$Q(x,y)=x^2-2xy-y^2,$$
$$\frac{\partial P}{\partial y}=2x-2y,\frac{\partial Q}{\partial x}=2x-2y,$$

所以

$$\frac{\partial P}{\partial y}=\frac{\partial Q}{\partial x},$$

因而其为某一函数的全微分，取

$$A(x_0,y_0)=A(0,0),$$

路径如图 10-3-9 所示．

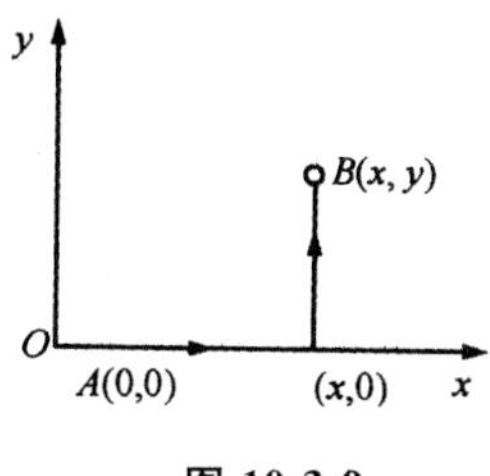

图 10-3-9

$$\begin{aligned}u(x,y)&=\int_{A(0,0)}^{B(x,y)}P(x,y)\mathrm{d}x+Q(x,y)\mathrm{d}y\\&=\int_0^x(x^2+0-0)\mathrm{d}x+\int_0^y(x^2-2xy-y^2)\mathrm{d}y\\&=\frac{1}{3}x^3+x^2y-xy^2-\frac{1}{3}y^3.\end{aligned}$$

例 10.3.7　试验证在整个 xOy 平面内 $xy^2\mathrm{d}x+x^2y\mathrm{d}y$ 为某个函数的全微分，并求出其一个原函数．

解：根据题意可得

$$P=xy^2,Q=x^2y,$$

并且

$$\frac{\partial P}{\partial y} = 2xy = \frac{\partial Q}{\partial x}.$$

在整个 xOy 内恒成立，所以在整个 xOy 平面内，$xy^2\mathrm{d}x + x^2y\mathrm{d}y$ 为某个函数的全微分．

取积分路线如图 10-3-10 所示，利用公式

$$u(x,y) = \int_{(x_0,y_0)}^{(x,y)} P(x,y)\mathrm{d}x + Q(x,y)\mathrm{d}y$$

可得所求函数为

$$\begin{aligned} u(x,y) &= \int_{(0,0)}^{(x,y)} xy^2\mathrm{d}x + x^2y\mathrm{d}y \\ &= \int_{OA} xy^2\mathrm{d}x + x^2y\mathrm{d}y + \int_{AB} xy^2\mathrm{d}x + x^2y\mathrm{d}y \\ &= 0 + \int_0^y x^2y\mathrm{d}y \\ &= x^2\int_0^y y\mathrm{d}y \\ &= \frac{x^2y^2}{2}. \end{aligned}$$

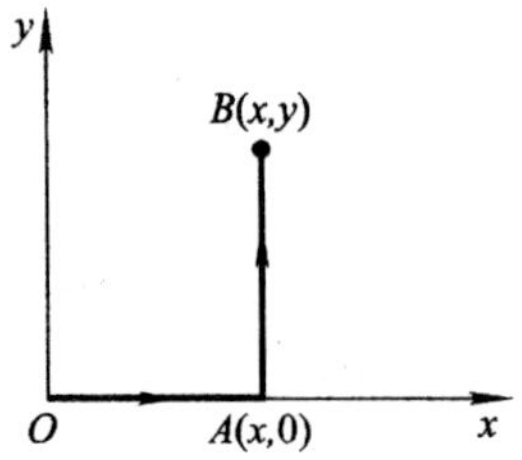

图 10-3-10

10.4 第一类曲面积分

正像曲线积分要以弧长为基础一样，曲面积分需要以曲面面积为基础．此节先介绍曲面面积的计算，然后介绍第一类曲面面积积分．

10.4.1 曲面积分

设 S 是一张光滑的参数曲面

$$r = r(u,v) \quad (u,v) \in D,$$

或写成

$$x = x(u,v), y = y(u,v), z = z(u,v) \quad (u,v) \in D,$$

用平行于坐标轴的直线 $u = u_i, v = v_j$ 去分割区域 D，取其中的一个小区域 $D_{ij}: u_i \leqslant u \leqslant u_{i+1}, v_j \leqslant v \leqslant v_{j+1}$，将其对应在 S 上就得到一个子曲面 S_{ij}，它由 $v = v_j, v = v_{j+1}$ 和 $u = u_j, u = u_{j+1}$ 围成，如图 10-4-1 所示．当 $\Delta u_i = u_{i+1} - u_i$ 和 $\Delta v_i = v_{i+1} - v_i$ 都很小时，S_{ij} 可以近似看成由 $r(u_{i+1}, v_j)$

$-r(u_i,v_j)$ 和 $r(u_i,v_{j+1})-r(u_i,v_j)$ 张成的平行四边形，如图 10-4-2 所示．

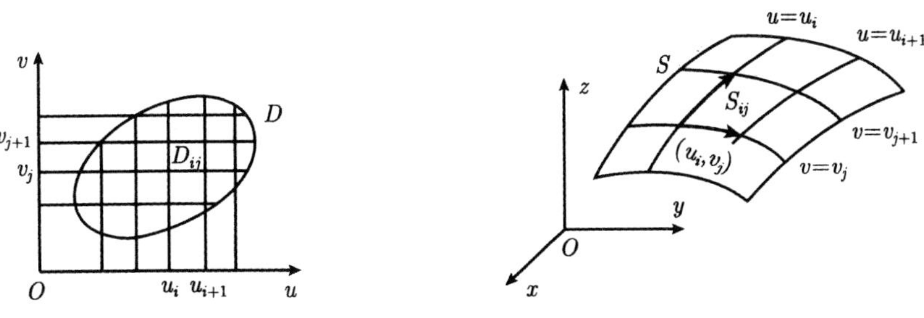

图 10-4-1　　　　图 10-4-2

由于

$$r(u_i,v_{j+1})-r(u_i,v_j)=r'_v(u_i,v_j)\Delta v_j+o(\Delta v_j),$$
$$r(u_{i+1},v_j)-r(u_i,v_j)=r'_u(u_i,v_j)\Delta u_i+o(\Delta u_i),$$

因此 S_{ij} 的面积

$$S_{ij}\approx|r'_u(u_i,v_j)\times r'_v(u_i,v_j)|\Delta u_i\Delta v_j,$$

那么曲面 S 的面积

$$S=\iint_D|r'_u(u,v)\times r'_v(u,v)|\mathrm{d}u\mathrm{d}v,$$

又

$$(r'_u\times r'_v)^2=r'^2_u r'^2_v-(r'_u\cdot r'_v)^2,$$

令

$$E=r'^2_u=x'^2_u+y'^2_u+z'^2_u,$$
$$G=r'^2_v=x'^2_v+y'^2_v+z'^2_v,$$
$$F=r'_u\cdot r'_v=x'_ux'_v+y'_uy'_v+z'_uz'_v,$$

可得曲面 S 上的面积元素和曲面 S 的面积分别是

$$\mathrm{d}S=|r'_u\times r'_v|\mathrm{d}u\mathrm{d}v=\sqrt{EG-F^2}\,\mathrm{d}u\mathrm{d}v,$$
$$S=\iint_D\sqrt{EG-F^2}\,\mathrm{d}u\mathrm{d}v.$$

(1) 当曲面 S 的方程是定义在区域 D 上的二元函数 $z=f(x,y)$，且函数 $f(x,y)$ 在 D 上有连续的一阶偏微商时，可将 x,y 看作参数，而曲面 S 的参数方程就取特别的形式

$$x=x,y=y,z=f(x,y),$$

所以

$$E=1+z'^2_x,G=1+z'^2_y,F=z'_xz'_x,$$

从而可知

$$\mathrm{d}S=\sqrt{1+z'^2_x+z'^2_y}\,\mathrm{d}x\mathrm{d}y,\tag{10-4-1}$$
$$S=\iint_D\sqrt{1+z'^2_x+z'^2_y}\,\mathrm{d}x\mathrm{d}y.\tag{10-4-2}$$

(2) 当曲面 S 的方程是 $x=g(y,z)$ 或 $y=h(z,x)$ 时，可分别把曲面投影到平面 yOz 上或 xOz 上，所得的投影区域记为 D_1 或 D_2，则得到类似的计算曲面面积的公式

$$S=\iint_{D_1}\sqrt{1+x'^2_y+x'^2_z}\,\mathrm{d}y\mathrm{d}z$$

或

$$S = \iint_{D_2} \sqrt{1 + y_x'^2 + y_z'^2}\, \mathrm{d}x\mathrm{d}z.$$

(3) 当曲面 S 是 xOy 平面上的区域时,S 的参数方程是

$$x = x(u,v), y = y(u,v), z = 0 \quad (u,v) \in D,$$

此时

$$|r_u' \times r_v'| = \left|\frac{\partial(x,y)}{\partial(u,v)}\right|,$$

面积元素为

$$\mathrm{d}\sigma = \left|\frac{\partial(x,y)}{\partial(u,v)}\right| \mathrm{d}u\mathrm{d}v.$$

例 10.4.1 计算双曲面 $z = xy$ 被包围在柱面 $x^2 + y^2 = a^2$ 内部的面积.

解:根据式(10-4-1)可得

$$\mathrm{d}S = \sqrt{1 + z_x'^2 + z_y'^2}\, \mathrm{d}x\mathrm{d}y = \sqrt{1 + x^2 + y^2}\, \mathrm{d}x\mathrm{d}y,$$

再由式(10-4-2)可得

$$\begin{aligned} S &= \iint_D \sqrt{1 + z_x'^2 + z_y'^2}\, \mathrm{d}x\mathrm{d}y \\ &= \iint_{x^2+y^2 \leqslant a^2} \sqrt{1 + x^2 + y^2}\, \mathrm{d}x\mathrm{d}y \\ &= \iint_{r^2 \leqslant a^2} \sqrt{1 + r^2}\, r\mathrm{d}r\mathrm{d}\theta = \int_0^{2\pi} \mathrm{d}\theta \int_0^a r\sqrt{1 + r^2}\, \mathrm{d}r \\ &= \frac{2\pi}{3}\left[(a^2 + 1)^{\frac{3}{2}} - 1\right]. \end{aligned}$$

例 10.4.2 设半径为 R 的球面 S 的球心在定球面 $x^2 + y^2 + z^2 = a^2 (a > 0)$ 上,问 R 取何值时,球面 S 在定球面内部的面积最大.

解:设球面方程是 $x^2 + y^2 + (z - a)^2 = R^2$,联立方程组

$$\begin{cases} x^2 + y^2 + z^2 = a^2 \\ x^2 + y^2 + (z - a)^2 = R^2 \end{cases},$$

解得

$$2a(a - z) = R^2$$

或

$$a - z = \frac{R^2}{2a},$$

则

$$x^2 + y^2 = R^2 - (z - a)^2 = R^2 - \left(\frac{R^2}{2a}\right) = R^2\left(1 - \frac{R^2}{4a^2}\right),$$

所以所求曲面方程是

$$z = a - \sqrt{R^2 - x^2 + y^2},$$

在 xy 平面上的投影区域为

$$D: x^2 + y^2 \leqslant R^2\left(1 - \frac{R^2}{4a^2}\right),$$

所以所求面积是

$$\begin{aligned} S &= \iint_D \sqrt{1 + \left(\frac{\partial z}{\partial x}\right)^2 + \left(\frac{\partial z}{\partial xy}\right)^2}\, \mathrm{d}\sigma \\ &= \iint_D \frac{R}{\sqrt{R^2 - x^2 + y^2}} \mathrm{d}\sigma \\ &= \int_0^{2\pi} \mathrm{d}\theta \int_0^{\sqrt{R^2\left(1 - \frac{R^2}{4a^2}\right)}} \frac{R}{\sqrt{R^2 - r^2}} r\mathrm{d}r \\ &= 2\pi R(-\sqrt{R^2 - r^2}) \Big|_0^{\sqrt{R^2\left(1 - \frac{R^2}{4a^2}\right)}} \\ &= 2\pi R\left(R - \frac{R^2}{2a}\right) \\ &= 2\pi\left(R^2 - \frac{R^3}{2a}\right), \end{aligned}$$

再令

$$\frac{\mathrm{d}S}{\mathrm{d}R} = 2\pi\left(2R - \frac{3R^2}{2a}\right) = 2\pi R\left(2 - \frac{3R}{2a}\right) = 0,$$

解得

$$R = \frac{4}{3}a,$$

所以当 $R = \frac{4}{3}a$ 时，最大面积是

$$S\left(\frac{4}{3}a\right) = 2\pi\left(\frac{4}{3}a\right)^2\left[1 - \frac{1}{2a}\left(\frac{4}{3}a\right)\right] = \frac{32}{27}\pi a^2.$$

10.4.2　第一类曲面积分的概念与性质

我们用曲面质量的问题引出第一类曲面积分的概念．设 S 是空间一张曲面，在 S 上分布着某种物质，在曲面上任意一点 $P(x,y,z)$ 处的质量面密度，即单位面积上的质量为 $\rho(x,y,z)$，求 S 的质量．

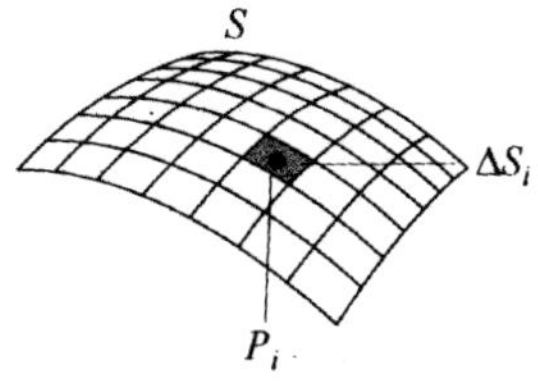

图 10-4-3

如图 10-4-3 所示，将曲面 S 分割成若干个小片 $\Delta S_1, \Delta S_2, \cdots, \Delta S_n$，并且在每一小片 ΔS_i 上任取一点 $P_i(\xi_i, \eta_i, \zeta_i)$．由于每一小片 ΔS_i 的直径很小，因此可将 ΔS_i 近似地看成质量分布均匀的

曲面,质量密度等于 $\rho(P_i)$,ΔS_i 的面积仍用 ΔS_i 表示,由此 ΔS_i 的质量便可近似地表示为

$$\Delta m_i \approx \rho(P_i)\Delta S_i,$$

将各个曲面小片的质量近似值求和,就得到曲面 S 质量的近似值

$$m \approx \sum_{i=1}^{n}\rho(P_i)\Delta S_i,$$

当曲面 S 的分割越来越细时,即所有 ΔS_i 的直径的最大值 λ 逐渐趋向于 0 时,上面的和式的极限就是曲面 S 的质量.

$$\lim_{\lambda\to 0}\sum_{i=1}^{n}\rho(P_i)\Delta S_i.$$

把上述求曲面面积的过程加以抽象,就得到了第一类曲面积分的概念.

定义 10.4.1 设 S 是空间中的一张曲面,函数 $f(x,y,z)$ 在 S 上有定义.将 S 任意分成若干小片 $\Delta S_1,\Delta S_2,\cdots,\Delta S_n,\Delta S_i$,同时用 ΔS_i 表示第 i 块的面积,在每一小块 ΔS_i 上任取一点 $P_i(x_i,y_i,z_i)(i=1,2,\cdots,n)$,$\lambda$ 表示所有 ΔS_i 的直径的最大值.如果极限

$$\lim_{\lambda\to 0}\sum_{i=1}^{n}f(x_i,y_i,z_i)\Delta S_i$$

存在,则称这个极限值为函数 $f(x,y,z)$ 在曲面 S 上的第一类曲面积分,记作 $\iint\limits_{S}f(x,y,z)\mathrm{d}S$,即

$$\iint\limits_{S}f(x,y,z)\mathrm{d}S=\lim_{\lambda\to 0}\sum_{i=1}^{n}f(x_i,y_i,z_i)\Delta S_i,$$

其中,$f(x,y,z)$ 称为被积函数,S 称为积分曲面.

根据定义可知,当 $f(x,y,z)$ 为曲面 S 的面密度时,曲面 S 的质量为

$$m=\iint\limits_{S}f(x,y,z)\mathrm{d}S.$$

当 $f(x,y,z)\equiv 1$ 时,有

$$S=\iint\limits_{S}\mathrm{d}S,$$

等式左端是曲面 S 的面积;

如果 S 是 xOy 面上的有界闭区域,则 $\iint\limits_{S}f(x,y)\mathrm{d}S$ 就是一个二重积分,可见二重积分是第一类曲面积分的特殊情况.而二重积分的性质也可推广到第一类曲面积分.

性质 10.4.1(线性性质) 设函数 f,g 在光滑曲面 S 上的第一类曲面积分存在,k_1,k_2 是两个常数,则 k_1f+k_2g 在 S 上的第一类曲面积分也存在,并且

$$\iint\limits_{S}(k_1f+k_2g)\mathrm{d}S=k_1\iint\limits_{S}f\mathrm{d}S+k_2\iint\limits_{S}g\mathrm{d}S.$$

性质 10.4.2(可加性) 设函数 f 在光滑曲面 S 上的第一类曲面积分存在,S 可以划分为两个光滑曲面 S_1,S_2,则 f 在 S_1,S_2 上的第一类曲面积分都存在;反之,如果 f 在 S_1,S_2 上的第一类曲面积分都存在,则 f 在 S 上的第一类曲面积分也存在,即

$$\iint\limits_{S}f\mathrm{d}S=k_1\iint\limits_{S_1}f\mathrm{d}S+k_2\iint\limits_{S_2}f\mathrm{d}S.$$

当 S 为一封闭曲面时,习惯上把 $f(x,y,z)$ 在 S 上的第一类曲面积分记为

$$\oiint_S f(x,y,z)\mathrm{d}S.$$

10.4.3　第一类曲面积分的计算

通常把第一类曲面积分$\iint\limits_S f(x,y,z)\mathrm{d}S$转化为二重积分的计算.

如果光滑 S 由直角坐标方程 $z=z(x,y)$ 给出,S 在平面 xOy 上的投影区域为 D_{xy},则曲面 S 的面积元素为

$$\mathrm{d}S=\sqrt{1+z_x'^2+z_y'^2}\,\mathrm{d}x\mathrm{d}y,$$

当函数 $f(x,y,z)$ 在 S 上连续,则它在 S 上的第一类曲面积分存在,且

$$\iint\limits_S f(x,y,z)\mathrm{d}S=\iint\limits_{D_{xy}} f(x,y,z(x,y))\sqrt{1+z_x'^2+z_y'^2}\,\mathrm{d}x\mathrm{d}y.$$

同理,如果曲面可用方程 $x=x(y,z)$ 或 $y=y(x,z)$ 表示,则

$$\iint\limits_S f(x,y,z)\mathrm{d}S=\iint\limits_{D_{yz}} f(x(y,z),y,z)\sqrt{1+x_y'^2+x_z'^2}\,\mathrm{d}y\mathrm{d}z,$$

$$\iint\limits_S f(x,y,z)\mathrm{d}S=\iint\limits_{D_{zx}} f(x,y(x,z),z)\sqrt{1+y_x'^2+y_z'^2}\,\mathrm{d}x\mathrm{d}z.$$

其中,D_{yz},D_{zx} 分别是 S 在 yOz 面和 xOz 面上的投影区域.

例 10.4.3　计算$\iint\limits_S (x+2y+3z)\mathrm{d}S$,其中 S 是平面 $x+\dfrac{y}{2}+z=1$ 在第一象限的部分.

解:如图 10-4-4 所示,平面 S 在 xOy 面上的投影区域为$x+\dfrac{y}{2}=1$与两坐标轴围成的区域,

由题可知,$z=1-x-\dfrac{y}{2}$,所以

$$\sqrt{1+z_x'^2(x,y)+z_y'^2(x,y)}=\sqrt{1+1+\frac{1}{4}}=\frac{3}{2},$$

从而求得

$$\begin{aligned}\iint\limits_S (x+2y+3z)\mathrm{d}S&=\frac{3}{2}\iint\limits_{D_{xy}}(x+2y+3-3x-\frac{3}{2}y)\mathrm{d}x\mathrm{d}y\\&=\frac{3}{2}\int_0^1\mathrm{d}x\int_0^{2-2x}(-2x+\frac{1}{2}y+3)\mathrm{d}y\\&=\frac{3}{2}\int_0^1(5x^2-12x+7)\mathrm{d}x\\&=4.\end{aligned}$$

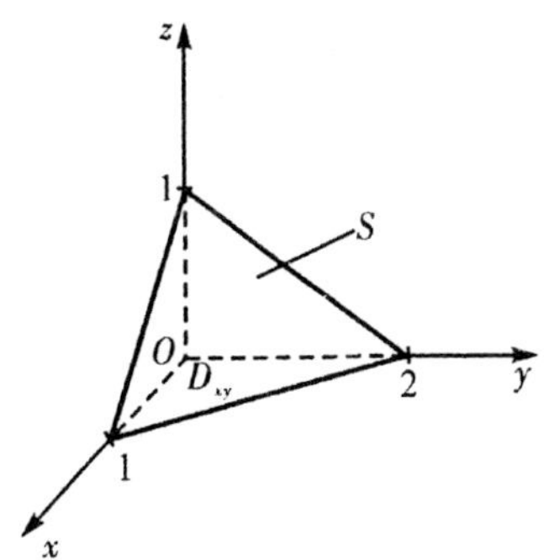

图 10-4-4

例 10.4.4　已知四分之一球面块:$x^2+y^2+z^2=4(x\geqslant 0,y\geqslant 0)$,其面密度为 $\rho=z^2$,求该球面块的质量.

解:曲面 S 由 S_1 和 S_2 两部分组成,其中 $S_1:z=\sqrt{4-x^2-y^2}$ 为曲面 S 在 xOy 面以上的部分,$S_2:z=-\sqrt{4-x^2-y^2}$ 为曲面 S 在 xOy 面以下的部分,如图 10-4-5 所示,把其质量分别记为 m_1 和 m_2. 曲面 S_1 和 S_2 在 xOy 面上得投影区域为

$$D_{xy}=\{(x,y)\mid x^2+y^2\leqslant 4,x\geqslant 0,y\geqslant 0\},$$

球面块 S 的质量为

$$
\begin{aligned}
m &= m_1 + m_2 \\
&= \iint_{S_1} z^2 \mathrm{d}S + \iint_{S_2} z^2 \mathrm{d}S \\
&= 2\iint_{D_{xy}} (4 - x^2 - y^2)\sqrt{1 + z_x'^2(x,y) + z_y'^2(x,y)}\,\mathrm{d}x\mathrm{d}y \\
&= 2\iint_{D_{xy}} (4 - x^2 - y^2)\frac{2}{\sqrt{4 - x^2 - y^2}}\mathrm{d}x\mathrm{d}y \\
&= 4\int_0^{\frac{\pi}{2}} \mathrm{d}\theta \int_0^2 r\sqrt{4 - r^2}\,\mathrm{d}r \\
&= -\pi\int_0^2 \sqrt{4 - r^2}\,\mathrm{d}(4 - r^2) \\
&= \frac{16}{3}\pi.
\end{aligned}
$$

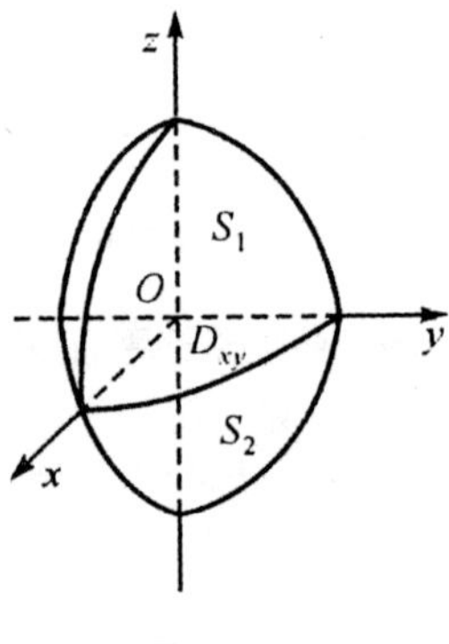

图 10-4-5

例 10.4.5 设 S 是锥面 $z^2 = k^2(x^2 + y^2)(z \geqslant 0)$ 被柱面 $x^2 + y^2 = 2ax(a > 0)$ 所截的曲面,如图 10-4-6 所示,计算曲面积分

$$\iint_S (y^2 z^2 + z^2 x^2 + x^2 y^2)\mathrm{d}S.$$

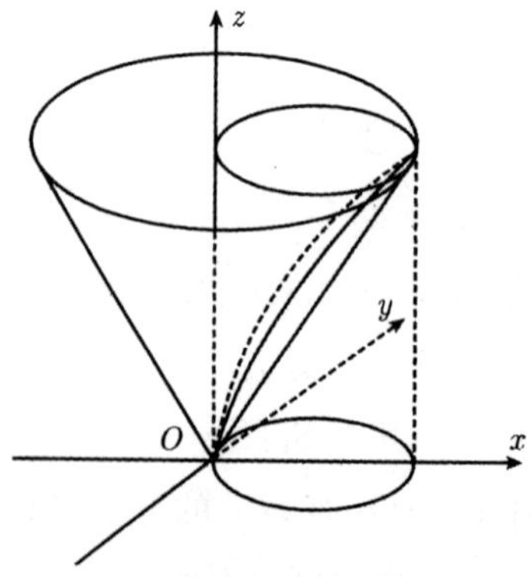

图 10-4-6

解:所给曲面 S 的面积元素为

$$\mathrm{d}S = \sqrt{1+z_x'^2+z_y'^2}\,\mathrm{d}x\mathrm{d}y = \sqrt{1+k^2}\,\mathrm{d}x\mathrm{d}y,$$

并且 S 在平面 xOy 上的投影区域 D 是圆

$$x^2+y^2 \leqslant 2ax,$$

所以

$$\begin{aligned}\iint_S (y^2z^2+z^2x^2+x^2y^2)\mathrm{d}S &= \sqrt{1+k^2}\iint_D [k^2(x^2+y^2)^2+x^2y^2]\mathrm{d}x\mathrm{d}y \\ &= 2\sqrt{1+k^2}\int_0^{\frac{\pi}{2}}\mathrm{d}\varphi\int_0^{2a\cos\varphi} r^5(k^2+\cos^2\varphi\sin^2\varphi)\mathrm{d}r \\ &= \frac{\pi}{24}a^6(80k^2+7)\sqrt{1+k^2}.\end{aligned}$$

10.5　第二类曲面积分

10.5.1　曲面的侧

因为本节要讨论的向量值函数在有向曲面上的积分与指定曲面的侧有关,所以首先讨论光滑曲面的侧的概念.

定义 10.5.1　在光滑曲面 S 上取一定点 M_0,则曲面 S 在点 M_0 的单位法向量有两个方向,选定其中的一个方向作为曲面 S 在该点 M_0 处的单位法向量,并记作 $\boldsymbol{n}_0$. 如果 S 上动点 M 从点 M_0 出发,在曲面 S 上连续移动不超过 S 的边界回到 M_0 时,其单位法向量与出发前的方向 $\boldsymbol{n}_0$ 相同,则称曲面 S 为双侧曲面,否则称为单侧曲面.

单侧曲面的一个典型的例子是著名的 Möbius(默比乌斯) 带. 将一个长方形纸条 $ABCD$ 扭转 180°,再沿 AB 和 CD 两边粘起来,使 A 和 C 重合,B 和 D 重合,就得到了这种带形的模型,如图 10-5-1 所示. 这时,长方形上得一条中位线,被黏成带上的一条闭曲线,当动点沿该闭曲线环行一周时,动点处的单位法向量从一个方向连续变化为相反的方向,因此这种带形是单侧曲面.

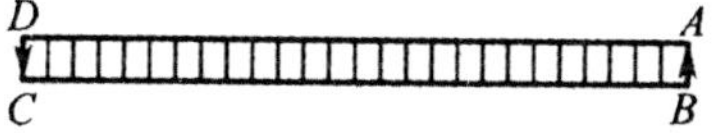

图 10-5-1

我们把确定了单位法向量的曲面称之为有向曲面,当曲面 S 的方程为 $z = z(x,y)$ 或 $x = x(y,z)$,$y = y(z,x)$ 时,即任一平行于 z 轴或 x 轴,y 轴的直线与曲面 S 的交点不超过一个点时,此时曲面 S 可以分为上侧与下侧或前侧与后侧,右侧与左侧. 当曲面 S 为封闭曲面时,则 S 可分为外侧(单位法向量指向外) 和内侧(单位法向量指向内).

对于曲面 S:$z = z(x,y)$,在任意一点 $M(x,y,z)$ 处的法向量为

$$\boldsymbol{n} = \pm(-z_x,-z_y,1).$$

具有法向量 $\boldsymbol{n} = (-z_x,-z_y,1)$ 的那侧称之为上侧,则另一侧称之为下侧. 上侧的法向量与 z 轴

正方向的夹角为锐角,我们不妨用γ表示($\gamma<\frac{\pi}{2}$),那么$\cos\gamma>0$;下侧的法向量与z轴正方向的夹角为钝角(此时$\gamma>\frac{\pi}{2}$),那么$\cos\gamma<0$,则有

$$\text{上侧 } \boldsymbol{e}_n=\frac{-z_x\boldsymbol{i}-z_y\boldsymbol{j}+\boldsymbol{k}}{\sqrt{1+z_x^2+z_y^2}},\text{下侧 } \boldsymbol{e}_n=\frac{z_x\boldsymbol{i}+z_y\boldsymbol{j}-\boldsymbol{k}}{\sqrt{1+z_x^2+z_y^2}}.$$

同理,对于曲面$y=y(z,x)$或$x=x(y,z)$,可用单位法向量e_n分别确定曲面的右侧与左侧(或前侧与后侧).

10.5.2　第二类曲面积分的概念和性质

先考察一个具体问题.设区域$\Omega\subseteq\mathbf{R}^3$中分布着流体,假设流体有均匀的密度1,流速是$v(x,y,z)$.这是一个分布在$\Omega$上的向量场.又设$S$为$\Omega$内的一个光滑曲面,试求在单位时间内流体自$S$的$A$侧穿越$S$流向$B$侧的流量,如图10-5-2所示.

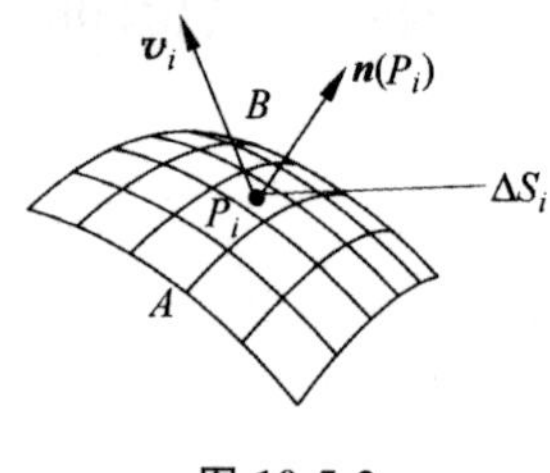

图 10-5-2

将曲面分割成若干小片$\Delta S_1,\Delta S_2,\cdots,\Delta S_n$,并在每片$\Delta S_i$上任意取一点$P_i(i=1,2,\cdots,n)$.当所有小片曲面直径的最大值充分小时,可以将$\Delta S_i$近似看成一小平面,其单位法向量就是曲面$S$在点$P_i$指向$B$侧的单位法向量$n(P_i)$.如此,若仍用$\Delta S_i$表示$\Delta S_i$的面积,则流体在单位时间自$A$侧穿过$\Delta S_i$流向$B$侧的流量就近似等于

$$v(P_i)\cdot n(P_i)\Delta S_i.$$

将通过各个小片曲面的流量求和,即

$$\sum_{i=1}^{n}v(P_i)\cdot n(P_i)\Delta S_i.$$

上式即为单位时间内自A侧穿越S流向B侧的流量的近似值.当各个小片曲面的最大直径趋向于0时,这个和的极限就是单位时间内自A侧穿越S流向B侧的流量.

另一方面,上述和式恰好是函数$v(x,y,z)\cdot n(x,y,z)$在曲面S上曲面面积积分的和.从而,若曲面积分

$$\iint_S v(x,y,z)\cdot n(x,y,z)\mathrm{d}S$$

存在,则当所有小片曲面直径的最大值趋向于0时,上述和式的极限就是这个曲面积分.

于是流体从曲面一侧穿过曲面流向另一侧的流量就是函数$v(x,y,z)\cdot n(x,y,z)$在曲面S上的(第一类)曲面积分

$$\iint_S v(x,y,z)\cdot n(x,y,z)\mathrm{d}S.$$

这些类似的问题实际上经常遇到，抛开这个例子的具体物理意义，就可得到第二类曲面积分的概念．

定义 10.5.2　设 S 为光滑有向曲面，$\boldsymbol{e}_n$ 为曲面 S 上任意一点 M 处的单位法向量，其方向与曲面 S 指定侧一致，令向量函数

$$\boldsymbol{A}(x,y,z)=P(x,y,z)\boldsymbol{i}+Q(x,y,z)\boldsymbol{j}+R(x,y,z)\boldsymbol{k},$$

其中，P,Q,R 在曲面 S 上有界，如果数量积 $\boldsymbol{A}\cdot\boldsymbol{e}_n$ 在曲面 S 上的第一类曲面积分存在，那么称此积分值为向量值函数 $\boldsymbol{A}(x,y,z)$ 在有向曲面 S 上的第二类曲面积分，记作

$$\iint_S \boldsymbol{A}\cdot\boldsymbol{e}_n\mathrm{d}S.$$

令 $\boldsymbol{e}_n=(\cos\alpha,\cos\beta,\cos\gamma)$，则称 $\boldsymbol{e}_n\mathrm{d}S=(\cos\alpha\mathrm{d}S,\cos\beta\mathrm{d}S,\cos\gamma\mathrm{d}S)$ 为有向面积微元，记作 $\mathrm{d}S$，于是在直角坐标系中，第二类曲面积分可记作

$$\begin{aligned}\iint_S \boldsymbol{A}\cdot\mathrm{d}S&=\iint_S \boldsymbol{A}\cdot\boldsymbol{e}_n\mathrm{d}S\\&=\iint_S (P\cos\alpha+Q\cos\beta+R\cos\gamma)\mathrm{d}S\\&=\iint_S P\cos\alpha\mathrm{d}S+Q\cos\beta\mathrm{d}S+R\cos\gamma\mathrm{d}S.\end{aligned}$$

其中，$\cos\alpha\mathrm{d}S,\cos\beta\mathrm{d}S,\cos\gamma\mathrm{d}S$ 分别为有向面积微元 $\mathrm{d}S$ 在 yOz，zOx，xOy 三个坐标面上的投影，分别记作 $\mathrm{d}y\mathrm{d}z,\mathrm{d}z\mathrm{d}x,\mathrm{d}x\mathrm{d}y$，于是

$$\cos\alpha\mathrm{d}S=\mathrm{d}y\mathrm{d}z,\cos\beta\mathrm{d}S=\mathrm{d}z\mathrm{d}x,\cos\gamma\mathrm{d}S=\mathrm{d}x\mathrm{d}y,$$

那么第二类曲面积分可记作

$$\iint_S P(x,y,z)\mathrm{d}y\mathrm{d}z+Q(x,y,z)\mathrm{d}z\mathrm{d}x+R(x,y,z)\mathrm{d}x\mathrm{d}y.$$

值得注意的是，我们用第一类曲面积分来定义第二类曲面积分，但两类积分有本质区别，第二类曲面积分是两个向量值函数的数量积的积分，且与曲面的侧有关．

下面给出第二类曲面积分的性质．

性质 10.5.1(线性性质)　假设 $A=c_1A_1+c_2A_2$，其中 c_1,c_2 是两个常数，则有

$$\iint_S A\cdot\boldsymbol{e}_n\mathrm{d}S=c_1\iint_S A_1\cdot\boldsymbol{e}_n\mathrm{d}S+c_2\iint_S A_2\cdot\boldsymbol{e}_n\mathrm{d}S.$$

性质 10.5.2(可加性)　如果曲面 S 由曲面 S_1 和曲面 S_2 协调拼接而成，则

$$\iint_S A\cdot\boldsymbol{e}_n\mathrm{d}S=\iint_{S_1} A\cdot\boldsymbol{e}_n\mathrm{d}S+\iint_{S_2} A\cdot\boldsymbol{e}_n\mathrm{d}S.$$

性质 10.5.3　设 S 的另一侧为 S^-，则

$$\iint_{S^-} A\cdot\boldsymbol{e}_n\mathrm{d}S=-\iint_{S^+} A\cdot\boldsymbol{e}_n\mathrm{d}S.$$

10.5.3　第二类曲面积分的计算

下面我们以 $\iint_S R(x,y,z)\mathrm{d}x\mathrm{d}y$ 为例讨论对坐标曲面积分的计算方法．

设积分曲面 S 的方程由单值函数 $z=z(x,y)$ 给出，即曲面 S 与平行 z 轴的直线的交点只有一个，在 xOy 面上的投影区域为 D_{xy}，函数 $z=z(x,y)$ 在 D_{xy} 上具有一阶连续偏导数，被积函数 $R(x,y,z)$ 在 S 上连续．

可将对坐标的曲面积分化为投影域 D_{xy} 上的二重积分计算，即有

$$\iint_S R(x,y,z)\mathrm{d}x\mathrm{d}y=\pm\iint_{D_{xy}}R[x,y,z(x,y)]\mathrm{d}x\mathrm{d}y. \tag{10-5-1}$$

当 S 所取的侧法向量方向余弦 $\cos\gamma>0$ 取正号(称为上侧)，$\cos\gamma<0$ 则取负号(称为下侧)．

需要注意，式(10-5-1)两端的 $\mathrm{d}x\mathrm{d}y$ 的意义不同，式左端的 $\mathrm{d}x\mathrm{d}y$ 为有向曲面面积元素 $\mathrm{d}S$ 在 xOy 面上的投影，而右边的 $\mathrm{d}x\mathrm{d}y$ 为平面上的面积元素，它不会为负值．

类似地，若 S 的方程为单值函数 $x=x(y,z)$，在 yOz 面上的投影域为 D_{yz}，从而有

$$\iint_S P(x,y,z)\mathrm{d}y\mathrm{d}z=\pm\iint_{D_{yz}}P[x(y,z),y,z]\mathrm{d}y\mathrm{d}z,$$

余弦 $\cos\alpha>0$ 取正号(称为前侧)，$\cos\alpha<0$ 则取负号(称为后侧)．

若 S 的方程为单值函数 $y=y(x,z)$，在 zOx 面上的投影域为 D_{zx}，从而有

$$\iint_S Q(x,y,z)\mathrm{d}z\mathrm{d}x=\pm\iint_{D_{zx}}Q[x,y(x,z),z]\mathrm{d}z\mathrm{d}x,$$

余弦 $\cos\beta>0$ 取正号(称为右侧)，$\cos\alpha<0$ 则取负号(称为左侧)．

例 10.5.1 计算 $I=\iint_S y\mathrm{d}z\mathrm{d}x+z\mathrm{d}x\mathrm{d}y$，其中 S 为圆柱面 $x^2+y^2=1$ 的前半个柱面介于平面 $z=0$ 及 $z=3$ 之间的部分，取后侧．

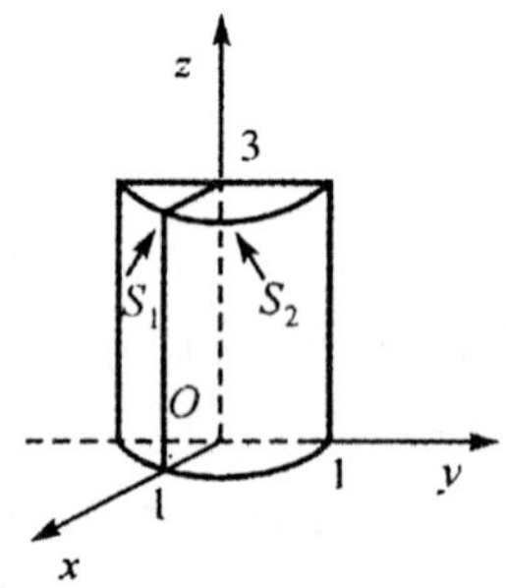

图 10-5-3

解：如图 10-5-3 所示，将积分曲线 S 投影到 zOx 面上，可得

$$D_{zx}=\{(z,x)\mid 0\leqslant x\leqslant 1,0\leqslant z\leqslant 3\},$$

曲线 S 按 zOx 面分成左、右两部分 S_1 及 S_2，其中 $S_1:y=-\sqrt{1-x^2}$，取左侧，则有

$$\begin{aligned}\iint_S y\mathrm{d}z\mathrm{d}x&=\iint_{S_1}y\mathrm{d}z\mathrm{d}x+\iint_{S_2}y\mathrm{d}z\mathrm{d}x\\&=\iint_{D_{zx}}(-\sqrt{1-x^2})\mathrm{d}z\mathrm{d}x-\iint_{D_{zx}}\sqrt{1-x^2}\,\mathrm{d}z\mathrm{d}x\\&=-2\iint_{D_{zx}}\sqrt{1-x^2}\,\mathrm{d}z\mathrm{d}x=-2\int_0^1\mathrm{d}x\int_0^3\sqrt{1-x^2}\,\mathrm{d}z\end{aligned}$$

$$=-6\int_0^1\sqrt{1-x^2}\,\mathrm{d}x$$

$$=(-6)\cdot\frac{\pi}{4}$$

$$=-\frac{3}{2}\pi.$$

容易发现，到曲面 S 上任意点处的法向量与 z 轴正向的夹角 $\gamma=\frac{\pi}{2}$，因此 $\mathrm{d}x\mathrm{d}y=\cos\gamma\mathrm{d}S=0$，从而 $\iint\limits_S z\,\mathrm{d}x\mathrm{d}y=0$，由此可得

$$I=\iint\limits_S y\,\mathrm{d}z\mathrm{d}x+z\mathrm{d}x\mathrm{d}y=\iint\limits_S z\,\mathrm{d}x\mathrm{d}y+0=-\frac{3}{2}\pi.$$

例 10.5.2　计算曲面积分

$$\iint\limits_S x^2\mathrm{d}y\mathrm{d}z+y^2\mathrm{d}z\mathrm{d}x+z^2\mathrm{d}x\mathrm{d}y,$$

其中 S 为长方体 $\Omega=\{(x,y,z)\mid 0\leqslant x\leqslant a,0\leqslant y\leqslant b,0\leqslant z\leqslant c\}$.

解:将有向曲面 S 分成以下六部分 .

$S_1:z=c(0\leqslant x\leqslant a,0\leqslant y\leqslant b)$ 的上侧，

$S_2:z=0(0\leqslant x\leqslant a,0\leqslant y\leqslant b)$ 的下侧，

$S_3:x=a(0\leqslant y\leqslant b,0\leqslant z\leqslant c)$ 的前侧，

$S_4:x=0(0\leqslant y\leqslant b,0\leqslant z\leqslant c)$ 的后侧，

$S_5:y=b(0\leqslant x\leqslant a,0\leqslant z\leqslant c)$ 的右侧，

$S_6:y=0(0\leqslant x\leqslant a,0\leqslant z\leqslant c)$ 的左侧 .

因为 S_1、S_2、S_5、S_6 四片曲面在 yOz 面上的投影为零，所以有

$$\iint\limits_S x^2\mathrm{d}y\mathrm{d}z=\iint\limits_{S_3}x^2\mathrm{d}y\mathrm{d}z+\iint\limits_{S_4}x^2\mathrm{d}y\mathrm{d}z.$$

易知

$$\iint\limits_S x^2\mathrm{d}y\mathrm{d}z=\iint\limits_{D_{yz}}a^2\mathrm{d}y\mathrm{d}z-\iint\limits_{D_{yz}}0^2\mathrm{d}y\mathrm{d}z=a^2bc.$$

从而类似地，可得

$$\iint\limits_S y^2\mathrm{d}z\mathrm{d}x=b^2ac,$$

$$\iint\limits_S z^2\mathrm{d}x\mathrm{d}y=c^2ab,$$

所以所求曲面积分为 $(a+b+c)abc$.

例 10.5.3　计算 $\iint\limits_S xyz\,\mathrm{d}x\mathrm{d}y$，其中，$S$ 为球面 $x^2+y^2+z^2=1$ 在 $x\geqslant 0,y\geqslant 0$ 部分并取球面外侧 .

解:将 S 分成 S_1 和 S_2 两部分，如图 10-5-4 所示，S_1 的方程为

$$z_1=\sqrt{1-x^2-y^2},$$

S_2 的方程为

$$z_2=-\sqrt{1-x^2-y^2}.$$

因为 S_1 上侧法向量 $\boldsymbol{n}_1$ 与 z 轴正向夹角 $\gamma<\frac{\pi}{2}$，因此 $\cos\gamma>0$，而 S_2 下侧法向量 $\boldsymbol{n}_2$ 与 z 轴正向夹角 $\gamma>\frac{\pi}{2}$，所以 $\cos\gamma<0$，

$$\begin{aligned}\iint_S xyz\,\mathrm{d}x\mathrm{d}y&=\iint_{S_1} xyz\,\mathrm{d}x\mathrm{d}y+\iint_{S_2} xyz\,\mathrm{d}x\mathrm{d}y\\&=\iint_{D_{xy}} xy\sqrt{1-x^2-y^2}\,\mathrm{d}x\mathrm{d}y-\iint_{D_{xy}} xy(-\sqrt{1-x^2-y^2})\,\mathrm{d}x\mathrm{d}y\\&=2\iint_{D_{xy}} xy\sqrt{1-x^2-y^2}\,\mathrm{d}x\mathrm{d}y\\&=2\int_0^{\frac{\pi}{2}}\mathrm{d}\theta\int_0^1 r\cos\theta r\sin\theta\sqrt{1-r^2}\,r\mathrm{d}r\\&=2\int_0^{\frac{\pi}{2}}\sin\theta\cos\theta\mathrm{d}\theta\int_0^1 r^3\sqrt{1-r^2}\,\mathrm{d}r\\&=\frac{2}{15}.\end{aligned}$$

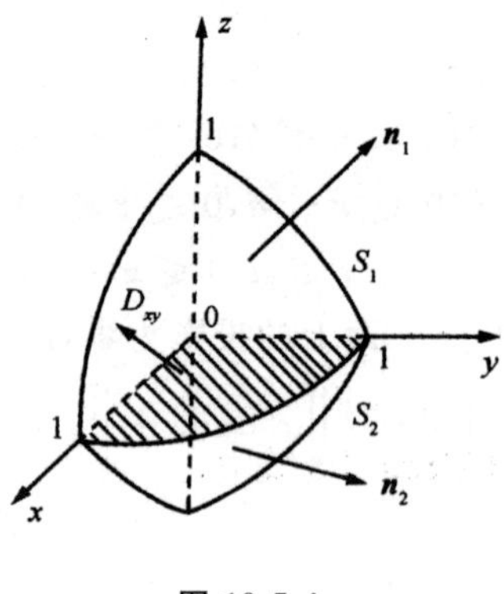

图 10-5-4

10.6 高斯公式

10.6.1 高斯公式

格林公式建立了沿封闭曲线的曲线积分与其所围的平面区域内的二重积分之间的关系，沿空间闭曲面的曲面积分与其所围的空间区域内的三重积分之间也有类似的关系，这就是本节所要讨论的高斯公式.

定理 10.6.1(高斯公式) 设空间闭区域 V 是由光滑或分片光滑的封闭曲线 S 所围成的，如果函数 $P(x,y,z)$、$Q(x,y,z)$、$R(x,y,z)$ 在 V 上有一阶连续偏导数，则

$$\oiint_S P\,\mathrm{d}y\mathrm{d}z + Q\mathrm{d}z\mathrm{d}x + R\mathrm{d}x\mathrm{d}y = \iiint_V \left(\frac{\partial P}{\partial x} + \frac{\partial Q}{\partial y} + \frac{\partial R}{\partial z}\right)\mathrm{d}V,$$

其中，S 取外侧，上式称为高斯公式 .

证明：设闭区域 V 在 xOy 面上的投影区域为 D_{xy}，并假设任何平行于 z 轴的直线穿过 V 的内部与 V 的边界曲面 S 的交点均为两个，如图 10-6-1 所示，则 V 可表示为

$$V = \{(x,y,z) \mid z_1(x,y) \leqslant z \leqslant z_2(x,y), (x,y) \in D_{xy}\},$$

其中，V 的底面 $S_1: z = z_1(x,y)$，取下侧；V 的顶面 $S_2: z = z_2(x,y)$，取上侧；V 的侧面为柱面 S_3，取外侧 . 于是根据三重积分的计算方法可得

$$\begin{aligned}\iiint_V \frac{\partial R}{\partial z}\mathrm{d}V &= \iint_{D_{xy}} \mathrm{d}x\mathrm{d}y\int_{z_1(x,y)}^{z_2(x,y)} \frac{\partial R}{\partial z}\mathrm{d}z \\ &= \iint_{D_{xy}} \{R[x,y,z_2(x,y)] - R[x,y,z_1(x,y)]\}\mathrm{d}x\mathrm{d}y,\end{aligned}$$

再根据第二型曲面积分的计算方法可得

$$\begin{aligned}\oiint_S R(x,y,z)\mathrm{d}x\mathrm{d}y &= \oiint_{S_1} R(x,y,z)\mathrm{d}x\mathrm{d}y + \oiint_{S_2} R(x,y,z)\mathrm{d}x\mathrm{d}y + \oiint_{S_3} R(x,y,z)\mathrm{d}x\mathrm{d}y \\ &= \iint_{D_{xy}} R[x,y,z_2(x,y)]\mathrm{d}x\mathrm{d}y - \iint_{D_{xy}} R[x,y,z_1(x,y)]\mathrm{d}x\mathrm{d}y + 0.\end{aligned}$$

所以

$$\iiint_V \frac{\partial R}{\partial z}\mathrm{d}V = \oiint_S R(x,y,z)\mathrm{d}x\mathrm{d}y.$$

同理，如果穿过 V 内部且与 x 轴平行的直线以平行于 y 轴的直线与 V 的边界曲面 S 的交点也都恰有两个，则可证得

$$\iiint_V \frac{\partial P}{\partial x}\mathrm{d}V = \oiint_S P(x,y,z)\mathrm{d}y\mathrm{d}z,$$

$$\iiint_V \frac{\partial Q}{\partial y}\mathrm{d}V = \oiint_S P(x,y,z)\mathrm{d}z\mathrm{d}x,$$

将上面三式相加便得到高斯公式，证毕 .

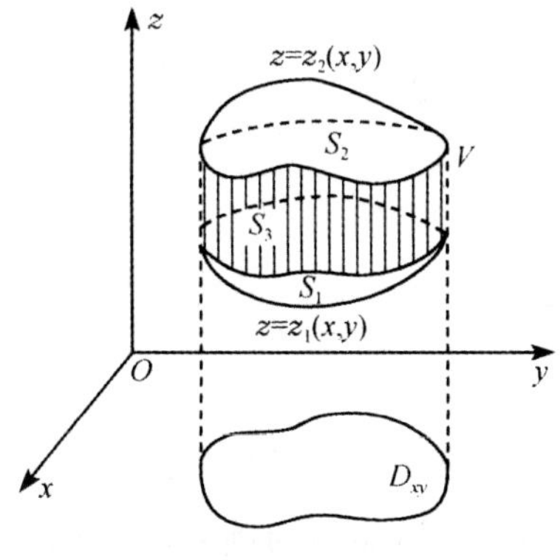

图 10-6-1

如果平行于坐标轴的直线穿过V的内部与其边界曲面S的交点多于两个，可引入若干张辅助曲面将V分成若干满足上述条件的闭区域，而曲面积分在辅助曲面正反两侧相互抵消，故高斯公式成立.

例 10.6.1 计算曲面积分

$$I=\oiint_{S}2x^{3}\mathrm{d}y\mathrm{d}z+2y^{3}\mathrm{d}z\mathrm{d}x+3(z^{2}-1)\mathrm{d}x\mathrm{d}y,$$

其中S是曲面$z=1-x^{2}-y^{2}(z\geqslant 0)$的上侧，如图 10-6-2 所示.

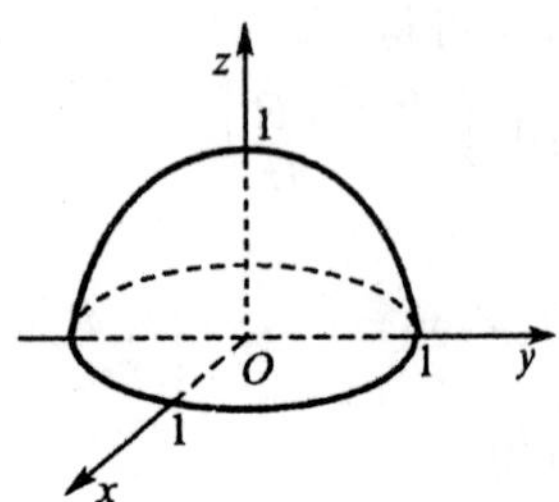

图 10-6-2

解：引进辅助曲面S_1：0，$(x,y)\in D_{xy}$，取下侧，即

$$D_{xy}=\{(x,y)\mid x^{2}+y^{2}\leqslant 1\},$$

则有

$$I=\oiint_{S+S_1}2x^{3}\mathrm{d}y\mathrm{d}z+2y^{3}\mathrm{d}z\mathrm{d}x+3(z^{2}-1)\mathrm{d}x\mathrm{d}y-\oiint_{S_1}2x^{3}\mathrm{d}y\mathrm{d}z+2y^{3}\mathrm{d}z\mathrm{d}x+3(z^{2}-1)\mathrm{d}x\mathrm{d}y,$$

根据高斯公式可得

$$\begin{aligned}&\oiint_{S+S_1}2x^{3}\mathrm{d}y\mathrm{d}z+2y^{3}\mathrm{d}z\mathrm{d}x+3(z^{2}-1)\mathrm{d}x\mathrm{d}y\\&=\iiint_{V}6(x^{2}+y^{2}+z)\mathrm{d}x\mathrm{d}y\mathrm{d}z\\&=6\int_{0}^{2\pi}\mathrm{d}\theta\int_{0}^{1}\mathrm{d}r\int_{0}^{1-r^{2}}(z+r^{2})r\mathrm{d}z\\&=12\pi\int_{0}^{1}\left[\frac{1}{2}r(1-r^{2})^{2}+r^{3}(1-r^{2})\right]\mathrm{d}r\\&=2\pi,\end{aligned}$$

又

$$\oiint_{S_1}2x^{3}\mathrm{d}y\mathrm{d}z+2y^{3}\mathrm{d}z\mathrm{d}x+3(z^{2}-1)\mathrm{d}x\mathrm{d}y=-\iint_{x^{2}+y^{2}\leqslant 1}(-3)\mathrm{d}x\mathrm{d}y=3\pi,$$

所以

$$I=2\pi-3\pi=-\pi.$$

例 10.6.2 证明：电场强度$\boldsymbol{E}=\frac{q}{r^{3}}\boldsymbol{r}$通过包围原点在内的任意闭曲面$S$外侧的通量都等于$4\pi q$.

证明：在曲面S内以原点为中心作一个半径为ε的球面S_{ε}，用V表示由闭曲面S和S_{ε}所围成

的环形区域，如图 10-6-3 所示，则由高斯公式得

$$\iint\limits_{S+S_\varepsilon^-} \boldsymbol{E}\cdot\boldsymbol{n}\mathrm{d}S = \iiint\limits_V \mathrm{div}\boldsymbol{E}\mathrm{d}V.$$

其中，$\boldsymbol{n}$ 指向 V 的边界曲面的外侧，具体地说，在 S 上指向封闭曲面 S 的外侧，而在 S_ε 上，指向封闭曲面 S_ε 的内侧．由于当 $\boldsymbol{r}$ 不等于 0 时，$\mathrm{div}\boldsymbol{E}$ 恒等于 0，因此

$$\iint\limits_{S+S_\varepsilon^-} \boldsymbol{E}\cdot\boldsymbol{n}\mathrm{d}S = 0,$$

上式也可写成

$$\iint\limits_S \boldsymbol{E}\cdot\boldsymbol{n}\mathrm{d}S = \iint\limits_{S_\varepsilon^-} \boldsymbol{E}\cdot\boldsymbol{n}\mathrm{d}S,$$

其中法向量 $\boldsymbol{n}$ 都是指向 S 和 S_ε 的外侧，如图 10-6-3 所示．由此可得

$$\iint\limits_S \boldsymbol{E}\cdot\boldsymbol{n}\mathrm{d}S = 4\pi q.$$

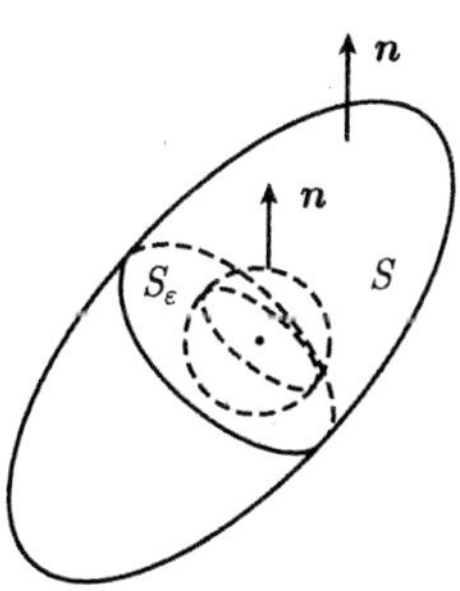

图 10-6-3

例 10.6.3　计算 $\iint\limits_S \dfrac{ax\mathrm{d}y\mathrm{d}z + (z+a)^2\mathrm{d}x\mathrm{d}y}{\sqrt{x^2+y^2+z^2}}$，其中 S 是下半球面 $z=-\sqrt{a^2-x^2-y^2}\,(a>0)$ 的上侧．

解：如果利用高斯公式，则需要补上平面 $z=0$，而被积函数在原点处不连续，但是曲面 S 上的点满足 $x^2+y^2+z^2=a^2$，则

$$\iint\limits_S \frac{ax\mathrm{d}y\mathrm{d}z + (z+a)^2\mathrm{d}x\mathrm{d}y}{\sqrt{x^2+y^2+z^2}} = \iint\limits_S \frac{ax\mathrm{d}y\mathrm{d}z + (z+a)^2\mathrm{d}x\mathrm{d}y}{a},$$

再补上平面 $S_1: z=0\,(x^2+y^2\leqslant\sqrt{a^2})$，取下侧则有

$$\begin{aligned}\iint\limits_S \frac{ax\mathrm{d}y\mathrm{d}z + (z+a)^2\mathrm{d}x\mathrm{d}y}{\sqrt{x^2+y^2+z^2}} &= \iint\limits_S \frac{ax\mathrm{d}y\mathrm{d}z + (z+a)^2\mathrm{d}x\mathrm{d}y}{a}\\ &= \frac{1}{a}\left[\oiint\limits_{S+S_1} ax\mathrm{d}y\mathrm{d}z + (z+a)^2\mathrm{d}x\mathrm{d}y - \oiint\limits_{S_1} ax\mathrm{d}y\mathrm{d}z + (z+a)^2\mathrm{d}x\mathrm{d}y\right]\\ &= \frac{1}{a}\left[-\iiint\limits_V (3a+2z)\mathrm{d}x\mathrm{d}y\mathrm{d}z + \iint\limits_{x^2+y^2\leqslant a^2} a^2\mathrm{d}x\mathrm{d}y\right]\\ &= \frac{1}{a}\left[-2\pi a^4 - 2\iiint\limits_V z\mathrm{d}x\mathrm{d}y\mathrm{d}z + \pi a^4\right]\end{aligned}$$

$$= \frac{1}{a}\left[-\pi a^4 - 2\int_{-a}^{0}\pi(a^2 - z^2)z\mathrm{d}z\right]$$

$$= -\frac{\pi a^3}{2}.$$

其中，V 是 S 和 S_1 所包围的立体．

10.6.2　沿任意闭曲面的曲面积分为零的条件

首先我们提出如下问题：在什么条件下，曲面积分

$$\iint_S P(x,y,z)\mathrm{d}y\mathrm{d}z + Q(x,y,z)\mathrm{d}z\mathrm{d}x + R(x,y,z)\mathrm{d}x\mathrm{d}y$$

与曲面 S 无关而只取决于 S 的边界曲线？该问题相当于在什么条件下，沿任意闭曲面的曲面面积为零？此问题我们利用高斯公式来解决．

首先介绍空间二维单连通区域和空间一维单连通区域的概念．对于空间区域 G，若 G 内任一闭曲面所围成的区域全属于 G，那么则称 G 为空间二维单连通区域；若 G 内任一闭曲线总可张成一片完全属于 G 的曲面，那么则称 G 为空间一维单连通区域．例如球面所围成的区域既为空间二维单连通区域，又为空间一维单连通区域；环面所围成的区域为空间二维单连通，但并不是空间一维单连通；两个同心球面之间的区域为空间一维单连通，但并不是空间二维单连通的．

对于沿任意闭曲面的曲面积分为零的条件，则有下述结论．

定理 10.6.2　设 G 为空间二维单连通区域，$P(x,y,z)$、$Q(x,y,z)$、$R(x,y,z)$ 在 G 内具有一阶连续偏导数，那么曲面积分

$$\iint_S P(x,y,z)\mathrm{d}y\mathrm{d}z + Q(x,y,z)\mathrm{d}z\mathrm{d}x + R(x,y,z)\mathrm{d}x\mathrm{d}y$$

在 G 内与所取曲面 S 无关只取决于 S 的边界曲线（或者沿 G 内任一闭曲面的曲面积分为零）的充分必要条件为

$$\frac{\partial P}{\partial x} + \frac{\partial Q}{\partial y} + \frac{\partial R}{\partial z} = 0$$

在 G 内恒成立．

证明：若在 G 内恒有

$$\frac{\partial P}{\partial x} + \frac{\partial Q}{\partial y} + \frac{\partial R}{\partial z} = 0,$$

那么根据高斯公式可看出，沿 G 内任意闭曲面的曲面积分为零，所以定理中的条件为充分的．反之，设沿 G 内任一闭曲面的曲面积分为零，若等式

$$\frac{\partial P}{\partial x} + \frac{\partial Q}{\partial y} + \frac{\partial R}{\partial z} = 0$$

在 G 内并不是恒成立的，那么在 G 内至少存在一点 N_0，使得

$$\left(\frac{\partial P}{\partial x} + \frac{\partial Q}{\partial y} + \frac{\partial R}{\partial z}\right)_{N_0} \neq 0,$$

容易得出 G 内存在着闭曲面使得沿着此闭曲面的曲面积分不等于零，与假设矛盾，所以定理中的条件又为必要的．

10.7　斯托克斯公式

10.7.1　斯托克斯公式

上一节给出的高斯公式揭示了曲面积分与三重积分的关系，本节我们来研究曲面积分和曲线积分之间的关系.

定理 10.7.1(斯托克斯公式)　设 S 是以曲线 L 为边界的分片光滑曲面，如果函数 $P(x,y,z)$，$Q(x,y,z)$，$R(x,y,z)$ 在包含曲面 S 在内的某个空间区域上具有连续的一阶偏微商，则有

$$\oint_L P\mathrm{d}x+Q\mathrm{d}y+R\mathrm{d}z=\iint_S\left(\frac{\partial R}{\partial y}-\frac{\partial Q}{\partial z}\right)\mathrm{d}y\mathrm{d}z+\left(\frac{\partial P}{\partial z}-\frac{\partial R}{\partial x}\right)\mathrm{d}z\mathrm{d}x+\left(\frac{\partial Q}{\partial x}-\frac{\partial P}{\partial y}\right)\mathrm{d}x\mathrm{d}y,$$

其中，L 的取向与 S 的取向相协调.

证明: 假设平行于 z 轴的直线与曲面 S 至多相交于一点，则此时 S 可表示为显示方程 $z=z(x,y)$. 令 S 在平面 xOy 上的投影区域为 D，D 的边界记作 L_1，且令 L_1 的参数方程为

$$x=x(t),y=y(t)\quad(\alpha\leqslant t\leqslant\beta),$$

则曲线 L 的参数方程为

$$x=x(t),y=y(t),z=z(x(t),y(t))\quad(\alpha\leqslant t\leqslant\beta).$$

该结论不失一般性，这里可选取单位法向量 $\boldsymbol{n}$ 指向 S 的上侧，且参数 t 的增加方向与 L 的环形方向一致，如图 10-7-1 所示. 于是根据曲线积分的计算法则可得

$$\oint_L P(x,y,z)\mathrm{d}x=\int_\alpha^\beta P(x(t),y(t),z(x(t),y(t)))x'(t)\mathrm{d}t=\int_{L_1}P(x,y,z(x,y))\mathrm{d}x \tag{10-7-1}$$

在式(10-7-1)中，将右边的平面曲线积分应用格林公式后再化成二重积分有

$$\begin{aligned}\oint_{L_1}P(x,y,z(x,y))\mathrm{d}x&=-\iint_D\frac{\partial}{\partial y}P(x,y,z(x,y))\mathrm{d}x\mathrm{d}y\\&=-\iint_D P'_2(x,y,z(x,y))P'_3(x,y,z(x,y)z'_y)\mathrm{d}x\mathrm{d}y.\end{aligned} \tag{10-7-2}$$

曲面 S 的显示方程可以看成是以 x,y 为参变量的参数方程

$$x=x,y=y,z=z(x,y)\quad(x,y)\in D,$$

那么

$$\iint_S\frac{\partial P}{\partial y}\mathrm{d}x\mathrm{d}y=\iint_D P'_2(x,y,z(x,y))\mathrm{d}x\mathrm{d}y \tag{10-7-3}$$

$$\iint_S\frac{\partial P}{\partial z}\mathrm{d}z\mathrm{d}x=\iint_D P'_3(x,y,z(x,y))\,\frac{\partial P(z,x)}{\partial(x,y)}\mathrm{d}x\mathrm{d}y=-\iint_D P'_3(x,y,z(x,y))z'_y\mathrm{d}x\mathrm{d}y, \tag{10-7-4}$$

把式(10-7-3)和式(10-7-4)代入式(10-7-2)，再根据式(10-7-1)可得

$$\oint_L P(x,y,z)\mathrm{d}x=\iint_S\frac{\partial P}{\partial z}\mathrm{d}z\mathrm{d}x-\frac{\partial P}{\partial y}\mathrm{d}x\mathrm{d}y. \tag{10-7-5}$$

同理,假设曲面 S 与平行于 x 轴及 y 轴的直线相交不多于一点,可得

$$\oint_L Q(x,y,z)\mathrm{d}y=\iint_S \frac{\partial Q}{\partial x}\mathrm{d}x\mathrm{d}y-\frac{\partial Q}{\partial z}\mathrm{d}y\mathrm{d}z, \tag{10-7-6}$$

$$\oint_L R(x,y,z)\mathrm{d}z=\iint_S \frac{\partial R}{\partial y}\mathrm{d}y\mathrm{d}z-\frac{\partial R}{\partial z}x\,\mathrm{d}z\mathrm{d}x, \tag{10-7-7}$$

把式(10-7-5) ~ 式(10-7-7) 相加,就在 S 是特殊的曲面时证明了斯托克斯定理.

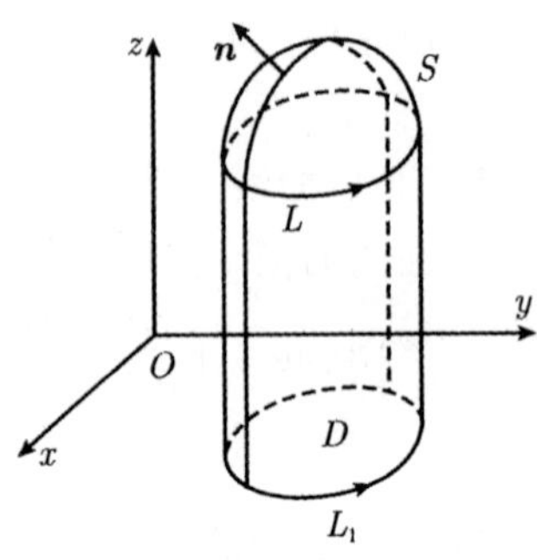

图 10-7-1

为了便于记忆,利用行列式符号可以把斯托克斯公式写成

$$\oint_L P\,\mathrm{d}x+Q\mathrm{d}y+R\mathrm{d}z=\iint_S \begin{vmatrix} \mathrm{d}y\mathrm{d}z & \mathrm{d}z\mathrm{d}x & \mathrm{d}x\mathrm{d}y \\ \dfrac{\partial}{\partial x} & \dfrac{\partial}{\partial y} & \dfrac{\partial}{\partial z} \\ P & Q & R \end{vmatrix}.$$

对于一般的分片光滑曲面,可以引辅助曲线把它分成有限个子曲面,使得每个子曲面满足上述条件 —— 任何平行于坐标轴的直线与它相交不多于一点,则对这些曲面及其边界分别使用上述结论,相加即可得到整个曲面及其边界 L 上的斯托克斯定理.

例 10.7.1 计算积分 $I=\int_L (x^2-yz)\mathrm{d}x+(y^2-zx)\mathrm{d}y+(z^2-xy)\mathrm{d}z$,其中,$L$ 是 $x=a\cos\theta, y=a\sin\theta, z=\dfrac{h}{2\pi}\theta, 0\leqslant\theta\leqslant 2\pi$,曲线的正向与参数增加方向一致.

解:$A(a,0,0)$,$B(a,0,h)$ 为 L 的起点和终点,用 L_1 表示由 B 到 A 的有向线段,S 表示由 L 和 L_1 张成的某个有向曲面,则根据斯托克斯公式可得

$$\begin{aligned}&\oint_{\partial S}(x^2-yz)\mathrm{d}x+(y^2-zx)\mathrm{d}y+(z^2-xy)\mathrm{d}z\\ &=\iint_S \begin{vmatrix} \boldsymbol{i} & \boldsymbol{j} & \boldsymbol{k} \\ \dfrac{\partial}{\partial x} & \dfrac{\partial}{\partial y} & \dfrac{\partial}{\partial z} \\ x^2-yz & y^2-zx & z^2-xy \end{vmatrix}\boldsymbol{n}\,\mathrm{d}S\\ &=\iint_S 0\mathrm{d}S\\ &=0,\end{aligned}$$

所以

$$
\begin{aligned}
I &= \int_{L} (x^2 - yz)\mathrm{d}x + (y^2 - zx)\mathrm{d}y + (z^2 - xy)\mathrm{d}z \\
&= \left(\oint_{\partial S} - \int_{L_1}\right)(x^2 - yz)\mathrm{d}x + (y^2 - zx)\mathrm{d}y + (z^2 - xy)\mathrm{d}z \\
&= -\int_{L_1} (x^2 - yz)\mathrm{d}x + (y^2 - zx)\mathrm{d}y + (z^2 - xy)\mathrm{d}z \\
&= -\int_{L_1} (x^2 - xy)\mathrm{d}z \\
&= \int_0^h z^2 \mathrm{d}z \\
&= \frac{h^3}{3}.
\end{aligned}
$$

例 10.7.2　计算曲线积分 $I = \oint_L z\mathrm{d}x + x\mathrm{d}y + y\mathrm{d}z$，其中，$L$ 为平面 $x + y + z = 1$ 被三个坐标面所截得的三角形 S 的整个边界，其正方向与这个三角形上侧的法向量成右手系．

解: 令 $P = z, Q = x, R = y$，则根据斯托克斯公式可得

$$
\begin{aligned}
I &= \oint_L z\mathrm{d}x + x\mathrm{d}y + y\mathrm{d}z \\
&= \iint_S \begin{vmatrix} \mathrm{d}y\mathrm{d}z & \mathrm{d}z\mathrm{d}x & \mathrm{d}x\mathrm{d}y \\ \dfrac{\partial}{\partial x} & \dfrac{\partial}{\partial y} & \dfrac{\partial}{\partial z} \\ z & x & y \end{vmatrix} \\
&= \iint_S \mathrm{d}y\mathrm{d}z + \mathrm{d}z\mathrm{d}x + \mathrm{d}x\mathrm{d}y,
\end{aligned}
$$

其中，S 取上侧，如图 10-7-2 所示．

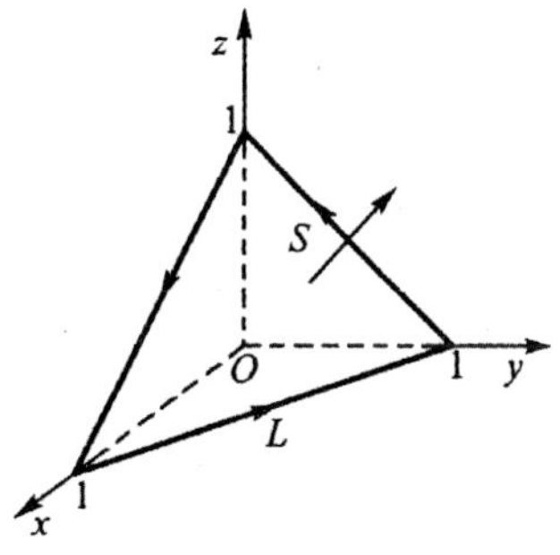

图 10-7-2

设曲面 S 在 xOy 面上的投影区域为 D_{xy}，则由对称性可知

$$
I = 3\iint_S \mathrm{d}x\mathrm{d}y = 3\iint_{D_{xy}} \mathrm{d}x\mathrm{d}y = \frac{3}{2}.
$$

例 10.7.3 计算曲线积分 $I=\int_C(y-z)\mathrm{d}x+(z-x)\mathrm{d}y+(x-y)\mathrm{d}z$，其中，$C$ 为柱面 $x^2+y^2=a^2$ 和平面 $\frac{x}{a}+\frac{z}{h}=1(a>0,h>0)$ 的交线，其方向如图 10-7-3 所示，即从 z 轴正向望去，C 的方向是逆时针方向．

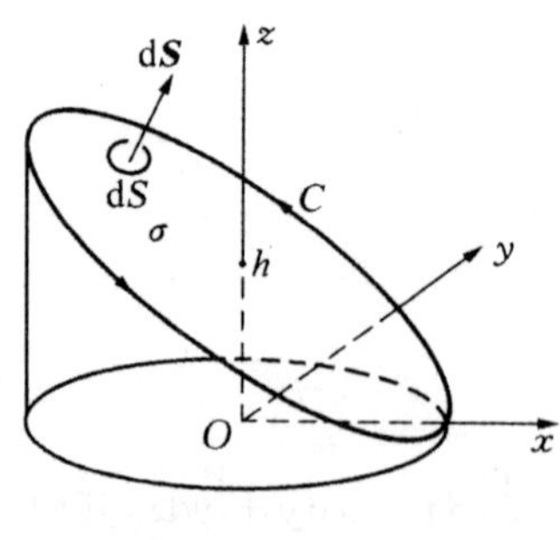

图 10-7-3

解： 平面 $\frac{x}{a}+\frac{z}{h}=1$ 上由曲线 C 所围的区域记为 σ，并由 C 的方向确定了 σ 的方向是上侧，即 C 的方向和 σ 的方向服从右手法则，$\mathrm{d}S=\frac{(h,0,a)}{\sqrt{h^2+a^2}}\mathrm{d}S$.

根据斯托克斯公式可得

$$\begin{aligned}
I&=\int_C(y-z)\mathrm{d}x+(z-x)\mathrm{d}y+(x-y)\mathrm{d}z\\
&=\iint_\sigma\mathrm{rot}\,(y-z,z-x,x-y)\iint_\sigma\mathrm{d}S\\
&=\iint_\sigma(-2,-2,-2)\cdot\frac{(h,0,a)}{\sqrt{h^2+a^2}}\mathrm{d}S\\
&=-2\frac{h+a}{\sqrt{h^2+a^2}}\iint_\sigma\mathrm{d}S\\
&=-2\frac{h+a}{\sqrt{h^2+a^2}}\pi a\sqrt{h^2+a^2}\\
&=-2\pi a(h+a).
\end{aligned}$$

10.7.2 空间曲线积分与路径无关的条件

应用格林公式推得了平面曲线积分与路径无关的条件．类似地，应用斯托克斯公式，我们可推得空间曲线积分与路径无关的条件．

空间曲线积分与路径无关相当于沿任意闭曲线的曲线积分为零．那么关于空间曲线积分在什么条件下与路径无关的问题，我们有以下结论．

定理 10.7.2 设空间开区域 G 为一维单连通域，函数 $P(x,y,z)$、$Q(x,y,z)$、$R(x,y,z)$ 在 G 内具有一阶连续偏导数，那么空间曲线积分

$$\int_\Gamma P\mathrm{d}x+Q\mathrm{d}y+R\mathrm{d}z$$

在 G 内与路径无关(或者沿 G 内任意闭曲线的曲线积分为零)的充分必要条件为等式

$$\frac{\partial P}{\partial y}=\frac{\partial Q}{\partial x},\frac{\partial Q}{\partial z}=\frac{\partial R}{\partial y},\frac{\partial R}{\partial x}=\frac{\partial P}{\partial z}$$

在 G 内恒成立．

证明:若上述等式在 G 内恒成立,那么根据斯托克斯公式易得出,沿闭曲线的曲线积分为零,所以该条件为充分的．反之,设沿 G 内任意闭曲线的曲线积分为零,如果 G 内有一点 M_0,使得上述三个等式不全成立,例如 $\frac{\partial P}{\partial y}\neq\frac{\partial Q}{\partial x}$. 我们不妨假设

$$\left(\frac{\partial Q}{\partial x}-\frac{\partial P}{\partial y}\right)_{M_0}=\eta>0,$$

过点 $M_0(x_0,y_0,z_0)$ 做平面 $z=z_0$,并且在此平面上一个以 M_0 为圆心,半径足够小的圆形区域 K,使其在 K 上恒有

$$\frac{\partial Q}{\partial x}-\frac{\partial P}{\partial y}\geqslant\frac{\eta}{2}.$$

由于在 K 上 z 为常数,且 $\mathrm{d}z=0$,那么根据斯托克斯公式可得

$$\oint_{\gamma}P\,\mathrm{d}x+Q\mathrm{d}y+R\mathrm{d}z=\iint_{K}\left(\frac{\partial Q}{\partial x}-\frac{\partial P}{\partial y}\right)\mathrm{d}x\mathrm{d}y\geqslant\frac{\eta}{2}\sigma,$$

其中 γ 为 K 的正向边界曲线,σ 为 K 的面积,因为 $\eta>0,\sigma>0$,所以有

$$\oint_{\gamma}P\,\mathrm{d}x+Q\mathrm{d}y+R\mathrm{d}z>0.$$

此结果与假设相矛盾,所以

$$\frac{\partial P}{\partial y}=\frac{\partial Q}{\partial x},\frac{\partial Q}{\partial z}=\frac{\partial R}{\partial y},\frac{\partial R}{\partial x}=\frac{\partial P}{\partial z}$$

在 G 内恒成立．

定理 10.7.3　设区域 G 为空间一维单连通域,函数 $P(x,y,z)$、$Q(x,y,z)$、$R(x,y,z)$ 在 G 内具有一阶连续偏导数,那么表达式

$$P\mathrm{d}x+Q\mathrm{d}y+R\mathrm{d}z$$

在 G 内成为某一函数 $u(x,y,z)$ 的全微分的充分必要条件为等式

$$\frac{\partial P}{\partial y}=\frac{\partial Q}{\partial x},\frac{\partial Q}{\partial z}=\frac{\partial R}{\partial y},\frac{\partial R}{\partial x}=\frac{\partial P}{\partial z}$$

在 G 内恒成立;当上述三个等式全部成立时,该函数可用下式求出:

$$u(x,y,z)=\int_{(x_0,y_0,z_0)}^{(x,y,z)}P\mathrm{d}x+Q\mathrm{d}y+R\mathrm{d}z$$

或者使用定积分表示,其积分路径如图 10-7-4 所示．则有

$$u(x,y,z)=\int_{x_0}^{x}P(x,y_0,z_0)\mathrm{d}x+\int_{y_0}^{y}Q(x,y,z_0)\mathrm{d}y+\int_{z_0}^{z}R(x,y,z)\mathrm{d}z,$$

其中 $M_0(x_0,y_0,z_0)$ 为 G 内一定点,$M(x,y,z)\in G$.

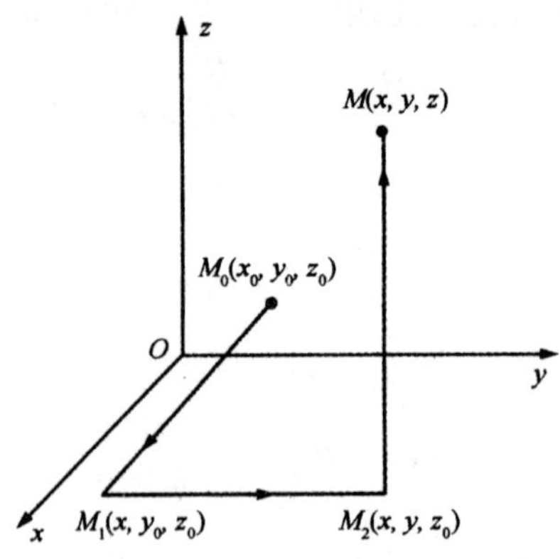

图 10-7-4

10.7.3 环流量与旋度

设有向量场

$$\boldsymbol{A}(x,y,z)=P(x,y,z)\boldsymbol{i}+Q(x,y,z)\boldsymbol{j}+R(x,y,z)\boldsymbol{k},$$

其中 P、Q、R 都连续，Γ 为 $\boldsymbol{A}$ 的定义域内的一条分段光滑的有向闭曲线，$\boldsymbol{\tau}$ 为 Γ 在点(x,y,z)处的单位切向量，若存在某一向量，其在 x 轴、y 轴、z 轴上的投影分别为

$$\frac{\partial P}{\partial y}=\frac{\partial Q}{\partial x},\frac{\partial Q}{\partial z}=\frac{\partial R}{\partial y},\frac{\partial R}{\partial x}=\frac{\partial P}{\partial z}.$$

则称该向量为向量场 $\boldsymbol{A}$ 的旋度，记作 **rot*A***，即有

$$\mathbf{rot}\boldsymbol{A}=\left(\frac{\partial R}{\partial y}-\frac{\partial Q}{\partial z}\right)\boldsymbol{i}+\left(\frac{\partial P}{\partial z}-\frac{\partial R}{\partial x}\right)\boldsymbol{j}+\left(\frac{\partial Q}{\partial x}-\frac{\partial P}{\partial y}\right)\boldsymbol{k}.$$

若把沿有向闭曲线 Γ 的曲线积分

$$\oint_{\Gamma}P\,\mathrm{d}x+Q\mathrm{d}y+R\mathrm{d}z$$

称为向量场 $\boldsymbol{A}$ 沿着有向闭曲线 Γ 的环流量．

其中向量场 $\boldsymbol{A}$ 的旋度 **rot*A***，可利用向量微分算子 ∇ 表示为

$$\mathbf{rot}\boldsymbol{A}=\nabla\times\boldsymbol{A}=\begin{vmatrix}\boldsymbol{i}&\boldsymbol{j}&\boldsymbol{k}\\\frac{\partial}{\partial x}&\frac{\partial}{\partial y}&\frac{\partial}{\partial z}\\P&Q&R\end{vmatrix}.$$

若向量场 $\boldsymbol{A}$ 的旋度 **rot*A*** 处处为零，那么称向量场 $\boldsymbol{A}$ 无旋场．一个无源、无旋场的向量场称之为调和场．

例 10.7.4 求向量场

$$\boldsymbol{A}=(x^2-y)\boldsymbol{i}+4z\boldsymbol{j}+x^2\boldsymbol{k}$$

沿闭曲线 Γ 的环流量，其中 Γ 为锥面 $z=\sqrt{x^2+y^2}$ 和平面 $z=2$ 的交线，从 z 轴正向看 Γ 为逆时针方向．

解：Γ 的向量方程为

$$\boldsymbol{r} = 2\cos\theta\boldsymbol{i} + 2\sin\theta\boldsymbol{j} + 2\boldsymbol{k},$$

其中 $0 \leqslant \theta \leqslant 2\pi$,从而有

$$\begin{aligned}\boldsymbol{A} &= (x^2 - y)\boldsymbol{i} + 4z\boldsymbol{j} + x^2\boldsymbol{k} \\ &= (4\cos^2\theta - 2\sin\theta)\boldsymbol{i} + 8\boldsymbol{j} + 4\cos^2\theta\boldsymbol{k},\end{aligned}$$

$$\mathrm{d}\boldsymbol{r} = (-2\sin\theta\mathrm{d}\theta)\boldsymbol{i} + (2\cos\theta\mathrm{d}\theta)\boldsymbol{j},$$

$$\begin{aligned}\oint_\Gamma \boldsymbol{A}\cdot\tau\mathrm{d}s &= \oint_\Gamma \boldsymbol{A}\cdot\mathrm{d}\boldsymbol{r} \\ &= \int_0^{2\pi}(-8\cos^2\theta\sin\theta + 4\sin^2\theta + 16\cos\theta)\mathrm{d}\theta \\ &= 4\pi.\end{aligned}$$

例 10.7.5　求例题 10.7.4 中向量场 **A** 的旋度 .

解:

$$\mathbf{rot}\boldsymbol{A} = \nabla\times\boldsymbol{A} = \begin{vmatrix} \boldsymbol{i} & \boldsymbol{j} & \boldsymbol{k} \\ \dfrac{\partial}{\partial x} & \dfrac{\partial}{\partial y} & \dfrac{\partial}{\partial z} \\ x^2 - y & 4z & x^2 \end{vmatrix} = -4\boldsymbol{i} - 2x\boldsymbol{j} + \boldsymbol{k}.$$

设斯托克斯公式中的有向曲面 S 在点(x,y,z)处的单位法向量为

$$\boldsymbol{n} = \cos\alpha\boldsymbol{i} + \cos\beta\boldsymbol{j} + \cos\gamma\boldsymbol{k},$$

则有

$$\mathbf{rot}\boldsymbol{A}\cdot\boldsymbol{n} = \nabla\times\boldsymbol{A}\cdot\boldsymbol{n} = \begin{vmatrix} \cos\alpha & \cos\beta & \cos\gamma \\ \dfrac{\partial}{\partial x} & \dfrac{\partial}{\partial y} & \dfrac{\partial}{\partial z} \\ P & Q & R \end{vmatrix}.$$

因此,斯托克斯公式可写成下面的向量形式

$$\iint_S \mathbf{rot}\boldsymbol{A}\cdot\boldsymbol{n}\mathrm{d}S = \oint_\Gamma \boldsymbol{A}\cdot\tau\mathrm{d}s$$

或者

$$\iint_S (\mathbf{rot}\boldsymbol{A})_n\mathrm{d}S = \oint_\Gamma \boldsymbol{A}_\tau\mathrm{d}s.$$

参考文献

[1]徐玉民,于新凯．高等数学[M]．北京:科学出版社,2011.

[2]欧阳光中,姚允龙,周渊．数学分析(上册)[M]．上海:复旦大学出版社,2011.

[3]杨宏．高等数学[M]．第 2 版．上海:同济大学出版社,2013.

[4]郭治．高等数学(上下册)[M]．北京:清华大学出版社,2013.

[5]北京邮电大学数学系编．高等数学(上下册)[M]．北京:北京邮电大学出版社,2012.

[6]北京邮电大学世纪学院数理教研室．高等数学(上下册)[M]．第 2 版．北京:北京邮电大学出版社,2015.

[7]同济大学数学系编．高等数学[M]．第 7 版．北京:高等教育出版社,2014.

[8]刘宝炜．高等数学(上下册)[M]．北京:人民邮电出版社,2012.

[9]王学武,郭林,孙喜东．数学分析(2)[M]．北京:清华大学出版社,2011.

[10]彭放,刘安平．工科数学分析(下册)[M]．武汉:中国地质大学出版社,2010.

[11]郭林,王学武,王利珍．数学分析[M]．北京:清华大学出版社,2011.

[12]马军．微积分[M]．上海:同济大学出版社,2010.

[13]夏亚峰,杨宏等．高等数学[M]．北京:科技出版社,2010.

[14]吴赣昌．微积分(经管类)[M]．第 4 版．北京:中国人民大学出版社,2011.

[15]马建国．数学分析[M]．北京:科学出版社,2011.

[16]赵晶,李宏伟．工科数学分析[M]．武汉:中国地质大学出版社,2010.

[17]卢兴江,金蒙伟．微积分(上册)[M]．杭州:浙江大学出版社,2006.

[18]李冬松,王洪滨．工科数学分析(下册)．哈尔滨:哈尔滨工业大学出版社,2011.

[19]周运明,尚德生．数学分析(上册)[M]．北京:科学出版社,2008.

[20]吴赣昌．微积分(经管类)(上册) [M]．第四版．北京:中国人民大学出版社,2011.

[21]王洪滨,李冬松．工科数学分析(上册)[M]．哈尔滨:哈尔滨工业大学出版社,2011.

[22]罗敏娜,杨淑辉,陈文英．微积分[M]．大连:大连理工大学出版社,2009.

[23]范培华,章学诚,刘西垣．微积分[M]．北京:中国商业出版社,2006.

[24]大连理工大学应用数学系．工科微积分(上册)[M]．大连:大连理工大学出版社,2007.

[25]林益,刘国钧．微积分(经管类)[M]．第 2 版．武汉:武汉理工大学出版社,2010.

[26]彭红军,张伟,李媛等．微积分(经济管理)[M]．北京:机械工业出版社,2009.

[27]张志军,熊得之．微积分及其应用[M]．北京:科学出版社,2007.

[28]李大华,林益,汤燕斌等．工科数学分析(下册)[M]．第 3 版．武汉:华中科技大学出版社,2008.

[29]曾令武,吴满．微积分[M]．广州:华南理工大学出版社,2006.

[30]章学诚,刘西垣．微积分[M]．武汉:武汉大学出版社,2007.